奶牛健康养殖与疾病防治

倪和民　鲁　琳　主编

中国农业出版社

主　编　倪和民　鲁　琳

副主编　张建军　路永强　张永红
　　　　罗桂河　阮文科

参　编　倪和民（北京农学院）
　　　　鲁　琳（北京农学院）
　　　　路永强（北京市畜牧兽医总站）
　　　　阮文科（北京农学院）
　　　　张建军（北京农学院）
　　　　张永红（北京农学院）
　　　　盛熙晖（北京农学院）
　　　　常　迪（北京农学院）
　　　　郭玉琴（北京农学院）
　　　　刘云祥（北京中地牧业公司）
　　　　王天坤（北京昌平动物疾病预防控制中心）
　　　　姚学军（北京昌平动物疾病预防控制中心）
　　　　罗桂河（北京昌平农业局）
　　　　王建芬（北京延庆畜牧技术推广站）
　　　　龙　燕（北京延庆畜牧技术推广站）
　　　　姜小平（北京房山动物疾病预防控制中心）
　　　　金　竹（北京房山动物疾病预防控制中心）
　　　　王　艳（北京大兴动物疾病预防控制中心）
　　　　侯巍巍（北京大兴动物疾病预防控制中心）

主　审　侯引绪

前 言

目前，中国的奶牛业生产正处于扩大规模、增加产量和提高质量的高速发展时期，但在奶牛的养殖、管理和经营过程中，由于多种环境因素及饲养管理水平、诊断治疗技术较低，导致了奶牛多种疾病高发、多发。奶牛疾病的发生不仅对奶牛本身的健康造成巨大伤害，使奶的产量降低，饲养成本大幅提高，更严重是导致奶品的质量降低：微生物数量超标、体细胞数量上升、药物残留加大，直接威胁人类食品安全，给人类健康带来危害，从而对国内整体奶业持续健康发展造成严重不利影响。

为满足奶牛养殖一线技术人员对奶牛疾病预防、诊断、治疗及科学养殖方面的技术需要，在北京市现代农业技术体系——奶牛创新团队的资助下，作者集多年的临床诊疗及奶牛生产一线研究、调查经验，并参考相关书籍和资料，组织编写了本书。

奶牛养殖业在我们国家发展起步相对较晚，饲养管理水平和疾病防控技术与奶牛养殖发达国家还存在不小的差距。多年以来，我国奶牛养殖和疾病防治方面的书籍比较少，更缺少水平较高的参考书，广大基层技术服务人员感到目前奶牛健康养殖及疾病防治方面的书籍不能满足生产、临床需要，迫切需要内容丰富、知识全面的新书；从事奶牛疾病的科研人员也需要了解国内外奶牛健康养殖及疾病防治的最新资料。本书的出版在很大程度上满足了这一要求。

全书共分 7 章，着重介绍了奶牛场的建设与环境控制、奶牛的繁殖育种、奶牛的营养需要与饲料、后备母牛培育、成年母牛饲养管理、奶牛的普通疾病、奶牛传染病的防治。本书内容要求新、深、全、实，即每位作者编写的内容要有新知识，引用国内外最新资料，内容要有一定的深度，在最大限度吸纳国内外科研成果的同时，还要密切结合生产实际，全面涵盖奶牛各科疾病，对于常见病和严重影响奶牛健康养殖和生产的产科疾病，要重点且详细地介绍一些新的防治方法。

本书除能满足一线饲养管理、疾病防控技术人员需要外，也可以作为兽医专业本科生和专科生进行学习、临床实验的参考书目。

本书在编写过程中参考并引用了相关书籍，已列于书后在此深表谢意。本书也得到了奶牛产业体系北京市创新团队项目的资助，在此一并表示感谢。

由于奶牛健康养殖和疾病防治方面的知识和技术日益发展，参加编写的作者较多，写作风格不尽相同，书中疏漏和不足恐难避免，诚恳希望全国同行和广大读者批评指正。

倪和民

2013 年 8 月

目录

第一章　奶牛场的建设与环境控制

第一节　奶牛场的选址与规划布局

一、场址选择

奶牛场应在地势高燥、土质坚实、背风向阳、地下水位在2m以下的地方修建。低洼地或地下水位高的地区，通风和排水都不利，由于潮湿还会降低牛舍的保温隔热性能和使用年限。地势高可避免雨水蓄积在奶牛场中，地面坡度控制在25%以内，1%～3%为最佳，利于排水，从而可以防止饲料发生霉变和因潮湿环境引起的各种奶牛疾病。背风向阳亦可保证奶牛场的干燥，同时确保在冬季使奶牛免受风雪的侵袭，尤其值得注意的是，在选址时要避开西北方向的风口及长形谷地，空气流通不畅及长期阴冷潮湿的环境不宜修建奶牛场。奶牛场土质的选择也十分重要，一般来讲，黏性土壤由于透水性差，持水性大，遇雨雪易形成泥泞环境，故不适宜选用。最适合奶牛场的土质为沙壤土，这类土壤有良好的透气性和透水性，且导热性小，热容量大，土温稳定，可保持场地干燥，因此很适宜用作奶牛场的地基。

在奶牛场的生产中，饲料和水的消耗量是很大的，保证充足的水源，良好的水质以及便利的饲料采购与运输是维持奶牛场正常运转的重要条件，在建场前有必要对周边环境进行考察。对于已经选定的水源，水质应达到农业部发布的《无公害食品　畜禽饮用水水质（NY 5027—2001）》标准后，方可供奶牛饮用，防止因水质污染造成各类疾病的发生。对于不达标的水源，需进行净化处理，直到达标后方可使用。由于奶牛疫病一旦发生会对生产造成毁灭性的打击，因此必须加强日常管理，要经常清洗和消毒饮水设备，避免细菌滋生。奶牛饲养所需要的饲料量是非常大的，需要大量的粗饲料、青贮料和精饲料，对于奶牛饲料的采购，应遵循附近种植和收购为主、远程运输为辅的原则，牛场应距秸秆、青贮和干草饲料资源较近，从而保证饲料的品质与充足供给，同时节约运输成本。

牛场距离城镇过近可能引起交叉污染问题，奶牛的某些传染病为人畜共患疾病（如结核病、布氏杆菌病等），影响城市或工矿区居民的环境卫生，为了减少周边环境对奶牛场的影响，同时降低奶牛场对周边环境的污染，奶牛场需距离居民区和交通主干道500m以上，且处于下风处。场址要远离屠宰场、肉联厂等动物产品加工处理工厂，同时也要避开排污通道，远离化工厂（图1-1）。

此外，奶牛场用电的方面非常多，挤奶、粉碎饲料、供水、通风、照明等都要用电，所以奶牛场还应保证电力的充足供应，以维持奶牛场正常的生产活动。在选址时，应尽量使奶牛场靠近输电线路，从而减少供电投资。

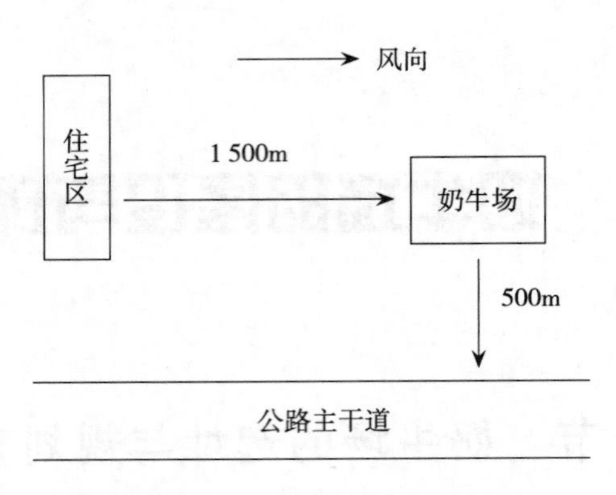

图 1-1　奶牛场选址示意

二、奶牛场的规划布局

奶牛场场地分区与一般民用建筑场地分区所遵从的原则是一样的，都是以功能为主要考虑因素，对场地进行不同功能性质的区域划分，再经过合理调整与组合，最后把场地完美划分开来，使场地各个区域在功能上相对独立，在形态上各有特点，而彼此之间又保持着应有的联系，使各区同时发挥各自的作用，从而促进整个场区功能的发挥。奶牛场应根据自身经营规模及生产要求，因地制宜，合理规划以满足实际需要，便于饲养管理。通常来讲，将奶牛场划分为生活管理区、主生产区、辅助生产区、粪便堆贮和病畜隔离区。

1. 生活管理区　生活管理区应建立在地势较高的位置，且处于上风处，避免牛场产生的不良气味、噪声、粪便和污水等因风向与地表径流而污染办公生活环境，从而确保办公、生活环境的良好状况，避免人畜共患疾病的相互影响。该区域内主要设置与经营管理相关的建筑，如传达室、办公楼、职工宿舍等。由于此区涉及外来人员与车辆的出入，很容易带入外界传染源，造成奶牛疾病的发生，因此应采取严格的管理措施，划定其与生产区的界限，使其与生产区严格分开，一般要求两区间距应在 50m 以上，外来人员车辆不得进入到生产区内。生活管理区的面积因奶牛场规模不同所占的面积比例也不相同。规模大、技术先进、生产现代化的奶牛场，由于现代化的技术管理提高了劳动生产率，使得人均管理奶牛数量成倍增加，从而致使生活管理区在其中所占的面积比例会相应缩小。

2. 主生产区　主生产区是奶牛场的核心，是进行生产与饲养活动的区域，在此区域内建造牛舍、挤奶厅、运动场等。主生产区在位置选择上，要特别注意考虑到风向与光照因素。冬季多风雪地区，应避免迎风建造牛舍，必要时设置遮挡物阻挡寒风对奶牛的侵袭；在夏季气温较高时，各建筑物内要能够通风良好，达到降温及提高空气质量的作用，防止疾病的发生与传播。将主生产区建在光照充足的地方，不仅能很好地解决采光问题，而且可以在冬季提高牛舍内温度，但要注意在夏季采取一定措施减少阳光照射，防止由于气温过高引起的奶牛疾病。此外，污水的排放处理也是至关重要的，主生产区内饮水通道与排污通道要严格分开，避免产生水质污染。在生产区中设计牛舍时应注意，成奶牛舍在奶牛场中应占的数量最多，是奶牛场的主要建筑，要经过研究合理布局。而在不同生长阶段牛舍布局安排方面，奶牛场需要按照整个场区牛群周转方向来总体规划各种牛舍的具体

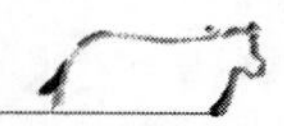

位置。例如刚刚出生的犊牛抵抗力较弱，容易感染各种传染性疾病，所以在牛舍位置选择上应设在生产区的上风向，并要与其他牛舍有一定的距离。奶牛产房和病牛舍是奶牛场中最容易传播病原菌的地方，为整个场区带来安全隐患，所以应将其设在生产区的下风向。挤奶厅规模与位置的确定要结合奶牛场的具体情况决定。另外，两栋牛舍之间、运动场与绿化树木之间以及牛舍与运动场之间都需要间隔一定的距离，一般来讲，两栋牛舍之间的距离最少要达到8m，运动场与绿化树木之间的距离最少要保持1.3m，牛舍与运动场的距离一般要保持在5m左右。只有满足这些距离限定，才能为奶牛场的顺利生产提供更为有利的空间条件。

3. 辅助生产区　辅助生产区的主要作用是向主生产区提供奶牛所需的各种饲料，所以是饲料储存的区域。一般情况下，精料库要布置在距生产区最近的地方，因为这些精饲料比较重，距离较近可以节省劳动强度。而干草料库则应布置在离生产区相对较远的位置，但是它对地势的要求比较高，这是为了防止雨水倒灌，影响干草料质量。青贮草料存放在青贮池中，青贮池一般位于生产辅助区的最偏僻一角，这样可以避免对其他活动生产的影响。此区域的具体大小根据奶牛场的规模来定，根据奶牛数量来确定最终需要储存的各种饲料总量，此区域要注意保持干燥洁净，保证饲料的清洁卫生。

4. 粪便堆贮区和病畜隔离区　粪便堆贮区的功能主要是处理奶牛场的雨水和生活污水、生产区牛群的粪尿以及牛舍清洗或消毒时的污水。由于这个区域产生的异味比较大，带来的污染也比较严重，所以应与病畜隔离区一起设置在地势较低的位置且位于生产区外围下方，防止污染物被雨水冲至饲养区。在此区域内应设有兽医室，病畜隔离治疗区以及污物处理设施。其与生产区间隔不得小于100m，封闭管理，避免病原菌的扩散（图1-2）。

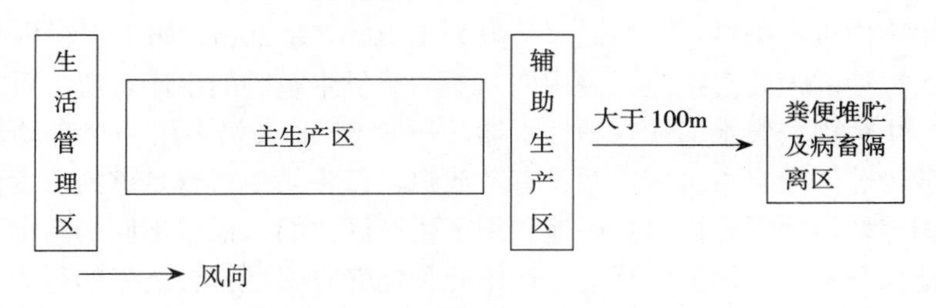

图1-2　奶牛场场区示意

第二节　奶牛舍

一、奶牛的群体构成

根据年龄和生产情况，可将奶牛分为以下几个群体：犊牛、育成牛、青年牛、干奶牛、泌乳牛等。在饲养时将不同的奶牛群体分开，便于奶牛场的管理与安排布局。

不同规模的奶牛场，牛群的组成参数不完全相同。一般来讲，犊牛、育成牛比例在25%左右，青年牛10%左右，泌乳牛所占比重最大，在60%左右，而干奶牛及患病牛数量控制在5%左右（图1-3）。

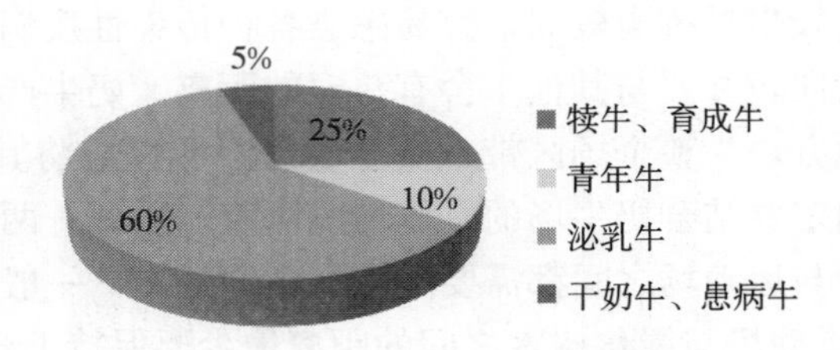

图 1-3　奶牛场牛群组成参数

二、奶牛的饲养方式

奶牛场的设计依赖于具体的奶牛饲养方式，目前常见的奶牛饲养方式主要有以下3种。

1. 散放式饲养　即不对奶牛做任何限制，使其能够在生产区内自由活动。牛舍内不设固定的牛床和颈枷，通常牛舍内铺有较多的垫草。平时不清粪，只添加些新垫草，定时用铲车机械清粪。运动场上设有饲槽和饮水槽，牛可以自由采食青贮料或干草，并可以自由饮水。舍外设有专门的挤奶厅，奶牛定时分批到挤奶厅集中挤奶。使用此种方法饲养奶牛，可以节约奶牛场建设成本，由于加大了奶牛的活动量，所以更容易获得光照，提高奶牛自身免疫力。但是其缺点是不利于对牛群的管理，无法准确掌握奶牛个体的具体情况，且较难保证卫生状况，易造成疾病的传播，因而此方式对饲养地区气候环境有较高的要求，寒冷潮湿的地区是不适宜选用散放式饲养的。

2. 散栏式饲养　散栏式饲养是在散放饲养的基础之上，将生产区细分为饲喂区、挤奶区、休息区等，在某一固定时间集中对奶牛进行挤奶与饲喂，而其余时间则在休息区内自由活动。牛舍内设有隔栏，隔栏尺寸一般为1.10m×2.20m，奶牛在栏内只能站立，躺卧不能转身，以使粪便能直接泄入粪沟内而不沾污供牛躺卧的牛床，奶牛可在舍内集中的饲槽中采食，牛舍内安装水槽或自动饮水器，一般6～8头奶牛用一个自动饮水器。隔栏将整个牛床分为若干个自由牛床，并设有散放道，每头奶牛都有足够的采食位和单独的卧栏。散栏式饲养较散放饲养而言更好地利用了生产区空间，根据不同的活动设立单独的分区，能更好地保证各区域的卫生环境，运用此种饲养方式更符合奶牛的行为习性和生理需要，奶牛既可以在舍内自由运动和休息，又可以在散放道上自由采食，不会受到人为约束。由于奶牛在舍内及运动场内的运动不受约束，因而相对扩大了奶牛的活动空间，加大了奶牛的运动量和接受光照的时间，这有助于提高奶牛机体的抵抗力，并提高其生产性能。但是依然在奶牛个体管理方面有所不足，仅适用于个体性征与生产水平大致相似的牛群。由于共同使用饲草和饮水设施，奶牛患传染性疾病的机会增多，粪尿排泄地点分散，容易造成潜在的环境污染（图 1-4）。

3. 拴系式饲养　拴系式饲养为最常用的奶牛饲养方式，奶牛场内每头奶牛均有各自固定的牛床，牛在舍内没有自由运动的空间，从舍外运动场回到舍内就立即被拴系起来。使用这种饲养方式，牛只能在床位上进行采食休息、饮水、挤奶等活动。拴系式饲养最大的优点在于可以实现对奶牛个体的管理，有效地减少奶牛的竞争，奶牛个体之间相互干扰小，能获得较高的单产。同时，这种饲养方式也便于进行人工授精，母牛如有发情或不正

图 1-4　散栏式饲养

常状态出现比较容易发现，有利于疾病的及时诊治。由于此种饲养方式使管理细致化从而导致了工作量的增加，提高了奶牛场的劳动力成本，因而更适合在中小型奶牛场推广使用。此外，拴系式饲养条件下，如果颈枷设计不合理或缰绳长度不合适都可能造成奶牛起卧不便，导致奶牛乳头、关节和肢体损伤增多。

三、奶牛舍的类型

根据牛舍的屋顶结构，可分为单坡式、双坡式、钟楼式与半钟楼式（图 1-5）。

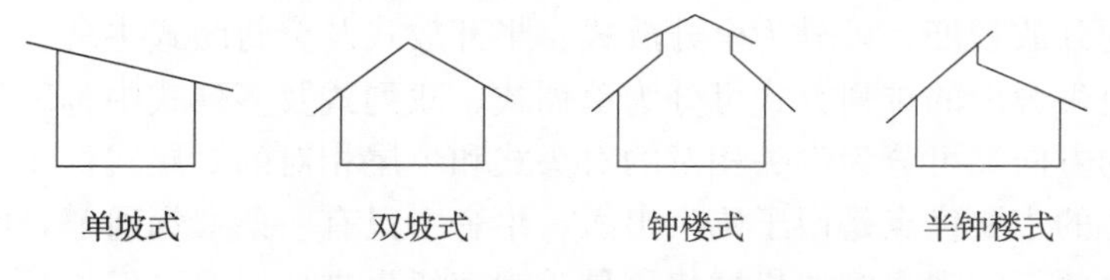

图 1-5　奶牛舍不同屋顶类型

屋顶对于奶牛舍的作用很大，能够防雨、防风沙以及隔绝太阳辐射，这都可以直接影响到奶牛舍内的温度和湿度。建造屋顶的材料要求坚固结实，既能抵抗雨雪来保持牛舍内温度，还能够防火隔热，避免奶牛在温度高时发生热应激。

单坡式屋顶构造简单，采光通风良好，但建造不宜过大，适合小型农场使用。

双坡式屋顶使用较为普遍，类似相吻合的两幢对列的单坡式。因为舍盖是楔形，所以对小范围温度的控制较好，牛舍长轴两侧墙壁的有无与高矮，能影响牛舍的保暖作用；如一侧开敞而对侧半开敞（或有窗），其保温作用较两侧均比带窗的封闭式牛舍要差一些。在我国寒冷地区，一般设置顶棚，并且大部分牛舍均采用自然通风的方式。但是，如果牛舍建在炎热地区这样的结构则对防暑不利。由于牛体散发的热量与舍内各种因素结成的水汽形成湿热气团不易发散，夏季舍内奶牛多会感到闷热，解决双坡式牛舍防暑常见的办法是适当加高舍盖高度，使牛舍长轴两侧的门窗在夏季尽量敞开，保证通风，有利于防暑（图 1-6）。

图 1-6　双坡式奶牛舍

钟楼式屋顶有利于舍内通风与采光，但是结构复杂，造价较高。其在双坡式牛舍的屋顶上设置一个贯通横轴的“光楼”，与双坡或不对称气楼所不同的是增加了一列天窗，牛舍屋顶坡长和坡度角是对称的。天窗可增加舍内光照系数，有利于舍内空气对流。钟楼式屋顶的防暑作用较好，但不利于冬季防寒保温。一般适合于炎热的南方地区。

半钟楼式屋顶是双坡式牛舍的另外一种形式，主要特点在于屋顶的向阳面设有与地面垂直的“天窗”，这种牛舍的屋顶坡度角和坡的长短是不对称的。一般是背阳面坡较长，坡度较大；向阳面坡短，坡度较小。其牛舍墙体与双坡式相同，但窗户采光面积不尽相同，其采光面积决定于天窗的高矮、窗面材料和窗的倾斜角度。这种形式的牛舍“天窗”对舍内采光和防暑均优于双坡式牛舍，虽在结构上也有利于夏季通风与采光，但也不利于冬季舍温的控制。

根据牛舍的开放程度，可分为全开放式、半开放式及全封闭式牛舍。

根据奶牛在牛舍内的排列方式可分为单列式、双列式及多列式牛舍。其中双列式牛舍根据奶牛站立的方向又可分为牛头相对的对头式和牛尾相对的对尾式。

对头式牛舍的主要优点是便于奶牛出入。牛舍中只有一条喂饲通道，所以减少了的饲料运送线路，也便于实现喂饲的机械化，易于观察奶牛进食情况。但不足之处是奶牛的尾部对墙，粪便易污染墙面，给牛舍的清洁工作带来不便，有可能增加奶牛疾病的传播机会。

对尾式牛舍中间为清粪通道，两边各有一条饲喂通道。饲养员在进行挤奶、清粪等工作时可集中在牛舍中间，合用一条通道，便于操作以及对奶牛生殖器官疾病的观察。又因两列奶牛的头部不相接触，有利于预防奶牛传染性疾病。其不足之处是太阳照射不到清粪通道，因此不能利用光照来消毒。

四、奶牛舍的建设

在建造牛舍时朝向以南向为宜，此朝向在冬季有利于太阳光的照射，可提高牛舍内温度，起到保温的作用，而到了夏季，又能够减少太阳光的辐射，使牛舍内温度不会过高，不同地区可根据实际地形在此基础之上做出一定的偏转来达到最佳方位。

良好的通风对于调节牛舍内温度来讲是至关重要的，尤其在夏季，需要采取适宜的通风措施来排出蒸发的水气及污物的异味。可根据风向在牛舍内设计门窗，必要时在牛舍内

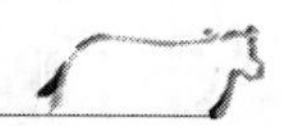

安装风扇，以实现气体交换为奶牛降温除湿。

此外，牛舍地面需坚实，表层需进行防滑处理，防止奶牛摔伤。可用作牛舍地面的材料有很多种，混凝土地面、砖地面、三合土地面、漏缝地面等都是较为常见的。在修建牛舍时，除了犊牛岛采用三合土地面外，其他牛舍内的地面均采用混凝土地面。坚实，易清洗消毒，导热性强，夏季有利散热，价格低廉，设计方便，是混凝土地面的优点。但其也具有一定的缺点，比如缺乏弹性，冬季保温性差，对乳房和肢蹄不利等。在冬季我们可以在地面上铺设锯末来为奶牛保暖，在产房牛舍，地面也要铺设垫草来达到保暖的效果。由于犊牛岛更侧重保温防潮，所以在地面的选择上我们选用保温效果更好一点的三合土地面。牛床及牛的走道部分，上划线来防滑。牛床要有1°～1.5°朝向的粪尿沟坡度，以促进清洗用水及各种污物的顺利排出。

针对奶牛群体中的育成牛与青年牛，可根据奶牛场采取的饲养方式，建立拴系式牛舍或散栏牛舍。牛舍在建造时要注意温度与湿度的控制，尽量满足冬暖夏凉与干燥卫生。

（一）拴系式牛舍

拴系式牛舍的主要内部设施有牛床、牛栏、饲槽、粪尿沟等。

牛床在拴系式饲养中，是奶牛采食、挤奶与休息的场所。由于奶牛在一天中几乎一半的时间在牛床上，所以在制作牛床时，材料需满足坚固耐用、保温、不吸水且容易清洁几个特性。

牛床的具体尺寸由奶牛的体型大小来决定。对于成年泌乳母牛来讲，牛床的长度一般为1.65～1.85m，围产期奶牛1.80～2.00m，青年奶牛1.50～1.60m，育成牛1.30～1.40m，犊牛1.10m左右。牛床不宜过大或过小，过大易导致粪便落到牛床，污染牛体，过小则会影响奶牛起卧，造成牛体损伤。牛床的宽度除要考虑到奶牛体型外，还应确定是否在牛舍内进行挤奶，若在则应适当加宽牛床，便于挤奶人员的操作。一般的牛床宽度为成年泌乳奶牛1.10～1.20m，围产期奶牛1.20～1.25m，青年奶牛1.10m左右，育成牛0.95～1.05m，犊牛0.90m左右。牛床过宽过窄都会影响到温度，过窄影响奶牛体表散热，并且使奶牛相互间活动受限，过宽则不利于奶牛保温。此外，牛床还应设计1°～1.5°的斜坡，便于工作人员进行清洁冲洗。

牛栏根据不同的拴系方式又可分为链条式拴系和颈枷式拴系。

颈枷的作用是将牛固定于牛床上，不能随意乱动，要求材质轻便、坚固、光滑、方便操作。颈枷可以控制牛防止其退至排尿沟弄脏牛体，还可以防止其前肢踏入饲槽污损饲料或抢食其他牛的饲料。在拴系颈枷时还要考虑到不妨碍牛的活动及休息。

饲槽位于牛床前，长度与牛床总宽度相等，高度一般为10～35cm。由于奶牛自身重量较大，饲槽必须建造得坚固耐磨，边缘应光滑，避免在采食过程中划伤牛体，此外还应便于清洁，保证饲料卫生。

粪尿沟设置在牛床后方，沟沿成圆钝角，以免损伤牛蹄。沟深5～15cm，宽28～35cm，多在其上覆盖漏缝地板，防止牛尾沾染污物。也有些牛场在粪尿沟底部安装自动清粪装置，及时将污物清出牛舍。

（二）散栏式牛舍

散栏式牛舍的主要设施有自由牛床、饲喂牛栏、粪尿沟等（图1-7）。

图 1-7　散栏式牛舍

自由牛床与拴系式牛床相比，牛床并不与饲槽直接相连，侧隔栏分为悬臂式和带支腿式两种，前隔栏因地区差异设计有所不同，有些可设置前挡板来抵御冬季的寒风。牛床尺寸根据奶牛体型自由调整，由于不需在牛床上完成挤奶，故通常窄于拴系式牛床。

饲喂牛栏一般不设侧隔栏，奶牛可进行自由采食。若奶牛场设定固定饲喂时间，按照每头奶牛 0.6m 的宽度设计饲槽长度，若全天自由采食，则按照每头奶牛 0.15～0.3m 的长度设计饲槽。

粪尿沟的设计同拴系式牛舍，但其上必须设置漏缝地板，防止奶牛踏入。

（三）犊牛舍

由于犊牛身体发育不完全，自身免疫力较差，对疾病缺乏抵抗力，所以最好能够单独建舍饲养。相对成年奶牛舍而言，犊牛舍的建设要求更高。首先要保证牛舍的清洁干燥，在犊牛转入牛舍前，对牛舍进行彻底的清洁与消毒，更换新垫料，垫料应具有良好的保温效果，稻草和锯末都很适合作为犊牛舍的垫料来使用；其次要保证充足的光照和良好的通风，牛舍内若空气质量不佳，应采取人工通风的方法，确保减少呼吸道疾病的传播；此外，要合理设计犊牛饲槽与饮水器，方便犊牛进行自由采食和饮水。

目前常用的犊牛舍有 3 种，分别为单栏犊牛舍、群栏犊牛舍和室外犊牛岛。

单栏犊牛舍设置在靠近产房的位置或直接设置在产房内，每头犊牛均分栏饲养，隔离管理。单栏长 200～220cm，宽 110～125cm，高 110～120cm。犊牛栏栏底铺设垫料，栏侧面向外突出 25cm 左右，防止犊牛相互舔舐。

使用群栏犊牛舍时，需将犊牛按大小分群，通栏饲养，一般每栏饲养 5～7 头。栏内设自由牛床，栏外一侧或两侧设饲槽及饮水器供犊牛自由采食。

室外犊牛岛是用来饲养断奶前犊牛的最佳方式，能够为犊牛提供良好的生长环境且造价较低。犊牛岛建造尺寸为长 220～240cm，宽 100～120cm，高 120～140cm，一端开放

供犊牛出入，其余各面封闭严实，可在背面设置能关闭的小窗来实现夏季的通风降温。通常用铁丝网在犊牛岛外围成一个活动区域作为犊牛的运动场所（图 1-8）。

图 1-8　犊牛岛

（四）产房

产房用来饲养处于围产期的奶牛，牛床长 2.2～2.4m，宽 1.4～1.5m，宽度较大，便于工作人员对奶牛进行接产操作。牛床数量按照成年母牛数量的 10%左右设置为宜。由于围产期奶牛免疫力降低，易患各种产科疾病，所以产房应保持严格的卫生环境，及时进行清洁与消毒。

第三节　挤 奶 厅

一、挤奶厅的形式

使用散栏式饲养方式的奶牛场设有挤奶厅，统一对成年泌乳奶牛的生产进行组织和管理。挤奶厅是用来对泌乳奶牛进行集中挤奶的建筑，通常来讲，对于挤奶厅在奶牛场的位置有两种设置方法：一种是将挤奶厅设置在成年泌乳牛舍的中央，另一种是设置在多栋成年泌乳牛舍的一侧。挤奶厅设在泌乳牛舍中央，可以缩短奶牛的行走路线，从而方便组织奶牛的挤奶活动。但是，虽然奶牛行走的距离较短，但运奶车需要穿行进入生产区取奶，这样不利于奶牛场的防疫卫生，并且车辆噪声会影响奶牛安静的休息环境。将挤奶厅设在多栋成年泌乳牛舍一侧时，可以同时为多栋成年泌乳牛舍服务，虽然奶牛的行走路程有长有短，一些远离挤奶厅的牛舍中的奶牛行走路程会比较长，但是这样的设置便于运奶车取奶，从而有利于奶牛场的卫生防疫。挤奶厅的形式多样（图 1-9），比较常见的有串列式、并列式、转盘式和鱼骨式 4 种。

图 1-9　挤奶厅

串列式挤奶厅：在两侧挤奶栏位之间设有深 85cm、宽 2m 左右的坑道供挤奶员操作，挤奶员不必弯腰即可进行流水作业。但是在操作过程中，挤奶员需要走较长的距离，且操作牛位有限，适用于奶牛数量不是很多的牛场。

并列式挤奶厅：挤奶厅中央设挤奶员工作坑道，坑道深 0.8～1.0m、宽 2.0～3.0m，坑道长度与挤奶机栏位有关。挤奶时，奶牛尾部朝向挤奶坑道，垂直于坑道站立，挤奶员从奶牛后腿之间将奶杯套在奶牛乳房上。挤奶员操作距离短，便于维持清洁的环境，但奶牛乳房可视性差。设计并列式挤奶厅时，可以在挤奶栏位尾部设计一个坡度为 2°～3°，最浅处深 10cm、宽 10cm 的槽沟，槽子上沿略低于奶牛尾部，以便在挤奶过程中，奶牛可直接将尿排到槽沟中，槽沟未端设排污管通至挤奶厅外，定时水冲清洗，可有效减少粪尿对挤奶厅的污染。

转盘式挤奶厅：利用环形转盘可同时进行多头奶牛的挤奶操作，挤奶员工作量小，挤奶工作效率高，利用旋转的挤奶台进行流水作业，每个转台能提供的挤奶栏位多达 80 个，适用于大型奶牛场。转盘式挤奶厅要求挤奶员的工作节奏必须与转盘的旋转速度一致。转盘旋转过快或挤奶员的工作节奏过慢都将影响挤奶的正常进行。此外，应用转盘式挤奶厅的奶牛场需要在转盘入口处和出口处设专人进行引导，防止奶牛在挤奶过程中发生拥挤现象。

鱼骨式挤奶厅：挤奶厅中央设挤奶员工作坑道，坑道深 0.8～1.0 m、宽 2.0～3.0 m。挤奶机在厅内的排列恰似鱼骨，挤奶台栏位设 30°倾斜，便于挤奶员挤奶操作的进行，提高劳动效率，适用于中型奶牛场。这种挤奶厅中奶牛是按组而不是单个进出的，因此，牛群移动和周转效率较高。但每批奶牛中如果有某头奶牛出奶较慢，就会影响整批奶牛的挤奶时间。

一般每日每头奶牛挤奶次数为 2～3 次。增加挤奶的次数，可增加催乳素的产生，而催乳素可促进乳腺细胞生长，因而能提高奶牛的产奶量。集约化程度比较高的奶牛场一

般采用3次挤奶，而与放牧相结合的奶牛场一般采用2次挤奶，在我国普遍采用3次挤奶。

二、挤奶厅的附属设施

由于在挤奶厅内无法同时对所有奶牛进行挤奶操作，所以需设立待挤区供奶牛等待挤奶。在进行待挤区设计时，要根据挤奶厅的具体栏位数来确定，至少要为每头待挤奶牛提供1.8m^2/头的待挤区面积。通常来讲，由于待挤区的奶牛自身会散发出热量，所以可维持适当的温度，不需要另行采取保温措施。在气候较暖的地方，可在待挤区搭建凉棚，以供奶牛遮阳、避雨，有条件的话还可以同时配备降温的冷风机、喷淋等设备，防止奶牛在温度过高时发生热应激。此外，待挤区应注意清洁消毒，保持良好的通风，地面设置3°～5°的斜坡并作防滑处理（图1-10）。一般来讲，奶牛在此区域内等待的时间不宜超过30min。

图1-10 待挤区

在进行挤奶操作的同时，工作人员应及时发现出现疾病或需要进行配种的奶牛，将其从牛群中分离出来，因此可在挤奶厅出口处设置滞留栏，当奶牛完成挤奶后，由工作人员通过栅门将其导入。为使挤完奶的牛群尽快离开，应尽量将挤奶返回通道设计成直线形通道，如果必须设弯道，一定要将拐弯处设计成圆角，以防奶牛在通过时受伤，并尽量避免设置台阶或坡道。

除此以外，在挤奶厅还应设置牛奶制冷间、机房、办公室、配电箱等，保证生产的顺利进行。

牛奶制冷间是放置储奶罐的地方，常见的储奶罐有直冷式储奶罐、立式储奶罐、卧式储奶罐等。储奶罐的选择，要根据牛群的大小和产奶量、运奶时间间隔以及成本等多方面考虑。

办公室一般设有奶牛产奶量记录统计系统，对牛群的日常生产管理发挥着相当重要的作用。

由于奶牛场各种设备均需用电，因此一定要提供稳定的电源。可运用配电箱来保证牛场的正常供电。

第四节 运 动 场

运动场是奶牛休息和运动的地方，充足的运动可以让奶牛受到外界气候因素的刺激和锻炼，增强机体代谢能力，提高对于疾病的抵抗力。运动场应选择在背风向阳的地方，可以利用牛舍之间的间距建造，也可设置在牛舍的两侧，或选择场内比较开阔的地方建造。运动场的面积应遵循既节约用地又能保证奶牛活动与休息的原则进行设计，一般来讲其建筑面积为牛舍建筑面积的3～4倍。运动场地面最好采用沙土或用三合工夯实，要求平坦、干燥，为排水良好，应设置一定坡度，以1°～1.5°为宜。在运动场四周建造围栏，栏高1.2～1.5m，栏柱间隔2～3m，材质要坚固耐用，可用钢管或水泥柱。运动场围栏外三面需要挖明沟排水，防止雨后积水，造成运动场泥泞。运动场应与牛舍之间保持5m左右的距离，以位于牛舍南面为宜，不同生长时期的奶牛所需的运动场面积也有所不同，一般来讲，每头泌乳牛20～25m^2，育成牛15～20m^2，犊牛5～10m^2。对于采用拴系式饲养方式进行奶牛饲养的牛场，应建立足够空间的运动场，来确保奶牛的日常活动量，以提高奶牛的自身免疫力（图1-11）。

图1-11 运动场

此外，在运动场内还应设置凉棚和饮水槽，供奶牛休息和饮水。凉棚棚顶应有很好的隔热能力，来抵挡夏季强烈的阳光，减少太阳辐射热的吸收，凉棚高度4m左右，宽度5～8m，呈东西走向。凉棚面积一般每头成年奶牛4～5m^2，青年牛、育成牛为3～4m^2，遮阳棚立柱高2.5～3m，另外可借助运动场四周植树遮阴，凉棚内地面要用三合土夯实或选择砖地面，地面经常保持20～30cm沙土垫层。水槽应设在运动场一侧，周围铺设水

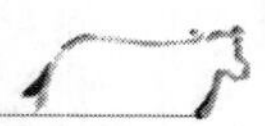

泥，便于排水，水深不宜超过槽深的2/3，防止奶牛饮水时将水溢出槽外。运动场供水应及时补充，同时确保饮水新鲜、清洁。

第五节 奶牛场的附属设施

1. 饲料贮存间 在位置选择上，应当尽量靠近奶牛采食区，以便减少运输距离，可以设在管理区或生产区的上风处。饲料的贮存量要充足，应至少满足4～5个月的奶牛采食量。

2. 青贮窖 具体建造尺寸可根据奶牛场的具体条件来进行合理设计，一般来讲，青贮窖应建立在地势高燥的地区，窖底平整，略设坡度，同时要设排水沟，防止因潮湿导致青贮发生霉变。青贮窖壁光滑，三面设墙，一面敞开。

3. 水塔 其容量应该满足停电1～2d的奶牛用水量，水质要严格按照相关标准进行控制，使用合格的自来水或地下水。

4. 消毒池 奶牛场要加强自我封闭和严格消毒，防止外疫传入。应采取严格的防疫措施，在入口处设置消毒池，避免外来车辆或人员将病原带入奶牛场中。消毒池底要有一定坡度，并设排水孔，通常使用2%的火碱溶液作为消毒液。

第六节 环境对奶牛生产的影响

奶牛的生活区域存在着明显的温度变化。奶牛遭受环境应激会造成生产性能下降，每年经济损失达数十亿美元。近年来，随着我国奶牛养殖业的迅速发展，规模化、现代化和科学化逐步成为发展方向。农村中大量的小型养殖户以及与大公司联合的养殖小区已经成为农村经济中一个重要的增长点。奶牛养殖的目的是获得优质的乳品，而影响乳品品质的因素很多，环境温度、湿度以及光照均是其中非常重要的因素。乳品品质下降的直接后果是给养殖户带来巨大的经济损失。人们通常认为，奶牛对环境的适应能力较强，故而往往对此缺乏关注，致使奶牛遭受环境应激，造成生产力下降，严重情况下则导致疾病发生。奶牛对环境变化敏感，特别是高产奶牛，其生长、发育、繁殖、泌乳、免疫机能等均受环境因素的影响。

一、温度

当温度达到19～40℃时，奶牛会发生热应激，而当气温低于4℃时，奶牛会产生冷应激。

大量试验证实，发生热应激的奶牛通常伴随食欲减退、体温升高、心跳加快、精神沉郁、口渴喜饮等表现。奶牛处于热应激状态时，为维持体温的正常恒定，主要采用加强呼吸作用的方式来散发体内的热量。此时，奶牛呼吸频率、直肠温度和血清皮质醇含量都会发生显著变化。由于呼吸频率提高会导致奶牛机体内二氧化碳的损耗，从而使血液中碳酸氢盐的浓度降低，血液pH升高，引起奶牛发生呼吸性碱中毒。与此同时，在奶牛发生热应激时，其血液中血糖、血红蛋白（Hb）、无机离子、代谢激素、维生素和酶等指标也会相应发生较为显著的变化。如在夏季高温时期，奶牛血清中钙离子含量要明显低于冬、春和秋季。奶牛蛋白质、脂肪利用率也会发生降低，钙磷吸收率下降，维生素摄入及合成减少，体内钠、钾、镁的损失也增加。

温度与奶牛产奶量成反比。当环境温度升高时，乳房外周血流量增加，乳房内的血流量减少，因此奶牛产奶量会出现明显下降。奶牛在18～20℃的温度下是产奶的最适温度，当外界温度高于30℃时，奶牛产奶量会发生明显下降，当高于35℃时产奶量会急剧下降。同时牛乳成分也会产生相应变化，在高温条件下，牛乳中的乳脂、乳蛋白、乳糖及非脂固形物含量明显下降。

此外，在热应激状态下，奶牛的孕酮和雌激素水平会降低，促黄体素基础水平和排卵峰值降低，性周期延长，发情持续期缩短，母牛暗发情情况增多，受胎率降低，胚胎死亡率增加。在胚胎附植于子宫的若干天内，热应激会导致胚胎死亡。高温还可使初生仔畜的体形变小，死亡率升高。由于处于热应激状态的母牛分泌激素紊乱，导致代谢失调，因此容易患上繁殖疾病。

与热应激相对的冷应激目前相关研究报道还较少，奶牛处于寒冷环境之中主要表现为体温降低、基础代谢率升高，能量代谢和采食量增加，呼吸加深，耗氧量增加，心输出量和血流量以及肺动脉血压升高。另外，血糖、甲状腺素、生长激素等的浓度均升高，以促进机体的氧化代谢，增加产热，保持体温。

由于在冷应激下，饲料通过奶牛肠道的速度增加，网胃收缩频率增加，所以其干物质消化率下降。低温还会使奶牛产乳量降低，牛乳中乳蛋白和乳糖的含量下降。

二、湿度

湿度表示空气的潮湿程度。湿度可以影响牛体的热调节、健康和生产力。潮湿的空气对冬季的防寒和夏季的防暑极为不利，在高湿情况下，牛舍内易滋生病原性真菌、细菌，寄生虫的繁殖也增加，因而奶牛在此种环境中易患癣、湿疹等皮肤病。奶牛对相对湿度比对温度更敏感，湿度对奶牛产奶量的影响更大，所以牛舍的防潮工作很重要，从奶牛的生理机能方面来说，相对湿度以50％～70％为宜，环境湿度过高会严重影响奶牛生活的舒适性。湿度过大还会使奶牛机体的抵抗力减弱，容易使疾病在牛群中传播，发病过程比较严重，死亡率也高。高湿度还会使垫料发生霉败，导致奶牛发生曲霉菌病，造成重大的经济损失。而低湿、高温则能使奶牛皮肤外露的黏膜发生严重干裂，从而减弱皮肤和黏膜对微生物的防御能力。

三、通风

通风换气对于保持牛舍良好的环境是非常重要的，不论在什么季节，这都是必须要进行的一项工作。牛舍中有害气体的卫生指标要求：氨气＜26μL/L，硫化氢＜6.6μL/L，二氧化碳＜0.15％。经常对牛舍进行通风换气能有效减缓夏季高温高湿对奶牛产生的不良影响，能够及时排出舍内有害气体和潮湿的空气，从而达到改善牛舍内空气质量的目的，有利于促进奶牛的健康生长和生产性能的提高。

室内通风换气的形式基本上有两大类：一类属于自然通风，主要是利用设计牛舍时预

留的自然通风口进行通风换气；另一类属于机械通风，通常使用防湿卷帘机进行牛舍的通风换气，即将牛舍内潮湿的空气经过机械操作抽取排放至室外，同时将室外新鲜干燥的空气换进室内，达到改善空气质量的目的。

四、光照

光照对于奶牛很重要，光照可以影响奶牛的健康、奶牛的繁殖、奶牛的产奶量。有研究表明，奶牛在光照不足的情况下会导致产奶量下降，延长光照时间，可显著提高奶牛产奶量，创造更大的经济效益。奶牛适合长时间光照，最好保证每天 16 h 光照时长。牛舍的采光方式包括自然采光和人工照明两种形式。在进行牛舍的设计时，首先要考虑自然采光，自然阳光不仅有利于奶牛的健康生长，而且能够节约能源，减少牛场建造成本的投入。

第七节　奶牛舍的环境控制

一、温度控制

控制牛舍温度要综合考虑外界温度的变化，当外界温度过高时要对牛舍采取隔热措施，防止奶牛发生热应激，而当外界环境温度过低时，则要采取保温措施，来维持奶牛体温的恒定。

遮阳棚的使用可以有效减少阳光照射时间，将导致奶牛发生热应激的可能性降到最小。奶牛场设计合理的遮阳棚能够阻挡阳光对奶牛机体的辐射。建造遮阳棚应根据牛场具体环境搭建，棚顶应选用保温隔热性能好的材料并涂刷反射率高的涂料，减少对阳光的吸收，以取得最优遮蔽效果。既降低了奶牛发生热应激的概率，又保证了奶牛有足够的活动空间。在我国北方地区的炎热夏季里，采取降温措施如可以采用喷淋、喷雾、地面洒水、经常冲洗地面等，来降低牛舍的温度，实践证明效果非常理想。

二、湿度控制

奶牛场工作人员对牛舍内的防潮管理要做到以下几点：

（1）奶牛场在选址时要选择在地势较高且干燥的地方，在建造牛舍时要注意加设防潮层。

（2）在日常的管理中要将牛粪等污物及时清理掉，减少污水的产生。

（3）在牛舍地面铺设垫草，并保证垫草及牛体的干燥卫生，防止病原菌滋生。

（4）保证牛舍内良好的通风。

（5）在冬季到来时，加强保温从而达到降低舍内相对湿度的目的。

当气候过于干燥时，可向地面洒水，通过蒸发提高环境湿度，同时要给予奶牛充足的饮水，维持奶牛的健康状态。

三、通风控制

一般认为，牛舍的通风速度以冬季 0.3～0.4 m/s、夏季 0.8～1.0 m/s 为宜。由于太大的风速会也会影响奶牛的生长与产奶，所以需要对通风风速有所要求，避免起到相反的作用。对于通风换气的次数：冬季换气次数不宜超过 5 次/h，其他季节最好保持在 3～4 次/h。若采用机械通风的方式，一般将风机安装在牛头的前方，每 4～5 头奶牛共用 1 台风机。

四、光照控制

自然采光状况通常用奶牛舍的采光系数（即窗/地）来表示，成乳牛舍的采光系数要达到 1/12～1/10。采取光照措施时，要注意灯的选择，可考虑采用白炽灯、卤灯、荧光灯，避免使用高压钠灯或水银汞灯，防止对奶牛造成损害，根据牛舍光照标准，$1m^2$ 地面设 1W 光源提供的光照度。牛舍内照明器具的安放要高于日常工作操作空间高度之上，从而避免相互干扰。

第八节　奶牛场粪污对环境的污染及污染防治措施

奶牛对蛋白质饲料的利用率不高，饲料中约有 70％的氮不能被奶牛消化利用而是随着粪尿排出体外。在奶牛新鲜的粪便中，有机物占到总量的 8.44％～10.62％，无机盐占总量的 5.2％～6.18％，其中全氮含量为 0.31％。当把粪便施用到土地后，粪便中含有的大量氮磷会转化为硝酸盐和磷酸盐，随雨水、径流流入水体或下渗到地下水体中，造成地表水和地下水污染。地表水体中氮磷及有机物增加会导致水体中的细菌和藻类大量繁殖而消耗水中的溶解氧，藻类漂浮在水面上还会遮蔽阳光，妨碍水生植物的光合作用，最终导致水生植物和鱼虾等缺氧或缺少食物而死亡、腐烂，继而引起水体变质，不能供人和家畜饮用，即使用于灌溉农田也只会造成作物的徒长而不结果。若氮被氧化后产生的硝酸盐渗入到地下水中，则会导致水中硝态氮、亚硝态氮浓度升高和细菌总数超标，以及水体硬度增大。硝酸盐还有可能转化为致癌物质，严重威胁人畜健康。粪污中的病原微生物进入水体还有可能引起某些传染病的传播和流行。此外，部分氮会以氨气的形式挥发到大气中，严重的会造成酸雨。

减少奶牛场粪污对环境的污染可以通过建厂时的科学规划、合理布局和生产中的科学管理来实现，但是最根本的还是要提高奶牛对营养元素的利用率来减少污染物的排放，也就是常说的营养调控措施，包括平衡日粮和使用相关添加剂。首先要提高奶牛对氮的利用率，通过调节蛋白质水平及其组成、碳水化合物水平及其组成以及能氮比例来提高奶牛日粮中的氮平衡，或在饲料中添加新型饲料添加剂也可以达到相同的目的。其次，奶牛粪便中的氮转变成氨比尿液中的氮转变的速度慢得多，这就决定了氨从尿中挥发的速率比粪中高，如果使尿中的氮转化为粪中的就可以减少氮的排放。最后，在经济条件允许的条件下，使用物理法、化学法和生物法等对奶牛场产生的粪污进行集中处理，在一定程度上减缓了粪污对环境的污染。

第二章　奶牛的繁殖育种

第一节　牛在动物分类学上的地位

牛是世界上分布最广的一类动物，无论是高山或是平原，寒漠草地或是热带雨林，都有不同牛种的分布。它们在动物分类学上属：脊索动物门（Chordata），脊索动物亚门（Verte brata），哺乳纲（Mammalia），单子宫亚纲（Monodelphia），偶蹄目（Artiodactyla），反刍亚目（Ruminatia），牛科（Bovidae），牛亚科（Bovinae）。

牛亚科以下又分为牛属（*Bos*）和水牛属（*Bubalus*）。牛属动物包括家牛、瘤牛、牦牛、野牛等牛种。水牛属包括两个野生种，一是非洲水牛，一是亚洲水牛。非洲水牛尚未驯化。当今各地饲养的家水牛，是由亚洲水牛驯化而来，统称为水牛种（*Bubausbublis*）。

一、家牛

家牛的祖先为原牛。家牛的分布较广，数量极多，与人类生活关系极为密切。为了更好地利用家牛所提供的资源，人类对其进行了长时间的选择性育种，按其特征可以分为供食用的肉牛及产奶的奶牛，用于耕作的家牛则日渐减少。

二、瘤牛

瘤牛产于亚洲、非洲和南美洲，因在鬐甲部有一肌肉组织隆起似瘤而得名，古称犦牛，亦称犎牛（图 2-1）。

瘤牛体格较高，头面狭长，额宽而突出，颈垂特别发达，蹄质坚实。汗腺多，腺体大。对焦虫病有较强的抵抗力。皮肤分泌物有异味，能防壁虱和蚊虻。耐热、耐旱、耐粗饲。

有乳用、肉用及役用等类型，为热带地区的特有牛种。

图 2-1　瘤　牛

三、牦牛

牦牛是高寒地区的特有牛种，是世界上生活在海拔最高处的哺乳动物。我国是世界牦牛的发源地，全世界 90%的牦牛生活在我国青藏高原及毗邻的 6 个省区。牦牛适应高寒生态条件，耐粗、耐劳，善走陡坡险路、雪山沼泽，能游渡江河激流，有“高原之舟”之称。

牦牛全身一般呈黑褐色，身体两侧和胸、腹、尾毛长而密，四肢短而粗健（图 2-2）。

a.九龙耗牛

b.天祝耗牛

图 2-2 牦 牛

牦牛分为野牦牛和家牦牛。野牦牛是典型的高寒动物，性极耐寒，是青藏高原特有牛种，为国家一级保护动物。野牦牛体形笨重、粗壮，但比印度野牛略小。体长为 200～260cm，尾长约 80～100cm，肩高 160～180cm，体重 500～600kg，雄性个体明显大于雌性个体。野牦牛具有耐苦、耐寒、耐饥、耐渴的本领，对高山草原环境条件有很强的适应性。

牦牛经过长期选育，在我国形成了不少的优良地方品种。如甘肃的天祝牦牛，四川的麦洼牦牛、九龙牦牛，青海的环湖型牦牛、高原型牦牛，新疆的巴州牦牛，西藏的嘉黎牦牛、亚东牦牛、斯布牦牛，及云南的中甸牦牛等 10 多个优良品种。

四、水牛

水牛，也称为印度水牛。主要分布在亚洲，其中印度数量最多。我国次之，主要分布在黄河以南的 17 个省市区，集中分布在广东、广西、湖南、湖北、云南、贵州、四川、安徽、江西和海南 10 个省区。

水牛分两个亚种，河流型水牛和沼泽型水牛，二者的染色体数分别为 $2n=50$ 和 $2n=48$，我国的水牛除了槟榔江水牛属于河流型水牛的一个地方亚群外，其他水牛均属于沼泽型。沼泽型水牛毛色深灰色或瓦灰色（石板青色），有颈纹胸纹，肢下部四蹄灰白色，头短、额平，脸短，下颚两侧各有一小簇白毛。嘴和鼻镜宽阔。角向后弯曲成半月状。尾短不超过臀部，尾帚不发达。体躯粗重矮壮，身短腹大，鬐甲部和十字部高耸，前躯发育良好，后躯较差。如中国水牛、泰国水牛和菲律宾水牛等。河流型水牛通常被毛黑色，前额、颜面有时出现小块白毛，尾帚白色。头、脸较长，额稍隆起，角向上形成螺旋形弯曲。尾长过臀部，尾帚发达。体躯较长，后躯较前躯发达，体形略呈楔形。母牛乳房发达，静脉明显。乳用品种已有近 20 个，著名的有摩拉水牛和尼里—拉菲水牛等（图 2-3）。

a.中国水牛（沼泽型）

b.尼里—拉菲水牛（河流型）

图 2-3　水　牛

第二节　著名乳用牛品种简介

乳用牛品种是经过长期精心选育和改良，最适于生产乳品的专门化品种。世界上有许多著名的优良奶牛品种，按其用途可分为专门化乳用型和乳肉兼用型。例如，世界闻名的荷斯坦牛、娟姗牛为乳用型品种，而西门塔尔牛、瑞士褐牛、短角牛为乳肉兼用型品种。

一、荷斯坦牛

荷斯坦牛是当今世界乳用性能最好的奶畜之一，原产于荷兰北部的北荷兰省和西弗里斯省。由于该品种绝大多数毛色具有黑白相间、界限分明的花片，故又称之为“黑白花牛”。此外，该品种存在红色隐性基因，故还有少数红白花毛色群体（图 2-4）。

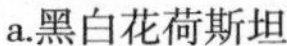

a.黑白花荷斯坦

b.红白花荷斯坦

图 2-4　荷斯坦牛

荷斯坦牛风土驯化能力强，目前分布于世界各地。经各国多年的系统选育，育成了各具特征的荷斯坦牛并冠以本国国名，如美国荷斯坦牛、英国荷斯坦牛、日本荷斯坦牛、中国荷斯坦牛等。同时，由于各国的选育方向不同，荷斯坦牛逐渐分化为乳用型和乳肉兼用型两大类。

1. 乳用型荷斯坦牛

（1）外貌特征。体格高大（表 2-1），结构匀称，皮薄骨细，皮下脂肪少，乳房特别庞大，乳静脉曲张明显，后躯较前躯发达，侧望呈楔形，具有典型的乳用型外貌。被毛细短，毛色以黑白花居多，额部有白星，腹下、四肢下部（腕、跗关节以下）及尾帚为白色。犊牛初生重为 40～50kg，成年荷斯坦牛体尺和体重见表 2-1。

表 2-1　成年荷斯坦牛体尺和体重

性别	体重（kg）	体高（cm）	体长（cm）	胸围（cm）	管围（cm）
公	900～1 200	145	190	226	23
母	650～750	135	170	195	19

（2）生产性能。乳用型荷斯坦牛的产奶量为各奶牛品种之冠。美国 2008 年登记的荷斯坦牛平均产奶量达10 443kg，乳脂率为 3.64%，乳蛋白率为 3.08%。

荷斯坦牛的缺点是乳脂率较低，不耐热，高温时产奶量明显下降。因此，夏季饲养，尤其南方要注意防暑降温。

2. 兼用型荷斯坦牛

（1）外貌特征。兼用型荷斯坦牛体格略小于乳用型，体躯低矮宽深，侧望略偏矩形。尻部方正，四肢短而开张，皮肤柔软而稍厚。乳房发育均称，前伸后展，附着好，多呈方圆形。毛色与乳用型相同，但花片更加整齐美观。成年公牛体重 900～1 100kg，母牛 550～700kg。犊牛初生重 35～45kg。

（2）生产性能。兼用型荷斯坦牛的平均产奶量较低于乳用型，年产奶量一般为 4 500～6 000kg，乳脂率为 3.9%～4.5%。个体高产者可达10 000kg 以上。

兼用型荷斯坦牛的肉用性能较好，经肥育的公牛，500 日龄平均活重为 556kg，屠宰率为 62.8%。

3. 中国荷斯坦牛　中国荷斯坦牛是采用从国外引进的荷斯坦牛与中国黄牛进行杂交并经长期选育而成。中国荷斯坦牛是中国奶牛的主要品种，现分布于全国各地。

（1）外貌特征。中国荷斯坦牛体格高大，体躯结构匀称，背腰平直，尻部长、平、宽。体质细致结实，有角，多数由两侧向前向内弯曲。毛色多呈现黑白花，花色分明，额部多有白斑，腹底、四肢下部及尾端呈白色。乳房发育良好，乳静脉明显，乳头大小适中。

（2）生产性能。优秀牛群年平均产乳量可达7 000kg 以上，优秀个体产奶量可达 10 000kg 以上。平均乳脂率 3.2%～3.4%。屠宰率母牛为 49.7%，公牛为 58.1%。净肉率母牛为 40.8%，公牛为 48.1%。

二、娟姗牛

属小型乳用牛品种，原产于英吉利海峡的娟姗岛。该品种与其他品种相比，耐热性强，并以其采食性好，乳脂、乳蛋白率较高而著称。此外，耐粗饲也是娟姗牛的一个重要特点。现分布于世界各地。

1. 外貌特征　娟姗牛体型小，呈楔形。背腰平直，胸深宽，四肢较细，蹄小。头小

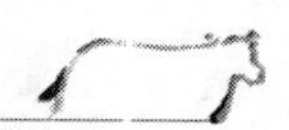

而清秀，额部凹陷，两眼突出。乳房发育良好，乳静脉粗大而弯曲。毛色从浅灰色、深黄色到接近黑色，以浅褐色居多。嘴、眼周围有浅色毛环，鼻镜及舌为黑色，尾帚为黑色（图 2-5）。

图 2-5　娟姗牛

成年公牛体高 123～130cm，体重 500～700kg，母牛体高111～120cm，体重 350～450kg，犊牛初生重 23～27kg。

2. 生产性能　娟姗牛一般年平均产奶量为4 000～5 000kg，乳脂率平均为 5.0%～7.0%，乳蛋白率为 3.7%～4.4%，是世界乳脂率最高的乳牛品种。娟姗牛的最大特点是乳汁浓厚，乳脂色黄而风味好，适于制作黄油。

三、西门塔尔牛

西门塔尔牛原产于瑞士，是乳肉兼用品种。由于其具有优异的生产性能，世界上许多国家纷纷引进，在本国选育或培育，形成了不同的品种类群，并冠以该国国名而命名，如德国西门塔尔牛、法国西门塔尔牛、中国西门塔尔牛等。

1. 品种概述

（1）外貌特征。西门塔尔牛体型高大，骨骼粗壮，颈长中等，背腰平直，胸深宽，尻宽平，四肢结实。体躯呈圆筒状，肌肉丰满，前躯较后躯发育好，大腿肌肉发达。头较长，面宽，角较细而向外上方弯曲，尖端稍向上。该牛毛色为黄白花或淡红白花，头、胸、腹下、四肢及尾帚多为白色，皮肤为粉红色。乳房发育良好（图 2-6）。

图 2-6　西门塔尔牛

成年公牛体重平均为 800～1 200 kg，成年母牛体重 650～800kg，犊牛初生重 40～50kg。

（2）生产性能。西门塔尔牛乳、肉用性能均较好。成年母牛平均产奶量6 000kg，乳脂率 4.0%～4.2%。该品种生长速度较快，平均日增重可达 1.35～1.45kg 以上，生长速度与其他大型肉用品种相近。胴体瘦肉多，脂肪少且分布均匀，公牛育肥后屠宰率可达 65%左右。

2. 中国西门塔尔牛　我国于 20 世纪 50 年代有计划地引进西门塔尔牛，引进后该品种对我国各地的黄牛改良效果非常明显，杂交一代的生产性能一般都能提高 30%以上，因此很受欢迎。后采用开放核心群育种技术路线，在太行山两麓半农半牧区、皖北、豫东、苏北农区、松辽平原、科尔沁草原等地建立了平原、山区和草原 3 个类群，形成了乳肉兼用的中国西门塔尔牛。2001 年 10 月通过国家品种审定，目前种群规模达 100 万头。

（1）外貌特征。中国西门塔尔牛体躯宽深高大，结构匀称，体质结实，肌肉发达。毛色为红白花或黄白花，花片分布整齐，头部呈白色或带眼圈，尾帚、四肢、腹部为白色。角、蹄呈蜡黄色，鼻镜呈肉色。乳房发育良好，结构均匀紧凑（图 2-7）。成年公牛平均体重 1 000～1 300 kg，母牛平均体重 550～800kg，犊牛初生重 30～45kg。

图 2-7　中国西门塔尔牛

（2）生产性能。中国西门塔尔牛泌乳期平均产奶量 4 300 kg，乳脂率 4.0%～4.2%，乳蛋白率 3.5%～3.9%。胴体瘦肉多，脂肪少且分布均匀，公牛育肥后屠宰率可达 65%左右。

四、瑞士褐牛

瑞士褐牛属乳肉兼用品种，原产于瑞士阿尔卑斯山区，主产区为瓦莱斯地区。由当地的短角牛在良好的饲养管理条件下，经过长时间选种选配而育成。目前在美国、德国、加拿大等国家均有分布。

1. 外貌特征　瑞士褐牛背腰平直，胸深，尻宽而平，四肢粗壮结实。头宽短，额稍凹陷，颈短粗，垂皮不发达。被毛为褐色，由浅褐、灰褐至深褐色，在鼻镜四周有一浅色或白色带，鼻、舌、角尖、尾帚及蹄为黑色。乳房匀称，发育良好，乳头大小适中（图 2-8）。

成年公牛体重为 1 000kg，成年母牛体重为 500～550kg。

图 2-8　瑞士褐牛

2. 生产性能　瑞士褐牛年产奶量为 5 000～7 000kg，乳脂率为 4.1%～4.2%；18 月龄活重可达 485kg，屠宰率为 50%～60%。

瑞士褐牛成熟较晚，一般 2 岁配种。耐粗饲，适应性强。美国、加拿大、前苏联、德国、波兰、奥地利等国均有饲养，全世界约有 600 万头。瑞士褐牛对我国新疆褐牛的育成起过重要作用。

五、短角牛

短角牛原产于英格兰的诺桑伯、德拉姆、约克和林肯等郡。它是在18世纪，用当地的提兹河牛、达勒姆牛与荷兰中等品种杂交育成的。因该品种牛是由当地土种长角牛经改良而来，角较短小，故取其相对的名称而称为短角牛。世界各国都有短角牛的分布，以美国、澳大利亚、新西兰、日本和欧洲各地饲养较多。我国于1913年、1947年先后从新西兰、加拿大、日本引进少量乳肉兼用短角牛。目前，短角牛主要分布在内蒙古、辽宁、黑龙江、吉林、新疆等地。

1. 外貌特征　短角牛胸宽而深，肋骨开张良好，鬐甲宽平，腹部成圆桶形，背线直，背腰宽平。尻部方正丰满，荐部长而宽；四肢短，肢间距离宽；垂皮发达。背毛卷曲，多数呈紫红色，红白花其次，沙毛较少，个别全白。大部分都有角，角型外伸、稍向内弯、大小不一，母牛较细，公牛头短而宽，颈短粗厚。乳房发育适度，乳头分布较均匀，偏向乳肉兼用型，性情温驯（图2-9）。

图2-9　短角牛

2. 生产性能　兼用种成年公牛体重约1 000kg，母牛600～750kg。年产乳3 000～4 000kg，乳脂率3.9%左右。肉用种体重较大，体质强健，早熟易肥。肉质肥美，屠宰率可达65%～72%。

六、摩拉水牛

摩拉水牛俗称印度水牛，是世界上著名的乳牛品种。原产于印度的雅么纳河西部，最好的繁殖区为合里亚纳。1957年引进我国，现广泛分布于广西、湖南、广东、四川、安徽、湖北、云南、江苏、河南、江西、陕西、贵州、福建、浙江等地。

1. 外貌特征　摩拉水牛体形高大，呈楔形，胸深宽，尻扁斜，四肢粗壮，蹄质坚实。皮薄而软，富光泽，被毛稀疏、黝黑，少数为棕色或褐灰色，尾帚白色或黑色。头较小，前额稍微突出，角如绵羊角，呈螺旋形，耳薄下垂。母牛乳房发育良好，乳静脉弯曲明显，乳头粗长（图2-10）。

成年牛平均体高132.8cm，成年公牛体重450～800kg，母牛体重350～750kg。

2. 生产性能　摩拉水牛是较好的乳用水牛品种，年平均产奶量2 200～3 000kg，乳脂率7.6%。它与我国本地水牛杂交的杂种较本地水牛体型大，生产发育快，役力强，产奶量高。该牛具有耐粗饲、耐热、抗病能力强、繁殖率高、遗传稳定的优点，宜在水源多的地方饲养。

图2-10　摩拉水牛

七、科尔沁牛

科尔沁牛属乳肉兼用品种，因主产于内蒙古东部地区的科尔沁草原而得名。科尔沁牛是以西门塔尔牛为父本，蒙古牛、三河牛以及蒙古牛的杂种母牛为母本，采用育成杂交方法培育而成。1990 年通过鉴定，并由内蒙古自治区人民政府正式验收命名为“科尔沁牛”。

1. 外貌特征 科尔沁牛结构匀称，背腰平直，胸宽深，四肢端正。被毛为黄（红）白花，白头。体格粗壮，体质结实，后躯及乳房发育良好，乳头分布均匀（图 2-11）。

图 2-11 科尔沁牛

成年公牛体重 991kg，母牛 508kg，犊牛初生重 38.1～41.7kg。

2. 生产性能 科尔沁母牛 280d 产奶3 200kg，乳脂率 4.17%，在自然放牧条件下 120d 产奶量为1 256kg。科尔沁牛在常年放牧加短期补饲条件下，18 月龄屠宰率为 53.3%，净肉率为 41.9%。经短期强度育肥，屠宰率可达 61.7%，净肉率为 51.9%。

科尔沁牛适应性强、耐粗饲、耐寒、抗病力强、易于放牧，是牧区比较理想的一种乳肉兼用品种。

八、三河牛

三河牛是我国培育的乳肉兼用品种，产于内蒙古额尔古纳市三河地区（根河、得勒布尔河、哈布尔河）。1986 年 9 月，被内蒙古自治区人民政府正式验收命名为“内蒙古三河牛”。

1. 外貌特征 三河牛体格高大结实，骨骼粗壮，肢势端正，四肢强健，蹄质坚实。有角，角稍向上、向前方弯曲。毛色为红（黄）白花，花片分明，头白色，额部有白斑，四肢膝关节下部、腹部下方及尾尖为白色。乳房大小中等，质地良好，乳静脉弯曲明显，乳头大小适中，分布均匀（图 2-12）。

图 2-12 三河牛

成年公、母牛的体重分别为 1 050kg 和 547.9kg，体高分别为 156.8cm 和 131.8cm。犊牛初生重，公犊为 35.8kg，母犊为

31.2kg。从断奶到18月龄，在正常的饲养管理条件下，平均日增重为500g。三河牛属于晚熟品种。

2. 生产性能 三河牛产奶性能好，年平均产奶量为4 000kg，乳脂率在4%以上。2～3岁公牛的屠宰率为50%～55%，净肉率为44%～48%。三河牛耐粗饲、耐寒、抗病力强，适合放牧。

九、新疆褐牛

新疆褐牛属于乳肉兼用品种，主产于新疆伊犁和塔城地区。自20世纪30年代起，伊犁和塔城地区先后引进瑞士褐牛、阿拉塔乌牛和科斯特罗姆牛与当地哈萨克牛进行杂交改良，终于1983年通过鉴定，批准为乳肉兼用新品种。目前，存栏约45万余头。

1. 外貌特征 新疆褐牛体躯健壮，头清秀，角中等大小、向侧前上方弯曲，呈半椭圆形。毛色呈褐色，深浅不一，顶部、角基部、口轮的周围和背线为灰白色或黄白色，眼睑、鼻镜、尾尖、蹄呈深褐色。成年公牛体重为951kg，母牛为431kg，犊牛初生重28～30kg（图2-13）。

图2-13 新疆褐牛

2. 生产性能 在舍饲条件下，新疆褐牛平均产奶量为2 100～3 500kg，乳脂率4.03%～4.08%，乳干物质13.45%。个别高的产奶量可达5 212kg。在放牧条件下，泌乳期约100d，产奶量1 000kg左右，乳脂率4.43%。

十、中国草原红牛

中国草原红牛是以乳肉兼用的短角公牛与蒙古母牛长期杂交育成的乳肉兼用型品种。主要产于吉林白城地区、内蒙古昭呼达盟、锡林郭勒盟及河北张家口地区。1985年经国家验收，正式命名为中国草原红牛。

草原红牛适应性强，耐粗饲。夏季完全依靠草原放牧饲养，冬季不需补饲，仅依靠采食枯草即可维持生活。对严寒酷热气候的耐力亦很强，抗病力强，发病率低，当地以放牧为主。其肉质鲜美细嫩，为烹制佳肴的上乘原料。皮可制革，毛可织毯。

1. 外貌特征 草原红牛体格中等，头较轻，大多数有角且多伸向前外方，呈倒八字形，略向内弯曲。颈肩结合良好，胸宽深，背腰平直，四肢端正，蹄质结实。被毛为紫红色或红色，部分牛的腹下或乳房有小片白斑。乳房发育较好。成年公牛体重700～800kg，母牛为450～500kg，犊牛初生重30～32kg。

2. 生产性能 草原红牛在放牧加补饲的条件下，平均产奶量为1 800～2 000kg，乳脂率4.0%。草原红牛繁殖性能良好，性成熟年龄为14～16月龄，初情期多在18月龄。在放牧条件下，繁殖成活率为68.5%～84.7%。据测定，18月龄的阉牛，经放牧肥育，屠宰率为 50.8%，净肉率为 41.0%。经短期肥育的牛，屠宰率可达 58.2%，净肉率达 49.5%。

第三节 奶牛的体型外貌与生产性能测定

一、奶牛的体型外貌

1. 奶牛体型外貌鉴定的意义 奶牛的体型外貌与产奶性能、奶牛健康、利用年限、寿命、经济类型及其种用价值等均有密切关系，这也是影响奶牛场效益的重要因素。因此，在重视奶牛生产性能改良提高的基础上，必须要重视奶牛体型外貌的改良，从而提高奶牛的泌乳能力和持久力，提高奶牛健康水平，延长奶牛使用年限，做到平衡育种，提高效益。体型外貌进行鉴定的目的是鉴定奶牛外貌有无功能性及管理上的缺陷；外貌是否符合品种标准；根据外貌估计奶牛的生产性能。近来的研究表明，奶牛体型与产奶量在表型和遗传上均呈一定程度的相关性。乳用性和产奶量有较大的遗传和表型相关；后房宽度、后房高度与产奶量有中等的遗传和表型相关；乳房深度、前房附着与产奶量有负的遗传和表型相关。实践证明，通过科学的外貌鉴定技术，选择出的奶牛生产性能也较高。目前，外貌鉴定技术已成为评定奶牛最普遍、最常用的一种方法。

2. 奶牛的体型外貌特征 从整体看，奶牛体型高大，结构匀称，头清秀，皮薄脂肪少，被毛细短，毛色为明显的黑白花片，后躯较前躯发达，乳房大而丰满，乳静脉粗而弯曲。从侧望、前望、上望均呈楔形，即 3 个三角形。

其次，从个别部位来看，对奶牛最重要的莫过于乳房和尻部。一个发育良好的标准乳房，前乳房应向前延伸至腹部和腰角垂线之前，后乳房应向股间的后上方充分延伸，附着极高，使乳房充满于股间而突出于躯体的后方。由于结缔组织的良好支撑与联系，使整个乳房牢固地附着在两大腿之间而形成半圆形。4 个乳区发育匀称，4 个乳头大小、长短适中而呈圆柱状，乳头间相距很宽，底线平坦。这样的乳房称为“方圆乳房”，其底线略高于飞节。它具有薄而细致的皮肤，短而稀疏的细毛，弯曲而明显的乳静脉。泌乳牛，特别是高产牛的乳静脉比干奶牛或低产牛的粗大、弯曲而且分枝多，这是血液循环良好的标志。尻部与乳房的形状有密切的关系，尻部宽广，两后肢间距离就宽，才能容纳庞大的乳房。母牛狭窄的尻部，影响其乳房的发育，后肢间距亦窄，呈 X 状。因此，乳牛的尻部要宽、长而平，亦即腰角间与坐骨端间距离要宽，而且要在一条水平线上。髋、腰角与坐骨端的距离，以形成等腰三角形为上选，这样才能构成宽、长、平的尻部。

二、体型线性评定

体型外貌评定在奶牛中是最复杂也是做得最完善的。目前普遍采用的方法主要是体型线性评定，它是对各个具有一定生物学功能的性状独立地分别进行评定，对每一性状都用数字化的线形尺度来表示其从一个极端到另一个极端的不同状态，即所谓的线形评分。线性评定方法自 20 世纪 80 年代初起就在奶牛中开始应用，但各国在测定性状的选择上以及对各个性状的重视程度上有所不同。例如在我国，将奶牛的体型性状分为两级，一级性状共 15 个，归纳为 5 个部分：

(1) 体形部分。

体高：由鬐甲最高点（第四胸椎棘突处）至地面的垂直距离。

体深：中躯的深度，主要看肋骨的长度和开张度。

强壮度：根据胸部宽度与深度、鼻镜宽度和前躯骨骼结构综合评判。

棱角清秀度：骨骼鲜明度和整体优美度。

(2) 尻臀部。

尻角：从腰角到臀角坐骨结构与水平线所夹的角度。

尻宽：由腰角宽、髋宽和坐骨宽综合评定，比重分别为10%、80%和10%。

尻长：从腰角到臀角之间的距离。

(3) 肢蹄部。

后肢侧望：主要指飞节处的弯曲程度。

踢角度：蹄前缘斜面与地平面所构成的角度，以后肢为主。

(4) 乳房部。

前房附着：前房与体躯腹壁的附着紧凑程度，根据乳房前缘由韧带牵引与体躯腹壁附着的角度来判断。

后房宽度：后房左右两个附着点之间的宽度。

后房高度：后房附着点的高度，根据其在坐骨与飞节之间的相对位置来判断。

乳房悬垂形状：根据后视乳房悬韧带的表现清晰度判断。

乳房深度：乳房底平面的高度，根据其与飞节的相对位置来判断。

(5) 乳头部分。

乳头配置后望：从后面观看的乳头基底部在乳区内的分布（乳头间的距离）情况。

此外，在以上5个部分中还包含14个二级性状。

在得到各一级性状的等级得分后，还要进一步将有关性状的得分加权合并成一般外貌、乳用特征、体躯容量和泌乳系统4个特征性状的得分。

4个特征性状得分的计算公式：

一般外貌＝0.2（体高＋后肢侧望＋蹄角度）＋0.1（强壮度＋体深＋尻角度＋尻宽）

乳用特征＝0.3棱角清秀度＋0.2(尻长＋尻宽)＋0.1(后肢侧望＋蹄角度＋后房宽度)

体躯容量＝0.2（体高＋强壮度＋体深＋尻角度）＋0.1（尻长＋尻宽）

泌乳系统＝0.2（前房附着＋后房高度＋后房宽度＋乳房深度）＋0.1（悬垂形状＋乳头后望）

最后将各特征性状得分再加权合并为体型整体得分，各特征性状的加权值(表2-2）为：

表2-2　牛各特征性状加权值

部位	公牛	母牛
一般外貌	0.45	0.30
乳用特征	0.30	0.20
体躯容量	0.25	0.20
泌乳系统		0.30

各部位的等级分和整体等级分都可按其得分将其划分为等级：E（优秀）：90分以上；V（优良）：85～89分；G+（较好）：80～84分；G（好）：75～79分；F（中）：65～74分；P（差）：64分以下。

三、奶牛产奶性能的测定

1. 影响奶牛产奶性能的因素

（1）遗传因素。不同品种牛产奶量和乳脂率有很大差异，经过高度培育的品种，其产奶量显著高于地方品种。产奶量和乳脂率之间存在着负相关，产奶量较高的品种，其乳脂率相应较低，但通过有计划的选育，乳脂率也可提高。同一品种内的不同个体，虽然处在相同的生命阶段，相同的饲养管理条件，其产奶量和乳脂率仍有差异。如黑白花牛的产奶量变异范围在1 200～3 000kg，乳脂率在2.6%～6.0%变化，体重大的个体其绝对产奶量比体重小的要高。通常情况下，体重在550～650kg为宜。

（2）生理因素。奶牛泌乳能力随年龄和胎次的增加而发生规律性的变化。初产奶牛的年龄在2岁左右，由于本身尚在发育阶段，所以产奶量较低。以后随着年龄和胎次的增加，产奶量逐渐增加。一般到6～9岁第4～7胎时，产奶量达到一生中的高峰。10岁以后，由于机体逐渐衰老，产奶量又逐渐下降。但饲养良好，体质健壮的母牛，年龄到13～14岁时，仍可维持较高的泌乳水平。

母牛从产犊开始到停止泌乳整个泌乳期中产乳量亦呈规律性的变化。分娩后，日产乳量逐渐上升，从第一个泌乳月末到第二个泌乳月中期达到该泌乳期的最高峰。维持一段时间后，在第四个泌乳月开始又逐渐下降。至第七个泌乳月之后，迅速下降，到第十个泌乳月左右停止泌乳。

在同一牛群中，虽然环境条件相对一致，但因个体的遗传素质有差异，泌乳曲线呈现3种类型。第一类是高度稳定型，其逐月泌乳量的下降速率平均维持在6%以内，这类个体具有优异的育种价值。第二类是平稳型，其逐月泌乳量的下降速率为6%～7%，这类个体在牛群中较为常见，全泌乳期产乳量高，可以选入育种核心群。第三类是急剧下降型，其逐月泌乳量的下降速率平均在8%以上，这类个体产乳量低，泌乳期短不宜留种用。

不同的泌乳时期，乳脂率也有变化。初乳期内的乳脂率很高，几乎超过常乳的1倍。第2～8星期，乳脂率最低。第三个泌乳月开始，乳脂率上升。乳牛完成一个泌乳期的产乳之后，需予以干乳，使乳腺组织获得一定的休息时间，并使母牛体内储蓄必要的营养物质，为下一个泌乳期做好准备。母牛干乳期一般为50～60d，其长短应根据每头母牛的具体情况决定。5岁以上的母牛，干乳期为40～60d，其营养条件能得到保证，对下胎产乳量影响较小。母牛发情期间，由于性激素作用，产乳量会出现暂时下降，其下降幅度为10%～12%。在此期间，乳脂率略有上升。母牛妊娠对产乳量的影响明显而持续，妊娠初期影响极微，从妊娠第五个月开始，由于胎盘分泌动情素和助孕素对泌乳有抑制作用，泌乳量显著下降，第八个月迅速下降，以致干乳。

（3）环境因素。乳牛的饲养方式、饲喂方式、挤乳技术、挤乳次数等，都对产乳量有影响。但营养物质的供给，对产乳量的影响最为明显。饲养条件好时产乳量也高。日粮中

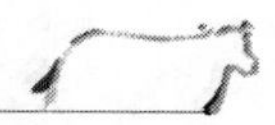

应给予多量的青绿多汁和青贮饲料，并注意各种营养物质的合理搭配，根据泌乳母牛的营养需要实行全价饲养。

挤乳前用热水擦洗乳房和按摩乳房，能提高产乳量和乳脂率。正确的挤乳和乳房按摩，是提高产乳量的重要因素。挤乳技术熟练，适当增加挤乳次数，能提高产乳量。一昼夜产乳量在15kg以下的乳牛，可采用2次挤乳。15kg以上的乳牛，特别是高产乳牛，则应采用3次挤乳。

在我国目前条件下，母牛最适宜的产犊季节是冬季和春季。因为母牛在分娩后的泌乳盛期，恰好在青绿饲料丰富和气候温和的季节，此期母牛体内催乳素分泌旺盛，又无蚊蝇侵袭，有利于产乳量提高。黑白花牛对温度的适应范围是0～10℃，最适宜的气温是10～16℃，外界气温升高到40.5℃时，呼吸频率加快5倍，且采食停止，产乳量显著下降。相对而言，乳牛怕热不怕冷，黑白花牛在外界气温13～20℃时，产乳量才开始下降，冬季保证供应足够的青贮料和多汁料，多喂些蛋白质饲料对产乳量不会有很大影响。

母牛在患病和损害健康的情况下，其泌乳量也随之降低，尤其是母牛的泌乳器官发生疾病，如乳房炎、乳头受伤、产乳量的下降更为显著。

2. 产奶性能的测定

（1）产奶量的测定和计算。最精确的方法是将每头母牛每天每次的产奶量进行称量和登记。但是，由于奶牛场的规模日益扩大，国外在保持育种资料可靠的前提下，力争简化生产性能的测定方法，许多国家近年来采用每月测定一次的办法，甚至有些国家（如美国）推行每3个月测一次产奶量。我国近年在这方面也进行了研究，如黑龙江省畜牧研究所等单位提出，用每月测定3d的日产奶量来估计全月产奶量的方法，结果表明，估计产奶量与实际产奶量之间存在极显著的正相关（$r=0.993$，$P<0.01$）。这种方法估算容易，记载方便，在尚未建立各项记录的专业户乳牛场或其他类似的农牧场易于推广使用。其具体做法在一个月内记录产奶量3d，各次间隔为8～11d。计算公式为：

$$(M1\times D1)+(M2\times D2)+(M3\times D3)=\text{全月产奶量（kg）}$$

式中，M1、M2、M3为每月3d的测定日全天产奶量；D1，D2，D3为当次测定日与上次测定日间隔天数。

（2）个体产奶量的计算。个体牛全泌乳期的产奶量，以305d产奶量，305d矫正乳量和全泌乳期实际产奶量为标准。其计算方法如下：

305d产奶总量：是指自产犊后第一天开始到305d为止的总产奶量。不足305d的，按实际奶量，并注明泌乳天数；超过305d者，超出部分不计算在内。

305d矫正乳量：标准虽然要求泌乳期为305d，但有的乳牛泌乳期达不到305d，或超过305d而又无日产记录可以查核，为便于比较，应将这些记录校正为305d的近似产量（表2-3、表2-4），以利种公牛后裔鉴定时作比较用。

全泌乳期实际产奶量：指产犊第一天至干奶为止的累计总产奶量。

表2-3 产乳天数少于或等于305d产乳量矫正系数表

	240d	250d	260d	270d	280d	290d	300d	305d
1胎	1.182	1.148	1.116	1.036	1.055	1.031	1.011	1.000

（续）

	240d	250d	260d	270d	280d	290d	300d	305d
2～5胎	1.165	1.133	1.103	1.077	1.052	1.031	1.011	1.000
6胎以上	1.155	1.123	1.094	1.070	1.047	1.025	1.009	1.000

表 2-4 产乳天数超过305d产乳量矫正系数表

	305d	310d	320d	340d	350d	360d	370d
1胎	0.987	0.965	0.947	0.924	0.911	0.895	0.881
2～5胎	0.988	0.970	0.952	0.936	0.925	0.911	0.904
6胎以上	0.988	0.970	0.956	0.939	0.928	0.916	0.903

（3）乳脂率和乳脂量的测定和计算。乳脂率是衡量原乳质量的重要指标之一。中国奶业协会规定奶牛每逢1、3、5胎进行乳脂率测定，每胎测定第二、五、八个泌乳月。经试验证明，采用一个泌乳期测定3次所得的平均乳脂率与每月测定一次所得结果相比误差不显著，仅为0.012%。

测定乳脂率的方法有盖氏法、巴氏法和乳脂测定仪或乳成分测定仪3种。其中巴氏法测定结果偏低，乳脂测定仪的工作效率最高。

根据泌乳期第二、五、八个泌乳月的3次测定所得的平均乳脂率的计算公式如下：

$$\text{平均乳脂率（\%）}=\frac{F1\times\text{第二泌乳月产乳量}+F2\times\text{第五泌乳月产乳量}+F3\times\text{第八泌乳月产乳量}}{\text{泌乳期总产乳量}}$$

式中，F1为第二泌乳月所测乳脂率，F2为第五泌乳月所测乳脂率，F3为第八泌乳月所测乳脂率。

乳脂量的计算公式为：乳脂量＝乳脂率×产乳量。

由于不同个体所产奶的乳脂率不同，为了评定不同个体间产乳性能的优劣，一般用4%标准乳（Fat correct milk，FCM）来作为衡量标准，其计算公式如下：

$$\text{（4\%）FCM}=0.4\times\text{泌乳量}+15\times\text{乳脂量}$$
$$=\text{泌乳量}\times(0.4+15\times\text{乳脂率})$$

（4）乳蛋白率的测定。乳蛋白率测定的经典方法是凯氏定氮法，即先测定牛奶中的含氮量，然后根据蛋白质的含氮量计算出该牛奶的蛋白质含量的百分数。该方法定量准确，但效率较低。近年来，采用比色法和乳成分测定仪进行乳蛋白率的测定，工作效率大大提高。

（5）排乳速度。奶牛的排乳速度是评定奶牛生产性能的重要指标之一。在机械挤奶条件下，奶牛排乳速度对于劳动生产率的提高很有影响。

排乳速度与年龄、胎次、品种、个体、乳头管径、乳头形态和括约肌强弱有关。被测定的乳牛，一次挤乳量不应低于5kg。其测定时间通常在产后4～6周开始至150d之内的任何一天均可。其计算公式如下：

$$\text{矫正后的排乳速度}=0.1\times(10-X)+V$$

式中，X为实际挤乳量（kg），V为实际排乳速度（kg/min）。

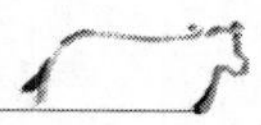

(6) 前乳房指数。前乳房指数是度量各乳区泌乳均衡性的主要指标，指一次挤奶中前乳区的挤奶量占总挤奶量的百分比。计算2个前乳区（即前乳房）所产的奶占全部奶量的百分率，即为前乳房指数。其计算公式是：

前乳房指数＝（2个前乳区奶量/总奶量）×100％

(7) 饲料转化率的计算。饲料转化率也称为饲料报酬，指消耗单位风干饲料重量与所得到的动物产品重量的比值，是鉴定奶牛品质的重要指标之一，也是育种工作的重要内容。其计算方法有两种：

第一，每千克饲料干物质生产的牛乳量，公式如下：

饲料转化率（％）＝全泌乳期总产奶量（kg）/全泌乳期饲喂各种饲料干物质总量（kg）

第二，每生产1kg牛奶需要的饲料干物质量，公式如下：

饲料转化率（％）＝全泌乳期饲喂各种饲料干物质总量（kg）/全泌乳期总产奶量（kg）

四、DHI体系及其在奶牛饲养管理中的应用

DHI为英文Dairy Herd Improvement的缩写，原意是奶牛牛群改良。由于DHI是通过个体产奶牛的测定数据（乳成分和体细胞）的测定，和牛群的基础资料分析，了解现有牛群和个体牛的遗传进展、产奶水平、乳成分、乳房炎及繁殖等情况，从而对个体牛和牛群的生产性能和遗传性能进行综合的评定，找出奶牛育种和生产管理上的问题，因此，人们将DHI作为奶牛生产性能测定的代名词。

奶牛生产性能测定（DHI）技术是通过技术手段对奶牛场的个体牛和牛群状况进行科学评估，依据科学手段适时调整奶牛场饲养管理，最大限度发挥奶牛生产潜力，达到奶牛场科学化管理和精细化管理。DHI技术是奶牛场管理和牛群品质提升的基础。通过对DHI技术报告层层剖析，使问题得以暴露，主要着眼于反映出的奶牛隐性乳房炎、乳脂乳蛋白含量、泌乳天数变化等几个关键环节的指标数据，采取相应的技术措施，适时调整奶牛场管理，从而提高牛群生产水平和生鲜乳质量，最终达到提高牛场经济效益的目的。为了促进这一技术在我国的推广应用，1999年5月中国奶业协会已成立全国DHI工作委员会。

1. 奶牛生产性能测定（DHI）的操作流程

(1) 样本采集。首先，参加生产性能测定的牛场，应具有一定生产规模，最好采用机械挤奶，并配有流量计或带搅拌和计量功能的采样装置。生产性能测定采样前必须搅拌，因为乳脂比重较小，一般分布在牛奶的上层，不经过搅拌采集的奶样会导致测出的乳成分偏高或偏低，最终导致生产性能测定报告不准确。

其次，测定奶牛应是产后一周以后的泌乳牛。牛场、小区或农户应具备完好的牛只标识（牛籍图和耳号）、系谱和繁殖记录，并保存有牛只的出生日期、父号、母号、外祖父号、外祖母号、近期分娩日期和留犊情况（若留养的还需填写犊牛号、性别、初生重）等信息，在测定前需随样品同时送达测定中心。

第三，每头牛每个泌乳月测定一次，一年共测定10次。两次测定间隔一般为26～

33d。每次测定需对所有泌乳牛逐头取奶样，每头牛的采样量为50mL，1d 3次挤奶一般按4∶3∶3（早∶中∶晚）比例取样，两次挤奶按早、晚按6∶4的比例取样。测试中心配有专用取样瓶，瓶上有3次取样刻度标记。

最后，为防止奶样腐败变质，在每份样品中需加入重酪酸钾0.03g，在15℃的条件下可保持4d，在2～7℃冷藏条件下可保持一周。采样结束后，样品应尽快安全送达测定实验室，运输途中需尽量保持低温，不能过度摇晃。

（2）样本测定。测定设备包括乳成分测试仪、体细胞计数仪、恒温水浴箱、保鲜柜、采样瓶、样品架等仪器设备。

测定原理：实验室依据红外原理作乳成分分析（乳脂率、乳蛋白率），体细胞数是将奶样细胞核染色后，通过电子自动计数器测定得到结果。

注意事项：生产性能测定实验室在接收样品时，应检查采样记录表和各类资料表格是否齐全、样品有无损坏、采样记录表编号与样品箱（筐）是否一致。如有关资料不全、样品腐坏、打翻现象超过10%的，生产性能测定实验室将通知重新采样。

（3）测定内容。奶牛生产性能测定的主要项目包括：日产奶量、乳脂率、乳蛋白率、乳糖率、全乳固体含量和体细胞数。

2. 生产性能测定报告提供的内容 数据处理中心，根据奶样测定的结果及牛场提供的相关信息，制作奶牛生产性能测定报告，并及时将报告反馈给牛场或农户。从采样到测定报告反馈，整个过程需3～7d。

奶牛生产性能测定（DHI）报告的项目指标：

分娩日期：母牛产犊的年月日。

泌乳天数：是指计算从分娩第一天到本次采样的时间，并反映奶牛所处的泌乳阶段。

胎次：是指母牛已产犊的次数，用于计算305d预计产奶量。

日产奶量：指泌乳牛测试日当天的总产奶量。日产奶量能反映牛只、牛群当前实际产奶水平，单位为kg。

乳脂率：是指牛奶所含脂肪的百分比，单位为%。

乳蛋白率：是指牛奶所含蛋白的百分比，单位为%。

校正奶量：是根据实际泌乳天数和乳脂率校正泌乳天数150d、乳脂率3.5%的日产奶量，用于不同泌乳阶段、不同胎次的牛只之间产奶性能的比较，单位为kg。

前次奶量：是指上次测定日产奶量，和当月测定结果进行比较，用于说明牛只生产性能是否稳定，单位为kg。

泌乳持续力：当个体牛只本次测定日奶量与上次测定日奶量综合考虑时，形成一个新数据，称之为泌乳持续力，该数据可用于比较个体的生产持续能力。

脂蛋白比：是衡量测定日奶样的乳脂率与乳蛋白率的比值。

前次体细胞数：是指上次测定日测得的体细胞数，与本次体细胞数相比较后，反映奶牛场采取的预防管理措施是否得当，治疗手段是否有效。

体细胞数（SCC）：是记录每毫升牛奶中体细胞数量，体细胞包括嗜中性白细胞、淋巴细胞、巨噬细胞及乳腺组织脱落的上皮细胞等，单位为1 000个/mL。

体细胞分：将体细胞数线性化而产生的数据。利用体细胞分评估奶损失比较直观明了。

牛奶损失：是指因乳房受细菌感染而造成的牛奶损失，单位为 kg（据统计奶损失约占总经济损失的 64%）。

奶款差：等于奶损失乘以当前奶价，即损失掉的那部分牛奶的价格，单位为元。

经济损失：因乳腺炎所造成的总损失，其中包括奶损失和乳腺炎引起的其他损失，即奶款差除以 64%，单位为元。

总产奶量：是从分娩之日起到本次测定日时，牛只的泌乳总量；对于已完成胎次泌乳的奶牛而言则代表胎次产奶量，单位为 kg。

总乳脂量：是计算从分娩之日起到本次测定日时，牛只的乳脂总产量，单位为 kg。

总蛋白量：是计算从分娩之日起到本次测定日时，牛只的乳蛋白总产量，单位为 kg。

高峰奶量：是指泌乳奶牛本胎次测定中，最高的日产奶量。

高峰日：是指在泌乳奶牛本胎次的测定中，奶量最高时的泌乳天数。

90d 产奶量：是指泌乳 90d 的总产奶量。

305d 预计产奶量：是泌乳天数不足 305d 的奶量，则为预计产奶量，如果达到或者超过 305d 奶量的，为实际产奶量，单位为 kg。

群内级别指数（WHI）：指个体牛只或每一胎次牛在整个牛群中的生产性能等级评分，是牛只之间生产性能的相互比较，反映牛只生产潜能的高低。

成年当量：是指各胎次产量校正到第五胎时的 305d 产奶量。一般在第五胎时，母牛的身体各部位发育成熟，生产性能达到最高峰。利用成年当量可以比较不同胎次的母牛在整个泌乳期间生产性能的高低。

根据不同牛场的要求，生产性能测定数据分析中心可提供不同类型的报告，如牛群生产性能测定月报告、平均成绩报告、各胎次牛 305d 产奶量分布，以及实际胎次与理想胎次对比报告、胎次分布统计报告、体细胞分布报告、体细胞变化报告、各泌乳阶段生产性能报告、泌乳曲线报告等。

3. 信息反馈　生产性能测定反馈内容主要包括分析报告、问题诊断和技术指导等方面。

（1）奶牛生产性能测定报告。奶牛生产性能测定报告是信息反馈的主要形式，奶牛饲养管理人员可以根据这些报告全面了解牛群的饲养管理状况。报告是对牛场饲养管理状况的量化，是科学化管理的依据，这是管理者凭借饲养管理经验而无法得到的。根据报告量化的各种信息，牛场管理者能够对牛群的实际情况做出客观、准确、科学的判断，发现问题，及时改进，提高效益。

（2）问题诊断。测定报告关键是从中发现问题，并及时将问题能够得到快速、高效、准确地解决。数据分析人员可以根据测定报告所显示的信息，与正常范围数据进行比较分析，找出问题，针对牛场实际情况，作出相应的问题诊断，分析异常现象（例如牛群平均泌乳天数较低、平均体细胞数较高等），找出导致问题发生的原因。问题诊断是以文字形式反馈给牛场，管理者依据报告，不仅能以数字的形式直观地了解牛场的现状，还可以结合问题诊断提出解决实际问题的建议。

（3）技术指导。一般情况下，因为受到空间、时间以及技术力量的限制，即使测定报告反馈了相关问题的解决方案，但牛场还是无法将改善措施落到实处。根据这种情况，奶牛生产性能测定中心要指定相关专家或专业技术人员，到牛场做技术指导。通过与管理人员交流，结合实地考察情况及数据报告，给牛场提出符合实际的指导性建议。

第四节　奶牛的选种选配技术

一、奶牛选种概述

奶牛育种工作是采取系统的组织和技术措施，在不断降低成本的情况下提高奶牛生产能力，改进奶牛的遗传品质。

国内外奶牛业的历史表明，只有正确组织育种，才能尽快地提高奶牛的生产性能。近几十年来，随着生物科学的进步，奶牛育种工作已进入了新的历史阶段。

我国奶牛育种工作自20世纪70年代以来，由于冷冻精液、人工授精技术的应用与推广，加速了育种工作进展，并取得了显著成效，已先后育成了5个乳用和乳肉兼用品种，并且对黄牛、牦牛及水牛进行了大量的杂交改良。这些新品种以及杂种改良牛的产乳性能较原始品种都有很大提高，饲料消耗也有所下降。品种改良是无止境的，为了继续提高各牛种及品种的生产性能、体型外貌，以及其适应性，必须采用现代育种技术。

二、奶牛育种的常用术语

1. 随机交配　随机交配指在一个有性繁殖的生物群体中，雌雄个体间不受任何选配的影响而随机交配，任何一个雌性或雄性个体与任何一个异性的交配概率相同。

随机交配不等于自然交配。自然交配是将公母家畜混放在一处任其自由交配。这种交配方式实际上是有选配在其中起作用，如粗野强壮的雄性个体，其交配的概率就高于其他雄性个体。

在畜牧实践中，完全不加任何选配而随机交配是不多见的。但就某一性状而言，随机交配的情况还是不少的。例如，对牛进行个体间选配时，通常不考虑双方的血型，如果血型与其他被选择的性状之间无相关，则就血型而言，可以认为是随机交配的。

随机交配的遗传效应是能使群体保持平衡。任何一个大群体，不论基因型频率如何，只要经过随机交配，基因型频率就或快或慢地达到平衡状态。如没有其他因素影响，以后一代一代随机交配下去，这种平衡状态永远保持不变。但在小群体中可能因发生随机漂变而丧失平衡，甚至丢失某些基因。在群体中频率高的基因一般不易丢失，频率低的基因则较易丢失。随机交配使基因型频率保持平衡，从而能使数量性状的群体均值保持一定水平。

随机交配的实际用途在于保种或在综合选择时保持群体平衡。

2. 质量性状

(1) 质量性状的概念及特征。质量性状指属性性状，即能观察而不能量测的性状，是指同一种性状的不同表现型之间不存在连续性的数量变化，而呈现质的中断性变化的那些性状。它由少数起决定作用的遗传基因所支配，在表面上这类性状显示的差别，如角的有无、毛色、血型、遗传缺陷等。质量性状较稳定，不易受环境条件上的影响，它们在群体内的分布是不连续的，杂交后代的个体可明确分组。

(2) 质量性状的选择。质量性状往往不是重要的经济性状，但在育种中也有其重要意义。遗传缺陷如畸形、遗传病等的清除，品种特征如毛色、角形的均一，以及遗传标记如血型、蛋白类型的利用，都涉及质量性状的选择改良。

控制质量性状的基因一般都有显性和隐性之分，可以根据孟德尔定律进行遗传分析。由于选择可引起基因频率的改变，当选择分别作用于隐性个体、显性个体或杂合体时，就会使群体某一特定基因的频率发生变化，进而使质量性状各种类型的比率发生变化。

①对隐性基因的选择。对隐性基因的选择实际上是对显性基因的淘汰过程。通过对显性个体和杂合子的淘汰即可完成，这项工作相对比较容易。若显性基因的外显率是100%，而且杂合子与显性纯合子的表型相同时，则可以通过表型鉴别，一次性地将显性基因全部淘汰。

在动物育种实践中，育种目标一般涉及多个性状，而且主要的育种目标性状是有重要经济的数量性状，不能仅考虑选择隐性性状。即对隐性基因的选择不一定非要一代完成。

②对显性基因的选择。对显性基因的选择，意味着淘汰隐性基因。在生物进化中，许多隐性有害基因在自然选择下得以保存。因此在动物育种中，常需要对隐性有害基因进行淘汰。如果种畜采用人工授精，对群体影响更大，应当确保种畜不是隐性有害基因的携带者。

淘汰隐性基因，首先是鉴定出隐性纯合个体，并将其淘汰。可以根据表型直接淘汰隐性纯合个体。淘汰所有可识别的隐性纯合个体，开始能较快地降低群体中隐性基因的频率，但是下降趋势将逐渐变缓，而且很难将其降低到0。甚至当杂合显性个体在群体中具有表型优势并被优先选择时，隐性基因的频率还可能增高。

但是，由于显性杂合个体也携带隐性基因，所以仍有隐性基因留在群体中，要把全部隐性基因淘汰掉，必须把隐性纯合个体和显性杂合个体都淘汰掉，仅保留显性纯合个体。鉴定显性杂合个体有以下几种方法：

第一，通过测交鉴定杂合个体。测交就是为测定杂合个体的基因型而进行的未知基因型杂合个体与有关隐性纯合个体之间的交配。通过观察其后代是否出现隐性纯合个体，从而判断被测个体是否为隐性基因携带者。

第二，利用系谱信息检测杂合个体。如果某个体表型为显性，其任一个亲本是隐性纯合体，那么它必是杂合体。已知为携带者的后代有50%的可能性仍是携带者。

淘汰全部隐性纯合个体，同时鉴定出显性杂合个体并予以淘汰，这样可更快地在群体中清除隐性基因。

3. 数量性状

(1) 数量性状的概念及特征。数量性状是指在一个群体内的各个体间表现为连续变异的性状，如奶牛中的产奶量、乳脂率、体重、体尺等。

数量性状的特征：

①个体间的变异是连续的，在一个群体内各个个体的变异一般呈连续的正态分布；②由许多微效基因控制，遗传关系比较复杂；③表型较易受环境的影响。

(2) 数量性状的选择。数量性状在生物全部性状中占有很大的比重，一些极为重要的经济性状（如奶牛的产奶量、乳脂率、乳脂量、体重、日增重、体尺等）都是数量性状。我们要按照数量性状的遗传特点进行选择。与质量性状不同，数量性状由微效多基因决定，表型易受环境影响，在无法控制每个基因时，需要用统计学的方法估计遗传水平。目前常用的多性状选择方法为BLUP法。

4. 遗传力 遗传力分为广义遗传力和狭义遗传力两类。广义遗传力是指表型方差（V_p）中遗传方差（V_G）所占的比率。狭义遗传力是指表型方差（V_p）中加性方差（V_A）所占的比率。遗传力表明某一性状受到遗传控制的程度。它介于0与+1之间，当等于1时表明表型变异完全是由遗传的因素决定的，当等于0时表型变异由环境所造成。

5. 重复力 重复力是衡量一个数量性状在同一个体多次度量值之间的相关程度的指标。重复力可用于验证遗传力估计的正确性、确定目标性状需要度量的次数。重复力越高，所需要的测量次数越少。

6. 遗传相关 遗传相关指同一个体两个性状的基因型中累加效应之间的相关，它等于两性状的遗传协方差与各性状遗传标准差乘积之比。遗传相关可以反映基因型间的相关程度，所以可以利用遗传力高的性状来间接选择某些与它有较高遗传相关但遗传力低或不易测量的经济性状，以提高选择效果。

7. 遗传进展 遗传进展指经过选择后，子代性状均值超过亲代均值的部分。

8. 世代间隔 世代间隔是指留种个体出生时其父母亲的平均年龄。

三、奶牛育种的基础工作

1. 个体编号与标识 奶牛生产，要求信息资料必须完全。因此，做好个体编号并给予可识别的标记是生产中最基本的工作之一，也是育种、繁殖、饲养、管理、疫病防治所必不可少的前提。

（1）个体编号。根据中国乳业协会（1998）所制定的中国荷斯坦牛编号方法，每个母牛个体的编号共包含10位数字，公牛包含8位数字。该号码分为四部分：省、市、自治区编号，两位数；牛场编号，母牛3位数，公牛1位数；出生年份，2位数；年度内出生顺序号，3位数。

（2）个体标识。个体标识的原则是易识别、耐磨损。常用的标记方法有剪耳号、戴耳标、烙印、剪毛或书写、电子标记等。

①剪耳号。在左右两耳缘上用特别的剪耳钳剪缺口，这是一种永久性的标志。采用剪耳缺口必须分别在左右上下统一编号，其编号方法是左200，右100；左上10，左下30；右上1，右下3；左中800，右中400。

用剪耳缺口的方法编号，其缺点是不熟悉编号方案者不易识别牛号。

②戴耳标。这种方法是用打耳标钳将一印有组合数字的一凹与一凸的组件永久地穿戴于乳牛的耳上。大多数的组合数字，不论是从前面看，还是从后面看，都一目了然。远达30m，也可清楚看到。

打耳标编号的方法运用较广，但质量不好的耳标很易失落。

③冷冻烙印。冷冻烙印是永久性的标记，可减少乳牛的痛苦和皮肤的伤害。冷冻剂为干冰（−79℃）或液氮（−196℃）。

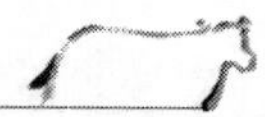

冷冻烙印的方法和步骤：乳牛自然站立于牛床，助手在一侧用一只手拉住牛尾，另一只手推在髋结节处作徒手保定；在乳牛体左（或右）侧尻部肌肉肥厚平坦处，用浓肥皂水涂擦，然后用手术刀片剔毛，并清洗干净；将铜制字码置入桶内，倒入少许液氮进行预冷，然后继续倒入液氮直至浸没铜制字码。在操作时应谨防液氮“沸腾”而溅出桶外；用95%酒精纱布将打号部位涂湿，然后用冻制的铜制号码在皮肤上按压烙印，其压力为10kg，各龄乳牛烙印时间为：初生至1月龄5s、2～5月龄7s、6～9月龄10s、10～12月龄12s、13～18月龄15s、18月龄以上20s。

如在黑毛部位烙印，则按压时间可略短，白毛部位则略长。按压烙印用力要均匀，达到其所需时间即可取下。

经烙印过的乳牛，在烙号部位即出现凹进皮肤的字样，手触发硬，呈冻僵状态。皮肤解冻后出现红肿，大约40d，被毛随皮肤结痂而脱落，冷冻烙号部位形成光秃伤疤。大约在70d开始在伤疤处长出白色被毛，形成与其他部位被毛长短相同的白毛字样明显清晰，永不消失。

④剪毛或书写。在乳牛生产中，还常用在臀部剪毛的方法进行临时性标记，但保持时间较短，仅为1个月左右。为保持较长的时间，也常用10%的氢氧化钠溶液在臀部皮肤上书写。

⑤电子标记。电子标记是一种新的标记方法。是将一种体积很小的携带有个体编号信息的电子装置，如电子脉冲转发器，固定在牛身上的某个部位，它所发出的信息可用特殊的仪器接收并读出。

2. 育种记录及统计分析　育种资料是育种工作必不可少的依据。常用的奶牛育种记录包括：牛的品种、出生日期、特征、系谱，体尺与增重记录、体型外貌线性评分，繁殖记录，DHI测定记录，饲料与饲养记录，兽医诊疗记录等。

育种记录可以使用纸质形式保存，但目前提倡在纸质保存的同时采用计算机保存、统计以及传递。

四、奶牛选种

1. 种与品种的概念　种也称为物种，是分类系统中最基本的单位。物种之间有明确的界限，即生殖隔离，互不交配，各自产生自己的后代，即使交配了，其后代也是不可育的。家畜、家禽及栽培植物中的许多品种，虽然形态上不同，但可以杂交，因此只是一个物种的不同品种。品种指一个种内具有共同来源和特有一致性状的一群家养动物或栽培植物，其遗传性稳定，且有较高的经济价值。品种应具备来源相同、性状及适应性相似、遗传性稳定、一定的结构、足够的数量及被政府或品种协会所承认等几个条件。

2. 育种目标性状　奶牛生产性能是个综合指标，涉及许多性状。一般的育种目标包括产奶性状、生长发育与肉用性状以及次级性状。所谓次级性状，是指在奶牛育种中具有较高经济意义而本身遗传力偏低的一类性状。我国奶牛的奶用性状、生长发育性状和次级性状三者间的经济重要性比例为2：1：2（表2-5）。因此，建议在确定育种目标时，除了考虑乳用性能（乳脂量或乳脂校正奶量）外，还应将那些直接影响奶牛业效益的次级性状（配妊时间、使用寿命和抗乳房炎）包括在育种目标之中。

表 2-5　育种目标性状重要性比例表

育种目标性状	性能测定性状	目标性状的重要性（%）
1. 乳用性状		38.32
（1）乳脂量	泌乳量、乳脂率	31.14
（2）生长能力（母牛）	体型评定	7.18
2. 生长发育性状		19.53
（1）日增重	平均日增重	8.24
（2）生长能力（公牛）	体型评定	8.18
（3）胴体价值	收购商业等级	3.11
3. 次级性状		42.01
（1）繁殖力	情期一次受胎率	12.67
（2）使用年限	保持力	17.84
（3）抗乳房炎	体细胞数	11.50

3. 选种方法

（1）单性状选择方法。在动物育种的某一阶段，可能需要对单性状进行选择。能够利用的信息，除个体本身的表型值以外，最重要的信息来源就是个体所在家系，即家系平均数。单性状选择方法，就基于个体表型值和家系均值。传统的选择方法分为 4 种，即个体选择、家系选择、家系内选择和合并选择。

①个体选择。个体选择也称为群选，只是根据个体本身性状的表型值选择。该法不仅简单易行，而且在性状遗传力较高、表型标准差较大时，采用个体选择是有效的，可望获得好的遗传进展，因此在一些育种方案中可以使用这种选择方法。

②家系选择。家系选择是以整个家系为一个选择单位，只根据家系均值的大小决定家系的选留。选中的家系全部个体都可以留种，而未中选的家系的个体则不作种用。家系指的全同胞或半同胞家系，更远的家系的信息对选择意义不大。

在家系选择中又有两种情况，第一种是当被选个体参与家系均值的计算，这是正规的家系选择；第二种是被选个体不参与家系均值的计算，实际上是同胞选择。家系选择适用于遗传力低的性状，在相同留种率的情况下，这种选择方法所需选留群体的规模，要比个体选择大。

③家系内选择。家系内选择是根据个体表型值与家系均值的偏差来选择，不考虑家系均值的大小。每个家系都选留部分个体。因此家系内选择的使用价值主要在于小群体内选配、扩繁和小群保种方案中。

④合并选择。前三种选择方法各有其优点和缺点，为了将不同选择方法的优点相结合，可以采取同时使用家系均数和家系内偏差两种信息来源的方法，即合并选择。根据性状遗传力和家系内表型相关，分别给予这两种信息以不同的加权，合并为一个指数 I（公式如下），式中 P_f 为家系均值，P_w 为家系内偏差，b_f 和 b_w 分别为二者的加权系数，h_w^2 为家系内偏差的遗传力，h_f^2 为家系均数的遗传力。

$$I=b_fP_f+b_wP_w=h_f^2P_f+h_w^2P_w$$

（2）多性状选择方法。多种经济性状会影响动物生产效率，而且各性状间往往存在着

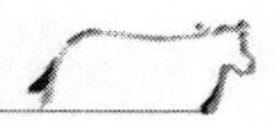

不同程度的遗传相关。因此，如果在对动物进行选择时，只考虑单性状，可能造成负面结果。

传统的多性状选择方法有 3 种，即顺序选择法、独立淘汰法和指数选择法。

①顺序选择法。顺序选择法又称单项选择法，是指对计划选择的多个性状逐一选择和改进，每个性状选择一个或数个世代，待所选的单个性状得到理想的选择效果后，就停止对这个性状的选择，再开始选择第二个性状，达到目标后，接着选择第三个性状，如此顺序选择。我们仍以奶牛为例，育种计划需对产奶量、乳蛋白率和抗乳房炎 3 个性状进行改进。

②独立淘汰法。独立淘汰法也称独立水平法，将所要选择的动物每个生产性状各确定一个选择标准。例如，种蛋鸡选择时，对产蛋数、蛋重和体重 3 个重要性状分别制定选择标准。

③综合指数法。综合指数法将所选择的多个性状，根据它们的遗传基础和经济重要性，分别给予适当的加权，然后综合到一个指数中，根据指数的高低选留个体。因此综合种指数法具有最好的选择效果，是在动物育种中应用最广泛的选择方法。

在实际应用时，综合指数选择很难达到理论上的预期效果。为了改进综合指数法的缺陷，可以采用多性状 BLUP 法。

(3) BLUP 法。20 世纪 50 年代初，美国康奈尔大学学者 Henderson 提出了 BLUP 法，即最佳线性无偏预测（Best Linear Unbiased Prediction）法。该方法能显著提高遗传进展，特别是对于中等程度和高遗传力、系谱信息较健全、个体表型值较准确的性状，其效果更加明显。70 年代以来这一方法在牛的遗传改良中得到了广泛应用，成为多数国家牛育种值估计的常规方法。

①BLUP 的含义。BLUP 法，即最佳线性无偏预测。

最佳：估计误差最小，估计与真实育种值相关最大。

线性：估计是基于线性模型，假设个体性能是遗传和非遗传效应的总和。

无偏：估计过程中估计值是无偏的，估计与真实育种值间平均差为零，即所有可能估计值的平均值等于真实育种值。

预测：一个体将来作为亲本的预测育种值。

②BLUP 法的基本原理。BLUP 是一种数理统计方法，基本原理是线性统计模型方法论与数量遗传学相结合。目前应用的主要是动物模型，也称为个体模型。动物模型是一系列具有不同结构的混合线性模型，其随机遗传效应主要是个体的一般育种值，模型的一般形式为：

$$\boldsymbol{Y}=\boldsymbol{XB}+\boldsymbol{ZA}+\boldsymbol{e}$$

其中，$\boldsymbol{Y}$ 为表型值向量；$\boldsymbol{B}$ 为固定效应向量；$\boldsymbol{A}$ 为个体随机遗传效应向量；$\boldsymbol{X}$、$\boldsymbol{Z}$ 分别为对应于固定效应向量 $\boldsymbol{B}$ 和随机效应向量 $\boldsymbol{A}$ 的关联矩阵。

利用动物模型 BLUP 方法可以估计各畜群、各场、各遗传组的固定效应，以及每头（只）种畜（禽）每个性状的育种值，据此可以评定各场的饲养管理水平、环境和畜禽的互作效应，根据育种值排队选种，计算遗传进展，分析遗传趋势等。

③BLUP 法的优点。

第一，能有效地校正环境效应。从理论上讲，BLUP 法要比后裔测定法、个体表型值选择法都优越，就是因为其剔除的环境因素更加精细。

第二，能充分利用所有亲属的信息估计出所有个体的育种值。亲缘相关矩阵 $\boldsymbol{A}$ 反映了动物个体间的血缘关系，那么每个个体的估计育种值都会受到其所有可知亲属估计育种值的影响，当个体本身无记录资料时，可根据亲属资料预测其育种值。

第三，能校正由于非随机交配造成的偏差。适用于存在选择和近交的群体，在此之前的方法都要求随即交配，而育种场很难实现。

第四，能够对不同群体进行联合遗传评定（前提是群体间有一定的遗传联系）。因为动物模型估计的育种值剔除了各群体的环境效应，更具有可比性。

第五，育种值估计的效率更高。很多研究普遍认为相对于传统的指数选择法，动物模型 BLUP 方法能显著提高育种进展速度，特别是对于低遗传力和限性性状，效果更加明显。

五、奶牛选配

要想取得理想的下一代，不仅需要通过选种技术选出育种价值高的亲本，还要特别注重亲本间的交配体制。所谓交配体制亦即亲本间的交配组合、方式。为了达到特定目的，人为确定个体间的交配体制称为选配。

1. 选配的方式

（1）品质选配。品质选配，又称选型交配。它所依据的是交配个体间的品质对比。如果两个个体品质相同或者相似，则其间的交配称为同质选配或者同型交配，例如生长速度最快的公畜与生长速度最快的母畜交配，与此同时，生长速度最慢的公畜则与生长速度最慢的母畜交配；如果两个个体品质不同或者不相似，则其间的交配称为异质选配或者异型选配，例如生长速度最快的公畜与生长速度最慢的母畜交配。

①同型选配。在育种实践中，同型选配的主要目的是产生优秀后代，将最优秀的公畜与最优秀的母畜交配，在它们的后代中选择最优秀的个体作为下一代的种畜，能够较快地提高群体的遗传水平。

在育种实践中，是否采用同型选配取决于育种目标和选择的性状，如果希望某一性状的群体平均水平向某一极端方向改变，则可考虑在这个性状上采用同型交配，因为群体遗传变异性越大，选择反应就越大。

②异型选配。异型选配将更多地产生具有中间类型的个体，使群体的表型和遗传变异降低，群体的一致性加大。

在动物育种实践中，异型选配常被用于结合双亲的优点。

有时异型选配也被用于纠正亲本中的某些缺陷，这种交配也称为校正交配。

（2）亲缘选配。亲缘选配，就是依据交配双方亲缘关系远近进行选配。如果双方间的亲缘关系较近，则称为近亲交配，简称近交；如果双方间的亲缘关系较远，则称为远亲交配，简称远交。在遗传学中，只要交配的两个个体有亲缘关系，就称为近交。

①近交。近交的用途：

第一，揭露有害基因。近交增加隐性有害基因表现的机会，因而有助于发现和淘汰其携带者，进而降低这些基因的频率。

第二，固定优良基因。近交一方面增大了隐性有害基因纯合的概率，但同时也使优良基因纯合的概率增大，通过选择，就可能使优良基因在群体中固定。

第三，提高畜群的同质性。近交系一方面可用于杂交，一般地说，各系内的一致性越高，系间的差异越大，则杂交后代的杂种优势越大。另一方面高度一致的近交系可为医学、医药、遗传等生物学试验提供试验动物。

但是，近交有可能引起近交衰退。近交衰退有两个方面的表现，一是隐性有害基因纯合子出现的概率增加。由于长期自然选择的结果，有害基因大多是隐性的，其作用只在纯合时才表现。近交衰退的第二个表现是使数量性状的群体均值下降。

因此，必须通过有效方法防治近交衰退的产生。

首先，严格淘汰。严格淘汰是近交中被公认的一条必须坚决遵循的原则。无数实践证明，近交中的淘汰率应该比非近交时大得多。据报道，猪的近交后代的淘汰率一般达80%～90%。所谓淘汰，就是将那些不合理想要求的，生产力低下、体质衰弱、繁殖力差、表现出有衰退迹象的个体从近交群中坚决清除出去。

其次，加强饲养管理。近交所生个体，种用价值一般是高的，遗传性也较稳定，但生活力较差，表现为对饲养管理条件的要求较高。如果能适当满足它们的要求，就可使衰退现象得到缓解、不表现或少表现。但需要注意的是，对于加强饲养管理应当辨证看待。在育种过程当中，整个饲养管理条件应同具体生产条件相符。

第三，血缘更新。为了防止近交不良影响的过多积累，此时即可考虑从外地引进一些同品种、同类型、无亲缘关系的种畜或冷冻精液，来进行血缘更新。为此目的的血缘更新，要注意同质性，即应引入有类似特征、特性的种畜，因为如引入不同质的种畜来进行异质交配，将会使近交的作用受到抵消，以致前功尽弃。

第四，灵活运用远交。远交，即亲缘关系较远的个体交配，其效应与近交正好相反。因此，当近交达到一定程度后，可以适当运用远交，即人为选择亲缘关系远甚至没有亲缘关系的个体交配，以缓和近交的不利影响。

②远交。远交的用途：

第一，在群体内实施远交以避免近交衰退。

第二，在品种或品系间杂交以利用杂种优势和杂交互补。杂种优势是指不同品种、品系间杂交产生的杂种，在生活力、生长势和生产性能方面在一定程度上优于两个亲本纯繁群体的现象。因此，杂交特别适于商品生产。

第三，培育新品种。杂交可以丰富子一代的遗传基础，把亲本群的有利基因集于杂种一身，因而可以创造新的遗传类型。新的遗传类型一旦出现，即可通过选择、选配，使其固定下来并扩大繁衍，进而配育成为新的品系或品种。

2. 选配的原则

（1）根据育种目标制定。选配要有明确的目标。为此，必须研究牛群的结构、品种、每头奶牛的来源及其优缺点，例如产奶量的高低、乳脂和乳蛋白的含量等。育种目标确定后，要注意选配方向的长期性和稳定性，避免短期行为和盲目性。

（2）公畜质量高于母畜。由于种公牛对牛群的影响较大，因此选配用的种公牛，其品质必须高于母牛群。选择青年或壮年母牛与壮年公牛交配最好，避免幼龄、老龄牛的配种所造成的生活力弱、生产性能较低、遗传不稳定等缺点。

（3）不随意近交。选配要根据公牛和母牛之间的亲缘关系，不断进行调整和完善，防止近亲交配，牛群近交系数应控制在6.25%以下。

（4）具有相同缺点或相反缺点者禁配。

（5）做好品质选配。

六、奶牛育种方法

1. 品系繁育 狭义的品系指品种内来源于一头有特点的优秀公畜，并与其有血缘关系和类似的生产力的种用群体称作品系。广义的品系指在品种内具有共同的优良特性，并能稳定遗传的种用群体。

品系应具有下列条件：有突出的优点，这是品系存在的首要条件，也是区分品系间差别的标志；性状遗传稳定；血统来源相同；具有一定数量。

品系繁育包括品系的建立和品系间杂交两个阶段。

（1）品系的建立。品系的建立主要包括系祖建系、近交建系、群体继代选育法3种方法。

①系祖建系。采用这种方法建立品系，首先要在品种内选出或者培育出系祖。只有突出的优秀个体，即不仅有独特的遗传稳定的优点，而且其他性状也达到一定水平的个体，才能作为系祖。系祖的标准是相对的，不能脱离实际地要求十全十美。可以允许次要性状有一定的缺点，但应不大严重。

②近交建系。近交建系是在选择了足够数量的公母畜以后，根据育种目标进行不同性状和不同个体间的交配组合，然后进行高度近交，以使尽可能多的基因位点迅速达到纯合，通过选择和淘汰建立品系。

最初的基础群要足够大，母畜越多越好，公畜数量则不宜过多且相互间应有亲缘关系。基础群的个体不仅要求性能优秀，而且它们的选育性状相同，没有明显的缺陷，最好经过后裔测验。

③群体继代选育法。群体继代选育法是从选集基础群开始，然后闭锁繁育，根据品系繁育的育种目标进行选种选配，一代一代重复进行这些工作，直至育成符合品系标准、遗传性稳定的群体。

基础群是异质还是同质群体，既取决于素材群的状况，也取决于品系繁育预定的育种目标和目标性状的多少。当目标性状较多而且很少有方方面面都满足要求的个体时，基础群以异质为宜。

基础群要达到一定规模，不至于因群体有效含量太小而在育种过程中被迫近交，也不至于因群体大小太小而不能采用较高的选择强度，从而降低品系的育成速度。

在选配方案上，原则上避免近交，不再进行细致的个体间的同质选配，而是提倡以家系为单位进行随机交配。

种畜的选留要考虑到各个家系都能留下后代，优秀家系适当多留。一般情况下不用后裔测验来选留种畜，而是考虑本身性能和同胞测定，以缩短世代间隔，加快世代更替。

（2）品系间杂交。由于品种间杂交越来越难满足现代化畜牧业生产的要求，在应用品种间杂交的基础上，逐步用配套系杂交代替品种间的杂交，即建立一些配套的品系作为杂交中的父本和母本，取得了很好的效果，杂种优势利用获得了重大突破。

所谓配套系杂交，就是按照育种目标进行分化选择，培育一些品系，然后进行品系间杂交，杂种后代作为经济利用。配套系杂交包括两大类，即近交系杂交和专门化品系杂交。所谓专门化品系是指生产性能“专门化”的品系，是按照育种目标进行分化选择育成的，每个品系具有某方面的突出优点，不同的品系配置在完整繁育体系内不同层次的指定位置，承担着专门任务。

品系杂交具有以下特点：

①品系培育速度较快。品系培育的速度比品种培育快有以下原因：品系既可以在品种内培育，又可以在杂交基础上建立；质量要求不如品种全面，可以突出某些特点；群体数量要求不用很多，分布也不要求很广；培育代数不会太多，近交问题就不会太突出，有了更好的品系就可淘汰较差的品系，使得培育一个品系要比培育一个品种快得多，培育大量杂交用的种群，增加新的杂交组合，为不断选择新的理想的杂交组合创造有利条件。

②品系数量多。品系数量多就有可能加快淘汰速度，因而遗传质量的改进不仅可以通过种群内的选育渐进，且可以通过种群的快速周转跃进。

③品系的范围较小。品系的范围较小，种群的提纯就比较容易。亲本群纯不但能提高杂种优势和杂种的整齐度，而且能提高配合力测定的正确性和准确性。

④品系的培育较易进行。品系培育工作在较小的范围内就可进行。每个牧场可以根据自己的条件，筹集资金，制定培育方案、确定饲养管理方式，容易实施，又可以充分发挥各场的优势和积极性。

2. 杂交育种　奶牛上应用较广的杂交育种方法有级进杂交和引入杂交。

(1) 级进杂交。级进杂交是用本地品种母牛与外来品种公牛交配。所生后代 F_1 母牛，再与此外来品种公牛交配，所生后代 F_2 母牛，又与该品种公牛交配，所生后代 F_3 母牛再与该品种公牛交配，直到四、五代，其大部分血液都变成外来牛血液，生产性能、外貌特征也接近外来牛。

我国黄牛最早就是用荷斯坦牛进行级进改良的。这种方法速度快，杂交效果明显，经过多年育成杂交，已育成我国荷斯坦牛奶牛品种。

(2) 引入杂交。当培育出的新品种总的性能可满足国民经济的要求，但在有些方面还有缺点，用本品种选育的方法很难纠正时，这时就可引用另一个品种采用引入杂交来改正，使品种更为理想。引入杂交的目的是保留原有品种的大部分优点，不准备彻底改造它。该方法的关键是选好所用的品种和公牛。杂交一次后，在后代中加强选择和培育。

例如，中国荷斯坦牛外形上存在斜尻或尖尻，乳脂率又低。此时就可选用荷斯坦公牛杂交一次，然后在后代中再连续用中国荷斯坦牛交配，直到荷斯坦牛血占 1/8 时，去劣存优，进行横交固定。

七、现代生物技术与奶牛育种

1. MOET 育种方案　与世界大多数国家一样，迄今我国采用的奶牛育种方案仍为人工授精育种体系，即 AI 育种体系。其主要特点是：大规模使用种公牛的冷冻精液，在牛群中实施以获得优秀种公牛后代为目的的定向选配；有计划地通过性能测定和后裔测定等育种措施，选育优秀种公牛；在育种群和生产群中全面使用“验证公牛”。这种育种体系的实施，可以在种公牛即“公牛父亲”和种子母牛即“公牛母亲”的选择上实现一个较高的选择强度，在牛群的产奶性状和次级性状上获得较大的选择精确性。

但AI育种体系最明显的缺点是：由于大规模后裔测定耗费大量人力、物力和财力，育种成本高；种牛群世代间隔拖长、遗传进展受到限制；只能充分利用优秀公牛的遗传优势，而优秀母牛对牛群的育种工作影响较小。

20世纪70年代发展起来的生物高新技术之一的MOET技术（Multiple Ovulation and Embryo Transfer，即超数排卵和胚胎移植技术）很好地解决了这一限制性问题。

MOET体系的主要特点是：在一个群体内，集中一定数量的优秀母牛，形成一个相对的闭锁群体，群体内完全通过MOET技术进行繁殖。高强度地利用最优秀的公牛和母牛，并以培育出用于全群的种公牛为主的育种目标。由于借助超数排卵和胚胎移植手段，可使一头公牛除了有大量半同胞外，还有大量的全同胞姐妹。核心群育种的基本特点是：主要的育种措施集中在较小的高产牛群中或少数牛场中实施。它便于严格地实施育种方案，进行准确的性能测定，并且比后裔测定方法缩短了世代间隔2～3.7年，加快了遗传进展。

2. 体细胞克隆技术 克隆是英文clone的音译，在这里是指通过无性繁殖形式由单个细胞产生的，和亲代非常相像动物后代的过程，所获得的动物就称克隆动物。动物克隆技术的基本技术过程是将含有遗传物质的供体细胞核（高度分化的体细胞或者早期胚胎细胞）移植到去核卵母细胞中，然后进行融合（电融合或者化学融合），并在体外培养发育到一定阶段（囊胚），移植到受体动物的子宫内妊娠，获得与提供细胞核的动物遗传物质相同的后代。动物克隆技术按照细胞核的来源不同，可以分为胚胎细胞克隆和体细胞克隆。

自从1997年英国体细胞克隆绵羊Dolly的出生后，已有羊、牛、猪和猴等体细胞克隆动物成功的报道，我国也成功地获得体细胞克隆的山羊、牛。

虽然克隆技术取得了辉煌的成就，但是目前动物体细胞克隆技术的总体效率还比较低（一般在2%～10%），人们对克隆胚胎发育过程中细胞核重编程以及核质互作机制还知之甚少，很多克隆动物存在生长发育异常现象。

3. 分子遗传标记与标记辅助选择（MAS） 遗传标记主要包括有形态学标记、细胞学标记、生化标记和分子标记等。前3种是基因表达的结果，是对基因差异的间接反映，易受环境和其他因素的影响。而分子标记直接从DNA分子水平上反映差异，不受环境、发育阶段、组织等的影响，稳定可靠，多态性好，因而在家畜育种中被广泛利用，特别是在标记辅助选择中。

目前的分子标记技术有：RFLP（限制性片段长度多态性）、AFLP（扩增片段长度多态性）、RAPD（随机扩增长度多态性）、微卫星DNA、SNPs（单核苷酸多态性）等，特别是微卫星DNA、SNPs，在奶牛产乳性状连锁分析和基因图谱的制作中应用最多，标记座位已达上千个。

DNA分子标记辅助选择技术（Marker Assisted Selection，MAS），是通过利用与目标性状紧密连锁的DNA分子标记对目标性状进行间接选择的现代育种技术。该技术不仅可在早期进行准确、稳定的选择，而且可克服再度利用隐性基因时识别难的问题，从而加

速育种进程，提高育种效率。与常规育种相比，该技术可提高育种效率2～3倍。

4. 全基因组选择　全基因组选择（Genomic Selection，GS），即全基因组范围的标记辅助选择，指通过检测覆盖全基因组的分子标记，利用基因组水平的遗传信息对个体进行遗传评估，以期获得更高的育种值估计准确度。

全基因组选择基于基因组育种值进行选择，其实施包括两个步骤：首先，在参考群体中使用基因型数据和表型数据估计每个染色体片段的效应。然后在候选群体中使用个体基因型数据估计基因组育种值。模拟研究证明，仅仅通过标记预测育种值的准确性可以达到0.85。如果在犊牛刚出生时即可达到如此高的准确性，对奶牛育种工作则具有深远意义。另一项模拟研究表明，对于一头刚出生的公犊牛而言，如果其基因组育种值的估计准确性可以达到经过后裔测定估计得到的育种值准确性，相当于可以利用2岁公牛代替5岁乃至更老的公牛作为种用，遗传进展率将提高一倍。与奶牛常规后裔测定体系相比，可节省92%的育种成本。目前，基因组选择被很多奶业发达国家所采用。

5. 转基因动物与乳腺生物反应器　转基因动物是指在基因组内稳定地整合以实验方法导入的外源基因，且外源基因能稳定地遗传给后代的遗传工程动物。1976年，Jaenisch首次利用反转录病毒感染胚胎的方法获得了转基因小鼠。此后，转基因猪、牛、羊和鸡都相继问世。但转基因动物表达效率低、遗传不稳定，因此仍需进行大量的基础性研究。

通过转基因动物生产珍贵的多肽或蛋白类药物，是当前转基因动物的研究热点，这种转基因动物被称为生物反应器。乳腺生物反应器是目前发展最成熟的一种模式，同时也是一种可以获得巨额经济利润的新型产业。动物乳腺生物反应器，即把外源基因置于乳腺特异性调节序列的控制下，在乳腺中表达。通过回收奶就可以提取有重要药用价值的生物活性蛋白。目前，动物乳腺生物反应器多应用于奶牛和奶山羊。1990年，荷兰Phraming公司用转基因奶牛生产人乳铁蛋白，其每升乳汁中含有人乳铁蛋白1g，预计每年用牛奶生产出营养奶粉的销售额是50亿美元。据美国红十字会和遗传学会预测，到2010年，动物乳腺反应器生产的药物将占所有基因工程药物的95%，具有巨大的市场价值。

八、奶牛育种的组织与实施

奶牛的育种工作可使品种原来优良的基因进一步得到巩固和提高，不良基因逐渐为优良基因所代替，从而培育出生产性能高、体质健康、适应性好、饲料报酬高、利用年限长的新品种。

1. 分析牛群基本情况、制订牛群育种计划　制订牛群的育种计划是育种工作的重要环节之一。在进行这项工作之前，要将各管理区牛群所有资料进行整理分析，对每头牛进行鉴定，将牛群按个体品质进行分级分群。按下列各项分析牛群的基本情况。

（1）牛群组成。按牛的年龄、性别、毛色等统计头数及其比例，根据牛群中不同品种及不同毛色计算各种牛在牛群中的比例，并计算牛群各胎母牛所占的比例。分析牛群的结构，并估计牛群在生产能力方面的潜力。

（2）乳用性能。为了正确分析牛群的产奶能力，首先统计与分析历年母牛的平均产奶量和乳脂率，并分析各胎母牛305d产奶量及各泌乳期产奶量的升降规律，统计各胎母牛在不同泌乳日产奶量的升降比例，全面分析牛群在产奶方面的特点。

（3）外貌结构。按年龄、改良代数或改良品种的含血量、性别，测量每头牛的体尺，并计算体尺指数。用以分析各类牛在发育及体格上的优缺点。用各类牛群的平均体尺数值计算各类牛群或个体的相对发育，分析某些方面是否达到要求，给各类牛群体格的改良方面提供体尺依据。

（4）繁殖。牛群繁殖率的高低，不仅与牛群能否加快改良步伐有密切关系，而且与牛的生产性能有关。牛群历年繁殖成绩、受胎率、产犊率等可以说明繁殖方面的升降情况。平均母牛配种次数及空怀日数能证明牛群在繁殖上是否正常。如果全群平均配种次数需要4次以上才能妊娠时，则牛群中有相当数量的不孕牛。如果只需配1～2次即可配种时，则证明牛群在繁殖方面是正常的。

（5）牛群编号与标号。犊牛出生后，应按国家的统一要求进行编号，便于存档、备查、整理与记录。

2. 整顿母牛群　加强培育与推广使用优良种公牛冻精及性控冻精。以农场为单位每2～3年要进行一次整群鉴定工作。对现有母牛群分成育种群和生产群，对公牛必须做后裔测定。摸清优秀个体，选择优秀种公牛冻精及性控冻精作为育种方向，开展有计划的育种工作。

3. 建立健全繁殖体系开展联合育种　建立健全繁殖体系是奶牛育种工作的基础工作。针对本场特点和情况，具体制订实施育种计划，并组织、安排与实施，避免群众性的盲目育种。

4. 大力推行良种登记制度　建立良种牛登记制度，是为了发挥良种牛在育种工作中的作用。因为良种牛有登记制度，能反映出育种成绩、加快育种进度，同时也能了解育种工作中所存在的问题及解决问题的办法。良种牛登记是根据产奶性能及外貌评分来进行的。

5. 建立饲料基地、实行科学养牛　为了使奶牛充分发挥优良性能及良种作用，要建立合理的牛舍及足够的饲料基地，供应充足的青绿多汁饲料。要特别重视犊牛及育成牛的培育工作，并且要做好成年母牛各阶段的饲养管理。推行先进TMR饲养技术，不断改善饲养管理，充分发挥牛的生产潜力。贯彻“预防为主”的方针，对牛结核、布氏杆菌病等进行有效的防疫检疫，真正使养牛业的防疫原则深入人心，并为行业从业人员所严格执行。

第五节　奶牛实用繁殖技术

一、母牛的发情鉴定

发情是母牛达到性成熟后，在发情季节内表现的一系列生殖周期现象，在生理上表现为排卵、准备受精和怀孕，在行为上表现为吸引和接纳异性。发情鉴定是人们根据母牛的发情表现，从而正确掌握适时输精的方法。发情鉴定的目的是及时发现母牛配种时间，防止误配、漏配，提高受胎率。

鉴定母牛发情的方法有外部观察法、阴道检查法和直肠检查法等。

1. 外部观察法　外部观察法是鉴定母牛发情的常用方法之一。该方法主要根据母牛

的外部表现和精神状态来判断其发情情况。母牛发情时往往表现出兴奋不安、时常哞叫、食欲和奶量减少、尿频、阴道流出透明的条状黏液、尾根举起、追逐和爬跨其他母牛。

在母牛发情期间，由于受到体内生殖激素，尤其是雌激素的作用，90%～95%的健康母牛具有正常的发情周期和发情表现。但由于内外因素的影响，有些母牛表现不大明显或欠规律性。因此，在确定输精适期时，必须善于综合判断，具体分析。

2. 阴道检查法　阴道检查法是用阴道开张器来观察阴道的黏膜、分泌物和子宫颈口的变化来判断母牛发情程度的方法。该方法常用于体格较大的母牛。

（1）发情母牛阴道的主要变化。

发情初期：发情母牛阴道黏膜呈粉红色、无光泽，黏液量少且稀薄，子宫颈外口略开张。

发情高潮期：发情母牛阴道黏膜充血潮红，表面光滑湿润；黏液量大、黏性强、可以拉长，且常伴有血丝；子宫颈外口充血、松弛、柔软开张。

发情末期：发情母牛阴道黏膜色泽变淡，黏液量逐渐减少且黏性差，颜色不透明，有时含淡黄的细胞碎屑或微量血液，子宫颈外口收缩闭合。

不发情的母牛阴道苍白、干燥，子宫颈口紧闭，所以无黏液流出。

（2）阴道检查的操作方法。首先，利用现场条件保定母牛，外阴部用清水洗净后进行消毒。第二，在发情鉴定前，将开膣器清洗擦干，先用75%的酒精棉球消毒其内外面，然后用火焰烧灼消毒，最后涂上灭菌过的润滑剂。第三，用左手拇指和食指（或中指）拨开母牛的阴唇，以右手持开膣器把柄，将开膣器斜向前上方插入阴道。当开膣器的前1/3进入阴道后，即改成水平方向插入阴道，同时打开开膣器，检查阴道变化。第四，检查过程要迅速，以免时间过长对阴道黏膜刺激过大。检查结束后稍微合拢开膣器后再抽出。注意消毒要严密，操作要仔细，防止粗暴。

3. 直肠检查法　直肠检查法是操作者将手伸入母牛直肠内，隔着直肠壁检查生殖器官的变化、卵巢上卵泡发育状况，以判断母牛发情与否的一种方法。直肠检查法是目前判断母牛发情比较准确而最常用的方法。

检查方法：进行直肠检查前，检查者须将指甲剪短、磨光、洗净消毒手臂后涂上润滑剂。检查时，先用手抚摸肛门，然后将手指并拢成锥形，以缓慢的旋转动作伸入肛门，手指扩张后退，刺激其肛门括约肌诱导排粪。当引起母牛直肠努责将粪排出时，可阻止其排出，待母牛屡经努责再让其排出。这样往往可使其一次便将宿粪排净，利于检查。否则，要将宿粪掏净后再行检查。

宿粪排出后，将手伸入肛门一掌左右，掌心向下按压抚摸，在骨盆腔底部可摸到一个长圆形质地较硬的棒状物，即为子宫颈。沿子宫颈向前，在正前方可摸到一个浅沟，即为角间沟。沟的两旁为向前向下弯曲的两侧子宫角。沿着子宫角大弯向下稍向外侧，可摸到卵巢。此时便可仔细触摸卵巢的大小、质地、形状和卵泡发育情况。

处于发情期的母牛子宫颈稍大、较软，并且由于子宫黏膜水肿，子宫角体积也增大，子宫收缩反应比较明显，子宫角坚实。卵巢上发育的卵泡突出卵巢表面，较光滑，触摸时略有波动，发育最大时的直径为1.8～2.5cm，排卵前有一触即破感。没有发情的母牛子宫颈细而硬，子宫较松弛，触摸不明显，收缩反应差。

需要注意的是，在直肠内触摸时要用指肚进行，不能用手指乱抓，以免损伤直肠黏膜。检查完手臂应当清洗、消毒，并做好检查记录。

4. 试情法 试情法根据母牛爬跨的情况来判断牛是否发情，是最常用的方法。该方法尤其适用于群牧的繁殖母牛群，可以节省人力，提高发情鉴定的效果。

试情法有两种：

（1）将结扎输精管的公牛放入母牛群中，白天放在牛群中试情，夜间将公母牛分开。根据公牛追逐爬跨情况以及母牛接受爬跨的程度来判断母牛的发情情况。

（2）将试情公牛接近母牛，如母牛喜靠公牛，并作弯腰弓背姿势，表示该母牛可能发情。

二、人工授精技术

牛的人工授精是利用器械采集公牛的精液，经过品质检查和处理，再通过器械把精液输入到发情母牛的生殖道内，使其受孕，以代替公母畜自然交配的一种繁殖方法。目前，人工授精技术是动物生产领域推广最广、普及率最高的动物繁殖技术，有人把人工授精技术称为动物繁殖技术领域的“第一次革命”。

1780年，意大利科学家巴拉扎尼首次将人工授精技术应用于比格犬获得了成功。到20世纪40～60年代，人工授精技术已发展成为繁殖改良家畜的重要手段。其中，以奶牛中的普及率最高、发展最快、技术水平最高。1935年，我国的人工授精技术最初应用于马，40年代应用于绵羊和奶牛，50年代开始推广，70年代广泛应用于生产。

1. 人工授精的方法 目前牛的人工授精中多使用冷冻精液。冷冻精液是在超低温环境下将精液冷冻为固态，使精子长期保持受精能力的保存方法。应用冷冻精液多采用直肠把握输精法，该方法用具简单、操作安全、母畜受胎率高，是目前广泛应用的一种人工授精方法。

输精前准备：将输精用具彻底清洗、消毒，金属输精枪放入高温干燥锅内消毒。将经发情鉴定确认已到适时输精时机的母牛牵入配种架保定好，将牛尾巴拉向一侧固定。用事先准备好的纸巾将母牛肛门及外阴部擦拭干净（不可用水冲洗）。配种员必须将指甲剪短、磨平，戴上防护手套，涂以润滑剂（常用肥皂）。手指并拢呈锥形，缓缓插入母牛肛门并伸入直肠，掏尽宿粪。

输精方法：配种员左手手心向下呈楔形进入直肠，隔着肠壁找到子宫颈并轻轻把握住。右手持已装好细管冻精的输精枪插入阴道内，自阴门先向上斜插5～10cm，再平行向前插入到子宫颈口处。左手使子宫颈下部固定在骨盆底上，右手抬高输精器尾部，轻轻向前推进，两手相互配合，边活动边向前插。此时不可用力过猛，以免损伤阴道壁和子宫颈。子宫颈内有3～4个横向皱褶，因此当感到穿过数个障碍物时，就已插入子宫颈或子宫体。输精时要使输精枪前低后高，将输精枪稍向后退一点，一边注入精液，一边缓慢退出输精枪。同时用左手轻轻揉捏子宫颈数次，防止精液倒流，然后拉出左手。

2. 人工授精的优越性 人工授精技术与自然交配相比，具有显著的优越性。

（1）提高优秀种公牛的利用率。在自然交配情况下，一头公牛一次只能与一头母牛交配。而应用人工授精技术，采精一次就可以配十几头甚至几十头母牛。例如，一头优秀种

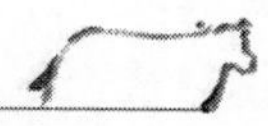

公牛的冷冻精液每年可配母牛达万头以上。这样，不仅大大提高了优秀种公牛的利用率，而且可以减少公牛的饲养头数，降低管理费用。

(2) 控制疾病传播。应用人工授精技术，公牛和母牛的生殖器官不发生直接接触，可有效防止交配时可能引起的疾病发生，如传染性流产、子宫炎症、滴虫病、阴道炎等。

(3) 提高母牛受胎率。采用人工授精技术时，每次输精所选用的精液都是经过严格检查的优质精液，并且选择在最适当的时机进行输精，提高了母牛的受胎率。

(4) 克服公母畜体型悬殊造成的交配困难。人工授精技术可以克服体格大小悬殊的公、母牛在交配上的困难，还可以为某些远缘物种间的交配，如黄牛和牦牛、马和驴等不易自然交配的动物提供技术措施。

(5) 扩展优良种畜的配种时间、地区和范围。稀释后的精液在超低温环境下可长期保存，并且精液在冷冻后可以将其运送到不同地区进行输精。因此，人工授精技术可以不受时间、地域及公畜寿命的限制。

三、妊娠诊断

妊娠诊断就是借助母牛妊娠后所表现出的各种变化征状，判断母牛是否妊娠以及妊娠的进展情况。在奶牛繁殖工作中，科学进行妊娠诊断、尽早掌握母牛输精后的妊娠情况，对于提高牛群繁殖率、减少空怀、有效实施奶牛生产的经营管理具有极为重要的意义。近年来，在奶牛生产实践中常用的妊娠诊断方法有外部观察法、直肠检查法、阴道检查法。

1. 外部观察法 在下个发情期到来前后，对配种后的母牛进行观察。如不发情，且性情变得温驯安静、行为谨慎；食欲增强、营养变好、被毛逐渐光亮；腹围增大、乳房膨大，则可初步判断为妊娠。但这并不完全可靠，因为有的母牛虽然没有受胎，但在发情时征状不明显（安静发情/暗发情）或不发情，而有些母牛虽已受胎但仍有发情表现（假发情）。

另外观察其行为、食欲、营养状况及体态等对妊娠诊断也有一定的参考价值。

2. 直肠检查法 直肠检查法就是隔着直肠壁触诊母牛生殖器官形态和位置变化，即隔着直肠壁触诊子宫、卵巢及其黄体变化，以及有无胚泡或胎儿的存在等情况，从而进行妊娠诊断的一种方法。直肠检查法是目前奶牛妊娠诊断最可靠的方法，在整个妊娠期均可采用。其优点在于，妊娠 20d 左右即可作出初诊，40d 就能确诊；诊断结果准确，并能判断妊娠的大致时间、孕畜的假发情、假怀孕、一些生殖器官疾病及胎儿的死活。

(1) 直肠检查的方法。直肠检查时，检查人员需站立在被检母牛后方，以涂有润滑剂的手抚摸肛门，然后手指并拢成锥状，缓缓地以旋转动作插入肛门，再逐渐伸入直肠。首先使母牛排清宿粪，而后手向直肠深部慢慢伸进。当手臂到达一定深度时（骨盆腔中部），可感到活动空间增大，肠壁的松弛程度也同时变大，这时就可触摸直肠下壁，检查子宫变化情况。

(2) 奶牛妊娠期子宫和卵巢的形态变化。奶牛未孕时，子宫颈、体、角及卵巢均位于骨盆腔内。经产多次的母牛，子宫角可垂入骨盆入口前缘的腹腔内，且两子宫角排列对称，大小相等，形状及质地相同，弯曲如绵羊角状。

配种后 19～22d：子宫勃起反应不明显，子宫角粗细无变化，但子宫壁较厚并有弹性；卵巢上有突出于卵巢表面、发育成熟的黄体，且体积较大，则疑为妊娠。如果子宫勃起反应明显，无明显的黄体，而一侧卵巢上有大于1cm的卵泡，说明正在发情；如果摸到卵巢局部有凹陷，质地较软，可能是刚排过卵。这两种情况均表现未孕。

妊娠30d：孕侧卵巢有发育完善并突出于卵巢表面的妊娠黄体，因而卵巢体积往往较对侧卵巢体积增大1倍。两侧子宫角明显不对称，孕角较空角稍增大，质地变软，有液体波动的感觉。孕角最膨大处子宫壁较薄，空角较硬而有弹性，弯曲明显，角间沟清楚。用手指轻握孕角从一端向另一端轻轻滑动，可感到胎膜囊由指间滑动，或用拇指及食指轻轻提起子宫角，然后稍为放松，可以感到子宫壁内先有一层薄膜滑开，这就是尚未附植的胚囊。

妊娠60d：由于胎水增加明显，孕角增大且向背侧突出，孕角比空角约粗1倍，较长，两侧悬殊明显。孕角内有波动感，用手指按压有弹性。角间沟不甚清楚，但仍能分辨，可以摸到全部子宫。

妊娠90d：孕角显著粗大，液体波动感明显，并开始沉入腹腔。子宫颈前移至耻骨前缘，从骨盆腔向腹腔下垂。初产牛子宫下沉时间较晚。有时可以触及漂浮在子官腔内如硬块的胎儿。角间沟已摸不清楚。

妊娠120d：子宫全部沉入腹腔。子宫颈越过耻骨前缘，触摸不清子宫的轮廓形状，只触摸到子宫背侧及该处明显突出的子叶，形如蚕豆或小黄豆。偶尔能摸到胎儿和孕角卵巢。子宫动脉的妊娠脉搏明显可感。

妊娠150d：全部子宫增大并沉入腹腔底部。由于胎儿发育迅速，体积增大，能够清楚地触及胎儿。子叶逐渐增大，大如胡桃、鸡蛋。子宫动脉变粗，妊娠脉搏十分明显，空角侧子宫动脉尚无或稍有妊娠脉搏。

妊娠180d至足月：胎儿增大，位置移至骨盆前。能触及到胎儿的各部分并可以感到胎动。两侧子宫动脉均有明显的妊娠脉搏。

（3）直肠检查时的注意事项。

首先，手臂伸入肛门后，要缓慢前伸，避免用力过猛或快速前伸而造成肠壁损伤。在向直肠深部深入时，可将手握成拳头。

其次，检查时，如果母牛努责，肠管蠕动收缩或扩张，此时应停止检查。待肠壁收缩波越过手背，肠道松弛后再进行触摸，必要时手臂可以随着收缩波后退，待蠕动停止时再向前伸，防止直肠损伤或破裂。

第三，检查完毕手臂抽出时，偶尔可见手上沾有少量血液或黏液，这是直肠黏膜轻度损伤。如发现鲜红的血液或凝块，则表明肠壁损伤较严重。此时应立即停止触摸，仔细检查损伤情况并采取相应的治疗措施。

第四，检查前，检查人员需剪短指甲并磨光，手臂涂以润滑剂或使用长臂手套，手臂如有伤口时不应操作。检查时，用指肚触摸生殖器官，动作轻缓。检查结束后，要用消毒剂彻底洗涤手臂，并涂以保护剂。

3. 阴道检查法 母牛配种后一个月，检查人员用开膣器插入阴道，若感到有阻力，且母牛阴道黏膜干涩、苍白、无光泽，子宫颈口偏向一侧，紧密闭锁，并有灰暗色、浓稠的黏液栓塞封闭，表明母牛已妊娠。母牛妊娠1.5～2个月时，子宫颈口附近即有黏稠黏

液，但量尚少；妊娠3～4个月后黏液量增加，变得黏稠、灰白或灰黄，并且黏附在整个阴道壁上，附着于开膣器上的黏液呈条纹或块状。至妊娠后半期，可以感觉到阴道壁松软、肥厚，子宫颈位置前移，且往往偏于一侧。

但如果妊娠母牛阴道有病变，阴道则不表现妊娠征状，或者未妊娠母牛存在持久黄体时，阴道可能出现类似的妊娠变化。同时由于存在个体差异，因而阴道检查法只能作为妊娠诊断的辅助方法。

四、分娩和助产

奶牛分娩是正常的生理过程，人们一般不予过问，但在实际生产中，奶牛的分娩与助产是否科学合理，直接关系到母牛的生殖系统机能能否正常恢复，产奶性能能否正常发挥，以及犊牛能否正常生长发育，从而影响养殖户的直接生产效益。

1. 分娩预兆 母牛分娩前，在生理、形态和行为上会发生一系列变化，以适应排出胎儿及哺育牛犊的需要，通常把这些变化称为分娩预兆。奶牛的妊娠期一般为270～285d。由于受品种、个体、年龄、季节以及饲养管理等条件的影响，所以奶牛的妊娠期存在个体差异。因此，掌握并及时发现分娩预兆，对预测分娩时间、提前做好接产准备、使犊牛能够顺利产出、避免因准备不充分而带来的经济损失具有重大意义。

(1) 乳房变化。初产奶牛妊娠4个月后，乳房膨胀增大，而经产牛分娩前15d左右乳房才会发生明显变化。妊娠末期，乳房底部出现浮肿。产前2d左右，乳房极度膨胀，皮肤发红，乳头饱满，并可挤出初乳。有时出现漏乳现象，说明分娩在几小时或1d内开始。乳房的变化受营养水平的影响很大，营养状况不良的母牛，乳房变化不明显。因此预测分娩时间不能单一通过乳房的变化来判定。

(2) 软产道变化。子宫颈在分娩前1～2d开始肿大、松软；子宫颈管的黏液软化，流入阴道，有时悬垂在阴门外呈半透明索状；阴道壁松软，阴道黏膜潮红，黏液由厚黏稠逐渐变为稀薄润滑；分娩前1周左右阴唇柔软、肿胀、增大，阴唇皮肤上的皱襞展平，皮肤稍变红润。

(3) 骨盆韧带的变化。妊娠末期，由于骨盆血管内的血量增加，静脉淤血，使毛细血管扩张，血液中的液体部分渗出管壁浸润周围组织，导致骨盆韧带变得柔软松弛。特别是分娩前1周开始明显软化。位于尾根两侧的荐坐韧带后缘变得松软，同时荐骼韧带也变得柔软，壁部肌肉出现明显的塌陷现象。

(4) 行为及体温变化。母牛分娩前食欲减退，排尿多次少量，徘徊不安，离群寻找安静的地方，时起时卧，头不时向后回顾腹部。

产前1个月到产前7、8d时，体温逐渐上升，可达39℃。产前12小时左右，体温下降0.5～1℃。

2. 助产技术

(1) 自然分娩时的助产技术。母牛在分娩时多数是侧卧分娩，个别的可伏卧或站立。在侧卧分娩中，当胎儿头部露出于阴门之外，而羊膜尚未破裂时，助产人员应立即撕破羊膜使胎儿鼻部露出，防止胎儿窒息。随羊水的不断流出，母牛阵缩及努责减弱时，助产人员可抓住胎头及两前肢，随着母牛的努责沿着骨盆轴方向慢慢拉出胎儿。如果胎儿是倒生，那么助产人员更应迅速将胎儿拉出，防止胎儿的胸部被卡在母牛的骨盆内时间过长，脐带被压致使供氧中断。值得助产人员注意的是，当胎儿头部过大很难通过阴门口，而此时母牛又反复努责时，助产人员应帮助慢慢拉出，同时要防止阴门撕裂。当母牛努责而又是站立分娩时，助产人员应不少于 2 个人，随着胎儿不断娩出用双手接住胎儿，以防胎儿摔伤。

胎儿出生后脐带多会自己扯断，此时可以用高浓度的碘酊消毒液对脐部进行消毒，脐带长度保留 5～8cm 即可。如产双胎，则第一个胎儿的脐带应进行两道结扎然后从中间剪断。出生后的胎儿为防止发生窒息，应及时对鼻孔及口腔内的黏液进行清除。如感觉气管内的黏液较多时，助产人员可以将胎儿的后肢提起，使其倒立，另一助产人员可顺其气管轻轻下赶，然后擦净从口鼻内流出的黏液。胎儿发生窒息时，可以用胶管插入气管中，每隔 5～7s 慢慢吹气一次。吹气不可过分用力。特殊情况下，可以用呼吸兴奋药注射或用 0.1%肾上腺素 1mL 进行心脏内注射。在做好胎儿护理工作的同时，助产人员还应对母牛的阴部进行消毒，对于阴门撕裂严重的还应及时缝合。

（2）难产时的助产技术。母牛在难产上，根据原因不同可以分为产道性难产、产力性难产和胎儿性难产 3 种。胎儿性难产主要有：胎儿过大、双胎难产、胎儿姿势不正（如头部与前肢姿势不正）、胎儿方向不正（如竖向或横向）和胎儿位置不正（如侧位、下位）。有些难产不是单独发生的，而是共同存在的，因此在助产之前应做好对胎姿、胎向、胎位的充分检查，同时还要检查胎儿是否存活。检查时，将手伸入胎儿口腔，感应嘴及舌有无动向，也可以按压眼球，或牵拉前肢看其有无生理反应。倒生时应检查脐带有无搏动，也可以牵拉后肢看其有无收缩反应。如果胎儿死亡，在保护好母牛阴门不被撕破的前提下尽可能把胎儿拉出或用产科锯进行肢解。如果胎儿存活，当腕部前肢前置时，助产人员应采取先推后拉的办法，即先将胎儿推进子宫深部，实在推不动的可用产科铤顶住胎儿肩部，慢慢向里推进，与此同时另一助手将前置部位理正。若是胎头侧弯，方法相同；对于位置较深不容易理正的可以用产科绳先套住然后在助产人员的指导下进行牵拉理正，或用产科钩进行牵拉。使用产科钩时一定要注意，以防破坏母牛的正常生殖机能。将胎儿推回的时机应在母牛阵缩的间歇期。拉出胎儿的过程应随母畜努责而用力，如果发生胎向不正或是子宫捻转的，应通过母体翻转法来调整，即让母牛平躺四肢向上左右进行翻转，或进行反复侧卧等方法，实在调整不过来的应尽早采取剖腹产的办法取出胎儿。

五、奶牛的发情控制技术

发情是母牛性活动的表现，是由于性腺内分泌的刺激和生殖器官形态变化的结果。同时，发情是母牛繁殖过程中的一个重要环节。通过人为的方法改变母牛的发情周期，是提高其繁殖率的一个有效途径。发情控制技术主要包括同期发情和诱发发情。

1. 同期发情 同期发情，又称同步发情，即是通过利用某些外源激素处理，人为地控制并调整一群母牛在预定的一定时间内集中发情，以便有计划地合理组织配种。同期发情有利于人工授精的推广，使人工授精可以成批、集中、定时进行；有利于按需生产乳品，集中分娩组织生产管理；实施同期发情，配种前可不必检查发情，免去了母牛发情鉴定的繁琐工作，并能使乏情母牛出现性周期活动，提高繁殖率；同时，同期发情也是胚胎

移植时对母牛必须进行的处理措施。

同期发情的方法。现行的周期发情技术主要有两种途径：

第一，通过孕激素药物延长母牛的黄体作用而抑制卵泡的生长发育和发情表现，经过一定时间后同时停药，由于卵巢同时失去外源性孕激素的控制，则可使卵泡同时发育，母牛同时发情。常用的孕激素有孕酮、甲地孕酮、甲孕酮、氯地孕酮和18-甲基炔诺酮等。投药方式可采用阴道栓塞、注射、埋植等方法，用药期16～20d。注射法需要每天注射一次，取栓或末次注射孕激素时需同时肌注孕马血清1 000～2 000IU。

第二，通过前列腺素药物溶解黄体，缩短黄体期，使黄体提前摆脱体内孕激素的控制，从而使卵泡同时发育，达到同期发情排卵。前列腺素PGF2α及其类似物可溶解成熟黄体，但对新生成的黄体无效。无发情记录的牛群，第一次肌注PGF2α后有50%～60%的母牛发情，间隔10～13d再注射1次PGF2α，2～3d后发情率达90%以上。输精后能正常受胎，但费用较高。对于发情记录完善的牛群，在发情周期的第8～12天，子宫灌注PGF2α 1～2mg，或肌肉注射加倍，母牛在处理后的48～96h发情。PGF2α注射后再注射100μg GnRH能够促进排卵同步化。

2. 诱导发情　奶牛产后有一段时间乏情，称产后乏情。产后乏情期的长短，直接影响奶牛业的经济效益和奶牛繁殖性能。诱导发情是指对处于乏情状态的母牛，利用外源激素（如促性腺激素）和某些生理活性物质（如初乳）以及环境条件的刺激，促使乏情奶牛的卵巢从相对静止状态转变到机能活跃状态，以恢复母牛正常发情和排卵的技术。利用诱导发情可以控制母牛发情时间、缩短繁殖周期、增加胎次和产犊数，从而提高繁殖力；同时，利用诱导发情可以调整产犊季节，使奶牛一年内均衡产奶，按市场需求供应牛奶及牛肉，提高养牛业经济效益。

诱导发情的方法：

（1）公牛刺激。在与公牛隔离的母牛群里，于发情季节来临之前，将公牛放入母牛群里，则会刺激母牛，使其提前发情。

（2）生殖激素处理。从母牛产后2周开始，使用孕激素处理10d左右，注射PMSG 1 000IU。或采用牛初乳20mL，同时注射新斯的明10mg，在发情配种期再肌肉注射LH100μg。

六、超数排卵技术

应用外源性促性腺激素诱发母牛卵巢的多个卵泡同时发育，并排出具有受精能力的卵子的方法称为超数排卵，简称“超排”。奶牛超数排卵是胚胎移植技术的重要环节之一。奶牛超数排卵的目的是最大限度地获得受精卵和可用胚胎，充分挖掘优良母牛的繁殖能力，加速品种改良。

有3种不同的促性腺激素用于诱导母牛超排，即促卵泡素（FSH）、孕马血清促性腺激素（PMSG）或马绒毛膜促性腺激素（eCG）和人绒毛膜促性腺激素（hCG）。前列腺素（PGF2α）或其类似物，在超排程序中用于诱导黄体溶解，使母牛发情和排卵。

1. 超数排卵的方法　FSH：由于FSH在母牛体内的生物性半衰期估计很短，注射后会在短时间内失去活性，所以超排时必须每天注射2次。通常的程序是，将总剂量32～

50mg分4d或5d注射，每天两次。处理开始后的48～72h，注射PGF2α消黄，36～48h内母牛发情并出现排卵前的LH峰，随后24～36h后排卵。

PMSG：在对母牛进行超数排卵处理时，随着PMSG剂量的增大，卵巢的反应也会增强，发情时间提前。一般肌肉注射剂量为2 000～3 000IU。

2. 超数排卵的处理时期 超数排卵的处理时期应选择在发情周期的后期，即黄体消退时期，此时的卵巢正处于由黄体期向卵泡开始发育的过渡时期。如果在发情周期的中期进行超数排卵，则需在使用促性腺激素后48～72h注射PGF2α，促使黄体消退。目前这种方法已被广泛采用。

七、奶牛的胚胎移植技术

胚胎移植是将一头良种母畜配种后形成的早期胚胎取出，移植到另一头（或几头）同种的、生理状态相同的母畜生殖器官的相应部位，使之继续发育成为新的个体，也有人通俗地称之"借腹怀胎"。奶牛胚胎移植是继人工授精之后奶牛繁殖技术的又一次革命，使优良公、母牛的繁殖潜力得以充分发挥，极大地增加了优秀个体的后代数。

胚胎移植的应用，有着重要的意义：

第一，充分发挥优良母畜的繁殖潜力，迅速扩大优良种群。在自然情况下，牛、马等母畜通常一年产1胎，一生繁殖后代仅仅16只左右，猪也不过百头。在实行胚胎移植的时候，使优良母畜免去了冗长的妊娠期，胚胎取出后不久即可再次发情、配种和受精，从而能在一定的时间内产生较多的后代。并且通过对供体实行超数排卵处理，一次能获得多枚胚胎，移植后能产生较自然繁殖更多的后代。

第二，保存品种资源，建立优良种质资源基因库。将胚胎放在液氮中进行长期冷冻保存的技术已相当成熟、这就为某些特定品种家畜和野生动物品种资源保存提供了理想的方式。

第三，代替优良种畜的引进。用胚胎代替活畜引种，运输极为方便，不仅可以节约数额巨大的进口种畜的费用，还可避免疯牛病对国内畜牧业的危害，而且能得到遗传上更优秀的后代。

第四，利用黄牛、杂种牛作受体，移植奶牛胚胎生产纯种奶牛。采用级进杂交改良的周期一般需15～20年，而利用胚胎移植则缩短为一年，效益巨大。

第五，从经济方面考虑，购买冷冻胚胎可以大大降低购买费用、运输费用。无须饲养种公、母畜，节约了饲养费、管理费，而且没有牲畜发生意外的风险。

第六，促进基础理论研究。胚胎移植技术为动物繁殖生理学、遗传学、胚胎学、动物育种学能学科开辟了新的试验途径。

1. 受体牛的选择标准 应有正常的两个以上发情周期、无繁殖机能疾病及传染病（特别是布氏杆菌病）、身体健康、膘情在七成以上（如按五级膘情分级，应在3～4级为宜）、牛龄为3～6岁、经产牛分娩在60d以上、产犊性能和泌乳性能良好、人工授精两次或胚胎移植两次不孕者不使用、无流产史、上胎无难产和助产情况、情性温顺、子宫弹性厚薄正常、黄体达到A、B级。

2. 受体牛的饲养管理 受体牛在移植前6～8周开始补饲，保持日增重0.30～

0.40kg/d。在移植前6～8周，注射维生素A、维生素B、维生素D、维生素E针剂，补充微量元素，如硒、锌等。受体牛应单独组群饲养，保持环境相对稳定，避免应激反应。

3. 牛胚胎移植的适宜季节　放牧型牛移植季节选在8～11月份，舍饲型牛避开最冷最热的季节，可在其他任何季节进行移植。

4. 受体牛的发情鉴定　应对受体牛跟群观察，以受体牛稳定站立接受其他牛爬跨为发情标准。并准确记录开始站立接受爬跨的时间（以h为单位记录）。

5. 同期发情处理方法　同期发情处理之前对受体牛进行直肠触摸，检查卵巢是否处于活动状态。处于活动状态的牛方可进行同期化发情处理。

药品：氯前列烯醇（PG）：0.2mg/支或2mL/支。

剂量：经产牛0.3～0.4mg/次，育成牛0.2～0.3mg/次。

方法：二次注射法（肌注）。第一次注射可选在任意一天，11d后进行第二次注射。第二次注射后24～96h观察发情。受体牛发情之日计为0d，6～8d进行胚胎移植。

6. 受体牛移植操作步骤

（1）受体牛在发情后6～8d均可进行移植（发情之时定为0h）。移植前对受体牛进行直肠触摸，检查黄体是否合格。合格者用于移植。

（2）受体牛实行1～2尾椎间硬膜外麻醉，擦拭外阴部。

（3）对照供体牛采胚记录表和合格受体的发情记录，合理地搭配受体和胚胎。

（4）解冻胚胎。

（5）重新将胚胎装入0.25mL塑料细管（直接解冻移植法不需要重新装管）。

（6）细管装入移植枪。

（7）把装有细管的移植枪套上硬外套，用塑料环卡紧，再套上软外套。

（8）将胚胎移植到受体有黄体一侧子宫角的上1/3～1/2处。

（9）做好受体移植记录。

7. 妊娠的受体牛的饲养管理　在移植后70～90d对受体牛进行妊娠检查，对已妊娠的受体要加强饲养管理，避免应激反应。妊娠受体在产前3个月要补充足量的维生素、微量元素，适当限制能量摄入，既要保证胎儿的正常发育，又要避免难产。根据当地的疾病发生情况，有目的地注射一些疫苗，以防胎儿流产或传染病发生。

八、胚胎分割技术

胚胎分割技术，指借助显微操作技术或徒手操作方法切割早期胚胎成二、四等多等分再移植给受体母畜，从而获得同卵双胎或多胎的生物学新技术。来自同一胚胎的后代有相同的遗传物质，因此胚胎分割可看成动物无性繁殖或克隆的方法之一。

1890年，Heape在英国剑桥大学首次报道获得兔子胚胎移植成功以来，胚胎移植技术已有100多年的研究历史。20世纪30年代以来，胚胎移植的研究越来越多，对各种家畜均获成功，主要有绵羊、山羊、猪、牛、马。我国这一技术起步较晚，1973年家兔胚胎移植成功，1974年绵羊、1978年奶牛、1980年奶山羊胚胎移植成功；1980年绵羊胚胎超低温保存后，移植产羔；1982年牛胚胎冷冻374d后移植产犊3头；1982年马胚胎移植成功。90年代前后分割牛、羊成功，郭志勤等于1989年获得奶牛冻胚分割植后产同卵双犊和 1992 年绵羊鲜胚分割四分胚移植产同卵羔；1989 年牛四分胚成功产犊。

胚胎分割技术的应用，不仅可使胚胎移植所用胚胎数目成倍增加，而且可以产生遗传性能相同的后代。这对畜牧业生产和实验研究有着特殊的作用，如研究外界环境和条件对家畜生长发育生产性能等方面的影响，应用遗传性能相同的同卵孪仔或多仔做试验，其所得实验结果就准确得多了。应用胚胎分割技术还可以间接地控制性别，从而极大提高了胚胎移植的价值和实际效果。

同时，它对生理学、营养学、遗传学、胚胎学和动物育种研究，尤其是动物遗传研究有很大的促进作用，可为这些学科的研究提供非常宝贵的材料。哺乳动物胚胎冷冻保存技术的研究开始于 20 世纪 50 年代，它与胚胎分割结合起来，可以增加胚胎数目和提高产犊率，使胚胎移植不受时间和地域的限制，解决胚胎远距离运输，减低国际间引种的高额费用，减少疾病传播，有利于胚胎移植技术在生产中推广应用；而且胚胎冷冻在加速家畜育种改良进程，建立基因库，保护资源等都有重要的意义。

九、性别控制技术

性别控制（简称性控）是指通过一定的干预使雌性动物按照人们的意愿生产特定性别的后代的一种动物繁殖新技术。通过性控可以提高畜牧业的经济效益，消灭隐性的性疾病以及一系列连锁的疾病，从而加快珍稀动物的保种、育种以及繁育进程。因此，性控结合超数排卵和胚胎移植技术在畜牧业生产，尤其是奶牛生产中具有重大的实践意义。将该技术应用在奶牛生产中，能够使母牛在配种前即将胎儿性别得到控制，从而使母牛按照人们的意愿多生母犊，同时，母牛在同样的饲养管理成本和怀孕时间内，应用该技术，能够大量繁殖优良高产母牛后代，从而使母牛在数量和质量上都得到显著提高，进而实现缩短改良周期、快速衍生，提高其生产效益，为奶牛养殖业的扩大发展具有十分广阔的应用前景。

动物性控对保种育种、遗传疾病的防治也具有重要的意义，在杂交育种方案中，可根据需要在育种方案的不同阶段灵活性地应用性别控制技术，从而增加选种强度，进而加快育种进程。一般来说，性控与鉴定主要从两方面来实现：一是 X 与 Y 精子的分离，二是早期胚胎的性别鉴定。

1. X 与 Y 精子的分离 X 和 Y 精子分离的方法是受精前性别控制最理想的途径，X 精子与卵子结合形成雌性胚胎而 Y 精子与卵子结合形成雄性胚胎，通过分离 X 和 Y 精子从而达到有目的地进行授精。基于 X 精子与 Y 精子在形态、重量、电荷、抗原性及耐酸碱性（X 精子耐酸、Y 精子耐碱）等方面的微小差异，人们尝试过电泳法、沉降法、密度梯度离心法、免疫法及流式精子分离等方法进行分离精子。

（1）沉降分离法。是基于 X 精子沉降速率比 Y 精子快的原理，将精液放在不同密度的梯度介质中，经过反复离心收集，最后可以收集到 90%以上的 X 精子。

（2）电泳分离法。是根据精子表面具有不同的电荷而设计的一种分离方法，以中性缓冲液电泳时，向阳极运动的 X 精子比 Y 精子多。

（3）密度梯度离心法。是以 X、Y 精子比重差异为前提的，以平衡沉淀为基础，利用密度梯度进行分离，可使 X 精子层纯度高达 87%～94%，最上层 Y 精子下降至原来的 60%。

(4) 流式精子分离法。是目前最流行的方法，该技术在牛、马、兔和人都已用于人工授精。

流式精子分离仪的工作原理：

用无毒的荧光染料与精子 DNA 结合。由于 X 精子和 Y 精子的 DNA 含量不同（X 精子 DNA 含量比 Y 精子高 3.8%），所发出的荧光量也不同。这样，通过计算机控制，使发荧光量不同的精子带上不同的电荷（X 精子带正电荷，Y 精子带负电荷）。最后，在精子通过高压电场时，带不同电荷的精子发生偏斜而进入不同的收集管内。

2. 早期胚胎的性别鉴定　虽然精子分离是当前最理想的性别控制手段，但是由于受到分离成本和分离速度的限制，此项技术还不能在生产实践中得到推广应用；同时并非所有优秀的种公畜都适合于进行精子分离。因此，早期胚胎性别鉴定仍然是生产实践中一项重要的性别鉴定和控制的方法。

早期胚胎的性别鉴定也称受精后性别控制，是通过附植前早期胚胎的性别鉴定从而达到控制性别的目的。早期胚胎的性别鉴定同胚胎移植技术相结合同样可以获得预订性别的后代。其方法有很多，涵盖了细胞学方法、免疫学方法、X 染色体相关酶法、分子生物学方法等多种方法。但是，预将性别鉴定应用于生产实践中，必须达到生产实践的特殊要求，即要求快速简单、成本低，又必须有准确率高且重复性好的特点。因此，目前应用较多且重复性比较好的性别鉴定方法主要有细胞遗传学方法、免疫学方法、生物化学方法以及分子生物学方法，其中最常用的是分子生物学方法。

分子生物学方法是利用分子生物学技术来鉴定哺乳动物早期胚胎性别。此法是 20 世纪 80 年代后期建立起来的。由于利用分子生物学方法进行植入前胚胎性别鉴定具有准确、高效、快速且可重复性好等优点，因此，使性别鉴定和性别控制具有可操作性。目前，此法已被国内外研究人员广泛应用于家畜生产，尤其是养牛业生产胚胎的性别鉴定。目前，实际应用的分子生物学方法主要有 Y 染色体特异性 DNA 探针检测法、荧光原位杂交法（FISH）、聚合酶链式反应法（PCR）和 LAMP 法等。

第六节　奶牛场繁殖管理技术

奶牛育种项目的总体目标主要包括：维持一定的产犊间隔、使奶牛终生的产奶量最大化、在成本合理的基础上储备足够数量的后备奶牛、维持牛群遗传品质的改良。

在美国存在这样的现象，如果奶牛的产奶量提高，那么繁殖的能力就会下降。对于这种现象，很多人认为可能是高产牛的遗传特性，饲料中的能量支持产奶的作用大于支持繁殖的作用。美国和欧洲这方面的经验对中国的奶牛业具有重要的参考价值。

中国在奶牛养殖方面的现状是：牛群中高产牛的比例在逐渐增加，粗饲料的品质不好，过渡期的日粮配置不合理，产后代谢病的发病率很高，很多泌乳早期的奶牛表现出能量不足。由于产奶量提高而使繁殖力下降的情况在中国也已经出现。

一、繁殖力及其评价指标

繁殖力是指牛在正常生殖机能条件下，生育繁衍后代的能力。对奶牛而言，繁殖力体现在性成熟、发情排卵、配种受胎、胚胎发育、泌乳等生殖活动机能。繁殖力高，表示这些机能强。奶牛群体繁殖力的高低直接影响生产经济效益。在奶牛生产中，奶牛必须经过发情、配种、受胎、妊娠、分娩等生殖活动后，才能泌乳，繁殖是决定泌乳的基本条件。在实际生产中发现，平均牛群的配种受胎率较低，饲养管理再好，也无法发挥其遗传潜力，平均产奶量也会降低。所以，繁殖力作为一个重要的经济指标存在于奶牛生产中。

目前，我们可以通过以下指标来评价奶牛的繁殖表现。

1. 产犊间隔 奶牛的产犊间隔，是指奶牛两次分娩之间的间隔天数，是衡量奶牛繁殖力高低的一个重要指标。产犊间隔与牛乳产量和生产效益是高度相关的。产犊间隔越短，奶牛一生所产的牛乳和产的牛犊也就越多，而治疗、育种和繁殖的投入也就越低。理想的产犊间隔应为12～13个月。

2. 妊娠率 在美国，最好的方法是通过奶牛的妊娠率来判断繁殖情况。妊娠率指可配种奶牛在21d时间内妊娠的百分率（一个情期），是衡量奶牛怀孕速度的最好指标。妊娠率主要包括两部分内容，发情鉴定率和受胎率（妊娠率＝发情鉴定率×受胎率）。在美国，当怀孕率达到30％时牛场的效益是最好的，但是一般的牛场的怀孕率都在15％～20％。

3. 空怀天数 空怀期，指奶牛从产犊至下次受孕之间的间隔天数。为获得最适宜的产犊间隔时间，奶牛应在产后85～100d受孕。

4. 产后第一次配种天数 80％～90％的奶牛产犊后60d开始持续发情。具有正常产犊间隔、并无繁殖疾病的奶牛早在产后50～55d就应配种，这样可提高繁殖率。

5. 输精次数 一次受胎的输精次数应为1.5次。

6. 空怀超过120d的母牛 理想的目标是牛群中空怀超过120d的母牛低于10％。空怀天数过多，意味着繁殖问题和经济损失。以产犊间隔为基本繁殖指标，在计算牛群的产犊间隔时，不可仅按空怀天数对空怀母牛进行计算，而应用空怀超过120d的奶牛数除以母牛总数来计算牛群的这一指标。

7. 繁殖间隔 通常的发情周期为21d。如果母牛发情未配，或未受胎，它通常约21d后再次发情。如果多次出现低于18d的繁殖间隔，说明发情鉴定有误。繁殖间隔超出24d，常表明失去了发情配种的机会。

8. 干奶天数 理想的干奶天数为45～60d，而且牛场所有母牛的干奶天数都应处于此范围之中。因母牛的乳腺需要45～60d的恢复再生期。干奶期短会造成下次产奶量下降，过长则会造成经济损失。

9. 首次泌乳的平均年龄 育成牛应于24～26月龄产犊。

二、提高奶牛繁殖力的措施

1. 影响奶牛繁殖力的因素

（1）种公牛的遗传因素。产奶性能与繁殖能力成反比关系，种公牛产奶性能越高，其繁殖性能的遗传力越低。据爱尔兰和瑞典的试验资料，选用产奶量高的种公牛进行育种，虽提高了牛群产奶量，但降低了繁殖力。分析美国和英国近30年来的奶牛育种资料，同样发现产奶性能不断提高，但繁殖性能逐渐降低。

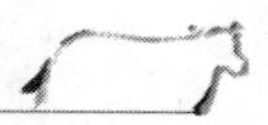

（2）种公牛的精液品质因素。一般品质优良的种公牛精液，精子畸形率低于18%，冷冻精液解冻后精子活率高于0.3，其受精能力强，后代繁殖力高。一头精液质量差、受精能力低的种公牛，即使与能产生最大数目正常卵子的母牛配种，其受精率仍然很低。

（3）母牛的遗传因素。

①产奶量。母牛繁殖性状的遗传力较低，且产奶量与繁殖力呈负相关。据美国对122 715头荷斯坦牛生产记录分析，空怀期、配种次数和母牛存活时间的遗传力分别为0.04、0.03和0.02（h_2<0.1），表明奶牛繁殖性状的遗传力低。高产奶牛的繁殖力降低，主要表现在发情时间间隔延长、受胎率降低。据法国对36 654头奶牛进行研究，证明产奶量高的奶牛，产后首次配种的间隔时间延长59d。英国分析了3 527个泌乳期资料，证明高产奶牛比低产奶牛的产后配种间隔延长19d，配种指数增加0.27%。

②卵巢囊肿。据观察患卵巢囊肿的母牛所生的后代母牛，发病率比正常母牛的后代高，说明卵巢囊肿具有遗传性，最常见于2～5胎奶牛。

③异性孪生。奶牛异性双胎的母犊，有91%～94%不能生育，这是由于卵巢在不同程度上发生雄性性腺变化的缘故。

④育种方式。近交繁殖可以增加胚胎死亡和染色体畸形。

（4）母牛的繁殖机能因素。

①生殖器官畸形。母牛生殖道的先天性缺陷（输卵管、子宫和子宫颈停止发育或融合不全）和后天性缺陷（分娩时创伤或感染病菌）会妨碍精子或卵子向受精部位移动，从而影响受精率。

②卵巢机能障碍。母牛的卵巢发育不全、卵巢萎缩及硬化、持久黄体、卵巢（卵泡和黄体）囊肿等均可抑制卵巢机能的正常发挥。

（5）母牛的疾病因素。

①生殖疾病。在做生殖检查、某些疾病的手术、难产的助产、胎衣不下、子宫脱落的治疗以及人工授精时，由于不卫生的操作使病原微生物和非病原微生物侵入奶牛生殖道或通过血液、淋巴进入子宫，可导致卵巢炎、输卵管炎、子宫弛缓、子宫颈炎、阴道炎等生殖疾病。通过对上海、北京、南京、南宁等16个城市41个奶牛场共9 754头适龄奶牛调查，发现25.3%的母牛患不孕症，其中68.3%患子宫内膜炎。据匈牙利报道，34%成年母牛和9%青年母牛患卵巢机能疾病，奶牛胚胎死亡率可达25%～35%，大部分胚胎死亡发生于配种后21d左右。

②其他疾病。消化、呼吸、循环、视觉系统疾病等均能影响奶牛的繁殖力。根据对4 382头奶牛共9 369个泌乳期资料分析认为，奶牛蹄病、乳房炎、真胃移位、产后瘫痪和胎盘滞留等疾病都对妊娠有影响。尤其是患乳房炎的奶牛，如果在配种后3周内发生，受胎率下降50%以上。

（6）营养因素。营养对母牛的发情、配种、受胎以及犊牛成活起决定性作用，营养包括能量、蛋白质、矿物质和维生素等。能量水平长期不足，不但影响幼龄母牛的正常生长发育，而且可以推迟性成熟和适配年龄，这样就缩短了有效生殖时间。成年母牛如果长期能量过低，会导致发情征状不明显或只排卵而不发情。对于妊娠母牛能量不足会造成流产、死胎、分娩无力或生出弱胎，从而使母牛的平均产犊间隔拖长，繁殖力降低。母牛能量过高会使母牛变肥，生殖道（如输卵管进口）被脂肪阻塞。

蛋白质是牛体细胞和组织中的重要组成部分，是抗体的重要成分。蛋白质缺乏，不但影响牛的发情、受胎和妊娠，也会使牛体重下降、食欲减退，以至食入能量不足，同时还会使粗纤维的消化率下降，直接或间接影响牛的健康与繁殖。

矿物质中，磷对母牛的繁殖力影响最大，缺磷会推迟性成熟，严重时，性周期会停止、受胎率降低。钙对胎儿生长是不可缺少的，可防止成年母牛的骨质疏松症，胎衣不下和产后瘫痪。另外硒的缺乏，除了胎衣滞留发病率升高外，牛群患子宫内膜炎、卵巢囊肿、不发情及胚胎死亡率也会上升。

维生素A与母牛繁殖力也有密切的关系，不足时容易造成母牛流产、产出弱死胎和胎衣不下。

随年龄的增长母牛的受胎率会有降低的趋势，这在营养水平过高的母牛最为明显。因此，对繁殖母牛群应给予合理的饲养。

（7）管理因素。管理好牛群，尤其是抓好基础母牛群，这也是提高繁殖力的重要因素。管理工作牵涉面很广，主要包括组织合理的牛群结构、合理的生产利用、母牛发情规律和繁殖情况调查、空怀及流产母牛的检查和治疗、配种组织工作、保胎育幼等方面。

合理的牛群结构是获得良好繁殖成绩的基础之一。不同生产类型，基础母牛占牛群的比例也有所区别，乳用牛为50%～70%，肉牛、役牛和乳肉兼用牛为40%～60%是比较合理的。

配种前应对母牛群的发情规律及繁殖情况进行调查，掌握牛群中能繁殖、已妊娠及空怀、流产的头数及比例。对于配种后的母牛还应检查受胎情况以便及时补配和做好保胎及加强饲养管理等工作。总之，做好各个环节的工作才能提高牛的繁殖力，取得良好的繁殖成绩。

（8）配种因素。

①输精量。当种公牛精液品质正常时，输入母牛子宫内精子数太少就会降低受精率，相反当输入精子数超过一定限量时也会对受精带来不良后果。一般每次输入活动精子数不少于2 000万个即可。

②发情鉴定。母牛发情不正常、卵子发育受阻、发情鉴定不准、对卵子发育掌握不清、不能确定适宜的配种时间和输精部位等均可影响受胎率。通过直肠把握方法可准确进行母牛发情鉴定。

③适时配种。母牛发情排出卵子后若不能及时与精子相遇而完成受精过程，则随着时间的延长，其受精能力会逐渐降低。一般在发情开始后12～18h输精最为适宜。

④初配年龄。如果初配年龄过早，奶牛尚未发育成熟，则受胎率较低，且分娩时易发生骨盆狭窄。奶牛初情期为6～12月龄，性成熟期为8～14月龄，初次配种时间为15～18月龄，体重达到成年奶牛的70%左右为宜。

⑤人为因素。输精人员在进行阴道检查和人工授精时，不遵守操作规程或消毒不严格，一方面可对母牛生殖道造成感染或创伤，另一方面可使奶牛生殖道疾病通过人为因素再度传播。特别是流产、分娩时，病原微生物可随胎儿、胎衣、胎水及阴道分泌物排出体外，造成散播，对整个奶牛群体繁殖力造成严重影响。

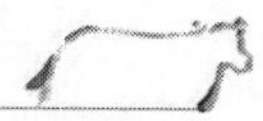

⑥繁殖年限。奶牛的繁殖能力可达15～22岁，年龄越大繁殖力和生产力越低。一般奶牛利用5～8胎的繁殖力和产奶性能后便可淘汰。

(9) 异常发情。异常发情包括不发情、暗发情和常发情。

①不发情。母牛既不发情也不排卵，往往是由于疾病、气候、营养或泌乳等多方面因素引起。需要综合分析，明确原因再作处理。

②暗发情。暗发情的母牛多见于育成母牛和产后60d以内的母牛。在没有公牛试情的牛群是个严重问题。因为在有公牛的牛群中，公牛能试出暗发情的母牛而进行配种。而没公牛的牛群往往失配。因此在牛群中必须加强试情或直肠检查，使暗发情和隐性发情的牛也能受孕。

③常发情。母牛持续而强烈的表现发情行为，称为常发情，又称为慕雄狂。但不是所有患卵巢囊肿的牛，都一定显出慕雄狂或不正常发情，也不是只有卵巢囊肿才引起慕雄狂。卵巢炎、卵巢肿瘤以及内分泌器官或神经系统机能紊乱都可发生慕雄狂。后一种情况，检查卵巢找不到任何变化，有时卵巢体积甚至缩小。现在较有效的办法是注射绒毛膜促性腺激素或促性腺激素。虽然常发情可用激素治愈，但在同一头牛，几个泌乳期的复发率也较高，而且有遗传性，所以除治疗外，还得重视选种工作。

2. 提高奶牛繁殖力的措施　目前，我国在母牛的早期妊娠诊断、同期发情、胚胎移植等繁殖技术取得了一定成效，在加强母牛繁殖力方面还须根据实际推广和普及，以期较大提高奶牛的繁殖力。

(1) 加强选种选配。选种选配对奶牛生产很重要，通过选种获得优良母体，通过选配选择优良精液，可充分发挥优良品种的遗传潜力。生产中要及时淘汰患卵巢囊肿、生殖器官畸形、异性孪生的母牛。对繁殖力较低群体，也可选用繁殖力高的公牛配种，或实施胚胎移植，逐步提高后代群体的繁殖力。

(2) 提高种公牛精液品质。精液的品质是衡量种公牛本身生殖机能好坏的主要依据，是保证奶牛繁殖力的主要条件。因此种公牛要有健壮的体质、充沛的精力和旺盛的性欲，才能保证产生品质良好的精液并具有较高的繁殖能力。

(3) 改善母牛饲养水平。改善营养状况和生活环境，维持适当的膘度，是保证母牛正常发情的物质基础。饲养水平过高或过低均会影响奶牛繁殖力，因此控制奶牛营养水平，既可降低饲养成本，又可提高繁殖力。尤其要保证奶牛日粮中含有适宜水平的脂肪，碘、钙、磷、铜、锰、硒等微量元素以及β-胡萝卜素和维生素E等脂溶性维生素，既可增加产奶量，又可提高繁殖力。

(4) 加强母牛疾病治疗。预防影响繁殖力的传染病，如布氏杆菌病、滴虫病等。严格执行防疫注射、检查和卫生措施，对病牛要按照兽医防疫制度隔离处理。

防治奶牛不育。对于先天性和衰老性不育以及难以治疗的奶牛应及时淘汰。对饲养性和利用性不育，可通过改善饲养管理和合理使用加以治疗。对于传染性和侵袭性不育，可通过防疫加以预防，一旦发生传染则应当隔离淘汰。

治疗生殖器官疾病。对患有先天性生殖道畸形的个体要及时淘汰，对一般性生殖腺疾病要采取积极的治疗措施以恢复其繁殖力。

(5) 加强母牛管理。充分的户外运动、合理的挤奶次数、安全分娩、舍内通风、夏季防暑降温、春秋增加光照，对提高母牛繁殖力都有一定作用。

（6）母牛情期处理。

①催情。对于某些因生理机能失调而不能正常发情的母牛，可使用相应的促性腺激素进行处理。

②超数排卵。在母牛正常发情期，增加母牛的排卵数目，可提高卵子与精子结合进而增加受精的机会。在发情开始前2～3d，注射FSH（促卵泡素）或PMSG（孕马血清促性腺激素），可引起超数排卵，大大增加了正常繁殖所需要的排卵数。

③应用维生素E和硒。在母牛产后肌肉注射500mg维生素E和50mg硒，连续处理3d后，虽然分娩至首次配种间隔时间以及产犊后首次配种的受胎率没有影响，但产后胎衣不下率降低，第二次配种的受胎率增加。

④应用促性腺释放激素（GnRH）。在产后40d或60d注射8μg GnRH，此后第七天注射25mg前列腺素（PGF2α），第九天再注射8μg GnRH，第十天进行人工授精。虽然第一次配种受胎率增加不明显，但产后90d内的受胎率明显增加。

（7）改进配种技术。

①搞好发情鉴定。在合理饲养管理的基础上，要搞好发情鉴定，适时配种。

②严格执行配种操作规程。要改进配种技术，多实践多探索，正确地应用繁殖新技术和新方法。在应用冷冻精液进行人工授精时，若技术操作不当，往往会造成人为不育。从发情鉴定、采精、精液处理、输精等各个环节，都要做到一丝不苟，规范操作。若发情鉴定技术不过关，会使发情母牛漏配或失配；采精方法和精液处理不当，解冻方法和程序不合理，也常常使精液品质下降，影响其受精能力；输精方法不当，牛体、器械消毒不严以及输精时间不适宜，都会降低受胎率和引起生殖疾病。

③抓好产后初配。根据各地经验，母牛产犊后进行"热配"，即在母牛产犊后第一个发情期进行配种，能提高受胎率。实践证明，母牛在产犊后第一次或第二、三次发情期不能及时配种，往往会造成暂时或永久性不孕。

（8）做好母牛早期怀孕检查。通过早期怀孕检查，可及早发现母牛是否受胎。对已确诊怀孕的母牛可及早加强保胎措施，防止流产。对怀孕期发情的母牛确诊后，防止因误配而造成流产。对未怀孕的母牛可及时找出原因，采取措施，进行补配，防止失配空怀，同时通过检查可及早发现和控制母牛生殖器官疾病的发生。

（9）减少胚胎死亡和流产。奶牛胚胎的死亡多发生于妊娠早期。适当的营养水平和良好的饲养管理可以减少胚胎早期死亡。在母牛配种后7～11d，注射30mg孕酮，对减少胚胎死亡有一定的效果。同时要加强妊娠母牛的管理，防止流产。

（10）做好母牛接产与分娩护理。母牛产犊应以自然分娩为主，当胎位不正时可采取矫正措施或人工助产，接产时严格执行无菌操作制度，牛舍、牛身、手术者及一切用具要严格消毒，接产、助产及分娩护理要严格按操作规程进行，防止母牛感染病菌降低繁殖力。

（11）提供适宜环境。气候和环境如季节、温度、湿度和日照都会影响繁殖。在我国大部分地区都是夏季炎热、冬季寒冷，所以牛在这两季节繁殖力不高。春秋两季温度适宜，繁殖率自然就高。为了提高奶牛的繁殖力，应尽可能给奶牛提供适宜的饲养环境条件。

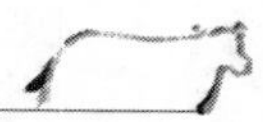

三、奶牛的有效繁殖管理

1. 发情管理 育成母牛的初情期一般为6～10月龄，平均8月龄，表明母牛具有繁殖的可能性，但不一定有繁殖能力。育成母牛的性成熟期是指生殖生理机能成熟的时期，一般为8～12月龄，平均10月龄，表明母牛具有繁殖能力，但不一定可以配种。育成母牛的体成熟期是指机体各部分的发育已经成熟，一般为16～20月龄，平均18月龄，表明母牛能够配种。育成母牛的初情期、性成熟期、体成熟期受母牛的品种、饲养管理条件、营养状况、环境气温等因素的影响而有差异。成母牛生产后第一次发情时间平均52d，30～90d占70%。奶牛产后第一次发情时间与产犊季节和母牛子宫健康状况有关，冬春季比夏秋季产犊的母牛产后第一次发情晚8d，分别为56d和48d。初情期延长的育成母牛和产后第一次发情延迟的成年母牛要查明原因，检查饲养管理情况及母牛的内生殖器官。

2. 配种管理 育成母牛的初次配种应在体成熟初期，即16～18月龄，但要求体重达到成母牛体重的60%～65%，即360～390kg。过早配种会影响母牛的生长发育及头胎产奶量，过晚配种会影响受胎率，增加饲养成本。成母牛产后第一次配种时间以产后60～90d为宜，低产牛可适当提前，高产牛可适当推迟，但过早或过晚配种都可能影响受胎率。

3. 妊娠管理

(1) 妊娠诊断。母牛配种后最好进行3次妊娠诊断，第一次在配种后60～90d采用直肠检查法；第二次在配种后4～5个月采用直肠检查法；第三次在停奶前采用腹壁触诊法。有条件可在配种后30～60d采用超声妊娠诊断法及配种后22～24d采集牛乳应用放射免疫或酶联免疫进行早期妊娠诊断，主要目的是检出未妊娠母牛。其他方法还有在配种后30～60d取子宫颈口黏液加碱煮沸法等。

(2) 奶牛的妊娠期及预产期推算方法。黑白花奶牛的妊娠期平均280d左右，范围255～305d。青年母牛的妊娠期比经产母牛短3d，怀母犊比怀公犊妊娠期短2d，怀双胎比怀单胎短4d。

奶牛预产期的推算方法是“月减3，日加5”，即预产月份为配种月份减去3，如果配种月份小于或等于3，则先加12再减3；预产日期为配种日期加5，如果配种日期在月底，加5后预产日期就可能推到下月初。

(3) 奶牛的流产发生率、流产原因及流产类型。奶牛人工授精的流产发生率为10%左右，胚胎移植的流产发生率为15%左右。流产的原因分传染性流产和非传染性流产两大类，传染性流产是传染病的一种症状，大多数流产为非传染性流产。非传染性流产的原因有：营养性流产、损伤性流产、药物性流产、中毒性流产、症状性流产。根据流产的月龄及胎儿的变化，流产可分为以下几种类型：

①隐性流产。又称早期胚胎死亡，发生在妊娠早期1～2月龄，占流产中的25%。

②小产。即排出未经变化的死胎，发生在妊娠中后期。这是最常见的一种流产，占流产中的49.8%。

③干胎。即胎儿死亡后滞留在子宫内，由于子宫颈口关闭，胎儿水分被吸收发生干尸化，死胎多发生在妊娠4～5个月，占流产中的24%。

④胎儿腐败。胎儿死亡后由于腐败菌侵入子宫，使胎儿发生腐败分解，产生大量气体使胎儿增大造成难产，是最危险的一种流产，临床上极少见，占流产中的0.3%。

⑤胎儿浸溶。即胎儿死亡后由于非腐败菌侵入子宫，胎儿的软组织被溶解流失，而骨骼滞留在子宫内，死胎月龄与干胎相近，占流产中的0.9%。

4. 分娩管理

（1）分娩前要注意观察分娩预兆，做好接产准备。乳房从分娩前10d开始增大，分娩前2d极度膨胀，皮肤发红，乳头饱满；分娩前1周阴唇肿胀柔软；分娩前1～2d子宫颈黏液软化变稀呈线状流出；骨盆韧带从分娩前1周开始软化，临产前母牛精神不安，不断徘徊，食欲减退，不时作排尿状。

（2）分娩时要注意接产。母牛分娩时应尽可能让其自然分娩，对头胎牛、胎儿过大、倒生、过了产出期（3～4h）后可适当给予助产。出现难产要请兽医处置。难产分产力性难产、产道性难产和胎儿性难产3种。

（3）分娩后要注意产后监护。

①产后3h内注意观察母牛产道有无损伤出血。

②产后6h内注意观察母牛努责情况，若努责强烈要检查子宫内是否还有胎儿，并注意子宫脱出征兆。

③产后12h内注意观察胎衣排出情况。

④产后24h内注意观察恶露排出的数量和性状，排出多量暗红色恶露为正常。

⑤产后3d内注意观察生产瘫痪症状。

⑥产后7d注意观察恶露排尽程度。

⑦产后15d注意观察子宫分泌物是否正常。

⑧产后30d左右通过直肠检查子宫康复情况。

⑨产后40～60d注意观察产后第一次发情。

5. 初生犊牛的护理

（1）确保呼吸。犊牛出生后首先要用毛巾或手清除口腔和鼻腔内的黏液，如果黏液较多，阻碍呼吸，可将犊牛头部放低或倒提起犊牛控几秒钟，使黏液流出。出现呼吸困难，也可作人工诱导呼吸，即交替挤压和放松胸部。

（2）消毒脐带。距腹壁5～10cm剪断脐带后，用5%碘酊浸泡消毒。

（3）早喂初乳。出生30min内立即喂初乳2kg，日喂4次。

第三章　奶牛的营养需要与饲料

第一节　奶牛与营养物质

奶牛所需要营养物质包括水、能量、蛋白质、矿物质和维生素等，这些营养物质一是用于奶牛维持生命、健康及生产的生化反应所需要，二是满足奶牛瘤胃内微生物的生长。影响奶牛对营养物质需要的因素很多，如奶牛的品种、体重、生理状态、年龄等都会影响奶牛对营养物质的需要，奶牛的高产必须是品质优良的奶牛在优质饲料供应、良好的饲养管理条件下才能实现，奶牛只有摄取足量、均衡的营养物质才能发挥最佳的生产性能。

一、水

牛体内含有50%～70%的水，牛乳中含有87%左右的水，奶牛通过饮水、采食饲料体内有机物质代谢产生代谢水而获得水分。奶牛对水的需要比对其他营养物质的需要更重要。动物处在饥饿状态下，失掉几乎全部脂肪，半数以上的蛋白质及体重减轻40%的情况下仍能生存，但如果失去水分达体重的8%～10%，则可引起代谢紊乱。失水达体重20%，可使动物致死。水是奶牛重要的营养物质，生产上必须注意满足奶牛对水的需要。日粮因素影响奶牛对水的需要量，饲料干物质采食量高，饮水多；食入含粗蛋白质水平高的日粮，需水量增加；日粮中粗纤维含量增加，因纤维吸水膨胀、酵解及未消化残渣排泄而带出水分，提高动物对水的需要量；饲粮中食盐或其他盐类的增加，需水量和排水量增加。高温也是造成奶牛需水量增加的因素，乳牛在气温30℃以上时，泌乳的需水量较气温10℃以下提高75%以上，因此必须注重奶牛对水的供应，否则会影响奶牛的产奶量。

二、蛋白质

饲料中的蛋白质为维持奶牛重要的生命功能、繁殖和泌乳提供所需的氨基酸。奶牛饲料中的蛋白质通常是指粗蛋白质（CP），即饲料中含氮物质的总称。它包括真蛋白、非蛋白氮（NPN）和不溶解氮。蛋白质不仅是牛奶的主要成分，而且是生命的物质基础，表现出种类和功能的多样性，如作为机体新陈代谢催化剂的酶、运输氧气的血红蛋白、参加免疫的抗体、具有调节新陈代谢作用的激素等，都是由蛋白质构成的，因此没有蛋白质就没有生命。日粮蛋白质水平对奶牛的繁殖具有重要作用。蛋白质缺乏不但影响奶牛发情、受胎和妊娠，并且由于日粮适口性下降而导致奶牛体重降低，直接或间接地影响奶牛的繁殖。但过高的日粮蛋白质水平同样会引起奶牛繁殖力下降。蛋白质采食量增加，会提高奶牛组织中的氨浓度，降低其免疫系统功能，从而延长子宫的自净时间。除了氨基酸外，奶牛还可利用多种其他氮源，即非蛋白氮。因奶牛瘤胃微生物具有利用非蛋白氮合成氨基酸和蛋白质的能力。当日粮中含氮量很低时，奶牛瘤胃微生物通过氮素循环反复利用氮合成蛋白质，提高对日粮蛋白质的利用率。

（一）奶牛对饲料蛋白质的消化吸收

饲料中的蛋白质进入瘤胃后，在瘤胃微生物（细菌、原虫和真菌）蛋白质降解酶的作用下，降解释放出寡肽、氨基酸，其中多数氨基酸又进一步降解为有机酸、氨和二氧化碳，氨基酸可转变为氨和支链脂肪酸，如缬氨酸转变为异丁酸和氨。微生物降解所产生的氨与一些简单的肽类和游离氨基酸，又被微生物用于合成微生物蛋白质，瘤胃微生物氮中有50%～80%来自于氨，有30%来自除氨外的其他氮源，如氨基酸、肽。饲料中的非蛋白氮以及经唾液和瘤胃壁再循环回到瘤胃中尿素也为瘤胃提供氨。瘤胃液中的氨是蛋白质在微生物降解和合成过程中的重要中间产物。饲粮蛋白质不足或当饲粮蛋白质难以降解时，瘤胃内氨浓度过低时，将导致瘤胃细菌微生物所需氮不足，从而影响瘤胃微生物生长繁殖，奶牛对饲料的消化就会降低。但微生物利用 NH_3 的能力有限，如果蛋白质降解比合成速度快，则氨在瘤胃内浓度就会超过微生物所能利用的最大氨浓度。多余的氨就会被瘤胃壁吸收，经血液输送到肝脏，并在肝中转变成尿素，大部分从尿中排出，少部分通过唾液再循环进入瘤胃或直接从血液通过瘤胃壁扩散入瘤胃。氨过多会造成奶牛氨中毒，严重时会造成奶牛死亡。这种氨和尿素的生成和不断循环，称为瘤胃的氮素循环。

瘤胃微生物利用氨而生长，微生物利用氨合成微生物蛋白质的程度取决于的瘤胃液提供能量水平，瘤胃微生物利用氨合成微生物蛋白所需的能量主要来至碳水化合物发酵产生挥发性脂肪酸，瘤胃中挥发性脂肪酸只有少量是来源氨基酸的降解，大部分来自碳水化合物的降解。饲料中被微生物发酵降解的蛋白质称为瘤胃降解蛋白质；没有被微生物降解，完整通过瘤胃进入真胃、小肠才被分解的蛋白质称为非降解蛋白或过瘤胃蛋白。

奶牛食入的蛋白质少的话，会反复利用氮素循环中氮合成微生物蛋白质，这时进入小肠的微生物蛋白质数量会比饲料蛋白质多。根据这样一种作用，可通过给奶牛日粮添加尿素合成微生物蛋白，达到节约饲料蛋白质的作用。瘤胃微生物能合成奶牛所需的必需氨基酸。瘤胃微生物蛋白质的品质一般略次于优质的动物蛋白质，与豆饼和苜蓿叶蛋白大约相当，优于大多数谷物蛋白。

微生物蛋白质和饲料中过瘤胃蛋白随食糜进入真胃和小肠。奶牛真胃和小肠中蛋白质的消化、吸收与单胃动物类似。瘤胃微生物合成的微生物蛋白占流入小肠蛋白的大部分，是小肠蛋白质的主要来源，提高微生物蛋白的产量是提高小肠蛋白质的主要措施；过瘤胃蛋白是小肠蛋白质的重要组成部分，调整过瘤胃蛋白是调节奶牛小肠蛋白质组成的重要手段；小肠中未消化的蛋白质进入大肠进行消化，其消化类似瘤胃，但含 N 物的吸收有限，只有 NH_3 可较多地吸收。消化道的内源蛋白主要是消化酶、消化道脱落的上皮细胞、血液蛋白等。正常情况下，这部分内源蛋白随粪便排出体外前，约有90%又被机体重新吸收。内源蛋白的这种周转在奶牛蛋白质营养代谢上同样具有稳衡控制的重要作用。

（二）氨基酸营养

奶牛吸收氮中有一半以上是以氨基酸形式吸收，氮的表观消化率为69%，吸收的氮42%由尿排出，30%进入乳腺，可见奶牛蛋白质营养实质是氨基酸营养。奶牛对必需氨基

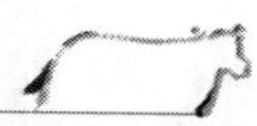

酸的需要有40%来自于瘤胃微生物蛋白，60%来自于饲料蛋白质。平衡奶牛日粮中氨基酸对提高产奶性能非常重要。微生物蛋白中含有奶牛所需的必需氨基酸，能够满足和维持中等生产泌乳水平奶牛的需要，但不能满足高产奶牛所需的必需氨基酸。小肠氨基酸的平衡对奶牛改善饲料营养物质的利用效率和提高产奶量有重要作用。奶牛小肠氨基酸平衡关键是限制性氨基酸，奶牛的限制性氨基酸由于泌乳阶段和日粮组成而不同，研究证明，泌乳初期和高峰期的奶牛，限制性氨基酸可能是赖氨酸，泌乳中期可能是蛋氨酸和赖氨酸。从小肠吸收进入体内的氨基酸主要来自进入小肠的微生物蛋白，一般占总氨基酸的60%～85%，而且无论组成日粮的饲料怎样变化，微生物蛋白质中氨基酸相对一致，微生物蛋白可能缺乏亮氨酸、异亮氨酸、缬氨酸，由于微生物蛋白质氨基酸组成不易受饲料的改变而改变，对小肠氨基酸的调节主要是通过过瘤胃非降解蛋白质和过瘤胃保护氨基酸进行，过瘤胃蛋白质量受诸多因素影响，其中最主要的因素是饲料本身的蛋白质结构特性、饲料加工处理、尼龙袋的选择、饲喂制度和环境温度等，过瘤胃非降解蛋白在消化上的差异以及某些蛋白质中氨基酸不平衡，也限制了过瘤胃非降解蛋白的利用效果。由于非降解蛋白对小肠氨基酸影响比较大，即使瘤胃微生物蛋白合成达到最大，进入小肠的氨基酸也难以满足高产奶牛的需要，需要非降解饲料蛋白进行补充，选择氨基酸含量全面、比例合适、抗降解能力强的蛋白饲料或对蛋白饲料进行理化处理，可补充非降解蛋白。研究证明，饲料中必需氨基酸含量高，进入十二指肠的必需氨基酸也高。氨基酸从小肠吸收进入肝脏前，消化道、胰脏、脾脏和肠系膜脂肪利用了大量的氨基酸。因此到达肝脏的氨基酸小于从肠管吸收的氨基酸，肝脏中的氨基酸的代谢途径：①以游离氨基酸形式进入血液；②合成含氮活性物质；③合成体组织蛋白；④异生为葡萄糖提供能量或转化为脂肪。从肝脏出来进入血液的组氨酸、蛋氨酸、苯丙氨酸和酪氨酸与乳腺摄取的氨基酸分泌到乳蛋白的数量是相等的，这些氨基酸的任何一种缺乏，都会限制乳蛋白的合成。在能量满足奶牛需要的条件下，血浆尿素氮是反应奶牛氨基酸利用的良好指标，也是反映机体氮代谢的重要指标之一。当氨基酸供应不平衡时，它能够指示日粮含氮物质在瘤胃的降解和利用状况；它是各组织蛋白质分解代谢的产物，一般受氮进食量和内源氮分泌的影响较大，而通常情况下机体血浆代谢库中尿素氮浓度相对稳定。

（三）影响瘤胃微生物蛋白合成的因素

微生物蛋白质的氨基酸组成变化很小，氨基酸约占微生物总氮的79%，其他为非氨基酸氮。一般微生物蛋白质的品质不如饲料蛋白质，所以保护品质好的蛋白质使其通过瘤胃不被微生物降解，可提高饲料蛋白质的利用。影响蛋白质的降解程度的因素包括蛋白质结构、蛋白质的可溶性、碳水化合物量和来源、采食量、食物通过瘤胃的速度等。

蛋白质和碳水化合物消化的同步性对微生物蛋白合成的影响较大；瘤胃微生物蛋白的合成还受瘤胃食糜外流速率的影响。引起的饮水和唾液分泌增加等的因素均可影响瘤胃食糜外流速率，如进食水平、粗饲料比例、摄入食盐等。不同的氮源影响微生物蛋白合成。一般发酵结构性碳水化合物的微生物只需要氨作为氮源，而发酵非结构性碳水化合物的微生物利用氨基酸的情况下生长会加快；支链氨基酸和异位有机酸对微生物蛋白质的合成也有影响。

(四) 影响进入小肠的非降解饲料蛋白质或过瘤胃蛋白数量的因素

奶牛自身同样不能合成必需氨基酸，微生物蛋白质能为干乳期或低产奶牛提供所需的必需和非必需氨基酸。对于产奶量高的奶牛，微生物蛋白质提供的氨基酸的数量和质量则不能完全满足需要，必须以过瘤胃蛋白的形式由饲粮补充。一般优质饼粕饲料蛋白质的降解率均高于 50%，瘤胃食糜外流速度快，饲料蛋白质在瘤胃内停留时间短，蛋白质降解率下降。影响外流速度的因素有日粮的结构、饲养水平、饲料加工方法等。甲醛处理蛋白饲料、物理包被、加热处理蛋白质饲料等可明显降低蛋白质瘤胃中的降解速度。加热是保护饼粕类饲料蛋白质过瘤胃的很有效的方法，但因加热过度会使蛋白质变性从而影响其在小肠内的利用率，因而不同的饲料种类、蛋白质结构，热处理的加工方法及温度应不同。

(五) 影响奶牛对饲料蛋白质消化吸收的因素

1. 日粮组成、降解速率和蛋白质的热损害 瘤胃微生物利用氨合成微生物蛋白质需要碳架结构和能量。因此，奶牛对粗蛋白质的利用效率不仅与日粮中粗蛋白质的降解速率有关，而且与日粮中碳水化合物提供碳架和能量的同步供给有关。蛋白质的溶解度高，则降解速度快。饲料真蛋白质一般比非蛋白氮降解慢。要使瘤胃微生物很好地利用日粮氮源，提高日粮粗蛋白质的利用率，设计日粮配方时既要考虑真蛋白氮与非蛋白氮的比例，也要考虑日粮总氮含量与可利用碳水化合物的比例。蛋白质的热损害是指饲料中蛋白质肽链上的氨基酸残基与碳水化合物中的半纤维素结合生成聚合物的反应，该反应生成的聚合物含有 11%的氮，类似于木质素，完全不能被瘤胃微生物消化，这种聚合物也称为“人造木质素”。在饲料的干燥和青贮过程中，特别是低水分青贮时，要注意热损害。

2. 瘤胃内环境的稳定 奶牛瘤胃微生物在蛋白质的消化上起非常重要的作用。因此凡是影响瘤胃微生物生长繁殖的因素都会影响蛋白质的消化利用。瘤胃微生物包括细菌、原虫和真菌 3 种，这些微生物能够利用饲料并通过自身的繁殖生成大量便于奶牛利用的蛋白质和氨基酸，并合成多种维生素。水溶性蛋白的分解主要靠细菌，而不溶性蛋白质的分解则以原虫和真菌为主。这些微生物生长繁殖最适宜 pH 为 6.4～6.8，奶牛将饲料中淀粉、纤维等营养物质分解成挥发性脂肪酸会使瘤胃 pH 降低，但由于奶牛是反刍动物会通过反刍将大量的唾液带入瘤胃，由于唾液含有碳酸氢钠等缓冲物质，可防止瘤胃 pH 降低，正常饲喂条件下，奶牛每天可分泌约 150kg 唾液，其中约有 1.5kg 的缓冲物质，但如果给奶牛大量饲喂精饲料的话，奶牛反刍次数就会减少，分泌的唾液减少，瘤胃 pH 就会降低，导致瘤胃酸中毒，微生物生长繁殖受到抑制，微生物蛋白的合成减少，饲料蛋白质的消化利用就会下降。因此奶牛日粮中粗饲料比例应不低于 50%，这样能刺激足够的唾液分泌并预防瘤胃过酸。如果要大量使用精料时，日粮中应添加缓冲物质。目前奶牛日粮中常使用的缓冲物质有碳酸氢钠、氧化镁等。

3. 日粮含粗蛋白质水平 日粮蛋白质水平对奶牛的生产性能具有重要影响。一般来说，产奶量随着日粮中蛋白质的增加而增加，瘤胃内的微生物蛋白合成相对恒定，仅微生物蛋白不能满足高产奶牛的需要，因此要补充非降解蛋白质，一般要求日粮中非降解蛋白质与降解蛋白的比例在 17∶83 至 33∶67。非降解蛋白质来源不同，其效果也不一致。近几年研究成果表明，高产奶牛日粮中粗蛋白质的含量为：干奶期日粮中 CP 含量为 12%～14%，泌乳初期为 15%～19%，泌乳中期为 14%～15%，泌乳后期为 12%～14%，高产

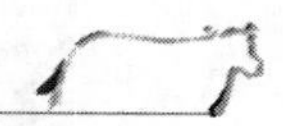

奶牛日粮中过瘤胃蛋白质含量应该占到日粮蛋白含量的48%，以维持高产奶牛高生产性能的蛋白质营养需要。

奶牛摄入粗蛋白不足会抑制微生物生长。但粗蛋白过量会在瘤胃内降解产生大量不能被微生物充分利用的氨，大量氨从瘤胃中吸入血液，最后经肝脏处理产生尿素由尿中排出，造成氮源的浪费，甚至会造成氨中毒。同时不利于微生物蛋白质合成效果的充分发挥。瘤胃内脲酶活性过高，使瘤胃微生物分解非蛋白氮的速度快于利用速度，而产生的大量氨不能被利用，导致非氮蛋的利用率降低。蛋白氮释放氨速度，是提高非蛋白氮利用率的关键，目前，可以通过调整日粮组成，将尿素和缺乏蛋白质的粗饲料搭配使用，同时调整好日粮能氮平衡。添加钙、磷、铜、锰、碘、钴、硫、镁、锌和维生素A、维生素D、维生素E等满足微生物生长的需要，还可以通过脲酶抑制、包被尿素、尿素舔砖、糊化淀粉尿素等方式来降低尿素分解速度，从而提高蛋白质的消化利用率。

4. 日粮中碳水化合物　碳水化合物在瘤胃内发酵的最终产物是挥发性脂肪酸、甲烷、二氧化碳。其中挥发性脂肪酸是重要的能源物质，能量水平影响微生物的生长、繁殖和微生物蛋白的合成。微生物利用氮或氨基酸合成蛋白质的过程是一个耗能过程，这些能量主要由日粮中的碳水化合物发酵产生的挥发性脂肪酸提供。在奶牛的瘤胃发酵中，保持瘤胃中能量与氮源的释放在速度和数量上匹配，是提高瘤胃微生物蛋白合成量的关键。给奶牛喂料时，应考虑各饲料成分发酵速度的不同，先投放发酵较慢的粗饲料，再投放淀粉含量高的能量饲料，最后投放蛋白质饲料，以保证能与氮同步释放。非结构性碳水化合物淀粉、果胶、糖等与结构性碳水化合物纤维的比例是影响微生物蛋白的合成。碳水化合物的类型对不同氮源的微生物合成也有影响，将淀粉添加到含粗饲料高的日粮中，能增加氮的利用率，可见当瘤胃中有充足的易利用的碳水化合物时，瘤胃中氮的利用率高，微生物生长繁殖加快。

5. 维生素及矿物质　奶牛瘤胃微生物可合成的B族维生素和维生素K能满足其代谢与生产需要，但对高产奶牛则需要在日粮中添加适宜的维生素来满足其需要。研究证明，烟酸可以促进奶牛瘤胃微生物合成蛋白质，在以玉米、棉籽饼和粗饲料为日粮的条件下，向奶牛的日粮中分别添加维生素A、维生素D、维生素E能促进微生物蛋白的合成。

矿物质能促进瘤胃微生物的生长，钠与碳酸氢根离子能够调节瘤胃pH，为微生物的生长创造适宜的环境；Ca、P、S、K、Na、Mg、Co等元素是微生物生长繁殖所必需的，如果缺乏会抑制微生物的生长繁殖。

三、碳水化合物

在奶牛日粮的组分中，碳水化合物所占比例非常高，其主要功能是为瘤胃微生物及其宿主提供能量，同时，碳水化合物中不同成分的合理搭配，饲料纤维非纤维碳水化合物的适当比例，对于维持奶牛的健康、高产和生产优质牛奶关系十分密切，对奶牛场的经济效益有重要影响。

碳水化合物是多羟基的醛、酮及其多聚物和某些衍生物的总称。奶牛日粮中的碳水化合物分为纤维性和非纤维性碳水化合物。非纤维性碳水化合物包括单糖及其衍生物、寡糖（含2～10个糖单位）和某些多糖（如淀粉、糊精、糖原、β葡聚糖、果胶等），也称为非结构碳水化合物或非细胞壁的碳水化合物。纤维性碳水化合物包括中性洗涤纤维（NDF）和酸性洗涤纤维（ADF），又称结构碳水化合物或细胞壁碳水化合物，主要是纤维素和半纤维素。根据水溶性又分为可溶性纤维和不溶性纤维，可溶性纤维主要是植物细胞壁内的非结构性成分，存在于植物的中间层，包括果胶、藻胶、树胶以及黏质，不可溶性纤维是构成植物细胞壁的结构成分，主要是结构性多糖（纤维素和半纤维素）和非多糖聚合物（木质素）。

奶牛日粮中，牧草是最主要的纤维性物质来源，纤维在发酵过程中主要产生乙酸，其次为丙酸及丁酸，纤维素、半纤维素等也属于多糖，它们是奶牛重要的营养素，在奶牛日粮中占一半以上。碳水化合物为瘤胃微生物及奶牛提供能量，并且是合成乳糖乳脂重要营养物质。同时，碳水化合物中不同成分的合理搭配，饲料纤维与非纤维碳水化合物的适当比例，对于维持奶牛的健康、高产和生产优质牛奶关系十分密切，对奶牛场的经济效益产生直接影响。

（一）碳水化合物的消化

瘤胃是反刍动物消化粗饲料的主要场所。每天消化碳水化合物的量占总采食量的50%～55%，瘤胃中碳水化合物的降解可分为两个阶段，第一阶段是将复杂的碳水化合物消化生成各种单糖；第二阶段主要是糖的无氧酵解阶段，单糖被瘤胃微生物摄取，在细胞内酶的作用下迅速地被降解为乙酸、丙酸、丁酸等挥发性脂肪酸，还有二氧化碳和甲烷。

1. 纤维性碳水化合物的消化 纤维性碳水化合物与木质素相偶联存在于植物细胞壁中，由于纤维性饲料体积大，在瘤胃中的滞留时间较长，纤维性碳水化合物在细胞外水解为单糖。分解生成单糖被瘤胃微生物摄取，在细胞内酶的作用下转化为丙酮酸，后者被降解为乙酸、丙酸、丁酸等挥发性脂肪酸。

瘤胃中碳水化合物被消化的程度主要取决于植物性饲料木质化的程度。幼嫩牧草含木质素低，纤维素和半纤维素消化率就高。随着生长期的延长，木质素含量增高，纤维素和半纤维素的消化率降低。当日粮中谷类籽实比例高时，其内淀粉在瘤胃内发酵速度快，引起瘤胃液中pH降低，从而抑制了发酵纤维性碳水化合物微生物的生长繁殖，导致纤维素和半纤维素的降解率降低。

微生物对纤维性饲料降解过程还受其他一些因素的影响。奶牛采食的纤维性饲料经过咀嚼、唾液湿润后，相当一部分饲料变成了较小的颗粒，从而有利于微生物的附着。微生物的纤维降解体系是瘤胃中主要的酶系，这些酶可与细胞壁结合。饲料成分的物理结构和空间疏密程度会影响酶对其的渗透。如木质素—纤维素复合物孔径太小，不能被体积大得多的纤维素酶渗透通过，从而会影响微生物对纤维素的消化。

2. 非纤维性碳水化合物的消化 瘤胃中细菌、原虫和真菌，都能降解淀粉，但降解的程度受瘤胃内环境的影响。非纤维性碳水化合物在瘤胃中被细胞内酶很快发酵生成乙酸、丙酸和丁酸。但非纤维性碳水化合物不刺激奶牛反刍和唾液的产生。过量非纤维性碳水化合物会阻碍纤维性碳水化合物的消化。原虫能吞食淀粉颗粒，并将其转化为支链淀粉，支链淀粉继续慢慢分解为挥发性脂肪酸，主要是乙酸和丁酸的混合物。而且还可以阻止细菌快速降解淀粉，以致产生过多的乳酸和丙酸。不同来源的淀粉在瘤胃降解率不同。降解率高的饲料的有小麦、燕麦、大麦和木薯淀粉等，豆科籽实如豌豆和大豆淀粉的降解

率居中，玉米的降解率最低，由于成熟期、品种、土壤类型和生长条件的不同，玉米青贮淀粉在瘤胃中的降解率也不同。淀粉发酵通常伴随着丙酸的大量产生。原虫对淀粉颗粒的吞食可以减缓淀粉的降解，当进入瘤胃中的淀粉量过多时，原虫吞食能力有限，因此淀粉的降解速度增加，乳酸和丙酸会大量增加。由于原虫对细菌有吞食作用，所以原虫数量多时，进入小肠的微生物蛋白就会减少。淀粉来源不同，其在瘤胃中的降解率也不同，所以对纤维素降解率影响也不同。大麦、燕麦或小麦日粮对纤维素的降解率影响不大，木薯淀粉和大麦淀粉由于降解率高，会影响瘤胃 pH，抑制微生物的生长，从而影响中性洗涤纤维的消化，最终导致中性洗涤纤维在瘤胃中的积累，而低降解率的玉米淀粉则不会影响中性洗涤纤维的消化。淀粉降解的终产物挥发性脂肪酸被吸收后，部分被瘤胃壁利用或通过门静脉吸收进入肝脏。丙酸在肝脏可以经糖异生作用合成葡萄糖，葡萄糖再被运送至各组织器官，特别是乳腺。

饲料中未降解碳水化合物和微生物体内的碳水化合物占采食碳水化合物总量的10%～20%，这部分进入小肠由酶消化，其过程同单胃动物，未消化部分进入大肠发酵。

（二）影响瘤胃发酵、挥发性脂肪酸产生量和比例的因素

瘤胃发酵产生的挥发性脂肪酸主要有乙酸、丙酸、丁酸，少量有甲酸、异丁酸、戊酸、异戊酸和己酸。其中以乙酸、丙酸、丁酸为主，这 3 种酸占总挥发性脂肪酸（VFA）的 95%左右。在产生的 VFA 中数量最多的脂肪酸是乙酸。乙酸、丙酸、丁酸的比例受日粮组成（精粗比）、物理形式（颗粒大小）、采食量、饲喂次数等影响。一般情况下，粗饲料与精料比值降低，则乙酸与丙酸比例也降低。乙酸与丙酸的比例被用于日粮的比较和相对营养价值的估测。通常情况下，当日粮中的纤维素和半纤维素含量高于淀粉等可溶性碳水化合物时，乙酸与丙酸的比例上升。日粮中粗饲料比例越高，瘤胃液中乙酸比例越高，甲烷的产量也相应高，饲料能量利用效率则降低。而丙酸发酵时可利用 H_2 饲料能量利用效率也相应提高。乙酸比例低时奶牛乳脂率会降低，甚至导致产乳量下降。挥发性脂肪酸的浓度受到吸收和产出的平衡调节，饲喂后浓度增加，伴随 pH 下降，吃干草后 4h 发酵达高峰，喂精料后达高峰时间更短。喂大量易消化碳水化合物后，唾液的缓冲作用不能维持 pH6～7，当 pH 降到 4～4.5 时，纤维菌的增长受抑制。pH 在 6.5～7.0 时，纤维素分解菌高，瘤胃内乙酸比例较高；但 pH 低于 6.5 时，尤其是低于 6.0 时，利于淀粉和可溶性糖的发酵分解，纤维素分解菌受到抑制，瘤胃内丙酸和乳酸比例提高。反刍动物唾液量的差异也会影响发酵类型，如选择性抑制某些微生物的繁殖。例如 pH 低于 6.0 时仅很少类型的原虫能存活。

中性洗涤纤维的消化程度直接影响到饲料摄取的数量。饲料颗粒只有在经过咀嚼和微生物的降解使颗粒减小到 2mm 以下时，才能离开瘤胃。纤维与饲料的饱腹性有关，纤维在瘤胃的发酵和通过的速度比非纤维饲料慢。因此饲喂含中性洗涤纤维少的饲草可以提高奶牛的采食量。奶牛通过咀嚼降低饲草颗粒的大小，增加了微生物接触的表面积从而有利于纤维的消化降解。

奶牛产奶量和瘤胃微生物对纤维消化与日粮中淀粉浓度有关，淀粉一般在瘤胃中被迅速降解，使瘤胃 pH 和纤维分解菌的活性降低，乳脂的合成也降低。充足的纤维是奶牛唾液分泌、反刍、瘤胃缓冲和瘤胃壁健康所需要的。对泌乳奶牛来说，充足的纤维也是防止乳脂下降所需要的。

（三）挥发性脂肪酸的吸收利用

碳水化合物分解产生的挥发性脂肪酸有75%直接从瘤网胃吸收，20%从真胃和瓣胃吸收，5%随食糜进入小肠后吸收。挥发性脂肪酸吸收是被动的，碳原子数越多，吸收越快，吸收过程中，丁酸和一些丙酸在上皮细胞中转化为β-羟丁酸和乳酸。挥发性脂肪酸吸收取决于瘤胃液和上皮细胞或血液中的浓度差，瘤胃 pH 降低，挥发性脂肪酸吸收率增加。上皮细胞对丁酸代谢十分活跃，相应促进其吸收速度。

挥发性脂肪酸中乙酸和丁酸是合成体脂、乳脂的原料，丙酸异生为葡萄糖。奶牛组织中的乙酸有50%、丁酸2/3、丙酸有1/4被氧化，其中乙酸提供的能量占总能量需要量的70%。奶牛所需葡萄糖主要是在肝脏合成，有40%～60%来自丙酸，20%来自蛋白质，其余来自乳和甘油等。

四、脂类

脂类是一类存在于动植物组织中，不溶于水，但溶于乙醚、苯、氯仿等有机溶剂的物质。它能量含量高，是动物营养中重要的一类营养素，脂类主要分为甘油三酯、蜡质、复合脂类和非皂化脂类。甘油三酯主要存在于植物种子和动物脂肪组织中，蜡质主要存在于植物表面和动物羽毛表面，复合脂类属于动植物细胞中的结构物质，平均占细胞膜干物质一半或一半以上。动物肌肉组织中脂类60%～70%是磷脂类。非皂化脂类在动植物体内种类甚多，但含量少，常与动物特定生理代谢功能相联系。脂类是奶牛日粮中的重要组成成分，也是奶牛饲料中的能量来源，甘油三酯是第一脂，主要存在于精饲料中，糖脂是第二脂，主要存在于粗饲料中，如牧草的脂类。

（一）脂类消化

奶牛摄取的日粮主要是粗饲料与精饲料，当奶牛摄取的饲料进入瘤胃后，微生物产生的脂肪酶主要是把甘油三酯水解成脂肪酸与甘油，甘油很快被微生物分解为丙酸，瘤胃内容物中很少存在甘油二酯和甘油一酯等中间代谢产物，细菌分泌的磷脂酶主要水解磷脂类，原虫分泌的脂肪酶主要分解半乳糖酰甘油酯，真菌在日粮脂肪水解中基本不起作用。瘤胃微生物的另一个重要功能是氢化不饱和脂肪酸，在氢化过程中，不饱和脂肪酸中双键被两个氢原子取代，使之成为饱和脂肪酸。不饱和游离脂肪酸在瘤胃内容物中很容易被微生物氢化生成饱和脂肪酸。细菌只对游离脂肪酸进行氢化，由于微生物异构酶只有在自由羧基存在的条件下才具有活性，因此没有自由羧基的不饱和脂肪酸如脂肪酸钙盐能避免瘤胃的氢化作用。瘤胃细菌和纤毛虫利用微生物发酵产生的乙酸合成直链偶数碳原子的脂肪酸，利用丙酸和戊酸合成直链奇数碳原子的长链脂肪酸，利用异丁酸、异戊酸等短链脂肪酸及蛋白质分解代谢产生的缬氨酸、亮氨酸等支链氨基酸合成支链脂肪酸。脂肪酸氢化程度取决于脂肪酸的不饱和程度、饲喂水平和饲喂频率。脂肪酸的分解代谢需要有氧环境，因此脂肪酸在瘤胃分解为挥发性脂肪酸和二氧化碳的比例极小，不会超过1%。瘤胃上皮对脂肪酸的吸收也很少，微生物对脂肪的脂解程度与脂肪类型、日粮组成、营养水平、瘤胃生态环境等因素有关。脂类的水解主要涉及3种酶，一种是分泌到细胞外的胞外酶即脂酶，能完全水解乙酰甘油为游离脂肪酸和甘油，另外两种水解酶是半乳糖脂酶和磷酸酯

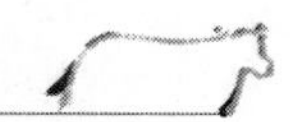

酶，能从半乳糖脂和磷酸酯中释放出相应的脂肪酸。

瘤胃中游离脂肪酸常黏附在饲料和微生物体上，阻碍饲料的正常发酵，特别是纤维性碳水化合物的发酵，日粮中添加过量的脂肪影响奶牛产奶量和乳脂率，不饱和脂肪酸含量高的脂肪比饱和脂肪酸含量高的脂肪副作用大，脂肪添加形式影响脂肪水解速度，一般以籽实添加要比游离的脂肪在瘤胃水解慢，因有种皮保护。从瘤胃流出的食糜中脂有10%～15%为微生物脂，其他85%～90%为饱和的游离脂肪酸，这类脂肪酸与食糜和微生物黏附在一起。

进入十二指肠的脂类由吸附在饲料颗粒表面的脂肪酸、微生物脂类以及少量瘤胃中未消化的饲料脂类构成。由于脂类中的甘油在瘤胃中被大量转化为挥发性脂肪酸，所以反刍动物十二指肠中缺乏甘油一酯，消化过程形成的混合微粒构成与非反刍动物不同。成年反刍动物小肠中混合微粒由溶血性卵磷脂、脂肪酸及胆酸构成。链长小于或等于14个碳原子的脂肪酸可不形成混合乳糜微粒而被直接吸收。混合乳糜微粒中的溶血性卵磷脂由来自胆汁和日粮的磷脂在胰脂酶作用下形成。此外，由于成年反刍动物小肠中不吸收甘油一酯，其黏膜细胞中甘油三酯通过磷酸甘油途径重新合成。

由于反刍动物消化道对脂类的消化损失较小，加之微生物脂类的合成，所以进入十二指肠的脂肪酸总量可能大于摄入量。

（二）脂类消化产物的吸收

瘤胃中产生的挥发性脂肪酸主要通过瘤胃壁吸收。其余脂类的消化产物，进入回肠后被吸收。呈酸性环境的空肠前段主要吸收长链脂肪酸，中后段空肠主要吸收其他脂肪酸。溶血磷脂酰胆碱也在中、后段空肠被吸收，胰液分泌不足，磷脂酰胆碱可能在回肠积累。奶牛由胃进入十二指肠的脂肪酸有85%～90%的游离饱和脂肪酸，而且奶牛十二指肠和空肠前端的食糜比单胃动物偏酸，不利于脂肪乳化，因而胰脂酶难以充分发挥对脂肪的水解作用，其对脂肪的消化主要在空肠后部进行，肝脏分泌的胆汁和胰液与小肠中食糜混合而消化，通常脂肪消化产物在空肠前部仅被吸收15%～26%，其余大部分在空肠的后3/4部位被吸收。被吸收的脂肪酸在小肠上皮细胞重新发生酯化，甘油三酯和磷脂混合成乳糜微粒和极低密度脂蛋白而通过淋巴系统运输。对于脂肪酸的吸收，奶牛对饱和脂肪酸和长链脂肪酸，特别是对硬脂酸都能很好地吸收。

（三）脂类的代谢

脂肪组织是奶牛脂类贮存的主要场所，也是脂肪酸合成硬脂酸去饱和为油酸的主要场所。瘤胃发酵产生的乙酸是奶牛脂肪组织的主要能量来源。同时，也是脂肪酸合成的主要前体物。血浆乙酸浓度的改变会影响乙酰辅酶A的生成，从而影响脂肪酸合成的速度。虽然奶牛脂肪组织利用葡萄糖来合成脂肪酸的能力很弱，但若加入葡萄糖会使牛脂肪组织由乙酸合成脂肪酸的速度提高3～10倍。奶牛在饥饿或早期泌乳期间，除日粮中脂类外，奶牛还动用脂肪组织中的脂肪以满足其能量需要。从贮存在皮下、腹腔内及肾脏上方脂肪组成内的甘油三酯中游离出的脂肪酸被释放到血液中，游离脂肪酸经肝脏吸收后用作能量来源或转化成酮体后释放到血液中，而酮体又可被很多其他组织用作能源。当肝脏无法合成和输出大量富含甘油三酯的脂蛋白时，过多的游离脂肪酸便以甘油三酯的形式贮存在肝细胞中。肝中沉积过多的脂肪将导致泌乳早期代谢紊乱，如酮血症、脂肪肝等。

泌乳奶牛中总的脂肪应该限制在干物质中的6%，大多数牧草和谷物类饲料干物质中的脂肪酸含量范围为2%～4%，因此脂肪添加水平不应超过日粮干物质的2%。

五、维生素

奶牛在正常情况下采食天然饲料，能在瘤胃内合成各种维生素。维生素D、维生素E在优质牧草中含量比较丰富，瘤胃微生物合成可以合成B族维生素和维生素K，维生素C可由体组织合成。但是如果饲料中缺乏维生素A、维生素D和维生素E，在这种情况下，就应注意补给维生素A、维生素D和维生素E。生产中维生素A、维生素D和维生素E是奶牛日粮中必须添加的维生素，B族维生素、维生素K可由奶牛瘤胃微生物合成，因而通常不用添加这类维生素。但为了发挥高产奶牛的产奶潜力，最好在日粮中补充B族维生素和维生素K，对干奶期的母牛则可以不补充。

（一）脂溶性维生素

脂溶性维生素包括维生素A、维生素D、维生素E和维生素K。它们只含有碳、氢、氧3种元素，可以从饲料的脂溶物中提取，一般饲料中脂溶性维生素的含量与脂肪含量有一定关系。在消化道内脂溶性维生素随脂肪一同被吸收，吸收的机制与脂肪相同，凡有利于脂肪吸收的条件，都有利于脂溶性维生素的吸收。脂溶性维生素以被动的扩散方式穿过肌肉细胞膜的脂相，主要经胆囊从粪中排出。由于脂溶性维生素会在肝内贮存，所以摄入过量的脂溶性维生素可引起奶牛中毒及代谢和生长产生障碍。脂溶性维生素的缺乏症一般与其功能相联系，除维生素K可由奶牛瘤胃微生物合成所需的量外，其他脂溶性维生素都必须由日粮提供。

1. 维生素A与胡萝卜素 维生素A对乳牛非常重要。维生素A与视觉、上皮组织、繁殖、骨骼的生长发育、脑脊髓液压、皮质酮的合成以及癌的发生都有关系，维生素A的缺乏症状是上皮细胞和黏膜角质化，使呼吸道、眼睛、泪腺、肠道、尿道、肾脏、阴道等器官的黏膜角质化，奶牛易感染病。妊娠母牛缺乏维生素A表现为妊娠期缩短，胎衣滞留，生出死胎，犊牛缺乏维生素A运动失调或瞎眼。生长速度快并且采食高精料的育成牛缺乏维生素A会患夜盲症或导致失明。生长牛缺乏维生素A时，脑脊髓液压升高。以青贮玉米和玉米为基础日粮时，牛的肝脏中维生素A贮存量很低，易出现缺乏症，正常骨骼生长所必需的成骨细胞和破骨细胞活动的平衡作用依赖于足够的维生素A。

乳牛自己不能合成维生素A，主要由β-胡萝卜素在牛的肠壁黏膜细胞及其他组织中经胡萝卜素酶转化为维生素A。1ng β-胡萝卜素相当400IU维生素A。在青料中，每千克干物质含维生素A为44～550mg，粗饲料、青贮料及禾本科谷类籽实中缺乏β-胡萝卜素。β-胡萝卜素易氧化破坏，光线、高温能促使β-胡萝卜素分解，青贮过程也能降低β-胡萝卜素含量。为了保证奶牛的高产及正常的繁殖机能，奶牛每100kg体重应从饲料中采食到不低于18～19mg的β-胡萝卜素或7 400IU的维生素A。维生素A能在肝脏中贮存，以备不足时利用。

2. 维生素D 维生素D最基本的功能是促进肠道钙磷的吸收，提高血液钙和磷的水平，促进骨的钙化；维生素D与肠黏膜细胞的分化有关；维生素D还可促进肠道中钴、铁、镁、锌等矿物质元素的吸收。缺乏维生素D易患佝偻症。严重时关节积存滑液，由

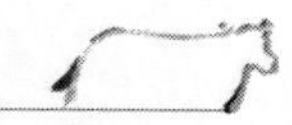

于脊椎骨折引起后肢麻痹等。维生素D可预防及治疗高产奶牛产乳热症，可于产前3～5d按每50kg体重注射维生素$D_3$100万IU。严重骨质软化乳牛，在保证足够钙、磷的同时，按每50kg体重注射2～3次，剂量为50万～100万IU的维生素D_3，可在2周内使主要骨骼骨质化。为了减少乳热症发生，可采用1mg维生素D在分娩前几天隔天口服1次，或用4mg维生素D肌肉注射1次，可降低产乳热症的发生率。

3. 维生素E　维生素E具有抗氧化作用，防止细胞膜中脂质的被氧化，通过影响膜磷脂的结构而影响生物膜的形成；可促进十八碳二烯酸转变成二十碳四烯酸，进而合成前列腺素。缺乏维生素E机体的免疫力和对疾病的抵抗力降低。此外，维生素E还具有其他功能，如在生物氧化还原系统中是细胞色素还原酶的辅助因子，参与细胞DNA合成的调节，降低镉、汞、砷、银等重金属和有毒元素的毒性，使含硒的氧化型谷胱甘肽过氧化物酶变成还原型的谷胱甘肽过氧化物酶以及减少其他过氧化物的生成而节约硒，维生素E还参与磷酸化反应、维生素C和泛酸的合成以及含硫氨基酸和维生素B_{12}的代谢等。

奶牛在满足维生素E需要的条件下，从乳中排出约2%的维生素E。日粮缺硒时，奶牛对维生素E的需要量增加。维生素E对繁殖性能有影响，产前1个月内如果补充维生素E和亚硒酸钠能减少胎盘滞留。日粮中能量和蛋白质营养不足，又缺少硒和维生素E，受胎率会显著降低。维生素E的主要来源于青粗饲料和禾本科籽实饲料。粗饲料在贮存过程中，维生素E的活性会下降。当饲料中含有较多的不饱和脂肪酸及亚硝酸盐时，奶牛对维生素E的需要增加。

犊牛对维生素E的最低需要量为每天每头40mg，每千克代乳料中应含300mg。成年奶牛对维生素E需要量受日粮中硒及不饱和脂肪酸含量的影响，为满足对维生素E的需要，每头每天应给高产奶牛补充300～500mg的维生素E，否则会影响产奶量。维生素E除了对繁殖和疾病有一定的作用外，还对乳品质有一定的影响，可以改善乳成分。日粮中添加维生素E还可以提高奶牛血浆浓度和牛奶中维生素E浓度，给泌乳奶牛补充维生素E可以增强牛奶风味的稳定性。

4. 维生素K　维生素K在骨的形成与骨钙化过程中起作用，同时参与凝血过程。维生素K主要来源于各种新鲜或晒干的绿叶，奶牛瘤胃微生物能合成足够需要的维生素K。乳牛日粮中如果减少粗料的用量，会抑制微生物的生长繁殖，可能会引起维生素K的不足，在这种情况下要注意补充维生素K。肠道微生物也能合成，但在大肠吸收几乎等于零。

（二）水溶性维生素

当奶牛日粮中含有足够的可溶性碳水化合物以及糖和蛋白质比例为1∶1时，奶牛瘤胃微生物可以合成足量的B族维生素，足以满足高产奶牛的需要，因此奶牛日粮中一般不补充B族维生素。但有报道，奶牛日粮中补充烟酸，可以防止高产乳牛的酮血病。钴是瘤胃微生物合成B_{12}时所必需，如果日粮中缺乏钴，会引起奶牛体内维生素B_{12}的不足，为了正常合成维生素B_{12}，每千克日粮中（干物质）的含钴量应不少于0.1mg。

1. 硫胺素（维生素B_1）　硫胺素在细胞中的功能是作为辅酶，参与α-酮酸的脱羧反应，从而参与糖代谢和三羧酸循环。硫胺素的主要功能是参与碳水化合物代谢，需要量也与碳水化合物的摄入量有关，即日粮中碳水化合物含量高，奶牛对硫胺素的需要也高。硫胺素还参与脂肪酸、胆固醇和神经介质乙酰胆碱的合成，影响神经节细胞膜中钠离子的转移，降低磷酸戊糖途径中转酮酶的活性而影响神经系统的能量代谢和脂肪酸的合成。当硫胺素缺乏时，由于血液和组织中丙酸和乳酸的积累而表现出相应的缺乏症状。

2. 核黄素（维生素 B_2） 核黄素通过FMN和FAD参与碳水化合物、脂肪和蛋白质的代谢。核黄素在瘤胃内的合成受日粮蛋白质、碳水化合物和粗纤维比例的影响，合成量随日粮营养浓度和蛋白质的增加而增加，但随进食量的增加而减少；蛋白质水平过高，核黄素的合成也减少。

3. 尼克酸（烟酸、维生素PP） 尼克酸主要通过NAD和NADP参与碳水化合物、脂类和蛋白质的代谢，尤其在体内供能代谢的反应中起重要作用。NAD和NADP也参与视紫红质的合成。瘤胃微生物能合成尼克酸。高产奶牛日粮中亮氨酸、精氨酸和甘氨酸过量、色氨酸不足、能量浓度高以及含有腐败的脂肪等，都会增加奶牛对尼克酸的需要。

4. 维生素 B_6 和泛酸（遍多酸） 维生素 B_6 的功能主要与蛋白质代谢的酶系统相联系，也参与碳水化合物和脂肪的代谢。泛酸是辅酶A和酰基载体蛋白质（ACP）的组成成分。辅酶A是碳水化合物、脂肪和氨基酸代谢中许多乙酰化反应的重要辅酶，在细胞内的许多反应中起重要作用。高纤维日粮可使瘤胃微生物合成的泛酸数量减少，而高水平的可溶性碳水化合物可促进微生物对泛酸的合成。

5. 叶酸和维生素 B_{12} 叶酸在一碳单位的转移中是必不可少的，通过一碳单位的转移而参与嘌呤、嘧啶、胆碱的合成和某些氨基酸的代谢。叶酸缺乏可使嘌呤和嘧啶的合成受阻，核酸形成不足，使红细胞的生长停留在巨红细胞阶段，最后导致巨红细胞贫血；同时也影响血液中白细胞的形成，导致血小板和白细胞减少。叶酸对于维持免疫系统功能的正常也是必需的。

维生素 B_{12} 是唯一含有金属元素（钴）的维生素。维生素 B_{12} 主要以二脱氧腺苷钴胺素和甲钴胺素两种辅酶的形式在体内参与多种代谢，如嘌呤和嘧啶的合成、甲基的转移、某些氨基酸的合成以及碳水化合物和脂肪的代谢，以及调节丙酸盐代谢，这与高产乳牛有效利用营养物质有关。维生素 B_{12} 功能是促进红细胞的形成和维持神经系统的完整。奶牛缺乏维生素 B_{12} 时，丙酸的代谢受到影响。瘤胃微生物合成是奶牛维生素 B_{12} 的主要来源，但必须由日粮提供合成维生素 B_{12} 所需的钴。

6. 生物素和胆碱 生物素以辅酶的形式参与碳水化合物、脂肪和蛋白质的代谢。如丙酮酸的羧化、氨基酸的脱氨基、嘌呤和必需脂肪酸的合成等。生物素是羧化酶的辅酶，因此能提高奶牛糖异生途径的效率，提高葡萄糖产率。但一直以来生物素被用来改善奶牛的趾蹄健康，研究者把奶产量的提高归功于肢体健康的改善，但最终发现生物素本身就有提高产奶量的作用。

胆碱参与卵磷脂和神经磷脂的形成；卵磷脂是动物构成细胞膜的主要成分，在肝脏脂肪的代谢中起重要作用，能防止脂肪肝的形成；胆碱是神经递质——乙酰胆碱的重要组成部分；同时它也是一个不固定的甲基供给者。

六、矿物质

矿物质是奶牛极其重要营养物质。泌乳期奶牛所需的常量元素有钠、钙、磷、钾、

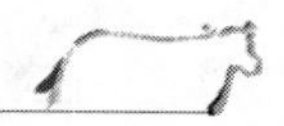

镁、硫等，需要的微量元素有碘、硒、锰、钴、铜、锌和铁等。除尿素和脂肪外，所有饲料都含有一定量的矿物质。奶牛日粮补充矿物质的量与产奶量及饲料种类有关，豆科植物比禾本科牧草含钙高，青饲料中磷含量低，玉米青贮几乎不含钙和磷，使用这些饲料时要注意补充相应的矿物质。

（一）常量矿质元素

1. 钙和磷　钙和磷是奶牛体内重要的常量矿质元素，在维持奶牛正常的生命活动和促进健康方面发挥着重要的作用。钙、磷主要存在于骨骼和牙齿中，以维持骨骼和牙齿的正常硬度，钙还是神经冲动传导、骨骼肌兴奋及心肌收缩和血液凝固所必需的营养素。磷参与能量代谢，参与传递遗传信息，磷还是机体缓冲系统的重要组成部分，磷还能促进营养物质的吸收，以磷脂的形式促进脂类物质和脂溶性维生素的吸收，另外磷还能够维持细胞壁的结构和完整性。奶牛对磷的摄入不仅满足自身的需要，还要满足瘤胃中微生物的需要。有研究发现，当减少妊娠期磷的摄入量时，奶牛对秸秆摄入量和消化率没有显著影响；但是减少泌乳期磷的摄入量，会使奶牛秸秆摄入量和消化率降低。

奶牛缺磷表现食欲降低、异食癖、生长减慢、生产力和饲料利用率下降、骨生长发育异常，已骨化的钙、磷也可能大量动员出来，严重的不能维持骨的正常形态，从而影响其他生理功能。动物典型的钙、磷缺乏症有佝偻病、骨疏松症、和产后瘫痪。产后瘫痪（又名产乳热）是高产奶牛因缺钙引起内分泌功能异常而产生的一种营养缺乏症。在分娩后，产奶对钙的需要突然增加，甲状旁腺素、降钙素的分泌不能适应这种突然变化，在缺钙时则引起产后瘫痪。骨软化症是奶牛钙、磷缺乏所表现出的一种典型营养缺乏症。饲粮钙、磷、维生素 D_3 缺乏或不平衡，高产奶牛过多动用骨中矿物元素可引起此病。患骨软化症动物的肋骨和其他骨骼因大量沉积的矿物质分解而形成蜂窝状，容易造成骨折、骨骼变形等。当奶牛磷缺乏严重时，会表现为骨骼脆、易破碎，采食量剧减、生长停止，生殖系统损伤，产奶量显著降低。

奶牛对钙磷需要量受产奶量、日粮类型、奶牛生理状态等的影响。奶牛瘤胃是矿物质代谢的重要场所，相当一部分矿物质在瘤胃吸收。矿物质也是瘤胃微生物生长繁殖所必需营养素，保持瘤胃内矿物质元素的相对恒定，对保证瘤胃微生物正常功能非常重要。

奶牛摄食的饲料钙，在皱胃液中盐酸的作用下，大部分离解成 Ca^{2+}。钙离子在胃和小肠上段吸收，奶牛对钙的吸收主要在前胃和真胃，部分经十二指肠和空肠吸收。由于钙是以离子形式在酸性环境中被吸收，因此，影响胃肠道酸性环境的因素，均会影响钙的吸收。

泌乳奶牛相当一部分钙是通过乳汁排出的，另外一个途径是由粪钙排出。奶牛磷的排出主要是通过粪。

影响奶牛对钙、磷的需要和供给量因素很多。其中维生素 D 的影响最大。维生素 D 可以促进钙、磷的吸收，供给充足的维生素 D 可保证钙、磷有效吸收和利用。高产奶牛因钙、磷需要量大，维生素 D 需要也多。

奶牛对各种来源的钙、磷都能有效利用，瘤胃微生物产生的酶能将植酸磷水解成磷酸和肌醇。钙、磷之间比例及其他营养素和非营养物质之间的平衡也影响钙、磷的利用。在实际生产中，要考虑钙、磷与微量元素、脂肪等之间的平衡。奶牛可以自由采食食盐和钙磷矿物质，但最好是根据日粮矿物质种类和奶牛需要添加矿物质。豆科植物富含钙，所以饲喂豆科植物时，可以少补充钙。精饲料含矿物质较低，当日粮中精饲料比例高时，矿物质添加量也要增加。一头奶牛每天维持需要需 30～50g 的钙、10～30g 的磷，每生产 1kg 牛乳需约 3g 钙和 2g 磷。

2. 镁 镁参与骨骼和牙齿组成；此外作为酶的活化因子或直接参与酶组成，如磷酸酶、氧化酶、激酶、肽酶和精氨酸酶等都与镁有关；镁还参与 DNA、RNA 和蛋白质合成及调节神经肌肉兴奋性，保证神经肌肉的正常功能。许多因素影响镁的吸收。奶牛对镁的吸收只有 5%～30%；成年动物体内贮存和动用镁的能力低。反刍动物需镁量一般是非反刍动物的 4 倍左右，由于奶牛饲料中镁含量变化大和吸收率低，所以奶牛容易出现镁缺乏症。实际生产中产奶牛在采食大量生长旺盛的青草后会出现缺镁症状，主要是由于成年产奶牛体内镁储存量低、青草中的镁含量低和并且镁吸收率低引起。镁缺乏的主要症状为：神经过敏、肌肉发抖、呼吸弱、心跳过速、抽搐和死亡。

3. 钠、钾、氯 钠、钾、氯作为电解质维持渗透压，调节酸碱平衡，控制水的代谢；钠对神经冲动传导和营养物质吸收有重要作用；细胞内钾与很多代谢有关；钠、钾、氯可为酶提供有利于发挥作用的环境或作为酶的活化因子。在反刍动物的前胃，钠和氯可经偶联的主动吸收机制吸收。在一般情况下，钠主要伴随糖和氨基酸的吸收而吸收。钠、钾、氯都是一价离子，能通过简单扩散吸收。吸收部位是十二指肠，其次是胃、小肠后段和结肠（主要是钠）。进入体内的钠，90%～95%经尿排出体外，部分也可通过粪便、皮肤、汗腺、奶和蛋等排泄。钾和氯的排泄与钠类似。饲料中钠含量不足，其次缺乏氯，但饲料中一般不缺钾。高产奶牛大量使用玉米青贮等饲料时也可能出现缺钾症。钠、钾、氯中任何一个缺乏，动物均可表现食欲差、生长慢、体重减轻、产奶量下降和饲料利用率低等，血浆中和粪尿中钠、钾、氯含量降低。奶牛缺钠初期有严重的异食癖，对食盐特别有食欲，随缺钠时间延长则产生厌食、被毛粗糙、体重减轻、乳品产量下降、乳脂肪率和乳品中钠含量下降等症状。

4. 硫 瘤胃微生物利用无机硫合成微生物蛋白质。动物缺硫表现消瘦，角、蹄、爪、毛、羽生长缓慢，反刍动物利用纤维素的能力降低，采食量下降。如果利用非蛋白氮作氮源，当奶牛日粮氮：硫大于 12：1 时可能引起硫的缺乏。

（二）微量矿质元素

微量矿质元素在奶牛的许多生理生化过程中起作用。如维生素的合成、激素生产、调节酶的活性、胶原蛋白的合成、氧的传递、化学能的产生及许多其他与生长、泌乳、繁殖和健康有关的生理过程都需要微量元素。某些元素的不足或一些元素的过量将会导致奶牛生长发育受阻、生产性能下降、繁殖机能紊乱，严重者还会导致各种疾病的发生，从而损害奶牛场的经济效益。

1. 铁 铁作为血红蛋白的成分参与体内运输氧和二氧化碳，铁参与体内物质代谢及直接参与细胞色素氧化酶、过氧化物酶、过氧化氢酶、黄嘌呤氧化酶等的组成来催化体内各种生化反应，铁也是体内很多重要氧化还原反应过程中的电子传递体；转铁蛋白有预防机体感染疾病的作用，白细胞中的乳铁蛋白质在肠道中能把游离铁离子络合成复合物，防止大肠杆菌利用铁，但乳酸杆菌可以利用。

奶牛日粮铁含量对铁吸收影响比较大，日粮铁含量越低，吸收率越高，同时，铁吸收受体内铁的贮存量、吸收细胞内铁蛋白和细胞内总铁浓度调节。缺铁的典型症状是贫血。其临床症状表现为：生长慢、昏睡、可视黏膜变白、呼吸频率增加、抗病力弱，严重时死亡。铁的缺乏将导致奶牛产奶水平降低。铁无论缺乏或过量都会影响奶牛免疫系统的功能，试验结果都表明，一旦发生感染，补铁便能加强免疫反应，消灭侵入机体的微生物。

2. 锌　锌参与体内酶组成，锌起着催化分解、合成和稳定酶蛋白质结构和调节酶活性等多种生化作用。锌参与维持上皮细胞和皮毛的正常形态，与锌参与胱氨酸和酸黏多糖代谢有关，缺锌使这些代谢受影响，从而使上皮细胞角质化和脱毛。锌还维持激素的正常作用。锌对胰岛素分子有保护作用，锌对其他激素的形成、储存、分泌有影响。锌维持生物膜的正常结构和功能，防止生物膜遭受氧化损害和结构变形，锌对膜中正常受体的机能有保护作用。

奶牛在真胃、小肠都可吸收锌，吸收机制与铁类似。奶牛缺锌时产奶量和乳的质量均会下降。补锌可提高青年奶牛的产犊率，成年奶牛补锌可提高受孕率。

3. 铜　铜对奶牛的繁殖、生长和产奶性能有重要作用。铜作为金属酶组成部分直接参与体内代谢。这些酶包括细胞色素氧化酶、尿酸氧化酶、氨基酸氧化酶、酪氨酸酶、赖氨酰氧化酶、苄胺氧化酶、二胺氧化酶、过氧化物歧化酶和铜蓝蛋白等。铜维持铁的正常代谢，有利于血红蛋白合成和红细胞成熟。铜参与骨形成。铜是骨细胞、胶原和弹性蛋白形成不可缺少的元素。奶牛缺铜表现为低色素和大红细胞性贫血。

4. 锰　锰是动物生长和合成骨组织过程中所必需的物质，参与骨骼形成、性激素和某些酶的合成，直接关系到繁殖性能，还对中枢神经系统发生作用。锰的主要营养生理作用是在碳水化合物、脂类、蛋白质和胆固醇代谢中作为酶活化因子或组成部分。此外，锰是维持大脑正常代谢功能必不可少的物质。锰代谢主要经胆汁和胰液从消化道排泄，经小肠黏膜上皮和肾排出一部分。由于饲料中锰的含量较低，奶牛对锰的吸收率也较低，因而在日粮中添加锰是必需的。日粮中补充锰可以提高非特异性免疫中酶的活性，从而增强巨噬细胞的杀伤力。奶牛日粮中锰缺乏将表现出脂肪酸合成代谢受阻、繁殖机能降低、怀孕牛流产和新生犊牛骨骼变态等症。

5. 硒　硒对奶牛的繁殖机能、奶牛乳房炎的发生及乳的成分都有影响。白肌病是指全身肌肉由原来的红色变为灰白色到黄白色，多以骨骼肌和心肌变性为特征的一种营养代谢病，可发生于各年龄段的奶牛，但以犊牛的症状最为明显。硒最重要的营养生理作用是参与谷胱甘肽过氧化物酶组成，对体内氢或脂过氧化物有较强的还原作用，保护细胞膜结构完整和功能正常。肝中此酶活性最高，骨骼肌中最低。硒对胰腺组成和功能有重要影响。硒有保证肠道脂肪酶活性，促进乳糜微粒正常形成，从而促进脂类及其脂溶性物质消化吸收的作用。硒的主要吸收部位是十二指肠，少量在小肠其他部位吸收。反刍动物经粪排出的硒比非反刍动物多。美国 NRC（1998 年）推荐的奶牛的需要量为 0.30mg/kg，最大可耐受水平为 2.0mg/kg。

6. 碘　碘作为必需微量元素最主要功能是参与甲状腺组成，调节代谢和维持体内热平衡，对繁殖、生长、发育、红细胞生成和血液循环等起调控作用。体内一些特殊蛋白质（如皮毛角质蛋白质）的代谢和胡萝卜素转变成维生素 A 都离不开甲状腺素。碘在消化道各部位都可吸收。以碘化物形式存在的碘吸收率特别高。有机形式的碘吸收率虽然也比较高，但吸收速度较慢。反刍动物主要吸收部位在瘤胃。碘主要经尿排泄，反刍动物皱胃也排出内源碘，但进入肠道的碘一部分又被重新吸收。生产动物经产品也可排出碘。动物缺碘，因甲状腺细胞代偿性实质增生而表现肿大，生长受阻，繁殖力下降。母牛缺碘发情无规律，甚至不育。奶牛的生产需要足够的碘，在饲料中添加碘能显著提高奶牛产奶量。饲粮中碘含量过高时奶牛生产性能受到抑制，产奶量下降。

7. 钴 体内钴的营养代谢作用，实质上是维生素 B_{12} 的代谢作用。反刍动物体内丙酸生糖过程需要的催化酶必须有维生素 B_{12} 参加才有活力。维生素 B_{12} 也是某些氮代谢的重要因素。已知肝中蛋氨酸循环和叶酸代谢，需要含有维生素 B_{12} 组成的酶参与，否则体内蛋氨酸减少，内源氮排泄增加。钴的吸收率不高，采食的钴约 80%随粪排出。反刍动物对可溶性钴的吸收比非反刍动物更差。饲粮正常钴水平条件下，瘤胃微生物仅把 3%左右的钴转变成维生素 B_{12}，其中仅能吸收 20%左右。在缺钴条件下，微生物合成维生素 B_{12} 可提高到 13%，但吸收率则下降到 3%左右。体内钴主要经尿排泄，胆汁排泄部分钴。反刍动物缺钴表现为食欲差、生长慢或失重、严重消瘦、异食癖和极度贫血死亡。亚临床缺钴，一般表现为生长不良、产奶量下降。

奶牛体内不能贮钴，因此钴的添加十分必要。缺钴时维生素 B_{12} 合成将大大减少，不能满足奶牛需要，体重、产乳量下降，犊牛死亡率高。过量的钴使动物产生毒性，缺钴则牛毛倒立，皮肤脱屑，母牛流产、食欲不振、消瘦。日粮中添加钴能促进发情表现、提高受孕率。

第二节 奶牛的营养需要

一、能量需要

乳牛饲养标准中，各国采用的能量体系不尽相同，但多采用净能体系。乳牛产奶需要、维持和增重需要的能量需要均以产奶净能表示。奶牛的营养需要大多通过析因法确定，亦即分别研究维持和生产需要。奶牛在泌乳期的不同阶段所处的生产状态不同，除了产奶以外，还包括体重的增减和妊娠。因此，奶牛的能量需要是维持、产奶、增重或失重、妊娠等多项需要之和。

（一）泌乳奶牛维持的能量需要

维持需要能量与产奶量有关，产奶量愈高维持需要能量愈高。我国乳牛饲养标准规定：在中等温度舍饲条件下，成年泌乳牛的维持能量需要为 $356W^{0.75}$ kJ，第一和第二泌乳期乳牛由于正在生长发育，在维持基础上分别增加 20%和 10%。

（二）泌乳奶牛产奶的能量需要

产奶时的能量需要取决于产奶量和乳组成成分。产奶量因品种、泌乳期等而不同。第三泌乳期比第一和第二泌乳期的奶牛产奶量高，因产奶量及乳中成分容易测定，所以产奶的能量需要根据产奶量和乳脂率计算。

（1）根据标准乳（FCM）折算。乳脂率将产奶量折算成标准奶产量。1kg 标准奶含能 3 138MJ，该系数乘以标准奶产量即得产奶的净能需要。

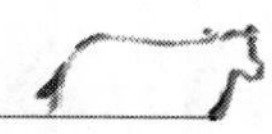

标准奶（FCM）：将乳脂含量为4%的乳脂称标准乳（FCM）。

乳脂校正乳：将不同乳脂含量的乳校正到含乳脂4%的标准状态，校正后含乳脂4%的奶称为乳脂校正乳（FCM）。

$$\text{FCM}（4\%乳脂率乳量，kg）=0.4M+15F$$

其中，M为未折算的乳量的千克数；F为乳中含脂量的千克数。

（2）根据奶中乳蛋白、乳脂肪、乳糖含量估算。因1g乳脂含能量0.038MJ，1g乳糖含能量0.016 5MJ，1g乳蛋白含能量为0.024 5MJ，因此，只要测定产奶量和奶中乳脂肪、乳蛋白和乳糖含量即可计算出产奶的能量需要。

NRC提供了直接由乳脂率计算产奶净能需要的公式为：

$$\text{NEL}（Mcal/kg）=0.3512+0.0962\times乳脂率$$

我国奶牛饲养标准的能量体系采用产奶净能，以奶牛能量单位（NND）表示，即用1kg含脂4%的标准乳所含产奶净能3.138MJ作为一个“奶牛能量单位”。

（三）泌乳奶牛增重或失重对能量需要的影响

泌乳期间，奶牛的体重会发生变化。一般规律是泌乳早期失重，泌乳后期增重。我国奶牛饲养标准规定，体重增加1kg相应增加8NND，失重1kg相应减少6.56NND。由于每千克体组织含能25.1MJ，奶牛利用机体能量产奶的效率为82%，因而损失1kg体组织能提供NEL20.58MJ（25.1×0.82）。成年母牛每增重1kg，约相当于8kg标准乳（25.1/3.14=8）。

二、蛋白质需要

奶牛的蛋白质需要计算方法与能量需要相同，包括维持、产奶和增重3个方面的需要。

（一）泌乳母牛维持和增重的蛋白质需要

泌乳牛维持净蛋白消耗为$2.1W^{0.75}$g，$W^{0.75}$为代谢体重，W代表奶牛的自然体重。按粗蛋白消化率75%和生物学价值70%折合，乳牛维持的日粮粗蛋白需要为$4W^{0.75}$g，可消化粗蛋白需要则为$3W^{0.75}$g。我国奶牛饲养标准对奶牛维持的日粮粗蛋白需要规定为$4.6W^{0.75}$g，可消化粗蛋白$3W^{0.75}$g。

泌乳期乳牛体重变化，可按每千克增重内容物中含组织蛋白160g、饲料粗蛋白消化率75%和可消化蛋白用于合成体组织的利用率为67%估计。每1kg增重需要饲粮粗蛋白319g，可消化粗蛋白239g。失重组织蛋白用于乳蛋白合成的利用率以75%计。失重1kg应扣除乳蛋白需要120g。

（二）泌乳牛产奶的需要

产奶的蛋白质需要是根据乳中蛋白质含量估算的。乳蛋白可直接测得，也可按每千克标准奶含蛋白质34g计算，或直接根据乳脂率推算：

$$乳蛋白含量（\%）=1.9+0.4\times乳脂率$$

4%标准乳的蛋白质含量为34g。乳牛对饲料中粗蛋白的消化率为75%左右，可消化蛋白用以合成乳蛋白的利用率70%左右。通常1kg标准乳中含蛋白质34g，则奶牛生产1kg标准奶需粗蛋白：34÷75%÷70%=65g或可消化蛋白34÷70%=49g。

我国奶牛饲养标准规定，每千克含脂4%的标准乳供给粗蛋白85g或可消化粗蛋白55g。因组成日粮的饲料类型不同，饲料蛋白的消化率和可消化蛋白的利用率也不一样。

三、氨基酸需要

奶牛需要氨基酸以满足自身的代谢和生产蛋白的需要。为保证泌乳奶牛的产奶量和奶的品质，不仅要供给充足的蛋白质，而且要注意蛋白质中氨基酸的组成。奶牛所需的必需氨基酸40%来自瘤胃微生物蛋白，60%来自饲料非降解蛋白，这足以满足和维持中等生产水平的奶牛对必需氨基酸的需要量。但对于高产奶牛，则不能满足产奶需要，需额外补充必需氨基酸或提高饲粮中非降解优质蛋白质的比例。一般来说，日产奶量在15kg以上时，蛋氨酸和亮氨酸可能是饲料的限制性氨基酸；日产奶量达30kg时，蛋氨酸、亮氨酸、赖氨酸、组氨酸、苏氨酸将成为限制性氨基酸。

从小肠部位吸收的氨基酸称之为可代谢蛋白质，在泌乳奶牛日粮中关于赖氨酸和蛋氨酸推荐的水平，进入小肠的可代谢蛋白质中分别为6.6%～6.8%和2.2%，或者Lys/Met两者比例为3∶1。

四、矿物质需要

泌乳期中母畜从乳中分泌出大量矿物质，一头产乳3 000kg的乳牛，从乳中分泌出矿物质21kg左右。可见矿物元素对于保证泌乳母牛产奶量非常重要。

（一）常量元素

1. 钙和磷　泌乳母牛对钙和磷的需要量，包括维持需要、产奶需要和奶牛对日粮中钙磷的吸收、利用效率确定的。维持所需要的钙、磷数量可以根据牛的体重计算，即每百千克活重给钙6g、磷4.5g。一般1kg牛奶平均含钙1.28g、磷0.95g。奶牛对钙的吸收率变异较大，泌乳母牛饲料（多种饲料混合）中钙的吸收率在35%～38%。我国奶牛饲养标准规定奶牛对钙需要为171g，磷为117g。生长牛维持时钙的需要量同成年牛，但每千克增重需补钙20g，磷155g。妊娠的最后3个月可以适当增加钙、磷的供给量。

高产奶牛在泌乳初期到高峰期往往会出现钙磷的负平衡，即使供给丰富的钙磷仍然会出现这种现象。随着泌乳量的减少，钙磷平衡逐渐恢复。当出现钙、磷负平衡时，泌乳奶牛就会动用体内海绵状骨组织中的钙磷。如果负平衡持续时间太长，奶牛就会动用致密骨组织中的钙磷，从而导致奶牛骨质疏松症和产后瘫痪。根据泌乳母畜在泌乳后期体内钙磷贮存能力增加的生理规律，除在泌乳期充分供给钙磷外，应在泌乳后期和干奶期供给高于需要的钙量，以弥补前期的损耗和增加骨组织的贮存。

2. 钠、氯、钾、镁、硫　奶牛会从乳中分泌出钠和氯，因此要注意以食盐形式给奶牛补充钠和氯。日粮中食盐含量不足会影响奶牛产奶量，并可导致奶牛体重下降。

奶牛钾的需要量为饲料干物质的0.8%，泌乳牛饲料中粗料多时不会缺钾，高产奶牛精料用量多时有可能缺钾。在高温应激条件下，饲料钾应增加到1.2%。

牛乳中含镁0.015%，奶牛对镁的利用率平均17%，每生产1kg奶的需供给奶牛0.07g镁，或镁占饲料干物质的0.2%。当奶牛日粮中玉米青贮料用量多或在日粮配合有非蛋白氮添加剂时，应注意补充硫。缺硫影响瘤胃微生物对纤维的消化利用。

(二)微量元素

奶牛饲料中含铜10mg/kg可满足需要，饲料中含钼和硫酸盐多时，铜的需要量应提高。饲料干物质中分别含钴0.1mg/kg、碘0.6mg/kg，可满足牛对钴和碘的需要。饲料干物质中含锌40mg/kg以上时，可满足奶牛需要。日粮中锌含量低时，奶牛以增加对锌的吸收率和减少体外排出来满足需要。奶牛对锰的需要是：饲料干物质中含40mg/kg，当饲料中钙和磷高时，锰需要量增加。奶牛饲料中含硒0.1～0.3mg/kg，可以满足需要。

五、维生素需要

泌乳奶牛需要各种维生素以保证产奶量和健康。奶牛瘤胃内微生物可以合成B族维生素和维生素K。但不能合成维生素A、维生素D和维生素E。因此，奶牛的维生素需要主要是维生素A、维生素D和维生素E3种。奶牛每千克日粮需要维生素A 3 200IU。日粮中添加类胡萝卜素可有效地预防泌乳母牛的乳房炎，而添加维生素A无此效果。

一般在日粮中不添加水溶性维生素。因为维生素C可以在奶牛的肝脏和肾脏合成，大多数B族维生素也可以通过瘤胃和小肠的细菌合成，而且在饲喂给奶牛的典型饲料中具有可观的B族维生素。但是，在某些条件下，添加下列的水溶性维生素在奶牛日粮中可以改善奶牛的健康和提高生产性能。研究表明，当在奶牛日粮中每天添加20mg的生物素持续2～6个月，对牛蹄子健康和跛脚有改善的效果，同时也能观察到奶产量的增加。烟酸与能量及脂肪代谢有关，因此对于牛奶的产量及乳成分而言是重要的。每天添加12g烟酸可能对于泌乳早期有促进牛奶、乳蛋白和乳脂的产量增加的作用。烟酸在瘤胃很容易降解。因此，如果考虑添加烟酸，采用瘤胃保护来源的烟酸。日粮中添加过瘤胃保护的氯化胆碱，有提高牛奶产量的效果。

六、干物质和水的需要

(一)干物质

乳牛对饲料干物质需要量与体重、产奶量及饲料类型有关。根据我国奶牛饲养标准建议，可用下面公式计算：

日粮中精饲料比例高即精粗比约为60∶40时：

$$饲料干物质进食量(kg)=0.062W^{0.75}+0.4Y$$

日粮中粗饲料比例高即精粗比约为45∶55时：

$$干物质进食量(kg)=0.062W^{0.75}+0.45Y$$

其中，Y为标准奶量(kg)，W为牛的体重(kg)。

(二)水

产奶牛每天从产品(奶)和排泄物(粪、尿)中排出大量水，必须充分供给饮水。饮水量和产奶量、气温、干物质及食盐进食量密切相关。可按下面公式计算产奶牛每日水的需要量：

$$\begin{aligned}水摄入量(kg/d)=&15.99+(1.58\pm0.271)\times干物质采食量(kg/d)+\\&(0.90\pm0.157)\times产奶量(kg/d)+(0.05\pm0.023)\times\\&钠食入量(g/d)+(1.2\pm0.106)\times每天最低温度数(℃)\end{aligned}$$

七、营养对泌乳的影响

（一）营养水平

乳牛生长期采用高能饲料，造成乳房脂肪沉积过多，影响乳腺组织增生，导致以后产奶量低、生产年限短、产奶效率低。乳牛泌乳期营养水平对产乳量及乳成分含量也有影响。饲喂高能量水平有利于产奶量提高，但乳脂下降。

（二）蛋白质水平

泌乳母牛特别是高产牛每天从奶中排出大量蛋白质，饲料蛋白水平不足会产奶量降低，这时奶牛为了满足产奶对蛋白质的需要，会从肌肉组织中动员体蛋白。为提高瘤胃微生物的产量，在充分供给含氮物质的同时，要保证碳源的供给。

（三）脂肪含量与性质

饲料脂肪含量太少，产奶量会下降。提高饲料脂肪含量，可增加产奶量，有时也使乳脂量略有增加。但低熔点植物油食入过多，会导致牛奶中不饱和脂肪酸增多，短链脂肪酸减少，有时还会降低乳脂熔点，影响乳脂品质。

在饲料脂肪含量相同条件下，脂肪来源不同，其效果不一样。以油料籽实作为脂肪来源时，既能提高产奶量又能增加乳脂量；而以豆油为脂肪源时，只能提高产奶量而不能增加乳脂量。原因是单独加入豆油时，脂肪在瘤胃内很快水解，长链脂肪酸被释放，严重降低纤维酶活性，使乙酸和丙酸比率改变，导致乳脂成分降低，饲料添加脂肪后，乳蛋白含量明显下降。

（四）精、粗饲料比

饲料中精饲料与粗饲料比例可影响瘤胃发酵性质与挥发性脂肪酸的组成。精饲料比例大不利于乙酸发酵，而有利于丙酸发酵，导致乳脂率下降，而体脂增加。实验表明，乳牛日粮中精饲料占40%～60%、粗纤维15%～17%、酸性洗涤纤维19%～21%和中性洗涤纤维25%～28%较为适宜。

第三节　奶牛饲料

饲料中含有能够满足奶牛需要的营养成分，奶牛饲料包括各种植物的茎、叶、种子和根及饼粕、糖渣、酒糟、谷糠等，除此之外，奶牛饲料中还会添加矿物质饲料和维生素饲料。

一、奶牛饲料中的营养物质

饲料中的营养物质包括水和干物质，干物质中有奶牛需要的碳水化合物、蛋白质、脂类、矿物质和维生素。

（一）水分或干物质

不同分析方法得到不同水分含量，饲料在60～70℃烘干，失去初水，剩余物称为风干物质，这种饲料称为风干（半干）饲料，这种状态称为风干基础；在100～105℃烘干，失去结合水，其干物质称为全干（绝干）物质，其状态称为全干基础。饲料水分含量取决

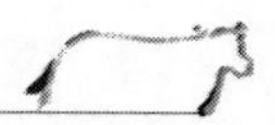

于饲料种类、植物部位，大多数植物在未成熟阶段含有70%～80%的水分，植物种子只含有8%～10%的水分，饲料含水量通常可以不考虑，泌乳期奶牛每吃进1kg干物质要饮4～5kg的水，一天中的大部分时间都需要保证奶牛可喝到清洁的水。

干物质含有奶牛所需要的营养物质，饲料中的营养物质的量常以干物质的量来表示。饲料中的干物质可分为两种，即有机物质和无机矿物质，含有碳、氢、氧和氮的化合物称为有机物质，其他的元素是无机化合物或矿物质，饲料在550℃的高温炉内完全燃烧后的残渣是饲料中的无机化合物部分，主要是矿物元素及其盐类，有时有少量泥沙。矿物质在植物中的含量为1%～12%。通常牧草中矿物质含量高于谷物籽实饲料，动物性饲料中的矿物质含量可高达30%。根据奶牛对矿物质的需要量，矿物质分为常量元素和微量元素，常量元素是指动物体含量大于0.01%的矿物质，微量元素是指动物体中含量小于0.01%的矿物质。

（二）粗蛋白质

饲料中一切含氮物质的总称，包括蛋白质和饲料非蛋白质含氮化合物，如氨基酸、酶、维生素、尿素、氨、无机含氮盐。数值上，粗蛋白等于含氮量×6.25。事实上，不同蛋白质的含氮量不全是16%。

蛋白质由一条或几条氨基酸长链组成，构成蛋白质的氨基酸约有20种，20种氨基酸中一些是必需的，另一些是非必需的。非必需氨基酸可由体内合成，而必需氨基酸必须由日粮提供，否则会出现缺乏症状。因为体内不能合成必需氨基酸。如果氮不是蛋白质的结构组分存在于氨或尿素中，这类含氮物质称为非蛋白氮（NPN），非蛋白氮对单胃动物而言无营养价值，但奶牛瘤胃微生物可利用非蛋白氮合成氨基酸和蛋白质，因此非蛋白氮是奶牛的营养物质。

牧草中的粗蛋白含量为5%～20%，油饼类中粗蛋白含量为30%～50%。

（三）饲料中的含能物质

饲料中碳水化合物、脂类和蛋白质均可为奶牛提供能量。卡（cal）和焦耳（J）是常用的能量单位，奶牛饲料中的能量是用产奶净能来表达的，这一能量单位表达了饲料中有多少能量可用来维持奶牛体重和产奶量的需要，例如奶牛每产1kg奶需0.74兆卡（Mcal）产奶净能，不同饲料所含产奶净能不同。

饲料中所含脂类用乙醚浸提的方法测定，又称为醚浸出物。脂类中所含能量是碳水化合物的2.25倍，粗饲料和精饲料所含能量主要来自碳水化合物，一般奶牛饲料含脂量小于5%。

植物中的碳水化合物，包括单糖（葡萄糖、果糖等）、双糖（蔗糖、麦芽糖、乳糖）淀粉、纤维等。单糖、双糖和淀粉也称为非结构碳水化合物或非纤维性碳水化合物或非细胞壁的碳水化合物；纤维类又称为结构碳水化合物或纤维或细胞壁碳水化合物。淀粉是谷实类籽实如玉米、高粱、小麦、大麦等的主要成分。纤维素和半纤维素主要存在于植物的茎中。淀粉和纤维素都是由葡萄糖构成，但淀粉可被动物消化酶消化，而纤维素中葡萄糖很难被动物体内消化酶消化，奶牛瘤胃微生物可分泌消化纤维素和半纤维素酶，可将纤维素和半纤维素降解。存在于细胞壁中的纤维素和半纤维素常与木质素相偶连，木质素含量会影响纤维素和半纤维素的消化利用。奶牛饲料中必须含有长的纤维，这样可以刺激奶牛反刍，这是维持奶牛的消化和健康所必需的，也是防止奶牛乳脂率下降所必需的。饲料中纤维含量有用粗纤维的分析方法测定。但现在多采用测定中性洗涤纤维和酸性洗涤纤维来估测纤维素、半纤维素以及木质素的含量。奶牛摄取饲料的量与饲料中的中性洗涤纤维含量成反比，即饲料中性洗涤纤维含量越高，奶牛采食量越低。用于测定纤维素和木质素的酸性洗涤纤维的方法也是估测饲料消化率的好方法。

中性洗涤纤维中的纤维可缓慢地被瘤胃微生物发酵降解，而非细胞壁的碳水化合物常被瘤胃微生物迅速发酵降解。饲料中的非纤维性碳水化合物的百分比通常可由100%减去灰分、粗蛋白、乙醚抽提物和中性洗涤纤维而得出。

(四) 维生素

饲料中的维生素对维持奶牛的健康和产奶非常重要，维生素分为水溶性维生素和脂溶性维生素。水溶性维生素包括B族维生素和维生素C；脂溶性维生素包括维生素A、维生素D、维生素E和维生素K。奶牛饲料中通常不补充B族维生素和维生素K。

二、精饲料

奶牛日粮一般由粗饲料、精饲料组成。大量实验表明，乳牛饲料中精饲料占40%～60%、粗纤维15%～17%、酸性洗涤纤维19%～21%和中性洗涤纤维25%～28%较为适宜。正常情况下，奶牛每100kg体重可采食2.5～3.5kg干草和青贮；每产3～4kg牛奶需要1kg精饲料。由此推算，500kg体重的奶牛每天每头需要12.5～17.5kg的青干草和青贮。精饲料按照产奶量，每天产30kg奶添加精饲料10～12kg。奶牛开产100d以内为泌乳前期，产奶量占全期产奶量的40%～50%；精饲料量要由少到多，逐渐增加，精饲料和粗料比由3∶7依次增加到2∶3、1∶1、3∶2、7∶3。奶牛开产100～200d为产奶后期，占全期产奶量的20%～30%，精饲料和粗饲料比由7∶3逐渐降低到3∶2、1∶1、2∶3、3∶7，直到干奶。

精饲料的特点是能量含量高，粗纤维含量低，蛋白质含量因精饲料种类而不同，精饲料适口性好，体积小，奶牛爱吃精饲料。但精饲料不能刺激反刍。精饲料在瘤胃中发酵快，会增加瘤胃的酸度，从而影响纤维的消化，奶牛日粮中精饲料占60%～70%时，会影响奶牛健康。生产中产奶量越高，需求的能量和蛋白质也越高，这时粗饲料所含能量和蛋白质是不能满足需要的，需要补充精饲料，奶牛日粮中补充精饲料的目的是在粗饲料的基础上提供浓缩的能量和蛋白质以满足奶牛的营养需要，精饲料是泌乳奶牛日粮中重要成分，一般产奶量越高，需精饲料量越高，但一头奶牛一日采食的精饲料量不要超过12～14kg。玉米等谷物籽实是奶牛的能量饲料，这类饲料蛋白质含量低，饲喂时要补充含蛋白质高的饲料。奶牛日粮中如果含有过高的谷物籽实的话［大于10～20kg/（d·头）］会降低咀嚼活动和瘤胃功能，同时乳脂率降低。

块根块茎类饲料如胡萝卜、木薯、土豆、瓜类等也是易于发酵的碳水化合物，但蛋白质含量低。糖渣甜菜渣等也是适口性比较好的饲料，含有较高的可消化纤维，还含有单糖。大豆粕、菜籽粕、葵花籽粕等含有一定蛋白质，可作为奶牛的蛋白质饲料。

奶牛粗饲料饲喂量通常不受限制，而精饲料饲喂量取决于粗饲料品质和奶牛的能量需要，成熟牧草所含能量比未成熟的牧草低，因此如果日粮含有较多的未成熟牧草时，可少

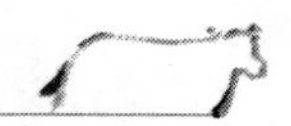

补充精饲料，反之，则要多补充精饲料。随着产奶量的提高，奶牛对能量的需要增加，高产奶牛对精饲料的需要量高于低产奶牛。干乳期的奶牛一般饲喂90%～100%的粗饲料，精饲料为0～10%。泌乳早期的高产奶牛粗饲料适宜的范围在40%～55%，精饲料55%～60%。

奶牛对蛋白质的需要取决于粗饲料的类型，一般含蛋白质高的粗饲料和含蛋白质低的精饲料配合使用，含蛋白质低的粗饲料和含蛋白质高的精饲料配合使用。

（一）蛋白质饲料

蛋白质饲料是指干物质中粗纤维含量小于18%、粗蛋白质含量大于或等于20%的饲料。蛋白质饲料包括豆类籽实、饼粕类和其他植物性蛋白质饲料。这类蛋白质饲料是在生产中使用量最多、最常用的蛋白质饲料。该类饲料蛋白质含量高，且蛋白质质量较好，一般植物性蛋白质饲料粗蛋白质含量在为20%～50%，非油料籽实只有1%左右。饼粕类脂肪含量因加工工艺不同差异较大，高的可达10%，低的仅1%左右。粗纤维含量低；矿物质中钙少磷多，且主要是植酸磷；B族维生素较丰富，而维生素A、维生素D较缺乏。

1. 豆类籽实 豆类籽实包括大豆、豌豆、蚕豆等，大豆蛋白质含量为32%～40%。生大豆中蛋白质多属水溶性蛋白质（约90%），加热后即溶于水。氨基酸组成良好，但含蛋氨酸含量不足。大豆脂肪含量高，达17%～20%，其中不饱和脂肪酸较多，亚油酸和亚麻酸可占55%。大豆碳水化合物含量不高。无氮浸出物仅26%左右，纤维素占18%。矿物质中钾、磷、钠含量较高，铁含量较高，B族维生素多而维生素A、维生素D少。奶牛饲料中可以使用生大豆，但不要超过精料用量的50%，而且要配合胡萝卜素含量高的粗料使用，这样可提高维生素A的利用率，不至于造成牛奶中维生素A含量下降，生大豆最好也不要与尿素一起使用。豌豆风干物质中粗蛋白质含量24%，蛋白质中含有丰富的赖氨酸，而其他必需氨基酸含量都比较低，特别是蛋氨酸与色氨酸。豌豆中粗纤维含量为7%左右，粗脂肪为2%左右，各种矿物质元素含量都偏低。豌豆中也含有胰蛋白酶抑制因子、外源植物凝集素、致胃肠胀气因子，不宜生喂。奶牛精饲料中的比例可占到20%以下。

2. 大豆饼粕 大豆饼粕是以大豆为原料取油后的副产物。一般将压榨法取油后的产品称为大豆饼，而将浸提法取油后的产品称为大豆粕。大豆饼粕粗蛋白质含量高，在40%～50%，大豆粕中蛋白质含量相对高于大豆饼。大豆饼粕中必需氨基酸含量较高，组成也较合理。赖氨酸含量为2.4%～2.8%，赖氨酸与精氨酸比约为1∶1.3，比例较为恰当。异亮氨基酸含量是饼粕饲料中最高者，约2.39%，是异亮氨基酸与缬氨酸比例最好的一种饼粕类饲料。大豆饼粕色氨酸、苏氨酸含量也很高，与谷实类饲料配合可起到互补作用。但蛋氨酸含量不足，所以注意与蛋氨酸含量高饲料搭配使用。大豆饼粕粗纤维含量较低。无氮浸出物主要是蔗糖、棉籽糖、水苏糖和多糖类，淀粉含量低。大豆饼粕中矿物质中钙少磷多，硒含量低。胡萝卜素、核黄素和硫胺素含量也少，烟酸和泛酸含量较多，胆碱含量丰富，维生素E在脂肪残量高和储存不久的饼粕中含量较高。

大豆饼粕是奶牛的优质蛋白质原料，各阶段奶牛饲料中均可使用，适口性好，长期饲喂也不会厌食。但采食过多会有软便现象。奶牛可有效利用未经加热处理的大豆饼粕，含油脂较多的豆饼对奶牛有催乳效果，但在人工代乳料和开食料中应加以限制。

3. 菜籽饼粕 菜籽饼粕也是一种良好的蛋白质饲料，菜籽饼粕含有较高的粗蛋白质，34%～38%。氨基酸组成比较平衡，蛋氨酸含量较多，精氨酸含量低，精氨酸与赖氨酸的比例适宜，是一种良好的氨基酸平衡饲料。但菜籽饼粕中碳水化合物均不宜消化的淀粉，且含有8%的戊聚糖，同时粗纤维含量较高，12%～13%，有效能值低。菜籽外壳几乎无利用价值，是造成菜籽粕代谢能低的原因。维生素中胆碱、叶酸、烟酸、核黄素、硫胺素均比豆饼高。矿物质中钙、磷含量均高，富含铁、锰、锌、硒，尤其是硒含量远高于大豆饼粕。

菜籽饼粕含有硫葡萄糖甙、芥子碱、植酸、单宁等抗营养因子，影响其适口性，奶牛对菜籽饼粕适口性差，长期大量使用菜籽饼粕可能会引起甲状腺肿大，但其影响程度小于单胃动物。菜籽饼粕在奶牛精料中使用不要超过10%的话，可维持正常的产奶量及乳脂率。低毒品种菜籽饼粕饲养效果明显优于普通品种，可提高使用量，奶牛最高可用至25%。

4. 棉籽饼粕 棉籽饼粕粗蛋白含量较高，可达34%以上，棉仁饼粕粗蛋白含量高可达41%～44%。氨基酸组成不好，赖氨酸较低，仅相当于大豆饼粕的50%～60%，蛋氨酸也低，但精氨酸含量较高，赖氨酸与精氨酸之比在1∶2.7以上，影响赖氨酸的利用。棉籽饼粕中钙少磷多，含硒少。维生素 B_1 含量较多，维生素A、维生素D少。粗纤维含量主要取决于制油过程中棉籽脱壳程度。脱壳不完全的棉籽饼粕粗纤维含量较高，有效能值低于大豆饼粕。脱壳较完全的棉仁饼粕粗纤维含量约12%，代谢能水平较高。

棉籽饼粕中的抗营养因子主要为棉酚、环丙烯脂肪酸、单宁和植酸。但这些有害抗营养因子对奶牛不存在中毒问题，棉籽饼粕是奶牛良好的蛋白质来源。奶牛饲料中添加适当棉籽饼粕可提高乳脂率，但用量不要超过精料用量的50%，否则会影响奶牛的适口性，同时乳脂变硬。棉籽饼粕属便秘性饲料原料，最好搭配芝麻饼粕等软便性饲料原料使用，一般用量以精料中占20%～35%为宜。喂幼牛时，以低于精料的20%为宜，且需搭配含胡萝卜素高的优质粗饲料。

5. 花生（仁）饼粕 花生（仁）饼粕蛋白质含量为44%～47%，蛋白质含量高，但63%属于不溶于水的蛋白。氨基酸组成不平衡，赖氨酸、蛋氨酸含量偏低，精氨酸含量在所有植物性饲料中最高，赖氨酸与精氨酸之比不合适，在1∶3.8以上。花生饼粕对奶牛的饲用价值与大豆饼粕相当。花生（仁）饼粕有通便作用，采食过多易导致软便。经高温处理的花生仁饼粕，蛋白质溶解度下降，可提高过瘤胃蛋白量，提高氮沉积量。

6. 芝麻饼粕 芝麻饼粕蛋白质含量约40%，氨基酸组成中蛋氨酸、色氨酸含量丰富，尤其蛋氨酸高达0.8%以上，为饼粕类之首。赖氨酸缺乏，精氨酸极高，赖氨酸与精氨酸之比为1∶4.2，比例严重失衡，使用时要添加赖氨酸或搭配赖氨酸含量较高的饲料。粗纤维含量低于7%，矿物质中钙、磷较多。维生素A、维生素D、维生素E含量低，核黄素、烟酸含量较高。芝麻饼粕是奶牛良好的蛋白质饲料，可使被毛光泽良好，但过量采食可降低乳脂率，使体脂和乳脂变软，宜与其他蛋白质饲料配合使用。

7. 向日葵仁饼粕 向日葵仁饼粕的营养价值取决于脱壳程度，完全脱壳的饼粕营养价值很高，粗蛋白质含量可达到41%～46%，与大豆饼粕相当。氨基酸组成中，赖氨酸

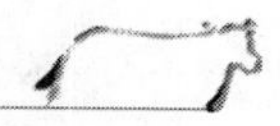

低，蛋氨酸含量较高。粗纤维含量较高，有效能值低，残留脂肪 6%～7%，其中 50%～75%为亚油酸。B 族维生素、尼克酸、泛酸含量均较高。矿物质中钙、磷含量高，锌、铁、铜含量丰富。

奶牛对向日葵饼粕适口性较好，饲用价值与豆粕相当，是良好的蛋白质原料。但含脂肪高的向日葵饼采食过多的话，易造成乳脂和体脂变软。瘤胃内容物 pH 下降。向日葵壳含粗蛋白 4%，粗纤维 50%，粗脂肪 2%，粗灰分 2.5%，可以作为粗饲料喂牛。

8. 亚麻仁饼粕　亚麻仁饼粕粗蛋白质含量一般为 32%～36%，氨基酸组成不平衡，赖氨酸、蛋氨酸含量低，富含色氨酸，精氨酸含量高，赖氨酸与精氨酸之比为 1∶2.5，使用亚麻籽饼粕时，要注意添加赖氨酸或搭配赖氨酸含量较高的饲料。粗纤维含量高，为 8%～10%。钙磷含量较高，硒含量丰富，维生素中胡萝卜素、维生素 D 含量少，B 族维生素含量丰富。亚麻仁饼粕中的抗营养因子包括生氰糖苷、亚麻籽胶、抗维生素 B_6。生氰糖苷在自身所含亚麻酶作用下，生成氢氰酸而有毒。

亚麻仁饼粕也是奶牛良好的蛋白质来源，适口性好，提高奶牛产奶量，饲喂亚麻籽饼粕可使反刍动物被毛光泽改善。亚麻仁饼粕配合其他蛋白质饲料饲喂奶牛可预防乳脂变软。

9. 棕榈仁饼　棕榈仁饼为棕榈果实提油后的副产品。粗蛋白质含量低，仅 14%～19%，属于粗饲料。赖氨酸、蛋氨酸及色氨酸均缺乏，脂肪酸属于饱和脂肪酸。奶牛使用可提高奶酪质量，但大量使用影响适口性。

10. 其他蛋白质饲料

（1）玉米蛋白粉。玉米蛋白粉粗蛋白质含量为 35%～60%，氨基酸组成不佳，蛋氨酸、精氨酸含量高，赖氨酸和色氨酸严重不足，赖氨酸∶精氨酸达 1∶2.5，粗纤维含量低，易消化，代谢能与玉米近似或高于玉米，为高能饲料。维生素中胡萝卜素含量较高，B 族维生素少，含有叶黄素和玉米黄质等色素，是较好的着色剂。矿物质含量少，铁较多，钙、磷较低。

玉米蛋白粉可作为奶牛的蛋白质饲料原料，因其比重大，可配合比重小的原料使用，精料添加量以 30%为宜，过高影响生产性能。在使用玉米蛋白粉的过程中，应注意霉菌含量，尤其黄曲霉毒素含量。

（2）豆腐渣。豆腐渣是加工豆腐、豆奶的副产品，其干物质中粗蛋白、粗纤维和粗脂肪含量较高，维生素含量低，与豆类籽实一样含有抗胰蛋白酶因子。鲜豆腐渣是奶牛的良好多汁饲料，可提高奶牛产奶量。

（3）酱油渣和醋渣。酱油渣和醋渣含有大量菌体蛋白，粗蛋白质含量高达 24%～40%。脂肪含量约 14%，粗纤维含量高，无氮浸出物含量低，含有 B 族维生素、矿物质。奶牛精料中，使用 20%不影响适口性、产奶量及乳品质。

（二）能量饲料

能量饲料是指干物质中粗蛋白质含量低于 20%，粗纤维含量低于 18%的一类饲料，这类饲料主要包括谷实类、糠麸类、脱水的块根、块茎及瓜类等。能量饲料在奶牛日粮中所占比例最大，一般为 50%～70%，主要为奶牛提供能量。

1. 玉米　玉米中碳水化合物含量在 70%以上，其内主要是淀粉，单糖和二糖较少，粗纤维含量也较少。粗蛋白质含量一般为7%～9%。氨基酸组成不佳，赖氨酸、蛋氨酸、色氨酸等必需氨基酸含量低。粗脂肪含量为3%～4%，玉米为高能量饲料，其产奶净能为7.70MJ/kg。粗灰分较少，为1%左右。其中钙少磷多，维生素含量较少，但维生素E含量较多，为20～30mg/kg。黄玉米胚乳中含有较多的色素，主要是胡萝卜素、叶黄素和玉米黄素等。玉米是奶牛良好的能量饲料。此外，黄玉米的色素为奶牛奶油色素的重要来源。玉米用作奶牛饲料时不要粉碎过细，宜磨碎或破碎饲喂。

2. 高粱　高粱籽实的营养价值与其壳含量有关，去壳高粱籽实蛋白质含量为8%～9%，但品质较差，赖氨酸、蛋氨酸等含量少。淀粉含量70%左右。脂肪含量稍低于玉米，脂肪中必需氨基酸低于玉米，但饱和性脂肪酸的比例高于玉米。有效能值较高，产奶净能为6.61MJ/kg。灰分中钙少磷多。含有较多的烟酸。高粱中含有毒物质单宁，影响其适口性和营养物质消化率。高粱是奶牛良好的能量饲料。

3. 小麦　小麦粗蛋白质含量在谷实类籽实属于比较高，含量在12%以上，赖氨酸不足，因而小麦蛋白质品质较差。但无氮浸出物含量高，在其干物质中可达75%以上，有效能值高，产奶净能为7.49MJ/kg。粗脂肪含量低，矿物质含量高。小麦非淀粉多糖主要是阿拉伯木聚糖，这种多糖不能被动物消化酶消化，而且有黏性，在一定程度上影响小麦的消化率。小麦是奶牛等反刍动物的良好能量饲料，饲用前应破碎或压扁，在饲粮中用量应控制在50%以下，否则易引起瘤胃酸中毒。

4. 大麦　大麦粗蛋白质含量一般为11%～13%，平均为12%，且蛋白质品质稍好于玉米。无氮浸出物含量为67%～68%，低于玉米，脂肪含量少。有效能量高，产奶净能为6.69MJ/kg。大麦中非淀粉多糖含量较高，达10%以上，主要由β-葡聚糖和阿拉伯木聚糖组成。动物消化液中不含消化非淀粉多糖的酶，因而不能消化这些成分。大麦是奶牛良好的能量饲料。饲喂时最好压扁或磨碎。

5. 燕麦　燕麦由于含有稃壳，其粗纤维含量在10%以上。燕麦中淀粉含量不足60%。蛋白质含量在10%左右，氨基酸组成不平衡。粗脂肪含量在4.5%以上，且不饱和脂肪酸含量高。其中，亚油酸占40%～47%，油酸占34%～39%，棕榈酸10%～18%。由于不饱和性脂肪酸比例较大，易氧化而变质。所以燕麦不宜久存。燕麦有效能值明显低于玉米等谷实。燕麦是奶牛良好的能量饲料，其适口性好，饲用价值较高。饲用前可磨碎，甚至可整粒饲喂。

6. 糠麸类饲料　糠麸类是谷实类籽实加工后的副产品，包括米糠、小麦麸、大麦麸、玉米糠、高粱糠、谷糠等。糠麸类营养成分受加工方法和精度影响。糠麸中粗蛋白质、粗纤维、B族维生素、矿物质等含量较高，但无氮浸出物含量低，故属于一类有效能值较低的饲料。同时糠麸结构疏松、体积大、容重小、吸水易膨胀，其中多数含有轻泻的盐类，有一定的轻泻作用。

（1）小麦麸。小麦麸粗蛋白质含量高，一般为12%～17%，氨基酸组成较佳，但蛋氨酸含量少。无氮浸出物60%左右，但粗纤维含量高，10%左右。小麦麸中有效能值较低，产奶净能为6.23MJ/kg。灰分较多，所含灰分中钙少磷多，Ca、P比例不平衡，小麦麸中铁、锰、锌较多。B族维生素含量也高，核黄素3.5mg/kg，硫胺素8.9mg/kg。

小麦麸容积大。具有轻泻性，可通便润肠。小麦麸是奶牛良好的饲料。用量可占其日

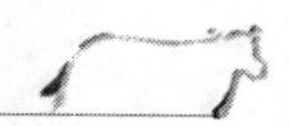

粮的25%～30%，甚至更高。小麦麸在泌乳母牛混合精料中用量25%～30%时，有助于其泌乳。

(2) 米糠。米糠中蛋白质含量较高，约为13%，赖氨酸含量高。米糠中无氮浸出物含量不高，一般在50%以下。脂肪含量10%～17%，脂肪酸组成中多为不饱和脂肪酸。粗纤维含量较多，质地疏松，容重较轻。因脂肪含量高，米糠中有效能较高，产奶净能为7.61MJ/kg。矿物质中钙少磷多，钙、磷比例不平衡，B族维生素和维生素E含量高。

米糠中含有胰蛋白酶抑制因子、阿拉伯木聚糖、果胶、葡聚糖、有生长抑制因子等抗营养因子。米糠适于作奶牛的饲料，用量可达20%～30%。

7. 块根、块茎及瓜类饲料

(1) 甘薯。甘薯又名红薯、白薯、山芋、红苕、地瓜等，甘薯水分含量多，适口性好。粗蛋白质含量低，以干物质计，也仅约4.5%，且蛋白质品质较差。干物质中主要是无氮浸出物，含量达75%以上。有效能值低于玉米，产奶净能为6.61MJ/kg。泌乳奶牛饲用新鲜甘薯，能促进其泌乳。在奶牛日粮中可代替50%的其他能量饲料。

(2) 马铃薯。马铃薯干物质主要为无氮浸出物，粗纤维含量少，粗蛋白质约占干物质9%，脱水马铃薯块茎为较好的能量饲料，可将其粉碎后加到日粮中饲喂。

(3) 木薯干。木薯干中无氮浸出物含量高，可达80%，有效能值较高。产奶净能为6.90MJ/kg。粗蛋白质含量很低，以风干物质计，仅为2.5%。另外，木薯缺乏矿物质和维生素。木薯中含有毒物氢氰酸，其含量随品种、气候、土壤、加工条件等不同而异。脱皮、加热、水煮、干燥可除去或减少木薯中氢氰酸。

(4) 胡萝卜。胡萝卜的营养价值很高，大部分营养物质是无氮浸出物，含有蔗糖和果糖，故具甜味。胡萝卜素含量丰富，高于牧草饲料的胡萝卜素含量。胡萝卜中钾、磷和铁等含量也较多。胡萝卜颜色愈深，胡萝卜素、铁含量愈高，红色的胡萝卜比黄色的胡萝卜高，黄色的胡萝卜又比白色的胡萝卜高。胡萝卜按干物质计算产奶净能为7.65～8.02MJ/kg。在青绿饲料缺乏季节，将胡萝卜和干草或秸秆混合在一起饲喂反刍动物，可改善日粮适口性，提高日粮的消化率。乳牛饲料中若添加胡萝卜作为多汁饲料，则有利于提高产奶量和改善乳的品质，所制得的黄油呈红黄色。一般奶牛可日饲喂胡萝卜25～30kg。

(5) 南瓜。南瓜中无氮浸出物含量高，其中淀粉和糖类含量高。南瓜中还含有较多的胡萝卜素和核黄素，适合饲喂各类家畜，尤适宜饲喂繁殖和泌乳家畜。南瓜含水分在90%左右，不宜单喂。喂奶牛时10kg南瓜（带籽）饲用价值与1.5～1.8kg混合干草或3.65kg玉米青贮料相当。

8. 甜菜渣　甜菜渣中主要成分是无氮浸出物，以干物质计，达60%以上，因而其消化能值较高，但粗蛋白质较少，且品质差，必需氨基酸缺乏，特别是缺乏蛋氨酸。钙、镁、铁等矿物元素含量较多，但磷、锌等元素含量很少。甜菜渣中缺乏维生素。干甜菜渣因含较多的粗纤维，所以主要适于作反刍动物的饲料，一般可取代混合精料中半数以上的谷实类饲料。

9. 糖蜜　糖蜜为制糖工业副产品，根据制糖原料不同，可将糖蜜分为甘蔗糖蜜、甜菜糖蜜、玉米葡萄糖蜜、柑橘糖蜜、木糖蜜、高粱糖蜜等。糖蜜中主要成分是糖类，如甘蔗糖蜜含蔗糖24%～36%，甜菜糖蜜中含蔗糖47%左右。糖蜜中含有少量的粗蛋白质，其中多数属非蛋白质氮，如氨、硝酸盐和酰胺等。糖蜜中矿物质含量较多，其中钾含量最高。

糖蜜可为奶牛瘤胃微生物提供了充足的能源，因而提高了微生物的活性。糖蜜在奶牛混合精料中适宜用量为5%～10%。

（三）常量矿物质饲料

1. 补钙饲料 奶牛日粮以植物性饲料为主，往往缺乏钙，需添加含钙的饲料。常用的含钙矿物质饲料有石灰石粉、贝壳粉、蛋壳粉及碳酸钙类等。灰石粉又称石粉，为天然的碳酸钙（$CaCO_3$），一般含纯钙35%以上，是补充钙的最廉价的原料。天然的石灰石中，只要铅、汞、砷、氟的含量不超过安全系数，都可用作饲料。贝壳粉是各种贝类外壳经加工粉碎而成的粉状或粒状产品，多呈灰白色、灰色、灰褐色。主要成分也为碳酸钙，含钙量应不低于33%。蛋壳粉是蛋壳，经干燥灭菌、粉碎后即得到蛋壳粉，含有34%左右钙。

2. 补磷饲料 含磷的矿物质饲料，有磷酸氢钙、磷酸钙类、磷酸钠类、骨粉及磷矿石等、使用这类含磷饲料要注意不同磷源有着不同的利用率外，还要考虑原料中有害物质如氟、铝、砷等是否超标。磷酸氢钙为白色或灰白色的粉末或粒状产品，含磷18%以上，含钙21%以上，饲料级磷酸氢钙应注意脱氟处理，含氟量不得超过0.18%。骨粉是以家畜骨骼为原料加工而成的，由于加工方法的不同，成分含量及名称各不相同，化学式大致为［$3Ca_3(PO_4)_2 \cdot 2Ca(OH)_2$］，是补充家畜钙、磷需要的良好来源。

3. 补钠饲料 补钠饲料主要用食盐、碳酸氢钠等。

（1）氯化钠。氯化钠一般称为食盐。食盐除了具有维持体液渗透压和酸碱平衡的作用外，还可刺激唾液分泌，提高饲料适口性，增强动物食欲，具有调味剂的作用。一般食盐在牛风干日粮中的用量约为1%。

（2）碳酸氢钠。碳酸氢钠又名小苏打。碳酸氢钠含钠27%以上，利用率高，是优质的钠源性矿物质饲料之一。碳酸氢钠除了补充钠以外，还能够调节饲粮电解质平衡，其奶牛日粮中添加碳酸氢钠可以调节瘤胃pH，具有缓冲瘤胃pH的作用，可防止奶牛采食精饲料型日粮引起的酸中毒，对于提高奶牛产奶量和乳脂率有很好的作用。一般日粮中的添加量为0.5%～2%，与氧化镁配合使用效果更佳。

4. 含硫饲料 动物所需的硫一般认为是有机硫，如蛋白质中的含硫氨基酸等，因此蛋白质饲料是动物的主要硫源。但近年来认为无机硫对动物也具有一定的营养意义。同位素试验表明，反刍动物瘤胃中的微生物能有效地利用无机含硫化合物如硫酸钠、硫酸钾、硫酸钙等合成含硫氨基酸和维生素。硫的来源有蛋氨酸、胱氨酸、硫酸钠、硫酸钾、硫酸钙、硫酸镁等。就反刍动物而言，蛋氨酸的硫利用率为100%，硫酸钠中硫的利用率为54%，元素硫的利用率为31%，且硫的补充量不宜超过饲粮干物质的0.05%。

5. 含镁饲料 矿物质补饲常用氧化镁、硫酸镁、碳酸镁等盐类。饲料中含镁丰富，一般都在0.1%以上，因此不必另外添加。但早春牧草中镁的利用率很低，有时会使放牧家畜出现缺镁症状，故对放牧的牛羊以及用玉米作为主要饲料并补加非蛋白氮饲喂的牛，常需要补加镁。

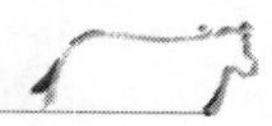

（四）添加剂

1. 微量元素　为动物提供微量元素的矿物质饲料称为微量元素添加剂。在饲料添加剂中应用最多的微量元素是Fe、Cu、Zn、Co、Mn、I与Se，这些微量元素除为动物提供必需的养分外，还能激活或抑制某些维生素、激素和酶，对保证动物的正常生理机能和物质代谢有着极其重要的作用。

补铁原料有葡聚糖铁、硫酸亚铁、氯化亚铁、碳酸铁、柠檬酸铁铵、乳酸亚铁、富马酸亚铁、延胡索酸亚铁、柠檬酸铁铵等。补铜原料有硫酸铜、碳酸铜、氧化铜、氯化铜、氢氧化铜、磷酸铜等。硫酸锌、氧化锌、氯化锌、碳酸锌、乙酸锌等作为补锌的饲料。补充锰的饲料，常用的有硫酸锰、氧化锰、氯化锰、碳酸锰、柠檬酸锰、乙酸锰等。硫酸钴、氯化钴为补钴的饲料，用亚硒酸钠、硒酸钠、亚硒酸钙补充硒，对反刍动物可制成硒的胶丸，可在瘤胃中缓慢稀释放硒供动物利用。常用碘化钾、碘化钠、碘酸钙等补充碘，也可用含碘0.007 6%的碘化食盐补饲。碘化食盐中碘易损失，使用中应注意。

我国当前生产中使用的微量元素添加剂大部分为硫酸盐。硫酸盐的生物利用率较高。

2. 维生素　维生素是最最重要的一类饲料添加剂。奶牛日粮需要添加的维生素主要是维生素A、维生素D_3、维生素E。

维生素A饲料添加剂中多用维生素A醋酸酯和维生素A棕榈酸酯，胡萝卜素主要是指β-胡萝卜素制剂。维生素A的生物活性用IU表示，一个IU的维生素A生物活性相当于0.34μg乙酸酯、0.55μg棕榈酸酯、0.04μg丙酸酯。通常用纯维生素A或其乙酸酯作为测定效价的标准，纯结晶维生素A的生物效价为334×10^4IU/g。

维生素E添加剂有天然提取和人工合成两类，饲料添加剂常用的是以三甲基氢醌与异植物醇为原料，经化学合成制得的DL-α-生育酚形式的产品。生物效价为：1mgDL-α-生育酚醋酸酯相当于1个IU，即1IU，游离DL-α-生育酚1mg相当于1.1IU，DL-α-生育酚醋酸酯1mg相当于1.36IU，游离DL-α-生育酚1mg相当于1.49IU维生素D_3添加剂，是用胆固化醇醋酸酯为原料制成的，外观是米黄色或黄色微粒，维生素D_3的效价为0.025μgD_3＝1IU。

3. 氨基酸　赖氨酸作为饲料添加剂使用的一般为L-赖氨酸的盐酸盐。蛋氨酸与其他氨基酸不同，天然存在的L-蛋氨酸与人工合成的DL-蛋氨酸的生物利用率完全相同，营养价值相等，故DL-蛋氨酸可完全取代L-蛋氨酸使用。

蛋氨酸羟基类似物（MHA），又称液态羟基蛋氨酸，化学名称：DL-2-羟基-4-甲硫基丁酸，MHA作为蛋氨酸的替代品使用，如其效果按质量比计，相当于蛋氨酸的65%～88%。MHA产品还有DL-蛋氨酸羟基类似物钙盐，又称羟基蛋氨酸钙盐。

4. 非蛋白氮添加剂　非蛋白氮（NPN）是指除蛋白质、肽及氨基酸以外的含氮化合物，在饲料中应用的NPN一般为简单化合物，作为反刍动物饲料添加剂使用的化合物有：尿素、硫酸铵、磷酸铵、磷酸脲、缩二脲和异丁叉二脲等。以有效性和经济可行性分析，尿素应用最普遍。

三、粗饲料

粗饲料是指自然状态下水分在45%以下、饲料干物质中粗纤维含量≥18%，能量含量低的一类饲料，主要包括干草类，农副产品类（壳、荚、秸、秧、藤）、树叶、糟渣类等，青贮饲料也作为奶牛的粗饲料使用。这类饲料可维持奶牛瘤胃的正常功能，奶牛的泌乳期不同，日粮中粗饲料占日粮干物质的比例不同，一般产奶量，粗饲料比例降低。通常奶牛饲料中粗饲料占干物质的35%～100%。粗饲料的特点是体积大；纤维含量高，可达25%～45%，可消化营养成分含量较低，有机物消化率在70%以下，质地较粗硬，适口性差。不同类型的粗饲料，粗纤维的组成不一，但大多数是由纤维素、半纤维素、木质素、果胶、多糖醛和硅酸盐等组成，其组成比例又常以植物生长阶段变化而不同能量低、粗蛋白含量变异大。粗饲料由于体积大，因而限制了奶牛的采食量，如果日粮粗饲料含量过高，奶牛的能量摄取会受到限制，从而影响产奶量，但粗饲料含有纤维对刺激奶牛反刍和维持奶牛健康是必需的。粗饲料由于种类不同，蛋白质含量有差异。豆科植物中含量为15%～23%，草类为8%～18%，作物秸秆为3%～4%。高质量的粗饲料可占日粮干物质的2/3，相当于奶牛体重的2.5%～3%，高质量的粗饲料有嫩草、茎叶生长期的牧草等，到了种子形成期其质量达到最低。随着牧草的成熟，其内所含蛋白质、能量、钙、磷以及可消化干物质降低，而纤维成分增加，纤维中木质素相应增高，木质素不能被奶牛消化利用，同时会干扰纤维素和半纤维素的消化利用，从而降低了牧草的利用价值，因此饲喂奶牛的牧草应尽早刈割。随着牧草得成熟，其营养价值降低，奶牛生产潜力会受到影响。通常干乳期或泌乳晚期的奶牛饲喂低质量的牧草，而泌乳早期的奶牛饲喂高质量的牧草。

农作物秸秆包括玉米秸、稻草等，这类饲料可直接饲喂，也可青贮。秸秆类饲料的特点是体积大，粗纤维含量高，粗蛋白质含量低。需要补充蛋白质、矿物质等饲料，可在能量需要低的干乳期奶牛日粮中搭配使用。

（一）青干草与草粉

青干草的营养价值与原料种类、生长阶段、调制方法有关。干草粗蛋白含量变化较大，平均在7%～17%，个别豆科牧草可以高达20%以上。粗纤维含量高，在20%～35%，但其中纤维的消化率较高。此外，干草中矿物元素含量丰富，一些豆科牧草中的钙含量超过1%，禾本科牧草中的钙也比谷类籽实高。每千克干草中维生素D含量16～150mg，胡萝卜素含量为5～40mg。奶牛利用干草可不受限制，为避免浪费，最好切短使用，并注意高质量干草与低质量干草搭配饲喂，将干草制成颗粒饲用，可提高干草利用率。粗蛋白含量低的干草可配合尿素使用有利于补充奶牛粗蛋白摄入不足。

优质的豆科、禾本科或豆科和禾本科混播的牧草草粉，具有蛋白质、维生素、β-胡萝卜素含量高的特点，可在奶牛日粮中应用。

（二）秸秆饲料

秸秆饲料主要有稻草、玉米秸、麦秸、豆秸和谷草等。反刍家畜对玉米秸粗纤维的消化率在65%左右，对无氮浸出物的消化率在60%左右。玉米秸青绿时，胡萝卜素含量较高，3～7mg/kg。麦秸的营养价值因品种、生长期的不同而有所不同。常用作饲料的有小麦秸、大麦秸和燕麦秸。小麦秸粗纤维含量高，并含有硅酸盐和蜡质，适口性差，营养价值低。牛消化能为9.17MJ/kg。稻草是水稻收获后剩下的茎叶，其营养价值很低，牛对其消化率为50%左右，稻草的粗蛋白质含量为3%～5%，粗脂肪为1%左右，粗纤维为35%；粗灰分含量较高，约为17%，但硅酸盐所占比例大；钙、磷含量低，分别为

0.29%和0.07%。

（三）青贮饲料

青贮饲料是指将新鲜的青饲料切短装入密封窖里，经过乳酸菌发酵制成的营养丰富的多汁饲料。青贮饲料能够长期保存青绿多汁饲料的特性。在青贮过程中，氧化分解作用微弱，养分损失少，一般不超过10%。全株玉米青贮料的营养价值比所产的玉米籽粒加干玉米秸秆的营养价值高出30%～50%。调制良好的青贮料，管理得当，可贮藏多年，因此可以保证家畜一年四季都能吃到优良的多汁料。青贮饲料经过乳酸菌发酵，产生大量乳酸和芳香族化合物，具酸香味，柔软多汁，适口性好，各种家畜都喜食。青贮料对提高日粮内其他饲料的消化也有良好的作用。

整株玉米青贮应在蜡熟期，即在干物质含量为25%～35%时收割最好。这个时候的明显标记是，靠近籽粒尖的几层细胞变黑而形成黑层。检查方法是：在果穗中部剥下几粒，然后纵向切开或切下尖部寻找靠近尖部的黑层，如果黑层存在，就可刈割作整株玉米青贮。

收果穗后的玉米秸青贮，宜在玉米果穗成熟、玉米茎叶仅有下部1～2片叶枯黄时，立即收割玉米秸青贮；或玉米成熟时削尖后青贮，但削尖时果穗上部要保留一张叶片。

一般来说，豆科牧草宜在现蕾期至开花初期进行收割，禾本科牧草在孕穗至抽穗期收割，甘薯藤、马铃薯茎叶在收薯前1～2d或霜前收割。原料收割后应立即运至青贮地点切短青贮。

青贮饲料一般占日粮干物质的50%以下。喂量应由少到多，青贮料应与精料、干草搭配饲喂。饲喂顺序为先饲喂青贮料，再饲喂干草和精饲料；或将青贮料拌入精料喂，再喂其他饲料；或将青贮料与其他料拌在一起制作成全价饲料饲喂。由于青贮饲料含有大量有机酸，具有轻泻作用，因此妊娠后期奶牛不宜多喂。

成年牛泌乳牛每100kg体重日喂青贮饲料量5～7kg。

（四）青饲作物

青饲作物是指农田栽培的农作物或饲料作物，在结实前或结实期收割作为青绿饲料用。常见的青饲作物有青刈玉米、青刈大麦、青刈燕麦、大豆苗、豌豆苗、蚕豆苗等。一般青割作物用于直接饲喂，也可以调制成青干草或进行青贮。

第四章 后备母牛培育

犊牛从出生到第一次产犊前称为后备牛。后备牛包括犊牛、育成牛和初孕牛。

后备牛正处于快速的生长发育阶段，它的培育正确与否，对乳牛体型的形成、采食粗饲料的能力，以及到成牛期后的产乳和繁殖性能都有极其重要的影响。

后备牛在整个生长发育时期，随着年龄的增长，其全身组织化学成分不断变化，对营养物质的需求也随之不同。因此，必须根据后备牛各生理阶段营养需要的特点进行正确饲养。

第一节 培育目标

一、体格与体型

结合乳牛品种特点和育种目标，都应制定培育目标，例如美国荷斯坦育成母牛 15 月龄配种时体重应达 360kg，24 月龄产犊；日本要求 14～15 月龄配种体重 360kg，23～24 月龄产犊；我国北京分别为 15～16 月龄，350～400kg 时配种。

总结后备牛培育的经验表明，如初次产犊年龄超过 24 月龄，每延迟 1 个月，生产费用则将增加（美国为 55～65 美元）。此外，研究还表明初次产犊体重与体高和产乳量密切相关。多数研究认为以表 4-1 所列指标较为理想。

表 4-1 荷斯坦母牛各月龄体尺和体重

月龄	体重（kg）	（占成牛%）	胸围（cm）	体高（cm）
初生	41.8	（5～7）	76.2	74.9
1	46.4		81.3	76.2
3	84.6	（20）	96.5	86.4
6	167.7	（30）	124.5	102.9
9	251.4		144.8	113.1
12	318.6	（50）	157.5	119.4
15	376.3	（70）	167.6	124.5
18	440.0	（80）	177.8	129.5
21	474.6		182.4	132.1
24	527			137.0

资料来源：王前. 2003. 养奶牛 10 招［M］. 广州：广东科技出版社。

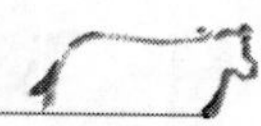

二、培育成本的控制

实践表明，后备母牛的培育在鲜乳生产总成本中所占的比例仅次于饲料饲养，位于第二。

据国外资料，一头后备母牛4 000～4 500美元，我国北京为25 000～26 000元。由此可见，培育后备牛必须控制培育成本，但必须要达到培育目标。

1. 满足犊牛营养需要　根据北京市三元集团在实践中总结的不同月龄犊牛日粮营养需要，见表 4-2。

表 4-2　犊牛各月龄营养需要

月龄	目标体重（kg）	NND	干物质（kg）	CP（g）	Ca（%）	P（%）
出生	35～40	4.0～4.5	—	250～260	8～10	5～6
1	50～55	3.0～3.5	0.5～1.0	250～300	12～14	9～11
2	70～72	4.6～5.0	1.0～1.2	320～350	14～16	10～12
3	85～90	5.0～6.0	2.0～2.8	350～400	16～18	12～14
4	105～110	6.5～7.0	3.0～3.5	500～520	20～22	13～14
5	125～140	7.0～8.0	3.5～4.4	500～540	22～24	13～14
6	155～170	8.0～9.0	3.6～4.5	540～580	22～24	14～16

刚出生的小牛消化系统还没有发育完全，但是，出生后几个月内小牛消化系统会发生急剧的发育变化过程。刚出生时小牛的消化系统功能和单胃动物一样，真胃是小牛唯一发育完全并具有功能的胃。所以，出生后几天内小牛仅能食用初乳和牛奶，小牛就不开始反刍，牛奶主要由真胃产生的酸和酶消化，而瘤胃并没有开始发育。

然而，随着小牛生长，采食固体和纤维性饲料逐渐增加，瘤胃内细菌群系也逐渐建立起来。由于发酵产生的酸刺激瘤胃壁的生长，慢慢地瘤胃发育成能够发酵和消化蛋白质的主要器官。当小牛开始反刍时就意味着瘤胃已具有正常功能。

犊牛出生后前三胃既不发达，机能又不健全，起主要作用的是皱胃（也称真胃、四胃）。真胃占 4 个胃总容积的 70%（瘤胃、网胃、瓣胃，总合占 30%），犊牛只能依赖于初乳和常乳。3 周龄后瘤胃发育加快，6 周时前 3 胃容积占 70%，而皱胃仅占 30%，犊牛到 12 月龄时，瘤胃总容积占 75%，瘤胃发育急剧变化的特点对于犊牛的培育和早期断奶有着特殊重要的意义。

2. 实行犊牛早期断奶　犊牛的早期断奶，是世界上研究的重要课题，也在养牛生产中普遍应用。哺乳太多，虽然日增重和断奶体重可以提高，但对犊牛消化道的生长发育，没有什么好处，并影响牛的体型及产奶性能。目前国内犊牛的哺乳期多数也缩短到 2～3 个月，哺乳量 250～350kg，少数缩短到 42d，哺乳量低到 127kg。

实行早期断奶要观察犊牛的生长发育及体重的变化，如日增重降到 400g 以下，就会影响到犊牛的生长发育。

早期断奶既节约牛奶又降低培育成本，也可省人力和设备，提早补饲料可有效地促进犊牛消化道的发育。早期断奶实施方案见表 4-3。

表 4-3 早期断奶实施方案

日龄	喂奶量（kg）			喂料量（kg）	
	日喂量	日喂次数	总量	日喂量	总量
1～7	4～6	3	28	0	0
8～15	5～6	3	40～48	0.2～0.3	1.42～2.1
16～30	6～5	3	90～75	0.4～0.5	3.2～4.0
31～45	5～4	2	75～60	0.6～0.8	9～12
46～60	4～2	1	60～30	0.9～1.0	13.5～15
合计			293～355		27.1～33.1

3. 充分发挥初乳的作用 犊牛出生时循环系统免疫球蛋白的浓度低到几乎可以忽略。尽早给犊牛提供足够数量（至少达到 100g IgG）的优质初乳对犊牛存活和健康至关重要。初乳中免疫球蛋白的数量变异很大，因此，为了最大可能让犊牛获得足够的 IgG，建议在犊牛出生 1h 内应采食来自经产母牛的初乳至少 3L。荷斯坦犊牛出生后可以一次性饲喂 3.8L 初乳，以保证为其提供足够的 IgG。

除了预防疾病外，尽早吃初乳还可为犊牛提供重要的营养来源。如果不及时饲喂，犊牛体内贮存的能量在数小时内即可消耗殆尽，所以初乳中的碳水化合物、脂肪和蛋白质是初生犊牛的必要能量来源。初乳中多数矿物质和维生素的含量均比常乳高。初生犊牛饮用足够的初乳，随后摄入维生素和矿物元素含量丰富的常乳或代用乳，对于补偿犊牛因母牛怀孕期间这些营养物质缺乏所造成的影响是很重要的。在犊牛以及其他动物方面，已有越来越多的证据表明，初乳还可以提供多种激素和生长因子，刺激消化道和其他器官系统的生长和发育。

补充含有免疫球蛋白的商业产品对提高劣质初乳的营养价值也许是有效的。还有一些产品能够通过注射方式来提高犊牛血清中免疫球蛋白水平。在提供犊牛被动免疫方面，目前还没有任何商业补充料和替代品能够完全替代初乳的作用。任何时候都应注意给犊牛提供优质的初乳，一旦犊牛采食初乳的数量足够，额外的补充料就不会有什么价值了。开发能够为初生犊牛提供足够数量具有生物活性免疫球蛋白产品的重要性，正在与日俱增，它不像犊牛提供初乳或全脂乳这一生物安全计划可以控制，如副结核等的疾病，而开发能为出生犊牛提供足够的具有生物活性的免疫球蛋白的产品对这一安全计划的重要性正在提高。

利用生物安全计划可以控制如副结核等接触性传染病的发生，其中措施之一就是，尽量避免给犊牛饲喂初乳或全脂乳。开发出能够为初生犊牛提供足够数量具有生物活性免疫球蛋白的产品对于实施生物安全计划的重要性，正在被越来越多的人们所认识。虽然初乳的营养功能可以被合理配置的代用乳所代替，但其中缺乏正常初乳中所含有的生长因子和激素对犊牛有何影响尚不清楚。

4. 饲喂代用乳 美国大多数奶牛场都使用代用乳。自上一版 NRC（1989）出版以来，代用乳的配制发生了实质性的变化（NRC，1989）。脱脂奶粉市场价格的提高，加上制备优质乳清蛋白精提物的低温超滤技术的发展，已使脱脂奶粉几乎完全被乳清来源制品

 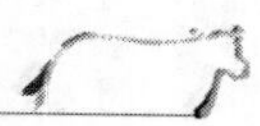

所替代。配方代用乳一般分为全乳蛋白代用乳和含替代蛋白的代用乳。全乳蛋白代用乳含有乳清蛋白精提物、干乳清以及无乳糖乳清粉等蛋白源。现在已经有许多种含有替代蛋白的代用乳，它们的部分乳蛋白被其他低成本的成分所替代（典型值为替代50%）；这些替代物包括大豆蛋白精提物、大豆分离蛋白、动物血浆蛋白或全血蛋白以及改性小麦面筋等。

代用乳中蛋白质的氨基酸组成、加工处理的质量以及犊牛对蛋白质消化的能力等，决定了这些蛋白源为反刍前犊牛的生长提供足够数量及比例适宜的氨基酸的能力。干燥过程的高温会破坏蛋白质，降低其生物学价值。此外，一些蛋白源中的抗营养因子也会降低氨基酸的利用效率。乳清蛋白精提物至少可以和脱脂乳蛋白一样被幼龄犊牛消化和利用。

幼龄犊牛在刚出生时消化蛋白质的系统尚未发育成熟，直到3周龄前仍难以消化大部分非乳蛋白。因此，为了达到犊牛的最佳生长效果，在出生后前3周内，建议使用只含乳蛋白的代用乳。对于年龄稍大的犊牛，可以配制使用含非乳蛋白的代用乳。

配制代用乳通常以牛油、精炼动物油或猪油作为脂肪原料。脂肪的均质化程度是其高消化率的关键。经常通过添加乳化剂（如卵磷脂和单甘油酯）的方式来提高脂肪的混合特性和消化率。一般来说，犊牛对植物油以及含有大量游离脂肪酸的脂肪利用很差。关于代用乳脂肪最佳含量的研究数据还不一致；一些非结论性的证据表明，代用乳中的脂肪含量没有必要超过10%～12%，至少在中温环境下是这样。几种商品代乳品的原料配方见表4-4。

表 4-4　几种商品代乳品的原料配方（单位：%）

配方	卡必搭尔	基普	晶石	登科维帝
脱脂奶粉	78.5	72.5	78.37	75.4
动物性脂肪	20.2	13.0	19.98	10.4
植物性脂肪	—	2.2	0.02	5.5
大豆磷脂	1.0	1.8	1.0	0.3
葡萄糖	—	—	—	2.5
乳糖	—	9	—	—
谷类产品	—	—	0.23	5.4
维生素、矿物质	0.3	1.5	0.4	0.5

第二节　犊牛饲养管理

犊牛是指由出生到6月龄的牛，这个时期犊牛经历了从母体子宫环境到体外自然环境、由靠母乳生存到靠采食植物性为主的饲料生存、由反刍前到反刍的巨大生理环境的转变，各器官系统尚未发育完善，抵抗力低，易患病。犊牛处于器官系统的发育期，可塑性大，良好的培养条件可为其将来的高生产性能打下基础，如果饲养管理不当，可造成生长发育受阻，影响终身的生产性能。

一、犊牛消化特点及瘤胃发育

从出生到断奶采食干饲料，犊牛经历了巨大的生理和代谢转变。在瘤胃功能建立之前，犊牛的消化和代谢与非反刍动物在许多方面类似。这样，由碳水化合物、蛋白质和脂肪组成的具有高消化率的液体饲料，可以更好地满足犊牛的营养需要。出生后2～3周是最关键的时期，这时犊牛的消化系统还未发育完全，但与消化液的分泌和酶的活性有关的发育却很迅速。

除了生产小牛肉的生产目的外，犊牛饲养提倡在早期饲喂干饲料，这有助于刺激瘤胃功能的发育。吸收挥发性脂肪酸（VFA）的瘤胃上皮组织的发育，取决于VFA特别是丁酸的存在。开食料的化学组成和物理形式是非常重要的特性。开食料应该是易发酵碳水化合物含量较高的饲料，但还必须含有足够的可消化纤维，以支持瘤胃发酵的正常进行，而瘤胃发酵又为维持瘤胃组织的适宜生长所必需。在这一阶段，瘤胃及其微生物区系还没有发育成熟，纤维素在瘤胃中的消化程度也很有限。因此，饲喂长干草对于犊牛瘤胃功能的发育不如精料有效，而且还会限制犊牛的代谢能采食量。长干草只有在断奶后才能喂给犊牛。另外，无论是通过制粒、粉碎，还是结构化处理的方式加工，开食料都应具有适当的粒度，这对于预防瘤胃乳头状突起的异常发育和角质化以及预防细碎的开食料颗粒在乳头状突起之间的淤塞是非常重要的。根据消化功能发育的情况，犊牛的营养需要可分为3个阶段：

（1）液体饲料饲喂阶段：犊牛全部或者必需的营养需要均由乳或代用乳提供。这些饲料的质量可由功能性食管沟的作用而得到保护，食管沟能使液体饲料直接进入皱胃，从而避免瘤网胃微生物的降解破坏。

（2）过渡阶段：犊牛的营养需要由液体饲料和开食料二者共同提供。

（3）反刍阶段：犊牛主要通过瘤网胃微生物的发酵作用从固体饲料中获取营养。

二、犊牛饲养管理

1. 初生犊牛的护理　犊牛由母体产出后应立即做好如下工作：即消除犊牛口腔和鼻孔内的黏液、剪断脐带、擦干被毛、饲喂初乳。

（1）清除口腔和鼻孔内的黏液。犊牛自母体产出后应立即清除其口腔及鼻孔内的黏液，以免妨碍犊牛的正常呼吸并防止将黏液吸入气管及肺内。如犊牛产出时已将黏液吸入而造成呼吸困难时，可两人合作，握住两后肢，倒提犊牛，拍打其背部，使黏液排出。如犊牛产出时已无呼吸，但尚有心跳，可在清除其口腔及鼻孔黏液后将犊牛在地面摆成仰卧姿势，头侧转，按每6～8s一次按压与放松犊牛胸部进行人工呼吸，直至犊牛能自主呼吸为止。

（2）断脐。在清除犊牛口腔及鼻孔黏液后，如其脐带尚未自然扯断，应进行人工断脐。方法是在距离犊牛腹部8～10cm处，两手卡紧脐带，往复揉搓2～3min，然后在揉搓处的远端用消毒过的剪刀将脐带剪断，挤出脐带中黏液，并将脐带的残部放入5%的碘酊中浸泡1～2min。

（3）擦干被毛。断脐后，应尽快擦干犊牛身上的被毛，以免犊牛受凉，尤其在环境温度较低时，更应如此。也可让母牛自己舔干犊牛身上的被毛，其优点是刺激犊牛呼吸，加强血液循环，促进母牛子宫收缩，及早排出胎衣，缺点是会造成母牛恋仔，导致挤奶困难。

（4）饲喂初乳。初乳是母牛产犊后0～3d或0～5d所分泌的乳，与常乳相比初乳有许多突出的特点，因此对新生犊牛具有特殊意义，根据规定的时间和喂量正确饲喂初乳，对保证新生犊牛的健康是非常重要的。

初乳的特点：初乳色深黄而黏稠，并有特殊气味。与常乳相比，初乳干物质含量高，尤为蛋白质、胡萝卜素、维生素A和免疫球蛋白含量是常乳的几倍至十几倍，见表4-5。另外，初乳酸度很高，含有镁盐、溶菌酶和K抗原凝集素。

初乳的这些特点，对初生犊牛是非常重要的。

表4-5　第一次初乳与常乳营养成分的比较

成　分	初　乳	常　乳
干物质（%）	22.6	12.4
脂肪（%）	3.6	3.6
蛋白质（%）	14.0	3.5
球蛋白（%）	6.8	0.5
乳糖（%）	3.0	3.5
胡萝卜素（mg/kg）	900～1 620	72～144
维生素A（IU/kg）	5 040～5 760	648～720
维生素D（IU/kg）	32.4～64.8	10.8～21.6
维生素E（μg/kg）	3 600～5 400	504～756
钙（g/kg）	2～8	1～8
磷（g/kg）	4.0	2.0
镁（g/kg）	40	10.0
酸度（°T）	48	17

初乳的喂量及饲喂方法：第一次初乳的喂量应为1.5～2.0kg，不能太多，以免引起消化紊乱，以后可随犊牛食欲的增加而逐渐提高，出生的当天（生后24h内）饲喂3～4次初乳，一般初乳日喂量为犊牛体重的8%。而后每天饲喂3次，连续饲喂4～5d以后，犊牛可以逐渐转喂正常乳。

初乳哺喂的方法可采用装有橡胶奶嘴的奶壶或奶桶饲喂。犊牛惯于抬头伸颈吮吸母牛的乳头，是其生物本能的反映，因此以奶壶哺喂出生犊牛较为适宜。目前，奶牛场限于设备条件多用奶桶喂给初乳。欲使犊牛出生后习惯从桶里吮奶，常需进行调教。最简单的调教方法是将洗净的中、食指蘸些奶，让犊牛吮吸，然后逐渐将手指放入装有牛奶的桶内，使犊牛在吮吸手指的同时吮吸桶内的初乳，经三四次训练以后，犊牛即可习惯桶饮，但瘦弱的犊牛需要较长的时间和耐心的调教。喂奶设备每次使用后应清洗干净，以最大限度地降低细菌的生长以及疾病传播的危险。

挤出的初乳应立即哺喂犊牛，如奶温下降，需经水浴加温至38～39℃再喂，饲喂过凉的初乳是造成犊牛下痢的重要原因。相反，如奶温过高，则易因过度刺激而发生口炎、胃肠炎等或犊牛拒食。初乳切勿明火直接加热，以免温度过高发生凝固。同时，多余的初乳可放入干净的带盖容器内，并保存在低温环境中。在每次哺喂初乳之后1～2h，应给犊牛饮温开水（35～38℃）1次。

（5）特殊情况的处理。犊牛出生后如其母亲死亡或母牛患乳房炎，使犊牛无法吃到其母亲的初乳，可用其他产犊时间基本相同健康母牛的初乳。如果没有产犊时间基本相同的母牛，也可用常乳代替，但必须在每千克常乳中加入维生素 A 2 000IU，60mg 土霉素或金霉素，并在第一次喂奶后灌服 50mL 液体石蜡或蓖麻油，也可混于奶中饲喂，以促使胎便排出。5～7d 后停喂维生素 A，抗生素减半直到 20 日龄左右。

2. 犊牛饲养 犊牛饲养中最主要的问题是哺育方法和断奶。采用什么样的方法对犊牛进行哺育，何时断奶，怎样断奶是犊牛饲养的核心。

(1) 犊牛的哺育方法。犊牛出生后的 4～5d 饲喂初乳，初乳期后饲喂常乳，常乳的哺育一般有两种方法：即犊牛随母牛自然哺乳和人工哺乳。乳用犊牛一般采用人工哺乳方法。人工哺乳既可人为地控制犊牛的哺乳量，又可较精确地记录母牛的产奶量，同时可避免母子之间传染病的相互传播。人工哺乳又可分为全乳充裕哺育法、全乳限量哺育法和脱脂哺乳法等。

(2) 犊牛的哺乳期和哺乳量。传统上犊牛哺乳期为 6 个月，喂奶量为800～1 000kg，随着人们对犊牛消化生理认识的深入，为了降低犊牛的培育成本，使得哺乳期不断缩短，喂奶量不断降低。由于哺乳期的长短和喂奶量的多少与养牛者培育犊牛的技术水平、犊牛的培育条件及饲料条件密切相关，因而目前全世界犊牛培育的哺乳期和喂奶量差别很大，短者 2～4 周，长者 20 周以上；喂量少者 10kg 之多，多者几百千克到1 000kg，很难定出统一的标准。一般的原则为：初乳期为 4～7d，饲喂初乳，日喂量为体重的 8%～10%，日喂 3 次。初乳期过后，转为常乳饲喂，日喂量为犊牛体重的 10%左右，日喂 2 次。目前，大多哺乳期为 2 个月左右，哺乳量约 300kg。比较先进的奶牛场，哺乳期 45～60d，哺乳量为200～250kg，并注意定时、定温、定量。初乳期过后开始训练犊牛采食固体饲料，根据采食情况逐渐降低犊牛喂奶量，当犊牛精饲料的采食量达到 1～1.5kg 即可断奶。

(3) 犊牛的喂奶方法。奶温应在 38～40℃，并定时、定量，喂奶速度一定要慢，每次喂奶时间应在 1min 以上，以避免喂奶过快而造成部分乳汁流入瘤网胃，引起消化不良。

(4) 独笼（栏）圈养。犊牛出生后应及时放入保育栏内，每牛一栏隔离管理，15 日龄出产房后转入犊牛舍犊牛栏中集中管理。犊牛栏应定期洗刷消毒，勤换垫料，保持干燥，空气清新，阳光充足，并注意保温。

目前，国外多采用户外犊牛栏培育犊牛。户外犊牛栏多见于背风向阳、地势高燥、排水良好的地方。户外犊牛栏由轻质板材组装而成，可随意拆装移动。每头犊牛单独一栏，栏与栏之间相隔一定的距离。

(5) 植物性饲料的饲喂。犊牛生后一周即可训练采食干草，生后 10d 左右训练采食精料。训练犊牛采食精饲料时，可用大麦、豆饼等精料磨成细粉，并加入少量鱼粉、骨粉和食盐拌匀。每天 15～25g，用开水冲成糊粥，混入牛奶中饮喂或抹在犊牛口腔处，教其采食，几天后即可将精料拌成干湿状放在奶桶内或饲槽里让犊牛自由舔食。少喂多餐，做到卫生、新鲜，喂量逐渐增加，至一月龄时每天可采食 1kg 左右甚至更多。刚开始训练犊牛吃干草时，可在犊牛栏的草架上添加一些柔软优质的干草让犊牛自由舔食，为了让犊牛尽快习惯采食干草，也可在干草上洒些食盐水。喂量逐渐增加，但在犊牛没能采食 1kg

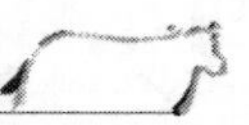

混合精料以前，干草喂量应适当控制，以免影响混合精料的采食。青贮饲料由于酸度大，过早饲喂青贮饲料将影响瘤胃生物区系的正常建立，同时，青贮饲料蛋白含量低，水分含量较高，过早饲喂也会影响犊牛营养的摄入，所以，犊牛一般从4月龄开始训练采食青贮，但在一岁以内青贮料的喂量不能超过日粮干物质的1/3。

在早期训练采食植物性饲料的情况下，6～8周龄的犊牛前胃发育已经到了相当程度，见表4-6，这时即可断奶。为了使犊牛能够适应断奶后的饲养条件，断奶前两周应逐渐增加精、粗饲料的喂量，减少奶量的供应。每天喂奶的次数可由3次改为2次，而后再改为1次。在临断奶时，还可喂给掺水牛奶，先按1∶1喂给掺温水的牛奶，以后逐渐增加掺水量，最后全部用温水来代替牛奶。

表4-6 不同饲料类型对瘤胃发育（瘤网胃容积）的影响

日龄	7	14	21	30	60	90	120
低奶量＋植物性饲料（L）	0.5	2.1	4.0	4.3	8.0	13.0	20.0
全奶（L）	—	0.83	1.25	1.70	4.50	12.50	13.50

(6) 早期断奶。鲜奶用量越多，犊牛培育成本越高，虽在哺乳期犊牛日增重较高，但消化系统得不到锻炼，瘤胃发育晚且慢，对其以后的生产性能并无益处。为了解决上述问题，根据犊牛消化系统发育的规律，发明了早期断奶方法，即人为缩短犊牛的哺乳期，减少犊牛的哺乳量，既降低了犊牛的培育成本，又使犊牛的消化系统尽早得到锻炼，提高了犊牛的培育质量，为以后高生产性能的发挥打下基础，其哺乳时间和哺乳量视牛场犊牛的饲养管理水平和早期断奶犊牛饲料条件而定。

3. 哺乳期犊牛的管理

(1) 编号、称重、记录。犊牛出生后应称出生重，对犊牛进行编号，对其毛色花片、外貌特征（有条件可对犊牛进行拍照）、出生日期、谱系等情况作详细记录，以便于管理和以后在育种工作中使用。

在奶牛生产中，通常按照出生年度序号进行编号，既便于识别，同时又能区分牛只年龄。序号一般于每年元月1日起，从001号（0位数的设置可根据牛群规模而定）开始编，在序号之前，冠以年度号。例如，2003年出生的第一头犊牛，即可编号为03001号。

标记的方法有画花片、剪耳号、打耳标、烙号、剪毛及书写等数种，其中塑料耳标法是用一种不褪色的毛笔将牛号写在塑料耳标上，然后用专用的耳标钳将其固定在牛耳朵的中央，标记清晰，目前国内广泛采用。

(2) 卫生。犊牛的培育是一项比较细致而又十分重要的工作，与犊牛的生长发育、发病和死亡关系极大。对犊牛的环境、牛舍、牛体以及用具卫生等，均有比较严密的管理措施，以确保犊牛的健康成长。

喂奶用具（如奶壶和奶桶）每次用后都要严格进行清洗消毒，程序为冷水冲洗→碱性洗涤剂擦洗→温水漂洗干净→晾干→使用前用85℃以上热水或蒸气消毒。

饲料要少喂勤添，保证饲料新鲜、卫生。每次喂奶完毕，用干净毛巾将犊牛嘴缘的残留乳汁擦干净，并继续在颈枷上挟住约15min后再放开，以防止犊牛之间相互吮吸，造成舐癖。

犊牛舍应保持清洁、干燥、空气流通。舍内二氧化碳、氨气聚集过多，会使犊牛肺小叶黏膜受刺激，引发呼吸道疾病。同时湿冷、冬季贼风、淋雨、营养不良亦是诱发呼吸道疾病的重要因素。

（3）健康观察。平时对犊牛进行仔细观察，可及早发现有异常的犊牛，及时进行适当的处理，提高犊牛育成率。观察的内容包括：a. 观察每头犊牛的被毛和眼神；b. 每天两次观察犊牛的食欲及粪便情况；c. 检查有无体内、外寄生虫；d. 注意是否有咳嗽或气喘；e. 留意犊牛体温变化：正常犊牛的体温为 38.5～39.2℃，当体温高达 40.5℃以上即属异常；f. 检查干草、水、盐以及添加剂的供应情况；g. 检查饲料是否清洁卫生；h. 通过体重测定和体尺测量检查犊牛生长发育情况；i. 发现病犊应及时进行隔离，并要求每天观察 4 次以上。

（4）单栏露天培育。为了提高犊牛成活率，20 世纪 70 年代以来，国外在犊牛出生后常采用单栏露天培育，近年来国内一些先进的奶牛场也采用了这个办法。

在气候温和的地区或季节，犊牛生后 3d 即可饲养在室外犊牛栏内，进行单栏露天培育。室外犊牛栏应保持干燥、卫生，勤换垫草。栏的后板应设一排气孔，冬天关，夏天开；或在后板与顶板之间设升降装置，夏天将顶板后部升起以便通风。犊牛在室外犊牛栏内饲养 60～120d，断奶后即可转入育成牛舍。采用单栏露天培育，犊牛成活率高，增重快，还可促进其到育成期时提早发情。

（5）饮水。牛奶中虽含有较多的水分，但犊牛每天饮奶量有限，从奶中获得的水分不能满足正常代谢的需要。从一周龄开始，可用加有适量牛奶的 35～37℃温开水诱其饮水，10～15 日龄后可直接喂饮常温开水，一个月后由于采食植物性饲料量增加，饮水量越来越多，这时可在运动场内设置饮水池，任其自由饮用，但水温不宜低于 15℃，冬季应喂给 30℃左右的温水。

（6）刷拭。犊牛在舍内饲养，皮肤易被粪便及尘土所黏附而形成皮垢，这样不仅降低了皮毛的保温与散热能力，使皮肤血液循环恶化，而且也易患病。为此，每天应给犊牛刷拭 1～2 次。最好用毛刷刷拭，对皮肤组织部位的粪尘结块，可先用水浸润，待软化后再用铁刷除去。对头部刷拭尽量不要用铁刷乱挠头顶和额部，否则容易从小养成顶撞的坏习惯，顶人恶癖一经养成很难矫正。

（7）运动。犊牛正处在长体格的时期，加强运动对增进体质和健康十分有利。生后 8～10 日龄的犊牛即可在运动场做短时间运动（0.5～1h），以后逐渐延长运动时间，至一月龄后可增至 2～3h。如果犊牛出生在温暖的季节，开始运动的日龄还可再提前，但需根据气温的变化，酌情掌握每日运动时间。

（8）去角。为了便于成年后的管理，减少牛体相互受到伤害。犊牛在 4～10 日龄应去角，这时去角犊牛不宜发生休克，食欲和生长也很少受到影响。

常用的去角方法有：

苛性钠法：先剪去角基周围的被毛，在角基周围涂上一圈凡士林，然后手持苛性钠棒（一端用纸包裹）在角根上轻轻地擦磨，直至皮肤发滑及有微量血丝渗出为止。约 15d 后该处便结痂不再长角。利用苛性钠去角，原料来源容易，易于操作，但在操作时要防止操作者被烧伤。此外，还要防止苛性钠流到犊牛眼睛和面部。

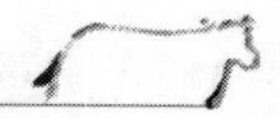

电动去角：电动去角是利用高温破坏角基细胞，达到不再长角的目的。先将电动去角器通电升温至480～540℃，然后用充分加热的去角器处理角基，每个角基根部处理5～10s，适用于3～5周龄的犊牛。

（9）剪除副乳头。乳房上有副乳头对清洁乳房不利，也是发生乳腺炎的原因之一。犊牛在哺乳期内应剪除副乳头，适宜的时间是2～6周龄。剪除方法是将乳房周围部位洗净并消毒，将副乳头轻轻拉向下方，用锐利的剪刀从乳房基部将其剪下，剪除后在伤口上涂以少量消炎药。如果在有蚊蝇季节，可涂以驱蝇剂。剪除副乳头时，切勿剪错。如果乳头过小，一时还辨认不清，可等到母犊年龄较大时再剪除。

（10）预防疾病。犊牛期是发病率较高的时期，尤其是在生后的头几周，主要原因是犊牛抵抗力较差，此期的主要疾病是肺炎和下痢。

肺炎最直接的致病因素是环境温度的骤变，预防的办法是做好保温工作。

犊牛的下痢可分为两种：其一为由于病原性微生物所造成的下痢，预防的办法主要是注意犊牛的哺乳卫生，哺乳用具要严格清洗消毒，犊牛栏也要保持良好的卫生条件；其二为营养性下痢，其预防办法为注意奶的喂量不要过多，温度不要过低，代乳品和品质要合乎要求，饲料的品质要好。

第三节 育成牛饲养管理

育成牛指7月龄至15～16月龄的母牛。犊牛6月龄即由犊牛栏转入育成牛群。

育成牛由于肌肉、骨骼和内部器官都处于最快的生长时期，也是体重体格变化最大时期，在正常的饲养条件下，1岁体重可达初生重的7～8倍，到配种年龄可达成年体重的70%，实践证明这是育成牛较为理想的生长指标。

在育成牛时期，不论采取拴系饲养或散栏饲养，公母牛都要分群管理，并根据牛群大小，应尽量把相近年龄的牛再进行分群，一般把12月龄内分一群，13月龄以上到配种前分成一群。

犊牛由哺乳期到育成期，在生理上是一个很大的变化，所以，这个阶段一定要精心饲养和照顾，以便其尽快适应青粗饲料为主的饲养管理。

在这个时期，由于每个个体采食营养的不平衡，生长发育往往受到一定限制，所有个体之间出现差异，在饲养过程中应及时采取措施加以调整，以便使其同步发育，同期配种，这对现代化的饲养管理极为有利。

一、性成熟期饲养管理

一般是指6～12月龄的育成母牛。此期育成牛处于性成熟期，其性器官和第二性征发育很快，尤其乳腺系统在育成母牛体重为150～300kg时发育速度最快。在正常饲养管理条件下，犊母牛在7～8月龄，公犊牛8～9月龄，进入性成熟期，部分牛出现爬跨等发情症状。故此期公母犊应分开饲养，以免偷配。

此期内育成牛体躯正处于向高度、深度方向急剧生长阶段，前胃已相当发育，容积扩大1倍左右，中国荷斯坦牛12月龄的理想体重为300kg，体高115cm，胸围159cm。

饲养要点：根据这阶段的生长发育特点，为使其达到与月龄相当的理想体重，每天日增重为600g，不宜增量过多，应适当控制能量饲料喂量，以免大量的脂肪沉积于乳房，影响乳腺组织的发育，消除抑制生产潜力发挥的因素。此期内其营养需要为：NND 12～13个，DM 5～7kg，CP 600～650g，Ca 30～32g，P 20～22g，日粮干草2.2～2.5kg，青贮料10～15kg，精料2～2.5kg，日粮除优质干草（如羊草、苜蓿干草等）、玉米青贮外，还可大量饲喂青绿多汁饲料，每天适当补喂一些混合料（一般2～2.8kg）。精料喂量多少应取决于粗饲料的品质，营养浓度和含水量。为减少饲料成本，每天可补充尿素50～60g。管理可参考断乳期。

二、体成熟期饲养管理

体成熟期指12月龄至15～16月龄的育成母牛。这阶段抵抗力强，发病率低，但仍不可忽视其培育，千万不可使生长发育受阻，使体躯狭浅，四肢细高，延迟发情配种，造成不应有的损失。此期内育成母牛生长发育速度逐渐减慢，消化器官经过前期的发育和锻炼，容积进一步增加，消化能力进一步体高。其体躯接近成年母牛，可大量利用低质粗料，锻炼瘤胃消化功能，增大采食量，扩大瘤胃容积，这时日粮中粗饲料可占3/4，精料占1/4。

此期日粮干物质喂量应占育成牛体重3.9%～4%，日粮中干草、青贮玉米、精料配合料蛋白质水平应在13%～14%，如粗饲料品质欠佳，精料蛋白质应含有15%～17%。这阶段矿物质营养特别重要，磷酸氢钙和骨粉是良好的钙磷补充料。日粮中还应充分供给微量元素和维生素A、维生素D、维生素E，以保证配种前的营养需要。

在良好的饲养管理条件下，一般15～16月龄即可配种。目前国内各地，体重达成母牛60%～70%，中国荷斯坦牛体重达到350～400kg，娟姗母牛体重达260～270kg时，进行第一次配种。饲养好、适龄投产，可降低饲养成本，提高经济效益。

饲养要点：这阶段的管理，仍应注意卫生管理，经常刷拭牛体，保持牛体清洁卫生以及加强运动等，以保证其健康，正常生长发育。

日营养量需要：NND 13～15个，DM 6～7kg，CP 640～720g，Ca 35～38g，P 24～25g。

日粮喂量：日粮干草2.5～3kg，青贮料15～20kg，精料3～3.5kg。精料配方（%）：玉米46，麸皮31，豆饼20，骨粉2，食盐1。

第四节　初孕牛饲养管理

初孕牛指怀孕后到产犊前的头胎母牛。

母牛怀孕初期，其营养需要与配种前差异不大。怀孕的最后4个月，营养需要则较前有较大差异，应按乳牛饲养标准进行饲养。每日应以优质粗饲料为主，并增加精料2～3kg，CP维持在13%～15%。

这个阶段的母牛，饲料喂量一般不可过量，否则将会使母牛过分肥胖，从而导致以后的难产或其他病症。因此，为做好分娩准备，初孕牛应保持中等以上体况。

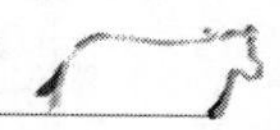

初孕牛必须加强护理，最好根据配种受孕情况，将怀孕天数相近的母牛编入一群。

初孕牛与育成牛一样，更应注意运动，每日运动1～2h，有放牧条件的也可进行放牧，但要比育成牛的放牧时间短。

初孕牛牛舍及运动场，必须保持卫生，供给足够的饮水，最好设置自动饮水装置。

分娩前2个月的初孕牛，应转入成牛牛舍与干乳牛一样进行饲养。这时饲养人员要加强对它的护理与调教，如定期梳刷、定时按摩乳房等，以使其能适应分娩投产后的管理，但这个时期，切忌擦拭乳头，以免擦去乳头周围的蜡状保护物，引起乳头龟裂；或因擦掉“乳头塞”而使病原菌从乳头孔侵入，导致乳房炎和产后乳头坏死。

在分娩前30d，初孕牛可在饲养标准的基础上适当增加饲料喂量，但谷物的喂量不得超过体重的1%，同时，日粮中还应增加维生素、钙、磷及其他微量元素，以保证胎儿的正常发育。

初孕牛在临产前2周，应转入产房饲养，其饲养管理与成年牛围产期相同。

第五节　乳公犊的肉用生产

利用乳用公犊生产牛肉在乳牛业中占有重要的地位，它是牛肉生产的一个重要来源。利用奶牛资源生产优质牛肉，是西方肉牛业发达国家的通行做法。国外通常用奶牛群中一定比例的母牛与专门化的肉用公牛杂交，产生的后代用作牛肉生产。法国采用黑白花、红白花、娟珊、弗里生、捷尔威、婆罗门、瑞士褐等乳用或乳肉兼用品种，与专门化的肉用品种牛杂交，明确规定所产杂交后代中肉牛品种血统所占的百分比，如1/4产肉性状等。法国奶牛中有15%与肉用公牛杂交。英国的牛肉生产对奶牛群的依赖性很大，其肉牛群中的繁殖母牛多由奶用母牛与肉用公牛杂交所生的F_1代小母牛育成。匈牙利的牛主要依靠兼用牛发展牛肉生产，不仅产奶量高，而且产肉量也很突出，小公牛可肥育到600～650kg屠宰。荷兰20%的奶母牛与肉用品种公牛杂交生产肉用犊牛，来保证高档牛肉的生产。在世界乳牛单产最高的国家以色列，其全国生产牛肉1/3来自于乳用犊公牛。我国利用乳用犊公牛生产牛肉尚未形成商品生产，潜力很大，应尽快开发。

一、生产小肉牛的犊牛饲养

生产小牛肉的良好犊牛，应选择在6～8周，体重90kg左右，具有优良肌肉的胴体，并在背部覆盖有一层脂肪。肉的颜色应较浅，这表明它们不是用甘草或谷物饲喂的，故亦称小白牛肉。

在整个饲养期均用全乳、代乳料或人工乳进行饲喂。如用全乳饲喂，最初几周的饲喂量相当于犊牛体重的10%左右。采用这种饲养方式，犊牛增重虽快，但成本太高，在6～8周龄时，平均每生产1kg小牛肉消耗10kg左右的全奶，肉价与奶价相比，太不经济。因此，近年都采用代乳料或人工乳进行饲喂，平均每生产1kg小牛肉约需1.3kg干代乳料或人工乳。在美国密歇根州，采用代乳品培育乳用公犊，获得了良好的效果。这种代乳品种，除乳品外，还有经过乳化的动物脂肪。现举日本常用的犊牛哺乳期全乳、脱脂乳、人工乳培育方式的饲料量列表见表4-7。

表 4-7 哺乳期全乳、人工乳、脱脂乳方式的饲料给量［单位：kg/（d·头）］

饲料＼周龄	1	2	3	4	5	6	7	8	9	10	11	12	13
全乳	4.0												
脱脂乳粉	0.05	0.5	0.5	0.3	0.05								
人工乳	0.04	0.15	0.43	0.83	1.22	前期 0.4 后期 1.4	2.38	2.62	2.65	3.07	3.40	3.65	3.0
干草	—	0.09	0.22	0.28	0.42	0.56	0.76	0.94	0.97	0.94	0.99	0.75	0.74

在犊牛培育期的 90d 内，共计消耗：全乳 28kg，脱脂乳粉 12kg，人工乳 181kg（前期用 22kg，后期用 159kg），平均日增重为 0.92kg。人工乳的配方与乳用犊牛所采用的基本相同，所不同的是哺乳期较长和人工乳中含动物脂肪较多。

二、肉用乳公牛的饲养

在次等级时出售乳用家畜，一般比饲养到高等级时出售有利，这可以通过几种饲养方式来完成，在青贮玉米比较丰富的地区可给阉牛单喂青贮玉米，其屠宰重能达到 320～450kg，平均日增重 0.77～0.91kg。用苜蓿甘草代替部分青贮玉米也能获得相似的结果。

在粗饲料日粮中补饲精料，能获得较高的增重。按体重的 1%饲喂精料，与全粗日粮相比，达到 320～450kg 体重时的饲养期可缩短 30～50d。用这种方法饲养时，平均日给精料 1.0～1.14kg。

据美国试验，与其采取自由采食精料和限量喂给精料的方法，不如从断乳到屠宰前给犊牛提供全精料日粮，这样可使犊牛生长得更快。日粮以大麦、干甜菜渣、其他副产品饲料、尿素和 5%左右的苜蓿草粉为基础，任其自由采食，可使周岁阉牛上市体重达 410～450kg，平均日增重约 1.27kg，每增重 1kg 的饲料消耗为 6.5kg。在谷物价格低于牛肉价格的情况下，这种方法是比较有利的。

利用奶牛资源提供生产优质牛肉的来源，是国外成功的做法。法国、英国、以色列、荷兰、美国、匈牙利等国都大量采用奶牛与肉用牛杂交生产肉用犊牛，以保证高档安全牛肉的供应。借鉴国外通行的做法，将头胎奶牛、低产奶牛、淘汰奶牛用中等体型的专门化肉牛品种配种生产犊牛，再采用先进的饲养、屠宰和加工技术，完全可以生产出优质安全的牛肉。

乳用公犊前期体重增长快，后期比较缓慢，抓住前期生长快的特点，提高其生产效率。公牛过去要去势后育肥。近几十年国内外育肥公牛一般不去势，这样长得快，肉质好，瘦肉率高，饲料报酬也较高。但 2 周岁以上的公牛应去势，否则不易管理，肉有腥味，胴体品质也较差。

第五章　成年母牛饲养管理

第一节　成年母牛阶段饲养管理

一、奶牛分群管理技术

所谓分群管理，就是成母牛按泌乳阶段分别集中管理，后备牛按月龄分别集中管理。不同年龄的后备母牛及不同泌乳阶段的成年母牛在日粮、营养需要和饲养管理方法上都是不一样的。所以，大型奶牛养殖场和奶牛养殖大户要想提高饲养效益，不论是后备母牛还是成年母牛，都必须分群饲养管理。

1. 后备母牛分群　后备母牛按生理发育阶段，一般可分为六群。

哺乳期犊牛（0～3月龄）：此阶段是后备母牛中发病率、死亡率最高的时期。

断奶期犊牛（3～6月龄）：此阶段是生长发育最快的时期。

小育成牛（6～12月龄）：此阶段是母牛性成熟时期，母牛的初情期发生在10～12月龄。

大育成牛（12～16月龄）：此阶段是母牛体成熟时期，16～17月龄是母牛的初配期。

妊娠前期青年母牛（16～22月龄）：此阶段是母牛初妊期，也是乳腺发育的重要时期。

妊娠后期青年母牛（22～24月龄）：此阶段是母牛初产和泌乳的准备时期，是由后备母牛向成年母牛的过渡时期。

2. 成年母牛分群　成年母牛按其泌乳阶段，一般可分为五群。

干乳期（60d）：自停奶日期至分娩日期之前，此期对奶牛产后及乳房健康至关重要。

围产期（30d）：分娩前和产后各15d，此期对奶牛的健康及以后的产奶量是关键饲养期，包括围产前期（15d）和围产后期（15d）。

泌乳盛期（85d）：分娩后16～100d（产后4个月内），产奶量占全泌乳期产奶量的45%～50%。

泌乳中期（100d）：分娩后101～200d（产后5～7个月），产奶量占全泌乳期产奶量的30%左右。

泌乳后期（105d）：分娩后201d至停奶前一天（产后8～10个月），产奶量占全泌乳期产奶量的20%～25%。

采用TMR饲喂方式的母牛分群：

采用TMR饲喂方式的奶牛场要定期对个体牛的产奶量、乳成分、体况以及牛奶的质量进行检测，这是科学饲养奶牛的基础。根据泌乳阶段、产奶量以及体况对奶牛进行合理分群。

首先将泌乳牛和干乳牛分开，然后再根据泌乳牛的生产性能等具体情况将泌乳牛分成高产群、中产群、低产群及后备奶牛。较小规模的奶牛养殖场奶牛存栏少，不必把牛群分得过细，可将泌乳牛和干乳牛分成两个群体。饲喂泌乳牛 TMR，每头奶牛营养的摄入量是大致均等的，但低产牛和高产牛的产奶量是有差别的，所以必须给高产奶牛补饲，以保持高产奶牛营养均衡。

根据奶牛场现有的生产条件和牛群状况，选择合适的分群管理方法对奶牛场的发展有着重要的作用。

二、成年母牛的饲养管理

成年母牛是指初次产犊后或 30 月龄以上尚未产犊的母牛，从第一次产犊开始，成年母牛周而复始地重复着产奶、干奶、配种、妊娠、产犊的生产周期。成年母牛的饲养管理直接关系到母牛产奶性能的高低和繁殖性能的好坏，进而影响奶牛生产的经济效益。

1. 有关成年母牛饲养管理的几个基本概念 成年母牛的饲养管理是奶牛生产的核心，为了便于理解成年母牛的饲养管理，首先应掌握一些有关成年母牛的生理特点和饲养管理基本概念。

（1）成年母牛生理及生产特点。奶牛是一种高生产能力的反刍家畜。一头体重 600kg，年产奶6 000kg 的奶牛，若将产奶量换算成干物质（乳中干物质占 11%～12%），产奶一项所能提供的畜产品就超过它自身的体重；每产 1kg 奶，就需有 500kg 血液从心脏到乳房然后再回归心脏，同时也有大量的营养物质用于产奶，这构成了母牛独特的生理特点。

母牛分娩后在甲状腺素、促乳素和生长激素的作用下开始泌乳，直到干奶期（约 305d）。在产奶中或每日或每月的产奶量变化有一定的规律。

产后产奶量逐渐增加，在 6～8 周时达到泌乳高峰，维持一定时间后开始下降。到产后 200d 左右，由于受妊娠的影响，产奶量进一步下降，直到干奶或停止泌乳。

（2）奶牛的产奶变化情况。并非每头泌乳牛均为平滑曲线，泌乳牛在泌乳期内，受到很多因素的影响，其产奶量的变化会呈曲线形。

（3）奶产量。从泌乳曲线中可以看出最高日（或月）产奶量，另外曲线下部，横纵坐标间的面积就是泌乳期的总产奶量。决定泌乳曲线形态的主要因素有两个，即最高日产奶量和泌乳持续性。

（4）奶牛产后泌乳期内食欲的恢复。在妊娠后期，胎儿增重迅速，胎儿在子宫内压迫肠胃，造成产后食欲不振。一般奶牛在产后 10～12 周才能达到干物质采食量的高峰，持续一段时间后，随妊娠进程又逐渐下降。这样干物质采食量的高峰期晚于产奶量高峰期 1 个月左右，奶牛会在泌乳初期出现营养负平衡，使体重下降，影响奶牛体况和配种。尤其是高产奶牛，这种矛盾越大，受到的影响更大。

（5）养好成年母牛的关键是要熟悉其生产周期中每个生理阶段的生产特点及主要任务。

干奶期：能量正平衡，不产奶，体重增加。任务是干奶保胎、防止过肥，为下一个

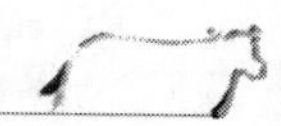

泌乳期作准备。

围产期：能量由正平衡迅速变为负平衡，由不产奶到产奶，由妊娠到空怀，生理机能被打乱。任务是保证奶牛母子平安，减少疾病。

泌乳盛期：能量负平衡，产奶达高峰，体重下降到低谷；任务是减少疾病，保证健康，夺取高产，抓好配种。

泌乳中期：能量平衡，日粮干物质摄入达高峰，奶量下降，体重渐恢复，任务是抓奶保胎。

泌乳后期：能量正平衡，奶量下降，体重增加。任务是恢复体质，促进胎儿发育。

（6）泌乳周期。母牛第一次产犊后便进入了成年母牛的行列，开始了正常的周而复始生产周期。因为乳用母牛的主要生产性能是泌乳，所以它的生产周期是围绕着泌乳进行的，因而称泌乳周期。母牛的泌乳是一个繁殖性状，与配种、妊娠、产犊密切相关，并互相重叠。一个完整的泌乳周期包括以下几个过程：

泌乳—干奶—泌乳：母牛产犊后即开始泌乳，为了满足母牛在妊娠后期快速生长胎儿的营养需要，让母牛在产犊前2个月停止产奶（成为干奶），产犊后又重新泌乳，即在一年内母牛产奶305d，干奶60d。

配种—妊娠—产犊：母牛一般在产犊后60～90d内配种受胎，妊娠期280d，从这次产犊到下次产犊间隔一年左右。

为了奶牛饲养管理上的方便，规定母牛从这次干奶到下次干奶这段时间称为一个泌乳周期，时间为一年左右。其间伴随着配种、妊娠和产犊。

（7）泌乳阶段的划分。奶牛的一个泌乳周期包括两个主要部分，即泌乳期（约305d）和干奶期（约60d）。在泌乳期中，奶牛的产奶量并不是固定的，而是呈一定的规律性变化，采食量和体重也是呈一定的规律性变化，为了能根据这些变化规律进行科学的饲养管理，将泌乳期划分为3个不同的时期，即泌乳早期，从产犊开始到第100天（0～15d为围产后期，16～100d为泌乳盛期）；泌乳中期，从产后第101天到第200天；泌乳后期，从产后第201天到干奶。

（8）泌乳曲线。奶牛在从产犊到干奶的整个泌乳过程中，产奶量呈一定规律性的变化。以时间轴为横坐标，以产奶量为纵坐标，所得到的泌乳期奶牛产奶量随时间变化的曲线即为泌乳曲线，是反映奶牛泌乳情况既直接又方便的形式。

（9）母牛在整个泌乳周期中的产奶量、采食量和体重呈以下规律线性变化。

①母牛产犊后产奶量迅速上升，至6～10周达到最高峰，以后逐渐下降，第3～6泌乳月下降2%～5%，以后直至干奶每月下降7%～8%。

②母牛产犊后采食量逐渐上升，产后6个月达到最高峰，以后逐渐下降，干奶期下降速度加快，临产前达到最低点。

③由于母牛产犊后产奶量迅速上升，但采食量的上升速度没有产奶量上升得快，食入的营养物质少于奶中排出的营养物质，造成体重的下降。泌乳高峰过后，母牛产奶量开始下降，而采食量仍在上升，在产后3个月时采食的营养物质与奶牛排出的营养物质基本平衡，体重下降停止。以后随着泌乳量的继续下降和采食的继续上升，采食的营养物质超过奶中排出的营养物质，体重开始上升，在产后6～7个月体重恢复到产犊后的水平。以后

母牛采食量虽然开始下降，但泌乳量下降较快，到第10泌乳月后干奶，因而体总仍继续上升，到产犊前达到体重的最高点。

2. 成年母牛一般饲养管理原则 正确的饲养管理是维护奶牛健康，发挥泌乳潜力，保持正常繁殖机能的最基本工作。虽然在不同阶段有不同的饲养管理重点，但有许多基本的饲养管理技术在整个饲养期都应该遵守执行。合理的饲养技术可以为奶牛提供营养均衡的养分，维持良好的体况，提高泌乳量，改善饲料报酬，降低饲养成本，增加经济效益。

（1）分群饲养管理。就是将成年母牛按泌乳阶段分别集中管理，成年奶牛处在不同生理阶段，其消化代谢、营养需求都有所不同。所以，为了饲养管理的需要，成年母牛的一个生产周期（一个胎次）又分为5个时期，分别是围产期、泌乳盛期、泌乳中期、泌乳后期、干奶期。奶牛场各阶段的奶牛应分群（槽）管理，合理安排挤奶、饲喂、饮水、清扫、休息等工作日程，作息时间不应轻易变动。严格执行兽医卫生制度，定期防疫，定期清扫消毒，夏天要防暑降温，冬天要防寒保暖。

（2）合理确定日粮。

①根据瘤胃的生理特点，以干物质计算精粗饲料的比例保持在45∶55［范围（40∶60）～（60∶40）］的合理精粗比例，切忌大量使用精饲料催奶。

②选择合适的饲料原料，奶牛喜食青绿、多汁饲料和精饲料，其次为青干草和低水分青贮饲料，对低质秸秆等饲料的采食性差。青绿、多汁饲料由于体积较大，其喂量应有一定的限度。在以秸秆为主要粗饲料的日粮中，应将秸秆用揉搓机搓成丝状，并与精饲料或切碎的青绿、多汁饲料混合饲喂。

③保持饲料的新鲜和洁净。奶牛习性喜欢新饲料，对受到唾液污染的饲料经常拒绝采食。饲喂日粮时，应尽量采用少喂勤添的饲喂方法，以使奶牛保持良好的采食量。在饲料原料的收割、加工过程中，避免将铁丝、玻璃、石块、塑料等异物混入。

饲喂要定时、定量。定时饲喂会使奶牛消化腺体的分泌形成固定规律，有利于提高饲料的利用率，生产中应尽量使饲喂间隔时间相近。

（3）合理的饲喂顺序。对于没有采用全混合日粮饲喂的奶牛场，应确定合理的精粗饲料饲喂次序。从营养生理的角度考虑，较理想的饲喂次序是：粗饲料→精饲料→块根类多汁饲料→粗饲料。在大量使用青贮饲料的牛场，多采用先饲喂青贮，然后饲喂精饲料，最后饲喂优质牧草的方法。奶牛的饲喂次序一旦确定后要尽量保持不变，否则会打乱奶牛采食饲料的正确生理反应。

（4）保证充足、清洁、优质的饮水。加强运动，对于拴系饲养的奶牛，每天要进行3h以上的户外运动；对于散养的奶牛，每天在运动场自由活动的时间不应少于8h。避免剧烈运动，特别是对于妊娠后期的母牛。

（5）肢体护理。四肢应经常护理，以防肢体疾病的发生。牛床、运动场以及其他活动场所应保持干燥、清洁，尤其奶牛的通道及运动场上不能有尖锐铁器和碎石等异物，以免伤蹄。并定期蹄浴，每年修蹄2次。肢蹄尽可能干刷，以保持清洁干燥，减少蹄病的发生。

（6）乳房护理。要保持乳房的清洁，经常按摩乳房，以促进乳腺细胞的发育。每次挤奶后要立即药浴乳头，利用干乳期预防和治疗乳房炎，并定时进行隐性乳房炎检测。

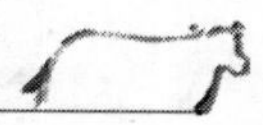

刷拭牛体，奶牛每天应刷拭 2～3 次，保持皮肤清洁。

（7）做好观察和记录。饲养员每天要认真观察每头牛的精神、采食、粪便和发情状况，以便及时发现异常情况，并要做好详细记录。对可能患病的牛，要及时请兽医诊治；对于发情的牛，要及时请配种人员适时输精。对体弱、妊娠的牛，要给予特殊照顾，注意观察可能出现流产、早产等征兆，以便及时采取保胎等措施。发现采食或泌乳异常，要及时找出原因，并采取相关措施纠正。

第二节　全混合日粮（TMR）饲养技术

一、奶牛饲喂技术

任何饲养方法最终目的是希望奶牛在恰当阶段能够采食适量的平衡营养来取得最高产量、最佳繁殖率和最大利润。

1. 饲喂次数　国内外差别较大，国内做法是，一般奶牛场多采用日喂 3 次，中低产牛群（6 000kg 以下）也有饲喂 2～3 次的情况，高产牛群（7 000kg 以上）可饲喂 3～4 次（特别是每日精料要均匀多次饲喂）。国外较普遍采用 2 次饲喂或采用电子自动给料想让奶牛自由采食。

2. 饲喂方式　同样的饲料，不同的饲喂方法，会产生不同的饲喂效果，具体的饲喂技术有传统饲喂方法和全混合日粮（TMR）技术。

传统的饲喂方法：

饲喂有序。在饲喂顺序上，应根据精粗饲料的品质、适口性，安排饲喂顺序，当奶牛建立起饲喂顺序的条件反射后，不得随意改动，否则会打乱奶牛采食饲料的正常生理反应，影响采食量。一般的饲喂顺序为：先粗后精、先干后湿、先喂后饮。如干草→副料→青贮料→块根、块茎类→精料混合料。但喂牛最好的方法是精粗料混合，采用完全混合日粮。

在饲喂上是把精料和粗料、副料分开单独饲喂，或精料和粗料进行简单的人工混合后饲喂。饲喂顺序有：①以精料→多汁料→粗料的顺序先后投料；②先喂粗料，再喂精料、多汁料，使奶牛能大量采食青粗饲料；③粗料→精料、多汁料→粗料的顺序。即先喂一部分粗料（干草）接着为精料、多汁料，喂完挤奶，挤完奶后在为粗料（青贮）。

二、奶牛全混合日粮饲养技术

全混合日粮（total mixed ration，TMR）饲养技术在配套技术措施和性能优良的混合机械基础上能够保证奶牛每采食一口日粮都是精粗比例稳定、营养浓度一致的全价日粮。TMR 是以散放牛舍饲养方式为基础研究开发的新技术，近年来在美国、加拿大、日本、中国部分奶牛场等迅速推广应用。所谓 TMR 就是更具牛群营养需要的粗蛋白质、能量、粗纤维、矿物质和维生素等，把揉切短的粗料、精料和各种预混料添加进行充分混合，将水分调整为 45%左右而得的营养较平衡的日粮。

1. 使用 TMR 饲养技术的必要性　传统的饲喂方式多为精粗料分开饲喂，使奶牛所采食饲料的精粗比不易调控，奶牛个体间的嗜好性差异很大，易造成奶牛的干物质摄取量偏少或偏多，尤其是要保证高产奶牛群对精料和粗料足量采食难度大；传统饲喂方式一般不按生产性能和生理阶段分群饲养，难以运用营养学的最新知识来配置日粮：传统饲喂方式难以适应机械化、规模化、集约化经营的发展。而TMR技术由于将全混合日粮各组分比例适当，且均匀地混合在一起，奶牛每次摄入的全混合日粮干物质中含有营养均衡且精、粗料比适宜的养分，瘤胃内可利用碳水化合物与蛋白质的分解利用更趋于同步；同时又可防止奶牛在短时间内因过量采食精料而引起瘤胃内pH的突然下降；能维持瘤胃微生物的数量、活力及瘤胃内环境的相对稳定，使发酵、消化、吸收和代谢正常进行，因而有利于饲料利用率及乳脂率的改善；减少消化疾病如皱胃移位、酮血症、乳热、酸中毒、食欲不良及营养应激等发生的可能性。因此，在奶牛生产中采用TMR饲养技术很有必要。

2. TMR饲养技术 对于散栏饲养的奶牛现多采用全混合日粮（TMR）自由采食，该日粮适口性较好，营养全面，牛能采食到较多的干物质，对增产有利，而且便于实施机械化，这种饲喂要求把牛按生理阶段和泌乳周期分群。目前这种成熟的奶牛饲喂技术在我国新建牛场中广泛应用，部分拴系式牛场、养殖小区也应用固定式的TMR即场站式TMR技术，采用全混合日粮（TMR）饲养是唯一对大小牛群均适用的饲养方式。

3. TMR饲养技术的优点

（1）增加奶牛对饲料干物质的采食量。TMR可以增加奶牛干物质的采食量，缓解奶牛在泌乳初期高产奶量的能量需要与进食之间的营养负平衡问题。

TMR技术是将粗饲料切短后再与精饲料混合，改善了饲料的适口性，以避免奶牛挑食和营养失衡现象的发生。而且物料在物理空间上产生了互补作用，可以使不同饲料同时搭配，尤其是青贮饲料与精饲料搭配后具有良好的适口性，可以增加奶牛干物质的采食量。

TMR混合均匀度高，能够有效保证饲料的营养均衡，减少微量元素、维生素缺乏或中毒现象的发生。可根据粗饲料的品质、价格，灵活调整、有效利用非粗料的中性洗涤纤维（NDF）。均衡的营养供应使瘤胃微生物繁殖非常迅速，微生物生长及微生物蛋白的合成快速提高，有利于糖类的合成，提高蛋白的利用率。

TMR饲喂方式与传统饲喂方式相比，不但可以增加奶牛干物质的采食量，而且可以使饲料利用率增加4%。TMR饲喂方式与传统饲喂方式相比，奶牛的采食量更为稳定，均衡的营养供应使瘤胃微生物繁殖非常迅速，微生物生长及微生物蛋白的合成快速提高，有利于糖类的合成，提高蛋白的利用率。

（2）简化饲养程序，提高劳动生产效率。无论先粗后精或先精后粗的传统饲喂方式，都不可能一次性地将各种饲料同时添加给奶牛，而且饲喂过程需要多个饲养工序和多个饲养员。相比之下，TMR饲养技术可以通过搅拌车将各种饲料原料按照科学的添加顺序，实现铡切、混合和饲喂一次性进行，一个饲养员就可以实现一次性饲喂，简化了饲养程序，节省了饲喂时间，实现了饲喂的机械化和自动化。

TMR饲喂方式可以与规模化、专业化散栏饲养方式的奶牛生产相适应。TMR饲料保证了奶牛采食的每日饲料都营养均衡，减少了传统饲养方式的随意性，使饲养管理更精确。TMR饲喂方式可以充分利用当地原料资源，降低饲料成本。由于饲料投喂精确度的提高，大大减少了饲料的浪费。

（3）分群管理便于控制日粮营养水平，改善奶牛生产性能。可根据不同的奶牛群或不同的泌乳阶段对营养和生理的需要，随时调整 TMR 配方，使其满足奶牛饲喂高能量浓度的全混合日粮，可以在保证不降低乳脂率的前提下，维持奶牛的健康，有利于提高奶牛受胎率及繁殖率。据报道，使用 TMR 饲喂奶牛，其泌乳曲线稳定，产后泌乳高峰期持续时间较长并且下降缓慢，产奶量可提高 7%～10%，乳脂率可提高 0.1～0.2 个百分点，即使年产奶量达到9 000kg 的奶牛，产奶量仍可提高 6%～10%。TMR 日粮可最大限度地提高奶牛干物质的采食量，提高饲料的转化率。可根据不同的奶牛群或不同的泌乳阶段的营养和生理需要，随时调整 TMR 配方，使奶牛达到标准体况，充分发挥奶牛泌乳的遗传潜力和繁殖力。

（4）增强瘤胃机能，维持瘤胃 pH 的稳定，降低奶牛发病率。粗饲料、精饲料和其他饲料被均匀的混合后，被奶牛统一采食，减少瘤胃 pH 的波动，从而保持了瘤胃 pH 的稳定。

传统饲喂方式下瘤胃 pH 在 5.8～6.6 波动，通常情况下瘤胃 pH 小于 5.8 就意味着存在亚临床酸中毒，而且酸度过高限制了纤维分解菌的活性，瘤胃微生物对营养物质的利用率降低；而 TMR 饲喂方式的瘤胃 pH 波动范围在 6.1～6.3，这个酸度范围是瘤胃微生物有一个良好的生存环境，不但促进了微生物的生长和繁殖，同时也提高了微生物的活性和蛋白质的合成率。饲料中营养物质转化率的提高，奶牛采食次数的增加，能够有效预防营养代谢紊乱，减少皱胃移位、酮血症、产褥热、瘤胃酸中毒等营养代谢病的发生。

（5）使用 TMR 可以使农副产品饲料得到有效的利用。虽然农副产品饲料直接采购成本较低，但是体积较大。由于运输和储存等原因，商品饲料厂往往会减少使用这些饲料原料。但 TMR 饲养技术可以将这些产品添加到 TMR 中去，从而使大量的农副产品得到重新利用。与此同时，还可以通过多种饲料的配合来掩盖那些适口性较差的原料，如饲用尿素、石粉、碳酸氢钠、油脂等。但在使用前需要对所有农副产品饲料进行质量控制和营养成分的分析。

（6）降低饲养成本。TMR 饲喂技术的应用可使得那些廉价的不宜搅拌和混合的原料得以充分的利用。同时由于饲料投喂精确度的提高使得饲料浪费量大大降低。据报道，饲喂 TMR 日粮可降低饲喂成本 5%～7%。实现分群管理便于机械饲喂，提高生产效率，降低奶牛场管理成本。奶牛场的规模化、专业化的生产方式，可提高奶牛的饲养科技含量。使用 TMR 饲喂方式可以大大减少奶牛场员工数量，使奶牛防疫的外部影响因素降到最低，降低奶牛得病的概率和防疫难度。有报道表明，使用 TMR 饲喂技术可使奶牛发病率降低 20%。综上所述，可以看到应用 TMR 饲喂技术能够使奶牛养殖场从传统的养殖方式顺利地过渡到现代化的饲养方式，并且能使奶牛获得更高的产量、最佳的繁殖率和较大的经济效益。

4. TMR 饲养技术推广的限制之处

（1）资金要求。通常 TMR 设备及其配套设施比较昂贵，采用 TMR 饲养技术需要一次性投入大量资金，对于规模较小的牛场，由于缺少资金实力，可能就限制了 TMR 饲养技术的推广。

（2）场房要求。TMR 搅拌车的使用对场房和配套设施有要求，需要将青贮窖、木草棚和精料加工车间放在一个区域，便于 TMR 搅拌车的取料操作，降低一次性混合的时间，减少油耗；而且目前国内牛场中的青贮窖、草棚和精料加工车间往往不在一起，增加了取料距离。另外，国内许多牛舍都是采用对尾式设计，牛舍两侧的饲料道过窄，TMR 搅拌车无法进入牛舍。因此，解决办法可以通过改造牛舍或采用固定式 TMR 搅拌站，利用人工方法将搅拌好的 TMR 饲料运进牛舍。

（3）人员要求。奶牛必须进行分群饲喂，各个阶段奶牛配方及饲养管理不同，对饲养员及技术员的要求较高，同时 TMR 搅拌车等机械的使用、维修保养也需要专业人员负责。

5. 不同牛的 TMR 日粮调配建议

（1）成年母牛的 TMR 日粮调配。考虑成年母牛规模和日粮制作的可行性，中低产牛也可以合并为一群。

（2）初产奶牛的 TMR 日粮调配。头胎牛 TMR 推荐投放量按成母牛采食量的 85%～95%投放。具体情况根据各场头胎牛群的实际进食情况做出适当调整。

（3）犊牛的 TMR 日粮调配。哺乳期犊牛开食料所指为精料，应该要求营养丰富全面、适口性好、给予少量 TMR，让其自由采食，引导采食粗饲料。断奶后到 6 月龄以前主要供给高产牛 TMR。

6. TMR 使用效果的评估

（1）根据奶牛采食情况进行评估。合理的 TMR 可刺激奶牛的食欲，从而保证奶牛每天的干物质采食量。所以，可用过奶牛采食时的积极程度、实际的采食量测定以及饲槽中剩料的情况来对 TMR 的使用效果进行综合评估。

从表 5-1 可以看出，通过一个星期的饲喂记录，可以看出奶牛采食量稳定，每天奶牛实际饲喂量变动范围在 38.00～38.90kg，每天剩料量在 3%～5%。实际配置的 TMR 和每群奶牛每天实际采食量的 TMR 变异很小，如果剩料量过大就需要分析剩料的原因。

表 5-1 泌乳牛群采食量记录表

日期	棚号	饲养员	实际混合日粮总量（kg）	饲喂量（kg）	剩料量（kg）	牛头数（只）	每头牛日采食鲜重（kg）	剩料原因
2010.2.1	2	董银喜	4 000	3 880	120	100	38.8	
2010.2.2	2	董银喜	4 020	3 890	130	100	38.9	
2010.2.3	2	董银喜	4 050	3 890	160	100	38.9	
2010.2.4	2	董银喜	3 960	3 840	120	99	38.8	
2010.2.5	2	董银喜	3 955	3 830	125	99	38.7	
2010.2.6	2	董银喜	3 940	3 800	140	99	38.4	
2010.2.7	2	董银喜	3 945	3 760	185	99	38.0	

资料来源：北京绿荷奶牛中心西郊奶牛场。

（2）根据奶牛生产性能进行评价。奶牛的生产性能包括产奶量、乳脂率和乳蛋白率等指标，TMR 配置的根据之一就是奶牛的生产性能，所以在奶牛采食了配置好的 TMR 以后，提高生产性能测定（DHI）结果，就能检测 TMR 的使用效果。

①产奶产量。如果饲喂 TMR 后产奶量下降，能说明两个问题。一是说明奶牛对饲喂

TMR不适应瘤胃微生物区系需要一段时间适应变化的日粮，一旦奶牛适应后，才能很快恢复。如果产奶量没有达到预计的目标，要对TMR的生产过程、TMR干物质含量进行检查，采食量不足，可能是因为TMR水分含量过大，影响干物质采食量，或者是粗饲料铡切不合适，奶牛挑食。二是说明日粮的能量浓度或蛋白水平过低，或者能蛋比不平衡。

②乳成分。如果用配置好的TMR饲喂奶牛，实际产奶量与理论预计的产奶量一致，但乳脂率偏低，则可能是由于精粗比例不当，粗纤维尤其是NDF含量水平偏低，或者是粗饲料粉碎得太细。如果乳蛋白率偏低，则可能是日粮中可发酵碳水化合物含量偏低，导致瘤胃微生物蛋白合成不足，也可能是日粮中蛋白品质差、氨基酸不平衡，导致小肠可消化氨基酸品质差和总量偏少。

（3）牛奶尿素氮含量以及尿液pH。血浆尿素氮（Plasma Urea Nitrogen，PUN）或血清尿素氮（Serum UreaNitrogen，SUN）是氮代谢的最终产物，它可以在整个液体环境中（包括血液、乳和尿液）自由扩散，并迅速达到一种动态平衡，可及时反应体内氮代谢情况，进而反映日粮氮水平和能氮平衡。因此，人们常用PUN或SUN来监控奶牛氮的需要量和摄入量之间的平衡关系。

牛奶和血液属于等渗溶液，血浆中尿素等小分子物质可以经自由扩散通过乳腺上皮细胞，使得牛奶尿素氮（Milk Urea Nitrogen，MUN）与PUN之间有强线性相关关系，氮水平、能氮平衡以及奶牛氮利用率。

泌乳早期牛测定MUN对决定产奶高峰期的营养计划至关重要。产奶50～100d的牛群测定MUN的意义在于能为我们提供受胎率是否会受到影响的数据。产奶101～200d的牛群测定MUN的意义能否为我们提供日粮蛋白质摄入水平、瘤胃降解率以及瘤胃能氮平衡状况的数据。200d以上产奶的牛群，MUN能为我们提供日粮蛋白质是否过量或不足的数据。

正常情况下牛奶中尿素氮含量在140～180mg/L，尿液pH在6.5左右，可以根据此检查日粮饲料的合理性。如果牛奶中尿素氮含量过高，超过了180mg/L，则有可能是以下几种原因造成的：①日粮中蛋白质含量过高；②瘤胃蛋白降解率大；③精料添加非蛋白氮过多；④瘤胃快速降解能力不足。如果尿液pH过低，则可能是日粮中精料比例过大，瘤胃发生酸中毒等。

（4）根据奶牛反刍情况进行评价。通常情况下，奶牛采食0.5～1.0h以后便开始反刍，每天反刍6～8次，每次持续40～50min，因此奶牛每天大约有7h在进行反刍活动。奶牛在反刍活动中，每千克干物质可以产生6～8kg唾液，一头采食23kg干物质的奶牛，每天产生的唾液量是160～180L。

奶牛反刍是一般侧身躺卧，食团提高逆呕返回于口中，不停咀嚼，每个食团咀嚼20～60s后再次下咽。如果一个奶牛群，躺下的奶牛中有超过5%以上的在反刍，说明TMR铡切长度和饲养管理正常；否则，可能是铡切过短或者发生了酸中毒。另外还可以根据观察反刍次数、咀嚼时间来分析TMR中精粗比是否合适。如果反刍次数或者咀嚼时间少，每千克干物质的咀嚼时间低于30min，则说明日粮中精料所占的比例偏高或饲料有效纤维含量不足。有研究表明，在一定范围内饲料中物质有效纤维的含量越高，奶牛的咀嚼时间就越长。

（5）根据奶牛体况评价。体况评分即评定母牛的膘情。主要依据是臀部和尾根脂肪的多少，除了对这两个部位重点观察外，还应从侧面观察背腰的皮下脂肪情况。评定时让牛自然站立，观察并触摸尾根、臀部、背腰等部位，判定皮下脂肪的多寡，进行评分。奶牛的体况评分一般为 5 分制，牛的体况（膘情）随分数升高而升高。

经常评定母牛的体况对于及时发现牛群可能出现的健康问题很重要，尤其是高产牛群，更应定期进行体况评分。定期评定泌乳母牛和育成牛的体况，及时发现饲养管理不当的问题，对奶牛的日粮做出及时调整。

泌乳母牛可在产犊后两个月内、泌乳中期和泌乳末期各评定一次。如要检查干奶期饲养管理的效果，还应在产犊时进行体况评定。

育成牛应至少在 6 月龄、配种前和产犊前两个月各评定一次。6 月龄体况评定的目的是避免牛只生长过快或过慢，两种情况均影响乳腺的发育。配种前体况评定是为了使育成牛在配种时处于良好的体况，以提高初配的受胎率。前两个月的评定是为了减少难产和产后代谢病的发生。

合理的日粮应该保证奶牛在各个时期都能达到相应的体况评分值。参照国外的 5 分制评分标准体系，奶牛各个时期适宜的体况评分表 5-2。

表 5-2 奶牛各时期适宜的体况评分表

牛别	评定时间	体况评分
成乳牛	产犊	3.0～3.75
	泌乳高峰（产后 21～40d）	2.5～3.0
	泌乳中期（90～120d）	2.5～3.0
	泌乳后期（干奶前 60～100d）	3.0～3.75
	干奶时	3.5～3.75
后备牛	6 月龄	2.0～3.0
	第一次配种	2.0～3.0
	产犊	3.0～4.0

资料来源：《中国学生饮用奶奶源管理技术手册》。

各关键时期体况评分（BCS）过高或过低，都会严重地影响奶牛的泌乳和繁殖性能，从而影响经济效益，其产生原因、造成的后果及预防措施如表 5-3 所示。

表 5-3 各关键时期过高或过低体况评分原因、产生的后果和预防措施

阶段	评分	原因	后果	措施
产犊	>3.75	1. 干奶期脂肪沉积过多 2. 干奶期体况多肥 3. 干奶期太长	1. 食欲差 2. 乳热症发病率高 3. 亚临床或临床性酮病发病率高 4. 脂肪肝发病率高 5. 胎衣滞留发病率高 6. 潜在产奶性能不能充分发挥	1. 降低干奶期日粮能量水平 2. 降低泌乳后期日粮能量水平 3. 将干奶期时间限为 60d
	<3.0	1. 干奶期掉膘 2. 在干奶期体况过瘦	1. 缺少体况意味着在营养不足时可动用的体脂储存不足 2. 乳蛋白率可能会降低	1. 增加日粮能量和（或）蛋白水平 2. 增加泌乳后期日粮能量水平

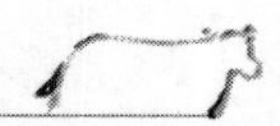

（续）

阶段	评分	原因	后果	措施
泌乳高峰期	＞3.0	产奶潜力未发挥	影响产奶量	提高日粮蛋白水平
	＜2.0	1. 在产犊时奶牛太瘦 2. 在泌乳早期失重过多	1. 不能得到潜在产奶高峰 2. 第一次配种受胎率低	1. 检查奶牛进食量和饲养措施 2. 提高日粮能量水平
泌乳中期	＞3.5	1. 产奶量低 2. 饲养高能日粮时间太长 3. 易见于采用全混合日粮方式饲喂的未分群牧场	1. 进入泌乳后期可能会太肥 2. 下一胎次酮病及脂肪肝发病率高	1. 降低日粮能量水平或采用泌乳后期日粮 2. 检测日粮蛋白水平 3. 提早将牛转至低产牛群饲养
	＜2.5	泌乳早期失去的体况未能及时得以恢复	影响产奶性能和繁殖性能	提高日粮能量水平或按泌乳早期能量水平进行饲养，避免过早降低日粮能量浓度
泌乳后期	＞4.0	日粮中精饲料过多，能量水平太高	1. 干奶及产犊时过肥 2. 难产率高 3. 下一胎次的泌乳早期食欲差，掉膘快 4. 下一胎次酮病及脂肪肝发病率高 5. 下一胎次繁殖率低	1. 减少精饲料比例，降低日粮能量水平 2. 减少日粮干物质进食
	＜3.0	1. 泌乳中期日粮能量水平偏低 2. 泌乳早期奶牛失重过大	1. 长期营养不良 2. 产奶量低，牛奶质量差	检查日粮中能量，是否平衡提高泌乳中期能量水平
干奶期	＞4.0	1. 泌乳后期日粮能量水平过高 2. 未能及时配种	由于储存在骨盆内的脂肪会堵塞产道，难产率高	1. 调整泌乳后期日粮能量水平 2. 考虑淘汰 3. 如已出现脂肪肝，应在干奶期减少能量摄入
	＜3.0	泌乳后期未能达到理想体况	产犊时体况差，为维持产奶及牛奶质量，动用了过多的体脂储存	1. 提高泌乳后期日粮能量水平 2. 提高干奶期日粮能量水平

资料来源：《中国学生饮用奶奶源管理技术手册》。

7. 根据牛粪便状况评价 成年奶牛一天排粪8～12次，排粪量为20～30kg，在采食和瘤胃消化正常的情况下，奶牛排出的粪便黏稠，落地有“扑通”声，落地后的粪便呈饼状，中间有一较小的凹陷。由于胃肠发酵，粪便有一定臭味，但不太明显。

如果奶牛排出稀粪，可能是由于日粮中含有过多的精饲料以及槽渣类饲料，缺乏长的干草和有效的NDF；如果排出的粪便过于干燥，厚度过大，呈坚硬的粪球状，则可能干草饲喂过多，食入劣质的粗饲料过多或精饲料喂量小。如果出现以上情况，要及时请兽医诊治，而更重要的要立即纠正不合理的日粮配置。

粪便评分描述，见表5-4。

表 5-4　粪便形态描述及原因

级别	形态描述	原　因
1	粪很干，呈粪球状，超过了 7.5cm 高	日粮基本以低质粗饲料为主
2	粪干，厚度大于 5～7.5cm 高，半成型的圆片状	食入质量低的饲料，纤维含量高，精饲料量低或蛋白质缺乏
3	粪成较细的扁状，中间有较小的凹陷，厚度在 2～5.0cm	日粮精粗比例合适
4	粪软，没有固定形状，能流动，厚度小于 2.0cm，没有固定形状，周围有散点	缺乏有效的 NDF，精饲料、青贮和多汁饲料喂量大
5	粪很稀，像豌豆汤，呈弧形下落	食入过多的蛋白质、青贮、淀粉、矿物质或缺乏有效 NDF

资料来源：《中国学生饮用奶奶源管理技术手册》。

牛粪的气味及颜色变化：饲料在消化过程中，因微生物分解而产生的臭气，同时未被消化的养分排出体外后又被微生物分解产生更多的臭气，因此配置好的日粮应该有较高的消化率，特别是较高的蛋白质消化率，从而减少粪便的臭味。我国以恶臭强度来表明臭味对人体的刺激程度，见表 5-5。

表 5-5　粪便强度及说明

级别	强度	说明
0	无	无任何臭味
1	微弱	一般人难以感觉，但嗅觉灵敏的人可以感察到
2	弱	一般人很难感觉
3	明显	能明显感觉到
4	强	有很显著的臭味
5	很强	有强烈的臭味

资料来源：《畜禽饲养场废弃物排放标准编制说明》。

三、使用 TMR 饲养技术应注意的事项

1. 牛群的外貌鉴定和生产性能测定　实施 TMR 饲养技术的奶牛场，要定期对个体牛的产奶量、奶的成分及其质量进行检测，这是科学饲养奶牛的基础，对不同生长发育阶段（泌乳期、泌乳各阶段）及体况的奶牛要进行合理的分群，这是总生产效益提高的必要条件。

2. TMR 及其原料常规营养成分的分析　测定 TMR 及原料各种营养成分的含量是科学配制日粮的基础，即使同一原料（如青贮玉米和干草等），因产地、收割期及调制方法不同，其干物质含量和营养成分也有很大差异，所以，应根据实测结果来配制相应的 TMR。另外，必须经常检测 TMR 中的水分含量及动物实际的干物质采食量（尤其是高产奶牛更应如此），以保证动物的足量采食。

3. 饲养方式的转变应有一定的过渡期　在由放牧饲养或常规精、粗料分饲转为自由采食 TMR 时，应有一定的适应期，使奶牛平稳过渡，以避免由于采食过量而引起消化疾病和酸中毒。

4. 保持自由采食状态　和老模式饲养方式不同，TMR 饲喂技术是以群为单位实行散栏饲养、自由采食，这就要求饲道（槽）不能断料。每天需多次给料，饲道（槽）保持不断料有助于刺激奶牛采食。TMR 可以采用较大的饲槽，也可以不用饲槽，而是在围栏外修建一个平台，将日粮放在平台上，供奶牛随意进食。

5. 注意奶牛采食量及体重的变化　在使用 TMR 饲喂时，要时刻观察奶牛的采食量、产奶量和繁殖状态，及时淘汰难孕牛和低产牛。奶牛的食欲高峰要比产奶高峰迟 2～4 周出现，泌乳期的干物质消耗量比产奶量下降要缓慢；在泌乳的中期和后期可通过调整日粮精、粗料比来控制体重的适度增加。为了保持奶牛适度的体况，可及时调整精粗饲料比例，根据体况和产奶量的变化，在不同牛群中进行个别调整。在使用 TMR 时，在配制日粮时应该保证绝大多数牛在泌乳末期摄取足够的营养物质，使初产牛或二胎牛在整个泌乳期有所增重。

6. TMR 的营养平衡性和稳定性要有保证　配制 TMR 是以营养浓度为基础，这就要求各原料组分必须计量准确，充分混合，并且防止精粗饲料在混合、运输或饲喂过程中的分离。奶牛场可配备性能先进的 TMR 饲料搅拌车，它集饲料的称重、配制、搅拌、揉搓和卸料为一体，TMR 的饲喂过程完全由电脑控制。为了保证 TMR 营养平衡性，达到理想的饲喂效果，必须对 TMR 的机械性能给予高度的重视。

第三节　干奶期奶牛饲养管理

1. 干奶的概念　为了保证母牛的妊娠后期体内胎儿的正常发育，使母牛在紧张的泌乳期后能有充分的休息时间，使其状况得以恢复，乳腺得以修补与更新，在母牛妊娠的最后 2 个月采用人为的方法使母牛停止产奶，称为干奶。

2. 干奶的意义

（1）体内胎儿后期快速发育的需要。母牛妊娠后期，胎儿生长速度加快，胎儿近 60%的体重是在妊娠最后 2 个月增长的，需要大量营养。

（2）乳腺组织周期性修补的需要。母牛经过 10 个月的泌乳期，各器官系统一直处于代谢的紧张状态，尤其是乳腺细胞需要一定时间修补与更新。

（3）恢复状况的需要。母牛经过长期的泌乳，消耗了大量的营养物质，也需要有干奶期，以便母牛体内亏损的营养得到补充，并且能贮积一定的营养，为下一个泌乳期能更好地泌乳打下良好的体质基础。

（4）治疗乳房炎的需要。由于干奶期奶牛停止泌乳，这段时间是治疗隐性乳房炎和临床性乳房炎的最佳时机。

3. 干奶期长短　实践证明，干奶期以 50～70d 为宜，平均为 60d，过长过短都不好。干奶期过短，达不到干奶的预期效果；干奶期过长，会造成母牛乳腺萎缩。

干奶期的长短应视母牛的具体情况而定，对于初产牛、年老牛、高产牛，体况较差的牛干奶期可适当延长一些（60～70d），对于产奶量较低的牛，体况较好的牛干奶期可适当缩短（45～60d）。从表 5-6 和表 5-7 可以看出，奶牛的干奶期以 50～70d 为好。

表 5-6 干奶期长短对母牛下一个泌乳期产奶量的影响

干奶期天数（d）	母牛下一个泌乳期产奶量（kg）
30	2 558
60～90	3 078
90 以上	2 871

表 5-7 干奶期长短对犊牛初生重的影响

干奶期日数（d）	犊牛初生重（kg）
30	24.1
30～44	26.5
45～74	28.9

4. 干奶方法 母牛在泌乳达到干奶期时不会自动停止泌乳，为了使母牛停止泌乳，必须采取一定的措施，此即干奶方法。

（1）逐渐干奶法。在预定干奶期的前 10～20d，开始变更母牛饲料，减少青草、青贮、块根等青饲料及多汁饲料的喂量，多喂干草，并适当限制饮水，停止母牛的运动，停止用温水擦洗和按摩乳房，改变挤奶时间，减少挤奶次数，由每日 3 次改为每日 2 次，再由每日 2 次改为每日 1 次，由每日 1 次改为每 2 日 1 次，待日产量降至 4～5kg 时停止挤奶，整个过程需要 10～20d。

（2）快速干奶法。快速干奶法的原理及所采取的措施与逐渐干奶法基本相同，只是进程较快。在预定干奶之日，不论当时奶量多少，即由有经验的挤奶员认真热敷按摩乳房，将奶挤尽。挤完后即刻用酒精消毒乳头，而后向每个乳区注入一支含有长效抗生素的干奶软膏，最后再用 3%的次氯酸钠或其他消毒液浸浴乳头。在停止挤奶后的 3～4d 内应密切注意干奶牛乳房的情况。在停止挤奶后，母牛的泌乳活动并未完全停止，因此乳房内还会聚集一定量的乳汁，使乳房出现肿胀现象，这是正常的，千万不要按摩乳房和挤奶，几天后乳房内乳汁会被吸收，肿胀萎缩，干奶即告成功。但如果乳房肿胀不消且变硬、发红，有痛感或出现滴奶现象，说明干奶失败，应把奶挤出，重新实施干奶措施进行干奶。

快速干奶法所用时间短，对胎儿和母体本身影响小，但对母牛乳房的安全性较低，容易引起母牛乳房炎的发生，对干奶技术的要求较高，因而仅适用于中、低产量的母牛，对于高产牛、有乳房炎病史的牛不宜采用。

5. 干奶牛的饲养管理 干奶期饲养管理的目标是：使母牛利用较短的时间安全停止泌乳；使胎儿得到充分发育，正常分娩；母牛身体健康，并有适当增重，储备一定量的营养物质以供产犊后泌乳之用；使母牛保持一定的食欲和消化能力，为产犊后大量进食做准备；使母牛乳房得到休息和恢复，为产后泌乳做好准备。

（1）干奶期的饲养。干奶期母牛日粮营养需要如下：干物质进食量为母牛体重的 1.5%日粮粗蛋白含量为 11%～12%，精粗比为 25∶75，产奶净能含量为 1.75NND/kg，NDF 高于 40%，ADF 高于 30%，干奶前期日粮钙含量 0.4%～0.6%，后期降为 0.4%，磷含量 0.3%～0.4%，食盐含量 0.3%，同时注意胡萝卜素的补充。为防止母牛皱胃变位和消化机能失调，每日每头牛至少应喂给 2.5～4.5kg 长干草。

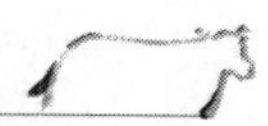

干奶前期指从干奶之日起至泌乳活动完全停止，乳房恢复正常为止。此期的饲养目标是尽早使母牛停止泌乳活动，乳房恢复正常，饲养原则为在满足母牛营养需要的前提下不用青绿多汁饲料和副米（啤酒糟、豆腐渣等），而以粗饲料为主，保持适宜的纤维摄入量搭配一定精料。

干奶后期是从母牛泌乳活动完全停止，乳房恢复正常开始到分娩。此期为完成干奶期饲养目标的主要阶段。饲养原则是母牛应有适当增重，使其在分娩前体况达到 3.75 分。日粮仍以粗饲料为主，搭配一定精料，精料给量视母牛体况而定，体瘦者多些，胖者少些。在分娩前 2 周开始增加精料给量，体况差的牛早些，体况好的牛晚些，每头牛每周酌情增 0.5～1.5kg，视母牛体况、食欲而定，其原则是使母牛日增重在 500～600g。全干奶期增重 30～36kg。

（2）干奶期母牛饲养过肥的后果。母牛难产，并影响以后的繁殖机能，产后不能正常发情与受胎。

母牛产后食欲不佳，消化机能差，采食量低，体脂动员过快，导致酮病的发生。

易导致乳房炎，进而乳房变形，给挤奶造成困难。

饲料能量在干奶期储存的形式是母牛体脂，产后体脂转化为奶，由饲料能量转化为奶中能量经过了体脂这一中间环节，不如直接由饲料直接转化为奶能效率高，不经济。

（3）干奶期的管理。加强户外运动以防止肢蹄病和难产，并可促进维生素 D 的合成以防止产后瘫痪发生。

避免剧烈运动以防止机械性流产。

冬季饮水水温应在 10℃以上，不饮冰冻的水，不喂腐败发霉变质的饲料，以防止流产。

母牛妊娠期皮肤代谢旺盛，易生皮垢，因而要加强刷拭，促进血液循环。

加强干奶牛舍及运动场的环境卫生，有利于防止乳房炎的发生。

第四节 围产期奶牛的饲养管理

奶牛分娩前、后各约 2 周的一段时间称为围产期，也即重胎牛进入产房进行饲养的期间。

一、围产前期的饲养管理

母牛在围产前期临近分娩，这时如饲养管理不当，母牛易染发各种疾病。因此，这一阶段的饲养是以保健为中心。

在饲养上应视母牛的膘情体况和乳房发育肿胀程度等而灵活掌握。对饲养过于肥胖的母牛，此时要撤减精料，日粮以优质干草为主。对营养不良的母牛，应立即增加精料，但精料的最大给量以不超过体重的 1%为妥。产前增加精料喂量，使瘤胃微生物区系逐步调整适应于精料饲养类型，有助于母牛产后能快速适应高泌乳量高精料的饲养，可保持对精料旺盛的食欲，使母牛充分泌乳及泌乳高峰的提前到来，减少酮病的发病率。但对母牛产前有严重的乳房水肿和有隐性乳房炎，则不宜过多增喂精料，以免加剧乳房充胀或引发乳房炎。同时，对乳房水肿严重者，也要减喂食盐。

近年研究证明：在母牛临产前2周采用低钙饲养法，能有效减低产后瘫痪的发生率，即将一般日粮含钙量占干物质的0.6%降低到0.2%的低水平，因牛体正常血钙维持水平，是受甲状腺释放甲状腺素的调节，当日粮中钙供应不足，造成不足以维持母牛血钙正常含量水平，此时，甲状旁腺功能性的加强调节，将牛体分解骨钙以维持血钙水平，故当分娩时，即有源源不断的骨钙被运送到血液中，而避免了母牛产后大量分泌乳汁，钙从乳中大量排出而造成产后瘫痪。

围产前期日粮应减少大容积的多汁饲料，此时胎儿增大压迫影响消化道的正常蠕动，易造成便秘。在精料中适当提高麸皮的比例，因麸皮含镁多，带有轻泻性，可预防产前便秘的发生。每日如补喂维生素A和维生素D，可提高初生犊的健壮活泼，提高成活率，也会降低胎衣不下和产后瘫痪的发生。

围产前期加强管理的重点是保健工作，预防生殖道和乳腺的感染以及代谢病的发生。母牛在产前7～10d，应转入产房，由专人进行护理。在转群前，宜用2%火碱水喷洒消毒产房，铺上清洁干燥的垫草，产房应建立和坚持日常的清洁消毒制度。母牛后驱及四肢有2%～3%来苏溶液洗刷消毒后，即可转入产房，并办理好转群记录登记和移交工作。

在产房内要保持牛床清洁，常换垫草。防止穿堂风对牛体袭击。冬季要饮温水，最好水温为36℃左右，决不能饮冰水及饲喂冰冻变质的饲料，以免造成腹泻引发早产。每日注意观察乳房的变化，如有过度的水肿，尤其越高产母牛越水肿严重，可适当投以利尿剂，以减轻水肿程度。如发现乳房发红过硬，在不得已的情况下，可提前进行挤奶，但要保存好初乳。天气晴朗时，要驱牛出产房逍遥运动，切忌终日关在潮湿的牛舍内，不利于健康，易感疾病。

二、围产后期的饲养管理

奶牛分娩体力消耗大，分娩后应使其安静休息，并饮喂温热麸皮盐钙汤10～20kg（麸皮500～1 000g，食盐50～100g，磷酸钙50g，水10～20kg），以利奶牛恢复体力和胎衣排出。若在产后3h内静脉20%葡萄糖酸钙、25%葡萄糖液各500mL，每天1次。并且一次性肌肉注射垂体后叶素100IU，或麦角新碱10～20mg，可防止胎衣滞留和乳热症的发生。为了使奶牛恶露排净和产后子宫早日恢复，还应喂饮热益母草红糖水（益母草粉250g，加水1 500g，煎成水剂后，加红糖0.5kg和水3kg，饮时温度为40℃左右）每天1次，连服2～3次。

产后1周后，以优质干草为主，任其自由采食。精料逐日渐增0.45～0.5kg。对产奶潜力大、健康状况良好、食欲旺盛的多加，反之则少加。同时，在加料过程中要随时注意奶牛的消化和乳房水肿情况，如发现消化不良，粪便稀或有恶臭，或乳房硬结、水肿迟迟不消，就要适当减少精料和精料中的食盐量。待恢复正常后，再逐渐增加精料。青贮、块根、多汁饲料要适当控制，待奶牛食欲良好、粪便正常、恶露排净、乳房生理肿胀消失的情况下，按标准喂给。

同时，奶牛产后应尽快将其日粮阴阳离子差值从围产前期的阴离子型转变为阳离子型（每千克干物质400mmol）。

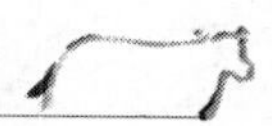

奶牛分娩过程中，卫生状况与产后生殖道感染关系极大。因此，分娩后应及时将躯体尤其后躯、乳房和尾部等部位的污物、黏液，用温水洗净并擦干，而后把沾污的垫草及粪便清除干净。地面消毒后铺上厚的干垫草。

为了使奶牛早日恢复体质，防止由于大量泌乳而引起乳热症等疾病，对于高产奶牛，在产后2～3d不宜将乳房中的奶完全挤净，特别是产后第一次挤奶。近期也有资料报道，产后立即挤净初奶，可刺激泌乳，增进食欲，减少乳腺炎发病率，提早出现泌乳高峰，但对于体弱（3胎以上）奶牛，应酌情补充葡萄糖酸钙500～1 500mL。

产后1周内的奶牛，不宜饮用冷水，以免引起胃肠炎，一般最初水温宜控制在37～38℃，1周后方可逐渐降至常温。为了增进食欲，宜尽量让奶牛多饮水，但对乳房水肿严重的奶牛，饮水量应适当控制。

第五节　高产奶牛饲养技术

根据我国奶牛饲养管理规范规定，初产牛产奶量达7 500kg，成母牛达9 000kg以上，乳脂率（3.4%～3.5%）和乳蛋白含量（3%～3.2%）高的奶牛，即为高产牛。高产牛的主要特点是产奶量高，全群平均泌乳量在7 500kg以上，代谢强度大，饲料转化率高，对饲料及外界环境反应敏感，干物质进食量占体重4%左右，折合20～25kg干物质。只有健康的体质，才能适应生理机能的强烈活动。因此，高产奶牛除日粮供应全价、适口性好，易于消化吸收外，还要注意以下几点：

1. 日粮结构与精粗料比例　国内饲养的高产奶牛由于优质苜蓿干草数量少，仅有中等质量的羊草和玉米带穗青贮，因此，日粮中可添加部分糟渣类（啤酒糟、豆腐渣等）来补充养分的不足。据周健民在北京地区进行的试验，泌乳量在35～45kg的高产奶牛，其典型日粮结构是精料：粗料：糟渣类饲料应保持在60：30：10，粗纤维含量为15%～17%，粗蛋白质为18%～20%，产奶净能为2.32～2.43NND，钙为0.91%，磷为0.64%，钙磷比为1.35：1。奶牛表现消化机能正常。

粗饲料最好能有3种，即优质苜蓿干草、优质禾本科干草和优质带穗玉米青贮，其干物质一般占总干物质的30%～70%。一头成母牛，每天的青贮饲料供给量应控制在20kg以下，优质干草3～6kg。

对于日产奶量高于35kg的高产奶牛，一般条件下必须喂给高能量的饲料。日粮精粗比例保持在6：4，产奶净能为1.84～2.29NND/kg干物质时，则可保证奶牛瘤胃正常发酵、蠕动，有足够强度的反刍，发挥正常的泌乳机能。当精料比例高于70%、产奶净能高于2.48NND/kg干物质时，奶牛会发生消化机能障碍、瘤胃角化不全、瘤胃酸中毒和乳脂率、产奶量下降。

2. 良好的膘情及干奶期的科学饲养管理　奶牛的泌乳周期从产犊开始，产犊后大约6周时达到泌乳高峰以后逐渐地下降，母牛产后要尽早地配上种（通常在60～90d），大致泌乳10月以后进入干乳阶段。由于采食量只有在泌乳达到高峰后的一段时间才达到最大，所以高产奶牛在泌乳初期的头几周处于能量的负平衡。干乳期沉淀的脂肪会在泌乳初期动用，确切地讲，沉积体脂的任务应放在泌乳后期。在干乳期应限制能量的摄入以防止过肥，干乳期过度肥胖将导致产后代谢紊乱增加和早期产奶量下降。

3. 增加日粮能量浓度 能量需要是奶牛的第一营养需要，在满足能量需要时采食量是一个非常重要的因素。干物质摄入量受精、粗饲料比例的影响，要想维持瘤胃正常发酵和乳脂率不下降，日粮中必须最少含有40%的粗饲料。一般讲当日粮消化率在65%～70%时，对干物质的摄入量最大。当消化率低于此限时，瘤胃容积限制采食量；当消化率高于此限时，化学调节对采食量发挥作用。瘤胃容积停止对采食量调节的点随生产水平变化而变化。对高产奶牛而言，采食量的化学调节机制只有在更高的干物质消化率（即更高的日量能量浓度）时才发挥作用。也就是说，生产性能越高，采食量越大，瘤胃容积（物理调节）与食欲中枢（化学调节）对采食量的控制转换时的日粮能量浓度就愈高。

高产奶牛泌乳早期，尤其是在产后30d内，由于采食量低，能量不足而动用体内储备的能量进行生产活动，导致奶牛体重下降明显。奶牛泌乳早期的能量负平衡是正常的生理变化，但不宜过大。在生产中，为了减少膘情下降可选择全棉籽、全大豆和脂肪含量等含能量高的饲料用于高产奶牛日粮和夏季奶牛日粮中，增加日粮中的能量浓度。添加2%～3%的保护性脂肪不会影响瘤胃微生物的发酵。近几年国内所做的生产性试验证明，每日每头添加300～350g棕榈油（粉），可增产牛奶2.5～3.0kg。

4. 保证足够的采食时间 奶牛获得最大的干物质采食量有赖于充足的采食时间。高产奶牛的一个典型特点是采食量大。为使得高产奶牛获得最大的干物质采食量，每天要保证8h以上的采食时间，使用全混合日粮时每天空槽的时间不应该超过2～3h，在传统的拴系式饲养体系中，采食时间可能不足，可以通过增加饲喂次数或在运动场设置补饲槽来解决。

5. 无机盐的应用 高产奶牛的精料高达日粮干物质的60%时，往往缺乏钾，若在日粮中添加0.3%氯化钾，产奶量可提高8.2%。

高产奶牛大量泌乳，使血钙离子降低，钙离子为肌肉正常收缩所需要，缺钙导致步态不稳、不能站立，最后死亡。生产上多见的为亚急性产乳热，无明显临床症状，据报道，美国奶牛中发病率在60%左右（其中8%患有严重的产乳热），患牛产量减少14%，产奶寿命缩短3.4年。产乳热是一种与低血钙有关的代谢紊乱。血钙含量低还会引起其他疾病，如乳房炎、酮病、胎衣不下、真胃变位等。防治奶牛低血钙的一种有效方法是根据阴—阳离子平衡原理，在产前21d给奶牛饲喂阴离子盐。

阴离子盐主要包括氯化铵、碳酸铵、硫酸铝、硫酸镁和氯化钙等。阴离子盐适口性差，通过与酒精槽、糖蜜或热处理大豆粕等载体混合后制粒的方法，可改变适口性，并防止分离。生产上经常使用的配比是200g阴离子盐与454g载体混合。据中国农业大学孟庆翔教授介绍，这样的阴离子产品已经由一些商业公司生产出了定型产品，可以供规模化奶牛场选用。饲喂阴离子盐使奶牛尿液pH在6.5～5.5，干物质进食量适中，可以显著提高产犊时的血钙浓度，避免疾病的发生。

6. 保证日粮中充足的过瘤胃蛋白及日粮的氨基酸平衡 奶牛的蛋白质需要量可划分为瘤胃可发酵氮和可吸收氨基酸。高产奶牛的日粮中粗蛋白成分可能超过16%（干物质基础），其中应含有30%～35%瘤胃非降解蛋白。常用的非降解蛋白补充料有鱼粉、肉骨粉、羽毛粉、血粉、玉米蛋白粉、干酒糟等。

对于高产奶牛必须满足瘤胃和小肠两部分对蛋白质的需要，才能发挥应有的产奶潜力。给高产奶牛提供过瘤胃蛋白质是非常必要的。饲料中豆粕、花生粕的蛋白质在瘤胃的降解率很高，而棉籽粕、酒糟等瘤胃降解率则较低，可以合理搭配使用。为解决高产奶牛泌乳早期蛋白质的不足，日粮中可添加保护性氨基酸。

7. 保证充足的饮水　高产奶牛的需水量特别大，一头日产 50kg 牛奶，采食 25kg 的奶牛，每天需要的水量就高达 120～170kg。如果在炎热的夏季，需水量将会更大。因此，必须保证充足的饮水，否则会严重影响奶牛的干物质采食量和泌乳量。有条件的牛场最好安装自动饮水器；没有条件的牛场，每天饮水次数要 5 次以上。同时，在运动场设置饮水槽，供其自由饮水，并保证水质。

8. 添加剂在高产奶牛日粮中的应用　添加保护性氨基酸　对于日产奶量 30～35kg 的高产奶牛，为了确保过瘤胃蛋白的需要，日粮中每日每头添加保护性蛋氨酸 10～15g，产奶量提高 9%～10%，乳脂率和乳蛋白质略有增加。

（1）添加保护性脂肪。在高产奶牛日粮中添加 3%脂肪酸钙，使日粮总脂肪水平达 5%～6%时，养分利用率最高，产奶量每日每头可增加 2.4kg，乳脂率可提高 0.05%，但日粮中的钙、镁要加 0.9%～1.0%和 0.3%。高士争等人 1998 年报道，每日每头添加脂肪酸钙 300g，产奶量增加了 3.95kg，增幅为 19.24%。Boodiolu（1993）的试验表明，饲喂脂肪酸钙的母牛一次情期受胎率从 61%提高到 87%。

应用脂肪酸钙时要注意使日粮干物质中粗脂肪水平保持在 5%～7%，过多会带来负效应，特别是在利用脂肪含量高的棉籽和加热大豆时。另外，供给日粮干物质中要维持粗纤维 17%、酸性洗涤纤维 21%的水平，这是由于乳脂率的提高必须有 50%的乙酸作为合成前体。供给脂肪时乳蛋白率有降低的危险，机体蛋白质需要量增加，应提供一定量的非降解蛋白质饲料，如鱼粉等，也可供给包被氨基酸。

（2）瘤胃缓冲剂。高产奶牛由于采食的精饲料较多，特别是结构性碳水化合物在瘤胃中的发酵，造成瘤胃内酸度增加，不利于微生物的繁衍和营养物质的消化，发生瘤胃酸中毒而影响机体健康和产奶性能。因此，需要在日粮中添加缓冲剂调控瘤胃内的 pH，尤其在夏季添加可缓解热应激。常用的缓冲剂有碳酸氢钠和氧化镁，而且两者混合使用效果更好，通常碳酸氢钠和氧化镁分别占 70%和 30%，两者的混合物在精料中占 0.8%为宜。

（3）烟酸（维生素 B_5）。添加烟酸可以改善早期能量的平衡、提高干物质采食量、提高瘤胃微生物蛋白的合成量和蛋白质的含量，尤其对于产奶量高于8 000kg 的奶牛效果明显，最佳的添加时间为产犊前 1～2 周开始，持续待产后 10～12 周，建议添加量为 6～12g/（d·头）。

高产奶牛产奶初期母牛瘤胃合成的烟酸不足，会发生酮病，患该病的奶牛每日加喂 12g 烟酸，连喂 5～9d 后，血酮和牛奶中酮体含量均下降，产奶量增加。一般产奶牛在早期每日每头添加 6g 烟酸，可防止发生酮病，产奶量也明显增加。

（4）胆碱。胆碱的营养作用对高产奶牛尤为重要。胆碱作为机体重要的甲基源，与蛋氨酸代谢有密切关系，奶牛日粮中加入胆碱可部分地节省蛋氨酸，降低蛋氨酸作为甲基供体的分解代谢。在奶牛泌乳早期进行有效地添加胆碱，可节省蛋氨酸和糖异生作用的前体，从而提高奶牛生产性能。

关于在奶牛日粮中添加过瘤胃保护胆碱对奶牛产奶量的影响报道不一致。Shrma等（1989）给产后150d的初产奶牛真胃灌注50g/d胆碱，其4%的标准乳含量升高22.4%（$P>0.05$）；通过直接在奶牛日粮中添加过瘤胃保护胆碱产品来给奶牛补充胆碱，也可以提高奶牛的产奶量，Erdman等（1991）在泌乳早期荷斯坦奶牛每头牛每天可摄入氯化胆碱15g、30g和45g，结果其产奶量比对照组分别提高了3%、6%和2%；对于泌乳中期奶牛，添加过瘤胃保护胆碱产品0.08%、0.16%和0.24%，其产奶量呈线性增加达3.1kg/d。韩永利（1997）给奶牛补充60g/d和120g/d全血保护氯化胆碱，分别使4%标准乳产量提高11.18%和8.45%。

（5）脲酶抑制剂。常用的脲酶抑制剂为乙酰氧肟酸。一般每千克日粮干物质添加25mg脲酶抑制剂。可使饲料中脲酶活性降低，提高蛋白质饲料的利用率。据估算，当奶牛日粮中添加尿素时，应用脲酶抑制剂可使尿素氮利用率提高16.7%。

（6）双乙酸钠。双乙酸钠在牛体内分解为乙酸和钠离子，乙酸是乳脂肪的前体，乳脂中的脂肪酸50%是由乙酸合成的，饲喂双乙酸钠后，增加了牛体内乙酸含量，有利于牛奶中短链脂肪酸的合成。

对于高产奶牛，由于日粮中精料比例大，丙酸比例增加，乳脂下降。喂双乙酸钠后，则增加了乙酸的比例，进而提高了乳脂率和产奶量。在精粗比为60：40的产奶牛日粮中添加精料量0.3%的双乙酸钠后，产奶量、乳脂率和饲料转化率均有不同程度的提高。

第六节　高温季节奶牛的饲养管理技术

奶牛是一种比较耐寒而不耐高温的动物，荷斯坦牛最适宜的气温是10～16℃，在炎热的夏季，如外界气温在26℃、湿度为85%以上的环境会导致奶牛热平衡破坏或失调，造成奶牛“热应激”反应。奶牛表现呼吸加快，体温升高，散热量减少，食欲下降，致使产奶量和繁殖率显著下降、抵抗力降低、发病率增高，给生产带来很大损害。当气温从25.9℃上升到28.6℃时，奶牛标准产量下降25.4%。所以，改善高温季节的饲养管理成为提高全年产奶量的一条重要途径。

一、热应激对奶牛的影响

热应激对奶牛的健康、产奶量、乳脂率、繁殖率以及犊牛的初生重均引起显著影响。

1. 热应激对奶牛采食量的影响　外界环境温度的高低直接影响奶牛的采食量。外界温度升高引起的热应激往往导致奶牛的采食量下降。奶牛在22～25℃时采食量开始下降，30℃以上时明显下降，40℃时采食量不会超过18～20℃时的60%，40℃以上时有的不耐热品种将停止采食。

奶牛在热应激时，体内的甲状腺激素T3、T4分泌量大幅度下降，体内的T3、T4变少，影响肠胃蠕动，延长食糜在胃肠存留时间，使胃肠充盈，通过胃壁上的胃伸张感受器作用于下丘脑厌食中枢，反馈回来即减少采食量。同时温度可以直接通过温度感受器作用于下丘脑厌食中枢，然后反馈回来抑制采食；温度升高时，奶牛散热加强，流经全身皮肤表面的血量增加，使消化道内充盈，易导致胃的紧张度升高，从而抑制采食。温度升高，

奶牛为了减少热增耗而减少采食量；温度升高使奶牛饮水量急剧增加，从而相应减少采食量。

2. 热应激对奶牛产奶量的影响　在热应激情况下，机体需动员机能克服不良作用，使促乳素和T3、T4分泌量下降，抑制了排乳反射，导致产奶量下降。

3. 热应激对繁殖率的影响　奶牛虽为全年发情的动物，但其发情仍受不同程度的季节因素影响。奶牛春秋季配种受胎率最高，夏季最低，其原因为，奶牛卵细胞的分化、发育、受精卵着床、分娩、性机能及第二性征的表现，都可能受到热应激的干扰而出现障碍。在热应激情况下，促肾上腺皮质素（ACTH）大量分泌，干扰垂体前叶其他激素（FSH、LTH、LH）的分泌，从而导致生长母牛性腺发育不全，成年母牛卵子生成和发育受阻。热应激使精子与卵子的受精率下降。奶牛情期缩短，发情表现不明显或乏情，影响适时配种，从而降低受胎率。在配种后胚胎着床期易引起胚胎吸收、流产等现象。

4. 热应激对血液中某些生化指标的影响　热应激可明显降低奶牛血清中的γ-球蛋白含量，导致机体免疫力减弱，夏季奶牛乳房炎发生率较高，热应激可引起血钙含量明显下降，其原因之一是奶牛采食量减少，钙摄入量不足，血钙浓度下降，导致缺钙症。

二、高温季节降温防暑的主要措施

奶牛高温季节饲养管理的原则应以降温防暑为主，把高温的不良影响减少到最小限度。

1. 满足营养需要　据测定，气温每升高1℃需要消耗3%的维持能量，即在炎热季节消耗能量比冬天大（冬季每降低1℃需增加1.2%维持能量），所以高温季节要增加日粮营养浓度。饲料中含能量、粗蛋白等营养物质要多一些，但也不能过高，还要保证一定的粗纤维含量（15%～17%），以保证正常的消化机能。如果平时喂精料4kg，夏季可增加到4.4kg；平时喂豆粕占混合料的20%，夏天可增加到25%。

2. 热应激下如何配合日粮　环境温度为30℃与20℃相比，采食量下降约11%，营养需要量提高到11%。以奶牛体重550kg，日产奶20kg，乳脂率3.8%为例，按奶牛饲养标准营养需要为：能量约33NND（12.9＋20），小肠蛋白质1 224g（47×20＋284），或可消化粗蛋白质1 441g（55×20＋341），干物质采食量16kg（0.45×20＋7.0）。

下面举例说明如何以需要量配合日粮。每千克日粮含2.06NND（33/16），可消化粗蛋白质90g（1 441/16），相当于粗蛋白质为12.9%（90/700×100%）。

配合日粮时一般认为加10%安全量比较合适。这样在能量33NND基础上增加10%即是36.3NND；相应小肠蛋白质或消化粗蛋白质分别为1 346g（1224×1.1）或1 585g（1 441×1.1）；干物质采食量仍按16kg计，每千克日粮含2.27NND（36.3/16）；可消化粗蛋白质为99g（1 585/16），相当于粗蛋白质为14.1%（99/700×100%）。

实际上，气温在30℃的营养需要（增加11%）为36.6NND，小肠蛋白质量为1 359g（1 224×1.11），或可消化粗蛋白质为1 600g（1 441×1.11），干物质采食量为14.2kg（16－16×11%），每千克日粮含2.57NND（36.6/14.2），可消化粗蛋白质112.7g（1600/14.2），相当于粗蛋白质为16.1%（112.7/700×100%），营养浓度增加13.2%[（0.3/2.27×100%）或（112.7－99）/99×100%]；钙、磷、常量元素（钠、钾、镁、

硫、氯)、微量元素、维生素需要量增加的幅度可能会更大。

3. 可以缓解热应激的营养性和非营养性物质 抗应激添加剂一般分为两类，即添加剂和电解质平衡缓冲剂。主要有营养性添加剂，如核黄素、尼克酸、泛酸、生物素、维生素 B_{12}、镁、钾、锌等；具有抗氧化作用的添加剂，如维生素 C、维生素 E、维生素 A 以及微量元素硒等；以及其他添加剂，如有机铬制剂、烟酸、异位酸、酵母、酵母培养物、瘤胃素等。电解质平衡缓冲剂包括瘤胃缓冲剂和调节体内电解质平衡的电解质。瘤胃缓冲剂一般常用 $NaHCO_3$ 和 MgO，可维持正常瘤胃 pH。电解质平衡缓冲剂有氯化钾、氯化铵、$NaHCO_3$、人工盐等。

为维持奶牛体内酸碱平衡，促进消化吸收，提高奶牛的采食量，可以补充碳酸氢钠。其用量一般占精料的 3.84%，或者每天每头奶牛 340g。与柠檬酸同时使用，效果更好。使用碳酸氢钠时应适当降低食盐的用量。如果奶牛发生热应激，钾的排出量明显增加，造成血液中钾的含量降低，必须补充钾。一般可在奶牛饮水中或在日粮中添加氯化钾，添加量为每天每头奶牛 60～80g。

奶牛发生热应激，维生素 C 合成能力下降，然而需要量却增加，因此，炎热夏季应注意给奶牛补充维生素 C。在热应激过程中，维生素 C 还可以抑制奶牛体温上升，促进食欲，提高抗病力。夏季一般可在奶牛饲料中按每千克饲料添加 400～600mg 维生素 C。维生素 E 可防止奶牛体内脂肪氧化和被破坏，阻止体内氧化物的生成，还可防止其他维生素被氧化，促进维生素 A 和维生素 D 在肠道的吸收。夏季可在饲料中添加正常量 3～5 倍的维生素 E，以降低奶牛发生热应激概率。

4. 缓解热应激的措施 奶牛一旦发生热应激，可给养殖户带来不可预料的经济损失，因此，必须采取综合措施避免或减轻奶牛热应激的发生。有以下几种管理措施可以减轻热应激对奶牛的影响。

(1) 改善牛舍和牧场环境。牛舍应建造在通风良好处，屋顶应装气楼，促进牛舍热量和水分的排出。采用绝热性能好的材料建造屋顶或增设顶棚，以减少辐射热。牛舍和运动场周围植树种草，减少日光辐射，防止热气进入牛舍，改善牛场小气候。但植树不宜过密，否则影响通风。

凉棚：研究表明低产奶牛在无凉棚与有凉棚相比，更易出现碱中毒，采食量下降 20%，产奶量下降 12%。简易凉棚可减少 30%的太阳辐射热。凉棚以较高为宜（如 5m)，一方面便于通风，另一方面也减少了棚顶对奶牛的热辐射。顶棚所选用的材料应有良好的隔热性能且辐射系数小，也可通过在其表面涂刷反射率高的油漆或设置中间留有空隙的双层板结构以降低棚顶对辐射热的吸收。同时，顶棚的角度、结构及凉棚朝向也应考虑，顶棚以钟楼式或倾斜式（18°～22°)，其有助于热气流向上流动，但倾斜度不宜小于 18°，否则，空气流动受阻，造成夏季室温增高。此外，凉棚朝向应考虑夏季主风向和太阳入射角。

空气的蒸发冷却：经特殊设计的喷雾或雾化装置固定在棚顶，可向棚内的奶牛吹洒冷风或雾，水分蒸发，吸收空气中的热量，进而将空气冷却。冷却效果与空气湿度成反比，这种方法比较适合于北方气候干燥的环境，在美国西南部和中东国家的许多奶牛场都采用这种方法来达到降温目的。

风扇和喷淋降温：通过蒸发湿被毛层中的水分，带走体表热量，从而达到降温目的，包括的主要设施为风扇和喷淋装置。

（2）改善饲喂技术。通过调整、改善饲料结构和饲料技术，尽量减少采食量的下降，奶牛在22～25℃时采食量开始下降，30℃以上时明显下降，下降幅度高达40%以上；因此增强奶牛食欲是夏季饲养的重要措施，增加供给优质粗料和适口性好、易消化的饲料（如苜蓿干草、胡萝卜、甜菜渣等）可提高采食量。夏季日粮浓度要求高，体积要小，可以通过提高过瘤胃蛋白的比例（占粗蛋白质的35%～38%），通过过瘤胃脂肪、整粒棉籽等特定饲料提高日量浓度（日粮中脂肪含量达5%～7%）。

在饲喂方法上要少喂勤添，夏季精料每天多喂1次，也可采用TMR饲喂技术，要防止饲料在料槽里堆积发酵酸败变质。

在饲喂时间上，选择一天温度相对较低的夜间增加饲料喂量，从晚上20时到第二天早上8时期间饲喂量可占整个日粮的60%～70%。

在炎热的夏季，由于呼吸系统和排汁的增加，常常会引起矿物质不足，应增加钙、磷、镁、钠、钾等的饲喂量，钾可增加到日粮干物质的1.3%～1.5%、钠0.5%、镁0.3%，如夏季日粮中每天每头增加碳酸钾100～115g，可使奶牛热应激导致的影响降低到最低程度。

（3）供给充足、清凉饮水。保证干净充足的清凉饮水，并增加饮水位距，水温10～15℃效果最佳。奶牛的饮水量与外界气温、泌乳量、个体、品种、年龄有关，一般泌乳母牛有食槽，每次喂食时可将饲料投入食槽并适当加水，引诱牛饮水吃料，不仅能满足饮水，而且对缓和“热应激”反应能起到良好的作用。同时，亦可在饮水中放入0.5%的食盐，以促进奶牛消化。此外，按140kg饲料加水600kg的比例煮成粥状再加红糖9kg，日喂3次，可增强奶牛食欲，提高产奶量。

（4）消除蚊蝇，防止中毒。盛夏季节，蚊子、苍蝇较多，不仅叮咬奶牛、影响奶牛休息，造成产奶量下降，而且传播疾病。因此，可在牛舍加纱门纱窗，以防蚊蝇叮咬牛体，也可用90%敌百虫600～800倍液喷洒牛体，驱杀蚊蝇，但在用药时要注意防止浓度过高及药液渗入饲料而发生中毒。同时，由于夏季农药使用频繁，奶牛中毒事件时有发生，因此，要注意不到喷洒农药、化肥的农田闲地割草、放牧。

（5）搞好卫生，预防疾病。夏季细菌繁殖很快，因此要重视挤奶厅、待挤奶厅防暑降温措施的落实，夏季高产牛舍应降低饲养密度，增加空气流通，及时清除粪尿。保持牛体和牛舍环境卫生，牛舍不干净，最容易污染牛体，这既影响牛体皮肤正常代谢，有碍牛体健康，又严重影响牛奶卫生。

具体措施有以下几点：

①要勤打扫牛舍，清除粪便，通风换气，保持牛舍清洁、干燥、凉爽，并注意搞好环境消毒。

②定期用清水冲洗牛床，每天应在挤奶前刷拭牛体1～2次，后躯不洁部位，可用温水洗刷，中午不要挤奶，早晚挤奶前用温水擦洗乳房，挤奶后用0.10%高锰酸钾溶液药浴，可有效降低奶牛乳房炎的发病率，提高养殖效益。

③做好预防乳房炎、子宫炎、腐蹄病、饲料中毒的措施，坚持挤奶前后乳头药浴。

④母牛产后15d，检查一次生殖器官，发现问题及时治疗；坚持刷洗牛蹄，每隔1～2周蹄浴1次。

⑤每天清洗饲槽。

第七节　奶牛福利养殖

一、动物福利概念

动物福利是指饲养中的动物与其环境协调一致的精神和生理完全健康的状态。一般认为，动物福利是指保护动物康乐的外部条件，即由人所给予动物的、满足其康乐的条件。动物（尤其是受人类控制的）不应受到不必要的痛苦，即使是供人用作食物、工作工具、友伴或研究需要。奶牛跟人一样，有享受生活舒适的权利，只有做到取舍得当，奶牛才能生产出优质健康的牛奶，保证人们的饮食健康。

二、奶牛福利养殖技术

1. 满足奶牛的采食习惯　对于大多数实行散栏自由采食全混合（TMR）日粮的奶牛饲养管理系统来说，每天要保证20h以上有饲料供应。奶牛任何时候想吃，都有新鲜的饲料。通过对高产牛群的研究证明，奶牛在挤奶以后的采食欲达到高峰。另外，奶牛每天65%～70%的干物质采食量是在白天采食的，因此挤奶后一定要让奶牛吃到充足新鲜的饲料，并且满足白天大量采食的习性。

2. 提供优质的牧草　奶牛是草食家畜，必须有足够的优质青绿多汁饲料及糟渣类饲料。要合理安排好一年四季青饲料供应，种植一些营养价值高、产量高的牧草，如墨西哥玉米、皇竹草、黑麦草等，且有2～3种粗饲料相互搭配，全面供给，做到青中有干、干中有青、青干结合。凡具有农田的奶牛场（户）种植优质牧草不仅可减少奶牛对粮食的消耗，而且可让奶牛尽情地享受反刍的营养和乐趣，以满足奶牛采食习性和消化生理特点的需要。美国规定生态奶牛自产饲用牧草不得少于全部饲草的3/4，我国有些牛场规定每头奶牛占有草地667～1 334m^2。

可晒制干草或青贮，也可对稻草进行氨化，提高饲料效果；还要为奶牛提供一定数量的块根和糟渣类饲料。这样既可提高日粮的适口性，又能满足奶牛的营养需要。晾晒干净的牧草要合理存放在存草间，让奶牛在食用青草和成品牧草的同时，也能吃到TMR全混合日粮。

3. 注意饲料的生物安全　杜绝使用发霉变质和腐败有毒的饲料。饲养过程中严禁使用生长激素、抗生素、激素、动物性饲料（如骨粉、肉骨粉、血粉等），以及其他违禁药物添加剂，以确保奶牛产品安全。

食槽每天应保持清洁，清除变质的饲料。剩余饲料不能堆积在饲槽中，每天要及时清理和检查剩料的组成，看奶牛是否挑食。

4. 为奶牛创造舒适的生存环境

（1）活动场所。牛需要花大量的时间躺着、站着和运动。好的福利应给予牛充足的休息、反刍、锻炼时间。长时间站立可使脚部聚集血液，减少了营养物质与氧气的交换，容

易损伤其脚部健康。当牛运动时，可通过循环泵、新鲜的血液将氧气和营养物质带到脚部，消除有害的组织成分。牛每天在牛栏上待 9～14h，以提供充足的反刍时间保证大量唾液的产生。血液流经乳房为产奶提供营养物质。并且，与站立时相比，当牛躺着时大量富余的血液都将流经乳房。

从奶牛的体型和体重来看，柔软的地面可以保证其少受伤且有充足的休息。牛应躺在柔软、干燥并有舒适垫草的地面上。若牛躺在坚硬的地面上（如过道或粪道），则会导致乳房损伤，受损的伤口或乳头容易聚集细菌，加大发生传染病的可能性。另外，还要有充足的干草保持畜床干燥，但不应过多而使过道狭窄、潮湿。水槽应远离躺卧区。

（2）牛舍的环境管理。牛舍的环境管理有以下几点要求：

①牛舍内要经常清扫，保证舍内地面清洁干燥，使奶牛不被污水和粪便污染。经常更换垫料，以提高奶牛的舒适度。冬、春季节每周都要对牛舍的周围环境进行消毒，夏、秋季节每周至少要消毒两次。

②牛舍通风换气良好（但要防止贼风），以利排出潮湿和恶臭，北方冬季要防止寒风侵袭，南方牛舍两边可不建筑墙。

③保证牛舍光照充足，宽敞明亮，但要防止阳光直射牛床。

④牛舍应具备良好的清粪排尿系统，舍外设粪尿池，有条件的牛场可利用粪尿池制作沼气。

⑤牛舍外向阳面设运动场，每头牛用面积不少于 $20m^2$，经常保持干燥卫生，以利于奶牛静卧与休息（躺卧处应提供天然垫草）。据观测，静卧时流经乳房的血液流量增加，产奶量恰好与血液流量相关。所以，延长静卧时间，对生产极为有利。

⑥牛场内脏、净道要分开。

⑦牛舍、运动场道两旁应植树绿化，改善小气候。

动物福利的目的就是在极端的福利与生产利益之间寻找到平衡点。福利是一个相对的概念，确定福利与利益的关系是一件科学的事情。动物福利强调两个方面：一是动物福利的改善有利于畜牧生产水平的提高，当满足动物康乐时，可最大限度地提高生产水平；二是改进生产中那些不利于动物生存的生产方式，使动物尽可能免受不必要的痛苦。

第八节　挤奶与原料奶处理饲养管理

一、挤奶

正确的挤奶方式和科学的挤奶技术不仅有利于家畜的健康，并对提高产乳量、干物质和获得优质、卫生的牛奶有重要作用。通常奶牛乳房中 60%的乳汁储存于乳腺泡及其相连的小乳管内，其余 40%存在于大乳管和乳池内。为了使牛乳房内的乳汁顺利地被挤出，必须给予一定的刺激，当母牛将挤奶刺激信号送到脑下垂体而将催产素释放进入血液，引起乳腺细胞上皮和平滑肌收缩，促使乳汁分泌。

血液中的催产素浓度在刺激乳房 2min 内即可达到最高峰引起腺泡的收缩，乳房充血呈粉红色并有弹性。血液中催产素会在较短时间内不断稀释、减弱而消失。

因此，正确的方法是从开始清洁乳头到套杯约 45s 立即开始挤奶，在 5～8min，催产素完全消失前结束挤奶过程（图 5-1）。

过长时间的擦拭和挤奶，会造成乳房不必要的扭拉，损伤乳头，进而发生乳房炎。严格按照泌乳生理规律进行挤奶操作，可在预防乳房炎的发病同时，降低牛乳中细菌和体细胞数量。

1. 机械挤奶　机械挤奶的原理是模仿犊牛的吸吮动作，使口腔内形成真空，用舌和牙齿压迫乳头所致，一般犊牛吸吮时，口腔内压力降低到水银柱 10～28cm。而挤奶设备由真空泵产生负压，真空调节阀控制挤奶系统的真空度，由软管连接的吸乳杯和一个交替对吸乳杯施以真空和常压的脉动器构成。

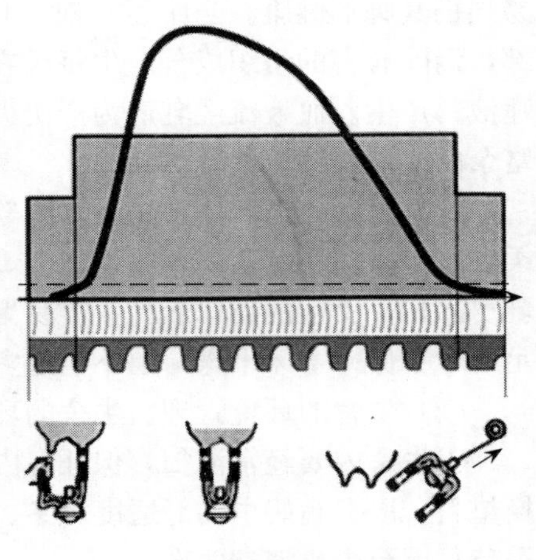

图 5-1　牛奶流速变化规律

2. 挤奶工艺

（1）挤奶时间。奶牛通常在分娩后 1～3d 以手工挤奶，对分娩后乳房新的变化做更多的接触与了解，之后即可用机器挤奶。每天的挤奶时间确定后，奶牛就建立了排乳的条件反射，因此必须遵守。

（2）挤奶间隔。每天的挤奶间隔均等分配最有利于奶牛的泌乳活动。每天 2 次挤奶，最佳挤奶间隔是 12h±1h，间隔超过 13h，会影响产奶量。每天 3 次挤奶，最佳挤奶间隔是 8h±1h，夜间安排 9h 间隔是符合生物钟规律的。一般 3 次挤奶奶产量可比 2 次挤奶提高 10%～20%。采用 2 次挤奶或 3 次挤奶还必须同时测算劳力费用、饲料费用、管理方法和经济效益等各方面因素后决定。

（3）常规的挤奶程序见图 5-2。

①挤奶前的准备工作。为确保使用干净卫生的挤奶设备挤奶，有必要制定挤奶前准备

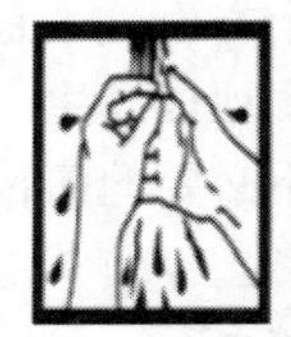
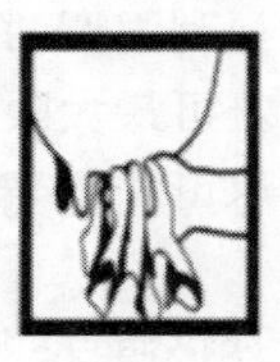

图 5-2　挤奶程序要求

工作的标准操作程序。标准操作程序包括以下内容：

检查那些生产不适于人类饮用牛奶（如初乳，经过治疗的奶牛及临床性乳房炎患畜等）的奶牛。用单独的设备，单独挤奶。

定期清洁设备表面以减少细菌的附着机会。

至少每周用强灯检查一次与牛奶接触容器的表面，看是否有奶垢附着。通常需要检查的部位为集乳器和靠近集乳器的管道进口道，记录观察结果。如果发现任何与牛奶表面接触的容器内壁不洁，注意清除。

检查所有可能积存水的部件是否排水干净，如集乳器、计量瓶、管道、奶管等，以确保水不会被偶然性地掺入奶中，影响牛奶的冰点。同时也避免洗涤剂被掺入奶中。

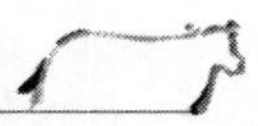

检查挤奶器的清洁和奶杯内衬安装是否合适，以保证奶杯状况良好并避免原奶被残留细菌污染。

安装牛奶过滤纸。为了有效地排除细菌和杂质，应根据厂家要求在每次清洗前或后更换牛奶过滤芯。

将通往大奶罐的奶罐从洗涤槽移回到奶罐的接口端。带有安全阀的这种奶管可以保证挤奶设备的正常工作，防止牛奶误入排水道。

检查大奶罐是否已经完全排空。

关闭大奶罐出口阀门并套上外盖：手指不能接触到阀门的边缘和内侧，避免污染与牛奶接触的容器表面。

将洗涤换向阀改到“挤奶”位置：这样就可以使输奶罐两头的奶能自然汇流到集乳器内。

打开真空泵阀门，检查真空压力，调整并确认真空度和脉动次数是否在正常范围内（在设备安装是设立正常真空压力范围的标准操作程序）。

检查牛奶温度或空奶罐，尤其是奶罐的内壁、搅拌桨、出口阀门、量尺等，使用强灯光每周至少一次，将观察到的结果记录下来。

检验乳头浸泡消毒杯是否清洁及处于工作状态，保证有足够的药液用于挤奶时的需要，从而减少疾病传播给成母牛/青牛母牛。

遵照标签说明配制乳房清洁剂，必须保持一定的浓度以杀灭细菌。

调节乳房清洗液的温度，根据产品要求调整到一定范围，保证清洗液的清洗效果。

检查一次性使用毛巾的供应，必要时准备备用品。不能发生挤奶时毛巾不够的情况，更不能重复用一条毛巾擦两头以上的牛；对于一次性毛巾绝对不准重复使用。因为传染性疾病可因此而得以传播。

洗手，以减少手上的细菌数。

穿戴一次性手套，可以预防某些传染病菌在畜群间传播，如金黄色葡萄杆菌，同时预防由挤奶员的手将牛奶污染。

储奶间的门应当随时关闭，可防止牛棚和饲料的气味窜入储奶间，也可防止外界空气中尘埃的污染以及排除令人生厌的昆虫、老鼠及其他动物进入室内，建议安装自动门。

当挤完一些牛后检查一下储奶间（即检查奶管是否连接好，冷却器是否开始工作，奶罐的出口阀门是否上了盖子等），即重复检查整个挤奶程序是否处于良好工作状况。

②预药浴，清洁乳房和按摩乳头。在挤第一把奶前，先清洁特别肮脏的乳头；清洁的乳房可仅擦净乳头，用含有消毒剂的温水清洁乳房，但要注意避免用大量的水来清洗乳房乳头；要保证乳头，而不是乳房经过擦拭。清洁乳头后马上擦干，否则留在乳头上的脏水会流入奶衬或牛奶中。使用卫生的毛巾或一次性纸巾是最佳的方法，可防止微生物在畜群之间传播。如使用毛巾要注意使用后的清洗、消毒和干燥；在擦干乳头的同时，应对乳头做水平方向的按摩，按摩时间为20s（4只乳头×5s），以保证挤奶前足够的良性刺激。

表 5-8 乳头表面不同处理方式对乳中微生物的影响（菌落总数/mL）

乳头处理方式	细菌总数	芽孢	大肠菌
未冲洗	7 500	34	2
水冲洗，湿乳头	7 900	31	1.3
水冲洗，乳头干燥	4 200	16	0.5
次氯酸钠冲洗，湿乳头	4 100	38	0.7
次氯酸钠冲洗，乳头干燥	1 500	14	0.03

从表 5-8 可以看出，降低细菌总数、芽孢杆菌和大肠杆菌数量最有效的乳头处理方法是次氯酸冲洗，乳头是干燥的，用水还是药液，最关键的是看乳头是干燥的还是湿的，乳头冲洗后的干燥是有效降低细菌总数和奶杯真空度的重要保证。

③挤前 3 把奶，检查乳房健康状态。把每个乳区的头 3 把奶挤入带深色面网的杯子中（挤奶台挤奶不可直接挤到地面上），套杯前头 3 把奶的含菌量高达90 000/mL。检查牛奶中是否有凝块、絮状物或水样奶，以及时发现临床乳腺炎，防止乳腺炎奶混入正常乳中。同时，通过挤奶前观察或触摸乳房外表是否有红、肿、热、痛等炎症或创伤，可以做到早发现、早预防、早治疗。

④套奶杯。a. 清洗消毒干净后，应及时将挤奶杯套上，正确的套杯方法是用最靠近牛头的手紧握奶爪的杯体，然后打开截止阀，把第一个奶杯套到最远的乳头上，这时奶管应该保持 S 形弯曲以防空气流入系统内，使其与乳头良好的结合，并均匀分布在乳房底部，然后尽快挤奶。b. 根据乳牛排乳反射时间，一般要求在乳头擦拭按摩后 40～90s 内完成套杯；以后要始终保持相同的挂机延迟时间。c. 调整好挤奶杯组，减少滑杯，保证均衡完全的排乳。d. 检查奶杯附着：不能让奶杯向上爬升而太紧贴乳头根部。如发现有爬升现象，应立即用手在集乳器上向下轻按几下。挤奶应该尽快进行，不应为了挤最后一滴奶而使乳房受到过多的挤压。

⑤挤奶。通常挤奶时间长短随产奶量高低、牛只个体差异及挤奶机本身的性能不同，挤奶时间将完成的表示。目前许多先进挤奶机的牛奶配管是透明无毒塑料，易于观察，配有自动控制真空压力和表示乳汁流量的装置，对控制和判断挤奶结束时间的掌握非常有利。机械挤奶时，低配管真空压力应控制在 42～44kPa，高配管真空压力应控制在 48～50kPa，脉动次数每分钟应控制在 50～60 次。分娩 5d 内的母牛或者奶中含有初乳的，乳房炎牛或正使用抗生素和停药 6d 的奶牛，分泌异常乳（如含有血液、絮片、水样、体细胞计数超标等）的奶牛，所挤牛奶不得进入正常管道系统。

为了防止异常乳和抗生素残留进入大储奶罐，需要检查永久性或临时性的治疗记录，了解哪些奶牛生产的奶不宜于给人消费；给接受过治疗的奶牛打上标记；如能及时将接受过抗生素治疗的母牛从大群分离，只需要将这些母牛排到最后挤奶，在挤奶前将输奶管从大奶罐移走就可以了；对于不能分离的问题母牛，建立牛奶处理操作常规：假若问题母牛需要与正常母牛一起挤奶，就应当将奶挤入桶内或者用提桶式挤奶机挤奶。当提桶式挤奶机的真空系统与挤奶管道相通时，要注意牛奶可能漏入输奶管道。

对患有临床性乳房炎或体细胞计数超标母牛，如果有一个乳区或几个乳区患有临床性乳房炎，就必须将所挤的病奶废弃；如果母牛还没有接受治疗，可以用单乳区挤奶器对受

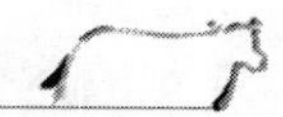

患乳区进行挤奶并废弃掉。这样可改善奶质，尽量减少废弃奶的损失。

⑥奶杯的卸载。当挤净奶之后要立即卸奶杯，防止空挤，严禁硬拉。具体操作：a. 关闭通往奶爪的真空；b. 稍等片刻，直到奶杯乳头室内的负压降低；c. 将4个奶杯同时卸下落入手腕或手掌上；d. 将4个奶杯的头部都朝下，再迅速开闭几次真空开关，把残留在奶杯和奶管中的奶吸进挤奶管奶桶。

⑦消毒乳头。卸下奶杯后应立即用药液浸泡乳头，可杀死或抑制乳头顶端和乳头孔内的细菌。乳房在卸下奶杯后的短暂时间内或多或少仍有残留真空，可吸入少量消毒液，并保留在乳头孔内，阻止外界细菌的侵入。

（4）设备常见问题及解决方法。挤奶设备的常见问题及解决办法见表5-9。

表5-9　挤奶设备常见问题的产生原因及解决办法

问　题	产生原因	影　响	解决办法
真空读数太高/低	真空设置不对 控制器工作不正常 真空表不准 空气漏气 泵磨损 真空输送管道部分阻塞	乳头端状况不佳 挤奶慢 更多的乳房炎 橡胶内套打滑 挤奶装置断开或脱落	检查漏气 检查真空表 检查真空泵 检查调节器 请技术人员检查真空系统
集乳器真空波动过大	奶提升太高 空气出口阻塞 爪形管太小或输奶管太细且入口太小 奶管（长软管）卷曲	增大乳房内细菌传递	调整挤奶至最新标准 检查空气出口 更换输奶软管 降低奶的提升高度/降低输奶管高度
脉动不规则	空气出口阻塞 脉动器肮脏 电压问题 脉动控制板故障	挤奶慢 乳头状况差 各乳区的奶不能完全挤出 更多的乳房炎	请技术人员检查脉动 检查过滤器 检查基础电源 检查脉动器空气管道及空气出口
挤奶点控制器一端电压偏离	电线故障或电机故障	使奶牛神经紧张、踢踩挤奶员 影响挤奶时间和挤奶效果可间接导致乳房炎	请电工找出原因安装电压过滤器或其他隔离装置 安装等电压盘
橡胶内套变形或不干净	过多使用 清洗不正确 内套扭曲	内套在乳头上动作不正常 损伤乳头 挤奶慢	如果问题出现应根据制造商的建议或尽快更换
奶杯上下窜动或脱落	内套状况不良 装置对准差 真空太低或有波动	刺激乳头端 增加微生物从一头牛传到另一头牛的机会	改善装置的对准水平稳定真空

二、牛奶冷却、储存与运输

1. 牛奶的冷却

（1）原料奶要迅速冷却的原因。健康母牛的乳汁实际上是无菌的，但挤奶中因乳房中乳汁需通过有细菌侵入的乳头口流出，加上挤奶过程中灰尘、水滴、牛毛和挤奶员双手，从而使挤出的牛乳含有细菌。并且牛乳富含营养，挤后牛乳温度在37℃左右，纵然挤出的牛乳含有天然抑菌物质，可保持一定时间乳质品的新鲜度，但时间短，只有快速将牛乳冷却至4℃，才能有效抑制细菌的繁殖。在原料乳贮藏和运输各环节中，温度管理时原料乳品质保证至关重要的因素。

（2）牛乳的冷却方法。将牛乳在2h内37℃冷却至4℃，在现代化大型牧场，通常采用热交换器来完成降温，也有直接利用贮奶罐本身的冷却设备来降低奶温，但规模相对较小。

①冷却罐冷却。将贮奶罐与冷却机组结合制造的设备，能够有效地冷却鲜牛乳。这种冷却罐可分为直接冷却和间接冷却等两个方式。直接冷却方式是通过冷却机冷媒在罐底部汽化膨胀作用进行热交换达到冷却目的。这种冷却设备也有冷却机组与储乳罐体相分离的结构形式，也就是牛乳在进入储奶罐之前通过与冷媒的热交换被冷却。间接冷却方式是通过冷冻机将水或不冻液进行冷却后，再用此冰水与牛乳进行热交换做到冷却。

②板式换热器冷却。以水作为二次冷媒时，通常利用冰水机制备冰水，通过板式热交换机冷却牛乳。在这种方式中储乳罐和冷却系统是分开的。它能避免刚挤下的热牛乳与罐内冷的牛乳的混合。这种设备能够做到挤奶的同时连续将牛乳冷却到2～3℃，并输到冷藏奶罐中保藏（图5-3）。

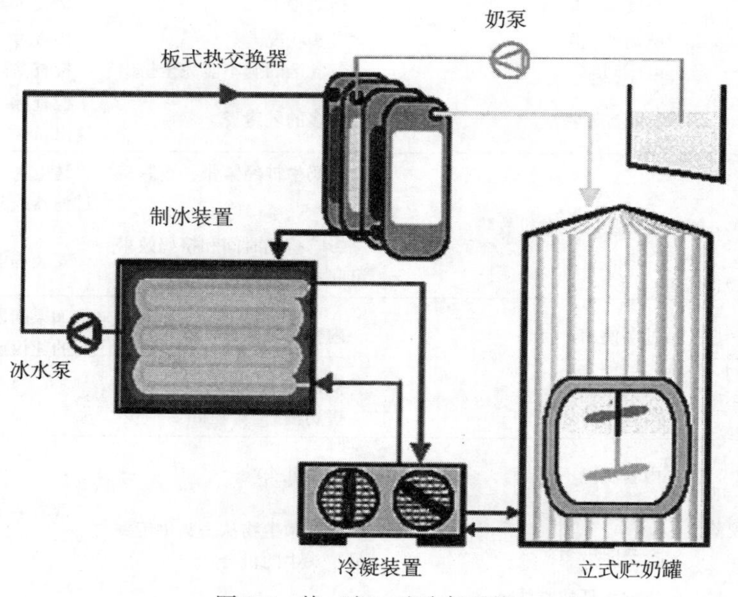

图5-3 快（急）速冷却系统

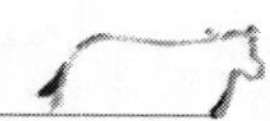

预冷却系统见图 5-4。

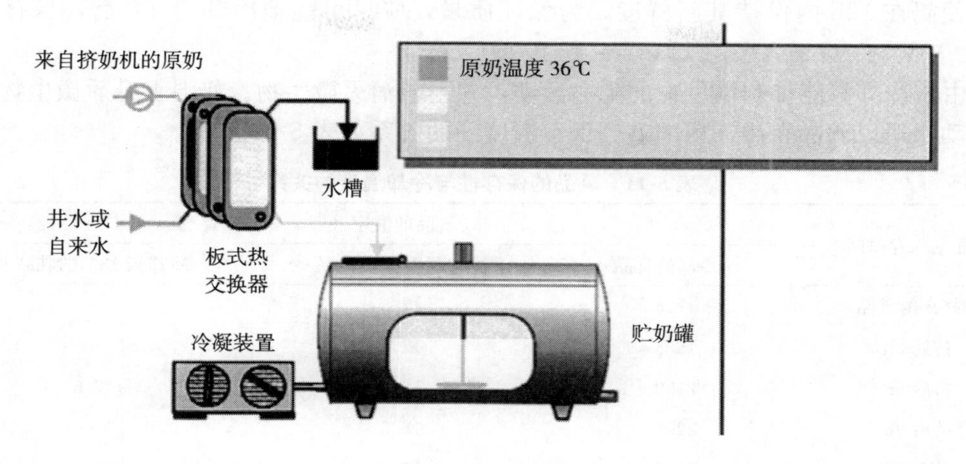

图 5-4　预冷却系统

如果冷却系统每年都进行定期检修保养，可以保证每次所挤的牛奶迅速可靠地冷却。检修的要点包括：冷冻机的工作压力、温度计的准确性、温度调控器的工况、冷凝器的清洁。

可靠的冷却是牛奶保鲜的关键。牛奶处于 4℃以上或者冷却过慢时，细菌会大量繁殖，而牛奶细菌超标及含有致病菌可以威胁到人类的健康。牛奶的冷却温度参见表 5-10。

有关设备的清洁是牛奶生产的另一个关键控制点。设备清洗不善是细菌计数偏高和可能化学物残留的另一个原因。

表 5-10　冷却温度指导

状　　态	温度范围
预冷阶段	由 33℃降到 15～21℃
第一次进奶	1～4℃ 在 1h 内（最佳为 0.5h）
第二次及后续进奶	混合奶温度不能超过 10℃ 1h 内降到 1～4℃最佳为 0.5h
理想储存时	1～4℃
运奶时	2～3℃

2. 原料乳的储存　奶在贮存前必须进行冷却，最好使奶全面降温至4℃左右再进行贮存。牛奶的导热性差，单纯地将奶桶放在冷水中贮存，由于温度传至桶中心常需数小时之久，因此不能保证牛奶不变质。如单纯将奶桶放在冷水中冷却时，最初几小时内应进行多次搅拌。若将整桶牛奶放入冷库贮存，由于空气的导热性更差，当冷库的温度传至牛奶中心时，通常需6h 以上，因此引起牛奶变质，所以应先将牛奶以不同方式冷却后再放入冷库贮存。

根据试验，将牛奶冷却至18℃时鲜奶的保存已有相当的作用，如冷却至13℃保存，则可使奶在12h内保持其新鲜度。为保证质量，应尽可能地冷却至4℃后，保存在冷库中。

由于冷却只能抑制微生物的生命活动，并不能消灭微生物。奶温上升后微生物有开始活动。所以乳品在冷却后的整个保存温度间的关系如表5-11所示。

表5-11 乳品的保存性与冷却温度的关系

乳品的保存时间	乳品的酸度（°T）		
	未冷却的乳品	冷却到18℃的乳品	冷却到13℃的乳品
刚挤出的乳品	17.5	17.5	17.5
挤后3h	18.3	17.5	
挤后6h	20.9	18.0	
挤后9h	22.5	18.5	
挤后12h	变 酸	19.0	

杀菌后已包装（装瓶）的牛奶，如一时尚不能送出，也应该送入冷库贮存，以免其温度再度升高。暂存冷库的温度应保持在4℃左右，在这种温度下贮存牛奶，一般不应该超过一昼夜（表5-12）。

表5-12 奶的保存时间与冷却温度的关系

奶的保存时间（h）	奶应冷却的温度（℃）
6～12	10～8
12～18	8～6
18～24	6～5
24～36	5～4
36～48	2～1

3. 原料乳的运输 原料乳的运输条件和输送前的状态时影响其质量的重要因素。目前原料乳的运输主要是采用奶槽车和奶桶输送等方式。

奶槽车运输已成为一些乳业发展较快地区的主要运输方式。奶槽车的奶槽容量有1t到几吨，甚至几十吨不等。奶槽车应使用与牛乳不起化学反应、无味以及对人体无害的材料制成。最理想的是不锈钢材料制成的内外壁应光滑，易于清洗消毒槽车本身。

原料乳运输前应在奶牛场降温到4℃。在运输过程中原料乳由于震荡和搅拌等原因易形成脂肪块，黏附于奶槽内壁上。如果长时间运输时，由于温度的升高还容易导致脂肪的酸化和混入大量的空气。

大型乳品厂已使用配有制冷机组的奶槽车，除本身能制冷外，隔热性能好，带有自动流量计和奶泵。另外，用FRP树脂（Fiberglass Reinforced Polyester）制造的奶槽，对于原料乳运输途中的量保证更有利。这种材料的价格钢的1/4，坚固性与铁相当，热传导性为钢的1/50，保冷性能好。在外界温度35℃下，50h保存中乳温度升高1～2℃。奶槽车可分成若干小区，应装满牛乳防止运输过程中晃动而起泡。

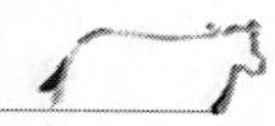

奶槽车通常是直接从奶牛场牛奶处理室冷却罐中通过奶泵装载后直接运送到加工厂。每个奶槽车都有一定的收奶路线和时间表，定时定点进行运输。

三、挤奶设备的清洗

1. 清洗目的　使输奶管道和设备达到物理清洁和化学清洁，减少微生物污染以获得高质量的乳制品。

表 5-13　不同清洗方法对奶罐中不同时间点细菌数的影响

	温度（℃）	鲜奶（菌落总数/mL）	24h 后（菌落总数/mL）	48h 后（菌落总数/mL）
干净乳头与挤奶设备	4	4 300	4 300	4 600
干净乳头与脏挤奶设备	4	39 000	88 000	121 000
脏乳头与挤奶设备	4	136 000	280 000	538 000

从表 5-13 可以看出，如果是干净乳头和清洗干净的挤奶设备，保持在 4℃的温度条件下，24h 和 48h 的细菌数与鲜奶中差别不大；如果乳头干净，而挤奶设备没有清洗干净，在同样的温度下，鲜奶中的细菌数、24h 和 48h 的细菌数分别比干净乳头和干净挤奶设备的高出 9.7 倍、22 倍和 24 倍；如果乳头和挤奶设备都是脏的，要高出 34 倍、70 倍和 108 倍。

因此，为保证牛奶得到充分的冷却，挤奶设备达到彻底清洗的目的，制定挤奶后清洗的标准操作程序是必要的。挤奶后标准操作程序应当包括以下各个要素，并在贮奶间显著位置张贴：

将阀门转换到清洗位置。

使空气进入到清洗管道，顶走输奶管中的牛奶。

清洗挤奶杯组的外壳，并将阀门换向至清洗位置。

泵空集乳器储奶。

倒空乳头浸泡消毒杯和奶法检查杯。

将输奶管道路从大奶罐移到洗涤槽。

打开奶牛过滤器，去掉过滤纸，检查奶垢和凝块。

如果挤奶系统装有板式冷却器时，要定期更换新的密封圈。

添加洗涤剂（如果是手动控制系统时）。

将清洗控制盘上的开关定到清洗位置。

根据张贴在储奶间墙面上的流程图清洗挤奶设备。

对于每个清洗循环，都要明确规定以下要素：清洗液的温度、清洗液量、洗涤剂的种类及用量、清洗时间。

要确保挤奶系统中每个清洗循环都符合设备洗消规定标准。

每周检查洗涤水的温度，以回流管为准。

清洗储奶间的地面。

关闭储奶间与牛棚相通的门（建议安装自动门）。

2. 机械清洗程序 清洗程序包括预冲洗、碱洗、酸洗与后冲洗，清洗时系统内真空度保持在50kPa。

预冲洗：挤奶后，应用清水（符合生活饮用水卫生标准GB5749—85）马上进行冲洗。避免管道中的残乳因温度下降而发生硬化，使冲洗困难。预冲洗水不能走循环，用水量以冲洗后变清为止。水温太低会使牛乳中脂肪凝固，太高会使蛋白质变性，因此水温在35～40℃最佳。预冲洗水不得混入正常牛乳中。

碱洗：碱性清洗剂提供化学能去除污垢中的有机物（脂肪、蛋白质等）。一般碱洗起始温度要求达到70～85℃进行，循环清洗5～10min。碱洗液pH为11.5～12.5，排放时的水温不能低于40℃。清洗水温如果达不到要求，也可选用低温清洗剂，循环水温控制在40℃左右，排放时温度不低于25℃。

酸洗：酸洗的主要目的是清洗管道中残留的矿物质，依据水硬度决定用量，水硬度越高，使用剂量和频率越高（表5-14）。每周1～7次。酸洗温度为35～46℃，循环酸洗5min。pH为1.5～3.5。酸性清洗剂只能使用磷酸为主要成分的弱酸性酸洗剂。

表5-14 水的硬度与洗涤剂的用量关系

硬度（水硬度）	清洗剂使用剂量（mL/L）
1～10	5
11～20	6
＞20	8

后冲洗：每次碱（酸）洗后用符合生活饮用水卫生标准的清水进行冲洗，除去可能残留的碱液、酸液、微生物和异味，冲洗时间为5～10min，以冲净为准。

在台式挤奶厅挤奶，若一次连续挤奶时间过长，每8h应清洗一次挤奶设备，清洗程序如上，以减少污染与交叉感染的概率。

挤奶管道清洗工艺可参考表5-15。

表5-15 挤奶管道清洗工艺表

类别	程序	洗涤剂	剂性	温度（℃）	洗涤时间（min）	使用方法
预清洗	挤奶后立即进行	可饮用水	软性	35～40	水变清为止	不走循环，每次挤奶后
碱洗	接预冲洗	碱粉（液）	pH11.5	始≥75 末≥40	10～15	走循环，每次挤奶后
酸洗	接碱洗	酸洗液	pH3.5	35～40	5	走循环，按需1～7次/周
后冲洗	接碱(酸)洗后及挤奶前	可饮用水	软水	常温	5～10	不循环，避免碱（酸）残留对牛奶安全造成影响

消毒：每次挤奶前使用含有100～200mg/L的氯溶液，在挤奶前20～30min开始清洗，时间为3～4min，目的是消毒整个挤奶系统。

挤奶管道清洗工艺可参考表5-16。

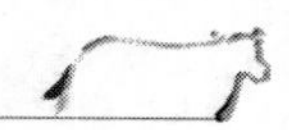

表 5-16　挤奶设备清洗建议操作程序

循环周期	清洗目的	水温范围	最佳管理规范
第 1 步　预冲洗	去除 90%～95%的奶固体物 奶管预热	起始为 35～45℃温水；结束循环时不低于 40℃	不要循环用水，以免在管壁形成奶膜切记水温过高，将蛋白烘干沉积在容器表面 在污水处理时尽量减少牛奶的含量（有的牛场将头道冲洗水收集用于喂小牛）
第 2 步　加入含氯碱性洗涤剂清洗	通过加入含氯碱性洗涤剂去除乳脂	起始最低温度为 70℃ 结束时温度应维持在 40℃以上，使脂肪可以从管壁溶脱	在清洗时，循环液的 pH 应保持在 11～12；碱浓度应在 400～800mg/L；氯浓度应在 100～200mg/L 保证循环时间不低于 5～10min 循环洗涤形成的塞流不低于 20 个斯勒格单位（SLUG）
第 3 步　酸溶液清洗	中和碱性洗涤剂的残留防止矿物质沉积在管壁保持容器处于低 pH 抑菌状态 减少清洗时碱液对橡胶部件的损害	检查厂家的建议并将其张贴于储奶间	保证清洗酸液的 pH 要小于 3.5，每次挤奶后即将酸加入到酸循环液中切忌将酸液与含氯洗涤剂混合，以免产生致命的有毒气体
第 4 步　后冲洗	除去乳脂、乳蛋白	常温	用符合生活饮用水卫生标准的清水冲洗 5～10min，以冲净为准
第 5 步　使用消毒剂清洗	在挤奶前消毒整个系统	检查厂家的建议（一般 43℃）	使用含有 100～200mg/L 的氯溶液在挤奶前 20～30min 开始清洗，时间为 3～4min

在就地清洗系统（CIP）中由脂肪、矿物质和蛋白形成的陈旧奶垢可用下列步骤去除：

步骤 1：将洗涤剂的用量增加 1 倍，而氯消毒剂用量不变。

步骤 2：将清洗定位于热洗程序上。

步骤 3：将系统重新设置到清洗位置。

步骤 4：使用 3 倍量的酸性洗涤剂，将清洗定位于热洗程序。

在必要时，可以重复上面的步骤。

提示：消毒剂只能与碱性洗涤剂相混，切忌与酸液混合！

注意：经过重复多次高浓度消毒剂清洗后，某些橡胶部件（如奶杯的衬垫）应当予以更换，因为高浓度的氯可以分解衬垫外部的涂层；确保供热系统可以提供足够的热水完成全部程序。

3. 手工清洗　手工清洗适用于桶式挤奶机的拆洗。挤奶一结束，拆开挤奶机，用温水清洗一遍。按达到 pH 10.5～12.5 的浓度加入碱液，用软刷子刷洗各个部件。每 3～7d 在碱洗后用清水按浓度加入酸液（pH 1.5～3.5）进行酸洗。用饮用水冲净、组装后晾干，并防尘埃与昆虫。

奶缸和各种牛奶容器在每次使用后立即进行自动或手工清洗。储奶缸每天在空缸时应立即清洗1次。储奶缸的清洗十分重要，清洗程度不佳时，牛奶会在这个环节严重污染，细菌在低温下也可生长，从而导致乳品质量低劣。

每次清洗之后，必须通过设备的最低点将残液彻底排空，以防止清洁的设备和管道被二次污染。

用适量碱性清洗剂（最好用有消毒作用的清洗剂），浓度0.5%。对贮奶罐内所有部分刷洗，尤其要注意刷洗出口阀、搅拌器、温度测量器、量杆、罐盖和罐角等。要确保清洗剂与罐的所有部分接触至少2min。

清洗贮奶罐时，最好使用低温清洗剂，25～45℃的水温，人工刷洗比较安全，也更能保证清洗效果。

在多数的设备安装中，每次挤奶后都会自动进行清洗。随着每次清洗，都有可能发生问题。每年对清洗系统做出评估和保养，防止故障的发生是优质牛奶保证系统的一个重要部分。其内容包括：

定期检查水质：水质决定洗涤剂的用量，水的硬度和铁含量以及微生物指标相差甚多，需要对水质进行定期的检查。

每周测试水温，对照洗涤剂石家的要求，合适的水温对于洗涤效果至关重要。

定期检查自动洗涤剂分配器的分配液量是否准确以及输液管是否畅通，需要定时加以测试。

定期检查洗涤冲击力，水冲击力对于保证奶管的充分清洗极为重要。

足够的清洗循环时间，清洗时间保证洗涤剂充分完成其清洗功能。

4. 奶罐及奶罐车的清洗

用温水冲洗3min。

1%碱液在75～85℃条件下10min。

用温水冲洗3min。

用热水（90～95℃）消毒5min。

每星期用70℃、0.8%～1.0%的酸液循环10min。

四、储奶间卫生要求

储奶间是牛场实施牛奶质量控制的最后关口。

储奶间周围及附近环境必须保持干净，四周是干净的水泥地面。而且从储奶间向外要有坡度。储奶间应远离粪堆、污水罐、青贮窖或家畜饲养区等主要污染源，防止异叶、污水和灰尘的污染。门窗要严密、无缝隙、防虫、易于清洁。窗户必须完好无损，闲杂人员不得进入。

储奶间只能用于冷却和储存牛奶以及存放用于生产和处理牛奶的清洗剂和设备，不得存放洗涤剂、消毒剂和杀虫剂等化学品。准许用于储奶间的化学品，要妥善地存放在不会污染牛奶的地方。

储奶间所有工作区域包括贮奶罐必须有充分的光线，应有电灯及自然光源。应当有良好的自然通风或电扇通风条件，以减少冷凝机的热量。

墙壁必须光洁、防水。可用水泥抹面或防水涂料等。管道、电线、屋顶交接处无空隙。地面要求防滑、有坡降、合理的排水口。地面不应坑洼不平，出现积水。室内应设洗

手池（与水槽分开），并有热水和肥皂。

保证挤奶中心的排水洁净。储奶间的排水系统承受来自挤奶设备和储奶间的污水。地面排污口要备有沉淀室，挡住固体杂物。排水口要安装易于清洗的活动盖板，防止气味窜入挤奶中心和储奶间。排水系统要定期清洗，以防堵塞。建议下水口要距贮奶罐至少60cm，切忌位于奶罐出口的正下方。这是为了防止污染奶罐的出口并方便操作。

为了加速排水的速度并方便清理泛臭盖板周围的沉淀物，须设置一个较为宽敞的带箅栅的下水平口，20～30cm宽。

储奶间污水的排放口须距储奶间至少15m远。储奶间排放水须经收集并予以处理，避免污染地表和地下水。

第六章　奶牛的普通疾病

第一节　奶牛内科病

一、前胃弛缓

前胃弛缓是奶牛前胃兴奋性降低和收缩力减弱所引起的一种消化机能障碍性疾病，其特征是食欲降低，瘤胃收缩乏力和收缩次数异常，一般舍饲奶牛和老龄奶牛发病率高。

（一）病因

1. 原发性病因　如饲料过于单一；草料品质不好；饲料发霉、变质；饲养管理不当；饲草不足，而精饲料过多；应激因素如突然改变饲草饲料种类、环境过热或过冷、长途运输、牛舍拥挤、运动不足等。

2. 继发性病因　牛的其他胃部疾患，如创伤性网胃炎、瘤胃积食、瓣胃阻塞、皱胃溃疡；营养代谢病，如生产瘫痪、酮血症、骨软症、产后血红尿蛋白症；中毒病，如有毒植物和化学药物中毒等。热性传染病，如口蹄疫、结核、布氏杆菌病等；寄生虫病，如血孢子虫病、肝片吸虫病、锥虫病等；此外，还可因奶牛长期内服大量磺胺类或抗生素类药物，使瘤胃内微生物区系共生关系遭到破坏，消化功能发生障碍而引起前胃弛缓。

3. 医源性因素　长期或大剂量内服磺胺类药物或抗生素类药物，破坏了瘤胃内正常菌群，引起消化功能紊乱。成年奶牛一般不能口服四环素类（尤其是土霉素）药物。

（二）症状

1. 急性型　病牛一般表现急性消化不良，出现食欲减退或消失，反刍弛缓或停止。听诊瘤胃蠕动减弱、次数减少，时而嗳气、便秘，泌乳量下降。触诊左侧瘤胃部位时，内容物充满、黏硬。如果是变质饲料引起的，则瘤胃收缩停止。同时，伴有轻度或中度胀气、下痢或便秘，排粪减少，粪稍干硬、暗黑、附有黏液。单纯性消化不良，经治疗后，不久即可痊愈。

若伴有瘤胃炎、酸中毒则粪便恶臭。口腔有酸臭味，唾液黏稠，泌乳量下降。体温、呼吸、脉搏变化不大，但若伴发酸血症时，则病情急剧恶化，病牛精神高度沉郁，眼球下陷，呻吟，食欲反刍停止，鼻镜干燥，可视黏膜发绀，末梢发凉，出现脱水和酸中毒，最终衰竭甚至死亡。

2. 慢性型　慢性型多为继发性的病理过程，或因急性转变而来。多数病例奶牛食欲时好时坏，有的发生异嗜、舔砖、啃土或采食污物。反刍不规律，间断无力或停止，嗳气有臭味，常间歇性发生瘤胃鼓气，瘤胃蠕动减弱或消失，虚嚼磨牙，精神委顿，便秘和下痢交替。病程长时，病牛日渐消瘦，被毛粗乱，皮肤弹性减弱，贫血，脱水，黏膜发绀。

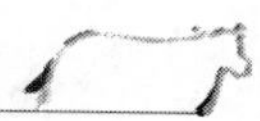

终因自体中毒而衰竭死亡。

(三) 诊断

根据病牛的临床症状即食欲异常，瘤胃蠕动减弱，体温、脉搏正常，即可确诊。牛有前胃弛缓时应详细检查，综合分析，从饲养管理中调查了解病因。

现场诊断可抽取瘤胃内容物进行检查。用胃导管抽取其内容物，以试纸法测定其pH，患前胃弛缓的牛，其胃内容物pH一般低于6.5。

(四) 防治措施

1. 治疗 治疗原则：消除病因，恢复、加强瘤胃功能，调节瘤胃pH，制止异常发酵和腐败过程，防止机体中毒，保护肠道功能。

(1) 为加强瘤胃收缩，可静脉注射10%氯化钙200～400mL，10%氯化钠溶液500mL，10%安钠咖注射液20mL。对于分娩前后的牛，可静脉注射5%葡萄糖生理盐水500mL、25%葡萄糖500mL、20%葡萄糖酸钙（或3%氯化钙）500mL。为兴奋瘤胃还可口服酒石酸锑钾或注射拟胆碱药物。

(2) 制止瘤胃发酵可内服鱼石脂10～15g或松节油30mL，便秘时可内服硫酸镁（钠），腹泻可内服磺胺制剂及黄连素等，配合收敛药如活性炭、鞣酸蛋白等。此外，还可投喂健胃药，如龙胆粉、干姜各120g，番木鳖粉16g，混合分8份服用，每日2次。

(3) 为防止酸中毒，可静脉注射5%葡萄糖生理盐水1 000mL，25%葡萄糖500mL，5%碳酸氢钠500mL。继发性瘤胃弛缓还必须对原发病进行治疗。对食欲废绝并伴有脱水或自体中毒的病牛，应静脉注射25%葡萄糖溶液500～1 000mL；40%乌洛托品溶液20～40mL，20%安钠咖注射液10～20mL。

(4) 中药以扶脾健胃为主，可用扶脾散或大戟散治疗。同时，配合针刺疗法，可选用脾俞、知甘、百会、苏气、山根、尾尖等穴位。

单方：米醋300～500mL，1次内服；神曲、麦芽、山楂各100g，碾碎成末内服。

2. 预防 改善饲养管理，合理搭配饲料，不要突然更换饲料或改变饲养制度。

(1) 坚持合理的饲养管理制度，饲料变更应逐渐进行。按不同生理阶段供应日粮，严禁为追求高产而片面增加精料。要保证供给充足的青干草，以及维生素、矿物质。

(2) 为防止创伤性疾病的发生，牛场内应做好饲草的加工调制工作。

(3) 加强饲料的保管工作，防止变质、霉烂。

(4) 对临产、分娩后的奶牛应仔细观察，及时发现，及时治疗。可用葡萄糖和钙制剂做定期静脉注射，对于增进牛的食欲，防止前胃弛缓的发生有较好的疗效。

二、瘤胃积食

瘤胃积食是由于奶牛前胃收缩力减弱，采食大量难消化的饲料或易膨胀的精饲料积滞于瘤胃内所致的急性瘤胃扩张，致使瘤胃运动和分泌功能紊乱的前胃疾病。

临床特征为食欲废绝，反刍停止；瘤胃扩张，左下腹部膨大下坠；瘤胃内容物坚实；瘤胃蠕动减弱；排粪迟滞。

(一) 病因

1. 原发性病因 过度采食坚韧难消化的粗纤维饲料（如红薯藤、花生秧、豆秆等）；

适口性较差的饲料突然改变为适口性较好的饲料；或饥饿时大量采食及过食豆、谷类等精饲料。

2. 继发性原因 前胃弛缓的奶牛食欲突然增强，容易发生瘤胃积食；各种应激，如怀孕后期运动不足而又过于肥胖、产后失调、运输、环境不良等继发。

（二）症状

1. 腹痛 通常在饱食后数小时（5～6h）发病，表现轻度腹痛（拱背、回头望腹、后肢踢腹、磨牙、摇尾、呻吟、起卧不安）。

2. 消化障碍 病牛食欲减退，反刍减少或停止，虚嚼流涎，嗳气增多，有时作呕。

3. 腹部检查 腹围增大，触诊左腹中下部坚硬或呈面团样，有下坠感；叩诊呈浊音，部分伴发轻度瘤胃鼓气；瘤胃蠕动音减弱甚至消失。

4. 排粪及粪便 排便滞迟，粪便干少色暗，呈叠饼状甚至球形；有的排稀软恶臭的粪便，可见未消化的饲料颗粒，其中含有指头大小的干粪球。

5. 全身症状明显 鼻镜干燥，口腔有酸臭味或腐败味。重者呼吸急促，心跳加快，可视黏膜发绀，肌肉震颤，运动失调，嗜睡或狂躁不安。过食谷、豆类精饲料者，则表现严重的视觉紊乱、脱水和酸中毒。

（三）病程及预后

病程取决于积食的内容物及其数量。积食轻微者或应激引起的，及时治疗 1～2d 可康复，一般病例 3～5d 可康复。慢性病例，病情反复，预后可疑；病程 7d 以上者多预后不良。采食过多精料引起的，病情发展迅速，引起酸中毒、脱水及毒血症等，不及时治疗往往 2～3d 死亡。

（四）诊断

1. 根据发生原因 过食后发病，瘤胃内容物充满而坚实，食欲、反刍停止等特征，可以确诊。

2. 鉴别诊断

（1）前胃弛缓具有瘤胃不甚充满，不断嗳气，呈间歇性膨胀等特点。

（2）瘤胃鼓气，病情急，发生发展快，肚胀有弹压性特点，叩诊呈鼓音，呼吸困难。

（3）瓣胃阻塞：粪便干，常呈干饼状。

（4）皱胃阻塞：瘤胃积液明显，左下腹胀明显，冲击时皱胃有疼痛，有时出现钢管音。

（5）黑斑病甘薯中毒：呼吸困难严重，瘤胃明显鼓气，有时背部皮下气肿。

（五）防治措施

1. 治疗 治疗原则：消食化积，即促进瘤胃内容物排出；恢复前胃运动机能；防止脱水和自体中毒。采用中西医结合疗法疗效确实。

（1）加强护理。食入大量易膨胀的豆类或饼类，或瘤胃中已形成大量气体，应限制其饮水，一般以少量多次为宜。食入一般的饲料且瘤胃气体不多，内容物坚硬，可灌入少量温水。患牛出现食欲，但不易马上喂食，待充分反刍后，再喂少量易消化的饲料。

（2）促进瘤胃内容物排除。

①物理疗法：瘤胃按摩，灌入温水，每日 4～5 次，每次 15min，先轻后重。此法对

恢复瘤胃机能，促进瘤胃运动有良好的效果。或皮下注射新斯的明或毛果芸香碱，以促进瘤胃蠕动。

②西药泻下：内服泻剂硫酸镁（硫酸钠）300～500g，配制成3%～10%水溶液或液体石蜡500～1 000mL。但必须配合补液。

（3）强心补液。大量输给5%葡萄糖生理盐水、25%维生素C等，补液每天2～3次，每次2 000～4 000mL，如发现有酸中毒现象应在补液时加5%碳酸氢钠溶液，每次300～500mL。

（4）手术治疗。药物治疗无效，或过食甘薯藤等藤蔓类植物引起瘤胃积食且体况尚好者，需进行早期手术治疗。

2. 预防

（1）加强饲养管理，防止奶牛贪食。

（2）防止过食大量精饲料。

（3）不宜单纯饲喂不易反刍和消化的饲草。

三、瘤胃鼓气

瘤胃鼓气是由于瘤胃内容物异常发酵或过量采食易发酵的饲料，在瘤胃微生物的参与下过度发酵，产生大量气体，致使瘤胃体积急剧增大，胃壁急性扩张，并呈现反刍和嗳气障碍的一种疾病。

本病特征是腹围急剧增大，左侧肋窝过度鼓起；叩诊中上部为高郎鼓音；触诊瘤胃紧张而有弹性；呼吸困难。

（一）病因

1. 原发性瘤胃鼓气　主要见于采食大量易发酵产气的青绿、幼嫩、多汁饲料或采食多量雨季潮湿的青草或发酵腐败变质的青贮饲料，特别是舍饲奶牛转为放牧的奶牛，最易导致急性瘤胃鼓气的发生。

2. 继发性瘤胃鼓气　多见于前胃弛缓、食道阻塞、创伤性网胃心包炎、瓣胃阻塞、生产瘫痪、酮血症等疾病继发引起。

（二）症状

1. 急性瘤胃鼓气　通常在采食大量易发酵饲料过程中或采食后不久突然发病，发展迅速。病牛初期表现腹痛不安，回顾腹部，后肢踢腹，甚至急起急卧，站立不稳。食欲、反刍和嗳气完全停止，呼吸加快，结膜潮红；腹部急剧膨胀，严重者可突出背脊按压腹壁紧张，不留压痕，叩诊左腹部呈鼓音；听诊时瘤胃音病初增强，很快减弱甚至消失。病牛后期呼吸困难甚至张口呼吸，头颈伸展，心跳疾速，可视黏膜发绀，运动失调，有时突然倒地，全身痉挛而死亡。

2. 慢性瘤胃鼓气　呈现周期性臌气，常在采食或饮水后反复发生，患牛逐渐消瘦，有时便秘和腹泻交替出现。

（三）病程及预后

（1）原发性、急性瘤胃鼓气，病程短急，如不及时治疗，数小时内窒息死亡。病情轻的病例，及时治疗，可迅速痊愈，预后良好。

（2）慢性瘤胃鼓气，病程可持续数周至数月。病因不同，预后不一。继发于前胃弛缓的患牛，原发病治愈后慢性臌胀也消失；继发于创伤性网胃心包炎，腹腔脏器黏连、肿瘤、瘤胃异物等病变而引起的，久治不愈，预后不良。

（四）诊断

原发性瘤胃鼓气，可根据典型的临床症状予以确诊。慢性或继发性瘤胃鼓气，则应根据患牛的其他症状综合分析。诊断时要特别注意区别本病与创伤性网胃心包炎、酮血症、缺钙等引起的鼓胀。

（五）防治措施

1. 治疗 治疗原则为消除病因及原发病，排气减压，制止发酵，恢复瘤胃正常的生理功能，保护心脏，防止毒物吸收引起中毒。以消胀、止酵，恢复瘤胃机能为主，若为继发性瘤胃鼓气，应首先排除原发病因。

（1）及时排出瘤胃内气体。牵引病牛做上坡运动，插入胃管放气；臌气严重，有窒息危险时，用套管针穿刺瘤胃放气。

（2）制止瘤胃内容物发酵产气。可内服鱼石脂 10～20g 或松节油 30mL。

（3）排出瘤胃发酵内容物。可内服硫酸镁（钠）300～500g 或石蜡油500～1 000mL。

（4）投服消泡剂。泡沫性臌气应投服消泡剂如消胀片（30～40 片）、松节油适量、酒精（30～40mL）、食用油适量等。

（5）治疗原发病。若继发性瘤胃鼓气，应先治疗原发病。可将臭椿树皮捣碎内服，或萝卜干 500g、大蒜 200g 捣碎加麻油内服。

2. 预防 预防原则是改善饲养管理，不过多饲喂多汁饲料，在饲喂多汁饲料时配合干草，不喂披霜带露的、堆积发热的、腐败变质的饲草和饲料；加强饲料的加工调制和日粮配合，消除尖锐异物，注意精、粗料比和矿物质的供给，以防止继发性臌气的发生。

四、创伤性网胃心包炎

创伤性网胃心包炎是指尖锐金属异物混杂在饲料内被采食吞咽落入网胃，继而刺伤网胃壁所引起的网胃机能障碍和器质性变化所引起的网胃创伤性疾病。异物刺伤网胃，又穿透膈肌伤及心包，使心包发生创伤性心包炎。临床常见两个疾病合并发生，并引起急性弥漫性或慢性局限性腹膜炎。

该病的特征是突然不食、疼痛，或反复出现瘤胃鼓胀。本病对奶牛的健康及其生产性能危害很大，尤其在规模化奶牛场，可导致奶牛死亡和产奶量的大幅下降及死淘率增加，造成重大经济损失。

（一）病因

（1）创伤性网胃心包炎可发生于任何年龄的奶牛，多在妊娠末期 3 个月和分娩期发病。牛口腔黏膜结构特点及其采食习性决定牛较易吃进金属异物。牛对草料中异物的辨别能力差，又有采食快、不加咀嚼、囫囵吞咽的舔食习性，所以较其他动物容易将异物吞入。加上网胃结构特殊，容易存留金属异物。当尖锐的金属异物有一定长度时，在牛腹压加大、运动增加、发情或怀孕后期异物就容易刺透网胃壁，进而穿入膈肌到达心包膜甚至心肌，从而导致本病的发生。

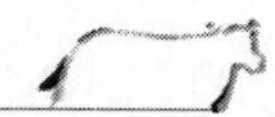

（2）规模化奶牛场饲草饲料中最常见的尖锐异物种类以饲料粉碎机与铡草机上的销钉为主，其次是碎铁丝和铁钉，其他如别针、注射针头、发卡、纽扣、图钉、缝针、钢笔尖、回形针、大头针、标本针、小剪刀和指甲剪、铅笔刀、碎铁片、铁渣、玻璃片以及各种金属异物，这些异物可能混在草内，也可能在饼渣等饲料加工时被混入，有异食癖的牛还可能在运动场或放牧时吃入尖锐异物。其中以针、钉、碎铁丝及其他尖锐异物危害性最大。

（3）在城市近郊、工厂附近取草或放牧饲养的奶牛发奶牛因误食混入饲料中的铁丝、铁钉、缝衣针等金属异物，进入网胃，造成损伤，引起网胃炎；进而穿透网胃壁刺破腹膜引起局部性腹膜炎；然后再穿透膈，向前刺伤心包膜而引起创伤性心包炎。

（4）饲养管理制度不严，随意舍饲和放牧是造成该病的重要原因。饲养员不熟悉饲养管理知识，常将金属异物到处乱抛，混杂在饲草内或草丛中，是造成本病发生的环境因素，常被奶牛误食而发病。

（5）饲料保管与加工不当，饲喂前对饲草饲料不进行喂前检查，饲养管理过程过于粗放，饲养不细心，对饲料中的金属异物的检查和处理不认真都会增加本病发生率。本病的发生与饲料品质无关，但与饲料的加工处理及食物中所混有的尖锐异物有显著的相关性。据对105头由尖锐异物所致的患牛的观察，饲喂长稻草、秋白草时，发病率为16%，而饲喂铡短的未经严格处理的草，发病率为84%。按异物刺伤部位统计的发病率是心包占88.4%、肝占4.7%、肺占3.8%、脾占2.8%，可见异物刺伤心包发病者最高。

（6）腹内压急剧增加是该病发生的重要诱因。通常在瘤胃积食或鼓气，以及母牛在奔跑、跳沟、滑倒、妊娠、分娩和发情时相互爬跨、追逐时，及手术保定乃至起卧等过程中，都可使腹压增大，导致异物刺伤网胃，进而刺入心包膜。附着在金属异物上的细菌侵入这些创伤部位，引起腹膜和心包膜的化脓性炎症。

（7）矿物质、维生素饲料缺乏容易导致牛舔啃墙壁、粪堆等而吞进异物。

（二）症状

1. 创伤性网胃腹膜炎　金属异物未刺入胃壁前无任何临床症状。单纯性网胃炎全身反应不大，体温正常（38～39℃），心跳80～90次/min。当腹内压增高时，患畜突然食欲废绝，精神萎顿，反刍停止，乳产量突然下降，背毛逆立；急性病牛呈现不安，不愿起卧及运动，精神高度沉郁、厌食，体温升高（39.1～40℃），反刍停止。网胃和腹膜疼痛时，肘头外展，肘肌震颤；发病后的病牛，站立、起卧和运动的姿态异常。由于畏惧疼痛，多数病例表现拱背，头颈向前伸展，眼睑半闭，两肘向外展，站立而不愿移动，或保持前高后低姿势。迫使运动时，动作缓慢，畏惧上下坡、跨沟或急转弯；不愿在砖石、水泥路面上行走。

有些病例，起卧时极其小心，肘部肌肉颤动，时而呻吟或磨牙。有的病例呈现犬坐姿势，特别是膈肌受到刺伤时，成为常见的一种示病症状。病牛鼻腔干燥，无舔痕，空嚼磨牙。瘤胃蠕动初微弱，后停止。粪干而少，呈褐色，上附有黏液和血液；排便时，拱腰举尾，不敢努责，后排粪停止。

病程较长的患牛，前胃弛缓反复发生，食欲时好时坏，或反复瘤胃鼓气，消瘦，多数病例呈现慢性消化障碍，病情逐渐发展，久治不愈。伴有急性弥漫性腹膜炎的牛，腹泻，体温升高，常呈寒战，呼吸短促，后期虚脱，疼痛反应消失，昏迷，乃至死亡。

2. 创伤性心包炎 典型症状为心区触诊疼痛，叩诊浊音区扩大，听诊有心包摩擦音或心包拍水音，心音微弱，心搏动明显减弱。体表静脉怒张，颌下胸前水肿，体温升高，脉搏增速，呼吸加快。全身状况恶化，呆立不动，头下垂，眼半闭，肩肘后方胸壁及臀部肌肉震颤，体温41℃以上。脉搏初期充实，后期微小细弱。呼吸为腹式、浅而快，黏膜潮红后发绀，最后因衰竭或败血症而死亡。

如症状缓解、炎症被限制或刺伤不严重，可转为慢性，表现为消化紊乱、反复无常，病畜消瘦，产奶量不易恢复，产犊时可能突然发病而死亡。有些病例中，有时可见网胃与其临近器官形成瘘管现象。

（三）病理变化

本病的主要病变是网胃内存在着或多或少的金属异物，如铁钉、针和铁丝等，刺进网胃皱褶上，或刺入胃壁中，局部黏膜有炎性反应。但多数病例网胃背面的前壁或后壁的浆膜上有瘢痕或瘘管及1个或数个局限性扁平硬块，其中包裹着铁钉或销钉，周围结缔组织增生，并形成脓腔或干酪腔。有些病例因网胃壁穿孔，形成局限性或弥漫性腹膜炎，腹腔内有少量或大量渗出纤维蛋白，致使内脏部分或全部互相粘连，膈、肝、脾上形成1个或数个脓肿。当针钉刺入心脏时，心包内充满多量纤维蛋白渗出液或血凝块，心肌坏死，并有大小不等的脓灶，有的病例，网胃与膈形成结缔组织粘连；肺见有炎性病灶、脓肿及肺与胸膜粘连等病理变化。在慢性病例中，有时可见网胃与其临近器官形成瘘管现象。

（四）诊断

1. 临床诊断法 在临诊实践中，可应用触压和叩诊等方法进行网胃疼痛检查。牛网胃位于左侧心区后方腹壁下1/3第6～8肋骨与剑状软骨之间，其疼痛检查主要应用触诊方法。

（1）拳压法。检查者蹲于病畜左侧，右膝屈曲于病畜腹下，将右臂肘部置于右膝上做支点，右手握拳并抵在病畜剑状软骨后方的网胃底部，用力抬腿并以拳顶压，观察病畜有无疼痛反应。

（2）抬压法。两人用一木棍，置于病畜剑状软骨部向上抬举，并将木棍前后移动，抬举木棍后突然下落，以观察病畜有无疼痛反应。

（3）捏压甲法。检查者用双手捏提甲部皮肤，或由助手握住牛鼻中膈向前牵引，使头部成水平状态，病畜若有疼痛表现，则多表现不安或试图卧下。

（4）网胃区叩诊法。叩诊剑状软骨左后部腹壁，病牛感疼痛不安、呻吟、退让、躲避或抵抗。

（5）下坡运动检查。牵牛做下坡运动，患病牛往往嫌忌直行下坡，而是斜向而行。

（6）听诊检查。创伤性网胃—心包炎患牛，在听诊心脏时，可听到心包摩擦音或拍水音，并多伴有胸前水肿。

（7）瘤胃内送气法。病牛症状不明显时，可应用胃管向瘤胃内吹气，使瘤胃鼓气，患本病时即引起疼痛不安。通过上述检查，有些病例因疼痛而呻吟，表现不安，或回避、或抵抗、或用后肢踢地，有的病例肘部肌群颤动。当膈发生创伤性炎症时，沿膈固定线叩诊，可引起病牛拱背和疼痛反应，呼吸急促，甚至甲部出汗。结合病情分析，即可作出初

步诊断。

2. 心包液观察法　可从心包内抽取心包液进行诊断。方法是在左侧第 4～6 肋间，肘关节水平线上，心音听诊最清晰部，剪毛，5%～10%碘酊消毒，以带胶管的 10cm 长的针头，直刺入心包内，进针深 4～5cm，用注射器抽出的心包液呈淡黄色、深黄色、污灰色、暗褐色，具腐臭味，遇空气易凝固即可帮助做出创伤性心包炎的诊断。

3. 胆碱制剂注射法　拟胆碱制剂皮下注射，副交感神经兴奋性增高，病情加剧，表现疼痛，举止不安。

4. 血液检查辅助诊断　病的初期，白细胞总数增至11 000～16 000，中性粒细胞可达45%～70%，淋巴细胞减少至 30%～45%，比例倒置。就一般病例来说，伴发局限性腹膜炎时，中性粒细胞增多，其中分叶核达 40%以上，幼稚型与杆状核达 20%以上，核型左移。如无并发症，2～3d 后白细胞总数趋于正常。

但慢性病例，白细胞总数中度增多，其中中性粒细胞和单核细胞增多，短时间内不能恢复正常。如伴发急性弥漫性腹膜炎时，白细胞总数减少，其中幼稚和杆状核的绝对数比分叶核高，表示病情加重。发生急性创伤性心包炎的病牛，初期白细胞明显增多，高达25 000以上。

5. 用取铁器进行治疗性诊断　直接用取铁器到瘤胃中进行探测，如果异物刺入不深，有可能被取出，可以辅助诊断。

6. 金属异物探测器检查或 X 线透视和摄影　如果病情缓慢，长期治疗不见效果，可应用金属异物探测器检查，或 X 线透视和摄影，查明网胃区金属异物存在的部位、性质和状况。但多数奶牛网胃内都有金属异物存在，在无明显的临床病症时，不能作为临诊依据，要注意将探测的结果结合病情进行分析。

7. 鉴别诊断　临诊工作中应注意与前胃迟缓、慢性瘤胃鼓气等消化障碍性疾病以及疼痛性疾病鉴别。创伤性心包炎应注意与纤维蛋白性胸膜炎、心内膜炎等鉴别。

（五）防治措施

1. 治疗

（1）创伤性网胃腹膜炎。

①综合药物疗法。异物在许多情况下可转移或退回网胃中，可应用大量磺胺制剂和青霉素早期治疗。可大剂量应用抗生素或磺胺类药物，同时应用可的松制剂，控制炎症发展。将牛拴在一个前高后低前后差 15～20cm 的牛床或斜坡上，保持前躯高后躯低的姿势，可持续站立 7～10d，肌注青霉素1 600万 IU 及链霉素 800 万 IU，一日 2 次，连用5～7d，体温及症状稳定后停药，或用磺胺二甲基嘧啶，按每千克体重 0.15g 剂量内服，每天 1 次，连服 3～5d，效果较好。也可使用恩诺沙星、氨苄青霉素等药物治疗，注意采用止痛剂等对症疗法。用药的同时，限制饲料日量，特别是减少饲草的喂量。降低腹腔脏器对网胃的压力，有利于异物从网胃壁上退出。据报道，用磁棒经口插入网胃内吸取金属异物作为辅助疗法，更能增进疗效。

②手术疗法。通常施行瘤胃切开术，从网胃壁上摘除异物，并将网胃与膈肌间的粘连分开。早期如无并发病，手术后加强护理，其疗效可达 90%以上。在饲养护理方面，应使病牛保持安静，先绝食 2～3d，其后给予适量易消化的饲料，并应用防腐止酵剂内服，

高渗葡萄糖或葡萄糖酸钙溶液静脉注射，以提高治疗效果。

（2）创伤性心包炎

①及时处理原发病，网胃探查，取出刺向心包的异物。给予强心剂、抗菌药物和对症治疗药物。

②心包积液时，可在左侧第 4～6 肋骨间与肩胛关节水平线相交点进行心包穿刺，排出积液。抽空后，用生理盐水反复冲洗，再灌注抗生素，同时尚需对症治疗。最好在早期，采用胸腔切开手术摘除异物。

③对于慢性创伤性心包炎，目前尚无特效疗法，确诊后尽快淘汰。

2. 预防

（1）防金属异物制度化加强宣传，针对奶牛生产的各个环节定立切实可行的规章制度，并加大检查落实力度，严防金属异物进入牛的体内。

（2）严把饲料关为防止金属异物从饲草饲料中进入，可采取以下措施。

①建立安全的饲料饲草供应基地，不可在村前屋后、作坊、仓库、铁工厂及垃圾堆附近放牧。从工矿区附近的草场、饲料地收割的饲草应注意检查。

②规模化奶牛场饲料加工中设置清除金属异物的电磁装置，所有饲料都要求通过该装置处理，以保证饲料质量。小规模生产厂，也可应用电磁吸尘器、磁力拌草棍等，有一定的预防作用。

③装置磁铁牛鼻环，预防本病，简单、安全、有效。

（3）加强奶牛场铁器管理。不可将碎铁丝、铁钉、缝针及其他各种金属异物随地乱扔，及时检查铡草机，及时发现掉落的销钉。

（4）定期探测。定期采用金属异物探测器检查牛群，及时发现网胃内有金属异物的牛。

（5）应用取铁器及时取铁。取铁器的特点是磁性强度大，吸出率高，可将网胃中含铁异物取出。

（6）投放磁笼。磁笼由磁棒和塑料间隔笼组成，可在网胃内持久地起作用，在胃蠕动配合下，可使含铁异物慢慢被吸入笼内，对 10～12 月龄的牛投放磁笼，可用于奶牛的大群预防。

（7）新建奶牛场远离铁源。新建奶牛场应远离工矿区、仓库和作坊，乡镇与农村的奶牛场亦应离开铁匠铺、木工房及修配车间，避免金属异物污染，减少发病机会。在新建牛舍和修理围墙后，必须将金属异物收拾干净，以确保牛群健康。

（8）加强饲养管理。尽量避免使奶牛的腹内压突然增大，如平时防止瘤胃鼓气的发生，妊娠期间及分娩前加大检查力度，严防因腹内压突然增加而引起本病。

（9）平时加强奶牛群的观察和检查。每天检查奶牛的食欲和产奶量，如发现长期食欲不好、产奶下降以及前胃迟缓的牛，应及时进行确诊和治疗，避免病程的进一步发展。本病主要靠预防，一旦发生此病，药物治疗作用甚小，手术治疗效果也不太理想。

五、瓣胃阻塞

奶牛瓣胃阻塞俗称“百叶干”，是指瓣胃内积聚大量干涸的内容物而引起的瓣胃麻痹

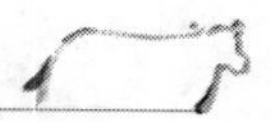

和食物停滞为特征的疾病，临床上以前胃弛缓，瓣胃听诊蠕动音减弱或消失，触诊疼痛，排粪干少、色暗等为特征。长期食用干草，饮水不足可以导致此病的发生。瓣胃阻塞可引起患牛全身机能发生变化，最后衰竭死亡。

（一）病因

1. 原发性瓣胃阻塞　原发性瓣胃阻塞奶牛，多因饲养粗放，缺乏青绿饲料，长期饲喂干草或麸糠、粉渣、酒糟等含有泥沙的饲料而诱发本病。另外，突然变换饲料，或受到外界不良因素刺激（应激），饲料质量太差，缺乏蛋白质、维生素及某些必需的铜、铁、钴和硒等微量元素。或因饲养不规范，饲喂后缺乏饮水，运动不足，消化不良，都可能引起本病的发生。

2. 继发性瓣胃阻塞　继发性瓣胃阻塞多继发于前胃弛缓、皱胃阻塞和变位，也可能继发于皱胃溃疡、创伤性网胃腹膜炎、肠套叠、生产瘫痪和牛产后血红蛋白尿。

（二）临床症状

患牛精神沉郁，鼻镜干燥、龟裂，食欲、反刍减少，最后废绝。前胃蠕动音减弱、消失，触诊和叩诊瓣胃区疼痛，嗳气减少，并出现慢性鼓气。排粪减少，粪干硬、色暗，呈算盘珠或栗子状，表面附有黏液，后期排粪停止。当瓣胃小叶发生坏死或发生败血症时，出现体温升高，脉搏、呼吸加快，全身症状加重。病至后期，出现脱水和自体中毒现象，结膜发绀，眼球凹陷，皮肤弹力降低，常卧地，头颈伸直或弯向肩胛部，昏睡。

具体病程如下：

（1）病初呈现前胃弛缓症状，食欲减退，粪便干燥，呈烧饼状或球状，表面色深。口腔干燥少津，舌苔及眼结膜偏红，磨牙。心跳、呼吸、体温一般无明显变化。瘤胃轻度鼓气，瘤胃和瓣胃蠕动音减弱或消失，触压右侧第 7～9 肋间肩关节水平线上下，有痛感。精神不振，阵发呻吟，泌乳量下降。

（2）病情进一步发展，精神沉郁，鼻镜干燥，病牛很快脱水。食欲废绝，反刍缓慢或停止。体温升高，呼吸急促，脉搏数增至 80～100 次/min。瓣胃穿刺，感到阻力，瓣胃不出现收缩运动，大便排出少量干小粪球，或排粪停止。病牛站立时有踢腹或频换后肢的轻度腹痛症状，躺卧有时可见后肢踢腹或后肢后伸的症状。于右侧最后肋弓下部用拳头向前方冲击性触诊，有时可触到坚硬后移的瓣胃。

（3）晚期病例，瓣胃叶坏死，伴发肠炎和全身败血症。体温升高至 40℃左右，尿少或无尿。排粪停止，或排泄少量黑褐色粥状粪便或算盘珠样恶臭粪便，附有黏液。结膜发绀，鼻镜龟裂。呼吸疾速，次数增多，心悸，脉搏可达 100～140 次/min，脉律不齐，有时徐缓，微循环障碍，皮温多变，结膜发绀，形成脱水与自体中毒现象，卧地不起，病情显著恶化。

（三）诊断

本病特征是鼻镜干燥龟裂，排粪干硬呈算盘珠样，瓣胃区触诊硬且敏感。结合瓣胃穿刺实验即可确诊，即向瓣胃注射生理盐水，观察排空状态，排空障碍则可能发生瓣胃阻塞，但要注意防止造成气胸。

诊断时注意同前胃弛缓、瘤胃积食、创伤性网胃腹膜炎、皱胃阻塞、肠便秘等进行鉴别诊断，以免误诊。瓣胃阻塞在前胃疾病的发病初期诊断较困难，往往和瘤胃积食、前胃弛缓、皱胃阻塞等病相混淆，单纯依靠某些症状确诊该病非常困难。因此，可以根据病牛的症状，进行腹腔探查加以确诊，腹腔探查是一种简单确诊该病的方法。

皱胃阻塞、肠阻塞、瓣胃阻塞均表现食欲、反刍减少，乃至停止，排少量粪便或黑褐色黏便；皱胃阻塞与肠阻塞的腹痛症状明显，瓣胃阻塞则变化不大，皱胃阻塞右侧下腹部膨隆，冲击触诊可以感觉到坚实的皱胃；肠阻塞时，可通过直肠检查触摸到阻塞的肠段。瓣胃阻塞在穿刺检查时，感觉内容物较坚硬且进针时有沙沙音，刺入后无液体流出，穿刺进针和向内部注射药液时感到阻力很大，由此可以鉴别出瓣胃阻塞。

（四）防治措施

1. 治疗原则为软化瓣胃内容物，增强瓣胃收缩力和恢复前胃运动机能为主

（1）早期治疗可以应用泻剂和促进前胃蠕动的药物，软化瓣胃内容物，加速排出，可给予泻剂如硫酸镁300～500g，加水成10%溶液；或给予液体石蜡1 000～2 000mL，一次灌服，同时静脉注射10%氯化钠液500mL，有脱水时应予以补液。同时注射兴奋胃肠蠕动的药物，可用20～50mL新斯的明进行肌肉注射。

（2）对于急性瓣胃阻塞，由于其病程发展快，一旦发病到后期，即使手术治疗效果也不确切。如果奶牛经保守疗法、中药疗法无效，应及早手术，防止病情恶化。对于继发性瓣胃阻塞，在治疗时应对原发病和继发病一起治疗，此时病牛往往呈现出危重现象，难以承受手术，预后不良。

（3）病情较重者。可采用瓣胃内直接注入药液的方法，效果较好。注射部位，右侧9～11肋间与肩端水平线交点，可选择9～10肋间和10～11肋间两处。局部剪毛、消毒，以16～18号针头与皮肤成直角刺入，深度可达10cm以上。先向瓣胃内注射少量生理盐水，并立即回抽，如有带草渣的黄色液体，则证明针头已进入瓣胃内，然后将10%～20%硫酸镁液1 000～2 000 mL 分点注入。瓣胃注射也可用10%硫酸钠溶液2 000～3 000mL，液体石蜡或甘油300～500mL、普鲁卡因2g、盐酸土霉素3～5g，一次配合瓣胃内注入。

（4）瓣胃冲洗法。本法适用于瓣胃阻塞的任何时期，但本疗法需做瘤胃切开术，故常在其他疗法无效时采用本法，即先施行瘤胃切开术，然后用胃管插入网瓣孔冲洗瓣胃，瓣胃孔一经冲洗疏通后病情随即好转。常用生理盐水冲洗，可使瓣胃内容物软化。病牛如出现肠炎或全身败血症现象，可根据病情发展，应用撒乌安注射液100～200mL，或樟酒糖注射液200～300mL，静脉注射，同时还须注意及时输糖补液，防止脱水和自体中毒，缓和病情。在治疗过程中，应加强护理，停止使役，充分饮水，给予青绿饲料，有利于恢复健康。

（5）中医疗法。以滋阴降火，增液润下为原则。

方一：芒硝120g，滑石、大戟、当归、白术、二丑各30g，大黄60g、甘草6g，混匀研细，加猪油500g，温水调服，连服数剂。

方二：玄参、生地、麦冬、肉苁蓉、大黄、杏仁、当归、蒌仁各75g，芒硝、火麻仁各200g，煎水去渣内服。

方三：豆油1kg、去火健胃散小包（每包50g），10包加温水2.5kg，灌服。

方四：瓣胃通汤。元参200g，麦冬150g，生地150g，大黄100g，芒硝80g，厚朴

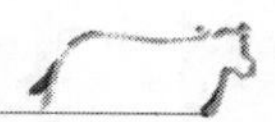

130g，枳实100g，火麻仁60g，柏子仁60g，当归60g，水煎服。注意：本方药量要适宜，过量会损耗牛体正气，且孕畜忌用。结合灌服温开水10～16kg或植物油500～1 000g（或蓖麻油）直接滋润胃肠。

（6）单方。

①用磨碎的芝麻0.5～1.0kg，白萝卜汁0.5～5.0kg调匀灌服。

②再用去皮大麦仁5.0～7.5kg煮汤让牛自饮或灌服。

2. 预防

对该病的预防，应尽量防止导致前胃迟缓的各种不良因素，喂牛时要清除饲料中的泥沙，不要将饲草铡得过短，适当减少坚韧粗纤维饲料的饲喂量。特别是在冬春季节，应加喂富含维生素的饲料和多汁饲料，注意运动和饮水，以增进消化机能，预防本病的发生。

六、皱胃变位

皱胃变位是皱胃的自然位置发生改变的疾病，分左方变位和右方变位两种。左方变位是皱胃通过瘤胃下方移行到左侧腹腔，嵌留在瘤胃与左腹壁之间。右方变位又称为皱胃扭转，可进一步分为前方变位和后方变位，前方变位是皱胃向前方（逆时针）扭转，嵌留在网胃与膈肌之间，后方变位是皱胃向后方（顺时针）扭转，嵌留在肝脏与右腹壁之间，临床上以右方变位多见。

（一）病因

奶牛真胃变位多发生于产后，多胎、高产、饲喂高精料的奶牛。调查表明：奶牛真胃变位的发生与奶牛高产和饲喂高精料有密切关系。

1. 日粮成分　在自由采食的条件下，饲喂青贮料比原青草或晒制成的青干草少吃20%～40%的干物质，由于既作为营养物质又作为填充粗饲料的食入量减少，导致瘤胃的体积变小。而养殖户为了增加产奶量，不变或增加精料的饲喂量，使精料浓度相对增高，精料过多而粗饲料相对不足，可加快瘤胃食糜进入皱胃内的速度，脂肪酸增多，而抑制了皱胃平滑肌的运动和幽门开放，结果引起皱胃迟缓，积气膨胀，影响了正常的消化机能。又因瘤胃体积缩小，给皱胃变位提供了有利的空间，所以发病率相对增高。调查统计发现奶牛皱胃变位的发病率随干草占粗料比例减少而增多，随着精料的增加而增多。还有许多危险因素与奶牛真胃变位有关，主要包括：分娩前减少饲喂量，造成瘤胃空虚；分娩后腹部缺乏充盈度（子宫空虚）；过度饲喂，导致挥发性脂肪酸的生成增多；血钙过少症；子宫炎；乳房炎；腹泻；酮病；粗纤维的摄入不足；高水平的粗蛋白食物；真胃溃疡；真胃弛缓以及遗传因素等。这些危险因素引起厌食和真胃弛缓，结果造成真胃气体和液体的积聚，使真胃空间增大引起真胃移位。

2. 妊娠分娩因素　有人对奶牛皱胃变位进行过调查统计，发现有61%都发生于分娩后6周内，近些年来比例还在上升，约有80%的发生于分娩后一个月内。可见，妊娠分娩因素是导致该病发生的主要因素。三胎以上体格健壮的奶牛易患本病。据报道，多胎、死胎、难产时真胃变位增加1.97%；双生者增加3.25%；胎盘滞留者增加6.62%。另外，怀孕晚期引起的网膜紧贴真胃，易引起真胃变位；同时，怀孕时子宫膨大，导致瘤胃升高，从而促进真胃移位。

3. 疾病因素 感染性疾病和慢性消耗性疾病等原因会增加皱胃变位的发病率。许多学者研究发现，维生素、微量元素等营养物质缺乏、饲草饲料中的有毒成分都可促进皱胃变位的发生。

4. 其他因素 如饲养管理过程中体位突变、品种因素等因素均可成为奶牛皱胃变位的直接或间接原因。据调查，集体牧场均有运动场，发病数仅3头占1.86%；个体养牛户无运动场地，终年舍饲，发病率达98.14%。另外，胚胎移植技术的普及增大了高产牛的比例，也增加了皱胃变位的发生机会。

（二）临床症状

1. 左方变位 通常在分娩前后，尤其是1周内发病。病牛食欲不振，有的几乎完全厌食，大多数病牛拒食精料，但食少量干草。产奶量逐日下降，迅速消瘦，腹部体积大幅度缩小，两腹紧缩，肷部深陷。急性病例，体温偶可升到39.5～40.5℃，心率每分钟达100次。但在亚急性病例，这些指标均可在正常范围之内，尤其是某些慢性病例，可能出现心率减慢（50次/min左右）。有些病例在瘤胃听诊区可听到心搏传导音。粪便通常量少而呈糊状，有时有严重的腹泻。直肠检查感到后部肠段空虚，瘤胃呈中度充满，明显右移，但一般不能触及变位的皱胃。在左腹壁上1/3（肩关节水平线上方），第9～12肋骨的区域内，叩诊结合听诊常可听到特征性的“钢管音”。

2. 右方变位 多于产犊后数周内发病。大多数病牛发病突然，蹲腰、踢腹、出汗；体温初期升高，后期则低于正常。心率可达100～120次/min，饮食欲废绝，右腹明显胀大，有的病例右侧肷窝膨隆。病牛迅速脱水，血液黏稠，黏膜苍白，皮肤及末梢发凉，严重时卧地不起，呈休克状态。在右侧8～13肋间、肩关节水平线处叩诊与听诊结合，可听到清脆的“钢管音”，于该部位稍下方触诊，可听到拍水音。在变位严重或体格较小的奶牛，直检可触及变位的皱胃。在出现“钢管音”的稍下方穿刺容易抽吸出皱胃内容物。除个别病例瘤胃积液外，大多数左腹不见异常。病至后期，排出的少量粪便多呈血色或黑褐色。

（三）病程及预后

皱胃左方变位时消化道一般呈不完全阻塞状态，多呈慢性或亚急性经过，病程迁延数周，有的可达数月。若能及时确诊并实施有效的治疗，预后良好。反之，最终多死于恶病质或皱胃穿孔所致的腹膜炎。虽有自愈的病例报道，但易复发。有个别的病例可呈急性经过，腹痛明显，瘤胃鼓胀，体温升高，心动过速，全身症状明显，如不及时实施手术整复，常于一周内死于急腹症。还有个别的病牛，生前不表现任何临床症状，直到屠宰时才被发现。皱胃右方变位时，消化道多呈完全阻塞状态，病情发展迅速。不及时手术整复，轻者10～14d、重者2～4d即可导致死亡。实施手术整复也可治愈，预后慎重。皱胃变位并发胃肠穿孔性溃疡的奶牛的气腹和腹痛症状均较单纯的皱胃变位奶牛严重，且其存活率较低，短期存活率38%，长期存活率14%。

（四）临床诊断

皱胃变位最主要的诊断手段是听诊、叩诊、X线、B超、腹腔镜、实验室检验等，同时还必须结合临床症状，综合判断。

本病较多发生于高产奶牛，大多数发生在分娩之后，少数发生在产前3个月至分娩之

前。发病初期食欲减少，个别病牛伴有严重的腹痛和腹部膨胀。食欲变化是逐渐和间断地伴随疾病的始终，可能拒食各类饲料，或逐日呈波动性地采食一些谷类饲料。有些母牛虽然呈现饥饿现象，但只采食几口就退回不食，青贮料的采食往往减少，大多数对粗饲料仍保留一定食欲。通常粪便量减少，呈糊状，深绿色，往往呈现腹泻；腹泻时伴有正常的肠蠕动，或许也出现腹泻与便秘交替现象，但所出现的便秘，极少持续24h，在粪中很少见到潜血或明显的血液。大多数病例，最终其产奶量明显下降，瘦弱，腹围缩小。

1. 左方变位的典型病史　食欲减退，常见对谷物的食欲缺乏而对粗饲料的食欲降低，同时产奶量下降。真胃左方变位时，体温、心率和呼吸频率一般正常，变位的一侧在肋弓后部出现突起。除了某些病程较长的病例外，瘤胃运动可能正常，但其收缩的频率和强度下降，粪便量减少甚至无粪便，有时仅排出纤维蛋白渗出物。在腹部听诊时，从左腰旁窝部至肘后水平线下方，可以听到比瘤胃更加清朗的由真胃蠕动形成的一种叮铃音或潺潺的流水音。这种蠕动音清晰而不规则，每隔5～10s或更长的间隔听到一次，有时频频出现。若于腹壁上1/3的第9～13肋骨的范围内，用手指弹或用叩诊锤叩肋骨弓，同时听诊，可听到类似叩击钢管的金属音，即所谓的“钢管音”。用穿刺针穿刺有钢管音的部位，吸出液体的pH在1～4范围内，即可确诊为左方变位，这是非常可靠的诊断方法。

确诊依据：视诊病牛腹围明显缩小，两侧肷窝部塌陷，右侧腹部隆度变小而变得平坦；左侧肋弓部后下方、左肷窝的前下方出现局限性隆起，触诊如气囊、叩诊呈鼓音。在左侧倒数1～3肋骨与肋软骨接合区的腹壁上听诊，能听到特征性的短促而无规律的带金属音的流水音或叮铃音。将听诊器放在左侧倒数1～3肋骨区域的任何一个部位，再用叩诊锤叩击该肋骨区的上1/3部，则可听到一种特殊的类似叩击钢管发出的金属回响音。在听诊的基础上略划出真胃变位的位置，再于最后3个肋骨间隙中与肘后节相平行的部位，经剪毛消毒后，用18cm长的18号针头直接向腹部正中方向呈45°水平刺入腹腔，连接注射器吸取胃液样品检测，若pH为1～4，则可确诊。

真胃扭转，初期食欲废绝，泌乳量下降，精神沉郁，体温正常或偏低，脉搏在100～120次/min，个别病例脉搏细弱，腹壁收缩，皮肤弹性减退，眼球下陷，可视黏膜苍白，呈土灰色，瘤胃运动减弱，反刍无力，中度胀气，排少量黑色、糊状粪便，继而排血便，其后转为剧烈下痢。急性病例，特别是犊牛，突然绝食，腹痛剧烈，蹲腰、踢腹、努责、哞叫，心跳可达120～160次/min。成年牛发病后卧地不起，病情急剧恶化，呈现脱水和休克状态，常于2～4d内死亡。

2. 右方变位的诊断　呈急性发作，临床表现明显，腹痛、代谢紊乱、脱水等全身症状加重。体温偏低或正常。常拒食贪饮，瘤胃蠕动消失，粪软色暗，乃至黑色，混有血液，有时腹泻。突然发生腹痛，呻吟不安，后肢踢腹，背腰下沉或呈蹲伏姿势，心跳加快，诊断较容易，很少误诊。视诊右腹部显著膨胀；听、叩诊结合有大范围的钢管音；右腹冲击式触诊感知震水音；穿刺很容易获取皱胃液；直检可摸到积气积液、膨大而紧张的皱胃。

真胃扭转，可见右腹部膨胀。直检时，在右肋骨弓后方可触摸到真胃，其中充满液体和气体，胃壁紧张。在右腹壁听诊结合叩诊，即将听诊器紧贴右腰旁窝部，同时用手指或叩诊锤叩敲最后1～2肋骨，可听到清晰的乒乓音。从膨胀部穿刺真胃，可抽出大量带血液体，pH为1～4。严重病例，病牛腹部显著膨胀，躺卧、伴随呼吸而呻吟。在急性病例，症状较轻，病程长达10～20d，如治疗不及时，剧烈下痢，迅速消瘦，终因脱水和体质衰竭死亡，预后不良，个别病例可转为慢性。

确诊依据：右方变位是由于幽门阻塞导致真胃鼓气和积液，引起右侧最后肋弓及肋弓后方明显的鼓胀。通过右侧腰旁窝的听诊、叩诊、冲击性触诊和震摇，可以证实真胃呈顺时针方向扭转。也可以通过直肠检查，摸到扩张而后移的真胃。

（五）防治措施

1. 治疗

（1）左方变位的治疗。

①滚转法。适用于新患病例，虽然治疗效果不确实，但有时也能获得治愈。方法是先使病牛采取左侧横卧姿势，而后再移成仰卧姿势（背部着地，四肢向上），随后以背部为轴，先向左滚转45°，回到正中再向右滚转45°，再回到正中，如此反复左右摇摆约3min，突然停止，使病牛仍成左侧横卧姿势，再转成俯卧式（胸部着地），最后促使起立，检查复位情况。如尚未复位，可重复进行。应用此法时，应事先饥饿数日，并限制饮水，使瘤胃的体积变得越小，其成功率较高。其治疗原理是在以90°振幅的摇摆中，瘤胃内容物逐渐向背部下沉，紧贴脊柱，并再逐渐向左侧腹壁，减轻对变位后真胃的压迫，加之变位后的真胃内蓄积气体，也伴随摇摆而上升到仰卧中的腹底部，最后移向右侧而复位。

②手术法。变位已久或与腹壁发生粘连时，须采用手术疗法。手术通路有4种，即左侧手术径路、右侧手术径路、两侧手术径路和腹底部手术径路。

首先对手术部位剪毛、剃毛、冲洗，严格消毒后，常规麻醉。

左侧手术径路：在左侧腰椎横突下5～10cm，距离最后肋骨约5cm，作15～20cm长的切口。常规打开腹腔，检查真胃变位的情况，如果变胃较轻，真胃内容物较少时，试图复位，复位无效时，可用带有乳胶管的18号针头穿刺放气（如果真胃积液过多时无效），再进行复位，对复胃后的真胃可行右侧腹壁固定。经上述方法无效时，尤其真胃很大，内容物较多时，此时可切开瘤胃，取出瘤胃内大量的内容物，减轻腹压，用手握住胃管通过网瓣孔、瓣皱孔进入真胃内，通过反复冲洗的方法导出真胃积液。当真胃积液导出后，真胃迅速变小，此时进行复位就比较容易。确认复位正常后，行右腹侧固定，常规关闭腹腔，缝合肌肉、皮肤。

右侧手术径路：在右腹部正中距3～4腰椎横突25cm处，作约20cm的切口。打开腹腔后，手经网膜上隐窝间口后方、直肠下方，向瘤胃左侧纵沟附近，探查变位的真胃，用带有胶管的针头放气，然后耐心地牵引真胃体至右侧正常位置上（常要反复多次才能成功）。以幽门部的位置为鉴别真胃正常复位的标准，再将真胃固定在右侧腹腔，如果真胃积液积气较多时，通常不易复位。

两侧手术径路：先在左侧腰椎横突下5～10cm，距离最后肋骨约5cm，作15～20cm长的切口。右侧切口较左侧术部稍下10cm处，作15cm长垂直切口。通常适用于病期较长，真胃发生粘连时。先切开左侧腹壁探查变位情况，再切开右侧腹壁。左侧助手将真胃向下推送至腹腔底部。右侧术者在腹腔下部，向左侧探寻真胃，辩明是由左侧术者推送过来的真胃后，即握住真胃轻轻地向右侧创口牵拉，两侧术者互相配合，使左移的真胃，整

复到正常位置，为防止真胃再次变位，可固定真胃。

腹底部手术径路：先将病牛右侧侧卧保定，将两前肢与两后肢分别固定，再使病牛滚转呈仰卧姿势，以牛背为轴心向左向右呈 60°反复摇晃 3min，突然骤停，病牛仍是仰卧姿势。在剑状软骨至脐部，距白线偏右侧 5cm 处，作 20～25cm 切口，打开腹腔，手进入腹腔内，沿左侧腹壁探查真胃位置，用手臂借助摆动和移动的动作，将其恢复正常位置，将真胃固定缝合在白线旁切口的右侧方。

真胃的固定与缝合：线两端各穿一个直圆针，缝针刺入真胃壁浆膜肌层，距进针点 3cm 处出针，然后在与真胃浆膜肌层缝合处相对应的腹壁上作一 0.5cm 皮肤小切口，线两端的直圆针分别经腹膜、腹直肌和皮肤小切口引出体外，作 3～4 个同样的缝合线，所有缝合线置好后，抽紧缝合线在皮下打结。打结前先置一小压垫，然后分别缝合皮肤小切口。

大网膜固定法，在右侧腰椎横突下方 15～20cm 处，距最后肋骨一掌处，作一 20cm 直切口，显露腹腔后，手经网膜上隐窝间口后方，直肠下方向瘤胃左侧纵沟附近，探查变位的真胃体。若真胃鼓气，用一带乳胶管的粗针头对真胃穿刺放气减压后，检查真胃与邻近器官有无粘连，若有粘连，应仔细分离。然后左手在瘤胃左侧经瘤胃腹囊下方向右侧腹腔推动真胃，右手在右侧腹腔内经瘤胃腹囊下方抓持真胃体与左手协同，用一拉一推的动作，向右侧腹腔牵引真胃与右侧正常位置上。以幽门部的位置鉴别真胃正常复位的标准。在幽门部上方 8～10cm 处，将大网膜作一皱褶，用弯圆针带 12 号或 18 号丝线，穿过折成双褶的网膜，再与相邻的腹膜、腹壁肌肉层进行纽扣状缝合，使大网膜牢固的粘连在腹壁上，以防止真胃再度移位。

（2）右方扭转的治疗。本病的病情急剧，死亡率高，确诊后必须及时治疗。急性型病例发生不同程度的脱水、低氯血和低钾血，乃至碱中毒，可用复方氯化钠注射液3 000～5 000mL，25％葡萄糖溶液500～1 000mL，20％安钠加注射液 20mL，静脉注射，每隔 6h 一次，连续应用。

本病的治疗以采用外科手术整复疗法较为恰当，即于右肷部中央，腰椎横突下方 5cm 处，垂直切开腹壁 20cm 长创口，导出腹腔液，矫正真胃位置，使幽门部与十二指肠畅通，缓解碱中毒和脱水现象。

不管是左方变位还是右方扭转经手术治疗后，除按腹腔手术常规护理处，术后为控制感染，可连续应用抗生素治疗；为纠正由于真胃变位所引起的体液及电解质的紊乱，可经口饮水和静脉注射复方氯化钠溶液和葡萄糖溶液，积极治疗其他并发症。

2. 预防　虽然皱胃变位可以手术治疗，而且治愈率很高，但是其价格较高，且影响产奶量，所以该病的预防就非常重要。由于皱胃左方变位的病因学和发病机理还未确定，所以对于该病的防治和预防没有确切的措施，可以从以下方面进行预防。

（1）日粮因素。合理配合日粮，谷物、青贮饲料和优质干草的比例适当，及时补充维生素和钙、磷等矿物质，保证母牛维生素和矿物质的平衡。应该注意剔除饲料中的各类异物，如泥沙、杂物等。

（2）疾病预防。预防奶牛胎衣不下、产后瘫痪、子宫炎等病的发生，患病奶牛应及时治疗。对户养及无运动场的牛场，要增加运动场或驱赶奶牛运动。

（3）奶牛育种方面。注意选育，既要选择后躯宽大，又要腹部较紧凑的奶牛。

七、胃肠炎

胃肠炎是胃肠黏膜及黏膜下深层组织重剧炎症疾病的总称。其主要临床特征是消化不良、腹痛、腹泻、脱水、酸中毒、发热等。按病因可分原发性和继发性两类，按病理特点可分为化脓性、出血性、纤维性、坏死性等类型。

（一）病因

（1）原发性胃肠炎。多因喂给腐败、霉烂、变质的饲料，食入有毒物质或冰冻饲料或突然更换饲料等引起的。

（2）继发性胃肠炎。继发于创伤性网胃腹膜炎、瘤胃炎、皱胃炎，脓毒性乳房炎和子宫炎等；也可继发于大肠杆菌病、沙门菌病、牛瘟、牛副结核、巴氏杆菌病、牛病毒性腹泻、牛恶性卡他热、牛冬痢及牛黏膜病等传染病。

（二）症状

病牛精神沉郁，食欲废绝，反刍停止，饮欲亢进。可视黏膜先潮红，后发绀，黄染，皮纹不整，体温升高到40℃以上，脉搏、呼吸加快。口腔干燥，口色红紫，口臭难闻。瘤胃蠕动减弱或停止，腹痛，喜卧地或观腹，腹泻次数增加，每天10～20次，粪便呈粥状、糊状及至水样，并且混有血液、黏液和坏死组织等。后期腹泻次数减少，肛门松弛，努责而不排粪；眼窝深凹，四肢无力，呈严重脱水症状；自身中毒特别明显，如鼻、耳、四肢末梢发凉，肌肉震颤，脉搏细数无力，昏睡等。

（三）防治措施

1. 预防

（1）注意草料质量，加强饲养管理，不喂霉败变质、不洁的饲料，防止饮用不洁或过冷的水，定期进行检疫防止传染病、寄生虫病、中毒等病的发生。

（2）平时注意观察，发现采食，饮水或排粪异常时，应及时检查治疗，并定期驱虫，以防继发本病。

（3）犊牛应注意牛奶的“三定”，即定时、定量、定温。

2. 治疗　基本原则是抑菌消炎、缓泻止泻、补液解毒、恢复胃肠机能。

（1）抑菌消炎。可用抗菌药物，如磺胺嘧啶首次量0.14～0.2g/kg体重，和等量碳酸氢钠灌服，维持量0.07～0.1g/kg体重，一日2次内服，磺胺嘧啶钠注射液0.05～0.1g/kg体重，1日2次，静脉或深部肌内注射；呋喃唑酮（痢特灵）每日0.005～0.01g/kg体重，分2～3次服用，犊牛宜用最小量。

脱水严重的病牛，及时补液，静脉滴注复方氯化钠，0.9%生理盐水、5%葡萄糖液等3 000～5 000mL，重病每天可补液2次。血钾浓度降低时，静脉缓慢滴注10%氯化钾10mL。增强心脏机能，可注射强心剂、如20%安钠咖液、10%樟脑磺酸钠液、强尔心液等，中药可用独参汤、参附汤等。扩充血容量并纠正酸中毒。常用5%葡萄糖生理盐水2 500～3 000mL、20%安钠加注射液10～20mL、1次静脉注射，每日2次。为了纠正病牛酸中毒，可用5%碳酸氢钠注射液500～1 000mL，酌情加减连用1～2d。

（2）中药防治：分初期、中期、后期（恢复期）、危重期。

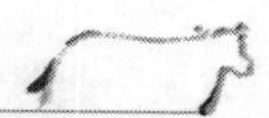

①初期。方药：白头翁120g、秦皮96g、黄连48g、黄柏96g、黄芩72g、白芍150g、大黄48g、槟榔40g、当归72g、木香40g、肉桂6g、金银花120g、马齿苋30g、大蒜120g。水煎灌服本方用量为500kg体重的奶牛用量。

②中期健脾益气，化湿止泻。方药：莲子肉72g、薏苡仁72g、砂仁48g、桔梗48g、扁豆88g、人参120g、白术120g、茯苓120g、山药120g、甘草24g、白头翁72g、金银花120g、蒲公英120g、黄芩72g、黄连48g、马齿苋360g、大蒜120g。粉碎每次60g饲喂，或灌服。

③后期温肾健脾，固涩止泻。方药：肉豆蔻（煨）60g、补骨脂120g、五味子60g、吴茱萸60g、炒白术72g、炒白芍72g、陈皮48g、防风36g。共为细末1次72g饲喂，或灌服。

④危重期益气固脱、抗休克，强心抗心律失常。方药：独参汤：人参300g、大枣50枚，水煎1次灌服；人参附子汤：人参120g、附子72g，水煎1次灌服。

第二节　营养代谢性疾病

一、奶牛产后血红蛋白尿

奶牛产后血红蛋白尿是高产奶牛产后发生的急性血管内溶血、血红蛋白尿、贫血和低磷酸盐血症为特征的一种代谢病。主要发生于产后4d至4周，3～6胎的高产奶牛，深冬严寒季节多发。由于该病发病急，病势发展迅速，治疗不及时或错误诊治，患牛通常在2～3d死亡。

（一）病因

主要是饲料中磷含量低所致，因日粮中磷供应不足造成低磷血症，红细胞由于缺磷，糖的无氧酵解受阻，致使红细胞膜变脆，发生溶血。如采食大量的油菜、萝卜和甜菜等，这些植物含磷较低，并含有溶血因子，如硫氰酸盐、硝酸盐和皂角苷等也可引起血红蛋白尿，犊牛因天气炎热饮水过量，也会引起血红蛋白尿症的发生。

（二）症状

血红蛋白尿是本病最突出的临床特征。最初1～3d内奶牛尿液由淡红向红色、暗红色直至紫红色转变，以后又逐渐消退。镜检不见红细胞，全身一般无明显变化。病重者精神沉郁，食欲下降，贫血加重，黏膜苍白并黄染；泌乳减少或停止；血液稀薄，凝固性降低，血磷含量由正常的每100mL 4～7mg下降至0.8～1.4mg；体温正常或略高，呼吸急促，心跳加快，心音亢进，颈静脉怒张和搏动；粪便干燥，部分排恶臭稀粪，尿液颜色加深。最后病牛乏力，卧地不起，严重衰竭。急性病程3～5d，如不及时治疗致死率可达50%以上。

1. 急性型　此型病牛在分娩后1周内发病，发病非常突然，分娩后病牛表现精神不振，食欲降低，反刍减弱，走路蹒跚，周身乏力，排尿由淡粉色逐渐变为酱油色，最后爬卧不起，饮食欲废绝，反刍停止。病牛体温降低，末梢感冷，肌肉震颤。体表常见出汗，心跳快而弱，静脉压降低，瘤胃蠕动音弱乃至消失，可视黏膜重度苍白。如不予治疗，患牛在发病后2～3d死亡。

2. 慢性型 发病是泌乳高峰之后，妊娠中后期。患牛逐渐呈现消化功能减弱，消瘦衰竭，起卧较为困难，运步缓慢，周身乏力，泌乳量明显下降，乳汁稀薄。呼吸喘粗，心音亢进加速，可视黏膜逐渐苍白，尿液颜色逐渐加深乃至酱油样，病程可达1～2周，如能及时确诊治疗，均可治愈。

(三) 诊断

除了根据临床症状以外，有条件可进行实验室检查。

1. 实验室检查 经过临床检查，疑似的病例，可以进一步采用实验室检查的手段来确诊，主要进行的检查包括尿液检查和血液检查。

(1) 尿液检查。收集病牛排尿初期、中期及后期的尿样，用清洁的灭菌烧杯分别收集尿液200mL备用。对尿液进行感观检查，观察尿液的尿色和澄清度，看烧杯底部有没有沉淀等，然后进行下一步检查。

红细胞检查：取3支洁净的离心管，向其中分别加入待检尿液10mL。以2 000r/min的速度离心沉淀5min，取出观察离心结果，看有无尿沉渣以及沉渣的颜色。再分别提取3只烧杯中的尿液1滴，滴于洁净的载玻片上进行显微镜检查，检查尿液中有没有红细胞，如果是血红蛋白尿病，尿液中应无红细胞。

细菌学检查：取尿液1滴，滴于洁净的载玻片上，待尿液干燥后进行革兰氏染色，染好色以后置显微镜高倍镜下观察，检查有没有病原微生物，由于血红蛋白尿病是由于血磷低引起红细胞破裂，血红蛋白进入尿中形成的红色，应该检测不到病原微生物，如果检测到病原微生物，则怀疑继发感染或不是血红蛋白尿病。

潜血试验：应用联苯胺法进行尿样检查，检测尿液中有没有破碎的红细胞，如检测呈阳性，则怀疑血红蛋白尿病，再进行血液检查。

(2) 血液检查。用消毒注射器颈静脉采血约10mL，加入肝素钠备用，然后进行以下检测。

红细胞计数：采用试管稀释法进行红细胞计数，往洁净试管里加入2mL红细胞稀释液，再加入10μL抗凝血，反复吹吸2～3次混匀，用玻璃棒或微量吸管将红细胞悬液充入计数板进行计数，根据计数结果就可以计算出红细胞数。

血红蛋白测定：应用血红蛋白仪测定血液血红蛋白含量。血红蛋白又称血色素，是红细胞内的主要成分，能够运输氧和二氧化碳。血红蛋白含量的高低在临床上和红细胞计数比较相似，但是血红蛋白含量测定能更好地反映贫血的程度，对于不同种类的贫血，红细胞中血红蛋白的含量不同，二者不一定都降低，如缺铁性贫血时红细胞数就降低很少。因此同时测定红细胞数和血红蛋白含量，对贫血类型的鉴别有重要意义。

血磷测定：取血浆以磷钼酸法测血清无机磷含量，血浆中的磷存在形式主要是有机磷和无机磷，其中3/4为有机磷，1/4为无机磷。磷钼酸法的原理是血清中无机磷与钼酸盐络合形成磷钼酸化合物，再用还原剂将其还原成钼蓝进行比色测定。

根据发病情况、临床症状检查及对实验室检查结果的分析，如果母牛产后出现贫血，尿液呈红色或黑色澄清透明，尿液中查不出红细胞，潜血试验呈阳性。红细胞数降低（正常值550万～700万/mL）；血红蛋白值降低（正常值8～11g/100mL）；血磷降低（正常值4～9mg/100mL），即可确诊为产后血红蛋白尿病。

(四)预防措施

1. 预防 病牛每天从饲料中获得的磷不足是引起低磷血症的主要因素(母牛每天至少应从饲料中获得30g磷),其次产后母牛泌乳导致部分无机磷进入乳汁,加剧了低磷血症的发生。发生低磷血症时红细胞无氧酵解产生的三磷酸腺苷减少,红细胞膜变脆破裂导致溶血,大量的红细胞发生溶血而形成血红蛋白尿。因此,需要采取相应的预防措施,在冬季和早春等青饲料缺乏季节,可给泌乳母牛补充适量的含磷丰富的饲料,如麸皮、豆饼、米糠等,必要时可直接给母牛补充磷酸二氢钠粉。对高产奶牛要科学饲养,给予全价饲料,适当补喂骨粉,避免采食大量的含磷低的饲料。

2. 治疗 治疗时既要根除病因,又要补充营养,促进红细胞的新生。可采用以下防治措施:

(1)发病后立即停喂含磷低的饲料,如油菜、甜菜等,改喂麸皮、豆饼等含磷丰富的饲料。

(2)药物治疗,主要是补磷,如静脉注射20%磷酸二氢钠溶液300~500mL,每天2次,连用3d;或3%次磷酸钙溶液500~1 000mL,每天1次,连用3d;骨粉200~300g,1次内服,每天1~2次,连服3d。同时,由于病牛身体虚弱,红细胞减少,要注意病牛的防寒保暖,并加强环境卫生,搞好牛舍的消毒灭菌工作,避免交叉感染,加重病情。为防止病畜因抵抗力下降而引起感染,可肌注抗生素。

(3)重症病牛在应用磷制剂的同时,输注健康牛血1~2L,再给葡萄糖和生理盐水辅助治疗。

二、爬卧母牛综合征

爬卧母牛综合征是泌乳母牛临近分娩或分娩后发生的一种以“爬卧不起”为特征的临床综合征。最常发生于产犊后2~3d的高产母牛,其发病率虽然低,但导致奶牛的死亡率和淘汰率都相当高,占发病牛数的60%~70%。

(一)病因

有关本病的发病原因,目前争论较大。主要认为与奶牛生产前后的机体代谢异常、奶牛产犊过程中的神经损伤和其他一些因素如乳房炎等有关。

1. 奶牛生产前后机体代谢异常 奶牛生产前后机体代谢异常是报道较多和大多数人所认可的主要原因之一。由于胎儿生长主要集中在怀孕后期,此时母牛正处于干乳阶段,胎儿的生长动用了母体大量钙源等营养储备,而同期的母牛由于在泌乳期已经消耗了机体中的许多钙源,特别是高产奶牛此时正处于机体营养的极度负平衡状态。因此,正需要干乳期的调整以为下一个泌乳期进行营养储备。为防止发生产后瘫痪等疾病,应在干乳期的营养供给中大量添加钙等营养物质,但过量添加钙会使甲状旁腺素的分泌减少,降低机体动用骨钙的能力,而分娩应激会降低胃肠道对钙的吸收,同时会打乱机体的内分泌系统,产后短时间内母牛将会达到泌乳高峰,这将会进一步造成机体血钙的流失,严重的将会引起产后瘫痪。如果治疗不及时,用药量不足,护理不精心,病牛不能翻转身体,将会使坐骨区肌肉发生坏死,大腿内侧肌肉、髋关节周围组织和闭孔肌亦可发生严重损伤,后肢肌肉损伤常伴有坐骨神经和闭孔神经的压迫性损伤及四肢浅层神经的麻痹,进而继发卧倒不起综合征。

因此，钙的代谢异常所引发的疾病的治疗不及时是导致母牛发生卧倒不起综合征的主要原因。乳热病经治愈而恢复的奶牛，其血清钙、谷氨酰转氨酶、总蛋白、白蛋白/球蛋白和躺卧母牛一致；在发生乳热的病牛中，有4%～35%的奶牛最后变为躺卧不起母牛；已患过乳热病的奶牛比一般奶牛易感性高10倍。除钙代谢异常外，该病的发生还与其他方面的代谢异常有关。不过其他营养元素的代谢异常往往与钙的代谢有密切关系，如钙与磷的协同和相互抑制作用，钙与镁的协同和拮抗作用，镁与钾的拮抗作用和镁与氨的拮抗作用，糖与酮、蛋白质与能量之间的相互影响等。

2. 母牛产犊过程中的神经损伤 母牛在生产过程中如果发生胎儿过大、胎位不正、胎势异常、胎向倒置或者母牛子宫阵缩无力等难产症状，则极可能由于胎儿长时间在骨盆腔内停留而压迫坐骨神经和闭孔神经，导致神经肌肉的麻痹，使母牛增加发生卧倒不起综合征的概率。如果在难产处理过程中，措施不够得当，很容易损伤后躯的肌肉和神经，发病概率还会进一步增加。

3. 其他因素 在一些其他临床疾病治疗过程中，如果病情得不到及时诊治，也可由于机体整体功能的下降或者衰竭而使奶牛在生产前后发生卧倒不起综合征。这些因素包括严重的外伤引起后躯肌肉和神经的损伤，饲料中维生素E和硒的缺乏，乳房炎、子宫炎等导致的全身中毒，中枢神经系统的损伤等。不过也有人认为，上述因素所导致的奶牛卧倒不起，不应归属于奶牛卧倒不起综合征的范围。

（二）症状

病牛一般都有生产瘫痪史。经过2次钙剂治疗，精神高度抑制及昏迷等特征症状消失，但病牛仍无法站起。通常病牛表现机敏，食欲正常或减退，体温、呼吸和心率也基本正常。有的病牛力争站起，前肢脆地，后肢半屈曲或向后伸呈青蛙腿姿势，匍匐爬行。严重病牛呈现侧卧姿势头向后仰，人工给予纠正，很快恢复原状。有些病牛四肢抽搐，角弓反张，食欲废绝。由于长期卧地不起，经常并发乳腺炎，跗关节和足关节及髋关节周围发生褥疮性溃疡，最后导致病牛死亡或被迫淘汰。如护理得好，50%的爬卧母牛能在短时间内站起，这样的病牛愈后良好。

（三）诊断

由于该病发生原因复杂，因此主要采用症状检查和血液生化分析诊断，另外还应注意与其他疾病相互鉴别。该病发生时的主要临床症状包括：病牛长时间躺卧（主要表现为后躯无力、松弛，病牛头弯向后方，呈侧卧姿势），饮食欲正常，体温正常或稍高，精神正常，单纯应用钙制剂治疗无效等。随着病势的发展，如果病牛长时间躺卧，即使人为地强迫站立，也会由于伸肌麻痹，而站立不起。

本病多与营养物质的代谢异常有关。因此，临床诊断中对病牛可采集血液、尿等，以化验其中的钙、镁、磷等无机离子和乳酸脱氢酶等酶的活性，用以确诊组织器官的损伤程度。

发病时，病牛血钙下降低至0.50～1.25mmol/L，血镁下降至0.167～0.333mmol/L，血酮升高到1.95～9.67mmol/L，血糖下降至1.11～2.22mmol/L。另外尿的pH为6，有蛋白尿发生，尿酮体反应呈阳性。

根据临床症状诊断该病时，应主要与生产瘫痪、乳热型酮病、产犊瘫痪、低镁血症相区别。生产瘫痪多是由于生产过程的应激，造成血钙迅速降低，血镁升高，在产后短时间内发生以初期兴奋、抽搐，而后昏迷、体温降低、心跳加快为主要症状的疾病。这种疾病迅速用钙制剂静脉输液治疗有效。乳热型酮病与生产瘫痪的临床症状基本相似，但较生产瘫痪发生的时间晚，并有泌乳量急剧降低和体重减轻的趋势；其卧下姿势以头屈放于肩胛部而呈昏睡状。该病用钙制剂静脉输液治疗多无效果。产犊瘫痪是因为生产过程中的难产对后躯坐骨神经和闭孔神经造成损伤，使得后躯肌肉麻痹、无力，而对身体的其他组织器官多无影响。该病血液检查时，钙离子和镁离子正常，而肌酸磷酸酶升高。低镁血症的发生时间较迟，主要表现为神经的兴奋性增高，肌肉阵颤、强直、惊厥，静脉输液补充镁制剂可使其好转。从现有的资料看，奶牛卧倒不起综合征主要与饲养管理条件有关，由于该病多是继发于其他一些能够损伤后躯神经肌肉的疾病。因此，如果在这些疾病发生时，能够及时合理地进行治疗与护理，就可以减少该病发生的概率。

（四）防治措施

1. 预防　助产要按操作规程进行，用力要适当，避免组织损伤；产前低钙饲养，分娩前 8d 肌注维生素 D_3 1 000万 IU，每天 1 次，直到分娩；产前 3～5d 静脉注射 20%葡萄糖酸钙 500mL 和 20%葡萄糖 500mL，每天 1 次，连注 2～3d。早期发现病因，及时综合治疗。

2. 治疗　对爬卧母牛综合征尚无特效疗法，可根据可疑病因、临床症状或更确切的实验室数据，对病牛进行综合治疗，临床上可采用钙制剂、镁制剂、磷制剂、钾制剂。20%葡萄糖酸钙500～1 000mL，20%磷酸二氢钠 300mL，10%氯化钾 100～150mL，加入 2 000mL15%葡萄糖，25%硫酸镁注射液 100～200mL，一次性分别静脉注射，每天 1 次，共注 2 次。对于神经损伤，肌肉剧伸的患牛，可用维生素 B_1、维生素 B_{12}、康母郎或士的宁在腰椎神经丛穴位注射。也可用醋或酒精涂布于患牛腰椎部。在药物治疗的同时，要加强病牛护理，注意更换垫草，经常翻动牛身，防止病牛起立滑倒。

三、中暑

奶牛中暑是奶牛日射病和热射病的总称，是奶牛在高温环境条件下引起的体温调节障碍、水盐代谢紊乱导致中枢神经系统和心血管系统、呼吸系统的机能发生障碍，以及自身中毒等一系列症状的综合疾病。

（一）病因

奶牛本身是耐寒怕高温的动物，在气温超过 30℃的高温环境中，尤其在强烈日晒条件下，如果防高温措施不到位，会使奶牛头部血管扩张而引起脑及脑膜急性充血和脑实质的急性病变，导致中枢神经系统机能发生障碍而使奶牛患日射病。奶牛如生活在通风不良的闷热环境中，因奶牛体热散发困难而造成体内过热，使中枢神经、血液循环和呼吸器官机能紊乱而引发奶牛热射病。有的奶牛由于在高温条件下大量出汗、脱水，全身肌肉特别是腹部和四肢肌肉发生痉挛，这种现象称为热痉挛，有的奶牛会出现虚脱成为热衰竭。

奶牛过度肥胖，母牛产后心脏、呼吸机能不全、汗液分泌机能减退、泌乳性能高的奶牛，加上饮水不足，易发生中暑。适应性差、耐热能力低的牛群，更易发生中暑。

（二）症状

日射病发病较快，病牛精神萎靡，眩晕，四肢运步无力，步态不稳，共济失调。有的突然倒地，四肢做游泳样划动。体温升高，尤其热射病病牛，体温升高达41～44℃。病牛张嘴伸舌，从口内流出泡沫状唾液，鼻孔开张，呼吸急促，呼吸数加快，节律失调。心悸亢进，心跳加快达100次以上/min，心音亢进，随之出现心音分裂或混浊，脉细弱，心音低沉，静脉先怒张后萎陷。尿量减少或无尿。病牛呈现短期兴奋，烦躁不安，挣扎易动。有的迅速转为高度抑制状态，皮肤、角膜、肛门反射消失，而腱反射亢进。瞳孔初散大后缩小，直至意识丧失。濒危期，有时病牛假死倒地，肌肉震颤和皮肤反射均消失，仅能以心音有无作为死亡与否的标志。濒死期，病牛体温下降，倒地站不起来，静脉塌陷，痉挛抽搐，昏迷，陷于窒息和心脏麻痹而突然死亡。

（三）诊断

根据本病发生在炎热的季节，患病奶牛受到过长时间烈日暴晒或牛舍通风不良、潮湿闷热，结合临床症状及发病情况，较易诊断。

（四）防治措施

1. 预防

（1）牛舍通风降温。修建半开放式牛舍，采用散放式饲养。选择用隔热性能好的材料做牛舍顶棚或在屋顶堆放干草，也可用石灰浆喷涂牛舍顶及外壁，以减少阳光辐射对牛舍的增温效应。在牛舍内安装风扇或吊扇，促进空气流通，中午用冷水刷拭牛体，淋水和送风结合降温效果更好。牛舍和运动场供给充足的清洁饮水，在不影响通风的情况下，在牛舍及运动场周围种植树木遮阳。

（2）调整日粮组成。在炎热季节，奶牛食欲下降，应提高日粮中的总可消化养分值。在以玉米青贮为主的日粮中，蛋白质占日粮干物质的16%～17%，并使用优良的过瘤胃蛋白饲料，如啤酒糟、白酒糟等。奶牛日粮中添加200g脂肪酸钙，可有效提高日粮能量浓度，提高泌乳性能，给奶牛饲喂钠、钾、镁含量高的日粮，不仅能使日产奶量增加1kg左右，而且奶牛也感到更加舒服减少应激。为防止奶牛厌食，可加入糖蜜饲料，补充矿物质和微量元素添加剂，尤其将维生素A以5万IU/（头·d）提高到15万IU/（头·d）。饲料中添加烟酸6g/（头·d），可提高热应激条件下奶牛的产量，而乳成分不受影响。另外应供给充足的青绿多汁饲料，增加饲喂次数，从而提高采食量。

（3）药物预防。奶牛日粮中添加300g/（头·d）乙酸钠，可在一定程度上缓解外部高温对产奶性能的抑制作用，产奶量及乳脂总分泌量明显增加。高温季节奶牛皮肤蒸发量、饮水量和排尿量增加。钾的损失显著高于钠，应提高日粮中钾的水平，氯化钾添加量为180g/（头·d），分3次拌料饲喂。如多喂精料，应同时增加碳酸氢钠，推荐量为150～200g/（头·d）。在热应激情况下，日粮中添加复合酶制剂、瘤胃素、酵母培养物等均有很好的缓解效果。

一些有清热、解暑、凉血、解毒的中草药，也可有效解热应激反应。如石膏、板蓝根、黄芩、苍术、白芍、黄芪、党参、淡竹叶、甘草等，按一定比例配比粉碎后，加日粮中饲喂2个月，产乳量会有所增加，牛奶成分没显著变化。

2. 治疗　奶牛的中暑病发病急而死亡快，因此要及早诊断，及时治疗。原则是降温，

减轻心肺负荷，纠正水盐代谢和酸碱平衡紊乱。

(1) 消除病因。发现奶牛中暑后，应立即将病牛转移到阴凉、安静处，以凉水冷敷奶牛头部和进行全身冷水浴，并可用1%冷生理盐水灌肠，或用酒精擦拭体表。

(2) 防止肺水肿、促进体温放散、强心利尿保肝。先静脉泻血1 000～2 000mL，再用2.5%盐酸氯丙嗪溶液10～20mL、5%葡萄糖生理盐水1 000～2 000mL、20%安钠咖10～20mL静脉注射。同时肌肉注射复方氨基比林、安乃近等。

(3) 缓解酸中毒。如出现自体中毒现象，用5%碳酸氢钠溶液500～1 000mL，静脉注射。

(4) 镇静安神。如果患病奶牛发生高度兴奋，用水合氯醛—硫酸镁注射液100～200mL静脉注射。

(5) 改善水盐代谢、清理胃肠。病情好转时，10%氯化钠溶液500mL静脉注射，内服健胃药，如大黄、人工盐、龙胆酊等。

(6) 中药疗法配方。党参、芦根、葛根各30g，生石膏60g，茯苓、黄连、知母、玄参各25g，甘草15g，共研末，开水冲服。无汗加香薷，神经昏迷加石菖蒲、远志，狂躁不安加茯神、朱砂，热极生风、四肢抽搐加钩藤、菊花。

四、骨软症

骨软症是成年奶牛因饲料中钙、磷和维生素D含量不足或钙、磷比例不当，而引起的一种慢性代谢性疾病。病牛的主要临床特征是骨骼变形，肢体异常，蹄变形和跛行。其病理特点是骨质进行性脱钙呈现骨质疏松及形成过剩的未钙化的骨基质。剖检所见为软骨骨化不全，骨质疏松和形成过量未钙化的骨基质。泌乳量高、饲养管理不当的奶牛常发此病。

(一) 病因

(1) 成年牛日粮中的钙、磷正常比例为1.8∶1，机体内钙磷代谢保持正平衡。当日粮钙、磷比例过高（2.5∶1）或过低（1.3∶1）或钙磷供应不足时，就不能满足机体妊娠、泌乳和基础代谢的需要。饲料中钙含量过多，影响到磷的吸收，磷含量过多，也影响到钙的吸收。两者中只要有一种吸收不足便引起骨软症的发生。

(2) 当因饲养和泌乳导致血钙下降时，可通过中枢神经系统反射引起甲状旁腺机能加强，在此激素的作用下，经破骨细胞作用，骨骼中的钙、磷被溶解释放出来，致使骨组织间隙扩大，未钙化的骨质过度形成，结果骨骼变得疏松柔软，常常变形，易发生骨折。

(3) 当奶牛患前胃弛缓、胃肠卡他性炎时因胃液和肠液（胆酸）缺乏，使磷酸钙、碳酸钙的溶解度和吸收率降低，造成机体缺钙和磷。

(4) 阳光紫外线照射不足，可降低维生素D原转化成维生素D的能力。而维生素D可促进小肠对钙的吸收，并间接促进磷的吸收，当缺乏维生素D时，血液中钙、磷浓度下降。

(二) 症状

病初以前胃弛缓症状为主，表现食欲反常，时好时坏。患牛异食，常舔食厩舍墙壁、牛栏、泥土、喝尿或粪汤；泌乳量下降及发情延迟。随病程延长，病牛出现拱背站立，经常卧地，不愿站立，运步时不灵活，四肢强拘，一肢或数肢跛行。骨骼肿胀变形，四肢关节肿大，尾椎骨移位、变形，肋软骨与肋骨结合部肿胀，蹄变形，呈翻卷状，易患腐蹄病；骨盆变形，易发生难产，胎衣不下等。病牛营养不良，逐渐消瘦，被毛缺乏光泽，皮肤干燥，缺乏弹性。

由于骨骼严重脱钙，使脊柱、肋骨和四肢关节等处呈现敏感。叩诊和触诊有痛性反应，病牛体躯和四肢骨骼变形，呈现胸廓扁平、拱背、飞节内肿，后肢呈八字形。尾椎骨转位、变软和萎缩，最末端的椎体，甚至被不同程度地吸收而消失。肋骨、四肢骨和骨盆等骨质疏松、脆弱，易发骨裂、骨折及腱附着点剥脱。常见跟腱断裂。

病牛营养不良，严重消瘦，被毛逆立粗乱，无光泽，换毛延迟，皮肤干燥，弹力减退呈皮革样外观。瘤胃蠕动减弱，便秘、腹泻或两者交替出现，下腹部蜷缩。产奶量明显减少，常伴发贫血和神经症状，低磷性骨软症病牛可能出现血红蛋白尿，最终持久性躺卧，形成褥疮，被迫淘汰。

（三）防治措施

1. 预防

（1）定期检测奶牛群血钙、血磷含量。

（2）合理配制饲料，增加豆科牧草和优质干草，确保饲草料中钙、磷含量满足奶牛生理需要，钙、磷比例达到规定标准（1.5～2∶1）。高产奶牛于冬季舍饲期间，在日粮中添加矿物质和胡萝卜等补充饲料。同时还可用维生素 D_3 注射液，1.5 万～3 万 IU/kg 体重，1 次肌肉注射。同时让奶牛多到舍外受日光照射并驱使适量运动。补喂脱氟磷酸盐粉。

2. 治疗

（1）日粮补加碳酸钙、石粉或柠檬酸钙粉。成年干奶期奶牛钙、磷每天饲喂量分别不少于 55g 和 22g，泌乳奶牛钙、磷饲喂量分别为 2.5g/kg 奶量和 1.8g/kg 奶量。

（2）静脉注射 20%葡萄糖酸钙注射液500～1 000mL 或 10%氯化钙注射液 100～200mL，连用 3～5d。

（3）在日粮中除添加磷酸钠（30～100g）、骨粉（30～100g）外，还可用 20%磷酸二氢钠注射液 500mL，1 次静脉注射，1 次/d，连用 3～5d 为一疗程。

（4）为了促进肠管对钙、磷的吸收和利用，可应用维生素 AD 注射液 5～10mL，或维生素 D_2 胶性钙（维丁胶性钙）注射液 5～20mL，隔日 1 次肌内注射，连用 3～5d 为一疗程。

（5）中药治疗。主要以强筋壮骨、补血益气、收敛肾精气为治疗原则，应用下列配方：当归 30g、熟地 30g、川续断 30g、益智仁 30g、苍术 45g、甘草 20g。不愿走动，动则气喘者应加入党参 50g、白术 50g、炙黄芪 30g；腰和后肢不灵活者加入杜仲 45g、补骨脂 45g、怀牛膝 45g；四肢不灵活者加入伸筋草 30g、秦九 30g。

五、佝偻病

佝偻病是幼牛发育期因维生素 D 缺乏，导致钙磷代谢障碍的一种慢性病。佝偻病根据发病原因可分为先天性佝偻病和后天性佝偻病。先天性佝偻病是主要由妊娠母畜的饲养管理不良，特别是在妊娠后期，饲料中缺乏维生素 D 和矿物质以及阳光照射不充足，

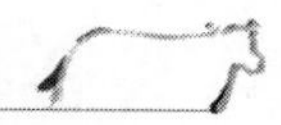

可导致母畜的营养代谢过程发生紊乱，结果使胎儿在母体内的正常发育受到影响，成骨细胞钙化作用不足而出生的胎儿体弱，四肢就是O形腿或X形腿。后天性佝偻病的病因：

（一）病因

1. 维生素D缺乏　维生素D具有调节血液中钙、磷之间最适当比例，促进肠道中钙、磷的吸收，刺激钙在软骨组织中的沉着，提高骨骼的坚韧度等功能。犊牛的体内维生素D主要从母乳中获得，乳汁中发生维生素D的严重不足是哺乳犊牛佝偻病发病的一种主要原因。所以犊牛的佝偻病更常发生于刚断乳之后的一个阶段中。断乳后如果饲料中维生素D供给不足，导致钙、磷吸收障碍，这时即使饲料中有充足的钙、磷，亦会发生佝偻病。快速生长的犊牛对维生素D的缺乏要比成年牛更敏感。例如，未发现在饲养上钙、磷不平衡现象（钙、磷比例高于或低于1～2∶1），但却有大批犊牛发生佝偻病。因为轻度的维生素D缺乏，就足够引起佝偻病的发生，这就表明维生素D在完成成骨细胞钙化作用中具有特殊意义。另外，继发于其他因素，例如犊牛日粮中过量摄入胡萝卜素而引起。

2. 钙或磷缺乏　研究表明，保证犊牛骨骼正常发育、生长所需的钙、磷比例是1∶1或是2∶1。当饲料中钙、磷比例平衡时，则机体对维生素D的需要量是很小的。哺乳犊牛在骨骼发育阶段中，一旦食物中钙、磷缺乏或过量补钙、磷，并导致体内钙、磷不平衡现象，生长骨的骨基质则不能完全钙化，同时骨样组织增多而发病。在佝偻病的病例，骨骼中钙的含量从正常的66.33%降低到18.2%，而骨样组织从30%到增高到70%，骺软骨持久性肥大并不断地增生，骺板增宽，钙化不足的骨干突和骺软骨承受不了正常的体重压力而使长骨弯曲，骺进一步变宽及关节明显增大。

3. 缺乏阳光照射　由于母羊长期采食未曾经过太阳晒过的干草，以致在这种干草中含有麦角固醇不能转变为维生素D_2，此外，舍饲和海拔高的地区，例如饲养的犊牛的皮肤内的7-脱氢胆固醇，它们在阳光紫外线照射下，不能转变为维生素D_3成为犊牛佝偻病的一种主要发病原因。

4. 钙磷吸收障碍　断奶过早导致犊牛消化不良或患胃肠疾病，虽然能摄食到足够的钙、磷和维生素D，但不能被机体吸收和利用。除此之外，长期腹泻，尤其是患肝、肾疾病以及内分泌（甲状腺素、胸腺）机能障碍，都能影响钙、磷代谢和维生素D的吸收和利用，亦可促进佝偻病的发生。主要是饲料中维生素D缺乏和钙、磷含量不足，缺乏日光照射等因素造成的。

（二）症状

患病犊牛开始表现食欲减退、消化不良、经常卧地，不愿起立和运动，卧地起立缓慢，往往出现跛行，行走步态摇摆。然后出现生长迟缓、消瘦、异嗜、惊恐不安。患病后期，犊牛以腕关节着地爬行，躯体后部不能抬起，重症者卧地不起。本病主要症状为骨骼变形，表现头面部、躯干和四肢骨骼变形。面骨肿胀，下颌骨增厚、变软，出牙期延长，齿形不规则，齿质钙化不足，常排列不整齐，齿面易磨损。病重犊牛的口腔不能闭合，舌突出，流涎，吃食困难。最后躯干、四肢骨骼发生变形。如站立时弓背，前肢腕关节屈曲，向前方外侧凸出，呈内弧形，后肢跗关节内收，呈八字形叉开站立，步态僵硬。腕关节、跗关节和肋骨软骨联合部肿胀最明显，呈现佝偻性念珠状结节。严重者瘫痪，可死亡于褥疮、败血症、消化道及呼吸道感染。

（三）临床诊断

犊牛佝偻病的早期诊断比较困难。一般可根据病史，犊牛日龄，日粮中维生素D缺乏，钙、磷比例不当，舍饲潮湿阳光照射不足，临床症状呈现的上生长缓慢，消化不良，异嗜，运动障碍，骨骼、关节变形等特征，不难诊断。并结合血液检查结果（红细胞数及血红蛋白量低下，血钙血磷浓度依病因而有差异，磷和维生素D缺乏引起佝偻病，血磷可降低至30～40mg/L以下。血清钙水平往往在最后阶段才降低，一般低至40～70mg/L以下或更低；碱性磷酸酶活性增高，可达100单位以上）可作为早期诊断指标。

骨的X线检查，这对佝偻病的诊断，特别是早期诊断具有重要的作用。X射线检查可发现，长骨骨端变为扁平或呈杯状凹陷，骨骺增宽且形状不规则。骨皮质变薄，密度降低，长骨末端呈毛刷状或绒毛样外观。如发现骺变宽及不规则，更可证实为佝偻病。

（四）防治措施

1. 治疗 佝偻病的治疗主要是消除病因、改善饲养管理、综合药物治疗为原则。

（1）内服鱼肝油，每次3～10mL，每天2次，发生腹泻时停用。

（2）骨化醇液40万～80万IU肌内注射，每周1次。

（3）皮下或肌内注射维生素D_2胶性钙液，犊牛每次1mL，每天1次。

（4）内服沉降碳酸钙5～20g，每天1次。乳酸钙5～10g，每天1次。

（5）10%氯化钙液5～10mL或10%葡萄糖酸钙10～20mL静脉注射，每天1次。

2. 预防

（1）改善饲养管理，饲喂全价饲料，保证充足的维生素D和钙、磷比例应控制在1.2∶1～2∶1范围。供给富含维生素D的饲料。例如，开花阶段以后的优质干草、豆科牧草和其他青绿饲料。在这些饲料中，一般也含有充足的钙和磷并按需要量添加食盐、骨粉、各种微量元素。

（2）增加户外活动，保证一定的日光照射。保持畜舍干燥清洁、通风良好、光线充足，适当延长哺乳期，应对胃肠炎进行及时有效的治疗。有条件的畜禽场冬季实行紫外线灯照射10～20min/d，对预防佝偻病发生具有重要意义。必要时可在消毒乳或补充富含维生素D和钙、磷的矿物质饲料。例如犊牛和犊牛哺乳前滴喂鱼肝油滴剂5～10mL/d或日粮中每天添加骨粉20～40g，预防效果较好。

六、酮病

奶牛酮病是奶牛在分娩后几天至几周内常发生的一种由体内糖和挥发性脂肪酸代谢紊乱所引起的营养代谢性疾病，发病时表现为低血糖，高酮血、酮尿、酮乳，消化功能紊乱，产奶量下降，体重减轻等，个别奶牛可能出现神经症状。

酮病多发于3～5胎的高产奶牛。在我国高产牛群中，临床酮病的发病率一般占产后母牛的2%～20%，而亚临床型酮病的发病率一般占产后母牛的10%～30%，且酮病的发病率有逐年升高的趋势。酮病虽然能够治愈，也很少引起奶牛死亡，但酮病会引起乳牛的泌乳量下降、乳质量和繁殖力降低以及生殖系统疾病和内分泌紊乱等多种疾病，增加了治

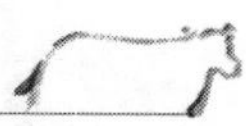

疗费用，给奶牛养殖业造成了严重的经济损失。

（一）病因

酮病常见于营养良好的高产奶牛，由于过度饲喂蛋白质、脂肪含量高的饲料（如油饼、豆类），而含糖饲料不足（如青草、禾本科谷类等），就会导致机体内酮体（乙酰乙酸、β-羟丁酸及丙酮）增高，从而发生酮血症。酮病病因涉及的因素很多，且较为复杂，主要与下列因素有关。

1. 产后能量负平衡　奶牛产犊后4～6周出现泌乳高峰，但其食欲恢复和采食量的高峰在产犊后的8～10周，能量和葡萄糖的来源不能满足泌乳消耗的需要，生糖物质缺乏，奶牛高产势必加剧这种不平衡，机体动员肝糖原、体脂肪和体蛋白，产生大量酮体而发病。通过研究母牛摄食的碳水化合物的量和从乳汁中排出乳糖的量，发现奶牛每天适合的产奶量为22kg；如果每天产奶34kg，则全部血液中的葡萄糖都将被乳腺所摄取，造成了乳牛血糖过低引发酮病，所以高产奶牛酮病的发病率较高。

2. 产前过度肥胖　干奶期供应能量水平过高或干奶期时间过长，奶牛产前过度肥胖，严重影响产后采食量的恢复，使机体的生糖物质缺乏，引起能量负平衡，产生大量酮体而发病。

3. 营养不足　饲料供应过少、品质低劣，饲料单一、日粮不平衡；或者精料（高蛋白、高脂肪和低碳水化合物饲料）过多、粗饲料不足等，均会使机体的生糖物质缺乏，可引起能量的负平衡，产生大量的酮体而发病。

4. 饲料因素　饲喂含有大量丁酸的饲料会引起血液β-羟丁酸浓度的增加，并间接通过降低食欲，增加体脂的动员，尤其是在泌乳早期；血液和乳汁中的酮体还会通过饲喂大量生酮饲料而增加，如甜菜和糖蜜都会增加瘤胃丁酸盐的浓度。

5. 继发因素　能引起食欲减退的疾病会降低血糖浓度和增加血浆游离脂肪酸和酮体浓度。如生产瘫痪、青草搐搦、真胃移位、肢蹄疾病、乳房炎，以及前胃弛缓、瘤胃鼓气、创伤性网胃炎、子宫炎等。然而，也有研究发现任何特定的繁殖疾病对酮病的发生没有影响，如乳腺炎的发生对酮病发生的可能性没有影响。此外，脑下垂体、肾上腺皮质机能不全、甲状腺机能不全，微量元素钴缺乏（易造成维生素B_{12}不足，影响丙酸正常代谢）都可以继发酮病。

（二）临床症状

临床上表现两种类型，即消耗型和神经型。其中消耗型酮病约占85%，但有些病牛，消耗症状和神经症状同时存在。

1. 消耗型　病牛表现食欲降低和精料采食减少，拒绝采食青贮饲料，仅采食少量干草；体质量迅速下降，很快消瘦，腹围缩小；产奶量明显下降且乳汁容易形成泡沫。皮肤弹性降低，粪便干燥、量少，有时表面附着一层油膜或黏液；瘤胃蠕动减弱甚至消失。呼出的气体、尿液和乳汁中有烂苹果的气味（丙酮味），加热时气味更明显；但这种气味只有在病情严重时才能闻到，大多数病例不易闻到这种气味。消耗型酮病病程拖长，会使奶牛极度消瘦和衰竭，最终卧地不起、骨瘦如柴，死亡或淘汰。

2. 神经型　病牛除了表现消化系统的主要症状外，常突然发病，初期表现兴奋，精神高度紧张、不安，大量的流涎，磨牙空口咀嚼；视力下降，走路不稳，横冲直撞。

个别病例全身肌肉紧张，四肢叉开或相互交叉，震颤、吼叫，感觉过敏，而且神经症状间断地多次出现。这种兴奋过程一般持续1～2d后转入抑制期，反应迟钝，精神高度沉郁，严重者处于昏迷状态。少数轻型病牛仅表现精神沉郁，头低耳耷，对外界刺激的反映下降。

除了上述两种典型症状外，临床上还有一种隐性酮病，其临床症状不明显，一般在产后1个月内发病，产奶量稍微下降；病初血糖含量下降不显著，尿酮浓度升高，后期血酮浓度才升高，这种情况只有通过酮体检测和血糖含量检测才能确诊。但长期的隐性酮病会使奶牛的内分泌紊乱和激素分泌失调，引发繁殖性能下降。

（三）诊断

对于临床上比较典型的酮病病例，可以根据其发病时间、临床症状及特有的酮体气味作出初步诊断。而亚临床酮病无明显的临床症状，很难诊断。确诊需要通过检测血液、乳汁、尿液中酮体来确定奶牛是否患亚临床酮病。在临床实践中，可以用快速简易定性法检测尿、乳中有无酮体存在。其方法是取硫酸铵100g、无水碳酸钠100g和亚硝基铁氰化钠3g，研细成粉末，混匀；然后取粉末0.2g放于载玻片上，加尿液或乳汁2～3滴，加水做对照，出现紫红色者为酮体阳性，不出现红色者为阴性。有条件者，可用人医尿酮体检测试纸，方法是将试纸浸入尿液或乳汁中30s后，观察显色反映结果，与标准比色板进行对照，以判断酮体的阳性程度，该法快速、准确。

（四）防治措施

1. 治疗 首先根据病因调整饲料配方，增加碳水化合物饲料及优质牧草。在临床上采用药物治疗和减少挤奶次数相结合的方法取得了良好的效果。酮病的治疗原则是补糖补钙、解毒保肝健胃强心，提高血糖浓度、减少脂肪动员、促进酮体的利用。

（1）补糖或糖原性物质。治疗原则为大量补糖和抗酮。静脉注射50%葡萄糖溶液500～1 000mL，每天2次，如同时肌内注射胰岛素100～200IU（增加肝糖的贮备）效果更好；丙酸钠120～200g，分两次加水内服；丙二醇或丙三醇225g加水内服，每天2次，连服2d后剂量酌减；乳酸铵、乳酸钠等乳酸盐每天内服450g，连用数天。

（2）激素疗法。为促进糖原异生作用，抗高血糖浓度，可肌内注射肾上腺皮质激素（ACTH）200～800IU，或氢化可的松0.5～1g，或醋酸可的松0.5～1g，或地塞米松10～30mg。但需注意的是重复应用糖皮质激素治疗，可降低肾上腺皮质活性及对疾病的抵抗力。此外，也可静脉注射胰高血糖素，每天10mg，连注10～15d。

（3）其他疗法。为缓解机体酸中毒可静脉注射5%碳酸氢钠溶液500～1 000mL，或内服碳酸氢钠50～100g，每天2次。对神经型酮病可内服水合氯醛30g，随后7g，每天2次，连服数天。为加强前胃消化机能，促进食欲，可用人工盐200～250g，1次内服；维生素B_1 20mL 1次肌内注射。静脉注射维生素B_{12}，能提高肝脏对丙酸的利用率。为了促进皮质激素分泌，可以使用维生素A 500IU/kg体重，内服维生素C 2～3g。

2. 预防 酮病的发生比较复杂，在生产中应采取综合预防措施才能收到良好的效果。

（1）注意干奶期饲养管理，科学地控制奶牛的营养投入，能量供应以满足其需要即可，防止奶牛产前过于肥胖。

（2）供应平衡日粮，注意精粗饲料的合理搭配；其中精料中粗蛋白含量以不超过

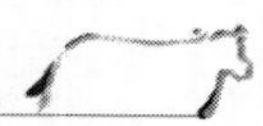

16%～18%为宜，碳水化合物以磨碎的玉米为好。给予品质优良的干草或青贮饲料，避免饲喂含大量丁酸盐的劣质青贮料；不要随意更换饲料配方，消除各种应激因素，同时适当增加奶牛的运动。此外，饲料中注意碘、钴、磷等矿物质的补充；在酮病的高发期喂服丙酸钠，每次100g，每天2次，连用15d。

（3）在日粮中添加脂肪和饲料添加剂，以预防酮病的发生，主要有以下几种。

①脂肪。在日粮中添加3%～5%的瘤胃保护性脂肪，可以提供较高的血糖水平和较低的血酮水平。

②尼克酸。日粮中每日添加3～6g的尼克酸，可以有效降低血中β-羟丁酸盐水平；尼克酸可以影响瘤胃的代谢并增加丙酸盐水平，增加菌体蛋白产量，同时显著提高产奶量。

③离子载体。在饲料中添加离子载体，如莫能霉素和拉沙里菌素，可以改变瘤胃的新陈代谢，降低乙酸的生成、增加丙酸盐产量。研究发现，莫能霉素可以降低血酮。

七、铜缺乏症

铜缺乏症是由饲料和饮水中的铜缺乏或钼过多引起的一种代谢病。本病主要发生于奶牛，临床上以被毛退色、下痢、贫血、运动障碍、骨质异常和繁殖性能降低等为特征。

（一）病因

本病可分为原发性铜缺乏症和继发性铜缺乏症两种类型。

1. 原发性铜缺乏症　即单纯性铜缺乏症，是由于采食了在铜缺乏土地上生长的牧草，其中铜含量在3mg/kg时，多表现为亚临床铜缺乏症。

2. 继发性铜缺乏症　指饲料或饮水中铜含量较为充足，由于牛机体组织对铜的吸收和利用受阻，所引起的铜缺乏症。如铜与钼等微量元素之间有着拮抗作用，当钼与铜的比例不当，铜含量虽多而钼含量多或接近生理值时，均可导致肠管对铜吸收机能降低，甚至使机体对铜的需要量增大。如牧草中铜含量为7～14mg/kg，若与过多的钼（3～20mg/kg）共存时，也易发生铜缺乏症。

（二）症状

1. 原发性铜缺乏症　病牛食欲减退，异嗜，生长发育缓慢，犊牛更为明显。被毛退色是本病的特征性表现。被毛无光泽，无弹性、粗糙，黑毛变为锈褐色，红毛变为暗褐色。眼周围被毛因退色或脱毛，而变为白色或无毛，状似带白框眼镜，故称“铜眼镜”。此外，病牛还有消瘦、腹泻、脱水以及贫血现象。放牧病牛性周期延迟，有不发情、早产等繁殖机能障碍。铜缺乏症的妊娠母牛在泌乳量减少的同时，所生患病犊牛两后肢成八字形站立，行走时跗关节屈曲困难，后肢僵硬，蹄尖拖地，后躯摇摆，极易摔倒，关节肿大，骨质脆软，易骨折。重症病牛心肌萎缩和纤维化，往往发生急性心力衰竭，即使在轻微运动过后也易发癫，有的在24h内突然死亡。X线检查，常见长骨的骨端肿大，密度降低，呈不规则状。

2. 继发性铜缺乏症的症状　基本上与原发性铜缺乏症相同，但不同的是贫血程度较轻，而腹泻症状较重，以持续性腹泻为特征。

（三）诊断

根据病史、临床主要症状如贫血、运动障碍、骨质异常、毛褪色以及土壤、饲料及肝铜测定可确诊。临床上出现不明原因的拉稀、消瘦、贫血，关节扩大，关节滑液囊增厚，肝、脾、肾内血铁黄蛋白沉着等特征，补铜后疗效显著，可作出初步诊断。确诊依赖于对饲料、血液、肝脏等组织中铜浓度和某些含铜酶活性的测定。如怀疑为继发性缺铜病，还应测定钼和硫等干扰物质的含量。

对症状不典型的可通过实验室来确定。一般认为测定血浆铜蓝蛋白活性，可为早期诊断提供依据。测定肝铜和血铜也有助于诊断，肝铜（干重）含量低于20mg/kg，血铜含量低于0.7μg/mL时，可诊断为铜缺乏症。

（四）防治措施

1. 治疗 补铜是治疗本病的根本措施，除非神经系统和心肌已发生严重损害，一般能完全康复。常用的药物是硫酸铜1g/d或2g/周，经口投服。或将硫酸铜按1%的比例加入食盐内，混入配合饲料中饲喂。还可用硫酸铜0.8g，溶解于1 000mL生理盐水中，一次静脉注射100mL，有效期可维持数月。

治疗可内服硫酸铜制剂，犊牛从2～6月龄开始，硫酸铜每周补4g，成年牛每周补8～10g，连续3～5周，间隔3个月后重复治疗1次，每年3次，对原发性和继发性缺铜病都有较好的效果。还可以用0.2%硫酸铜注射液（7.85 g $CuSO_4 \cdot 5H_2O$ 溶解在100mL生理盐水中），青年牛用量为125～250mL静脉注射，药效可维持数月之久。病畜已发生脱髓鞘或有心肌损伤，则很难康复。

2. 预防

（1）对铜缺乏土壤可施用含铜肥料，每公顷牧场草地上施用5～7kg硫酸铜，便可使其上生长的牧草中铜含量达到牛生理需要量，并能保持几年有效。对舍饲牛群可皮下注射甘氨酸铜制剂，成年牛400mg（纯铜120mg），犊牛200mg（纯铜60mg），历时3～4个月，可起到预防效果。或口服1%硫酸铜溶液，牛400mL，每周1次。

（2）动物饲料中补铜，或将铜直接加到矿物质补充剂中。牛对铜的最小需要量是15～20mg/kg（干物质计）；全植物性饲料为10～20mg/kg。用含铜盐砖作为矿物质补充剂，其中应含3%～5%的硫酸铜、50%钙和磷、45%的钴化或碘化盐，供动物舔食，或将此混合盐按1%比例加入到总日粮中，可防止反刍动物缺铜。

八、铁缺乏症

铁缺乏症是由于摄取铁含量过低饲料等原因引起的，临床上以生长发育缓慢和贫血等为主要特征的营养代谢病。本病在通常饲养条件下的成年牛群中极少发生，犊牛特别是在特定的饲养管理条件下的犊牛较易发病。

（一）病因

（1）在土壤铁缺乏的牧场放牧或饲喂铁含量过少的饲草的牛群，可发生缺铁性贫血；在集约化舍饲犊牛中，以牛奶为主的饲养条件下，也可发生缺铁性贫血。

（2）寄生虫（如吸血线虫、蜱等）侵袭等各种原因引起的过多失血可导致失血性贫血，铁代谢障碍可导致慢性贫血，即再生不全性贫血。

（3）胃肠吸收机能紊乱如胃液缺乏或腹泻等，饲喂含磷过多的精饲料以及肠黏膜产生脱铁蛋白等诱因，致使机体对铁吸收机能降低，可引起低血症。

（二）症状

病犊牛食欲不振，异嗜，生长发育缓慢，可视黏膜淡染或苍白，消瘦，衰弱，便秘或下痢。重型病犊牛多呈现重剧性贫血症状，如心搏动亢进，心跳加快并伴发缩期性杂音和呼吸促迫等。

（三）防治措施

1. 治疗 不论何种原因引起的铁缺乏症，均宜用铁制剂来治疗。较适用的是硫酸亚铁制剂，口服，每天2次，每次1g，连用2周为一个疗程；对寄生虫性贫血病犊牛，可用葡萄糖铁、延胡索酸铁和谷氨酸铁等铁制剂注射，见效快，若有条件可与维生素B_{12}制剂混合注射，疗效更为明显；对轻症病犊牛还可补饲铁制剂，按每千克饲料添加25～30mg铁制剂的比例混饲。

2. 预防 对铁缺乏土壤可施用含铁肥料，以便使其生长的牧草中铁含量达到牛的生理需要量。饲喂含铁丰富的饲料，可起到较好的预防作用。

九、锌缺乏症

锌缺乏症是由于牛群长期采食或饲喂的饲草料中锌含量过少，临床上是以生长发育缓慢或停滞、皮肤角化不全、骨骼异常或变形、繁殖性能障碍以及创伤愈合延迟等为主征的一种微量元素缺乏症。

（一）病因

本病可分为原发性锌缺乏症和继发性锌缺乏症两种类型。

1. 原发性锌缺乏症 由于奶牛群长期而大量采食或饲喂锌缺乏地带（即锌含量低于30～100mg/kg以下的地带）生长的牧草（其中锌含量少于10mg/kg）和谷类作物饲草料（其中锌含量少于5mg/kg以下），则会使牛群发生锌缺乏症。

2. 继发性锌缺乏症 饲草料中钙盐和植酸盐含量过多时，便与锌结合形成难于溶解的复合物，使奶牛对锌的吸收率降低，导致锌缺乏。饲草料中磷、镁、铁、锰以及维生素C等含量过多以及不饱和脂肪酸缺乏，也可影响对锌的代谢过程，使奶牛群对锌吸收和利用受到阻碍。当奶牛群罹患慢性消化器官疾病，如慢性胃肠炎时，可妨碍对锌的吸收而引起锌缺乏症。

犊牛饲喂锌含量为40mg/kg的饲料后，仍能保持健康状态，但是在锌含量为20～80mg/kg（正常值为93mg/kg）、钙含量为0.6%的草场放牧牛群中，则多数发生角化不全症。

（二）症状

1. 犊牛锌缺乏症 一般会出现持续2周以上食欲明显减弱乃至废绝，生长发育缓慢或停滞等现象。在阴户、肛门、鼻镜、耳根、尾根、跗关节、膝皱襞等处的皮肤最易发生角化不全、干燥、弹性减退、肥厚等。骨骼发育异常、关节肿大、后肢弯曲、僵硬、四肢无力、步伐缓慢不稳等。并在阴囊、四肢部位出现类似皮炎的症状，皮肤粗糙、瘙痒、脱毛，蹄周及趾间皮肤皲裂。

2. 成年牛锌缺乏症 除出现犊牛的皮肤角化不全等相似症状以外，还会表现出繁殖性能下降和伤口愈合缓慢等现象。繁殖性能障碍在奶牛群中表现为性周期紊乱，不发情、发情延迟或发情后屡配不孕，胎儿畸形、早产、死胎等。公牛表现为睾丸、附睾、前列腺和垂体发育受阻，精子生成障碍或精液量和精子数减少，性机能降低。病牛口腔、蜂巢胃和皱胃黏膜肥厚，蜂巢胃和皱胃角化机能亢进。胆囊充满胆汁，膨大。

（三）诊断

1. 实验室检验 锌缺乏症病牛血清中锌含量减少为18μg/100mL（正常值为80～120 μg/100 mL）。碱性磷酸酯酶活性降低，碳酸酐酶活性升高。血清总蛋白含量有所增多，但其中白蛋白含量稍有减少［（2.42±0.3）g/100 mL］，而γ-球蛋白含量也稍有增多［（4.05±0.58）g/100 mL］。

2. 临床诊断 除通过病史调查、临床症状和病理变化观察以外，宜结合血液和各个脏器中锌含量检测结果，建立病情最终诊断。

3. 类症鉴别 应注意与湿疹、真菌性皮肤病、疥螨病加以区别。

（1）皮肤真菌病。是由疣状毛（发）癣菌引起的人畜共患传染病。在临床上以局部皮肤上形成界限明显的圆形脱毛病灶（癣斑）、渗出液和痂皮等病变为特征，俗称钱癣或脱毛癣。留有残毛或裸秃病灶，被以鳞屑、痂皮，皮肤皲裂、变硬。有时发生丘疹、水疱和表皮糜烂。好发部位：病初限于眼眶和头部，随后蔓延到胸、臀、乳房、会阴，甚至全身。有程度不同的瘙痒症状。采集病料镜检，可发现致病性真菌菌体成分（菌丝和孢子）等，容易确诊。

（2）疥螨病。系疥螨属的螨寄生于牛体表引起的寄生虫病。临床上以皮疹和瘙痒为特征。本病在冬季发病较多、较重。牛群患病初期多局限于头部和颈部，随后蔓延到腹部、阴囊等处。局部皮肤出现小结节、小水疱。有痒感，尤以夜间在温暖厩舍条件下瘙痒更加严重，病牛自行咬啃或与他物摩擦，造成皮肤擦伤后，局部破溃、脱毛、流有渗出液并形成痂皮，日久皮肤增厚，出现皱褶和皲裂。通过镜检病料，可发现致病性螨虫，可以确诊病性。

（四）防治措施

1. 治疗 除经口投服硫酸锌每日2g，或肌内注射硫酸锌注射液（剂量为每周1g）等以外，对犊牛锌缺乏症可连续经口投服硫酸锌，剂量为100mg/kg体重，连用3周后可望痊愈。

2. 预防 以硫酸盐或碳酸盐的形式补充锌，是有效的预防方法，可在每吨饲料中加硫酸锌或碳酸锌180g饲喂。对在锌缺乏地带饲养和放牧的牛群，要严格将饲料中的钙含量控制在0.5%～0.6%，同时，宜在饲料中补加硫酸锌25～50mg/kg混饲。在饲喂新鲜青绿牧草时，也可适量添加一些含不饱和脂肪酸的油类。

十、碘缺乏症

碘缺乏症又称为甲状腺肿。它是由饲喂或放牧在碘缺乏土壤上生长的饲草等原因引起的，临床上以甲状腺肿大、增生，生长发育缓慢和繁殖机能障碍等为特征。由碘缺乏引起的单纯性甲状腺肿在成年牛群中发生较少，临床表现为奶牛发情受到抑制而不孕。由于犊牛对碘缺乏较敏感，较易发生本病。

（一）病因

本病可分为原发性碘缺乏症和继发性碘缺乏症两种类型。

1. 原发性碘缺乏症 由于土壤、饲料和饮水中碘含量过少致使奶牛碘的摄取量不足所致。其中以土壤和水源为关键，因饲草中碘含量取决于土壤、水源、施肥、天气和季节等诸多因素。

2. 继发性碘缺乏症 由于奶牛对碘需要量增多和致甲状腺肿的物质存在使然。例如，犊牛生长发育、母牛妊娠和泌乳等因素可使肌体对碘需要量增多，白三叶草、油菜籽、亚麻仁及其副产品、黄芜菁和大豆等含有致甲状腺肿素或致甲状腺物质，可使机体对碘吸收量减少。

（二）症状

碘缺乏的妊娠母牛，除其腹内胎儿生长发育受到影响而多发生死胎吸收和偶发流产以外，往往妊娠期延长，产出犊牛体质虚弱而不能站立。有的犊牛被毛生长发育不全，稀毛或无毛，皮肤呈厚纸浆状。先天性甲状腺肿犊牛，多数死于窒息。少数幸存的犊牛，也多由于生长发育停滞成为"侏儒牛"。青年母牛性器官成熟延缓，性周期不规律，受胎率降低，泌乳性能下降，产后胎衣停滞。公牛性欲减退，精子品质低劣，精液量也减少。

（三）防治措施

1. 治疗 舍饲期间对碘缺乏病牛及早补饲碘盐或碘饲料添加剂，或应用有机碘化合物40%溶解油剂，肌内注射，疗效均明显。

2. 预防 犊牛宜用卢格液2～3滴内服，连用1周。对妊娠母牛，以含有0.015%碘盐，按1%比例添加在饲料中饲喂，起到较好的预防作用。

十一、维生素C缺乏症

维生素C又称为抗坏血酸，它是抗坏血因子，在自然界中分布广泛，如青绿饲料、青贮饲料和马铃薯等中维生素C含量较多。

（一）病因

奶牛瘤胃内微生物群不能合成维生素C，维生素C在瘤胃内被微生物和化学作用破坏，但在肝脏内却能合成维生素C，故在通常饲养条件下，奶牛几乎也不会发病。只有在肝脏疾病过程中，其合成作用降低时，偶有本病的发生。

（二）症状

病牛齿龈肿胀、出血、溃疡，牙齿松动，骨质脆弱。有的病牛由于毛细血管变脆弱和通透性增大等原因，全身性出血，也有的病牛耳、颈和耆甲处出现被毛脱落、皮炎和结痂等病变。由于本病致使促肾上腺皮质激素等分泌紊乱，可诱发酮病和不孕症，公牛精子活力降低，机体抵抗力降低而易发各种感染性疾病。

（三）防治措施

1. 治疗 对病牛宜应用抗坏血酸注射液，皮下注射（剂量1 000～2 000mg），若与B族维生素注射液并用，疗效更为明显。

2. 预防 平时只要做到饲喂一定量富含维生素C饲料，如马铃薯、胡萝卜和谷物发芽饲料等，就可明显地减少本病的发生。

第三节 外 科 病

一、结膜炎

结膜炎是指眼结膜受外界刺激和感染引起的炎症。

（一）病因

由异物（尘土、麦芒等）、寄生虫（牛吸吮线虫）或因厩舍内不洁、烟熏、农药等刺激而发生；或并发于牛传染性角膜结膜炎、恶性卡他热等传染病过程中。

（二）症状

一般共同症状为羞明、流泪、结膜潮红、肿胀、疼痛、眼睑闭合、有分泌物。

1. 卡他性结膜炎 病初结膜与穹隆部稍肿胀，结膜轻度充血，呈鲜红色，分泌物少，呈浆液性。随病程的延长，眼睑肿胀、增温、充血、疼痛、结膜出现血斑，分泌物变成黏液性，量增多蓄积于结膜囊内或附着于眼内角，结膜呈现暗红、污浊、肥厚、眼内角有湿疹并且脱毛，有痒感。当炎症向结膜下组织蔓延时，肿胀明显，疼痛剧烈，呈肉块样露于上下眼睑之间，初呈紫红色，继而坏死呈黑褐色。

2. 化脓性结膜炎 肿胀明显，疼痛剧烈，由结膜囊内流出黄色脓性分泌物，脓汁浓稠，上下眼睑常黏在一起。

（三）防治措施

1. 治疗

(1) 卡他性结膜炎治疗。治疗原则是除去病因、清洗患眼、消炎镇痛。

对于急性卡他性结膜炎，初期可冷敷，每天 3 次，每次 30min。若是因异物引起的，首先应除去结膜表面或结膜囊内异物，用 3%硼酸溶液、0.1%新洁而灭溶液、0.01%呋喃西林及生理盐水、冷开水等洗眼。洗眼时不可强力冲洗，也不可用棉球平面擦拭，以免损伤结膜。为了消炎止痛，可用纱布浸以洗眼液敷于患眼，每天 2～4 次，并装上眼绷带。消炎常用可的松眼药水、青霉素液等，每天 2～3 次点眼，晚上可选用 0.5%金霉素或 0.5%土霉素等眼膏以维持较长时间，防止眼睑被分泌物黏着。疼痛剧烈时，可用 1%盐酸普鲁卡因溶液点眼。

(2) 化脓性结膜炎治疗。对于慢性脓性结膜炎，可用 0.2%～2%硫酸锌点眼，每天 2～3 次，还可用 0.5%～1%明矾液，青霉素普鲁卡因溶液点眼或作眼封闭。顽固性结膜炎，可用硝酸银腐蚀结膜，然后立即用生理盐水冲洗，对重症者，全身应用抗生素。

2. 预防 注意防蝇和畜舍环境、饮水卫生。避免阳光直射牛眼，避免灰尘的刺激。

二、脓肿

脓肿是局部组织的化脓性炎症，引起脓肿的致病菌主要为葡萄球菌和链球菌等化脓性球菌；局部感染是脓肿的主要原因。

（一）病因

各种化脓菌通过损伤的皮肤和黏膜进入体内而发生。常见的原因是肌内或皮下注射时消毒不严；刺激性注射液（如氯化钙、黄色素、水合氯醛等）漏于皮下；尖锐物体的刺伤

或手术时局部造成污染等；还有继发于各种急性化脓性感染如疖、蜂窝织炎、血肿等。

（二）症状

1. 浅在脓肿　病初局部增温，疼痛，呈显著的弥漫性肿胀。以后肿胀逐渐局限化，四周坚实，中央软化，触之有波动感，渐渐皮肤变薄，被毛脱落，最后破溃排脓。

2. 深在脓肿　局部肿胀常不明显，但患部皮肤和皮下组织有轻微的炎性肿胀，有疼痛反应，指压时有压痕，波动感不明显。为了确诊，可进行穿刺。当脓肿尚未成熟或脓汁过分浓稠，穿刺抽不出脓汁时，注意针孔内有无脓汁附着。

（三）诊断

1. 脓肿的处理　应首先确诊局部肿胀物是否为脓肿，可以采取穿刺。局部消毒后，采取无菌的16号针头进行穿刺，进入肿胀物内腔后，用10mL注射器进行回抽。若为液化性化脓创，可见大量脓汁；若为干酪性脓腔，则无脓汁。此时，可以将青霉素生理盐水注入腔内，再回抽，即可见到少许脓汁。

2. 鉴别诊断（表6-1）

表6-1　各种病症的鉴别诊断

病　名	发生速度	炎症症状	致病因素	穿刺液
脓肿	3～5d	明显波动性肿胀，明显热痛	病原菌	脓液
血肿	伤后立即发生	饱满，有弹性肿胀轻度热痛	开放性或闭合性损伤	血液
淋巴渗出	伤后3～5d发生	无疼痛的波动性肿胀	闭合损伤	淋巴液
蜂窝织炎	伤后立即发生	弥漫性肿胀、热痛剧烈	开放性或闭合性损伤	脓液或炎性渗出液
腹壁疖	伤后突然发生	热痛较轻，界线清楚的柔软肿胀，可触及病环	闭合性损伤	组织液或内容物

（四）防治措施

1. 治疗　脓肿局限化后可用温热疗法及药物刺激，促使其早日成熟，最后切开引流。温热疗法包括热敷蜡疗等。药物刺激法包括涂抹复方醋酸铅、栀子粉、鱼石脂软膏等，然后术部剪毛、消毒、穿刺减压，在波动明显部的最低处，与肌纤维方向平行切开，彻底排出脓汁，再用3%双氧水或0.1%高锰酸钾溶液，灭菌生理盐水冲洗干净后，向内投入抗生素或外涂松碘油膏，以加速坏死组织的净化，防止再感染。对深部脓肿因不易定位，常以穿刺作切开依据，但必须防止伤及大血管和神经。

对于确诊为脓肿的病例，必须采取外科处理，该方法简单、实用，可以有效清除脓腔内坏死物，促进局部肉芽组织的生长而最终痊愈。

具体方法：对于潜在性皮下脓肿，首先局部剃毛，充分消毒后，用外科手术刀在靠近脓肿下部的波动最明显部位，一刀切透，直至脓腔。此时，用大量青霉素生理盐水进行脓腔冲洗；冲洗完毕，再用0.1%新洁尔灭溶液进行冲洗，后用2%双氧水进行冲洗，此时可见坏死组织被氧化分解而出现大量泡沫，再用大量青霉素生理盐水进行脓腔清洗，彻底冲洗后，将3只红霉素软膏涂抹在无菌纱布条上，塞入脓腔中。每隔3d将纱布条抽出，换药1次，连续换药3次。切口于术后2周开始慢慢愈合。对于深在脓肿，特别是在乳房部位的脓肿，不提倡手术切开，因为该部位出血多，奶牛经常卧地而很容易二次感染。采取的方法是：局部剃毛消毒后，将20号无菌针头刺入脓腔，将青霉素生理盐水注入后，将脓腔充分冲洗，再用0.1%新洁尔灭溶液进行冲洗，冲洗完毕，用2%双氧水进行冲洗，最后根据脓腔大小将2g呋吗唑酮溶解于适量生理盐水中，注入脓腔。

2. 诊疗体会

（1）脓肿是兽医临床中的常见病，但很多临床兽医遇到类似病例时，不确切诊断就进行大剂量抗生素注射，其结果是治疗成本增加，而不能治愈。在临床中遇到类似病例，首先要正确诊断。穿刺诊断是最简单、直接的方法，但必须注意操作要严格无菌。因为体表肿胀的类似病例很多，像血肿、淋巴外渗，外观症状与脓肿类似；但治疗方法与脓肿有本质区别。穿刺诊断为脓肿，直接穿刺可以见到脓汁流出而采取切开治疗；但血肿不能采取切开治疗。因此，无菌操作可以有效避免污染。

（2）体表脓肿的切开必须保证在脓肿成熟后，才能进行。脓肿成熟的标志是病灶局限化而不扩散，指压有明显的波动感。若脓肿不成熟，可以采取温敷疗法或涂抹鱼石脂软膏促进脓肿成熟。脓肿的切口应靠近病灶下方，这样可以方便引流。同时，切口不能缝合，因为本手术是污染手术，切口开放可以保证坏死液化组织充分引流而保证新鲜肉芽组织的生长。

（3）脓肿一旦成熟，应立即切开排脓，不可等待脓肿自行破溃，以免组织遭到更大破坏。切开脓肿时要注意切口位置、方向和长度，减少损伤健康组织，排出脓汁要彻底，不宜强烈挤压脓肿膜。脓肿膜一旦被挤破，很容易损伤脓肿腔内的肉芽性防护面引起炎症转移、扩散而引起脓毒败血症。个别兽医提倡进行脓肿完整摘除，但该手术难度大、出血多，笔者不提倡该法。

（4）对于深在性脓肿，必须首先通过穿刺来确切诊断。在治疗过程中，应尽量不采取切开；通过穿刺排脓和脓腔处理，在组织间隙的压力作用下，机体可以将脓腔局部纤维化而使其萎缩，这样对机体损伤小而不影响其正常功能。

三、蹄叶炎

奶牛蹄叶炎是危害奶牛生产的（除乳腺炎、繁殖障碍疾病）第三大疾病。蹄叶炎是蹄壁真皮的乳头层和血管层发生弥漫性、浆液性、无菌性炎症，通常可侵害几个指（趾），呈现局部或全身性症候。本病可引起牛只疼痛、不安、食欲不振、体重减轻、生产性能明显下降、饲料报酬降低等，严重者甚至被过早地淘汰。此外，蹄叶炎可导致蹄变形，蹄底溃疡病及白线病等多种蹄病，给养牛业造成重大的经济损失。其特征是趾（指）不同程度发病而出现跛行、蹄变形，导致蹄轮及蹄底出血等。牛的蹄病中95%发生在奶牛，而奶牛蹄病中，41%的病例是蹄叶炎。

（一）病因

1. 营养因素 饲料中精饲料喂量过多，粗饲料不足或缺乏是引起蹄叶炎的重要因素。因片面地追求奶牛产量，精料喂得过多，而精料中的大量淀粉和蛋白质在瘤胃内发酵和降解，产生大量乳酸，使瘤胃内酸度增加，造成消化紊乱，严重者发展成酸中毒。瘤胃内环境的破坏可以使胃黏膜的抵抗力降低，屏障作用减弱，使有毒物质进入循环系统。同时酸中毒使瘤胃黏膜产生炎症，肥大细胞释放的组织胺进入血液循环，诱发蹄叶炎。

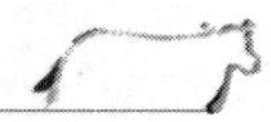

日粮中钙、磷比例的不当或缺乏，都容易造成钙磷代谢障碍，引发奶牛肢蹄病。同时日粮中缺锌，影响蹄角化过程，容易发生腐蹄病。日粮中维生素D缺乏也是引发奶牛肢蹄病，特别是骨质疏松症的重要原因之一。维生素D主要来源于经日光暴晒而制的优质豆科或禾本科牧草，因此粗饲料特别是干草品质低劣是引发奶牛肢蹄病的重要原因之一。

2. 环境与管理　管理不善也可诱发蹄叶炎，包括圈舍条件，特别是地面质量、有无垫草及奶牛运动量等。本病常见于饲养在水泥或其他硬地面的牛群，因为这类地面易使牛蹄发生挫伤。牛舍或运动场过度潮湿，奶牛长期站立于泥浆中，易造成蹄角质吸水过多，角质软化，蹄角质的抗张强度减弱，有助于本病的发生。忽略削蹄或削蹄不合理，特别是易发病部位的角质，削得不够或过多，都易形成对该部位的压迫，引发本病。病牛长期在水泥地面或在铺有灰渣的运动场站立或运动，运动场内有石子、砖瓦、玻璃片等异物，冬天运动场有冻土块和冰块，以及冻牛粪等都易造成本病发生。

3. 相关疾病　有的蹄叶炎继发于牛产后胎衣停滞、乳腺炎、子宫内膜炎、酮病、瘤胃酸中毒等，应在积极治疗原发病的基础上治疗蹄病。高产奶牛如饲养不当，发生酮病后很容易继发蹄叶炎。蹄叶炎以及与其相关障碍，通常是在产犊几天前直到产后几星期之内发生。在这个时期往往是精料增加很快，粗料（物理有效中性洗涤纤维）喂量减少，引起瘤胃酸中毒，这对蹄叶炎的发病影响较大。

4. 遗传因素　一些牛蹄性状具有一定的遗传力，如趾骨畸形、蹄畸形和螺旋形趾是具有遗传性的。指（趾）部结构和体型（包括体重、体形、肢势尤其是飞节的角度、趾的大小与形态）等特征也具有遗传性，所以奶牛蹄叶炎具有家族易感性，如瑞典弗里斯牛对蹄叶炎比瑞典红白花奶牛易感，荷兰弗里斯奶牛比黑白花奶牛和荷兰红白花牛的发病率高。

5. 年龄与生长发育　初产母牛的蹄叶炎发病率较高，青年母牛和幼龄牛易患蹄叶炎。急性蹄叶炎常见于母牛第一次产犊时，青年母牛比成年母牛多见。生长期的奶牛通常患有不同程度的蹄叶炎，虽然很少发现快速生长和蹄叶炎之间有内在的联系，但青年母牛快速育肥使日增超过1kg，这对蹄叶炎的发生有一定影响。

6. 其他因素　年龄、胎次和产奶量对蹄病的发生也有影响。随着年龄的增长，蹄叶炎的发生率有逐渐增加的趋势。随着产奶量的升高，蹄叶炎的发病率也在上升，特别是产奶量在4 500～7 000kg的奶牛有很高的发病率。2～4胎奶牛的发病率较高，约占发病牛的80%，因为此时的奶牛产奶量较高，奶牛体内物质代谢旺盛，机体抵抗力相对下降。此外，不良的肢势和蹄形，有助于本病的发生，如X状肢势、直腿、小蹄、卷蹄等。

（二）临床症状

奶牛蹄叶炎为弥散性无败性蹄皮炎，是一种导致病牛衰弱的疾病，可引起全身各系统功能改变，生产性能降低以及指（趾）部功能和形态的异常。四肢中以前肢内侧趾和后肢外侧趾多发。临床上依据病的严重程度和持续时间分为4型：急性型、亚急性型、慢性型和亚临床型蹄叶炎。

1. 急性型和亚急性型　病牛厌动喜卧，个别牛四肢伸直侧卧。站立时弓背，四肢内收或前肢向前伸，后肢收于腹下，或前肢跪地，或常将前蹄部踮起以蹄尖轻轻着地。蹄温升高，肌肉震颤，跛行，患蹄不敢负重。

病牛指（趾）部几乎无外观变化，病畜运步困难，站立时弓背，四肢收于腋下，两前肢交叉，内侧指（趾）疼痛明显，躺卧。急性早期可见病牛肌肉震颤和大量出汗，体温升高，脉搏加快，血压略降低，指动脉搏动亢进，局部静脉扩张，蹄冠皮肤发红、蹄底增温，采食量减少，泌乳牛产奶量下降。

2. 慢性蹄叶炎 病牛体消瘦，运步拘谨，长期卧地，患蹄出现特征性异常形状，患趾前缘弯曲，趾尖翘起；蹄轮向后下方延伸且彼此分离；蹄踵高而蹄冠部倾斜度小；角质蹄壁浑圆而蹄底角质凸出，蹄壁延长，系部和球节下沉。

无明显全身反应，由急性转变而来。病牛站立时以球部负重，蹄底负重不实，蹄延长，随前壁和蹄底形成锐角，蹄形异常，蹄骨下沉，蹄底变平，蹄部肥大，蹄壁上出现不规则的瘠与沟，呈波纹外观，多见于指（趾）尖部，并扩散到蹄踵部。

3. 亚临床型蹄叶炎 姿势和运动无改变，削蹄时见角质变软、褪色、苍白，蹄底出血、黄染，尤其是白线部、指（趾）尖和蹄底蹄球交界处的轴侧最为明显。目前有人提出亚临床型蹄叶炎症候群，包括白线损伤、蹄底溃疡等。

（三）诊断

1. 临床诊断 根据临床症状可以确诊，观察病牛的姿势和步态，触诊蹄部温度升高，检查蹄间及蹄底时对检蹄器的压迫敏感。慢性时易与变形蹄的卷蹄、延蹄和扁蹄相混。慢性蹄叶炎表现典型的跛行，有多肢慢性或间性病史，产奶量下降，病牛消瘦，躺卧时间过长，蹄变性，蹄角度比正常小，蹄轮明显。与急性蹄叶炎相比，蹄温、指动脉亢进不常见，但两指对检蹄器压迫敏感，这时进行鉴别诊断很困难。

2. 实验室诊断 慢性蹄叶炎可以在实验室进行确诊。由于营养因素引起的慢性蹄叶炎可用以下的方法进行确诊：①瘤胃液检查 pH 为 5～5.5，显微镜观察纤毛虫几乎全部死亡，瘤胃液黏度增大；②血液检查：红细胞压积达到 38%，嗜中性白细胞明显增加，核左移。

（四）防治措施

1. 治疗

（1）急性蹄叶炎治疗。治疗原则是消除病因，加强护理，及早治疗。

①病初可用抗组织胺药，内服苯海拉明 0.5～1g 或静脉注射 10%氯化钙 150mL 和维生素 C 液 20mL；另单独静注 5%碳酸氢钠500～1 000mL。

②消肿止痛，采用普鲁卡因封闭疗法（1%普鲁卡因 20mL）或采用乙酰丙嗪等镇静止痛药，对减少渗出、缓解疼痛消肿有良好的效果。

③为促进炎症渗出物吸收可使用温水浴蹄。冷蹄浴 2～3d 后，改为热蹄浴。蹄浴的方法：用 50mL/L 甲醛溶液让牛站 1h，1 周后重复 1 次，接受治疗的病例 90%可有效痊愈。

④为促使毒物排出，可放静脉血或放蹄头血 1L，然后补液。

⑤改变日粮结构，减少精饲料。

⑥调节酸碱平衡。酸中毒的蹄叶炎采用碳酸氢钠疗法。伴有酮病的蹄叶炎在用碳酸氢钠的同时，还应补糖口服丙酸钠，以减少脂肪分解和充分利用醋酸和丁酸，不再产生酮体。中西药结合治疗蹄叶炎，也有一定效果。

（2）慢性蹄叶炎治疗。保护蹄底角，多削蹄壁和蹄尖角质，维护蹄形。

在治疗上通常使用鱼石脂加抗生素治疗，如 10%碘酊、呋喃西林粉、磺胺结晶粉和

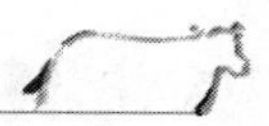

硫酸铜适量压于伤口，再用鱼石脂外敷，绷带包扎即可。如化脓，应彻底排脓。为了缓解疼痛可配合使用麻醉剂。

中药疗法：红花 15g、没药 18g、桔梗 18g、神曲 30g、当归 30g、陈皮 15g、山楂 15g、枳壳 20g、甘草 15g、麦芽 30g、厚朴 15g、黄药子 15g、白药子 15g，共研成细末后加水冲服，1 剂/d，连服 3d。

2. 预防　彻底预防奶牛蹄叶炎较困难。蹄叶炎是与逆境反应有关的疾病，如产犊及营养带来的突如其来的变化。还有其他方面的因素，如育种、传染性疾病、幼畜养育、舍饲条件、放牧场管理及蹄部负重过度等，所以加强奶牛场的管理工作是非常重要的。

（1）保证营养。配制符合奶牛营养需要的日粮，保证精粗比、钙磷比适当。为了保证牛瘤胃 pH 在 6.2～6.5，可以添加瘤胃缓冲剂如氧化镁。为预防蹄叶炎的发生，需按母牛对能量、蛋白质、钙磷的需要量饲喂，不能随意改变。干奶期应先喂较少的精料或不喂精料，而给予优质粗饲料，产后精料应逐渐增加。泌乳早期，在日粮中提供一定量的缓冲剂，同时要避免每次饲喂过多的精料。若是各种饲料单独饲喂的，则应首先喂粗料，精料分 3～4 次饲喂，每次饲喂精料不超过 3.5～4.0kg。

（2）加强产犊管理。对产犊前 3 周的奶牛，应给予与高产奶牛相同的日粮，产犊后要减少日粮的变更。产犊前后的干物质摄入量，应该是正常干物质摄入量的 70%～80%。产犊后精饲料的增加，应在 2～3 周内分次逐渐完成。瘤胃酸中毒是蹄叶炎的重要致病因素，酮血症是蹄叶炎致病的另一因素，故在产犊后需防止奶牛体况过快下降。产犊前后的激素变化，也能引起蹄叶炎的发生。胎盘滞留通常是子宫炎的致病因素，并直接与蹄叶炎相关联，难产也有可能引起蹄叶炎。在很多情况下，适宜地配种和有效地控制体况，都有助于减少或避免蹄叶炎发生。

（3）育种。优良的家畜是从养育良好的幼畜开始的，通过育种培育具有良好肢蹄和体态的后裔是非常重要的。子宫炎和乳腺炎之所以能引起蹄叶炎，是因为传染性疾病能产生毒素。这些毒素在血液循环中，导致角质的生长出现问题，从而引起出血。如果患牛摄入的干物质很少，很可能出现瘤胃酸中毒。此外，指（趾）间皮炎、指（趾）皮炎、传染性鼻气管炎等，都能影响牛的行为或习性，因而与蹄叶炎的发生有关系。

（4）平衡蹄部负荷。控制好体重负荷，使其平均分布于各蹄趾是很重要的。超重负荷的蹄趾增加了对真皮的压力，从而使发生出血的机会比低负荷的蹄多。后外侧趾最容易被蹄叶炎侵袭，故后外侧趾比后内侧趾生长快。适时正确地修蹄护蹄，保证身体的平衡和趾间的均匀负重，使蹄趾发挥正常的功能，可预防蹄叶炎的发生。在奶牛干奶期修蹄是很好的预防措施，在产犊后修蹄也可大大减少跛行的发生。

蹄浴是预防蹄病的重要卫生措施，要定期喷蹄浴蹄，喷蹄时应扫去牛粪、泥土垫料，使药液全部喷到蹄壳上。浴蹄放在挤奶厅的出口处过道上，让奶牛挤奶后走过，达到浸泡目的，浸浴后在干燥的地方停留半小时。要注意经常更换药液。

（5）加强饲养管理。保持奶牛生长环境的舒适是非常重要的，包括卫生、通风和单位面积。将奶牛舍饲在混凝土地面是不妥当的，因易使跗关节受损害而成病变。开放牛栏可铺厚的垫草，如刨花、稿秆或沙土，都会使奶牛感到很舒适。橡胶地面铺垫，已广泛应用于预防奶牛蹄底出血，要求所用的橡胶必须足够柔软，以牛的蹄部能适当下陷其中为度。

良好通风是保持空气流通、新鲜所必需的条件。空气进入口道应足够宽大，现今已多采取厩舍侧墙完全敞开。如有需要还可在进气口道安置类似帘幕设施，以过滤空气。敞开侧墙可形成较干燥气候条件，有利于蹄部保健。最后，牛群饲养密度绝不能过大，每头奶牛都必须有小圈栏和采食饲料的处所，对奶牛所有躺卧和站立时期都有很大影响。

（6）定期修剪和清洗牛蹄。根据牛场的具体情况制定喷蹄或浴蹄日程，每周用3%硫酸铜溶液进行一次喷蹄或浴蹄。喷蹄时应去除蹄夹表面的牛粪、泥土，使药液全部喷到蹄夹上。适时修蹄护蹄，一般选择在春、秋两季进行。修蹄能矫正蹄夹长度、角度，保证身体的平衡和蹄部负重。一般一年进行两次维护性修蹄，修蹄时间灵活掌握，一般可定在分娩前和泌乳中、后期进行。保留部分角质层，蹄底要修平，蹄夹中部稍凹，前端呈钝圆形。

四、腐蹄病

腐蹄病又称为趾间蜂窝织炎，是趾间隙皮肤及深层软组织的急性和慢性或坏死性或化脓性炎症。其主要临床特征是蹄叉角质分解腐败化脓，从蹄叉沟流出恶臭红黄色或黑色黏稠分泌物。皮肤常常坏死和裂开，炎症从指（趾）间皮肤蔓延到蹄冠、系部和球节，有明显跛行，并有全身性症候。

奶牛肢蹄病是引起奶牛四肢和蹄部病变的一系列疾患的总称，其中蹄病可占88%左右，而且90%是发生在后蹄，在生产中具有较大危害性的常见蹄病有：腐蹄病、蹄叶炎、蹄底脓肿或溃疡、白线裂。牛因跛行、疼痛致使产奶量和增膘量减少，严重者可导致提前淘汰，降低奶牛的使用年限，同时还可使奶牛繁殖能力下降以及治疗费用的浪费等，给奶牛业的发展造成很大的经济损失，这些问题表现为过早淘汰、生产率的降低、奶产量的下降、生育力的降低、治疗费用的增加等。

（一）病因

奶牛腐蹄病的病因较为复杂，从兽医外科学，奶牛疾病学及家畜外科学所述的病因看，腐蹄病的发生不外乎两种因素：一是引起腐蹄病的诱因，主要是由于饲养管理不当而引发指（趾）间皮肤损伤或皮肤机能下降，从而导致病原微生物的侵入；二是病原微生物的侵入，直接引起腐蹄病的发生。虽然确切病因尚未确定，但根据临床调查情况，腐蹄病主要与下述原因有关。

1. 病原感染 是奶牛腐蹄病发生的主要原因，许多学者认为坏死梭杆菌是本病的病原菌，指（趾）间隙是病原菌侵入的部位。证实某些病例是从血液感染引起的。从一些发病奶牛蹄病病例中分离的病原菌主要有结节状类杆菌、绿脓杆菌、链球菌和坏死杆菌，此外，螺旋体、粪弯杆菌、梭杆菌、球菌、酵母菌及其他一些条件致病菌也是蹄病的病原。另外，蹄部其他炎症和黏膜病可诱发本病。

2. 环境气候因素 蹄病的发生与季节变化有关，夏季梅雨季节天气潮湿，气候炎热，牛舍条件简陋，环境卫生差，通风不良，地面潮湿污浊，奶牛长期在坚硬地面活动，容易发生蹄病。畜舍潮湿，牛床太短，不及时排除粪尿，造成牛蹄经常被粪、尿浸泡，刺激趾间皮肤发生肿胀，有利于细菌侵入；由于环境和气候干燥而造成趾间皮肤龟裂，导致细菌侵入；运动场、放牧地因有小石子、铁屑、煤渣、粗硬的草根、坚硬的冻土、冰等造成趾间部损伤，成为细菌侵入的门户；运动场潮湿泥泞，使牛蹄从趾间到蹄冠周围固着大量泥

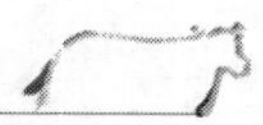

巴、粪便等，造成厌氧状态的环境助长厌氧菌的增殖。由于以上这些因素的存在，使腐蹄病容易发生。

3. 饲养管理因素，日粮营养的水平及其质量　与奶牛蹄病有关，如因饲料突变，过食高能精料或易发酵的碳水化合物饲料，以及纤维饲料不足等因素引起的瘤胃酸中毒，可导致乳酸、组织胺、内毒素及其他血管活性物质在蹄部组织的毛细血管中分布，从而引起蹄部瘀血和炎症，并刺激局部神经而产生剧烈的疼痛。此外，一些营养因素可影响敏感组织角蛋白和血管网的形成，从而发生蹄病，其中较为重要的营养成分是维生素A、维生素D、钙、磷、铜、锌等。Ca、P严重缺乏或比例失调会造成乳牛严重营养代谢障碍，如佝偻病、骨质疏松症、蹄病等，影响产奶量及牛群健康状况。奶牛长时间缺乏运动，造成蹄组织血液瓣积，回流不畅，由于微循环障碍，从而严重影响了蹄组织的正常代谢，致使蹄部抗病能力下降而易发蹄病。过长蹄、变形蹄在负重时，易使趾间皮肤过度紧张造成拉伤出现龟裂，易被病原菌侵入。

4. 一些疾病诱发蹄病　对于腐蹄病的发生，除主要病原微生物感染外，其他病变如球部和冠部皮炎、疣性皮炎、指（趾）间皮肤增生也可并发坏死梭杆梭菌感染。奶牛肢蹄缺乏保健措施，常发生蹄变形，因变形蹄部负重不均，易并发蹄病。同时严重的胎衣不下、子宫内膜炎、乳房炎、胃肠炎、瘤胃酸中毒、霉变饲料中毒等炎性疾病可引起炎症组织的代谢紊乱，并产生大量的组织胺、乳酸、内毒素等炎性产物，从而引起蹄病。遗传因素，奶牛的体型和品种也与蹄病的发生有关，品种不同，蹄病的易感性也不同，如荷兰黑白花奶牛的蹄病发病率较其他品种牛高。

（二）症状

奶牛最易发生本病，特别是2～4岁的牛。呈急性病状的奶牛一肢或数肢突然跛行，卧地不起。体温升高，食欲减退，蹄冠红、肿、热、痛。蹄叉中沟和侧沟出现角质腐烂，排出恶臭、污秽不洁的液体，趾间有溃疡面，其上覆盖有恶臭坏死物，如不及时修整治疗，牛逐渐消瘦，被毛粗乱，产奶量急剧下降，甚至丧失生产能力。更为严重的蹄壳腐烂变形，卧地不起，出现全身性败血症。当病程从急性转为慢性时，角质分解、脱落，蹄深部组织感染形成化脓灶，并形成窦道。真皮露出，出现红色颗粒性肉芽，触之易出血，疼痛异常，跛行加剧，蹄冠产生不正常蹄轮使蹄匣变形。

本病潜伏期数小时至1～2周，一般为1～3d，病后几小时即可出现单肢跛行。蹄部局部表现：柱栏内保定，提肢检查，远轴侧蹄角质大部分完整，叩击或按压时可出现疼痛反应，越向蹄球侧疼痛越明显。急性病例见指（趾）间蹄冠部肿胀温热，呈暗红色，系部、球关节屈曲，有的以患部频频打地或向后屈伸；蹄趾皮肤充血、发红肿胀、糜烂，有的蹄趾间腐肉增生，呈菜花样，伴有恶臭味，突于蹄趾间沟内，质度坚硬，极易出血。随病程延长，指（趾）间皮肤剥离，坏死向深部组织发展，引起化脓性蹄关节炎、冠关节炎、球关节炎、舟状骨滑膜炎等，严重的可见蹄匣脱落。

全身检查表现：患牛站立时患蹄球关节以下屈曲频频换蹄，打地或踢腹。运动呈支跛，跛行逐渐加剧，不敢着地，严重者形成三脚跳行，体温升高至40～42℃，疼痛剧烈，食欲减退或废绝，精神沉郁，泌乳量骤减以及渐进性消瘦等全身症状，到最后卧地不起，发生褥疮，被迫淘汰。本病如因治疗不当，此时病牛卧地不起，全身症状更加恶化，进而发生脓毒败血症而死亡；转归好的病例，局部机化或纤维化肺发生转移病灶时，可继发气管炎、肺炎和胸膜炎；也可在第一、二、三胃及肺部见到坏死灶。有些病牛还可在肝脏见到圆球形病灶，小如针头帽，大至数厘米，以及带有包囊的脓肿坏死性局灶性肝炎病变。

（三）病理学变化

病原菌在牛趾间皮肤入侵处繁殖，发生炎症，病初趾间隙皮肤表面湿润，附着有臭味的灰白色粘液，3～4d 后开始脱毛，经 8～9d 病理过程扩展到蹄内壁底层的蹄角下，形成囊泡，导致蹄角与真皮分离。在重症经过中，炎症可扩展到蹄的内外侧壁，蹄角变薄几乎从真皮上脱落，但腐蹄病的损伤只局限在真皮和软组织。在坏死过程的同时，嗜中性粒细胞、巨噬细胞及浆细胞进入坏死组织中及其周围，进而形成肉芽组织，坏死组织被排出或被结缔组织包围、机化或钙化：坏死组织周围皆被上皮样细胞所包围，多数死于趾间腐烂病的动物，除在体外有病变外，一般在内脏也有蔓延性或转移性坏死灶，多在肺内形成大小和数量不等的灰黄色结节，圆而坚硬、切面干燥，其他器官也可能有坏死灶。

（四）诊断

1. 临床诊断　根据腐蹄病的特殊临床症状和病理变化可以做出初步诊断，但应注意与下述疾病的鉴别：牛蹄炎、蹄底溃疡、蹄底脓肿、白线裂、真皮疣等。

2. 病原学诊断

（1）病原菌直接涂片镜检。首先对蹄部病变部位进行清洗去掉表层坏死组织，用消毒过的刀、剪、镊采取新发生的病变组织，放入运送培养基中或直接将病料涂于载玻片上，经干燥固定后用革兰染色法染色，镜检可见单个或成对排列的革兰阴性大肠杆菌，菌体一端或两端膨大；坏死杆菌为革兰阴性梭形杆菌或细丝状杆菌。涂片用碳酸复红或碱性亚甲蓝染色，坏死杆菌于镜下可见着色不均呈串珠状长丝形菌或细长的杆菌。

（2）病原菌生化试验。将被检病料放入 0.25％蔗糖液中充分振荡数秒钟，然后在含鲜血蹄粉琼脂培养基或鲜血琼脂、卵黄琼脂、PYG 琼脂上划线培养，在严格厌氧条件下培养 2d，取出观察菌落大小。由于病料中除主要病原菌外还有许多其他杂菌，所以细菌分离培养要经过多次分离纯化后，才可以进行生化鉴定。根据前述节瘤拟杆菌和坏死杆菌的生化特性进行检验，最后根据实验结果确诊出两种主要病原菌的存在。从病料的分离培养到纯化细菌再到生化试验，整个过程要经过 2～3 周的时间，所以作为诊断方法，是很不适用的。

（3）动物试验。采集的病料用生理盐水或肉汤制成悬液，以 0.5％～1.0％或 0.2～0.4mL 分别注射于兔耳外侧静脉或小鼠尾根部皮下。不论兔与小鼠，于接种后 2～3d 后，局部发生坏死、脓肿、逐渐消瘦，经 8～12d 死亡。由肝、脾、心、肺等脏器坏死灶中的病料分离培养和涂片染色镜检，从而做出准确的诊断。

（五）防治措施

1. 预防

（1）增强体质，加强饲养管理。增强机体对腐蹄病的全身抵抗力和强化蹄角质，要禁喂发霉干草，减喂精料，补喂钙和磷并保持钙磷平衡，补喂维生素 D、硫酸锌等矿物质和蛋氨酸，特别是泌乳牛的特殊生理机能对日粮结构有着严格要求，注意确保供给充足的高质量粗饲料和矿物质饲料，比例要适当，奶牛产犊后在精料数量上要逐渐增加。加强运

动，尤其是处在产前和产后期的奶牛。

（2）加强卫生管理。及时修理地面，清除通道中的无关东西，防止发生外伤，排除舍内粪便，及时更换垫料，保持圈舍卫生干燥，关好通往粪场的栅门：定期清理牧场、牧道和运动场并保持干燥；定期圈舍消毒，消毒前要将动物移放到牧场或运动场上，如果不能一次全部移出，则应分组进行。消毒药可用价廉有效的3%热苛性钠溶液、3%福尔马林溶液、酚斯莫林乳剂，用量按每平方米1L计算；为了净化牧场，有条件的可行轮牧制，或在冬季、夏季持续15～30d（取决于天气条件）的自然消毒：如果新从外地引进动物，必须在无此病的养殖场，并且购入后要隔离观察30d；平时发现跛行病牛要及时修整和治疗。

（3）环境性预防措施。针对环境采取相应的措施是管理者必须考虑的，因为在多雨潮湿地带的发病率和病例的严重程度高于低湿度地区。气候季节，我国各地的气候特征差异明显，在降雨多的地方，牛舍的地址可以选择在较高燥的地方，如山坡和平坦的高地。中部的省份可以把牛舍和运动场的地基垫得稍微高一些，垫入的材料以沙壤土为佳，要有利于水分的蒸发和渗透。我们调查过在河边1km左右建立的一个牛场，虽然所在地降水量不大，但是腐蹄病发生率常年保持在一个较高的水平。这一方面是牛场距离河边比较近，地下水位高，再者渭河流域的土壤多为黏土，水分不易渗透也不易挥发，稍微下点雨运动场则到处泥泞。所以，靠近江、河、湖、海等高湿地建立的牛场，在选址时应当慎重考虑。针对奶牛自身的预防措施除了前面提到过的加强营养和蹄部护理以外，奶牛群体的大小和奶牛个体的特点都是管理者和技术人员应该考虑的问题。

合理的分群，过高的饲养密度给管理和生产带来很大的不便。理想的饲养密度是12～15头/100m^2（运动场）。合理的饲养密度不仅保持了充分的供奶牛运动的空间，提高生产效率，而且减少了奶牛对环境的应急，是降低各种疾病发病率的重要措施。妊娠牛后期孕牛和空怀牛及妊娠早期的牛分开饲养，前者密度要小于后者。针对奶牛个体的措施，膘情好的个体发病率低于膘情差的个体，育成牛发生本病的比率明显低于成年牛，这可能和抵抗力有关系。育成牛的免疫力强和新陈代谢量小，是发病低的可能的因素。也有资料表明，本病的发生具有遗传性，所以在选种选育时可以把本病发生率作为参考。

（4）药物预防。用防腐剂浴蹄预防本病，在易发病季节，一般每天给牛不少于2次通过2%～10%硫酸铜药液池，可有效地预防本病，特别是趾间因外伤引起趾间腐烂或蹄部有外伤者，用5%硫酸铜溶液蹄浴可达预防性治疗效果。用3%福尔马林溶液进行蹄浴或在牛舍、牛栏的通道出入口上撒布熟石灰均有预防作用。当蹄浴的牛离开浴池后保持在干燥地大约0.5h可以获得最佳效果。但由于牛蹄污染粪土，可使药液污浊，降低药效，故药液须经常更换。另外，经硫酸锌溶液浴蹄的研究发现，其防治效果更好。近几年来，应用锌制剂治疗腐蹄病取得了显著效果，报道对患有急性指（趾）间坏死梭菌病的青年牛，按每日每千克体重喂给硫酸锌4.5mg，连续几天取得了较好的效果。

（5）定期修蹄。奶牛蹄变形病是指奶牛蹄的形状发生改变，临床上形成长蹄、宽蹄、翻卷蹄，定期正确修蹄作为预防奶牛蹄变形病的主要手段，往往被奶牛场和奶农所忽视，进而使病情加重，甚至继发其他类型蹄病。蹄变形病常为慢性经过，不能直接引起患牛死亡，但它确可引起牛只疼痛、不安、食欲不振、体重减轻、产奶下降、饲料报酬降低等，甚至使良种和高产奶牛过早地被淘汰。因此，生产实践中定期修蹄是预防腐蹄病和其他蹄病的有效措施。正确修蹄治疗，对蹄变形病牛用药物治疗无明显效果，临床上常采用修蹄疗法，根据蹄变形的程度不同可用相应方法给予修整。适当修蹄时间，一般为一年1～2次，还可根据发病情况和发病季节自行修蹄。修蹄的原则，长短适宜、修平、去边、外低内高，修内圆，并检查蹄根、指（趾）间隙，如发现炎症应及时对症治疗。

2. 治疗 奶牛蹄病的治疗应坚持早发现，早治疗的原则，对原发病灶进行冲洗消毒，再扩创除去坏死组织，暴露深部组织。消除疾病诱发因素，如消除子宫内膜炎、乳房炎等原发疾病，停喂精料，清理胃肠等，并将病牛转至铺有垫草或土地面的圈舍，同时根据病情可采取相应的治疗方法。

（1）局部治疗。将跛行牛保定，对于蹄壁过长或蹄底不整的蹄先进行修蹄，然后消除化脓灶中的脓汁及坏死组织，再用3%过氧化氢、0.1%高锰酸钾溶液清洗，涂布10%硫酸铜溶液或5%碘酊彻底消毒，外用30%鱼石脂软膏、消毒粉、松馏油或硫酸铜和磺胺粉（1∶4），或用功率为6W的激光聚焦光来对清洗后的腐烂区进行分点排列照射，直至整个创面出现焦痂状为止，再涂擦松馏油，外加蹄绷带，将病牛置于干燥环境中，直至痊愈。若病变延至深部组织，可试用造反对孔疗法进行清洗（先用双氧水，再用新洁尔灭或抗生素溶液），对趾关节严重感染者可施行截趾术，将一侧病蹄切除，同时应进行全身性治疗。

（2）皮肤药浴。皮肤消毒性药浴是预防和治疗动物感染性四肢蹄部疾病很有效和最广泛使用的方法。在群发病或放牧牛多发病时，应用10%硫酸铜或5%福尔马林等浴蹄效果较好。此外在牛群正常状态下经常浴蹄，对腐蹄病的发生也有一定的预防作用。

（3）全身治疗。对重症病例，除局部治疗之外，还应进行全身应用抗生素或磺胺控制继发感染。静脉注射磺胺嘧啶按100mg/kg体重；也可用土霉素或金霉素按10mg/kg体重，每天1～2次，连用3d；病情严重者同时内服磺胺。

五、乳房炎

乳房炎是指乳腺叶间结缔组织或乳腺体发炎或两者同时发炎的一种疾病。本病是奶牛最常见的一种疾病，尤其是高产奶牛泌乳初期或高产期易发。因此，本病也是对奶牛危害最严重又最难控制的一种疾病。

（一）病因

奶牛乳房炎的发病原因很多。主要因素有病原微生物入侵，而造成病原微生物感染的原因则极其复杂，包括饲养管理不善，环境卫生条件差，营养因素，遗传因素和气候因素，挤奶操作不规范、不卫生，奶牛产后抵抗能力低，乳头损伤等。另外，母牛产后恶露停滞、化脓性子宫内膜炎、胃肠炎、口蹄疫、结核病，及其他组织的化脓性炎症等，都可以使细菌及其毒素经血液循环进入乳腺而继发乳房炎。

1. 病原微生物感染 病原微生物感染是乳房炎的主要发病因素，病原微生物的种类繁多，据报道有135种之多，其中主要的病原体包括金黄色葡萄球菌、无乳链球菌、大肠杆菌类、环境来源的肠道球菌等。次要病原菌包括凝固酶阴性葡萄球菌、牛棒状杆菌、表皮葡萄球菌、微球菌等。其中，无乳链球菌和金黄色葡萄球菌是最常见的引起乳房炎发生的细菌。无乳链球菌几乎是乳腺的专门寄生菌，对其他组织很少感染。挤奶时如果挤奶员的手、挤奶器具等消毒不彻底都可造成该细菌的感染。感染后，造成乳腺破坏，引起慢性

乳房炎，使产奶量下降。金黄色葡萄球菌，存在于外界环境、牛体和粪便中，侵入乳内后可引起顽固的慢性乳房炎，严重的甚至导致死亡，造成很大的损失。

2. 营养因素　饲料成分突然改变和日粮不同成分的平衡失调或过量都会增加乳房炎的发病率。饲喂过量的氮或蛋白质是促发乳房炎的因素之一。非蛋白(NPN)对保护乳房的白细胞或淋巴细胞至关重要，应避免富含 NPN 的高湿青贮玉米或苜蓿粮的突变，如果血液中的氨水平较高，饲料中应该配比足够的粗纤维，以使瘤胃微生物将血氨转化成菌体蛋白。实验显示，血液中脲水平和乳房上细菌定居之间有重要联系。饲料中脲的含量增多可使感染的数量和敏感性增加 16%。而矿物质和维生素（如硒和维生素 E）有助于预防乳房炎的发生，减少重度感染。不合适的钙磷比，将导致奶牛缺钙，而使肠杆菌性乳房炎的发病率升高。适量的补硒可使奶牛更好地抵抗由大肠杆菌引起的乳房炎。硒可以通过增加白细胞的释放和其吞噬力来增强奶牛的免疫系统。硒和维生素 E 的作用是相辅相成的，单独使用维生素 E 1 000IU/d 可以减少乳中的体细胞数，但却不能减少乳房炎的发生。硒与维生素 E 合用时，可以使生产时感染减少 42%，使临床型乳房炎减少 32%。就亚临床型乳房炎来说，硒的作用是最重要的，但是大剂量补硒易引起中毒，所以补硒要适量。此外，铁对于预防乳房炎的发生也是非常重要的，因为铁与乳铁蛋白的含量有密切的关系。

3. 环境因素和管理因素　当乳房受到摩擦、挤压、碰撞、刺划等机械因素，尤以幼畜吮乳时用力碰撞和徒手挤乳方法不当，使乳腺损伤，并通过厩舍、运动场、挤乳手指和用具而引起感染。

4. 其他因素　某些传染病（布氏杆菌病、结核病等）也常并发乳房炎。另外，体内某些脏器疾病产生的毒素，病原微生物产生的毒素，以及饲料、饮水或药物中的毒素也可影响到乳房而引起炎症。还有一些材料证明乳房炎与遗传有关。与自身、体型、年龄、胎次、季节等也有一定关系。

（二）症状

乳房炎根据临床症状可分为隐性型和临床型两类。隐性型乳房炎一般无临床症状，只是奶的品质及产量有潜在性变化，通常需经理化检验才能确诊。

临床型乳房炎可分为临床型和亚临床型乳房炎。临床型乳房炎则表现乳房患部有红、肿、热、疼，泌乳量减少，乳汁稀薄，含有絮状物、凝乳块、脓汁或血液。有时呈淡黄色液体和水状液体。乳房淋巴结肿大，重症者出现全身症状如发热、精神沉郁、食欲减退等。若发生坏疽还会导致败血症死亡。亚临床型的乳房炎即慢性乳房炎，病程持久，但较缓和，偶尔可出现明显的临床症状，有反复发作史，产奶量减少。当仔细检查时，可在乳腺中触到硬结。重者乳汁反常，挤出的乳汁放置不久，常分离为上下两层，上层呈水样，下层呈脂样，或有紫片，pH 偏高。

（三）诊断

奶牛乳房炎的诊断方法因发病率和临床症状而异。临床型乳房炎发病率低，着重在个体病牛的临床诊断；隐性乳房炎发病率高，着重在牛群的整体监测，因为它反映了整个牛群乳房的健康状况和牛群奶产量的损失。如果检出率高，出现临床型的危险就大。在奶业发达的国家，最常用的监测措施是桶奶体细胞计数和微生物评估这两个参数。

我国许多奶牛场对牛群隐性乳房炎的监测，常采用美国加州乳房炎试验方法定期检查。隐性乳房炎常用的诊断方法包括美国加州乳房炎试验及类似方法、乳汁电导率测定、乳汁体细胞计数和乳汁微生物鉴定。

1. 临床型乳房炎诊断 临床型乳房炎症明显，根据乳汁和乳房的变化，即可作出诊断。

乳房炎的主要临床症状包括乳汁异常，乳房大小、质地、温度异常及全身反应。乳汁的异常主要表现为色泽异常，出现凝块、絮片或脓汁。乳汁出现凝块、絮片时，常出现颜色的变化，表明乳腺有严重的炎症。发生乳房炎时，因病原、病程的不同，乳房可出现发热、肿胀、纤维化等症状，这些变化可通过触诊及视诊来确定。

2. 隐性乳房炎诊断 隐性乳房炎乳房无临床症状，乳汁也无肉眼可见的变化，但乳汁的 pH、导电率和乳汁中的体细胞（主要是白细胞）数、氧化物的含量等，都较正常为高，需要通过乳汁化验，才能作出诊断。必要时可进行乳汁细菌学检查，为药物治疗提供依据。

（1）加州乳房炎试验（California Mastitis Test，CMT）。CMT 是粗略测量乳汁中 DNA 含量的方法，其值主要随乳汁中有核白细胞的数量而变化。根据等量乳汁和试剂相互作用产生的凝胶的量，主观地读为阴性、微量、＋、＋＋、＋＋＋。我国北京、上海、杭州、兰州等地方根据 CMT 法原理，分别研制出了以各地地名命名的诊断隐性乳房炎的试剂，达到了 CMT 试剂的国产化。化验检验法间接测定乳汁细胞数和乳汁 pH 的方法，种类较多，现在常用 CMT 法。

（2）体细胞计数法。乳汁中的细胞统称为体细胞，包括巨噬细胞、淋巴细胞、多形核嗜中性粒细胞及脱落的腺泡上皮细胞等。乳汁体细胞计数是指每毫升乳汁中体细胞的数量。体细胞数是广泛用于表示个体和某一群体乳房炎感染程度的重要指标。感染是提高体细胞数的主要因素，而体细胞数升高主要是由于中性粒细胞的急剧增多，乳腺感染时中性粒细胞可占体细胞数的 95%。乳汁体细胞计数方法包括体细胞直接显微镜计数法（DMSCC）、体细胞电子计数法（ESCC）、奶桶奶细胞计数法（BMCC）和牛只细胞计数法（ICCC）等。目前有条件的奶牛场多采用体细胞电子计数法。奶牛健康乳区的体细胞计数小于100 000个/mL，但一般体细胞计数低于250 000个/mL 的乳区均可认为是健康乳区。

计算每毫升乳汁中的体细胞数，这是诊断隐性乳房炎的基准，也是与其他诊断方法作对照的基准。每毫升乳中的细胞数超过 50 万，定为乳房炎乳。

（3）物理检验法。乳房发炎时，乳中氯化物含量增加，电导率值上升，因此用物理学方法检验乳汁电导率值的变化，可以诊断隐性乳房炎。此法迅速准确。

（4）其他方法。如酶学检验方法、乳汁氯化钠检查法等。

（5）乳汁的细菌培养。培养乳汁从中分离鉴定出病原微生物被认为是乳房炎诊断的标准方法。在大多数临床实验室，主要依靠乳汁中微生物学培养和生化试验进行细菌的分离鉴定。微生物学培养的优点是可以同时对病原微生物及其药敏性做出鉴定，从而提供选择何种抗生素进行临床或干乳牛治疗的线索。然而，进行微生物学培养有许多局限性，如诊断隐性乳房炎时易产生假阴性结果、乳汁中高体细胞计数影响细菌的生长、工作量大并需要 2～3d 时间才能做出鉴定等。此外，一些乳房炎病原菌如凝血酶阴性葡萄球菌（Coagulase-negative staphylococci，CNS）、乳房链球菌和副乳房链球菌等很难或无法用

生化试验鉴别。

（四）防治措施

1. 治疗

（1）临床型乳房炎。以治为主，杀灭侵入的病原菌和消除炎性症状。

①抗生素的疗法。主要采用抗生素，也有用磺胺类和呋喃类药物。病情严重者还配合进行全身治疗。常用的抗菌药物有青霉素、链霉素、四环素、环丙沙星和磺胺类药等。常规的方法是将药液稀释成一定的浓度，通过乳头管直接注入乳池，可以在局部保持较高浓度，达到治疗目的。操作方法：先挤净乳汁和炎性渗出物，然后用乳导管经乳头注入乳房100mL 0.25%盐酸普鲁卡因或蒸馏水，内含青霉素160万U、链霉素1g，再轻按乳房及乳头基部，促使药物扩散，每天2次，连用3d。

②封闭疗法。静脉滴注0.25%普鲁卡因生理盐水300mL，同时用封闭针刺入乳房基部与腹壁之间的间隙内8～10cm，每个乳叶注入0.25%普鲁卡因200mL，内含青霉素240万U。封闭前叶时针头从乳房前面向对侧膝关节方向刺入，封闭后叶时针头从乳房后面基部旁离中线2cm处向对侧腕关节方向刺入。

③物理疗法。炎症初期用冷敷法以减少渗出，2～3d后则改为热敷、红外线照射或涂擦鱼石脂软膏、松节油等刺激剂，以促进炎性渗出物吸收。热敷，按摩乳房，增加挤乳次数，对乳房炎的治疗大多是有益的。但在出血性乳房炎时，则是有害的。浅表脓肿，可行切开排脓、冲洗、撒布消炎药等一般外科处理。深部脓肿，可穿刺排脓并配合以抑菌药治疗。当其破溃，应待炎症被抑制后，待第二期愈合。

④其他疗法。对脓肿型乳房炎应手术切开排脓，并按化脓创伤处理。对发生坏疽者，应先用10%硫酸铜或硝酸银棒腐蚀，并用3%过氧化氢冲洗。坏疽部分较大可外科切除患部。另外还可以从乳汁中分离细菌并做药敏试验，以选择敏感的抗菌药物，同时注意配合全身对症治疗。近年来的研究证明，诺氟沙星、恩诺沙星、氧氟沙星、喹诺酮类药物对细菌性乳房炎具有良好的防治效果。

（2）亚临床型乳房炎或隐性乳房炎。亚临床型乳房炎或隐性乳房炎，以防为主，防治结合。

①乳头药浴。是防治隐性乳房炎行之有效的方法。常用的有洗必泰、次氯酸钠、新洁尔灭等。其中0.3%～0.5%的洗必泰效果最好。

②乳头保护膜。乳房炎的主要感染途径是乳头管，挤奶后将乳头管口封闭，防止病原菌侵入，也是预防乳房炎的一个途径。

③盐酸左旋咪唑。盐酸左旋咪唑（LMS）简称左咪唑，是一种免疫机能调节剂，以每千克体重7.5mg拌精料中任牛自行采食，一日一次，连用2d，效果较好。

④采用免疫治疗剂法。优于抗生素，成本低，把治疗剂通过乳头注入。

⑤挤奶及按摩疗法。此法适用于浆液性和黏液性等轻症乳房炎，其他类型乳房炎禁用，方法是每2～3h挤奶1次，挤奶后按摩乳房20min。浆液性乳房炎自下往上按摩，黏液性乳房炎自上往下按摩。

2. 预防

（1）干奶期预防。主要是向乳房内注入长效药物，杀灭已侵入和以后侵入的病原体，有的长效期可达 4～8 周。

(2) 保持卫生条件。保持厩舍、运动场、挤乳人员手指和挤乳用具的清洁，以创造良好的卫生条件，做好传染病的防检工作，正确进行挤乳。挤乳前先用温水将乳房洗净并认真按摩，挤乳时用力均匀并尽量挤尽乳汁；先挤健畜后挤病畜；逐渐停乳，停乳后注意乳房的充盈度和收缩情况，发现异常及时检查处理。分娩前，乳房明显膨胀时，适当减少多汁饲料、精料的饲喂量；分娩后，控制饮水，适当增加运动和挤乳次数，有乳房征兆时，除采取医疗措施外，并根据情况隔离患畜。

(3) 平衡日粮。给予奶牛营养充足的平衡日粮，注意补充维生素、矿物质，特别是维生素 A、维生素 E、胡萝卜素、硒、锌等微量抗氧化成分，如维生素 E 100IU/d、硒 3～6mg/d 可提高抗病力，降低乳房炎发病率。日粮不平衡、矿物质失衡，出现凝集，造成酸奶。

(4) 定期检测。定期检测隐性乳房炎，做到早发现、早预防、早治疗，一年定期检测至少 2 次，多发季节 1 次/月。干奶期检测于干奶前 7～10d 进行。

对那些长期 CMT（加州乳房炎试验）监测阳性、乳汁表现异常、产奶量低、反复发作、长时间医治无效的病牛应及时淘汰。

第四节　中　毒　病

一、有机磷化合物中毒

随着奶牛业的迅速发展和有机磷农药在农业生产上的广泛应用，以及有机磷在控制家畜体内外寄生虫、灭蚊、灭蝇、灭鼠等方面的广泛应用，奶牛发生有机磷中毒的病例也逐渐增多，如果抢救治疗不及时，或治疗不当，就会造成死亡。有机磷中毒出现胆碱能神经系统机能亢进，呈现一系列中毒症状。

(一) 病因

目前常用的有机磷农药主要有甲拌磷（3911）、对硫磷（1605）、内吸磷（1059）、乐果、敌百虫、敌敌畏等。由于管理不善或使用不当，就会发生家畜有机磷中毒。按有机磷进入体内的途径不同可将其病因分为 3 种。

1. 消化道食入中毒　吃了被有机磷污染的青草、庄稼或用有机磷农药拌过的种子，喝了被有机磷农药污染的水，盛装过有机磷农药的器皿、用具未经彻底洗净即用来盛饲料或作饲具，使用有机磷驱虫时用量过大等，都易引起中毒。

2. 呼吸道吸入中毒　有机磷农药具有挥发性，在进行拌种或喷雾灭蚊蝇时，奶牛吸入挥散的气体或雾滴而中毒。

3. 皮肤吸收中毒　有机磷农药为脂溶性毒物，当用来消灭奶牛体表寄生虫时，剂量过大、浓度过高或涂擦皮肤面积过大都可引起中毒。

(二) 症状

主要表现神经过度兴奋和引起中枢神经症状。中毒牛病初精神兴奋，狂躁不安，以后沉郁昏睡，瞳孔缩小、肌肉震颤，胸前、肘后、阴囊周围及会阴部出汗，甚至全身出汗、呼吸困难。病牛流涎、流鼻涕、口吐白沫。腹痛不安、肠音增强、腹泻、粪中带血。严重病例，病牛血压升高、心跳疾速、脉搏细微，最后呼吸肌麻痹，心力衰竭死亡。

（三）诊断

仔细查清是否接触过有机磷农药。根据有机磷中毒的几项显著特征：病初精神兴奋，狂躁不安，以后沉郁或昏睡，瞳孔缩小，肌肉震颤，走路摇晃，呼吸极度困难，流涎、流泪、出汗，口吐白沫，结膜发绀，腹痛不安，腹泻、尿频或大小便失禁等，可建立初步诊断。如需进一步确诊，可对血液进行乙酰胆碱酯酶活性测定。可根据所接触有机磷农药的种类，有针对性地进行瘤胃液的化学分析，如对硫磷的硝基酚反应法、内吸磷的亚硝基铁氰化钠法以及敌百虫和敌敌畏的间苯二酚法等。这样就可做出明确诊断，并同其他疑似病相区别。

（四）防治措施

1. 治疗

（1）外用敌百虫中毒者，用清水充分洗刷用药部位。

（2）误食有机磷中毒者给予洗胃。肌内或皮下注射阿托品，每次30～50mg，若1h左右未见好转，可重用药，当病牛停止流涎，瞳孔扩大，呼吸平稳时即不再加药，而按正常每隔4～5h给以维持量，持续1～2d。同时，静脉注射，解磷定或氯磷定，每千克体重15～30mg；或肌内、皮下注射或静脉注射双复磷、双解磷，其用量是解磷定的1/2。

（3）对危重病牛应配合对症辅助疗法，如消除肺水肿、兴奋呼吸中枢、改善血液循环、镇静等。但必须注意敌百虫中毒时不能用碱水洗胃或洗刷皮肤，因敌百虫在碱性环境中可转变成毒性更强的敌敌畏。

2. 预防

（1）健全农药的保管使用制度，农药处理过的种子和配好的溶液要妥善保管；喷洒过有机磷的植物茎叶等用作饲料时，必须在停药后10d左右，并用清水冲洗干净。

（2）配制及喷洒农药的器具不可随便乱放。

（3）使用有机磷制剂驱杀奶牛体内、外的寄生虫时，应在兽医指导下严格掌握浓度、剂量和方法，以防中毒。

（4）敌百虫中毒。使用胆碱酯酶复活剂解毒时禁用碱性药物，有机磷化合物中的敌百虫，在碱性环境中分解成敌敌畏而增强毒性；另外，胆碱酯酶复活剂如解磷定在碱性溶液中不稳定，易水解产生氰化物，有剧毒，故忌与碱性药物配伍。

二、黑斑病甘薯中毒

奶牛黑斑病甘薯中毒是由于奶牛采食了一定量的黑斑病甘薯或黑斑病甘薯的秧苗而引起的中毒。其主要特征为呼吸困难，急性肺水肿及间质性肺气肿，后期引起皮下气肿。

（一）病因

甘薯由于贮藏不当，因甘薯黑斑病菌作用而引起表面出现黑褐色斑块，变苦变硬等，称为黑斑病，食用黑斑病甘薯可引起中毒。甘薯黑斑病菌是在幼芽的基部呈球状膨大，似纺锤状，在细胞内或细胞间隙中有菌丝，多数以隔膜隔开，初期无色，后期成褐色，具有明显的颗粒状。

引起奶牛黑斑病甘薯中毒的毒素主要是甘薯酮、甘薯醇、甘薯宁等。毒素耐热性较强，因此生食或熟食黑斑病变甘薯均可引起中毒。毒素在中性环境下很稳定，但遇到酸、碱都能被破坏。

（二）症状

奶牛多突然发病，病初精神沉郁，肌肉震颤，食欲和反刍减少或停止，瘤胃蠕动音减弱，胃内容物黏硬，粪便干硬、色暗、附有黏液和血液。突出症状是病牛呼吸困难，呼吸次数增多，可达到80～100次/min以上，呼吸浅表疾速，呈冲突状呼吸，呼吸音粗粝，如拉风箱。后期病牛颈、肩、背、腰等部位皮下气肿，触诊有捻发音。头颈伸展，鼻翼扇动，张口大喘，肷肋起伏，大量泡沫状鼻液及唾液从鼻口流出。病牛长期站立，不愿卧地，眼球突出，瞳孔散大，急性病例常在1～3d因窒息而死亡。

（三）病理变化

本病的典型变化在肺脏，肺显著肿大。中毒较轻的病例肺脏水肿，伴发间质性肺泡气肿，肺间质增宽，灰白色透明，有时许多部分的间质因充气而明显分离与扩大，甚至形成中空的大气腔。严重病例，在肺的表面还可以见到若干大小不等的球状气囊，肺表面的胸膜层透明发亮，呈现类似白色塑料薄膜浸水后的外观。胸膜壁层有时见到小气泡。其他变化如胃肠及心脏有出血斑点，胆囊及肝脏肿大，胰脏充血、出血及坏死。

（四）诊断

根据发病季节及现场观察，食槽内有黑斑病薯或薯渣等副产品，牛有采食黑斑病甘薯及其副产品的经历，且突然发生高度呼吸困难，呈现如拉风箱样的声音，皮下气肿，体温不高等较为典型的症状，可做出初步诊断。必要时应用黑斑病甘薯及其酒精浸出液或乙醚提取物作动物复制试验，最后进行确诊。本病以群发为特征，应注意与出血性败血症、牛肺疫等进行鉴别诊断。

（五）防治措施

1. 治疗　本病无特效解毒药，可按照排出毒物、解毒、缓解呼吸困难的原则进行治疗，对症用药。

（1）洗胃清肠。用0.05%～0.1%高锰酸钾溶液，1～2L内服，或用过氧化氢洗胃，或用活性炭50～200g加水1～2L内服。数小时后内服硫酸镁500～1 000g加水5～10L，缓泻清肠。

（2）解毒。患牛心脏功能尚好时，静脉放血1～2L后，再用复方生理盐水配25%葡萄糖缓慢静脉输入，5%维生素C 40～60mL，每天2次。也可静脉注射20%硫代硫酸钠200～400mL。当出现酸中毒时应静注5%碳酸氢钠。

（3）缓解呼吸困难。经鼻给氧，或将3%过氧化氢溶液500mL加入5%糖盐水2.5L，静脉注射。当肺水肿时可用25%葡萄糖溶液、10%氯化钙及20%安钠咖溶液混合静脉注射。

（4）中药治疗。

①用鲜蒲草根煎汤灌服，配合静注5%葡萄糖高锰酸钾液。

②用白矾散（白矾、贝母、黄连、白芷、郁金、黄芩、大黄、葶苈子、甘草）研末调蜜，加水灌服。

2. 预防　防止黑斑病病菌侵害甘薯，禁止用霉烂甘薯及其副产品喂家畜。

三、尿素中毒

尿素是农业上广泛使用的化肥，是一种非蛋白质含氮物，作为奶牛蛋白质饲料的补充

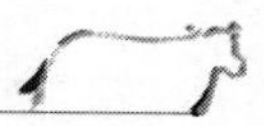

来源，具有重要经济效益。但如果饲喂不当，尿素可在奶牛瘤胃中脲酶的作用下，分解产生氨和氨甲酰铵被迅速吸收入血而引起中毒。

（一）病因

尿素饲喂过多，或喂法不当，或被大量误食，或尿素与饲料混合不均或混合后堆放时间过长等可引起尿素中毒。

（二）症状

中毒症状出现的早晚及轻重程度，不仅与尿素的饲喂量有关，而且也与机体的状况、日粮配合等因素有较大关系。尿素中毒常呈急性经过，常于采食后 30～60min 内出现症状，初期病牛不安，呻吟、流涎且带泡沫样。肌肉震颤，腹痛，步态不稳，共济失调，继而食欲废绝，反刍停止；牙关紧闭，伴有瘤胃鼓气，多尿；呼吸急迫，心动亢进，脉搏增数；后期全身强直性痉挛，张口呼吸，全身出汗，从鼻和口腔中流出大量泡沫样液体，眼睑反应迟钝，瞳孔散大，四肢无力，卧地不起，四肢游动，多于食入尿素后数小时因窒息死亡。

（三）病理变化

尸体极度膨胀，全身皮下血管怒张，瘤胃内容物具氨味，真胃、小肠充血与出血；肺水肿，胸腔积液，心内外膜出血；心包积液；肝肾肿大与脂肪变性呈黄褐色；脑膜、脑室及脉络充血。

（四）诊断

本病可根据有喂尿素过量或突然加喂尿素的经过，呼吸困难和强起性痉挛的典型表现，剖检见瘤胃 pH 升高及肺水肿等，初步做出诊断。而血氨的升高超过了正常值 0.6mg/100mL 以上，即可确诊。

（五）防治措施

1. 治疗

（1）中和。灌服 20～30L 凉水，使瘤胃温度下降，从而抑制尿素的溶解。或灌服弱酸以中和瘤胃内的氨，用食醋1 500～4 000mL，一次性灌服；或取 3%的食醋2 000～5 000mL 灌服（如果喂1 000～1 500mL 含 20%～30%糖浆或糖的溶液效果更好），以降低瘤胃内的 pH，阻止氨的进一步吸收，中毒症状复发，应重复治疗。

（2）洗胃。用 2%～4%的食醋溶液反复多次洗胃，直到排出胃内大部分内容物，然后灌服适量的常水。

（3）制酵、抑制瘤胃鼓胀。鱼石脂 50～100g，加水 5～10L，一次灌服；或按用 35%～38%甲醛溶液 2～3mL、加水 150mL 的比例，慢慢灌服，直到中毒症状完全消失。对瘤胃鼓胀较重的病畜，可先用套管针进行瘤胃放气后，再进行上述处置。

（4）兴奋呼吸中枢和加强心肌收缩功能。可分别皮下注射 25%尼可刹米 10～20mL、0.1%肾上腺素 8～10mL。

（5）解毒。先放血 200～300mL，再静注 10%的葡萄糖1 000～2 000mL，维生素 C 5g。或 5%硫代硫酸钠 100～200mL，一次性静脉注射。配合 10%葡萄糖酸钙 500mL，一次性静脉注射，以缓解尿素对机体的毒害。也可使用强心剂、利尿剂、高渗葡萄糖等药物治疗。

（6）接种。从健康牛中移入一些瘤胃内容物作为接种物以恢复瘤胃正常功能。

2. 预防 坚持正确的饲喂方法，严格控制喂量，是控制和预防本病的关键。

供给足量的碳源，如饲料中添加碳酸钠，按日粮干物总量的0.5%～1%增加。保证日粮中硫、铁、钴、钙、锌、铜、锰等矿物质元素以及维生素A和维生素D等维生素的含量需求，氮与硫适宜比例为10～14∶1。尿素只能作为氮源以补充蛋白质的不足，一般喂量不能超过日粮中总氮量的1/3，日粮中粗蛋白质水平不宜太高，最适宜的水平为9%～12%，此时尿素可得到细菌最有效地利用。

如果蛋白质比较充足，则不需补充尿素。尿素最好现喂现拌，严禁混匀后堆放时间过长。尿素用量要逐渐加入，需2～4周时间的适应期。尿素用量要适宜，一般奶牛日粮中尿素用量不要超过日粮干物质的1%，并且要与其他饲料混合均匀。若日粮中非蛋白质含量高，如青贮料，尿素用量要减半；家畜处于饥饿和空腹腔状态时也不宜饲喂尿素，否则极易引起中毒。再者，一天应分数次饲喂，而且要同不宜混合饲喂的饲料分开，严禁把生豆类、生豆饼类、苜蓿籽等含脲酶的饲料和尿素一起饲喂。若按奶牛体重计算尿素用量，则体重500kg的奶牛，尿素用量每天不能超过150g。尿素不能化水供奶牛饮用或单喂，喂后2h内不得饮水。犊牛因瘤胃机能发育不完全，不能饲喂。

为减缓尿素在瘤胃中的分解速度，使细菌有充足的时间利用氨合成菌体蛋白，可向尿素饲料中加入脲酶抑制剂，使饲料中尿素的分解速度减慢；可采用加保护剂的办法将尿素包裹后饲喂，以减缓降解速度；可将尿加热浓缩为双缩脲和三缩脲后饲喂家畜或做成尿素食盐舔砖供牛舔食。

四、氟中毒

牛误食有机氟农药或吸入氟气体，或长期饮喂含氟高的水和饲料，而引起中毒的疾病。其临床特征是发生齿斑，牙齿过度磨损，骨质疏松及间隙性跛行。

（一）病因

奶牛误食有机氟农药，或饮用或吸入含工业氟化物的废水、废气，或采食有机氟污染的饲草而使奶牛发病；补饲的磷酸钙中的氟含量过高、长期生长在含自然氟酸盐高的环境中，其水土和饲料氟含量过高等均能引起发病。

（二）症状

1. 急性中毒 病牛食欲废绝，反刍停止，流涎，呕吐，腹痛、腹泻，脉搏短急、呼吸急迫。肌肉震颤，瞳孔散大，感光过敏，病程短急，多于病后数小时内因虚脱而死亡。

2. 慢性中毒 病牛生长缓慢、营养不良、被毛粗乱、换毛迟延、异嗜、喜吃骨头。四肢交替发生不明原因的跛行，腕关节肿大硬固，行动迟缓、步样僵硬、拘谨。严重病例，病牛卧地不起，久之蹄壳变形；牙齿失去光泽，呈黄色或黄白色，磨损不正；颌骨、掌骨、跖骨变粗，出现骨瘤，肋骨上有不规则膨大。

（三）诊断

根据病史调查，临床症状观察、水氟、尿氟、骨氟及X线检查，可确诊。

（四）防治措施

1. 治疗 本病无特效解毒药物治疗，使用对症疗法。

（1）急性氟中毒。先用硫酸铝30～50g加水适量内服，或用0.5%鞣酸洗胃，然后内

服1%～2%氧化钙液或稀石灰水。同时静脉注射5%葡萄糖酸钙液300～500mL，或10%氯化钙100～200mL，饲料补充滑石粉40～50g，每天2次。

（2）慢性氟中毒。查明原因，杜绝毒源，加强饲养，补充钙质。

2. 预防　首先要加强环境保护，搞好“三废”的综合治理，喷洒过有机氟农药的地方，插上“有毒”标记，1个月内禁止放牧或割草；其次要严格执行农药保管使用制度，对于用过的农药瓶子不能随便丢弃，要集中处理；最后要切忌捡拾或收购不明底细的农田遗弃的菜叶或菜秧饲喂奶牛。

五、感光过敏

感光过敏又称光敏性皮炎，是皮肤组织内的感光物质受到足够紫外光照射而激发皮肤的炎症反应，或者是产生释放能量的光化学反应进而造成皮肤损害时出现的光致敏。奶牛感光过敏时有发生，世界各地均有存在。发病部位多在皮肤与黏膜之间的连接区域和浅色或无色素沉着的皮肤区域，荷斯坦牛以白毛区域多见。发病时首先表现为皮肤水肿，继而出现红斑、疹块、水疱、渗液、溃疡、结痂，最后腐离脱落造成皮肤缺损，炎症扩展或有继发感染。

（一）病因

奶牛采食了含有特殊光过敏物质的饲料如苜蓿、荞麦、三叶草、洋槐花、榆叶、野苋菜等，引起皮肤的白色区发生红斑疹和皮炎。

（二）症状

轻度中毒时，仅在皮肤的无色或无毛部位（头、耳、眼睑、颈、背、乳房）发生充血、肿胀及红斑性疹块，发痒并有痛感，患牛不安，常摩擦患部。一般经2～3d后疹块消退，患部脱皮。严重中毒时，患牛皮肤上形成疱性肿胀，剧痒，头部可形成豌豆大的泡囊，摇头、摆耳、哀鸣不安、乱跑，2～3d后水疱破裂，流出黄色液体，结痂，有时皮肤坏死，形成溃疡。同时，病牛出现眼结膜、口腔黏膜、鼻黏膜、阴道黏膜等炎症；有的则有黄疸，有的甚至呈现脑炎而有神经症状，体温升高、共济失调、昏睡、痉挛，经8～10h死亡。

（三）防治措施

1. 治疗　发现中毒后应立即停喂荞麦、苜蓿、三叶草等含光过敏物质的饲料，置病牛于阴凉处避开阳光照射，轻度中毒可不治而愈。较重者可内服泻剂，促其排出，减少吸收；兴奋不安时给予氯丙嗪、钙制剂加以治疗；皮肤可涂氧化锌软膏，破后涂龙胆紫等以防感染。为促进皮肤恢复，可让奶牛服用适量B族维生素。

2. 预防　在有光过敏物质的牧场可于早、晚和夜间避开有阳光的时间放牧，特别是白色及有白花的奶牛；舍饲苜蓿、荞麦、三叶草等饲料时应与其他饲料搭配，不要单独饲用。

第五节　奶牛产科病

一、流产

流产（abortion）是由于胎儿或母体的生理过程发生紊乱，或它们之间的正常关系受到破坏，而导致的妊娠中断。流产可发生在妊娠的各个阶段，但以妊娠早期较为多见。母体可以排出死亡的孕体，也可以排出存活但不能独立生存的胎儿。如果母体在怀孕期满前排出成活的未成熟的胎儿，称之为早产；如果在分娩时排出死亡的胎儿，则称之为死产。奶牛的流产发病率在10%左右，即使在无布鲁氏菌病流行的地区，发病率也高达2%～5%。因此，流产造成的损失是相当重大的，它不仅使胎儿夭折或发育受到阻碍，而且还能危害母畜的健康，是乳牛的产奶率大大降低，家畜的繁殖效率也常常因并发生殖器官的不孕造成不孕而受到严重的影响，使畜群繁殖计划不能够达到预期目标，因此必须特别重视对流产的防治。

(一) 病因

流产的原因可以概括为3类（表6-2），即普通性流产（非传染性流产）、传染性流产和寄生虫性流产。每类流产又可分为自发性流产与症状性流产，自发性流产是指胎儿及胎盘发生反常或直接受到影响而发生的流产，症状性流产则是某些疾病的一种症状或者是饲养管理不当导致的结果。

表6-2 流产的病因及分类

分类	自发性流产	症状性流产
普通性流产	①胎膜及胎盘异常：无绒毛、绒毛发育不全，可使胎儿与母体间的物质交换受到限制，胎儿不能健康的发育；有时也可能是因为胎膜水肿、子宫某一部分黏膜发炎变性等 ②胎膜发育停滞：在妊娠早期的流产中，胚胎发育停滞是胚胎死亡的一个重要组成部分，发育停滞可能是因为卵子或精子缺陷、卵子衰老、染色体反常、囊胚不能附植等 ③胎儿过多：发育迟缓的胎儿受邻近胎儿的排挤，不能和子宫黏膜形成足够的联系，血液供应受到限制。牛双胎，特别是两个胎儿在同一子宫角内，流产也比怀单胎时多。这些情况都可以看作是自发性流产的一种	广义的症状性流产不但包括因母牛普通疾病及生殖激素失调引起的流产，而且也包括饲养管理、利用不当、损伤及医疗错误引起的流产。下述病因是引起流产的可能原因，并非一定会引起流产，这可能和畜种、个体反应程度及其生活条件不同有关。有时流产有可能是几种原因造成的。 ①生殖器官疾病：慢性子宫内膜炎、阴道炎、子宫粘连、胎水过多等 ②非传染性全身疾病：马疝痛，牛、羊的瘤胃鼓气，顽固性前胃弛缓，真胃阻塞，马、驴妊娠毒血症等 ③激素分泌失调：孕酮不足，食入富含雌激素的植物等 ④饲养不当：维生素A或维生素E、矿物质不足、硒缺乏、饲喂方法不当、长期饲料不足或不全价 ⑤损伤或管理不当：腹壁碰伤、抵伤、踢伤，挤撞，跌摔，斗架，剧烈运动，跳越障碍，使役过重，粗暴鞭打等使子宫和胎儿受到机械性损伤，长途运输、惊吓、恶劣气候或环境等应激引起子宫反射性收缩 ⑥中毒：食入重金属（铅、镉等）、有机磷农药、有毒植物（疯草、西黄松叶等）、发霉饲料、未处理的棉籽饼、大肠杆菌内毒素等 ⑦医疗错误：全身麻醉，大量放血，服入过量泻剂、驱虫剂、利尿剂，注射子宫收缩药，接种疫苗引起过敏反应，误用刺激发情的药物，粗鲁的直肠或阴道检查，假发情时误配等
传染性流产	布氏杆菌病、结核病、支原体病、衣原体病、牛胎儿弧菌病、牛病毒性腹泻	钩端螺旋体病（牛）、李氏杆菌病（牛）、O形口蹄疫、牛传染性鼻气管炎等
寄生虫性流产	滴虫病（牛）、新孢子虫感染（牛）、	牛犁形虫病、环形泰勒犁形虫病、边虫病、血吸虫病等

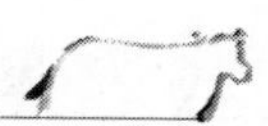

（二）症状与诊断

由于流产的发生时期、原因及母牛反应能力不同，流产的病理过程及所引起的胎儿变化和临床症状也不一样，基本可以将其归纳为如下4种情况。

1. 隐性流产　隐性流产亦称胚胎早期死亡。此种流产发生在妊娠初期，囊胚附植前后，此时胚胎尚未发育成胎儿，死亡后组织液化，被母体吸收或随尿排出，未被发现。

隐性流产大部分发生在妊娠的第一个月内，因此母畜没有明显的临床症状，但表现为发情周期延长或屡配不孕。在配种后通过直肠检查已确定妊娠，而以后又返情，直检发现原妊娠现象消失，可判断发生了隐性流产。

2. 排出死亡、未经变化的胎儿　这是流产中最常见的一种，亦称小产，是指胎儿死后对母体来说像是异物一样，可引起子宫的收缩反应，母体于数天之内将其连同胎衣排出。此种流产若发生在妊娠初期，因为胎儿及胎膜很小，排出时不易发现，常被当作隐性流产；发生在妊娠前半期产，事先常无预兆，孕畜突然排出已死亡的胎儿；若发生妊娠末期，则预兆与正常的分娩相似。如孕牛的妊娠期未满而出现分娩预兆，直肠检查摸不到胎动，妊娠脉搏变弱或消失，阴道检查发现子宫颈口开张并流出稀薄黏液，则可作出诊断。

孕牛发生此种流产后，如胎儿小，排出顺利，预后较好，一段时间后仍能受孕；但若发生胎儿腐败，常引起子宫炎或阴道炎症，以后则不易受孕，严重的还可能继发败血病，导致母牛死亡。

3. 排出不足月的活胎儿　这类流产排出的胎儿是活的，但未妊娠足月，故也称早产，这类流产的预兆及过程与正常的分娩相似，胎儿是活的，但未足月即产出，所以也称小产。但此类流产在产前的预兆不像正常分娩那样明显，往往仅在排出胎儿以前2～3d乳房突然膨大、阴唇稍微肿胀、乳头内可挤出清亮液体，牛阴门内有清亮黏液流出。

4. 延期流产（死胎停滞）　胎儿死亡后，由于子宫阵缩微弱，子宫颈管不开张或开张不大，死胎长期滞留于子宫内，称为延期流产或死胎停滞。此种流产依子宫颈是否开放，有以下两种结果。

第一种为胎儿干尸化（mummification），胎儿死亡后未被排出，其组织中的水分及胎水被母体吸收，变为棕黑（褐）色，好像干尸一样，称为胎儿干尸化或木乃伊。一般来说在胎儿死亡以后，母体就会把其从子宫内排出，但如果母畜卵巢上的黄体并未萎缩，仍保持其机能，则并不能引起子宫的强烈收缩，子宫颈也不开放，胎儿仍可留于子宫内，因为子宫腔与外界隔绝，所以没有细菌的侵入，并且如果细菌也未通过血液进入子宫，那么胎儿就不会发生腐败分解。随后，胎水及胎儿组织中的水分逐渐被母体吸收，胎儿变干，体积缩小，头及四肢蜷缩在一起而逐渐干尸化。

胎儿干尸化常见于牛，这与母体及其子宫对胎儿死亡的反应不像马、驴那么敏感有关。

干尸化胎儿一般都在子宫中停留较长时间。母牛一般是在妊娠期满数周，妊娠黄体退化后再发情时，才将胎儿排出，但也有的在妊娠期满前将胎儿排出，个别的干尸化胎儿则长久停留于子宫内而不被排出。发生胎儿干尸化后，在排出胎儿以前，母牛不出现外表症状，所以不易发现。但如经常注意母牛的全身状况，则可发现母牛妊娠至某一时间后，妊娠的外表现象不再发展；直肠检查感到子宫呈圆球状，且较妊娠月份应有的体积小得多，其硬的内容物就是胎儿，在硬的部分之间较软的地方是胎体各部分之间的空隙，子宫壁紧包着胎儿，摸不到胎动、胎水及子叶，也摸不到妊娠脉搏，但在卵巢上可摸到黄体。孕畜发生胎儿干尸化后，如能将干尸化胎儿顺利排出，则预后较好，仍能继续生育。

第二种为胎儿浸溶（maceration），妊娠中断后，死亡胎儿的软组织分解，变为液体流出，而骨骼留在子宫内时，称为胎儿浸溶。胎儿浸溶还是胎儿干尸化主要取决于妊娠黄体是否萎缩，如果妊娠黄体萎缩，子宫颈管开放，病原微生物即沿阴道侵入子宫及胎儿，引起胎儿的软组织先是气肿，2d 左右开始分解液化而排出，骨骼则因子宫颈开放不够大而滞留在子宫内。

母牛起初表现为精神沉郁，体温升高，食欲减退，瘤胃蠕动减弱，并经常努责，伴有腹泻；随后，胎儿软组织分解变为红褐色或棕褐色难闻的黏稠液体，在努责时流出，其中夹杂有小的骨片，最后则仅排出脓液，黏染在阴门周围、尾根和后腿上，干后成为黑痂。阴道检查可发现子宫颈开张，在子宫颈内或颈前可摸到胎骨，视诊可看到阴道及子宫颈黏膜红肿。直肠检查可发现子宫颈粗大，子宫壁较厚，能摸到胎儿参差不平的骨片，捏挤子宫可能感到骨片互相摩擦。但胎儿浸溶若发生在妊娠初期，因胎儿小，骨骼间的软组织容易分解，所以大部分或全部骨骼可以排出，或仅留下少数，最后子宫中排出的液体也逐渐变得清亮。

发生胎儿浸溶时，体温升高，心跳呼吸加快，不食，喜卧，阴门流出棕黄色黏性液体。偶尔浸溶仅仅发生于部分胎儿，如果距产期已近，排出的胎儿中可能还有活的。在发生胎儿浸溶时，预后必须谨慎，因为这种流产可以引起腹膜炎、败血症或脓毒血症而导致母畜死亡。对于母牛以后的受孕能力，则预后不佳，因为它可以造成严重的子宫内膜炎或子宫与周围组织发生粘连，而造成母牛不能受孕。

（三）治疗

首先应确定属于何种流产以及妊娠能否继续进行，在此基础上再确定治疗原则和措施。

1. 先兆性流产 先兆性流产是指已经出现间歇性子宫收缩等症状的流产，但子宫颈口未开，胎囊未破，经保胎治疗后，有可能继续妊娠的一种流产。其治疗原则为安胎，其措施有：肌注孕酮，牛 50～100mg，每日或隔日 1 次，连用数次；为防止习惯性流产，也可在妊娠的一定时间试用孕酮，还可注射 0.1%硫酸阿托品 1～3mL；必要时给予镇静剂（如溴剂、氯丙嗪等）同时禁止进行阴道检查，尽量控制直肠检查，以免刺激母牛还要进行牵蹓，以抑制努责。

先兆性流产经过上述的处理，病情仍未稳定下来，阴道排出物继续增多，起卧不安加剧；阴道检查子宫颈口已经开放，胎囊已经进入阴道或已经破水，流产已在所难免，应尽快促使子宫内容物排出，以免胎儿死亡腐败而引起子宫内膜炎，并且影响以后受孕。

如果子宫颈口已经开大，可用手将胎儿拉出。流产时，胎儿的位置及姿势往往反常。如果胎儿已经死亡矫正术遇有困难，可以实行截胎术。如果子宫颈管开张不大，手伸不进去，则采取人工引产，促使子宫颈开放，并刺激子宫的收缩。

中医认为，胎动不安是因冲任（即冲脉和任脉）不固，不能摄血养胎所致，因此须补气养血，固肾安胎，可选服如下中药方剂（牛的剂量）。

白术安胎散：炒白术 30g，当归 18g，砂仁 18g，川芎 18g，白芍 18g，熟地 18g，阿胶（炒）25g，党参 18g，陈皮 25g，苏叶 25g，黄芩 25g，甘草 10g，生姜 15g 为引。共为细末，开水冲服，连用 2～3 剂。

保胎无忧方：酒当归 75g，川芎 40g，酒白芍 25g，生芪 50g，炙草 25g，炒艾叶 50g，贝母 2g，芥穗 40g，羌活 25g，厚朴 50g，炒枳壳 30g，菟丝子 50g，黄芩 20g，白术 25g，生姜 15g 为引。共为细末，开水冲服，连用 2～3 剂。肾虚胎动不安者，加黑杜仲 25g，续断 30g，故纸 16g，补肾元以固胎。无杜仲时可用桑寄生代替。

2. 无可挽回的流产　早产胎儿，如有吮乳反射，应尽量加以挽救，帮助吮乳或人工喂奶，并注意保温。

3. 延期流产　胎儿干尸化时，首先应用雌激素、米非司酮，继之使用前列腺素制剂或催产素，溶解黄体并促使子宫颈扩张及子宫收缩，并向子宫及产道内灌注已消毒的润滑剂，以便于胎儿排出。由于干尸化胎儿头颈蜷缩在一起，如子宫颈开放不大时，须预先截胎才能将胎儿取出。

胎儿浸溶时，如软组织已基本液化，应尽可能将胎骨逐块取净。分离骨骼有困难时，须根据情况先将其破坏后再取出，然后用 0.1%新洁而灭或其他消毒液或 10%盐水等冲洗子宫，并注射子宫收缩药，促使液体排出。还须向子宫内膜投入大剂量抗生素，并进行全身治疗，以免发生不良后果。操作过程中，术者须防止自己受到感染。

上述流产在排出胎儿及治疗后，促进母畜生殖机能的恢复，可使用加味生化汤：党参 60g，黄芪 45g，当归 90g，川芎 25g，桃仁 30g，红花 25g，炮姜 20g，甘草 15g，黄酒 150mL 为引，体温高者加黄芩、连翘、二花；腹胀者，加莱菔子。

（四）预防

引起流产的原因很多，各种流产的症状也有所不同。除了少数病例在刚出现症状时可以试行安胎以外，大多数流产一旦发生，往往无法阻止。尤其是群牧牲畜，流产常常是成批的，损失严重。因此对妊娠母畜要加强饲养管理，并有适量的运动或使役，以增强体质，预防流产。在发生流产时，除了采用适当治疗方法，保证母畜及其生殖道的健康以外，还应对整个畜群的情况进行详细调查分析，注意观察排出的胎儿及胎膜，必要时采样进行实验室检查，尽量作出确切的诊断，然后提出有效的具体预防措施。

调查应包括饲养条件及制度（确定是否为饲养性流产）、管理及使役情况，是否受过伤害、惊吓，流产发生的季节及气候变化（损伤性及管理性流产）；母畜是否发生过普通病，畜群中是否出现过传染性及寄生虫性疾病，以及治疗情况如何，流产时的妊娠月份，母畜的流产是否带有习惯性等。

对排出的胎儿及胎膜，要进行细致观察，注意有无病理变化及发育反常。在普通流产中，自发性流产常表现有胎膜上的反常及胎儿畸形；霉菌中毒引起的流产，表现为羊膜和胎盘水肿、坏死；因饲养管理不当、损伤、母畜疾病、医疗事故等引起的流产，一般看不到胎儿有明显的变化；传染性及寄生虫性引起的自发性流产，胎膜及（或）胎儿常有相应的病理变化，如牛因布氏杆菌病引起流产，常表现为胎膜及胎盘上常有棕黄色黏脓性分泌物，胎盘坏死、出血，羊膜水肿并有皮革样的坏死区，胎儿水肿，且胸腹腔内有淡红色的浆液等。

当疑似发生传染性流产时，应禁止解剖，以免污染，并将胎儿、胎膜以及子宫或阴道分泌物送实验室诊断，有条件时应对母畜进行血清学检查，同时做好消毒、隔离措施。

二、胎水过多

胎水过多（drops of fetal membranes and fetus）是指尿膜囊或羊膜囊内蓄积过量的液体，包括3种情况，即胎盘水肿、胎膜囊积水和胎儿积水。它们可以单独发生，也可以并发，其间也无任何关系。前者称为尿膜囊积水或尿水过多，后者称为羊膜囊积水或羊水过多，有时尿水和羊水同时积聚过多。如牛的羊水正常量为1.1～5L，尿水为3.5～15L（平均约9.5L），在发生胎水过多时，胎水的总量可达100～200L。胎儿积水中比较重要的有抬头积水、腹腔积水和全身积水，其对怀孕和分娩的危害程度依水肿的部位和量的不同而异。

（一）病因

牛胎水过多的原因还不清楚。此病常发生在怀双胎或有子宫疾病时，可能是由于缺乏维生素A等某些营养物质，子宫内膜的抵抗力降低所致，非炎症性子宫阜变形、坏死有关。病牛起作用的胎盘数目很少，主要是孕角形成胎盘，空角不参与胎盘的形成，而且在孕角有代偿性的附属胎盘发生，即巨大的偶发性胎盘。组织学上，子宫内膜出现非感染性变性和坏死，胎儿体积缩小。母体的心脏和肾脏疾病、贫血等，可能因循环障碍，引起胎水过多。发生胎水过多时，母体也常有全身水肿。羊水过多可能是羊膜上皮的作用反常或胎儿发育反常引起。

（二）症状及诊断

胎水过多主要发生在妊娠的中1/3期和后1/3期。牛胎水过多常常发生在妊娠5个月以后。病畜的临床表现为：腹部明显增大，而且发展迅速，因增大的腹部向两旁扩张，使腹壁紧张，背部凹陷，叩诊腹部呈浊音，推动腹壁液体晃动明显，直肠检查时，感到腹内压力升高，子宫内液体波动明显；子宫壁紧张，虽能摸到子叶，但不清楚；胎儿往往很小，不易摸到；同时，病畜运动困难，站立时四肢外展，呼吸快而浅，脉搏快而弱，在牛可达到80次以上。因为卧下时呼吸困难，所以不愿卧地，但体温一般无变化。病情严重时，则起卧困难或发生瘫痪，有时发生腹肌撕裂。随着病情的加重，病畜全身状况也逐渐恶化，表现精神萎靡，食欲减退，机体消瘦，被毛蓬乱。

临床诊断的主要依据是，直肠检查时感到牛腹内压升高，子宫壁变薄，子宫内液体波动明显。尿水过多时，由于子宫壁紧张摸不到子叶；羊水过多时，可以摸到子叶，但感觉并不明显。胎儿往往很小，也并不容易摸到。瘤胃总是空虚，或者摸不到瘤胃。临床诊断中要特别注意与牛腹水、弥漫性化脓腹膜炎、前胃和网胃扩张、第四胃变位、瘤胃鼓气等病鉴别区分。

（三）预后

病轻者，妊娠可以继续，但胎儿往往发育不良，甚至体重达不到正常胎儿的一半，常在分娩时或者出生后死亡。分娩或者早产时，常因子宫迟缓，子宫颈开张不全及腹肌收缩无力，而发生难产。排出胎儿后，常发生胎衣不下。胎水大量积聚可能引起子宫破裂，或者腹肌破裂而发生子宫疝气。如果胎水极多，距离分娩时间尚早或病畜因身体衰弱而已长

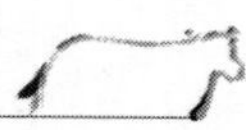

久不能站立，则预后不佳。

（四）治疗

轻症者，可给予富含营养的精料，限制饮水，增加运动，并给以利尿、轻泻剂，尽量维持到分娩，然后按处理阵缩与努责微弱的方法助产。严重病例，由于子宫过大，收缩无力，子宫颈不能开张，可行剖腹产，但从术前约 1d 开始，须用套管针通过腹壁缓慢放出胎水，以免突然大量排水引起休克。由于大量失水会造成电解质平衡紊乱，故手术前后均需静脉输入复方生理盐水。

如距分娩时间尚远而且症状严重时，应及早施行人工引产，终止妊娠，否则会危及母畜生命。方法是应用雌激素、米非司酮，继之使用前列腺素或催产素溶解黄体，并促使子宫颈扩张及子宫收缩。胎儿排出前后需注意应用强心剂及电解质进行支持性治疗。

三、产前截瘫

孕牛截瘫（paraplegia of pregnancy）是妊娠末期，孕牛既无导致瘫痪的局部病变（例如腰臀部及后肢损伤等），又没有明显的全身症状，而后肢不能站立的一种疾病。此病各种家畜均可发生，但多见于牛，且常带有地域性和季节性（冬末、春初或炎热多雨季节易发）。母牛乏弱衰老，也容易发病。

（一）病因

截瘫是妊娠末期很多疾病的症状，例如营养不良、胎水过多、严重子宫捻转、损伤性胃炎（伴有腹膜炎）、风湿等。但饲养不当，长期饥饿、饲料单纯、缺乏钙、磷等矿物质及维生素，可能是发病的主要原因，因为补充钙、磷及青绿饲料改善营养等，对本病常有良好的疗效及预防作用。

通常可以分为 5 种类型。

1. 风湿型　圈舍长期泥泞；化冻时放牧，奶牛长时间陷在冰冷的泥水之中等引起奶牛的关节疾病。本病主要发生在春秋季节与化冻的时候，在产前 7d 内发生。

2. 酸中毒型　饲喂或投喂大量的碳水化合物饲料，产生大量的有机酸，造成自体代谢酸中毒。中毒型一年四季都可发生，主要发生在临产当天。

3. 缺钙型　饲料中钙的缺乏或缺磷比例不合理。正常情况下骨骼中和体液以及其他组织中的钙、磷，都是维持动态平衡的。若食物中钙磷含量不足或比例失调，骨中钙盐就会沉着不足，同时血钙浓度也会下降，从而促进甲状旁腺分泌增加，刺激破骨细胞的活动，而使骨盐溶解，释放入血，维持血浆中钙的生理水平，骨的结构因此受到损害，导致瘫痪。妊娠后期，由于胎儿发展迅速，对矿物质的需要增加，母体优先供应胎儿的需要而使本身不足；而子宫的重量也大为增加，且骨盆韧带变松软，因而后肢负重发生困难，甚至不能起立。

长期饲喂含磷及植酸多的饲料，过多的磷酸、植酸及钙的结合，形成不溶性磷酸钙及植酸钙，随粪便排出使消化道的粪便减少。有一些地区土壤及饮水缺磷，使骨盐不能沉着。胃肠机能紊乱，消化机能不良等，也能防碍小肠对钙的吸收，使血钙降低。缺钙型的发生在冬季，主要是发生在临产之前。

4. 缺钾型　主要在舍饲喂期间，由于长期缺乏矿物质的补充以及优质干草或多汁饲料。此外，铜、钴、铁等微量元素不足，可引起贫血及衰弱从而引发此病。

5. 神经型 胎儿过大；冬季放牧打滑摔倒；牛群间相互顶架等引起母牛的闭孔神经及支配后驱的神经肌肉群韧带受损伤。胎儿躯体过大形成对盆腔神经或是血管的压迫也会使后肢站立困难。

（二）症状及诊断

奶牛一般在分娩前一个月左右后肢逐渐出现运动障碍。最初仅见站立无力，两后肢经常交替负重，行走时后躯摇摆，步态不稳，卧下时站立困难，因此长久卧地。以后症状加重，后肢不能起立。有时滑倒后突然发病。

各种类型的产前瘫痪其相应的典型症状如下：

风湿型：关节强拘，有时肿胀，背腰肌群弹性降低，食欲减退，心音增强，可出现期外收缩杂音，针刺反应敏感。

酸中毒型：神经沉郁，流口水或白色泡沫。排恶臭稀粪或水样粪便，可见到未消化的饲料。尿少色深，有时脱水。生理指标紊乱，严重昏迷，针刺反应迟钝，严重时消失。

缺钙型：精神沉郁，头颈弯向一侧，可爬行。生理指标紊乱，针刺反应不敏感。

缺钾型：后驱能抬起 50cm 以上，或后驱完全抬起能前低后高的向前爬行，针刺反应敏感，生理指标基本正常。

神经型：后驱不能抬起或稍微能抬起，有犬坐姿势，有时触动后驱有痛感。针刺反应敏感，各项生理指标正常。

临床检查时，后躯局部无明显病理变化，痛感反应正常，也无明显的全身症状。卧地时间较长者，可能发生褥疮患肢肌肉萎缩，有时伴有阴道脱出。分娩时，患牛可能因子宫收缩无力而发生难产。

本病距分娩时间越短，病情越轻，预后越好。否则可能发生褥疮，继发败血症而死亡。

诊断时，应注意与胎水过多、风湿病、髋关节脱臼、骨盆骨折、后肢韧带及肌腱损伤等相鉴别。

（三）治疗及护理

如截瘫是缺钙引起的，可静注 10%葡萄糖酸钙，牛 200～400mL，猪 50～100mL，也可静注 5%氯化钙，隔日一次，有良好效果。如使用氯化钙制剂，须加于糖盐水中使用，注射速度须缓慢。为了促进钙盐吸收，可同时肌注骨化醇（维生素 D_2）或维生素 AD，牛 10mL，猪、羊 3mL，隔两日一次；肌注维丁胶性钙，猪 1～4mL，牛 5～10mL，隔日一次。也可同时穴位注射维生素 B_1 10mL。如有消化扰乱、便秘等，可对症治疗。

电针（或针灸）治疗可选用百会、肾俞、汗沟、巴山及后海等穴。

如距分娩已近，但因褥疮而有引起全身感染的危险时，可人工引产，以便抢救母畜及胎儿的生命。

孕畜截瘫的治疗，往往拖延时间较长，必须耐心护理，并给予含矿物质及维生素丰富的易消化饲料，并多垫褥草，每日要翻转病畜数次，并用草把等摩擦腰荐部及后肢，促进后躯的血液循环。

病畜有可能站立时，每日应抬起或吊起几次，以便四肢能够活动，促进局部血液循

环，并防止发生褥疮。

（四）预防

可给孕畜补加骨粉、蛋壳粉等含钙饲料，也可根据当地草料、饮水中钙、磷的含量，补加相应的矿物质，同时精、粗、青饲料要合理搭配。冬季舍饲的家畜应常晒太阳。

牛在产前一个多月如能吃上青草，对防止截瘫效果很好。因此在草场不好的地区，冬末产犊前，孕牛发生截瘫的较多，可将配种期推后，使产犊期移至青草已生长之后。

四、阴道脱出

阴道壁的一部分或全部突出于阴门之外时称为阴道脱出（prolapse of the vagina）。本病多发生于妊娠末期，但在发情或患某些疾病时也能发生，如患卵泡囊肿的牛常继发阴道脱出。

（一）病因

引起阴道脱出的原因主要是阴道壁及其固定的组织松弛，如年老体弱、饲养不良、运动不足等常引起全身组织紧张性降低；妊娠末期，因胎盘分泌较多雌激素，使骨盆内固定阴道的组织、阴道及外阴松弛。二是阴道壁受到外力持续地向外推压，如胎儿过大、胎水过多、双胎妊娠、瘤胃鼓胀、产后努责过强、便秘、下痢、卧地不起等造成腹压持续增高，或长期拴于前高后低的厩舍内，向外压迫阴道，致使松弛的阴道壁脱出。

（二）症状

按其脱出的程度可以分为3种。

1. 单纯脱出　尿道口前段部分阴道下壁突出于阴门外的外阴唇上，除稍微牵拉子宫颈外，子宫和膀胱没有位移，阴道壁一般没有损伤，或者有浅表潮红或轻度糜烂。主要发生在产前。发病初期仅当病牛下卧时，可见前庭或是阴道下壁形成皮球大的，粉红湿润并有光泽的肉瘤，堵在阴门之内，又或露出在阴门之外；母牛起立后脱出部分会自行缩回。以后，如果病因并没有消除，动物多次下卧和站立，脱垂的阴道壁色泽改变，阴道周围往往有延伸来的脂肪，或者因为分娩而损伤，引起松弛时导致阴道壁经常脱出，则能使脱出的阴道壁逐渐变大，以致病牛起立后经过较长时间脱出的部分才能缩回。因此，黏膜往往是红肿和干燥的。有的母牛每次妊娠末期均发生，称为习惯性阴道脱出。

2. 中度阴道脱出　当阴道脱出伴有膀胱和肠管一起脱入骨盆腔内时，称为中度阴道脱。产前发生者，常常是因为阴道部分脱出的病因未除，或是由于脱出的阴道壁发炎、受到刺激，不断怒责导致阴道脱出很大一部分，膀胱生殖道凹陷扩大，允许膀胱通过。可见阴门向外突出排球大小的囊状物，病牛起立后脱出的阴道不能缩回去了。组织发生充血，由于受到盆腔内异物的刺激，动物频繁的怒责，使阴道脱出更加的大，表面干燥或是溃疡，由粉红色转为暗红或是蓝色，甚至是黑色，严重坏死以至穿孔。

3. 重度阴道脱出　子宫或子宫颈后移。子宫颈脱出阴门外。在脱出的末端，可以看到黏液塞已经变得稀薄液化下壁的下端可以看见尿道口，排尿不顺利。胎儿的前置部分有时进入脱出的囊内，触诊可以摸到。产后发生者脱出往往不完全，所以体积一般都会比产前的小，在其末端往往可以看到子宫颈肥厚的横皱臂，有时则看不到。若脱出的前段子宫颈明显关闭紧密，则不会发生早产或是流产，若子宫颈外口已经开放或者界限不清则常在

24～72h 发生早产。

阴道的脱出部分长期不能够缩回，黏膜淤血，变为紫色；黏膜发生水肿，严重时可与肌层分离；因受到地面摩擦以及粪尿污染，常与脱出的阴道黏膜破裂、发炎、糜烂或是坏死。严重时可继发全身感染，甚至死亡。冬季则易发生冻伤。

根据阴道脱出的大小以及损伤的轻重，病牛有不用程度的努责。牛的产前完全脱出，通常因为阴道和子宫颈而受刺激，发生了持续强烈的努责，可能会引起直肠脱出、胎儿死亡及流产等。久病后，病牛精神沉郁，脉搏快而弱，食欲减少，常继发瘤胃鼓胀。牛产后发生阴道脱出，必须注意检查是否有卵巢囊肿。

（三）预后

视发生的时期、脱出程度、时间长短、致病原因是否除去而定。阴道部分脱出，预后良好，维持至分娩时，阴道扩张，也不妨碍胎儿排出，产后能自行复原。完全脱出，发生在产前者，距分娩时间越近，预后越好，如距分娩尚久，整复后不易固定，复发率高，容易发生阴道炎、子宫颈炎，炎症可能破坏黏液塞，侵入子宫，引起胎儿死亡及流产，产后可能久配不孕。发生在产后者，久拖不愈的，常导致不孕。继发直肠脱出时，预后须谨慎。发生过阴道脱出者，再妊娠时容易复发。

（四）治疗

对部分脱出且站立后能自行缩回的病例，重点是消除病因，防止脱出部分继续增大、受到损伤及感染。可将患畜拴于前低后高的厩舍内，并将尾巴拴于一侧，以免尾根刺激脱出的阴道黏膜引发强烈的努责。同时加强饲养管理，适当进行逍遥运动，减少卧地时间，给予易消化的饲料。对便秘、下痢及瘤胃鼓胀等病，应及时治疗。

对脱出时间较长，站立后不能自行缩回或完全脱出的病例，必须立即整复，并加以固定，以防再脱。整复及固定方法如下：

整复前，先将患畜前低后高保定（中小动物可提起后肢）。如患畜努责强烈，妨碍整复，应进行荐尾间隙或第一、二尾椎间隙硬膜外腔轻度麻醉，或后海穴局部麻醉。然后用0.1%高锰酸钾或0.1%新洁尔灭等消毒药液清洗脱出的阴道部分，并除去坏死组织。如有大伤口，要缝合，并涂布碘甘油或抗生素软膏等。若水肿严重，可用纱布浸以2%明矾液进行清洗并压迫，促使水肿液排出，亦可针刺水肿的阴道壁，涂以1%过氧化氢，并用消毒的干纱布挤压排液，使水肿减轻，待阴道壁发皱、发软，体积缩小后，再表面涂布碘甘油。

整复时，先用消毒纱布将脱出的阴道壁托起，趁患畜不努责时，将脱出部分向阴门内推送。待脱出的部分全部推入阴门内以后，再用手（拳头）或消毒过的适当粗细的圆头光滑木棒将阴道壁推回原位，并向四周扩压。然后在阴道腔内涂布消炎药，或在阴门两旁注入抗生素，抑制炎症。为抑制努责，防止再脱出，可用花椒水热敷阴门，每天1次，每次30min，连续3d。也可内服中药，补气升提，如加味补中益气汤：黄芪30g、党参30g、甘草15g、陈皮15g、白术30g、当归20g、升麻15g、柴胡30g、生姜15g、熟地10g、大枣4个为引，水煎服，每日一剂，连服3d；或八珍散：当归30g、熟地30g、白芍25g、川芎20g、党参30g、茯苓30g、白术30g、甘草15g，共研末，开水冲服，连服2～5d。

整复后，为防止再脱出，需进行固定，其方法有如下几种。

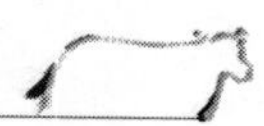

1. 阴门缝合法 对牛等大家畜可用12号缝线在阴门上作2～3道的双内翻缝合，或圆枕缝合、纽扣缝合等。奶牛双内翻缝合较为实用，其方法是：在阴门右侧3cm的皮厚处进针，从同侧距阴门边缘1cm处穿出，再将针自阴门左侧1cm处穿入，3cm处穿出，然后此线下移2cm再用同样方法从左将线穿到右侧，收紧并与原线头打结（图6-1)。两侧露在皮肤外的缝线上须套一段输液管或缠绕纱布，以免努责强烈时，缝线将皮肤勒破。缝合的松紧度和缝合道数及位置以不影响排尿为原则，一般缝合2道为宜，且阴门的下1/3不缝合。待母畜确实不再努责之后，可以拆线，但母畜如出现分娩预兆，要及时拆线。

2. 阴道侧壁固定法 对努责强烈的病牛，阴门缝合时缝线常崩断或将阴部皮肤撕裂，可采用阴道侧壁固定法。因此法是用缝线通过坐骨小孔穿过荐坐韧带，将阴道侧壁固定在臀部皮肤上，且因缝针穿过处的结缔组织发炎增生后而粘连，所以固定比较确实。方法是：先将臀部缝针处（与坐骨小孔对应的部位）剃毛、消毒，皮下注射2%盐酸普鲁卡因5mL作局部麻醉（亦可不用)，再用手术刀尖将皮肤切一小口；术者一手伸入阴道内，用手掌向上侧方推搡阴道壁，使其尽量贴紧骨盆侧壁，同时触摸清楚骨盆动脉位置，以免穿针时误伤直肠和动脉；另一手拿着消毒过的穿有粗缝线的长直针（较细的缝麻袋针可代用)，倒着将针孔端从皮肤切口刺入，钝性穿过肌肉，避开骨盆动脉（手在阴道内能够摸到动脉的搏动)，直至穿透阴道侧壁；当放在阴道内的手摸到缝线时，立即将其引至阴门外，拴上消毒过的大纱布块或大衣纽扣后，在臀部向外把缝针拔出，同时将缝线收紧，使阴道侧壁紧贴骨盆侧壁，然后同样拴上纱布块大衣纽扣（图6-2)。用同法把另一侧阴道壁与臀部固定。固定完毕后，用消毒药液冲洗阴道，并涂布2%龙胆紫或抗生素软膏等，肌肉注射抗生素3～4d，以防感染。一周后，患畜如不努责，即可拆线。产前缝合的可在产后拆线。如缝合处发生感染化脓，应进行外科处理。

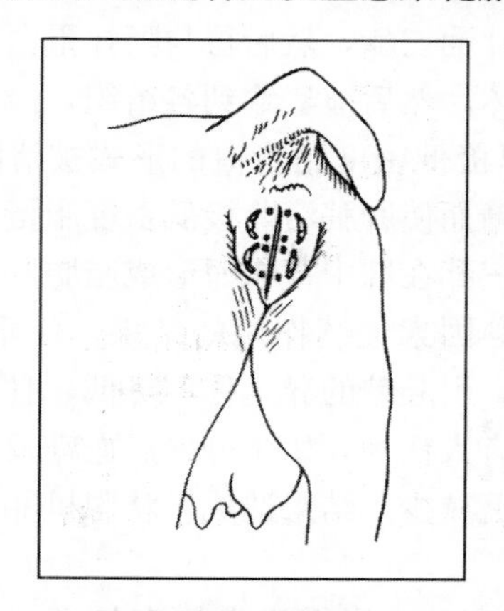

图6-1 阴门双内翻缝合法示意

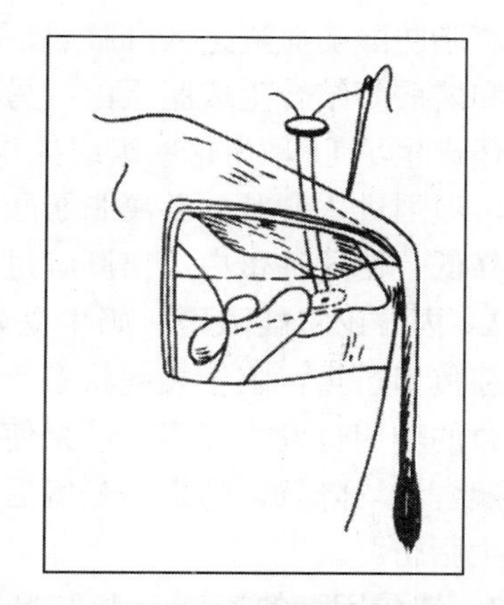

图6-2 阴门侧壁和臀部缝合法示意

3. 内固定法 对顽固性（反复复发的）阴道脱出的病例可选用此法。方法是：选择腹白线作切口，术部除毛、消毒，自近耻骨前缘处切开腹壁，暴露子宫并由此向前牵引阴道，用缝线将两侧阴道壁分别与对应的盆腔壁软组织缝合固定。如遇子宫积脓时，则顺便摘除子宫，然后闭合手术切口。

4. 其他方法 脱出的阴道整复后，向阴门两侧深部组织内注射95%酒精，刺激组织发炎肿胀甚至粘连，有防止阴道再脱出的作用，剂量视具体病例而定。也可电针后海穴及治脱穴（外阴中部两侧2cm处），第一次电针2h，以后每天电针1h，连用一周。

个别阴道脱出的孕畜，特别是卧地不能起立的骨软症及全身衰弱的病畜，或者整复及固定后，仍有持续强烈努责，无法克服，甚至继发直肠脱出的病畜，应尽早做直肠检查，确定胎儿的死活，以便采取适当的治疗措施。如胎儿仍活着（轻抓胎儿四肢有反应），并且临近分娩时，应进行人工引产或剖腹产术，以便抢救胎儿及母畜生命，并同时可将阴道脱出治愈。如胎儿已经死亡，更应迅速施行手术。

五、奶牛妊娠毒血症

本病又称为肥胖母牛综合征（fat cow syndrome）。英国、美国、匈牙利、俄罗斯、法国和中国均有报道，因多发于过度肥胖的高产乳牛的围产期，故常称为围产期奶牛脂肪肝（fatty liver in periparturient cow），也有人称其为分娩综合征（parturion syndrome）。

本病的发病率与奶牛品种、年龄及饲养管理有关。因此，报道的发病率高低不一，范围在30％～70％，以5～9岁的奶牛发病率最高。患病奶牛不仅肝脏的正常功能受到影响，胆汁分泌障碍，影响消化功能，而且患牛常伴发其他围产期疾病，如胎衣不下、生产瘫痪和子宫内膜炎等。

（一）病因

发病确切原因还不十分清楚，一般认为和下列因素有关。

1. 饲养管理不当 停奶时间过早或精料过多而使产前过肥，产后由于大量泌乳，致使体内贮存的糖和脂肪其他营养物质不断随乳排出。此时，奶牛损失的能量如果不能从食入的饲料中得到弥补，便造成能量负平衡，母牛只有动用体内储备的脂肪，分解产生大量的游离脂肪酸随血液进入肝脏后，一方面不断被脂化为甘油三酯，然后再与阿扑蛋白、胆固醇和磷酸等结合生成脂蛋白；另一方面被氧化生成酮体，然后被运输到各组织，经三羧酸循环产生ATP，为这些组织提供能量。肝中脂蛋白以极低密度脂蛋白的形式被清除出肝脏，但因进入肝脏的游离脂肪酸过多，或患牛因低血糖而使肝脏清除极低密度脂蛋白的能力降低，使这种蛋白运出肝脏过程受阻，最终使甘油三酯在肝中蓄积而形成脂肪肝。

2. 内分泌机能障碍 奶牛受妊娠、分娩以及泌乳等因素连续作用的结果，使垂体、肾上腺负担过重，陷于衰竭状态。由于肾上腺机能不全，引起糖的异生作用降低，且瘤胃对糖原的利用也发生障碍，结果使血糖降低而发病。还有人认为，奶牛分娩后血糖及蛋白结合碘含量均降低，特别是分娩后2周内蛋白结合碘显著减少，结果造成甲状腺机能不全而发生脂肪肝。

3. 遗传因素的影响 脂肪肝的发病率和牛的品种有关。娟姗牛发病率最高，可达60％～66％，中国荷斯坦牛次之，发病率为50％～60％，役用牛的发病率仅为6.6％。

4. 继发于其他疾病 一些消耗性疾病，如前胃弛缓、创伤性网胃炎、真胃变位、软骨病、生产瘫痪以及某些慢性传染病等，均可继发脂肪肝，

（二）症状及诊断

患牛无典型的临床症状，开始时表现为食欲减退和产奶量下降，通常是先拒食精料，随后拒食青贮料，但还能继续采食干草，并可能表现异食癖，体重迅速减轻，明显消瘦，

皮肤弹性减弱。病牛精神较差，不愿走动和采食，有时表现轻度腹痛，粪便干而硬，瘤胃运动减弱，病程长时则听不到瘤胃蠕动音，但体温、脉搏和呼吸次数一般正常。重度脂肪肝病牛如得不到及时、正确的治疗和护理，可能死于过度衰弱、内中毒或伴发的其他疾病；轻度和中度脂肪肝的患牛，约经一个半月可能自愈，但产奶量不能完全恢复，免疫力和繁殖力均受到影响，容易因伴发其他疾病而遗留后遗症。

脂肪肝患牛某些血液生化指标也发生相应变化，其中血糖含量由正常的 40 mmol/L 下降到 15～25mmol/L；游离脂肪酸（FFA）浓度由正常的 0.2mmol/L 上升到 0.6～0.8mmol/L；天门冬氨酸氨基转移酶（AST）由正常的 50～60IU/L 上升到 80～100IU/L。血中胆红素的含量也有所升高，可能是由于血中游离脂肪酸含量升高后，和胆红素竞争肝脏中的结合点，使血中胆红素代谢减少，或由于肝功能紊乱，处理胆红素的能力减弱所致。血液中镁的含量也比正常牛低，通常是脂肪分解使血液中游离脂肪酸含量过高的结果。

患牛繁殖力降低，产后首次排卵时间、子宫复旧时间延长，首次发情周期缩短，血中 LH 浓度较低；免疫力也降低，对疫苗的应答反应差，酸性粒细胞和淋巴细胞减少，未成熟中性粒细胞增高。

本病死亡率约为 25%，死亡牛的肝脏明显增大，呈暗黄色，边缘钝圆，切口外翻，小叶形状明显，质地变脆，触之易碎。其他内脏附有脂肪，子宫壁上有脂肪沉积。有时可见真胃变位。

由于无典型临床症状，所以了解病史，特别是产前产后的营养水平、泌乳量及体况的变化，可为确切诊断提供有价值的参考。目前，比较准确的诊断方法有肝组织活检和血液生化成分分析。

肝组织活检：在患牛右侧第 10 和第 11 肋间、腰椎横突下 20cm 处用肝脏采集针采取肝样，经冰冻切片后用油红 O（oil red O）法染色，将肝脂肪滴染成黄色。随机取 3 张切片镜检，每张切片在1 000倍显微镜下检查 6 个视野，记录每个视野中脂肪滴数并计算其平均值，每个视野中脂肪滴平均数在 30 滴以下者为正常，30～70 滴为轻度脂肪肝，70～100 滴为中度脂肪肝，160 滴以上则为重度脂肪肝。

此方法的优点是诊断准确，而且可判断出肝脏脂肪浸润的程度，但操作技术复杂，需要时间长，而且在现场进行活体肝脏采样阻力较大，不易被畜主接受，故此法难于在现场广泛应用。有人将采集的肝样放在水中或硫酸铜溶液中，根据其浮力大小判断肝样中脂肪含量。此法比较简便并适宜现场操作。

血液生化成分分析：根据患牛血中成分的变化，测定血液中游离脂肪酸、血糖和天门冬氨酸氨基转移酶（AST）的含量，并将其测定值代入下列公式计算：$y=$（0.51FFA～0.0032FFA）＋2.84 葡萄糖（mmol/L）－0.0528AST（IU/L），如果所得的 y 值大于 1 时，为正常（肝脂肪量小于 20%）；当 y 值小于 1 而大于 0 时，为重度脂肪肝（肝脂肪含量大于 40%）。但所得的结果和肝组织活检法的符合率仅为 75%。

另外，还可采用磺溴酞（BSP）排出试验测定肝功。其方法是静脉注射磺溴酞（2mg/kg 体重），注射后 8～20min 内间隔采集血样，通过分光光度计测量其 $T/2$ 值，再经图表查出其浓度。由于患牛对 BSP 的清除率降低，$T/2$ 值明显增加。喜天初雄（1988）提出了奶牛脂肪肝的简易诊断法，其原理是通过测定肝组织样的密度反映其脂肪含量，从而诊断为脂肪肝。

有人认为酮病和脂肪肝都发生于低血糖，而脂肪肝是酮病的继发现象，应与酮病加以区别。此外，牛的创伤性网胃心包炎、慢性肾盂肾炎和慢性消化不良等病均可与脂肪肝混淆。如果脂肪肝伴发子宫炎、乳房炎和皱胃变位，则诊断时更加困难，但上述病例一般都有轻度体温升高、心率加快以及原发疾病的某些局部症状，特别是这些疾病的发病时间与围产期并无严格相关。

(三) 治疗与预防

治疗效果不佳，且费用较高，应以预防为主。

静脉注射 50%的葡萄糖 500mL，每天 1 次，连用 4d 为一个疗程。也可腹腔内注射 20%的葡萄糖1 000mL。同时，肌肉注射倍他米松（betamethasone）20mg，随饲料口服丙二醇或甘油 250mL，每日 2 次，连服 2d，随后每日 110mL，再服 3d，效果较好。

烟酸具有降低血浆中游离脂肪酸、酮体含量和抗脂肪分解的作用，胆碱和脂肪代谢密切相关，缺乏胆碱，可使体内脂肪代谢紊乱，并易形成脂肪肝。因此，何剑斌等（1995）曾用烟酸、胆碱和纤维素酸防治围产期奶牛脂肪肝，取得了较满意的效果。如能配合高浓度葡萄糖静脉注射，则效果更好。

有人曾用肾上腺皮质激素配合应用高糖和 5%的碳酸氢钠注射液，取得了较满意的效果。一次注射适当剂量的肾上腺激素后约 48h，糖的异生过程即被兴奋，但其缺点是消耗机体其他组织来促进糖异生，同时伴有产奶量下降。此外，水合氯醛能增加瘤胃中淀粉的水解，促进葡萄糖的生成和吸收。因此可考虑投给水合氯醛，开始口服 30g，随后减为 7g，每日 2 次，连服数日。

为了预防脂肪肝的发生或降低其发生率，可将干奶期的奶牛与泌乳牛分群饲养，减少精料饲喂量，增加户外运动，以免产前过肥；对产后牛要加强护理，改善日粮的适口性，增加优质干草投给量，特别是注意增加碳水化合物的摄入量，避免发生因产后泌乳等所造成的能量负平衡；在日粮中补给适量而平衡的蛋白质有助于乳产量的提高，也会降低脂肪肝的发病率。

六、胎衣不下

在正常的分娩过程中，母畜在产出胎儿后的一定时间内（胎衣排出期）排出胎衣。各种家畜胎衣排出期的时间不尽相同，以时间的上限计算，牛为 12h，羊为 4h，猪为 1h，马为 1.5h。如果母畜在产出胎儿后，在正常的时限内未能排出胎衣，即可认为发生了胎衣不下（retention of the afterbirth）或胎膜滞留（retained fetal membranes）。

本病在各种家畜均可发生，但以牛，尤其是舍饲的奶牛多发。据报道，奶牛正常分娩时，胎衣不下的发生率为 3%～12%；若为异常分娩，如难产、感染布氏杆菌等，胎衣不下的发生率可达 30%～50%，甚至更高。

胎衣不下常继发产后子宫弛缓、恶露滞留和子宫内膜炎或子宫积脓。轻者使产后发情间隔时间延长，配种次数增加，产奶量下降；重者导致不孕，造成严重经济损失。

(一) 病因

引起胎衣不下的原因很多，但主要与产后子宫收缩无力以及导致胎盘分离或排出障碍

的因素等有关。

1. 产后子宫收缩无力　产后子宫收缩无力能导致产后胎衣排出缓慢，甚至不能分离、排出。这种因素有原发性的和继发性的。原发性子宫收缩无力主要是由于饲养管理不当，如营养不良或失衡、运动不足等，或因母畜年老体弱、内分泌失调、某些妊娠期疾病（如胎水过多、胎儿过大、流产）等引起的；继发性的主要是因难产或产程过长引起的子宫肌疲劳，而导致子宫收缩无力。

2. 胎盘分离障碍　虽然一般认为，胎衣不下与子宫收缩无力有关，但一些研究表明，由子宫弛缓引起的胎衣不下只占总病例的很小部分（1%～2%，Morrow et al，1986），而在很多情况下是由于产后母子胎盘不能分离或分离不完全造成的。引起产后胎盘分离障碍的因素常有如下几种。

（1）胎盘炎症。妊娠期间，胎盘受到感染而发炎，使结缔组织增生，胎儿胎盘和母体胎盘发生粘连，或是饲喂发霉变质的饲料，使胎盘内绒毛和腺窝间组织坏死，从而在分娩后影响胎盘分离。

（2）胎盘未成熟。胎盘一般在妊娠期满前2～5d发育成熟，发生上皮细胞减少和结缔组织胶原化等蜕变性变化，这些变化有利于母子胎盘在分娩后分离。若发生流产、早产或人工引产等异常分娩，胎盘往往未能发育成熟，分娩后不能完成分离过程，而发生胎衣不下。因此，母畜发生早产时间越早，胎衣不下发生的概率就越高。

（3）胎盘老化。过期妊娠常伴发胎盘老化和功能不全。胎盘老化时，母体胎盘结缔组织增生，子叶表层组织增厚，使绒毛钳闭在腺窝中，不易分离，而且老化的胎盘其内分泌功能也减弱，使胎盘分离过程发生扰乱。因此，胎盘老化也会导致胎衣不下。

（4）胎盘充血水肿。在正常分娩时，胎儿排出后，脐带断裂，胎盘绒毛贫血，绒毛上皮的表面积也随血管收缩而缩小，子宫有节律地收缩，子宫阜就发生交替充血，其腺窝内张力不断变化，挤压绒毛内的血液。在子宫舒张时，子宫阜不再充血，腺窝内张力降低，绒毛与腺窝的间隙增大，胎衣借助自身的重力牵引便容易地从腺窝中脱落。但如果从分娩时到分娩后一段时间，子宫收缩异常强烈或脐带血管关闭过快，引起胎盘充血，使胎儿胎盘毛细血管表面积增加。充血还会使腺窝和绒毛发生水肿，不利于绒毛血管内的血液排出，结果腺窝内压力不能下降，导致胎儿胎盘和母体胎盘不易分离。

3. 胎盘排出障碍　这种情况比较少见。个别母畜（主要是头胎母畜）在分娩后子宫颈口收缩过早、过小，将胎衣关闭于子宫内。发生子宫角套叠（内翻）时，有可能将部分胎衣钳闭使之不能排出。剖腹产时，误将胎膜缝在子宫壁上，都会妨碍胎衣排出。胎衣水肿而使体积增大，也难以排出。

4. 胎盘组织结构　牛胎盘属于上皮绒毛膜与结缔组织绒毛膜混合型胎盘，胎儿胎盘与母体胎盘联系比较紧密；马、猪为上皮绒毛膜胎盘，联系比较疏松。这也是牛比马、猪发生胎衣不下较多的原因。但一般认为，牛的胎盘组织结构特点只是其易患胎衣不下的因素，而不是发病的必然原因。

某些传染病如布鲁氏菌病、胎儿弧菌、毛滴虫或者是其他微生物感染引起的子宫炎或者是胎盘炎，使母体胎盘或者是胎儿胎盘发生炎性粘连。

5. 其他原因 引起胎衣不下的原因是十分复杂的，除了上述的主要原因之外，胎衣不下还与下列因素有关：畜群的结构、年度以及季节，遗传因素，饲养管理失宜，激素紊乱，胎衣受到子宫颈与阴道的阻拦，剖腹产时误将胎膜缝在子宫壁的切口上等。有时胎衣不下是一种原因造成的，然而有时则是多种原因共同引起的。

（二）症状

胎衣不下分为全部不下和部分不下两种情况。

1. 胎衣全部不下 即胎衣的大部分与子宫黏膜粘连，没有脱离，仅见一部分胎膜悬吊于阴门之外。牛胎衣脱出的部分常为尿膜绒毛膜，呈土黄色，其上见有脐带血管的断端和大小不等的子叶。

2. 胎衣部分不下 即胎衣大部分已经排出，只有一部分残留在子宫内，从外部不易察觉，只有将脱出的部分摊开在平整的地面上，仔细检查胎衣破裂处的边缘及其血管断端是否吻合以及子叶有无缺失，才能发现。

胎衣不下发生后，由于胎衣的刺激作用，病畜常出现拱背、举尾和努责现象。如果努责强烈，加上胎衣自身重量的牵引，可能导致子宫脱出。

牛对胎衣不下不太敏感，发病初期一般不出现全身症状。经过1～2d之后，胎衣开始变性分解，从阴道内排出污红色恶臭液体，并混有胎衣碎片。由于感染及腐败胎衣的刺激、分解产物的吸收，常继发败血型子宫炎和毒血症，并出现严重的全身症状，如体温升高，呼吸、脉搏加快，精神沉郁，食欲废绝，前胃弛缓和腹泻等。

病牛常常表现拱背和努责；如果努责剧烈，可能发生子宫脱出。胎衣在产后1d后就开始变性分解，夏天就更容易腐烂。在此过程中，胎儿子叶腐烂液化，因而胎儿胎毛就会从母体腺窝中脱离出来。由于子宫腔内存在胎衣，子宫颈不会完全闭合，从阴道排出污红色液体，患牛卧下时排出量会增多。并且液体内会有胎衣残留的碎片，特别是胎衣的血管不易腐烂，很容易观察到。向外排出胎衣的过程一般在7～10d，长者可达到12d。由于感染和腐败胎衣的刺激，病牛会发生急性的子宫炎，胎衣腐败分解产物被吸收后则会引发全身症状：体温升高，脉搏、呼吸加快，精神沉郁，食欲减退，瘤胃迟缓，腹泻，产奶量下降。

（三）治疗

发生胎衣不下，必须尽早采取治疗措施。治疗的原则是：控制继发感染，防止胎衣腐败吸收；促进子宫收缩，加速腐败产物排出；局部和全身抗菌消炎；在条件适合时可以用手术剥离胎衣。对于露出阴门外的胎衣，既不能拴上重物扯拉，以避免损伤阴道底壁上的黏膜，或引起子宫内翻及脱出；又不能从阴门处剪断，以避免胎衣回缩到子宫内，使子宫颈口过早关闭。

胎衣不下的治疗方法很多，可以概括分为药物疗法和手术疗法两大类。

1. 药物疗法

（1）促进子宫收缩。超过正常时间胎衣仍未排出时，应尽早使用子宫收缩制剂，除了可以加速促进排出胎衣外，还能促进子宫内腐败产物的排出。可肌肉注射催产素，牛注射50～100IU。如果使用催产素的时间超过产后24h，子宫肌对催产素的敏感性差，须先注射雌激素，如己烯雌酚，牛20mg，1h后再注射催产素。

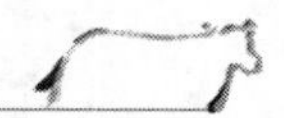

除催产素外，也可使用麦角新碱，牛 5～15mg，皮下或肌肉注射。麦角新碱比催产素的作用时间长。在牛还可灌服羊水（分娩时收集，置阴凉处备用）300～500mL，如一次不见效，可隔 2～6h 再灌一次。

（2）抑制胎衣腐败和控制感染。大家畜可向子宫黏膜和胎膜之间投放抗菌药或消毒药，如金霉素或土霉素 1～2g、利凡奴尔 0.3～0.5g 等，亦可用蒸馏水稀释后投放。对小家畜可向子宫内直接注入 30～50mL 抗生素溶液，每天或隔天一次，连用 2～3 次，可起到控制感染和抑制胎衣腐败的作用，等待胎衣自行排出。

（3）促进胎盘分离。向子宫内注入 5%～10%高渗盐水 50～100mL，既可造成高渗环境，减轻水肿和防止子宫内容物被机体吸收，又能刺激子宫收缩，促进胎衣排出；或注入双氧水 50～60mL，双氧水产生的泡沫可渗入母体胎盘的陷窝内，促进母子胎盘分离；使用天花粉蛋白胶囊 10g 可以促进胎盘变性和脱落，从而加速胎衣分离。据报道，通过脐带断端注入胶原酶、胰蛋白酶可加速胎衣溶解过程，有利于胎衣脱落。如 Euler 等（2003）通过脐动脉给 27 头胎衣不下的奶牛注入胶原酶 20 万 IU（溶于1 000mL 生理盐水中），有 23 头在 36h 内排出胎衣。

（4）全身治疗。在胎衣不下的早期阶段常常采用肌注或静注抗生素疗法，并配合应用支持疗法，特别是对小家畜，全身用药更为必要。

（5）内服中药。中兽医认为，胎衣不下为里虚症，是因气虚血亏、气血运行不畅所致，治疗应以补气养血为主，佐以温经行滞和祛瘀的方法，可内服补加减中益气汤（体温高者加黄芩、双花，腹胀者加莱菔子）或加味生化汤（强化活血祛瘀时加益母草）。

2. 手术疗法 手术疗法就是徒手剥离胎衣，是在使用药物治疗无效，或药物治疗已不适时而采取的一种治疗方法。手术剥离时间的选择，对牛应在产后 36～72h 进行，马不超过 24h 为宜。但如果病畜有体温升高，表明子宫有急性炎症，不可进行剥离。

剥离胎衣应做到快（5～20min 内剥完）、净（无菌操作，彻底剥净）、轻（动作要轻，不可粗暴和强行剥离，以免造成损伤，引起感染），其手术方法如下。

（1）术前准备。先用温水灌肠，排出直肠内积粪；清洗母畜外阴部及周围，并按常规消毒；术者手臂消毒，涂抹滑润剂（手上如有创口，应注意防止受到感染，如果操作方便，可戴长臂手套）。为了便于手术操作，可向子宫内灌注 10%盐水500～1 000mL，去除胎衣表面的黏性；如母牛努责剧烈，可在荐尾间隙或后海穴注射 2%普鲁卡因 15～20mL。

（2）手术方法。牛胎衣的剥离方法：首先将悬吊在阴门外面的胎衣理顺，并轻拧几圈后用左手拉紧，右手沿着它伸进子宫，找到未分离的胎盘进行剥离。剥离要依序进行，由近及远，先剥完一个子宫角，再剥另一个。在剥胎衣过程中，左手要把胎衣扯紧以便顺着它找到尚未剥离的胎盘。

剥离方法是在母体胎盘与其蒂交界处，用食指和中指（中指和无名指亦可）夹住胎儿胎盘根部的绒毛膜（图 6-3，1），用拇指轻轻将它从母体胎盘上刮开约半周（图 6-3，2），然后紧握胎儿胎盘的基部，边用力向上挤捏、边左右扭动（图 6-3，3 和 4），胎衣即行脱离（图 6-3，5）。位于子宫角尖端的胎盘较难剥离。

因为尖端的空间很小，胎盘彼此靠得较紧，妨碍操作，而且手臂难于达到，这时可以轻拉胎衣，使子宫角尖端向后移动，或使其略微内翻，便于剥离。辨别一个胎盘是否剥净的依据是：剥过的胎盘表面粗糙，不和胎盘相连；未剥过的胎盘则有胎膜盖着，表面光滑。

（3）术后处理。牛胎衣剥离完毕后，可用0.1%高锰酸钾、0.1新洁尔灭或其他刺激性小的消毒药液进行冲洗，以清除子宫内残留的胎衣碎片和腐败液体，防止子宫感染。但在冲洗后必须将子宫内残留液体排净，然后向子宫内投放抗菌消炎药物。如果子宫内残留物不多时，以不冲洗为好，特别是病畜已出现全身症状时应禁止冲洗，直接向子宫内投药即可。

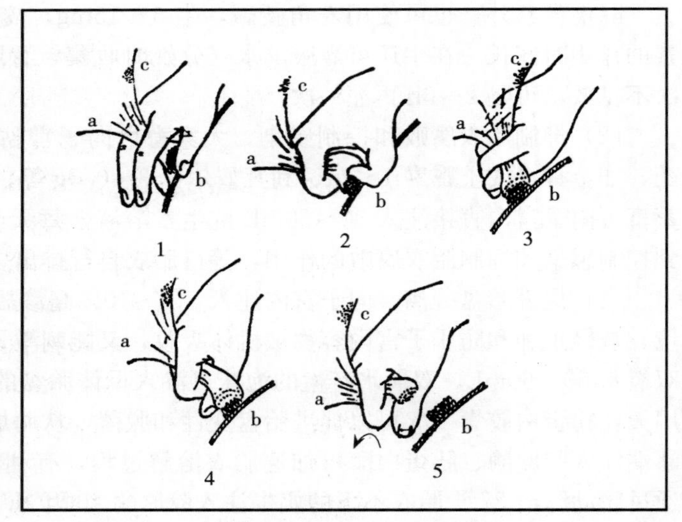

图6-3 剥胎衣方法示意

a. 绒毛膜 b. 子宫壁 c. 已剥离的胎儿胎盘

（四）预防

为预防母畜发生胎衣不下，在妊娠期间要保证孕畜营养平衡，尤其要满足矿物质和维生素饲料的需要。对舍饲牛要适当增加运动量；分娩后让母畜自已舔干仔畜身上的黏液，尽早给仔畜吮初乳，在条件允许情况下收集羊水给牛饮用；分娩后立即注射催产素、注射葡萄糖酸钙溶液等措施，对预防胎衣不下、降低胎衣不下发生率，都有一定的效果。此外，产前1周每天注射维生素A、维生素D、维生素E、产前2～4周先后注射亚硒酸钠维生素E10mL各1次，对预防奶牛胎衣不下有较好的效果。

七、子宫内翻及脱出

子宫角前端翻入子宫腔或阴道内，称为子宫内翻（uterine inversion）；子宫全部翻出于阴门之外，称为子宫脱出（uterine prolapse）。二者为程度不同的同一病理过程，不同品种的病牛发病率也不同，肉牛为0.2%，奶牛为0.3%。子宫脱出多见于产程的第三期，有时也在产后的数小时之内发生；产后超过1d发病的患牛较少见。

（一）病因

产后强烈努责、腹压过大和子宫弛缓是引起本病的主要原因。有时由于外力的牵引，也可引起发病。

1. 产后强烈努责 正常情况下，母畜在产出胎儿后，努责基本停止，而依靠子宫肌的阵缩排出胎衣，如果在此阶段产道内存在某些能引起母畜努责的刺激，如胎衣不下、产道损伤或便秘、腹泻等，即能引起母畜再次强烈努责，使腹压增高，压迫子宫，造成子宫内翻或脱出。

2. 外力牵引 在胎儿排出后，部分胎衣悬垂于阴门之外。由于胎衣重力的牵引，特别是胎衣内存有胎水或尿液时，更会增加对子宫的拉力，有可能使子宫发生内翻（马多发

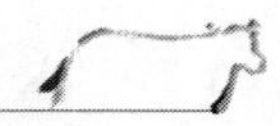

生）。分娩时，胎儿脐带过短或粗韧不易拉断，当胎儿排出时，子宫可因受到脐带的牵引而导致脱出。此外，难产时，产道干燥，子宫紧包胎儿，如果处理不当（如未注入润滑剂）即强拉胎儿，子宫常随胎儿拉出时翻出阴门之外。

3. 子宫弛缓 子宫弛缓可延迟子宫颈闭合的时间和子宫体积缩小的速度，使子宫更易受腹肌收缩、腹腔脏器的压迫或胎衣牵引的影响而发生内翻或脱出。临床上发现牛生产瘫痪常继发子宫脱出就是例证。

妊娠时胎儿过大、双胎或多胎妊娠、胎水过多而使子宫高度扩张而迟缓。

奶牛产前饲料单一，运动不足，致使骨盆韧带以及会阴结缔组织松弛无力。

老龄的多产奶牛全身组织松弛无力、子宫肌的紧张性降低。

（二）症状

子宫内翻，常无外部症状。内翻的子宫角尖端通过子宫颈进入阴道时，病畜表现轻度不安，经常努责，尾根举起，食欲、反刍减少。如母畜产后仍有明显努责时，应及时进行检查。手伸入产道，可发现柔软圆形瘤样物，直肠检查时可发现膨大的子宫角状似肠套叠，子宫阔韧带紧张。病畜卧下后，可以看到突入阴道内的内翻子宫角。子宫内翻的时间稍长，可能发生组织坏死及败血性子宫炎，有污红色带臭味的液体从阴道排出，同时全身症状也明显。子宫内翻后，如未及时处理，母畜持续努责时即可发展为子宫脱出。

子宫脱出，症状明显。牛脱出的部分多是孕角，空角脱出较为少见，可见膨大的子宫悬垂于阴门之外（图 6-4），有时还附有尚未脱落的胎衣。如胎衣已脱离，则可看到黏膜表面上有许多暗红色的子叶（母体胎盘），并极易出血。脱出的孕角上部一侧有空角的开口。有时脱出的子宫角分为大小不同的两个部分，大的为孕角，小的为空角，每一个角的末端都向内凹陷，子宫颈也暴露在阴门之外。当有肠管进入脱出的子宫腔时，患畜往往有疝痛症状。肠系膜、卵巢系膜及子宫阔韧带有时被扯破，血管也被扯断，即引起大出血，很快会出现急性贫血和休克症状，多数病例在 1～2h 内死亡。子宫腔内是否包有肠管，通过触诊和直肠检查可以感知，穿刺子宫末端，可见有血液流出。

图 6-4 牛的子宫脱出

脱出时间稍久，子宫黏膜即瘀血水肿，呈暗红色肉冻状，并发生干裂，有血水渗出；寒冷季节常因冻伤而发生坏死；子宫脱出继发腹膜炎、败血症等，此时患牛才表现出全身症状。

（三）预后

本病的预后取决于患畜种类、脱出程度、治疗时间早晚以及脱出子宫的损伤程度。

子宫内翻，如能及时发现，加以整复，预后良好。如不能自行复原，发生套叠，则可导致不孕。

牛子宫脱出，如能及时整复，预后良好，但如同时发生严重的内出血，可导致死亡；子宫脱出时，无论哪种家畜，均可继发子宫内膜炎，使以后的繁殖性能受到影响。据报道，依据60头奶牛子宫脱出的病例统计，经治愈后，一年内屡配不孕比例的占到60%。

(四) 治疗

子宫内翻的治疗，在大家畜，可将手伸入阴道或子宫内抓住内翻部分的尖端轻轻摇晃，或用拳头顶住内翻的突出部分向前推动，使其复位。

对子宫脱出的病例，必须及早施行手术治疗。子宫脱出的时间越长，治疗难度越大，所受外界刺激越严重，康复后不孕率也越高。治疗的方法有整复术和子宫切除术。但不论采用何种方法，治疗前都必须检查子宫腔中有无肠管和膀胱，如有，应将肠管先压回腹腔，并将膀胱中的尿液导出，再行治疗。对于子宫脱出且卧地不起的奶牛，还要注意是否同时发生了生产瘫痪，如出现了生产瘫痪的症状，应先治疗生产瘫痪，待症状缓解后再治疗子宫脱出。

1. 整复术

(1) 保定。对牛等大家畜，以前低后高的位置站立保定或侧卧保定。后躯越高，腹腔器官越向前移，骨盆腔的压力越小，整复时的阻力就越小，操作起来越顺利。

(2) 清洗消毒。如胎衣尚未脱落，应先将胎衣剥离后再清洗。清洗时，首先将子宫放在经消毒液浸过的塑料布上；用消毒液将子宫及外阴和尾根区域充分洗净，除去其上黏附的污物及坏死组织；黏膜上的小出血可用少量0.1%盐酸肾上腺素喷洒止血，小创伤可涂以抑菌防腐药（如碘甘油等），大的创伤则要进行缝合。如果子宫黏膜水肿严重，可针刺水肿的黏膜后用手挤压，使水肿液流出，也可用浸有3%～5%明矾水或10%高渗水的大纱布或毛巾进行冷敷或包裹挤压，使子宫体积缩小。

(3) 麻醉。为防止患畜努责，可行荐尾间硬膜外麻醉或后海穴深层麻醉。

(4) 整复。先由两助手用已消毒布巾将子宫兜起，摆正，并使其稍高或等高于阴门，然后进行整复。为了便于掌握子宫及避免损伤子宫黏膜，也可用长条消毒布巾把子宫从下至上缠绕起来，由一助手将它托起，整复时一面松解缠绕的布巾，一面把子宫向产道推进。

整复先从靠近阴门的部分开始。操作方法是：将手指并拢，用手掌或用拳头压迫靠近阴门的子宫壁（切忌用手抓子宫壁），将其向阴道内推送。推进去一部分以后，由助手在阴门外紧紧顶压固定，术者将手抽出，再以同法将其余部分逐步向阴门内推送，直至脱出的子宫全部送入阴道内。如果脱出的子宫体积不大或未发生水肿，整复也可以从下部开始，即术者握拳伸入子宫角尖端的凹陷中，将它顶住，慢慢向阴道内推送。无论采用哪种方法，推送子宫都必须趁母畜不努责时进行，而且在努责时，要紧紧顶压住已推进去的部分，防止再度脱出。如果脱出时间已久，子宫壁变硬，子宫颈也已缩小，整复极其困难，必须耐心操作，逐步推送，切忌用力过猛、过大，使子宫黏膜受到损伤。

脱出的子宫全部被推入阴道之后，术者将手伸入阴道，将子宫全部推入腹腔并检查子宫角的复位情况。然后向子宫内放入抗生素或其他防腐抑菌药物，并注射促进子宫收缩的药物，以免再次脱出。

(5) 术后护理。术后要有专人负责看护，发现有异常，立即检查处理，但首要的是防止复发，即抑制努责和促进子宫收缩。为抑制患畜努责，可再次进行硬膜外麻醉。促进子宫收缩，可注射催产素。

中兽医认为，子宫脱出是由于气血虚亏、脾胃衰弱、化源不足、中气下陷、升举无力所致，因此在子宫脱出整复后可内服补中益气汤。

2. 子宫切除术 如子宫脱出的时间已久，无法整复，或有严重的损伤及坏死，整复后有引起全身感染、导致死亡的危险，可施行子宫切除术，以挽救母畜生命。子宫切除术对牛预后良好。牛的脱出子宫切除术的两种方法，现简介如下。

将患牛站立保定或侧卧保定，局部浸润麻醉或后海穴麻醉，常规消毒，用纱布绷带裹尾并系于一侧。

在子宫角基部作一纵向切口，检查其中有无肠管及膀胱，有则先给予复位。并通过该切口找到两侧子宫阔韧带上的动脉，在其前部进行结扎（粗大的动脉须结扎两道，并注意不要把输尿管误认为动脉）。在结扎之下横断子宫及阔韧带，断端如有出血应结扎止血。然后进行缝合，先做全层连续缝合，再行内翻缝合，最后将缝合好的断端送回阴道内。

切除牛的脱出子宫的另一方法是：按上述方法确认脱出的子宫腔内无肠管及膀胱后，在子宫颈之下，用直径约2mm的绳子，外套以细塑胶管，用双套结结扎子宫体。为了拉紧扎牢，可在绳的两端缠上木棒加以帮助。由于多数病例脱出的子宫都有水肿现象，难以充分扎紧，为了补救，可在第一道结扎绳之后，再用缝线穿过子宫壁，作一道贯穿结扎（分割结扎）。然后在距第二道结扎之后2～3cm处，把子宫切除，然后将断端送回阴道内即可。若有断端出血，可进行一道连续缝合止血。

术后须注射强心剂并输液，并密切注意有无内出血现象，如患畜术后努责剧烈，可行硬膜外麻醉，或后海穴麻醉，以制止努责。术后患畜阴门内常流出炎性渗出液，可用收敛消毒液（如明矾等）冲洗。如无感染，断端及结扎线经过10d以后会自行愈合并脱落。

八、产后感染

产后感染（puerperal infection）不是一个独立的疾病，而是指产后母畜的生殖器官因受到病原微生物的侵害而发生的一类炎症病理过程，常见的有产后阴门炎、阴道炎、急性子宫内膜炎、败血症和脓毒血症等。

（一）产后阴道炎

阴道炎（vaginitis）可为原发或是继发性的。继发性阴道炎多数是因为子宫炎或子宫颈炎引起的。此外，阴道损伤，交配引入细菌、病毒、寄生虫等也可诱发阴道炎；流产、难产、实施截胎术、胎衣不下、阴道脱出、产后子宫炎、阴门的严重损伤和气膣等均可引起发生阴道炎；粪便尿液等的污染也可诱发阴道炎。阴道感染以后，由于子宫及子宫颈将阴道向下向前拉，因此病原物很难被排出。

阴道炎也可以继发于交配以后，这种情况下最常见于处女牛，但感染程度一般较轻。此外用刺激性太强的消毒液冲洗阴道，使用的器械消毒不严格，实施阴道检查时不注意消毒均可引发阴道炎。

1. 病因 分娩时，阴道受到损伤，加之产后母畜的机体抵抗力降低，病原微生物侵入受损的阴道组织，而引起产后阴道炎。引起阴道炎的病原菌大多数是非特异性的。

2. 症状 由于损伤及炎症程度不同，症状也不完全一样。

黏膜表层受到损伤引起的炎症，一般无全身症状，仅见阴门内流出黏液性或黏液脓性分泌物，尾根及外阴周围常黏附有这种分泌物的干痂。阴道检查，可见黏膜微肿、充血或出血，黏膜上常有分泌物黏附。

黏膜深层受到损伤时，病畜有拱背、举尾、努责，并常做排尿动作，但每次排出的尿量不多。有时在努责之后，从阴门中流出污红、腥臭的稀薄液体。阴道检查插入阴道开张器时，病畜疼痛、不安，甚至引起出血。阴道黏膜，特别是尿道外口前后的黏膜充血、肿胀、上皮有缺损。病程长的黏膜坏死部分脱落，露出黏膜下层。有时见到创伤、糜烂、溃疡。阴道前庭发炎时，在黏膜上见有结节、疱疹及溃疡。有些病畜伴有全身症状，出现体温升高，食欲减少，泌乳量稍下降。

3. 治疗　首先要保持外阴、尾部清洁，避免继续接触污物。轻度炎症可用温热防腐消毒液，如0.1%高锰酸钾或雷凡奴尔溶液、0.5%新洁尔灭等冲洗阴道。阴道黏膜水肿严重及渗出液多的，可用1%～2%明矾溶液或5%～10%高渗盐水冲洗，冲洗后可注入抗菌消炎软膏。如有创伤、溃疡和糜烂，在冲洗后可注入碘甘油（1∶10）或碘石蜡油（1∶2～4）等。

4. 预后　单纯的阴道炎，一般预后良好，有时甚至无需治疗即可自愈。同时发生气膣、子宫颈炎或子宫炎的病例，预后欠佳，阴道发生狭窄或发育不全时，则预后不良。阴道炎如为传染性原因所引起的，引导局部可以产生抗体，有助于增强抵御疾病的能力。

（二）产后子宫内膜炎

产后子宫内膜炎（puerperal metritis）是子宫黏膜的急性炎症。常发生于分娩后的数天之内（产后第5～6天），而最危险的感染期是产后第一天，又称为产褥期子宫内膜炎，如未及时治疗，可发展为子宫肌炎、子宫浆膜炎，甚至盆腔炎，并常转为慢性炎症，最终导致长期不孕。

1. 病因　子宫内膜炎的直接病因是病原微生物的感染。分娩时或产后，病原微生物可以通过各种途径感染侵入子宫，如助产时消毒不严将病菌带入产道，难产、胎衣不下，子宫脱出、流产等导致子宫弛缓、恶露滞留、复旧延迟，均易引起子宫发炎。据统计，奶牛子宫内膜炎继发于胎衣不下者占42.7%、流产者占17.1%、难产助产者占16.6%、分娩感染者占11.5%。另外，患布鲁氏杆菌病、沙门氏菌病、媾疫以及其他许多侵害生殖道的传染病或寄生虫病的母畜，子宫内膜原来就存在慢性炎症，分娩之后由于抵抗力降低及子宫损伤，可使病情加剧，转为急性炎症。

2. 症状　产后急性子宫内膜炎根据炎症的轻重和炎性分泌物的性状可分3种类型。

（1）急性黏液脓性子宫内膜炎。为子宫黏膜表层的炎症，分泌物多为黏液性或脓性。患畜恶露量增多并稍带有腥臭味，有时可见患畜拱背努责，但多数病例仅出现轻微的全身症状，如体温略有升高，食欲减弱，泌乳量下降等。阴道检查可见到炎性分泌物，子宫颈口开张，阴道黏膜发红。直肠检查，可见子宫收缩性弱，壁厚，触诊有波动感。

（2）纤维蛋白性子宫内膜炎。为子宫黏膜及其深层的炎症，导致组织坏死分解，严重时炎症可发展到子宫全层。病畜经常努责、拱背、举尾，常作排尿状，从阴门流出有恶臭味的污红色或褐红色的稀糊状液体，内含灰白色黏膜组织小块，且全身症状明显，体温升高，食欲废绝，泌乳停止。牛发病时可能继发乳腺炎、关节炎和蹄叶炎。

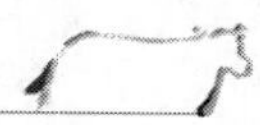

(3) 坏死性或坏疽性子宫炎。为子宫黏膜广泛性腐败坏死性炎症。患畜全身症状严重，精神沉郁，喜欢躺卧，体温明显升高，呼吸脉搏加快，食欲废绝，反刍和瘤胃蠕动紊乱，有时下痢，由阴门排出褐色或灰褐色的稀薄恶臭液体，内含腐败分解的组织碎块。阴道检查，可见阴道黏膜干燥呈暗红色，阴唇发紫。直肠检查，感到子宫垂降于腹腔底，因其内充满坏死腐败的稀薄液体，手触之如水袋；子宫壁增厚、触摸有痛感，轻压子宫常可从阴门向外流出或涌出大量极臭的炎性恶露。后期，患畜继发败血症或脓毒血症，常在肺、肝、肾、脑和关节、乳腺等部位出现转移性脓肿病灶。

慢性子宫内膜炎按症状可以分为以下 4 种类型。

(1) 隐性子宫内膜炎。不表现临床症状，子宫没有肉眼可见的变化，直肠检查以及阴道检查也查不出任何的异常的变化，发情期正常，但屡配不孕。发情时子宫排出的分泌物较多，有时分泌物不清澈透亮，略微浑浊。

(2) 慢性卡他性子宫内膜炎。从子宫和阴道中常排出一些黏稠浑浊的液体，子宫黏膜松软肥厚，有时发生溃疡或结缔组织增生，而且个别的子宫腺可形成小的囊肿。患这种子宫内膜炎的家畜一般不表现全身症状，有时体温稍微升高，食欲以及产乳量稍微降低，病牛的发情周期正常，有时也可受到破坏。有时发情周期虽然正常，但屡配不孕或有时会发生早期胚胎死亡。

(3) 慢性卡他性脓性子宫内膜炎。病牛往往有精神不振，食欲减少，逐渐消瘦，体温略高等轻微的全身症状。发情周期不正常，阴门中常常排出灰白色或是黄褐色的稀薄的脓液或黏稠性分泌物。

(4) 慢性脓性子宫内膜炎。阴门中经常排出脓性分泌物，在卧下时排出较多。排出物污染尾根及后驱，形成干痂。病牛可能消瘦或是贫血。

3. 治疗　治疗的基本原则主要是：防止感染扩散，控制炎症发展，清除子宫腔内渗出物并促进子宫收缩。对患畜应用广谱抗生素进行全身治疗及其他辅助治疗。当子宫内排出炎性产物不多且清淡时，只需做子宫内投药，可选用四环素类或喹诺酮类抗菌药物，作适当稀释后（150～250mL）注入子宫。据报道，采用露它净、金乳康或宫得康混悬剂进行子宫灌注，也有较好效果。当子宫内排出炎性产物较多，且含有胎衣碎片或絮状物时，则应进行子宫冲洗。冲洗液可选用弱防腐消毒剂，如 2%碳酸氢钠和 2%氯化钠等量混合，500～1 000mL 进行冲洗或灌注，或用 0.1%高锰酸钾、0.1%雷凡奴尔、0.02%新洁尔灭等，反复冲洗，并将冲洗残液排净后，再投放抗菌消炎药物。对伴有严重全身症状的病畜，特别是纤维蛋白性子宫内膜炎，为了避免引起感染扩散，使病情加重，应禁止冲洗。为了促进子宫收缩，排出子宫腔内容物，可注射催产素，也可注射麦角新碱、$PGF_{2\alpha}$ 或其类似物。

具体方法有以下几种。

(1) 子宫冲洗法。每天或隔日 1 次用适宜的子宫冲洗液冲洗子宫，3 次为一疗程。每次冲洗时，先注入 50～100mL 冲洗液，排出后再注入 50～100mL 冲洗液，如此反复冲洗，直到回流液清亮为止，所用冲洗液总量为 500～1 000mL。须注意的是，冲洗子宫最好在发情期颈管开张时冲洗，对不发情的母牛要事先注射己烯雌酚 20mg，以促使子宫颈开张，不可强行插管，以免造成子宫颈管损伤。对纤维蛋白性子宫内膜炎，不可冲洗，以防炎症扩散，应向子宫内投入抗生素，并且采取全身疗法。常用的子宫冲洗液：无刺激性溶液，如1%盐水、1%～2%碳酸氢钠溶液等，适用于较轻的子宫内膜炎，冲洗温度为30～38℃；刺激性溶液，如5%～10%盐水、1%～2%鱼石脂等，适用于各种子宫内膜炎的早期，冲洗温度为40～45℃；消毒性溶液，如0.5%来苏儿、0.1%～0.2%雷夫奴尔、0.05%呋喃西林、0.02%新洁尔灭、0.1%高锰酸钾、0.1%复方碘溶液等，适用于各种子宫内膜炎，冲洗温度为38～40℃；收敛性溶液，如1%明矾、1%～2%鞣酸等，适用于伴有子宫弛缓和黏膜出血的子宫内膜炎，冲洗温度为30℃；腐蚀性溶液，如1%硫酸铜、1%碘溶液、3%尿素等，适用于顽固性子宫内膜炎，一般只用1～2次，冲洗时间要短。

（2）子宫内灌注药物法。此法是在进行子宫冲洗的基础上，利用抗生素、防腐剂等对子宫进行保护性治疗，起到抗炎、消毒、抗感染的作用。常用药物如下：抗生素，如土霉素与红霉素配合，土霉素与金霉素配合，青霉素与链霉素配合，还有环丙沙星、呋喃西林、呋喃唑酮、先锋霉素、氯霉素、四环素等。

例1：用豆油200mL煎开凉至35℃左右，加300万IU青霉素和100万IU链霉素，于子宫冲洗后或次日注入，1～2次为一疗程；例2：将土霉素粉5～6g溶于40℃的500mL 10%浓盐水中，一次注入子宫，隔日1次，直至子宫分泌物清亮为止；例3：用0.5%金霉素、240万IU青霉素、200万IU链霉素和10～20IU催产素，溶于100～150mL鱼肝油中，在用冲洗液冲洗患牛子宫后注入子宫内，对子宫内膜炎有很好的疗效。

须注意的是，对奶牛子宫内灌注抗生素可导致奶中抗生素的药物残留，而降低牛奶品质。如用抗生素宫内灌注，可先进行细菌分离，做药敏试验，选择对致病菌最敏感的抗生素进行治疗，这样会达到疗程短、治愈率高、成本低的效果。

磺胺类：常用磺胺油悬混液（磺胺10～20g，石蜡油20～40mL）灌注子宫内治疗慢性子宫内膜炎。

碘制剂：例1：对慢性脓性和卡他性子宫内膜炎，可用鲁格尔氏液（5%复方碘溶液20mL加蒸馏水至500mL）或5%碘酊注入子宫内20～50mL，有较好疗效；例2：用5%碘酊10mL、蒸馏水240mL、甘油250mL混合成的0.1%稀碘液，每次灌注50～200mL，隔日或连日1次，连用2～3次；例3：取碘1g、碘化钾2g，溶于100mL蒸馏水中，再与甘油按1∶1比例混合后注入子宫，每次用量100～300mL，同时肌肉注射氯前列烯醇0.5mg，可用于顽固性子宫内膜炎的治疗。

鱼石脂：向子宫内灌注5%～10%鱼石脂液对化脓性子宫内膜炎有较好的治疗作用。每次灌注100mL，每日或隔日1次，连用1～3次。

洗必泰：洗必泰对隐性和黏液性子宫内膜炎有较好的疗效。如取人用醋酸洗必泰栓2～3枚，用10～15mL蒸馏水溶解，温热后注入子宫，隔日1次，连用2～4次。

（3）抗生素全身疗法。对严重的子宫内膜炎患牛，全身症状较明显或已继发其他感染，全身使用抗生素或磺胺类药物效果较好。由于引起奶牛子宫内膜炎的病原菌较复杂，因此，往往是多种抗生素配合使用，同时还可结合静脉注射5%～10%葡萄糖，补充维生素C、复合维生素B及钙制剂，以达到强心、补液，纠正酸碱平衡，防止酸中毒和脓毒败血症的发生。

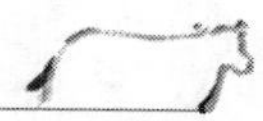

（4）生物疗法。由于某些细菌在生活过程中能利用黏膜上皮的糖原酵解产生乳酸，进而抑制生殖道中其他微生物的生存和繁殖，因此可用于治疗奶牛子宫内膜炎。生物疗法的优点是，既可避免因使用抗菌药物所造成耐药菌株的增殖和二重感染，又可避免因使用抗生素而引起的奶质降低问题。

（5）激素疗法。缩宫素、己烯雌酚、雌二醇、前列腺素（PG）等，可增强子宫运动、改善血液循环、提高机体免疫力，能加快子宫内炎症分泌物的排出，从而可用于子宫内膜炎的治疗。据报道，子宫内膜炎患牛如发生子宫积脓并伴有持久黄体或黄体囊肿，可一次肌注 0.5mg 氯前列烯醇，治愈率可达 75%～90%；有人对子宫内膜炎奶牛肌注氯前列烯醇 0.6mg，7～10d 重复 1 次，治愈率达到 87%以上；给产后早期奶牛注射雌激素，可提高机体免疫力，预防子宫感染；给子宫内膜炎患牛肌注己烯雌酚 15～25mg/次，隔日 1 次，可有效促进子宫收缩和炎性分泌物的排出；对产后轻度至中度子宫内膜炎患牛，每次肌注缩宫素 20IU，每天 3～4 次，2～3d 为一疗程。为增进子宫对缩宫素的敏感性，应提前 48h 先用雌激素处理。

（6）中药疗法。中草药有明显的抗菌消炎、改善血液循环和增强子宫收缩的作用，还有安全、低残留、低毒和不易产生耐药性等优势，同时还具有临床治愈效果好、零休药期或休药期短等特点。因而，用纯中药制剂治疗奶牛子宫内膜炎是一个新的趋势，可以避免抗生素疗法对牛奶的药物残留和耐药菌株的产生。目前，治疗奶牛子宫内膜炎的中药制剂及疗效报道较多。

清宫液：蛇床子、艾叶、明矾、苦参、薄荷、独活、苍术、石菖蒲各 30g，每剂加水煎成 400mL，候温注入子宫，每次 200mL，每天 2 次，直至炎症消除为止。

清宫消炎混悬剂：由黄柏、黄芩、冰片、青黛、玄明粉、硼砂等组成，通过子宫内灌注治疗奶牛子宫内膜炎，有效率为 95%，治愈后受胎率为 90%，比用西药效果好。该制剂对预防奶牛产后子宫内膜炎也有明显效果。

中药内服剂：益母草 60g、当归 30g、川芎 25g、白芍 25g、熟地 30g、丹皮 25g、元胡 25g、炙香附 30g，将其共研为细末，开水冲调，候温灌服，每日 1 剂，连用 3d。

当归活血止痛排脓散：当归 60g、川芎 45g、桃仁 30g、红花 20g、元胡 30g、香附 45g、丹参 60g、益母草 90g、三菱 30g、甘草 20g，以黄酒 250mL 为引，隔日 1 剂，连服 3 剂，对奶牛慢性化脓性子宫内膜炎疗效明显。

治疗奶牛隐性子宫内膜炎的中药方：蒲黄 60g、益母草 60g、黄柏 60g、当归 45g、黄芩 45g、黄芪 90g、香附子 60g、郁金 45g、升麻 10g，将其共煎水，分 2 日内服 4 次，连用 2～3 剂。

4. 预防　主要是做好母畜临产前后的保健工作，如在临产母畜进入产房（床）前应进行躯体清洁和消毒工作；接产和助产时，必须做到严格消毒，规范操作，避免损伤产道；对流产、产死胎、胎衣不下、恶露滞留的母畜，为了预防继发子宫内膜炎，应注射催产素，并向子宫内灌注抗菌消炎药物。母猪产后 1～2d 内肌注氯前列烯醇 2～4mg，可以促进子宫收缩，加速恶露排出，对预防子宫内膜炎有明显效果。对奶牛使用促孕灌注液也有同样的效果。此外，为了有效预防因某些繁殖障碍性疾病导致的产后子宫内膜炎，应做好相应病毒性繁殖障碍性疾病的免疫接种工作。

九、产后败血症和脓毒血症

奶牛产后败血症和脓毒血症（puerperal septicemia and pyemia）是由局部炎症感染扩散而继发的全身性严重感染性疾病。败血症的特点是细菌进入血液并产生毒素；脓毒血症的特点是静脉中有血栓形成，以后血栓受到感染，化脓软化，并随血流进入其他器官和组织中，发生转移性脓性灶或脓肿。有时两者可同时发生。

（一）病因

本病通常是由难产、胎儿腐败或助产不当，软产道受到创伤和感染而发生；也可由严重的子宫炎、子宫颈炎及阴道阴门炎引起；胎衣不下、子宫脱出、子宫复旧延迟以及严重的脓性坏死性乳房炎有时也可继发此病。

本病的病原菌通常是溶血性链球菌、葡萄球菌、化脓棒状杆菌和梭状芽孢杆菌等，而且常为混合感染。分娩时发生的创伤及生殖道翁膜淋巴管的破裂，为细菌侵入打开了门户；同时分娩后母牛抵抗力降低也是发病的重要原因。因此，脓毒血症并不一定完全是由生殖器官的脓性炎症引起的，有时也可能由其他器官原有的化脓过程在产后加剧而并发。

产后母畜抵抗力降低，病原菌通过受到感染的产道或其他部位感染的病灶进入血液循环，形成菌血症；如果这些病菌在血液中大量而持久的存在，产生毒素并散布到各个组织器官，使机体处于严重的中毒状态，就发展成为败血症；如果病原菌是化脓菌，且静脉中有血栓形成，血栓受到感染、化脓软化、并随血流进入其他组织器官中，发生迁移性脓性病灶或脓肿，则发展成脓毒血症。

（二）症状及病程

1. 产后败血症 牛的急性病例较少，亚急性者居多。亚急性病例，如果延误治疗，病牛也可在发病后2～4d死亡。发病初期，体温突然上升至40～41℃，触诊四肢末端及两耳有冷感，并在整个病程中呈现稽留热（败血症的一种特征症状），但在临近死亡时，体温急剧下降，且常发生痉挛。在体温升高的同时，病牛精神极度沉郁，反射迟钝，食欲废绝。病牛常卧下、呻吟、头颈弯于一侧，呈半昏迷状态；反刍停止，但喜欢饮水；泌乳量骤减，2～3d后完全停止泌乳；眼结膜充血，且微带黄色，后期结膜发绀，有时可见小出血点；脉搏快而弱，每分钟可达90～120次，呼吸浅快。

随着病程的发展，病牛往往表现腹膜炎症状，腹壁收缩，触诊敏感，常出现腹泻、血便；由于高度脱水，出现眼球凹陷，高度衰竭。

有子宫感染的病牛，从发病开始，常从阴道内流出少量带有恶臭的污红色或褐色液体，内含组织碎片。阴道检查时，可见黏膜干燥、肿胀，呈污红色。如果见到创伤，其表面多覆盖一层灰黄色分泌物或薄膜。直肠检查可发现子宫弛缓、壁厚、没有收缩反应。

2. 产后脓毒血症 多为突然发生，临床表现不尽一致。在开始发病及病原微生物转移，引起急性化脓性炎症时，体温升高1～1.5℃，待脓肿形成或化脓灶局限后，体温又下降，甚至恢复正常。随后，如再发生新的转移时，体温又上升，所以在整个患病过程中，体温呈现时高时低的弛张热型。病情时好时坏，起伏不定，病程往往拖延较长。

病牛常表现精神沉郁，食欲减少或废绝，泌乳减少或停止；脉搏快而弱（奶牛每分钟可达 90 次以上），且随着体温的变化而变化。

大多数病牛的四肢关节、腱鞘、肺脏、肝脏及乳房发生迁移性脓肿。四肢关节发生脓肿时，病牛出现跛行，起卧、运步均困难。受害的关节主要为跗关节，患部肿胀发热，有痛感。如肺脏发生转移性病灶，则呼吸加深，常有咳嗽，听诊有啰音，肺泡呼吸音增强，病牛常发出似有痛苦的吭声。病理过程波及肾脏者，尿量减少，出现蛋白尿；病灶转移到乳房时，表现乳房炎症状。

（三）治疗

因为本病的病程发展急剧，所以治疗必须及时。治疗原则是处理病灶，杀灭侵入体内的病原微生物和增强机体的抵抗力。

对生殖道的病灶，可按子宫内膜炎、阴道炎等治疗，但应绝对禁止冲洗子宫，并需尽量减少对子宫和阴道的刺激，以免炎症扩散，使病情加剧。可以使用促进子宫收缩的药物，如催产素、前列腺素、麦角制剂等，促进子宫内炎性产物的排出，但禁用雌激素类药物，以免因血液循环加快而加速有毒产物的吸收，导致病情恶化。

为消灭侵入体内的病原菌，要大剂量全身使用广谱抗生素或磺胺类药物，并连续使用，直至体温降至正常后 2～3d 为止。

为增强机体的抵抗力，促进血液中有毒物质排出和维持电解质平衡，防止组织脱水，可静脉注射葡萄糖和盐水；补液时添加 5%碳酸氢钠溶液及维生素 C，同时肌注复合维生素 B。此外，根据病情还可以应用强心剂、子宫收缩剂和皮质激素等。

注射钙剂可作为败血症的辅助疗法，对改善血液渗透性、增强心脏活动有一定的作用。一般可静注 10%葡萄糖酸钙（牛、马 500～800mL）。钙剂对心脏作用强烈，注射必须尽量缓慢，否则可引起休克、心跳骤然停止而死亡。对病情严重、心脏极度衰弱的病畜避免使用。

十、生产瘫痪

生产瘫痪（parturient paresis）亦称乳热症（milk fever）或低血钙症（hypocalcemia），中兽医称为胎风或产后风，是母畜分娩前后突然发生的一种严重的代谢性疾病。其特征是低血钙、全身肌肉无力、知觉丧失及四肢瘫痪。

本病多发于营养良好的高产壮年奶牛（5～9 岁或 3～6 胎），初产牛几乎不发生。奶牛中以娟姗牛多发。本病为散发，但在个别牧场其发病率可高达 25%～30%。发病时间大多数在产后的 3d 之内，少数则在分娩过程中或分娩前数小时发病。分娩后数周或妊娠末期发病的虽有报道，但极少见。治愈的母牛下次分娩有可能再次发病。

（一）病因

生产瘫痪的发病机理尚不完全清楚。大多数人认为血钙浓度急剧降低是本病发生的主要原因，但也有人认为是大脑皮质缺氧所致，还有人认为本病的主要原因是血糖降低，导致脑神经供能不足。

1. 低血钙 虽然所有母牛产犊之后血钙水平都普遍降低，但患病母牛下降得更为显著。据测定，产后健康牛的血钙浓度为 0.08～0.12mg/mL，平均为 0.1mg/mL 左右，病牛则下降至0.03～0.07mg/mL，同时血磷及血镁浓度也降低。目前认为，促使血钙降低的因素有下列几种，生产瘫痪的发生可能是其中一种或者是几种因素共同作用的结果。

（1）分娩前后大量血钙进入初乳且动用骨钙的能力降低，是引起血钙浓度急剧下降的主要原因。实验证明，干奶期中母牛泌乳停止，血钙升高，使甲状旁腺的功能减退，分泌的甲状旁腺素减少，因而动用骨钙的能力降低；妊娠末期饲料配合不当，特别是饲喂高钙低磷饲料，血钙浓度增高，刺激甲状腺分泌大量降钙素，同时也使甲状旁腺的功能受到抑制，导致动用骨钙的能力进一步降低。因此，分娩后大量血钙进入初乳时，血液中流失的钙不能迅速得到补充，致使血钙急剧下降而发病。

（2）在分娩过程中，大脑皮层过度兴奋，其后即转为抑制；分娩后腹压突然下降，腹腔器官被动性充血，同时血液大量进入乳房，引起暂时性的脑部贫血。因此，使大脑皮质的抑制程度加深，从而影响甲状旁腺，使其分泌激素的功能减退，以致不能维持体内钙的平衡。

（3）妊娠后期由于胎儿发育的消耗和骨骼吸收能力的增强，母体骨骼中贮存的钙量大为减少。因此，在临产时，骨骼中能被动用的钙不能补偿产后血钙的大量丧失。

（4）分娩前后从肠道吸收的钙量减少，也是引起血钙降低的原因之一。妊娠末期胎儿迅速增大，胎水增多，妊娠子宫占据腹腔大部分空间，挤压胃肠器官，影响其活动，降低消化机能，致使从肠道吸收的钙量显著减少。分娩时雌激素水平升高，食欲降低，也影响消化道对钙的吸收量。

（5）牛患生产瘫痪时常并发血镁降低，而镁在钙代谢途径的许多环节中具有调节作用。血镁降低，机体从骨骼中动员钙的能力也降低，因此低血镁时，生产瘫痪的发病率高，特别是产前饲喂高钙饲料，以致分娩后血镁过低而妨碍机体从骨骼中动员钙，难以维持血中钙浓度，从而导致发生生产瘫痪。

2. 大脑皮质缺氧 有报道认为，本病为一时性脑贫血所致的脑皮质缺氧，脑神经兴奋性降低的一种神经性疾病，而低血钙则是脑缺氧的一种并发症。在发生上，分娩后为了生乳的需要，乳房迅速增大，机体血量20%以上流经乳房；泌乳期肝的体积增大，新陈代谢加强，正常可以贮存机体20%血量的肝脏贮血量更多，借以保证来自消化道的物质转化为生产乳汁的原料；排出胎儿后，腹压突然下降，腹腔内器官被动充血。上述血流量的重新分配造成了一时性脑贫血、缺氧。中枢神经系统对缺氧极度敏感，一旦脑皮质缺氧，即表现短暂的兴奋（不易观察到）和随之而来的功能丧失的症状。这些症状和生产瘫痪症状的发展过程极其吻合。

在治疗生产瘫痪时，以最低静脉注射钙的剂量10g计算，则一次注入血液中的钙量足以补充患畜损失的钙量，并可使患畜血钙达到正常的生理值。因此，从理论上讲，补钙疗法应对生产瘫痪有明显的疗效，但有时临床上并非如此。相反，未改变血液中钙含量的乳房送风法却有奇效，原因是送风后将乳房内大部分血液暂时迫离乳房，这样就加大了其他器官的血液循环量；并且机体会因代偿机制反射性地引起血压升高。这都有助于改善脑循环状况，最终使脑缺氧得以缓解。在利用氢化可的松治疗生产瘫痪时，其原理也是使患畜血压升高，缓解脑缺氧状态，达到治疗目的。

3. 血糖降低　在分娩前后，母畜需要的能量物质（糖）越来越多，特别是在分娩时消耗了大量的能量，使机体的糖储备减少，分娩后血液中的糖、蛋白质、脂肪等又大量进入初乳，导致血糖降低，大脑供能不足而发病。

从临床上对生产瘫痪患牛的治疗效果看，单纯补钙的效果并不理想，而大剂量补充钙糖制剂等增加血流量和改善血液循环的治疗方法都能获得较好、较快的疗效。从患牛的临床症状看，多数症状（精神沉郁、肌肉震颤、运动失调、反应迟钝或意识丧失等）与脑部缺血、缺糖引起中枢神经机能障碍相似。因此认为，生产瘫痪可能是低血糖、低血钙所引起的神经机能障碍的综合症状，其中低血糖而导致的中枢神经供能不足可能是重要原因。

（二）症状

奶牛生产瘫痪时，根据临床症状可分为典型（重症）和非典型（轻症）两种。

1. 典型症状　病程发展很快，从发病到出现典型症状一般不超过12h。病初通常是食欲减退或废绝，反刍及瘤胃蠕动停止，泌乳量迅速减少；精神沉郁，表现轻度不安；不愿走动，四肢交替负重，后躯摇摆，好似站立不稳，四肢或其他部位肌肉震颤。有些病例在开始时即表现短暂不安，出现惊慌、哞叫、目光凝视等兴奋症状；头部及四肢肌肉痉挛，不能保持平衡。开始时鼻镜干燥，四肢及身体末端发凉，皮温降低，脉搏则无明显变化。

初期症状发生后数小时，病畜即出现瘫痪症状，后肢不能站立，虽然一再挣扎，仍站不起来。由于挣扎用力，病畜全身出汗，肌肉颤抖；不久，出现意识抑制和知觉丧失的特征症状。病牛昏睡，眼睑反射微弱或消失，瞳孔散大，对光线照射无反应，皮肤对疼痛刺激也无感觉，肛门松弛，反射消失；心音和脉搏减弱，速率增快，每分钟可达80～120次；呼吸深而慢，听诊有啰音；有时发生喉头和舌麻痹，舌伸出口外不能自行缩回，呼吸时出现明显的喉头呼吸音。吞咽发生障碍，因而易引起异物性肺炎。

病畜以一种特殊姿势卧地，即伏卧、四肢屈于腹下，头向后弯到胸部一侧（图6-5）。如将病牛的头颈拉直，但一松手，又重新弯曲向胸部，但却可将病牛的头弯至另一侧胸部。因此可以证明，头颈弯曲，并非一侧肌痉挛所致。个别母牛卧地之后出现癫痫症状，四肢伸直并抽搐。由于患牛肌肉紧张性降低，同时长时间卧地，腹压增高，有时可并发阴道脱出和子宫脱出，也可能出现瘤胃鼓气症状。

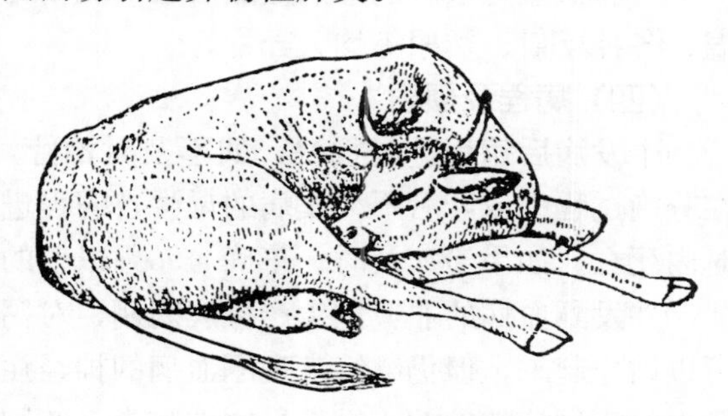

图6-5　牛生产瘫痪的典型卧姿

体温降低也是生产瘫痪特征症状之一。病初体温没有明显变化，随着病程的发展，体温则逐渐下降，最低可降至35～36℃。

病畜死前处于昏迷状态，少数病例死前有痉挛性挣扎。如果本病发生在分娩过程中，则阵缩和努责停止，不能排出胎儿。

2. 非典型症状　呈现非典型症状的病例较多，产前及产后较长时间发生的生产瘫痪多表现为此种类型，其症状除瘫痪外，主要特征是头颈姿势不自然，由头部至鬐甲呈一轻度的S状弯曲（图 6-6）。病牛精神极度沉郁，食欲废绝，但不昏睡；各种反射减弱，但不完全消失；病牛有时能勉强站立，但站立不稳，且行动困难，步态摇摆。体温一般正常或略降低。

图 6-6　牛患非典型生产瘫痪时，头颈的S状弯曲姿势

（三）诊断

对牛生产瘫痪诊断的主要依据是病牛为壮年高产母牛，刚刚分娩不久（绝大多数在产后3d之内），并出现特征性的瘫痪姿势及低血钙（多在0.08mg/mL以下）。如果乳房送风或补钙疗法有良好效果，便可作出确诊。

本病须与产后其他能出现瘫痪的疾病，如酮血病、产后截瘫、产后败血症、创伤性网胃炎后期及妊娠毒血症等相鉴别。

非典型的病例须与酮血病进行鉴别诊断。酮血病常发生在产后数天或几周内，其他时间也可发病，患畜奶、尿及血液中的丙酮量增多，呼出的气体有丙酮气味。另外，酮血病对补钙疗法，尤其是乳房送风疗法没有反应。但如果同时发生酮血病和生产瘫痪时，诊断就比较困难。如果用上述方法治疗有效，但患畜仍不能恢复食欲，此时应检查有无酮病。伴有早期生产瘫痪的神经型酮病病牛，表现为肌肉痉挛、步态不稳，四肢不全麻痹，随后倒地，并可能出现感觉过敏和精神狂乱。

产后败血症和由于分娩而恶化的创伤性网胃炎的后期病畜，有些症状也和生产瘫痪相似，但是这些病例除非临近死亡，一般体温都升高，眼睑、肛门，尤其是疼痛反射不完全消失，而且使用钙剂后立即出现心脏搏动异常，有的甚至在注射期间死亡。

产后截瘫与本病的区别是除后肢不能站立以外，病牛的其他情况，如精神、食欲、体温、各种反射、粪尿等均无异常。

（四）病程及预后

牛发病后病程进展很快，如不及时治疗，有50%～60%的病畜在12～48d内死亡。在分娩过程中或产后不久发病的母牛，病程进展更快，病情也较严重，甚至在发病后数小时内死亡。如果治疗及时、正确，90%以上的病牛可以治愈，但治愈后复发者愈后较差。

并发酮血病的非典型生产瘫痪病例，对钙疗法的反应较差，应用钙剂治疗后，多数牛可以站立起来，但仍继续表现酮血病的神经症状，病程可拖延很久；并发阴道脱出和子宫脱出的病例疗效较差；继发异物性肺炎（特别是经口投服药物的病例）和鼓气的，可因此而死亡。

（五）治疗

静脉注射钙剂或乳房送风是治疗生产瘫痪最有效的常用方法。治疗越早，疗效越高。

1. 静脉注射钙剂　治疗牛的生产瘫痪，常用的是10%葡萄糖酸钙800～1 500mL静脉注射，如在其中加入4%的硼酸即硼葡萄糖酸钙，可以提高葡萄糖酸钙的溶解度和稳定性。注射后6～12h病牛如无反应，可重复注射，但最多不得超过3次，且注射钙制剂的速度不能过快，在注射过程要监听心脏反应情况。

据报道，对典型症状的奶牛，用超级量的钙制剂效果较好，方法是用5%葡萄糖氯化钙或5%氯化钙1 000～1 200mL，加入到3 000～4 000mL 5%葡萄糖生理盐水中缓慢静脉滴注。在注射过程中监听心跳情况，如出现心率紊乱，立即停止注射钙制剂，改用注射葡萄糖生理盐水，待心率恢复正常后再接着注射钙制剂。患牛一般在注射结束后30min左右症状即能消除。间隔6～8h再以减半剂量注射一次，可防止病情复发。

静脉补钙的同时，肌肉注射5～10mL维丁胶性钙有助于钙的吸收，减少复发率。

2. 乳房送风疗法　本法至今仍然是治疗牛生产瘫痪最有效和最简便的疗法，特别适用于对钙疗法效果不佳或复发的病例。其缺点是，技术不熟练或消毒不严时，可引起乳腺损伤和感染。

乳房送风疗法的机理是，在打入空气后，乳房内的压力随即上升，乳房的血管受到压迫，因此流入乳房的血液减少，随血流进入初乳而丧失的钙也减少，血钙水平（也包括血磷）回升。与此同时，全身的血压也升高，可以消除脑的缺血和缺氧状态，使其调节血钙平衡的功能得以恢复。另外，向乳房打入空气后，乳腺的神经末梢受到刺激并传至大脑，可提高大脑皮层的兴奋性，解除其抑制状态。

乳房送风须用专用器械—乳房送风器（图6-7）。使用前将送风器表面消毒，并在筒内放置干燥消毒棉，以便滤过空气，防止感染。没有乳房送风器时，也可利用大号连续注射器或普通打气筒，但过滤空气和防止感染比较困难。

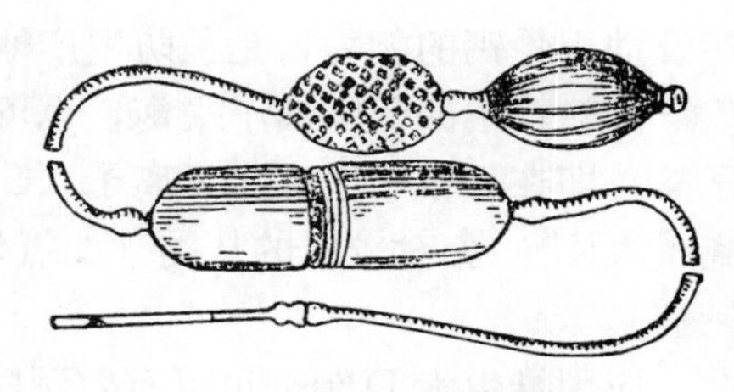

图6-7　乳房送风器

打入空气之前，使牛侧卧，挤净乳房中的积奶并给乳头消毒，然后将消过毒而且在尖端涂有滑润剂的乳导管插入乳头管内，注入青霉素40万IU及链霉素0.5g（溶于20～40mL生理盐水内）。

送入空气时，由下侧乳区开始，4个乳区均应打满空气，打入的空气量以乳房皮肤紧张、乳腺的边缘清楚并且变厚，同时轻敲乳房呈鼓响音时为宜。必须注意，打入空气不够，不会产生效果，打入空气过量，可使腺泡破裂，发生皮下气肿。空气逸出以后，会逐渐转移至尾根一带的皮下组织中，但两周左右可以消失。

打气之后，用宽纱布条将乳头轻轻扎住，防止空气逸出，扎勒乳头不可过紧及过久，也不可用细线结扎，以免损伤乳头。待病畜起立后，经过1h，将纱布条解除。

绝大多数病牛打入空气后10min，鼻镜开始变湿润，15～30min眼睛睁开，开始清醒，头颈姿势恢复自然状态，反射及感觉逐渐恢复，体表温度也升高，驱之起立后，会立刻采食。除全身肌肉尚有颤抖及精神稍差外，其他均恢复正常，肌肉震颤在数小时后消失。

3. 中药疗法　中兽医称产后瘫痪为胎风或产后风，认为是寒湿之邪侵入腰肾，血瘀气滞所致，治疗应暖肾祛寒，逐瘀止痛，宜选用麒麟散（元亨疗马集）等方剂。也可针刺抢风、百会、风门等穴位。临床报道，用补钙配合八珍散、补阳疗瘫汤等方剂治疗牛生产瘫痪有较好疗效。

4. 其他疗法　用钙剂治疗效果不明显或无效时，也可考虑应用胰岛素和肾上腺皮质激素，同时配合应用高糖和2%～5%碳酸氢钠注射液。据报道，使用地塞米松磷酸钠（20mg/次）对钙剂治疗效果不佳的患牛治愈率达64.7%；如果用地塞米松配合钙剂治疗，治愈率可达92.8%，也可用25mg氢化可的松加入2 000mL糖盐水中静注，2次/d，用药1～2d。对怀疑血磷及血镁也降低的病例，在补钙的同时静脉注射40%葡萄糖溶液和15%磷酸钠溶液各200mL及25%硫酸镁溶液50～100mL。

另外，在治疗过程中，对病畜要有专人护理，多加垫草，天冷时要注意保温，病牛侧卧的时间过长，要设法使其转为伏卧或将牛翻转，防止发生褥疮及反刍时引起异物性肺炎；在病情发展过程中，决不能经口灌服药物或饮水，以免引起异物性肺炎。病畜初次起立时，如仍有困难，或站立不稳，必须注意加以扶持，避免跌倒引起骨骼及乳房损伤。痊愈后1～2d内，挤出的奶量仅以够喂犊牛为度，以后才可逐渐将奶挤净。

（六）预防

调整干奶期间日粮中钙磷比例，使摄入钙、磷比例保持在1.5∶1至1∶1，直到分娩前后才增加日粮中的钙量。研究表明，从产前2～4周开始，给母牛饲喂低钙高磷饲料，减少从日粮中摄取的钙量，可以激活甲状旁腺的功能，促进甲状旁腺素的分泌，提高吸收钙及动用骨钙的能力，是预防生产瘫痪的一种有效方法。

调整日粮的阴阳离子平衡，也可有效防止生产瘫痪。从奶牛分娩前3周开始给予阴离子盐，即在日粮中增加含氯离子（Cl^-）和硫离子（S^{2-}）相对较高而钠离子（Na^+）和钾离子（K^+）相对较低的盐类（如氯化镁、氯化铵、硫酸钙和硫酸镁等），有助于预防低血钙症。

应用维生素D制剂也可有效预防生产瘫痪。可在分娩后立即一次肌注10mg双氢速变固醇（DT10）。分娩前8～2d，一次肌注维生素D_2（骨化醇）1 000万IU，或按每千克体重2万IU的剂量应用，如果用药后母牛仍未产犊，则每隔8d重复注射一次，直至产犊为止；产前24h还可肌注1α-羟基维生素D_3（胆骨化醇）1mg，如未按预产期分娩，则间隔48h重复应用一次，或在产前3d静注2，5-羟基胆骨化醇（2，5-OH-D_3）200mg，都可降低母牛生产瘫痪的发病率。但采用这些方法时，如果不能精确预计分娩的时间，距分娩以前很久就开始用药，反而会增加发病率。而且使用时间过长或剂量过大，除了出现维生素D制剂常有的副作用以外，还可引起心血管系统及内脏器官钙化。

十一、产后截瘫

产后截瘫（puerperal paraplegia）主要包括两种情况：一是母牛产后立即发生后躯不能起立，这是由于后躯肌肉和神经受到损伤引起的；另一种是母畜由于体内矿物质代谢性障碍引起的，主要是由钙、磷及维生素D不足引起的，与产前发生的孕畜截瘫基本相同。

（一）病因

奶牛急性低血钙症的病因和发生机制极其复杂。目前尚未完全了解，一般认为是由血钙调节机能紊乱和高钙低磷营养比例不均，以后产后泌乳时大量血钙随血液进入乳房所致。也可能与甲状旁腺机能失调、肝功能障碍、垂体后叶激素分泌亢进、肠运动机制、饥饿及营养不良、钙吸收率降低等因素有关，缺乏钙磷等矿物质及维生素D，阳光照射不足，也可在产后出现瘫痪。

难产时间过长，或强力拉出胎儿，使坐骨神经和闭孔神经、臀神经受到胎儿躯体的粗大部分长时间压迫和挫伤，引起麻痹；或者使荐髂关节韧带剧伸、骨盆骨折及肌肉损伤发生在分娩过程中，但产后才发现瘫痪症状。

（二）症状

母畜分娩后全身状况无明显异常，皮肤痛觉反射也正常，但后肢不能站立或站立困难，行走有跛行症状，症状的轻重依损伤部位及程度而异。如一侧闭孔神经受损，同侧内收肌群就麻痹，病畜虽仍可站立，但患肢外展，不能负重；行走时患肢亦外展，膝部伸向外前方，膝关节不能屈曲，跨步较正常大，容易跌倒。两侧闭孔神经麻痹，则两后肢强直、外展，不能站立；若将病畜抬起，把两后肢扶正，虽能勉强站立，但向前移动时，由于两后肢强直外展而立即倒地。

产后截瘫绝大多数是分娩后立即发生，病期较长，康复缓慢，如治疗不及时或治疗不对症，多数预后不良。该病多发生于头胎青年母牛，随着胎次的增加而发病率有所减少。而且绝大多数的病例均有分娩异常，发生难产的病史。主要是由于胎儿过大、胎位、胎向、胎势不正及产道狭窄引起的难产时间太长，或助产不当，特别是未经完全矫正就强力拉出胎儿，致使坐骨神经、闭孔神经、股神经等受到胎儿躯体的粗大部分长时间压迫和挫伤，引起麻痹；或者使荐髂关节韧带剧伸、骨盆骨折及肌肉损伤，因而母畜产后则不能站立。这些损伤发生在分娩难产的过程中，但在产后才出现瘫痪症状。该病在一般情况下，初期不显全部症状，体温、呼吸、脉搏及食欲反刍等均无明显异常，皮肤的痛觉也正常。主要症状是卧地不起，患牛常挣扎欲起，但终不能站立，即使用人工抬起后，也只能勉强支持很短时间即卧下。经详细检查发现现患牛头和前肢的活动仍是正常的，就是后肢软弱无力，不能乘重支撑后躯。如患病奶牛长期卧地不起，容易发生褥疮，病牛日趋消瘦、衰竭等全身症状明显，最后病情恶化，发生败血症而死亡或被迫淘汰。

（三）治疗及护理

奶牛产后截瘫的治疗原则是：在加强护理和营养的基础上，坚持以祛风蠲痹，舒筋活络，兴奋神经，促进功能恢复为核心的中西医综合疗法加强护理和营养是治疗该病的一个重要环节，必须引起临床畜牧兽医人员的高度重视，决不能忽略和放松。对于病牛，一定要固定专人看护，给予优质且易于消化的饲料，特别是青绿多汁的饲料，保证饮水供给。及时清除粪尿注意保持牛床清洁、干燥，勤换垫草。其中一个很重要的护理工作是，每天至少人工翻转两次牛体，改变其卧势。最好将牛体扶成俯卧，以便全身血流通畅，严防褥疮发生。指定专人坚持每天早、午、晚3次进行后肢及后躯按摩、揉擦和推拿，以促进其血液循环和兴奋局部神经和功能恢复。

药物治疗：局部涂擦刺激剂：可单独使用松节油、樟脑擦剂外，最好坚持数日应用四三一合剂（樟脑擦剂4份、氨擦剂3份、松节油1份，配制而成），用绵沙蘸药，由上至下涂擦整个后肢及股后肌群等处，直到局部发热为止（每次约30min）能够收到很满意的效果。

内服独活寄生汤加减：独活30g、寄生25g、防风30g、当归30g、川芎30g、苍术35g、杜仲25g、茯苓30g、党参25g、桂枝25g、秦艽35g、牛膝35g、伸筋草100g、丝瓜络2条为引，一次煎服，连服3剂。

皮下注射硝酸士的宁：第一天始量0.02g，以后每天递增0.01g，至第四天；再每天递减0.01g，7d为一疗程。该药物疗法对兴奋中枢及局部神经都有很好的疗效。

电针疗法：电针百会—大胯、尾干—大转、尾根—小胯等主要穴位组合。左右侧每次选择一对穴位组，每天电疗两次，每次30min左右则可。

醋酒灸疗法：先将病畜扶置正常俯卧姿势，再用大量垫草将畜体左右塞紧，严防侧卧。沿百会穴前后约10cm处，剪毛消毒，用草纸10张重叠一起浸透食醋后铺上，然后再在草纸上倒上适量酒精点燃，火大浇醋，火小喷酒精，直至患牛耳根或腑下见汗为止(20min左右)。注意切勿使草纸烧干和烧着周围被毛及皮肤。术后用麻袋覆盖保温，防止着凉。

(四) 预后

症状轻、能站立的患牛，预后良好。如能及时治疗，效果也好。症状严重，不能站立的患牛，预后要谨慎，因为病程常拖延数周，长期爬卧易发生褥疮，然后导致全身感染和败血症而死亡。因此，治疗半个月不见好转的病例，预后不佳。

十二、幼稚病

幼稚病（infantilism）是指动物虽达到成年，但生殖器官的发育与年龄不符，仍处于幼年状态或发育不全。主要特征是生殖器官的某些部分发育缓慢或发育不全，如子宫角特别细小，卵巢小如豌豆，有时阴道和阴门也特别细小，因而缺乏繁殖能力。在国内，奶牛幼稚病的发病率很高，占不孕症发病率的6.35%，但该病在国内外并未引起足够的重视。

(一) 病因

本病的主要原因可能是下丘脑或脑垂体的内分泌功能不足，或者甲状腺及其他内分泌腺机能扰乱。治疗原则主要是刺激生殖器官发育，如可将患幼稚病的母畜和公畜一同放牧，也可使用HCG、PMSG及雌激素等制剂，促进生殖器官发育。但多数病例即使采用各种方法治疗，也不能使其生殖器官发育完全。

(二) 症状

幼稚病的主要症状就是母牛达到配种年龄时不发情，有时虽然发情，但却屡配不孕。

临床检查时可以发现生殖器官的某些部分发育不全，例如，子宫角特别的细小，卵巢小到豌豆一样的大小等。有时阴道和阴门特别细小，以至于无法交配。

(三) 预后

应当谨慎，因为多数病例即使应用各种方法进行治疗，其生殖器官仍然不能完全发育。

(四) 治疗

主要在于刺激生殖器官的发育。为此可将患有幼稚病的母牛和公牛一起放牧；也可使用HCG、PMSG和孕马血清激素制剂，促使生殖器官的发育。不过治疗效果不佳，治愈率只有27%～31%。然而激光在兽医领域的应用，近几年来取得巨大的进展，特别是李树滋等首先发现了氦氖激光照射有促进增长黄牛发情作用之后，就不断有用氦氖激光治疗疾病性不孕症的报道，并且取得了良好的效果。如果能够交配并且能够受精，则妊娠可促进生殖器官的生长发育。方法是照射阴蒂部，照射距离50～80cm，时间为10min，连照

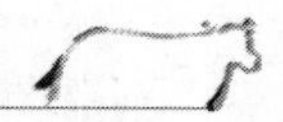

10d 为一个疗程，研究结果表明，在照射及停照后 7d 内，受照射的牛均有卵泡发育和黄体生成。氦氖激光照射治疗幼稚病过程中睾酮升高，雌激素随着卵泡的增长其含量增加，排卵后孕酮水平增高。

十三、异性孪生母犊不育症

异性孪生母犊不育症（freemartinism）是指牛怀双胎时，胎儿为一公一母，其中母犊因生殖器官发育异常而丧失生育能力。异性孪生公犊多能正常发育，不能生育者为数很少（约占 5%），而母犊则有 91%～94%不能生育。这种现象在其他家畜极为少见。

从遗传学上看，异性孪生母犊在胎儿发育早期是雌性（XX），但到妊娠的后期却成为 XX/XY 嵌合体。因此，这种母犊的生殖器官发育异常，性腺有不同程度向雄性转化，形成卵睾体；生殖道由沃尔夫氏管及缪勒氏管共同发育而成，但均发育不良；外生殖器官通常与雌性相似，但阴道很短，阴蒂增大，阴门下端有一簇很突出的长毛。

异性孪生母犊不育的机理尚不完全清楚。因为牛双胎妊娠时，两个胎儿的绒毛膜血管之间有吻合支，所以目前对异性孪生母犊不育有两种解释。一种观点认为，雄性胎儿的性腺分泌的雄激素（雄性胎儿的生殖腺发育较雌性的早）、缪勒氏管抑制因子（mullerian inhibiting factor，MIF）通过血管吻合支进入雌性胎儿体内，抑制卵巢皮质及生殖道的发育，使母犊的生殖器官发育不全或使其雄性化，所以异性孪生不育母犊的体态至成年时也介于雌雄之间，而且有时卵巢似睾丸。曾经有人采用注射雄激素的方法对这一解释进行验证，结果虽然能产生雌雄间性畸形，但并不具有异性孪生不育母犊的所有特征。

另一种观点是根据细胞遗传学和免疫学提出来的，认为在妊娠期间，两个异性胎儿通过吻合的血管进行了血细胞和生殖细胞的交换，其孪生母犊不育是由于性染色体嵌合体的作用，而不是由于激素的影响。依据是观察到异性孪生的公畜和母畜同时具有雄性和雌性细胞，且所有不育母犊都有红血细胞嵌合体；所有嵌合体的孪生动物，包括异性孪生，至成年后，都可以作为其双亲的植皮受体，这就说明在子宫内已互相交换了组织相容性抗原。但是对嵌合体现象引起异性孪生雌性不育的机理，还不太清楚。

异性孪生母犊成年后多不表现发情，有些还出现雄性的第二性征。外部检查发现阴门狭小，且位置较低；阴门周围有粗长的毛，与公牛包皮周围的毛很像；阴蒂较长，有的甚至出现阴囊；乳房极不发达，乳头与公牛的相似；阴道短小（不超过 12cm），只能使用羊开膣器开张，看不到子宫颈膣部；直肠检查摸不到子宫颈，而且子宫角细小，卵巢大小如西瓜子，因此也不易摸到。剖检发现输卵管、子宫及子宫颈均很细小，常无管腔；乳房内无腺体，仅有脂肪，乳头亦无管腔。

此病的诊断方法如下：

为了检查异性孪生母犊是否保持生育功能，可以用一根粗细适当的玻璃棒或是木棒涂上润滑油后缓缓向阴道插入。如果是不育的母犊，玻璃棒插入的深度不会超过 10cm。诊断此病可以用阴道镜进行视诊。牛犊达到 8～14 月龄时，尚可用直肠检查法。在不育的母犊中，阴道、子宫颈及性腺都很细小或难以找到，或者生殖器官有不规则的异常构造。

检查性染色体也可以检查异性孪生不育。牛的异性孪生不育母犊的神经细胞核中存在有典型的性染色质。采用 PCR 技术可以在早期快速准确诊断异性孪生母犊的血液是否含有雄性细胞染色质。

血型检查在诊断牛的异性孪生不育上有一定的应用价值。因为在妊娠期间每个胎儿除了自己的红细胞外，并且还获得了来自对方的红细胞，因此可以用检查血型的方法来进行诊断。

十四、生殖道畸形

生殖道畸形（anomalies of the genital tract）包括缪勒氏管发育不全、子宫角畸形、子宫颈畸形和阴道及阴门畸形等。

1. 缪勒氏管发育不全 缪勒氏管发育不全与其白色被毛有关联，因此亦称白犊病（white heifer disease），是由一隐性连锁基因与白毛基因联合而引起的。这种异常在白色短角牛发病率约为10%，此外也见于红色短角牛、安格斯牛、黑白花牛、娟姗牛等品种。

发生此病的主要表现是，阴道前端、子宫颈或子宫体缺如，剩余的子宫角呈囊肿状扩大，其中含有黄色或暗红色液体，容量多少不等。阴道通常短而狭窄，或阴道后端膨大，含有黏液或脓液。有的母牛有单子宫角，此种情况尚有一定的生育能力，但发情的间隔时间长；如果排卵发生在无子宫角的一侧卵巢，则由于缺乏前列腺素而黄体不能正常退化。据文献报道，在26例单子宫角牛中，有17例不能生育。

2. 子宫角畸形 在猪和牛，有时可以发现只有一个子宫角，另一个子宫角缺失，或者仅为一条稍厚的组织，没有管腔，有时还缺少同侧的卵巢。这种畸形并不一定导致不孕，但能够引起猪少胎。

3. 子宫颈畸形 在子宫颈畸形的母畜，可以见到缺乏子宫颈或者子宫颈闭锁不通，因而不能生育。有的动物（主要是牛）有双子宫颈或两个子宫颈外口，这是因为两侧缪勒氏管分化为子宫颈的部分未完全融合所致。这种母畜通常都有生殖能力，但分娩时，如果前置的两个肢体分别进入两个子宫颈管，则会发生难产，需行手术助产。

4. 阴道及阴门畸形 牛有时阴瓣发育过度，阴茎不能伸入阴道。在这种情况下，可行手术将阴瓣的上缘划开，然后用开膣器机械地扩张阴道，破坏发育过度的阴瓣。以后每日送入开膣器1～2次，防止在愈合后发生狭窄。如果阴道及阴门过于狭窄或者闭锁不通，则不宜用作繁殖。在猪和羊，有时还见到直肠开口在前庭或阴道内，即形成所谓的膣肛（vaginal anus）。膣肛患畜的阴道往往受到感染，因此不宜用作繁殖。

5. 吴尔夫氏管异常 是由于胚胎期的吴尔夫氏管残留，形成卵巢冠从管异常，这种情况在牛较为常见，但形成的机理尚不清楚。据报道，在氯化萘中毒而发生角化过度症，由于管的表皮层发生组织变性的转化性变化，卵巢冠丛变大。发病时可在管的子宫颈端形成许多的囊肿，有时形成一条直径0.5～1.5cm充满液体的索状结构。这种异常一般对生育影响不大，因此检查时往往会被忽略。

6. 膣肛 患牛阴道前庭狭窄，阴唇细小，分娩时常常发生难产。此病可能为常染色体隐性基因所致，也可引起肛门及阴门狭窄。此病对于交配及排便并无大碍，但在交配时往往引起阴道发生感染，而且还会发生难产，因此患牛不宜作繁殖之用。

7. 先天性子宫内膜腺体缺如 曾经有人报道过青年母牛先天性子宫内膜腺体缺如的病例，患牛不发情，直肠检查发现卵巢上有功能性黄体，子宫正常。这些牛摘除黄体后出

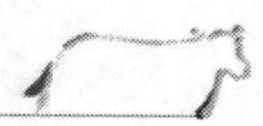

现发情，并形成新的黄体，宰后剖检发现这些牛子宫内无腺体，有些牛是无腺窝或腺窝区的。

十五、两性畸形

两性畸形（gynandria）是动物在性分化发育过程中某一环节发生紊乱而造成的型别区分不明，患牛的型别介于雌雄两性之间，既有雌性特征，又有雄性特征。两性畸形根据表现形式可以分为染色体两性畸形、性腺两性畸形及表型两性畸形三类。

1. 性腺两性畸形　根据性腺不同可分为真半雌雄体（真半阴阳）和假半雌雄体（假半阴阳）。真半雌雄体是性腺同时具有卵巢和睾丸组织，生殖道的特征介于雌雄两性之间；假半雌雄体是只具有一种性别的性腺，但其他生殖器官具有另一种性别的特征。

2. 性染色体两性畸形　两性畸形可能与遗传、近亲繁殖等因素有关。真半雌雄体是由于性染色体组的结构异常所造成。假半雌雄体的病因是在胎儿期，雄激素分泌过多，影响了雌性生殖器官的发育，而呈现某些雄性特征（雌性假半雌雄体）。

3. 表型两性畸形　两性畸形动物的外生殖器官畸形多种多样，但多数与雌性的外生殖器官接近，有的表现为阴门狭窄，阴唇很不发达，但下角较长，阴毛长而且粗，阴蒂特别发达，很像小的阴茎；有的具有阴囊，但其中没有睾丸；有的表型几乎完全似雌性。性腺可能是一侧为卵巢，另一侧为睾丸（对侧真半雌雄）；或者一侧同时具有卵巢和睾丸组织，而另一侧只有睾丸或卵巢组织（单侧真半雌雄）；或者两侧均为卵巢或睾丸组织（假半雌雄体）。子宫的各部分可能完全，但发育不良。

十六、卵巢机能不全

卵巢机能不全（inactive ovaries）包括卵巢机能减退、卵泡交替发育和卵巢萎缩等多种由卵巢机能紊乱所引起的疾病。

卵巢机能减退是指卵巢机能暂时受到扰乱，而处于静止状态（不出现周期性活动），或虽有发情表现，但不排卵或排卵时间延迟；卵泡交替发育则是两侧卵巢上的卵泡发育到一定的阶段就开始萎缩，接着又有新的卵泡开始发育，卵泡的发育与萎缩交替出现，但始终没有卵泡能发育到成熟；卵巢萎缩是卵巢组织萎缩、硬化所引起的一种永久性的机能障碍。

母牛正常排卵，适时配种能够受孕，但没有发情的外表症状（安静发情）是卵巢机能不全的一种表现，牛中常见。卵泡萎缩以及交替发育是指卵泡不能正常发育成熟到排卵的卵巢机能不全。

（一）病因

卵巢机能不全的病因很多。概言之，凡是能引起母牛生殖内分泌紊乱或生殖机能衰退的因素均能导致卵巢机能不全，如子宫疾病、卵巢炎症或损伤、全身性严重疾病、年老体衰、饲养管理不当（营养不足或营养不全、使役过重、哺乳过度等）、长途迁徙、气候异常（寒冷、酷热、天气突变等）以及对饲养环境不适应等。一般而言，卵巢机能减退和卵泡交替发育与饲养管理、气候或某些子宫疾病等因素导致内分泌紊乱有关，卵巢萎缩常与年老体衰等长时间卵巢机能衰退或卵巢炎等疾患有关。前者的致病因素若能及时解除，卵巢机能一般能恢复正常，而后者则是一种永久性的机能障碍。

引起卵泡萎缩及交替发育的主要原因是气候与温度的影响，早春配种季节天气冷热变化无常，多发此病，饲料中营养成分不全，特别是维生素A不足可能与此病有关。安静发情多出现于牛产后第一次发情时。

（二）症状

卵巢机能减退时，母畜的表现一般有以下3种情况：

（1）发情周期延长或长期不发情。此种情况多见于年老、体弱母牛或卵巢萎缩者。

（2）发情的外表征象不明显或不出现发情表现，但卵巢上有发育成熟的卵泡并排卵，即所谓的安静发情。此种情形多见于初情期、繁殖季节之初和产后首次发情，可能是因为缺少必要的孕酮刺激。

（3）有正常的发情表现，但排卵延迟或不排卵，而使发情期延长。

排卵延迟或不排卵通常合称为排卵障碍（ovulation disturbance）。前者是指母牛在发情时虽然能排卵，但排卵时间向后拖延，牛的正常排卵时间大约发生在发情结束后12h，而排卵延迟的牛可能拖到发情结束后24～48h，甚至更长时间；后者是指母牛在发情周期中卵泡能发育成熟，并有外在的发情表现，但卵子不能排出，其结果是成熟的卵泡退化或闭锁，有的则发生黄体化。排卵障碍常造成母牛屡配不孕，而且还可能继发卵巢囊肿。

卵泡交替发育时，母牛常出现连续或断续的发情现象。随着卵泡发育的变化，发情表现有时旺盛，有时微弱，发情期大为延长，有时可能达到30～90d。一旦排卵，1～2d就停止发情。卵泡交替发育是在发情时，一侧卵巢上正在发育的卵泡停止发育，开始萎缩，而在对侧（有时可能是在同一侧）卵巢上又有数目不等的新卵泡出现并发育，但是发育到某一程度又会开始萎缩，此起彼落，交替不已，最终有可能有一个卵泡获得优势，达到成熟而排卵，暂时再无新的卵泡发育。

卵巢萎缩时，母牛长期不发情，有时子宫体积也缩小。在发情开始时卵泡的大小及发情的外表症状基本正常，但是卵泡发育的进展比正常时缓慢，一般达到第三期（少数在第二期）就停止发育，保持原来的状态3～5d，以后就逐渐开始萎缩，波动及紧张性逐渐减弱，外表发情症状也逐渐消失。

另外，季节性繁殖的动物在乏情季节中卵巢暂时性静止，从而不出现发情；产后奶牛以及初情期的母畜也常发生安静发情。这些都是正常的生理现象。

安静发情是卵巢机能不全的一种表现。卵泡发育时，需有前次发情形成的黄体分泌少量孕酮作用于中枢神经，使它能够接受雌激素的刺激，而表现发情。所以缺乏适量的孕酮可能是引起安静发情的原因之一。故动物在初情期和乏情季节或产后首次发情时，多为安静发情。

（三）诊断

通过观察临床症状，可以对卵巢机能不全作出初步的诊断，但确诊则需要通过间隔一定时间、多次的直肠检查（大家畜）或应用B型超声波诊断仪了解卵巢情况。

不发情者，卵巢的形状和质地在多次检查时均见不到明显的变化，没有卵泡或黄体或在一侧卵巢上有一个很小的黄体遗迹。

 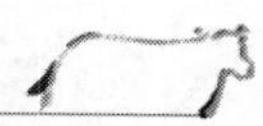

发情而不排卵或排卵延迟者，卵巢上有发育成熟的卵泡，但经多次的直肠检查或B型超声波检查，发现成熟卵泡存在的时间比预料的要长，由此可作出回顾性的诊断。

安静发情者，卵巢上有发育成熟的卵泡或排卵后形成的黄体。可利用公牛发现安静发情的母牛。

卵泡交替发育者，可见在发情开始时卵巢上有发育接近成熟的卵泡，但随后却停止发育，其波动和紧张性减弱，开始萎缩，同时在对侧（也可能在同侧）卵巢上又有数目不等的新卵泡出现并发育，发育到一定阶段又开始萎缩，如此此起彼落，而始终没有卵泡能发育成熟。卵巢萎缩者，其体积显著缩小，质地变硬，既无黄体又无卵泡，母牛卵巢萎缩时，直肠检查感到卵巢犹如黄豆。

另外，测定孕酮水平可以作为辅助诊断方法。卵巢机能不全者内分泌紊乱。如发生卵巢静止时，孕酮长期处于低水平；排卵障碍或卵泡交替发育都会使孕酮周期变得不规律。

（四）治疗

对卵巢机能不全的母畜，首先要查明病因，然后采取适当的治疗措施。如果患畜年龄不大，卵巢机能不全是暂时性的，经过适当的治疗后，预后良好；若患畜年老体衰或卵巢发生萎缩，则预后不佳。

尽管卵巢机能不全的病因复杂，但一般都与饲养管理有关，所以治疗时应从改善饲养管理入手，如改善饲料质量，增加日粮中的蛋白质、维生素和矿物质，延长放牧和日照时间，规定足够的运动量，减少使役和泌乳量等，以增强卵巢机能，同时针对病因采取相应的治疗措施。

对疑似病例，特别是对发情征象不明显或可能发生排卵障碍者，要勤做检查，监测卵泡发育情况和预测排卵时间，确定合适的配种时机，有助于提高受胎率。

治疗措施一般有以下几种，可根据具体情况选用：

1. 利用公牛催情 对于母牛的生殖机能而言，公牛是一种天然的刺激物。因此，对公、母牛分开饲养或不经常接触公牛的母牛，利用公牛催情可以促进母牛发情，加速排卵，即所谓的“公牛效应”。催情可以利用正常公牛进行，也可以将没有种用价值的公牛施行输精管结扎术后，混放于母牛群中。

2. 激素疗法 常用的是促性腺激素，如肌肉注射FSH，牛100～200IU/kg体重，马、驴200～300IU/kg体重，犬25IU/kg体重，每周1次，连用5周。也可注射HCG，马、牛2 000～5 000IU/kg体重，猪、羊500～1 000IU/kg体重，必要时间隔1～2d重复一次；或注射PMSG，马、牛1 000～2 000IU/kg体重，羊200IU/kg体重，猪10IU/kg体重。但在少数病例，注射HCG或PMSG，特别是在重复注射时，可能出现过敏反应，应当慎用。

另外，雌激素类药物，如苯甲酸雌二醇和丙酸雌二醇等，有直接的刺激母畜发情，引起性兴奋的作用，在临床上也常用于治疗卵巢机能不全。虽然雌激素只能引起母畜出现外表的发情征象，而不能诱导卵泡发育及排卵，但仍不失其实用价值。因为使用雌激素后，能使母畜的生殖器官血管增生，血液供应旺盛，促进机能恢复，所以使用后的第一次发情尽管不排卵，但可以重启发情周期，在以后的发情时就有可能正常排卵。

用雌激素制剂治疗卵巢机能不全的方法和剂量为：苯甲酸雌二醇或丙酸雌二醇，肌肉注射，牛 5～20mg、马 10～20mg、猪 3～10mg、羊 1～3mg、犬 0.2～0.5mg。应当注意，大剂量或长期使用雌激素可引起卵巢囊肿，也可引起骨盆韧带及其周围组织松弛，从而导致阴道或直肠脱出。

3. 冲洗子宫 对产后不发情的母马，用 37℃的温生理盐水或 1∶1 000碘甘油水溶液 500～1 000mL 冲洗子宫，隔日 1 次，共用 2～3 次，可促进发情。

4. 隔离仔猪 如果需要母猪提早发情配种，可将仔猪提前断奶。隔离后 3～5d，母猪即可发情。

5. 刺激生殖器官 触诊或按摩子宫颈、子宫和卵巢等，有时能引起母畜表现发情，但与雌激素一样，不能促进卵泡发育及排卵。

6. 激光疗法 应用激光治疗奶牛的卵巢机能不全（催情）和某些疾病性不育（持久黄体、卵巢囊肿等），效果良好。可用低功率（6～8mW 或 10mW）的氦氖激光原光束照射阴蒂或阴唇的黏膜部分，亦可照射交巢穴。距离 40～50cm，每日照射 1 次，每次 15～20min，14d 为一疗程。

7. 中药疗法 中兽医认为，牛的卵巢机能减退的原因是肾虚宫寒或气滞血瘀所致，治疗时前者应温肾暖宫，后者要疏肝化瘀。据文献报道，对这两类原因引起的卵巢机能减退可用下列中药方剂治疗：

肾虚宫寒型可选用：①当归 32g，川芎 23g，白芍 27g，熟地 32g，巴戟天 27g，淫羊藿 32g，菟丝子 32g，益母草 50g，茯苓 28g，小茴香 27g，荔枝核 27g，醋艾叶 23g；②当归 25g，川芎 25g，熟地 30g，党参 30g，白术 30g，山药 30g，淫羊藿 70g，韭子 25g，肉桂 25g，补骨脂 40g，杜仲 30g，阿胶 25g。共研末，开水冲服，每日 1 剂，连用 4 剂。

气滞血瘀型可选用：柴胡 32g，生白芍 32g，赤芍 27g，枳壳 32g，当归 23g，川芎 23g，熟地 32g，红花 23g，桃仁 27g，益母草 100g，五灵脂 27g，醋香附 23g，甘草 23g。共研末，开水冲服，每日 1 剂，连用 4 剂。

8. 维生素 A 维生素 A 对牛卵巢机能减退的疗效有时比激素更加好，特别是对于缺乏青绿饲料引起死亡卵巢机能减退。一般每次给予 100 万 IU，每 10d 注射 1 次，注射 3 次后的 10d 内卵巢上就有卵泡发育了，并且可以成熟排卵和受胎。

十七、持久黄体

一个或数个妊娠黄体或周期黄体超过正常时限而仍继续保持功能者，称为持久黄体（persistent corpus luteum，PCL）。持久黄体同样可以分泌孕酮，抑制卵泡发育，使发情周期停止，因而引起不育。此病多数是继发于某些子宫疾病。原发性的持久黄体比较少见。囊肿黄体变成持久黄体的极其稀少，妊娠黄体一般在产后 7d 内完全退化，大多数不会转变成持久黄体。奶牛的持久黄体最常见于配种受胎之后，尤其是发生在早期胚胎死亡中。

（一）病因

在生理条件下，黄体的退化主要依赖于子宫黏膜产生 PGF2α 作用于黄体组织，任何干扰 PGF2α 产生及释放的因素都可能引起持久黄体的发生。所以，持久黄体一般是继发于子宫疾病，如子宫炎、子宫积液、流产后胎儿滞留于子宫内、产后子宫复旧不全、胎衣

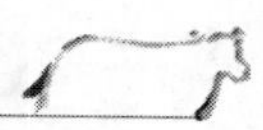

不下及子宫肿瘤等。

还有可能是继发于早期的胚胎死亡，这种情况下引起的持久黄体并非真正的持久黄体，而是妊娠提早中断但没有被诊断出来。在妊娠早期，胚胎由于感染或是发育异常而死亡时，母牛一般会恢复正常的发情周期，在此以后死亡，则发情会延期。

另外，舍饲时运动不足、饲料单纯、缺乏矿物质及维生素，或产奶量过高等，这些因素可能引起内分泌紊乱，导致子宫内膜分泌 PGF2α 的不足，使黄体不能溶解。如高产奶牛在冬季寒冷且饲料不足时，常常发生持久黄体。

（二）症状及诊断

持久黄体的主要症状是病畜的发情周期停止，不发情。临床上，可通过直肠检查或 B 型超声波检查进行确诊。在大家畜，一般用直肠检查法。如果母畜超过了应当发情的时间而不发情，间隔一定时间（10～14d），经过两次以上的直肠检查，发现一侧（有时为两侧）卵巢体积增大，在卵巢的同一部位触到同样的黄体，即可诊断为持久黄体。牛的黄体突出于卵巢表面，质地比卵巢实质硬。继发于子宫疾病的持久黄体，直肠检查一般可发现子宫异常，如子宫壁肥厚、体积增大或子宫腔内积有液体等。但为了和妊娠黄体区别，必须仔细触诊子宫，确认母畜未妊娠。

（三）治疗

治疗持久黄体的首选方法是使用溶解黄体的药物，但同时要改善饲养管理，继发于子宫疾病的要同时治疗子宫疾病，才能收到良好效果。目前疗效确实的溶解黄体的药物主要有 $PGF_{2}\alpha$ 及其合成的类似物，给患畜应用后大多数在 3～5d 内发情，可配种。现将此类药物介绍如下：

1. PGF2α　肌肉注射，牛 5～10mg，马 2.5～5mg。

2. 氯前列烯醇（cloprostenol）**和氟前列烯醇**（fluprostenol）前者主要用于牛和羊，肌肉注射，牛 0.2～0.4mg，羊 0.1～0.2mg；后者主要用于马，肌肉注射 0.125～0.25mg。一般注射 1 次即可奏效，如有必要可隔 7～10d 再注射 1 次。

3. 催产素　用于治疗牛的持久黄体有较好的效果。肌肉注射剂量为 80～100IU，每 2h1 次，连用 4 次，一般在注射后 8～12d 发情。

此外，FSH、PMSG、雌激素以及激光疗法等也可用于治疗持久黄体，但效果不确实。以往还曾采用通过阴道或者直肠摘除黄体的方法（黄体摘除术）治疗持久黄体，因为效果不确实，而且可引起严重的出血损伤，所以现已不再采用。

（四）预后

子宫没有明显的病例变化的母牛，预后一般良好，若改进饲料的管理，增加运动和放牧，减少挤奶量，可以使黄体退化，发情周期恢复正常，但是所需要的时间可能会比较长。在绝大多数的病例中采用适当的治疗措施之后，黄体在数天内即可消失，出现发情，但在衰老、全身情况不佳的母牛或持久黄体是因生殖器官疾病所引起者，则预后应当谨慎。

十八、卵巢囊肿

卵巢囊肿（cystic ovaries）一般是指一侧或两侧卵巢上存在一个或多个体积大于成熟

卵泡（在牛，直径超过2.5cm）、时间达10d以上的卵泡状结构，同时无正常黄体，并伴随异常发情的一种病理状态。根据囊肿的形成机制和组织学结构，卵巢囊肿可分为卵泡囊肿（follicular cysts）和黄体囊肿（luteal cysts）两种。

卵泡囊肿是由于卵泡上皮变性、卵泡壁结缔组织增生变厚、卵细胞死亡、卵泡液未被吸收或者增多而形成的。黄体囊肿则是由于未排卵的卵泡壁上皮细胞黄体化而形成，故又称为黄体化囊肿（lutilized cysts）。

卵泡囊肿和黄体囊肿都是由未排卵的卵泡发展而来，这些卵泡部分起源于发情周期的卵泡期，多数起源于产后发情周期恢复前第一次排卵前的卵泡。黄体囊肿可以直接发生于正常卵泡，但大多数是继发于卵泡囊肿。在牛，卵泡囊肿约占卵巢囊肿发病数的75%，黄体囊肿约占25%。在卵泡囊肿向黄体囊肿转化的过程中，卵巢组织学、形态学、临床和内分泌学变化还存在着过渡类型。

卵巢囊肿还有一个特点，就是自愈率较高。据报道，牛卵巢囊肿自愈率高达25%～60%。

（一）病因及发病机理

引起卵巢囊肿的原因，目前尚未完全清楚，但一般认为与以下因素有关。

1. 饲养管理不当 饲料中缺乏维生素A或含有多量的植物雌激素，或饲喂精料过多而又缺乏运动。如长期舍饲的牛在冬季发病较多，苜蓿草、红三叶草、青贮豌豆、发霉的干草中的雌激素是牛卵巢囊肿的重要诱因。

2. 内分泌紊乱 泌乳过多或哺乳过度、应激等因素引起内分泌机能失调，特别是促性腺激素分泌不足或释放时间不当，导致排卵障碍而发病；或者是使用激素制剂不当（如长期或大量使用雌激素）引发内分泌紊乱而致病。

3. 生殖系统疾病 发生卵巢炎、卵巢损伤、子宫内膜炎时，易使排卵受到扰乱而发生卵巢囊肿。

4. 遗传因素 在黑白花奶牛，卵巢囊肿可能具有遗传性，且遗传性可来自公母牛双方。因为一些研究已发现，在某一品种内的某些家族，发病率远远高于其他家族。

关于卵巢囊肿发生的确切机理至今尚不完全清楚。就母牛在产后期发生卵巢囊肿而言，母牛在产后早期（一般在产后12～14d以内），为垂体促性腺区组织的结构和功能自然恢复期；产后中期是下丘脑和垂体轴功能恢复的环境依赖期。正常情况下，由于LH和FSH的作用使卵泡发育，母牛于产后40d左右可以发情排卵，恢复正常的发情周期。但是，该阶段母牛产奶较多，机体代谢处于负平衡且抗病力下降，因此，下丘脑—垂体轴的功能很容易受到环境因素（如营养水平、应激环境）以及母牛体质与子宫组织的健康状态等的影响，使LH或（和）FSH的分泌异常而出现生殖内分泌紊乱，已经发育并接近成熟的卵泡往往发生排卵障碍。产后晚期卵巢机能恢复后，正常发情周期的维持，除了需要正常的下丘脑—垂体轴功能外，还需要子宫分泌的前列腺素的作用，所以可将这一阶段视为维持卵巢机能的子宫依赖期。此时如果已恢复正常功能的下丘脑—垂体轴发生内分泌紊乱，或者子宫机能受损，使前列腺素的合成和分泌发生异常时，均可使发情期的卵泡出现排卵障碍而发生卵巢囊肿。病畜的子宫内膜受到雌激素、孕激素单方面长期持续性的作用后可出现增生变性，分泌前列腺素的机能进一步下降，从而可以加剧卵巢囊肿的病理过

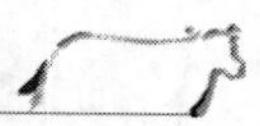

程。据报道，异常的应激因素可引起 ACTH 合成和分泌水平升高，促使肾上腺皮质分泌孕酮作用于下丘脑，抑制 GnRH 的分泌，进而抑制垂体 LH 的释放，干扰正常的排卵而发生囊肿。

（二）症状

各种动物患卵巢囊肿时临床症状不完全一样。牛患卵巢囊肿时，主要表现有两种：一种是发情周期变短，发情期延长，甚至表现持续而强烈的发情行为，被称为“慕雄狂”（nymphomania），这种情况主要见于卵泡囊肿。另一种是不发情，主要见于黄体囊肿，但如果产后第一次排卵的母牛发生卵泡囊肿，因为体内缺乏孕激素刺激，也可能表现为不发情。

牛的卵巢囊肿主要临床症状表现如下。

1. 卵泡囊肿　因为这种囊肿能分泌大量的雌激素，所以患牛常表现为慕雄狂症状。可见患牛极度不安，大声哞叫、拒食，频繁排泄粪尿；经常追逐和爬跨其他母牛；泌乳量降低，有的乳汁带苦咸味，煮沸时发生凝固。由于病牛经常处于兴奋状态，过度消耗体力，而且食欲减退，所以往往身体瘦削，被毛失去光泽。有的病牛性情变得凶恶，不听使唤，甚至攻击人畜。

患病时间较长的病牛，特别是发展成为慕雄狂时，颈部肌肉逐渐发达增厚，状似公牛，且荐坐韧带松弛，臀部肌肉塌陷，出现特征性的尾根抬高，尾根与坐骨结节之间出现一个深的凹陷；阴唇肿胀、增大，阴门中常排出黏液。长期表现慕雄狂的病牛，骨骼严重脱钙，爬跨时可能发生骨盆或四肢骨折。

直肠检查时可发现患牛卵巢上有一个或几个壁紧张而有波动的囊泡，直径一般超过 2.5cm，有时达到 5～7cm。有些牛不仅出现一个大囊肿，而且出现许多小囊肿。

2. 黄体囊肿　因为这类囊肿仍可以分泌孕激素，故患牛的外表症状是不发情。直肠检查时可发现囊肿多为一个，大小与卵泡囊肿差不多，但壁较厚而软，紧张性较低。

（三）诊断

对卵巢囊肿的诊断，一般可以通过观察患畜的临床症状，结合直肠检查或 B 型超声波检查进行。但要准确地区分囊肿类型，还需要测定激素水平。据报道，患卵泡囊肿的母牛，血浆雌二醇水平高达 20～110pg/mL，而血浆孕酮水平则往往低于 1ng/mL；黄体囊肿的母牛，血浆孕酮水平一般保持在 1.2ng/mL 以上。

鉴别诊断：牛的卵巢囊肿在直肠检查时，应注意与正常排卵前的卵泡或发育的黄体相区别。有些排卵前卵泡的直径也可能达到 2.5cm，但触诊时感到壁薄、表面光滑，突出于卵巢表面，其紧张感不如囊肿。而且触诊子宫时感觉也不一样，处于发情期的子宫收缩感强，张力增加，而卵巢囊肿患畜的子宫常有炎症，较松软。

直肠检查时，还要注意将卵巢囊肿与发育的黄体及囊肿黄体相区别。在发情早期的黄体表面光滑、松软，但随着继续发育，其质地逐渐变得与肝脏类似，不像囊肿有波动感，而且排卵后形成的黄体或囊肿黄体的表面都有排卵点。

为了准确地鉴别，需要间隔一定时间（2～3d）做多次重复检查。囊肿存在的时间要比卵泡或周期黄体存在的时间长，如果超过一个发情周期，检查的结果相同，就可作出诊断。

临床上，卵巢囊肿还需要与卵巢脓肿、卵巢肿瘤、卵巢炎、输卵管积液、输卵管伞囊肿等疾病相鉴别。

（四）治疗

治疗卵巢囊肿时，首先应当改善饲养管理，减少各种对疾病恢复不利的因素，舍饲的高产母牛要增加运动，增强卵巢机能。如有生殖器官炎症，应同时治疗，否则治愈后易复发。

1. 激素疗法　一般是应用促黄体化激素诱导囊肿黄体化，或将促黄体化激素与溶解黄体的激素配合应用。常用激素及其使用方法如下。

（1）GnRH 类似物。无论哪种卵巢囊肿都可单独使用 GnRH 类似物或与其他激素配合使用，且重复应用发生过敏反应者极少，也不会降低疗效。国产兽用 GnRH 类似物制剂有 LRH-A_3，牛、马肌肉注射 20μg/（头·次）。多数母牛在治疗后 18～23d 发情，治愈率在 80%左右。而且，在母牛产后第 12～14 天预防性地应用 LRH-A_3，可减少卵巢囊肿的发生。

（2）LH 或 HCG。LH 或 HCG 静脉注射、肌肉注射或皮下注射均可，但较经济有效的方法是静脉注射，牛 2 500～5 000IU/（头·次）。注射后每 7～10d 直肠检查一次，确定是否需要重复用药，直到确认囊肿形成黄体组织为止，治愈率为 65%～80%。母牛一般在用药后 10d 囊肿发生黄体化，20～30d 内出现发情。应当注意的是，促性腺激素类制剂是大分子蛋白质类药物，反复注射会刺激机体产生抗体，降低疗效，甚至引起过敏反应。因此，如需要重复用药，应选用高效制剂或改用皮质醇。

（3）PGF2α 或其类似物。主要用于治疗黄体囊肿。如果确诊是黄体囊肿，可直接应用 PGF2α 或其类似物，常用的制剂是氯前列烯醇，牛肌肉注射 0.2～0.4mg/（头·次）。目前治疗卵巢囊肿的推荐方案是，先应用 GnRH 类似物（如 LRH－A_3）或 HCG、LH，促进囊肿黄体化，9～11d 后再应用 PGF2α 或其类似物。患畜一般在注射 PGF2α 2～5d 内发情，并可配种，治愈率一般在 90%左右。

（4）孕酮。实践证明，应用外源性孕酮治疗卵泡囊肿是有效的，可使 60%～70%的病牛恢复发情周期。因为孕酮除了能直接抑制发情以外，还通过负反馈作用抑制下丘脑 GnRH 和垂体促性腺激素的分泌，抑制患畜的发情，有利于内分泌恢复到生理状态。牛一次肌肉注射孕酮 750～1 000mg；或每次注射 100mg，每日或隔日 1 次，连用 5～10 次，总量 500～1 000mg；也可放置含孕酮的阴道栓 10～12d。一般在注射孕酮 2～3 次以后，见效的母牛性兴奋及慕雄狂的症状消失，再经过 10～20d 可恢复正常发情，而且可以受孕。据报道，用孕酮治疗牛的卵巢囊肿，治愈率为 61%～72%，妊娠率约 50%，效果比用 GnRH 或 HCG 稍差。而且使用孕酮还可能延迟卵巢周期的恢复，降低受精率。

（5）皮质醇。皮质醇激素能抑制 LH 释放及发情和排卵，有助于垂体储备 LH，因而也可用于治疗卵巢囊肿，特别是对一些垂体功能亢奋，多次应用促性腺激素治疗无效的病例有效。据报道，给患牛肌肉注射地塞米松 10～20mg 或倍他米松 10～40mg，平均注射 1.9 次，妊娠率达到 74%。

（6）催产素。催产素对治疗牛的卵巢囊肿有较好的疗效。使用剂量为 100～200IU/（头·次）。

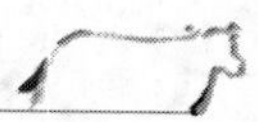

2. 手术疗法　手术疗法包括通过直肠挤破囊肿、经腹壁刺破囊肿和手术摘除囊肿等，但这些都容易造成卵巢组织损伤、出血，甚至发生粘连，影响以后的排卵受孕，而且也不能消除病因，现基本上已不用。

十九、输卵管炎

所有动物均可以发生输卵管炎（salpingitis），但以牛较为常见，而且大多数病例在临床检查时很难发现。严重者炎症可发展到黏膜下层、浆膜及输卵管周围组织，甚至继发盆腔炎。本常继发于子宫内膜炎，如果是双侧输卵管发病，因影响精子和卵子的运行与结合，所以会引起不育。

（一）病因

引起输卵管炎的因素很多，大多数病例为继发于子宫的上行性感染，由胎衣不下、子宫炎及子宫积脓所引起。输卵管炎的病原菌较多，包括链球菌、弯杆菌、葡萄球菌、大肠杆菌和化脓棒状杆菌等。

（二）症状与诊断

诊断输卵管炎病初期未发生形态学变化以前比较困难，当病变极其严重时，可以通过直肠检查做出诊断。

（三）治疗

本病的治疗一般是全身使用大剂量的广谱抗生素或通过子宫角给药，但效果常不令人满意，有时即使炎症得到治愈，患畜也难受孕。所以，如果经过 2～3 个疗程治疗仍不见效，患畜应作淘汰处理。

二十、输卵管积液

输卵管积液（hydrosalpinx）的大多数病例是并发于输卵管炎。在各种动物中，牛患病最多，而且还可以发展成为输卵管积脓。输卵管积液时由于输卵管变粗、具有液体波动，通常仔细的直肠检查可以作出诊断。

（一）病因

发生输卵管积液的原因尚不明确，在牛有人认为可能是感染所致。

（二）症状

发生输卵积液或积脓时，由于输卵管中积聚有清亮的黏液或者脓液，因而输卵管扩张。由于输卵管受阻，精子和卵子难以通过，所以影响牛的生育力。患病牛一般表现正常的发情周期，但是多数屡配不孕。如果双侧输卵管受损，则完全丧失繁殖能力。

（三）治疗

发生输卵管积液时，可按输卵管炎的疗法治疗，经 2～3 个疗程仍不见效者，患牛可做淘汰处理。

二十一、阴道炎

阴道炎（vaginitis）是指阴道黏膜的炎症，严重者炎症可发展到阴道黏膜深层组织。阴道炎影响配种、精子运行，甚至引起子宫颈炎和子宫炎，从而造成母牛不育。

(一) 病因

正常情况下，母畜阴门、前庭及阴道黏膜紧贴在一起，将阴道腔封闭，阻止外界微生物侵入。雌激素发挥作用时，阴道黏膜上皮细胞贮存大量糖原，在阴道杆菌作用及酵解下，糖原分解为乳酸，使阴道保持酸性，能抑制阴道细菌的繁殖，因此阴道自身有一定防卫能力。当这种防卫机能受到破坏，例如发生损伤及机体抵抗力降低时，细菌即侵入阴道组织引起炎症。

阴道炎有原发性和继发性两种。原发性阴道炎是由于分娩、难产助产或配种时，阴道受到损伤感染而发生的，如母牛阴门裂伤后未能原位愈合而留有裂缝，使阴唇和前庭的黏膜不能正常地紧贴在一起。空气易于进入阴道，形成所谓的“气膣”（pneumovagina），尿也易于滞留在阴道中，而发生阴道炎。

继发性阴道炎多数是由子宫炎及子宫颈炎引起的。此外，阴道损伤，交配引入细菌、病毒、寄生虫等也可诱发阴道炎；流产、难产、施行截胎术、胎衣不下、阴道脱出、产后子宫炎、阴门的严重损伤和气膣等均可称为发生阴道炎的原因；粪便、尿液等污染阴道也可诱发阴道炎。阴道感染以后，由于子宫及子宫颈将阴道向前向下拉，因此病原物很难被排出去。

阴道炎也可继发于交配之后，这种情况最常见于处女牛，但感染一般比较轻微。此外，用刺激性太强的消毒液冲洗阴道，使用的器械消毒不严格，施行阴道检查时不注意消毒均可诱发阴道炎。

(二) 症状及诊断

因损伤及炎症的程度不同，症状也不完全一样。阴道黏膜表层受到损伤而引起的炎症，患畜一般无全身症状，仅见阴门内流出黏液或黏液脓性分泌物，尾根及外阴周围常黏附有这种分泌物的干痂。阴道检查，可见黏膜微肿、充血或出血，黏膜上常有分泌物黏附。若转化为慢性过程，阴道内有时可积蓄稀薄的卡他性炎性分泌物。

阴道黏膜深层受到损伤时，由于阴门、前庭及阴道富含感觉神经的传入纤维，患畜疼痛表现明显，常出现拱背、尾根举起、努责、做排尿动作，有时努责之后从阴门中流出污红、腥臭的稀薄液体。用开膣器检查阴道时，病畜疼痛不安，甚至引起出血，检查可见阴道黏膜，特别是阴瓣前后的黏膜充血，肿胀、上皮缺损，有时可见到创伤、糜烂和溃疡。阴道前庭发炎者，往往在黏膜上可以见到结节及溃疡，有时出现全身症状，体温升高，食欲和泌乳量减少。早期急性炎症若未做及时治疗，可转化为慢性炎症。若病变在阴道前部，常表现为慢性脓性阴道炎，时常可见有脓性分泌物从阴门向外排出。有时由于组织增生使阴道腔狭窄，狭窄部之前的阴道腔积有脓性分泌物。若病变在阴道后部至阴门部，常表现为蜂窝织炎，黏膜下结缔组织内有弥散性的脓性浸润。母畜往往有全身症状，排粪、排尿时有疼痛表现。

(三) 治疗

对轻症可用温热防腐消毒溶液冲洗阴道，如0.1%高锰酸钾、0.05%新洁尔灭或3%盐水等。阴道黏膜剧烈水肿及渗出液多时，可用1%～2%明矾或5%～10%鞣酸、1%～2%硫酸铜或硫酸锌溶液冲洗。对阴道深层组织的损伤，冲洗时必须防止感染扩散。冲洗后可注入防腐抑菌的乳剂或糊剂，如等量鱼石脂甘油、碘甘油、复方碘溶液等，连续数

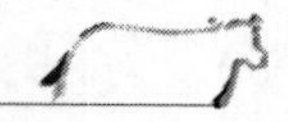

日，直到症状消失为止。在局部治疗的同时，于阴门两侧注射抗生素，效果很好。

如果慢性阴道炎是由气膣引起，应对阴门实行整形手术暂时闭合阴门。如果是继发于子宫内膜炎或子宫颈炎，应同时治疗原发病。

（四）预后

单纯的阴道炎，一般预后良好，有时甚至无需治疗即可自愈。同时发生气膣、子宫颈炎或是子宫炎的病例，预后欠佳，阴道发生狭窄或发育不全时，则预后不良。阴道炎如为传染性原因所引起，阴道局部可以产生抗体，有助于增强抵御疾病的能力。

二十二、子宫颈炎

子宫颈炎（cervicitis）是指子宫颈外口的炎症。患畜子宫颈常由于结缔组织增生而变狭窄或闭锁，或积蓄炎性渗出物危害或妨碍精子通过，从而引起不育。

（一）病因

原发性子宫颈炎是因分娩、助产、交配或在输精、阴道检查、治疗子宫疾病时使用器械不慎等造成子宫损伤、感染所致，炎症常为急性过程，如未及时治愈，也可转为慢性。继发性子宫颈炎常为阴道炎和子宫炎的并发症，其炎症病程多为慢性经过。

（二）症状及诊断

急性炎症发生于产后，子宫颈有创伤病史易发此病。慢性炎症通过阴道检查可发现子宫颈膣部黏膜松软、水肿、充血或溢血，有时尚附有脓性分泌物，子宫颈口略为开张。牛患慢性子宫颈炎久病不愈，由于结缔组织增生、子宫颈膣部黏膜皱襞变肥大，有的呈菜花状。直肠检查可感受到子宫颈变硬、粗细不均，直肠把握输精时输精管插入困难。

（三）治疗

可先用温消毒液，如 0.1%高锰酸钾、0.05%新洁尔灭或 3%盐水等冲洗，再涂擦复方碘溶液、碘甘油溶液或其他防腐抑菌药物。如果子宫颈炎继发于子宫炎或阴道炎，应当同时治疗原发病。

二十三、子宫积液和子宫积脓

子宫积液（mucometra）和子宫积脓（pyometra）都是慢性子宫内膜炎的一种病理过程。前者是子宫内蓄积大量的棕黄色、红褐色或灰白色的稀薄或黏稠液体，其液体稀薄如水者也称子宫积水（hydrometra）；后者是子宫内蓄积有多量的脓性或黏脓性渗出物。

（一）病因及发病机理

子宫积液的主要病因是慢性卡他性子宫内膜炎。由于有炎症的子宫内膜分泌机能增强，渗出增加，而子宫颈管却因黏膜肿胀而阻塞不通，以致炎性产物不能排出而蓄积于子宫内。子宫颈管创伤后粘连阻塞，每次发情时的分泌物不能排出也能发展成为子宫积液。其他疾病，如卵巢囊肿、卵巢肿瘤、假孕、内分泌失调等也引起发病。

子宫积脓的主要病因是脓性子宫内膜炎。患慢性脓性子宫内膜炎的病畜，由于子宫内膜病变，分泌前列腺素的功能减弱，因而产后排卵形成的黄体不能退化而成为持久黄体，加之子宫颈管黏膜肿胀，脓汁不能排出，而停留于子宫内形成积脓。

（二）症状及诊断

长期不发情是本病的共同特征（也有的偶尔出现发情），但患畜一般无全身症状，所以有时误以为是妊娠。

子宫积液时，从阴道中不定期地排出分泌物，但如果子宫颈完全封闭，则没有分泌物排出。阴道检查，子宫颈口黏膜充血、轻微肿胀，有时可见到有少量分泌物。直肠检查，子宫角变粗，犹如妊娠1.5～2个月，两子宫角分叉清楚；如果子宫颈管完全封闭，且患病时间较长，子宫体积变得更大，触诊子宫壁很薄，有明显的波动感，摸不到子叶（牛）；触诊卵巢，有黄体。有的子宫中动脉还出现类似的妊娠脉搏。

子宫积脓时，阴道检查，可见子宫颈口黏膜充血、肿胀，有时有少量脓液。直肠检查，子宫体积增大，其体积大小视积聚的脓液量变化较大，较小的如妊娠2个月的子宫，大的可达妊娠5个月的子宫体积；子宫壁增厚，且厚薄不匀，触之有波动；卵巢上一般有黄体或囊肿。当子宫体积显著增大时，两侧子宫中动脉都出现类似妊娠脉搏，仔细触诊子宫时，摸不到子叶（牛）和胎儿。

本病通过临床症状和重复的(间隔10～20d）直肠检查，一般不难作出诊断，有条件的也可进行B型超声波检查。在临床上，本病须与正常妊娠、胎儿干尸化相鉴别（表6-3）。

表6-3　子宫积液和子宫积脓与正常妊娠、胎儿干尸化鉴别诊断

	直肠检查	阴道检查	阴道分泌物	发情周期	全身症状
正常妊娠	子宫壁薄而软；妊娠3～4个月可摸到子叶及胎儿；孕侧子宫中动脉妊娠脉搏较明显；卵巢上有黄体	子宫颈关闭，有黏液栓；黏膜苍白	无	停止	良好
子宫积液	子宫大小与妊娠1.5～2个月相似，壁薄，有波动感；卵巢上有黄体；有时子宫中动脉有类妊娠脉搏	子宫颈黏膜充血，轻微肿胀	不定期地排出	多数停止	无
子宫积脓	子宫大小与妊娠2～5个月相似，壁厚薄不匀，有波动感；卵巢上有黄体；两侧子宫中动脉类妊娠脉搏强度相等	子宫颈黏膜充血，肿胀	偶尔有脓性分泌物排出	多数停止	不明显
胎儿干尸化	子宫增大、坚硬，且形状不规则，各部分软硬程度不一，无波动感，卵巢上有黄体	子宫颈口关闭	无	停止	无
胎儿浸溶	子宫增大，表面不高低不平，挤压有骨片摩擦音	子宫颈微开张，有污秽液体	污秽，恶臭，有小骨片	停止	有

（三）治疗

本病因子宫内膜严重受损，预后慎重，多数病例即使治愈后，也难受孕。

治疗时应首先使用溶解黄体的药物（PGF2α及其类似物）使黄体溶解，配合使用雌激素开张子宫颈以及使用子宫收缩药（催产素等），促进子宫内的炎性产物排出，也可以

用子宫冲洗疗法净化子宫。待排净子宫内容物或冲洗子宫后，投入抗菌消炎药，其治疗方法与治疗子宫内膜炎的方法基本相同，可根据病情选用，但各种激素的使用剂量要适当加大。

二十四、难产

母畜妊娠期后，正常情况下能自然发动分娩，将胎儿产出。但如在分娩过程中因产力或产道、胎儿发生异常，母牛不能产出胎儿，就会发生难产（dystocia）。又或是由于各种原因而使分娩的第一阶段（开口期），尤其是第二阶段（胎儿排出期）明显延长，如果不及时进行人工助产，则母体将难以或不能排出胎儿的一种疾病。

难产的发生率与母体产道结构特点、胎儿形态特征和母牛体质及发育状况等有关。不同动物及品种间，难产的发病率有较大差别。难产的疾病发展过程迅速，发病突然，如果不能及时进行正确的医疗救助，不仅会危及母畜及胎儿的生命，而且还极易造成母牛的子宫及产道的损伤和感染，影响以后的繁殖能力。因此在临床上，一旦母牛发生难产，必须及时采取正确的处理措施，这是兽医产科工作者的一项极其重要的任务。

（一）难产的检查

难产的检查是实施难产救助的重要环节。难产检查的主要目的是确保母体的健康和以后的繁殖能力，并且能尽可能地挽救胎儿的宝贵生命。只有通过全面的难产检查，才能作出准确的诊断和制定正确的助产方案。在术前进行详细的检查确定母牛以及胎儿的反常情况，并通过全面的分析和诊断，才能正确拟定切合实际的助产方案，此外还要把检查结果，预定的手术方案和预后的说明都要向畜主说清，争取在手术过程中及术后取得畜主的积极支持和密切配合。因此，难产的检查是救治难产的重要环节之一。

难产的检查主要包括询问病史、一般性临床检查（母畜全身状况检查）、产道检查、胎儿检查以及术后检查等5个方面。

1. 询问病史　遇到任何难产的病例，首先尽可能详细地了解病牛的情况，以便大致预测难产的程度，为初步的诊断提供依据，做好必要的准备工作。

（1）预产期。实际临产日期与预产期的差距与胎儿发育的个体大小有关，因此应根据有效配种日期准确了解难产母畜的预产期。如妊娠母牛未到预产期，则可能是早产或流产，这时胎儿一般较小，有利于从产道拉出；如已超过预产期，胎儿可能较大，实施矫正术及牵引术的难度将会增大。

（2）年龄及胎次。母畜的年龄及胎次与骨盆发育发育程度有关。年龄较小或初产的母牛，常因骨盆发育不全，分娩过程较缓慢，胎儿不易排出。

（3）产程。通过对母牛分娩过程的详细了解可以获得分析难产的基本信息。了解的内容包括母牛开始出现不安和努责的时间、努责的强弱、胎膜及胎儿是否已经外露、胎水是否已经排出、胎儿外露的情况等以及已产出胎儿的数量等。

当产程尚未超过正常的胎儿产出期，且胎膜未外露、胎水未排出、母牛努责不强时，分娩可能并未发生异常，仍处于开口期；或因努责无力、子宫颈开张不全，胎儿进入产道缓慢。如果母牛努责强烈，胎膜已破裂并流出胎水，而胎儿长时间未产出，则可能发生了难产。

通过询问胎儿外露的情况，可以大致了解胎儿的胎向、胎位及胎势是否异常。仅露出一侧或两侧前肢蹄部而不见胎儿唇部，或唇部已经露出而不见两前肢蹄尖时，表明发生了正生的胎势异常；如外露一后蹄，则表示已发生倒生的胎势异常。如果阵缩及努责不太强烈，胎盘血液循环未发生障碍，短时间内胎儿尚有存活的可能。

(4) 胎儿产出情况。如果病牛为多胎动物，应了解是否已经有胎儿产出及已产出的胎儿的数量、两胎儿产出之间时间间隔的长短、努责强弱以及胎衣是否已经排出等。如果分娩过程突然停止，则可能发生了难产。综合上述分析的情况，可以确定是继续等待，还是立即催产或用手术方法助产。

(5) 饲养管理与既往病史。妊娠期间饲养管理不当或过去发生的某些疾病，也可能导致分娩时母牛的产力不足或产道狭窄，如较长时期的腹泻性疾病、营养原因导致的体弱或肥胖、运动不足、胎水过多、腹部的外伤等，可不同程度地降低子宫或腹肌的收缩能力；既往发生过的阴道脓肿、阴门及子宫颈创伤可使软产道产生瘢痕组织，降低软产道的开张能力；有骨盆骨折病史的难产病例则可能出现硬产道狭窄，造成胎儿排出困难。

(6) 医疗救助情况。对已接受过医疗救助的难产病例，应详细询问前期的诊断结论、救治中所使用的药物与剂量、采用的救助方法及胎儿的存活情况等，以便从中获取有价值信息。

在实际中，前期对难产病例处理不当的情形时有发生，主要见于在尚未作出难产类型正确诊断之前，盲目地强力实施牵引术或大剂量使用子宫收缩药物。助产方法不当，可能造成胎儿死亡，或加剧胎势异常程度，导致软产道严重水肿、损伤甚至子宫破裂，给后期的手术助产增加难度。如助产过程不注意消毒，则容易使子宫及软产道遭受感染，也会增大以后继发生殖器官疾病的可能性。

2. 一般性临床检查 一般性临床检查主要包括母体全身状况和骨盆韧带及阴户等的检查。

首先应对母牛的全身状况，包括体温、呼吸、脉搏、可视黏膜、精神状态以及能否站立等进行全面检查。母牛发生难产后因，高度惊恐、疼痛和持续的强烈努责，机体处于高度应激状态，体力大量消耗，体质明显下降，严重时甚至可以危及生命。因此，救治难产母牛时应首先对母牛全身状况进行全面检查，并根据检查结果评价母牛的体质状况及病况危重程度，确定母体能够耐受复杂手术的能力以及对母畜牛应采取的相应医疗措施。当难产母牛处于高度虚弱或出现生命危征时，母体将出现体温偏低、呼吸短促、脉搏细弱、精神沉郁或知觉迟钝、站立不稳等症状；如果因难产造成子宫或产道损伤而发生大量出血时，母牛的可视黏膜将变得苍白。因此，全身状况的检查对及时抢救母畜体况恶化的危重难产病例尤为重要。

其次，还需检查母牛骨盆韧带、阴户、腹部以及阴道分泌物。触诊检查骨盆韧带和阴户的松软变化程度，或向上提举尾根观察其活动程度如何，以便评估骨盆腔及阴门能否充分扩张。如果骨盆韧带和阴户的松软程度不够，将给胎儿顺利通过产道带来一定困难。另外，应特别注意尾根两旁的荐坐韧带是否松软，向上提起尾根时活动程度如何，以便确定骨盆腔以及阴门是否充分扩张。同时还应确定乳房是否胀满，乳头中是否能挤出初乳，用来确定妊娠是否足月。

3. 产道的检查　产道检查主要用于诊断子宫颈狭窄和骨盆腔异常，判断阴道的松软及润滑程度。检查时术者需将手臂或手指伸入产道，通过触摸检查阴道的松软及润滑程度，子宫颈的松软及开张程度，骨盆腔的大小和形状以及软产道有无异常等。如果触摸阴道壁表面感到干涩或有粗糙处，说明产道湿滑程度不够，粗糙处可能有损伤。当触摸到子宫颈时，如果子宫颈已经完全松软或开张，术者可以在胎囊挤入产道的情况下很容易地将手伸入到子宫颈内，或者在胎儿大小正常且宽大部位已进入产道的情况下仍能将手掌较容易地挤入胎儿与子宫颈之间，反之则可能发生子宫颈松软或开张不全，致使子宫颈狭窄而阻碍胎儿的通过。如果因子宫捻转导致软产道狭窄或捻闭，检查中可以在阴道或子宫颈的相应部位触摸到捻转形成的皱褶。若检查时子宫颈尚未开张，充满黏稠的黏液，则胎儿产出期可能尚未开始。如果在骨盆腔的检查中发现其形状异常、畸形或大的肿瘤时，则可能发生骨盆腔狭窄。

此外，如果难产的持续时间过久，软产道黏膜往往发生严重水肿而使得软产道变得狭窄，甚至给产道检查造成很大困难。如果产道液体混浊恶臭，含有脱落的胎毛，则可能胎儿发生气肿或腐败。

为防止污染和损伤产道，检查过程中应注意手臂的消毒和润滑处理，并注意对产道的保护。

4. 胎儿的检查　胎儿的检查主要用于诊断胎儿异常所造成的难产，为制定正确的助产方案提供依据。检查时可通过观察胎儿前置部分露出的情况和产道内触摸胎儿来确定胎儿的胎向、胎位、胎势以及胎儿的死活、体格大小和进入产道的深浅等。如果胎膜尚未破裂，触诊时应隔着胎膜进行，避免胎膜破裂和胎水过早流失，影响子宫颈的扩张及胎儿的排出；如果胎膜已经破裂，可将手伸入胎膜内直接触诊。

（1）胎向、胎位及胎势的检查。胎向、胎位及胎势的检查可以通过产道内触摸胎儿身体的头、颈、胸、腹、背、臀、尾及前肢和后肢的解剖特征部位，判断胎儿的方向、位置及姿势有无异常。

检查时，首先要观察露出到阴门外的胎儿前置部分。如果有前肢和唇部或后肢已露出，表明胎向正常，为纵向的正生或倒生；如果两前腿已经露出很长而不见唇部，或者唇部已经露出而看不到前腿，或者只见尾巴而不见一或两后腿，均为胎势异常，需将手伸入产道，进一步确定胎儿姿势异常的部位及程度。如果在产道内发现胎儿的腿，应仔细判断是前腿或后腿，若为两条腿，则应判断是同一个胎儿的前后腿、双胎或是畸形。判定前腿与后腿时，可以根据腕关节和跗关节的形状和可屈曲的方向以及蹄心的方向进行区别。

（2）胎儿大小的检查。胎儿大小的检查通常可以根据胎儿进入母体产道的深浅程度，通过触摸胎儿肢体的粗细和检查胎儿与母体产道的相适宜情况来综合判断。四肢粗壮的胎儿通常体格较大，其身体宽大部位进入产道相对困难，头部或臀部的宽大部分一般难以进入子宫颈。如果产道因胎儿楔入而出现处于极度扩张状态，则胎儿可能体格太大，与产道不相适应，不宜简单地采用牵引术助产。

（3）胎儿生死的检查。实施难产救助之前，需对胎儿的生死作出正确的判断。错误的判断可能导致救助方法选择不当而造成胎儿或母体的伤害。

在检查胎儿死活时，可通过产道内触摸或按压胎儿身体反射敏感部位以及心脏和大血管的搏动等，根据其是否有反应作出判断。胎向为正生时，可将手指塞入胎儿口内，检查有无吸吮反应；牵拉舌头，注意有无回缩反应；压迫眼球，注意眼球有无转动。此外，在可以触摸到颈部及胸部时，应注意感觉有无心脏及血管的搏动。胎儿为倒生时，则可将手指伸入肛门，感觉是否有收缩反应，也可触诊脐动脉是否有搏动。有反应的胎儿可以判断为存活，但对没有反应的胎儿不能简单地作出死亡的判定，需再次仔细检查和核实后作出判定。

一般来说，触诊时胎儿的反应强度与其活力有关。活力旺盛的胎儿可以对触诊的刺激快速作出明显的反应。活力不强或濒死的胎儿对触诊的反应微弱，甚至无反应，但受到锐利器械刺激引起剧痛时则可能出现程度不同的反射活动。胎儿对任何刺激作出某种微弱反应都表明胎儿是存活的，因此需仔细检查判定。

此外，在检查中发现胎毛大量脱落，皮下发生气肿，触诊皮肤有捻发音，胎衣和胎水的颜色污秽，有腐败气味，说明胎儿死亡已久，可作出胎儿死亡的诊断。

（4）胎儿与产道的关系。即胎儿进入母体产道的深浅、胎向、胎位及胎势以确定手术助产方案。如果胎儿进入产道很深，不能推回，且胎儿较小，异常不严重，可以先试试拉出。胎儿进入尚浅时，如有异常，则应先行矫正。

5. 术后检查　母牛在经历复杂的难产助产手术后体质可能变得十分虚弱，严重时甚至有生命危险。因此，术后应对母牛的身体健康状况进行全面检查，以便及时采取相应的医疗处理。如果母牛产后出现后肢站立困难，须仔细检查，诊断母牛的后躯神经是否受到损伤。

当难产胎儿经产道助产成功排出后，须仔细检查和确认术后子宫内是否还有胎儿滞留，子宫和软产道是否受到损伤，以及子宫有无内翻情况的发生等。若子宫内还有胎儿，可通过产道触诊确认，或者经腹壁外部触诊以及X线检查确认。检查术后子宫及产道损伤情况时，应注意黏膜水肿和损伤情况、子宫及产道的出血和穿孔等。子宫体和子宫颈因靠近耻骨前缘部位，在强力的挤压下易发生挫伤甚至穿孔；强行牵引体格大的胎儿时，阴道壁也可能因过度扩张而破裂。此外，如果发现有子宫内翻的情况，应马上进行整复，将子宫内翻的部分推回原位。

（二）难产助产的方法

救治难产时，可供选用的助产方法可分为手术助产和药物催产两类。

1. 手术助产的术前准备

（1）手术场地的准备。助产手术最好在手术室内进行。若在野外条件下施术，要因地制宜，一般要求施术场所要宽敞、明亮、清洁、安静、温度适宜，且用水、用电方便。

（2）母牛的保定。对母畜的保定要以便于术者操作为原则，所以对于大家畜要尽可能将母牛站立保定，且使其后躯高于前躯。但在难产时，尤其是发生时间较长时，母牛往往难以站立，所以常不得不将其以卧地姿势保定。卧地保定时，以侧卧为宜，且要垫高母牛后躯，并使要矫正或截除的胎儿身体部分向上，以免因受到胎儿自身的压迫而难以操作。有条件的，可将母牛置于高处保定，以便于术者操作。

（3）镇静与麻醉。因为母牛发生难产后，常常表现躁动不安、强烈努责，干扰助产操作，甚至引起意外伤害，而且助产手术对母牛也是一种强烈的刺激，可能引起母牛的应激

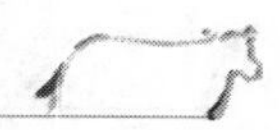

反应或发生休克。为使助产手术顺利进行，避免意外事故的发生，一般需要根据具体情况对母牛采取镇静或麻醉措施。如果母牛表现轻度不安，且助产手术并不复杂，可使用镇静药物；但若需要施行难度较大的矫正、截胎或剖腹产手术时，则需进行麻醉。

①镇静。常用镇静药物有：a. 静松灵，对牛这种大家畜有明显的镇静作用，尤其是对反刍动物效果较好。肌肉注射，牛 0.2～0.5mg/kg 体重，；b. 龙朋（二甲苯胺噻嗪），对反刍动物具有较好的镇静作用，且用量小，作用迅速，安全。肌肉注射，牛；c. 氯丙嗪，肌肉注射，牛 1～2mg/kg 体重。

②麻醉。一般用 2%盐酸普鲁卡因硬膜外麻醉或 0.5%盐酸普鲁卡因后海穴麻醉。

（4）消毒。在施行助产手术前，对母畜的外阴部要进行清洗、消毒，所有助产器械及术者的手臂都要按外科手术常规进行消毒。

2. 手术助产的方法　手术助产的方法大致可分为两类，一类是用于胎儿的手术，有牵引术、矫正术和截胎术；另一类是用于母体的手术，主要是剖腹产术。

（1）牵引术。牵引术是指用外力将胎儿拉出母体产道的助产手术，也是救治难产最常用的助产方法。

①适应症。主要适用于子宫迟缓、轻度的胎儿与母体产道大小不适应、矫正术或截胎术后拉出胎儿等。

②基本方法。牵引术可以徒手操作，也可以使用产科器械。

徒手操作时，可以牵拉胎儿的四肢和头部。术者可把拇指从胎儿口角伸入口腔握住下颌或用手指掐住胎儿眼窝，牵拉头部。在马和羊，还可将中、食二指弯起来夹在下颌骨体后，用力牵拉胎儿头部。

可用于牵引术的产科器械主要有产科绳、产科链、产科套、产科钩和产科钳等。牵拉四肢可用产科绳、产科链，将绳或链拴在膝关节之上，为防止绳子下滑到蹄部造成系部关节损伤，可在系关节之下将绳或链打半结（图 6-8）。用产科绳、产科链、产科套牵拉头部时，可将绳、链套在耳后，绳结移至口中，避免绳子滑脱或绳套紧压胎儿的脊髓和血管，引起死亡。牵拉已死亡胎儿时，可将产科链套在脖子上，也可用产科钩钩住胎儿下颌骨体或眼窝、鼻后孔、硬腭等部位牵拉。使用产科钩时，应将产科钩牢固地挂钩在相应部位，或将钩子伸入胎儿口内并将钩尖向上转钩住硬腭，均衡使力缓慢牵拉，以防产科钩滑落损伤子宫及母体。

图 6-8　四肢拴绳方法

实施牵引术时，可采用两点牵引法或三点牵引法。两点牵引法即牵拉两前腿或两后腿，两条腿交替牵拉以缩小肩宽或臀宽，使胎儿宽大部位容易通过骨盆腔。在胎儿头部通过产道时应采用三点牵引法（图 6-9），即牵引两前肢和头部，伴随着两条腿的交替牵拉，同时牵引头部。

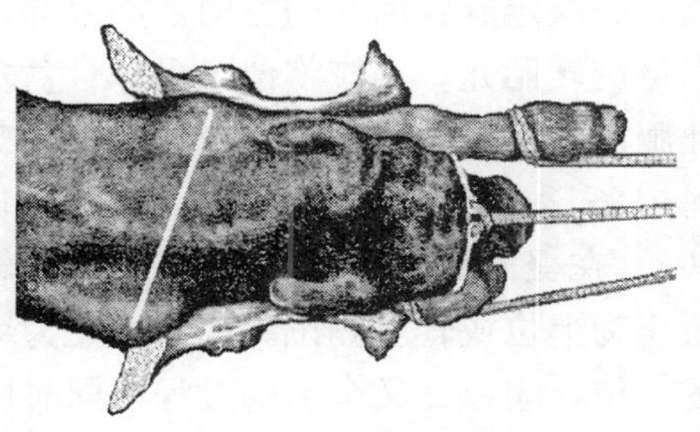

图 6-9　三点牵引法

牵引胎儿时应沿骨盆轴的走向牵拉。当胎儿

尚在子宫时，应向上（母体背侧）、向后牵拉，使胎儿的前置部分越过骨盆入口前缘进入产道，然后向后牵拉；当胎儿肢端和头部接近阴门时，应向后和稍向上方向牵引；胎儿胸部通过阴门后改为向下后方牵拉至胎儿产出。牵拉过程中，可左、右方向轻度旋转胎儿，使其肩部或臀部从骨盆宽大处通过。牵拉中应配合母体的子宫阵缩和努责均衡使力，尽可能与母牛的产力同步。努责时，助手可推压母牛腹部，以增加努责的力量。

因为难产的情况不同，实行的方案有所不同，首先应对畜主讲明助产的方案，征得同意后进行手术。要因地制宜，方法得当，合理助产，力保母子双全，也可应用保母弃子等方法进行助产及急救。为保证母体不受损伤并顺利牵拉出胎儿，牵引中应注意下列事项。

①胎儿的胎向、胎位及胎势无异常，无胎儿绝对过大情形，产道无严重异常。

②牵拉的力量应均匀，用力适当，不可强行猛力牵拉。

③产道必须充分润滑，如产道干燥，须灌入大量润滑剂。

④如果牵拉难以奏效，应马上停止，仔细检查产道及胎儿，以确定其原因。

（2）矫正术。是指通过推、拉、翻转的方法对异常胎向、胎位及胎势进行矫正的助产手术。

①适应症。适用于胎向、胎位及胎势异常的难产。

②基本方法。使用的主要产科器械有产科梃、推拉梃、扭正梃、产科绳（链）和产科钩等。矫正时母畜宜保持前低后高的站立姿势或侧卧并四肢伸展姿势，以免腹腔脏器挤压胎儿影响操作。

在矫正术中，推、拉配合是矫正胎儿胎向、胎位及胎势异常最常用和最有效的方法。拉的操作可以通过徒手和（或）借助牵拉器具（绳、链、钩、梃等）来完成，推则是用产科梃或术者徒手在产道或子宫内推移胎儿或其某一部分的矫正操作。使用产科梃时术者应用手护住梃的前端，防止滑落损伤子宫。

在实施矫正术时，通常需要将胎儿从产道推回子宫，以便有足够的空间将胎儿的异常姿势牵引为正常姿势，或将异常胎位、胎向矫正为正常的胎位和胎向。正生时，术者可将手或梃放在胎儿的肩与胸之间或前胸处推动胎儿；倒生时，则将手或梃置于胎儿坐骨弓上方的会阴区推移胎儿。

旋转是以胎儿纵轴为轴心将胎儿从下位或侧位旋转为上位的操作，主要用于异常胎位的矫正。操作时，可采用交叉牵拉或直接旋转的方式进行。

交叉牵拉的方法是：首先在两前肢球关节上端（正生）或后肢跖趾关节上端（倒生）分别拴上绳（链），将胎儿躯干推回子宫，然后由两名助手交叉牵引绳（链）。在牵引之前，先决定旋转胎儿的方向，如果向母体骨盆右侧旋转胎儿，则应将位于母体骨盆左侧的胎儿腿向右、上、后的方向牵拉，并同时将胎儿另一条腿沿左、下、后的方向牵引（图6-10）。在交叉牵引过程中，胎儿可逐渐由下位矫正为上位或轻度侧位。如果胎儿为纵向正生的下位，应在交叉牵引的过程中同时以相应方向旋转胎儿头颈部，以利于胎位的矫正。

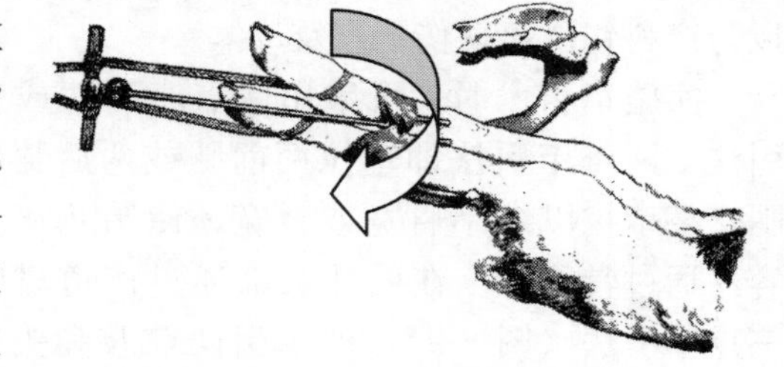

图6-10　应用扭正梃旋转胎儿

（S. H. Mohamed）

用直接旋转胎儿的方法进行胎儿下位或侧位的矫正时，可在前置的两前肢或后肢上捆绑扭正梃，或在两腿之间固定一短木棒（图 6-11），然后向一个方向旋转进行矫正。在矫正羊、猪、犬和猫的胎位时，术者可用手扭转胎儿，也可用产科钳夹住胎儿进行旋转矫正。

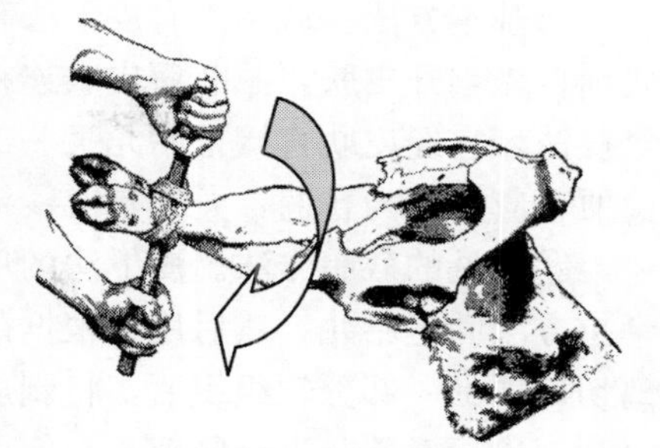

图 6-11　应用木棒旋转胎儿
(S. H. Mohamed)

翻转是以胎儿横轴为轴心进行的旋转操作，可将横向或竖向异常胎向矫正为纵向。胎儿横向时，可将胎儿远离骨盆入口的一端推向子宫深处，同时把邻近骨盆入口的一端拉向产道，使胎儿在牵拉过程中绕其横轴旋转约 90°，由横向转为纵向。如横向胎儿身体的两端与骨盆入口的距离大致相等，则应选择推移前躯和牵拉后躯的方式，将胎儿矫正为倒生纵向（图 6-12），不再需要矫正胎儿头颈即可比较容易地拉出胎儿。

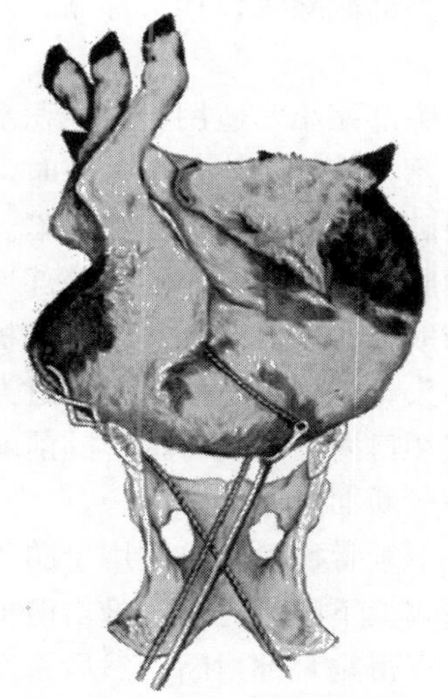

图 6-12　背横向胎儿的矫正
(S. H. Mohamed)

胎儿的竖向一般为头部向上的腹竖向。矫正时尽可能先把后蹄推回子宫，然后牵拉胎儿头和前肢；或者在胎儿体格较小的情况下先牵拉后肢，同时将前躯推入子宫深处，然后以交叉牵引的方式将胎儿矫正为上位拉出。如果胎儿为背竖向时，可围绕着胎儿的横轴转动胎儿，将其臀部拉向骨盆入口，变为坐生，然后再矫正后腿拉出。

③注意事项。为了保证矫正术的顺利进行和避免对母体及胎儿的损伤，施术过程应注意下列事项：

a. 在使用产科钩、梃等尖锐、硬质器具时，术者应注意防护器具前端，以免损伤母体或胎儿。

b. 为了避免母牛努责和产道及子宫干涩对操作的妨碍，可适度对母体进行硬膜外麻醉或肌肉注射二甲苯胺噻唑，并向子宫内灌入大量润滑剂。

c. 难产时间久的病例，因子宫壁变脆而容易破裂，进行推、拉操作时须特别小心。

d. 如果矫正难度很大，应果断采取其他措施，如剖腹产术，或对死亡胎儿采用截胎术。

（3）截胎术。截胎术是使用截胎的产科器械，如指刀、隐刃刀、产科钩刀、剥皮铲、产科凿、线锯和胎儿绞断器等，通过产道对子宫内胎儿进行切割或肢解的一种助产术。采用该助产术可将死亡胎儿肢解后分别取出，或者把胎儿的体积缩小后拉出。在处理胎向、胎位和胎势严重异常且胎儿已亡的难产病例中，该助产术常为首选的方法，一般可获得良好效果。

①适应症。主要适应于胎儿死亡且矫正术无效的难产病例，包括胎儿过大、胎向、胎位和胎势严重异常等。

②基本方法。截胎术有皮下法和开放法。皮下法亦称覆盖法，是在截断胎儿骨质部分之前首先剥开皮肤，截断后皮肤连在胎体上，覆盖骨质断端，避免损伤母体。开放法又称经皮法，它经皮肤直接把胎儿某一部分截掉，断端为开放状态。在临床中，开放法因操作简便，应用较为普遍，尤其是有线锯、绞断器等截胎器械时，宜采用此法。

③常见的截胎方法。皮下法的皮肤剥离方法适应于皮下截胎术。施术前先用绳、钩等牵拉方法固定胎儿，然后用刀根据截断部位需要，纵向或横向切开皮肤及皮下软组织，剥离切口周围一部分软组织后，将剥皮铲置于皮下，在助手的协助下利用其扩大剥离范围，以利于皮下对胎儿进行肢解。在使用剥皮铲的过程中，术者须用一只手隔着胎儿的皮肤保护铲端，并实时检查和引导剥皮铲的操作，防止误伤母体。

头部截除术包括头部缩小术、头骨截除术、下颌骨截断术、头部截除术和头颈部截除术等。

头部缩小术适用于脑腔积水、头部过大及其他颅腔异常引起的难产。当胎儿因颅部增大，胎儿头部不能通过盆腔时，可用刀在头顶中线上切一纵向切口，剥开皮肤，然后用产科凿破坏头盖骨部，使它塌陷。如果头盖骨很薄，没有完全骨化，则可通过刀切的方法破坏颅腔，排出积水，使头盖部塌陷。如果线锯条能够套住头顶突出部分的基部，也可把它锯掉取出，然后用大块纱布保护好断面上的骨质部分，把胎儿取出。

头骨截除术适用于胎头过大。施术时首先尽可能在耳后皮肤作一横向切口，把线锯条放在切口内，然后将锯管的前端伸入胎儿口中，把胎头锯为上下两半，先将上半部取出，再护住断面把胎儿拉出。

下颌骨截断术也适用于胎头过大。施术时先用钩子将下颌骨体拉紧固定，将产科凿置于一侧上下臼齿之间，敲击凿柄，把下颅骨支得垂直部凿断，再用同样方法将另一侧的下颅骨支得垂直部凿断；然后将产科凿放在两中央门齿间，将颌骨体凿断，用刀沿上臼齿咀嚼面将皮肤、嚼肌及颊肌由后向前切断。此后，当牵拉胎头通过产道受到挤压时，两侧下颌骨支叠在一起，可使头部变小。

头部截除术适用于胎头已伸至阴门处、矫正困难的难产，如肩部前置或枕部前置。施术时，用绳拴系下颅骨或用眼钩钩住眼眶，拉紧固定胎头，用刀经枕寰关节把头截除，然后用产科钩钩住颈部断端拉出胎儿，或推回矫正前肢异常后拉出胎儿。

头颈部截除术主要是利用线锯或绞断器将胎儿头颈部截除，适用于矫正无效的胎儿头颈姿势严重异常（头颈侧弯、下弯、上仰等）。施术前先用绳导把锯条或钢绞绳绕过胎儿颈部，将锯管或绞管的前端抵在颈的基部，将颈部截断，然后把胎头向前推，先拉出胎儿躯干，再拉出胎儿头颈的部分，或用产科钩钩住颈部断端，先拉出头颈部，再拉出胎体（图 6-13）。

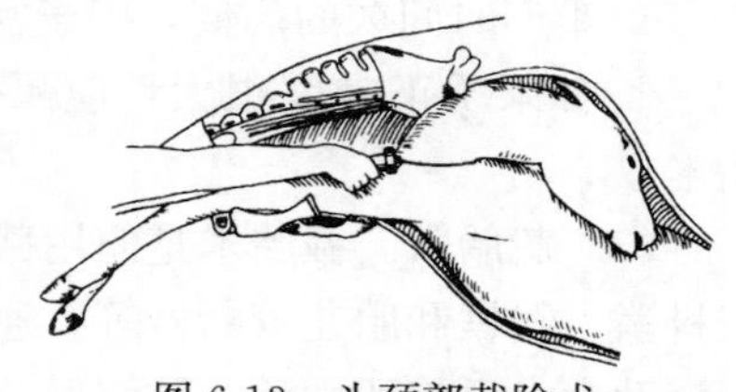

图 6-13 头颈部截除术

（赵兴绪，2002）

前肢截除术包括肩部和腕部的截除，适用于胎儿前肢姿势严重异常（肩部前置、腕部前置等），或矫正头颈侧弯等异常胎势时需截除正常前置前腿等情形。施术时先用刀沿一侧肩胛骨背缘切透皮肤、肌肉及软骨，用绳导把锯条绕过前肢和躯干之间，将锯条放在此切口内，锯管前端抵在肩关节与躯干之间，从肩部锯

下前肢，然后分别拉出躯干和截除的前肢；或采用截胎器截除前肢，即把钢绞绳绕过一侧肩部，将钢管前端抵在肩关节和躯干之间，直接从肩部绞断前肢。对矫正头颈侧弯需要截除正常前置前肢的情况，可把锯条或钢绞绳从蹄端套入，随锯管或绞管前端向前推至前腿基部，截除之后拉出前肢，然后矫正头颈的异常，拉出胎儿。进行腕关节截除术时，可将线锯条或钢绞绳从蹄尖套到腕部，锯管或绞管前端放在其屈曲面上，然后截断腕关节（图 6-14）。

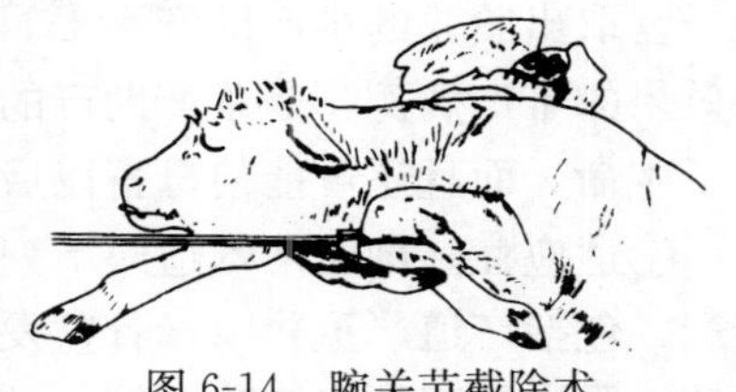

图 6-14 腕关节截除术
（赵兴绪，2002）

后肢截除术包括坐骨前置时的后腿截除、正常前置后腿的截除和跗关节的截除等，适用于倒生时胎儿后肢姿势异常或骨盆围过大等。

坐骨前置时的后腿截除术适用于倒生时胎儿坐骨前置。施术时，用绳导引导锯条或钢绞绳绕过后腿与躯干之间，将锯管或绞管前端抵于尾根和对侧坐骨粗隆之间，上部锯条或钢绞绳绕至尾根对侧，截除后腿（图 6-15），然后先拉出后腿，再将躯体拉出。在拉出胎儿时术者应注意保护骨质断端，避免对母体的损伤。

图 6-15 坐骨前置时的后腿截除术
（赵兴绪，2002）

后腿正常前置时的截除术适用于胎儿骨盆围过大导致的难产。方法与坐骨前置时的后腿截除术相同，但锯条或钢绞绳可从蹄尖套入一后肢，随锯管或钢绞绳管向前推移至后腿与躯干之间，锯管或钢绞绳管前端抵于尾根和对侧坐骨粗隆之间，截除后腿。

跗关节截除术适用于跗部前置（跗关节屈曲）的难产。方法与腕部前置基本相同。施术时，先用绳导把线锯或钢绞绳绕过跗部，锯管或绞管前端放在跗部下面进行截断。截断的部分应在跗骨之下，以便拉动胎儿时可将绳子拴在胫骨下端而不易滑脱。

胸部缩小术适用于胎儿胸部体积过大而不能通过母体骨盆腔造成的难产，包括内脏摘除术和肋骨破坏术等。以下以肋骨破坏术为例作简要介绍。

正生时，可在肩胛下的胸壁上作一皮肤切口，将剥皮铲伸至皮下剥出一条管道，把产科钩刀从皮下管道伸至最后一个肋骨后方，旋转钩柄，使钩尖朝向胎儿的胸部，钩住最后一条肋骨，然后用产科梃牢牢顶住胎儿，用力拉钩刀将肋骨逐条拉断，胸壁即塌陷缩小。胎儿倒生时，先截除一侧或两侧后腿，从腹腔开口处先拉出腹腔脏器，再拉出胸腔脏器。如需要破坏肋骨弓，可用产科钩刀从第一根肋骨处开始，拉断肋骨弓。

截半术是指把胎儿从腰部截为两半，然后用产科钩分别拉出截断的前躯和后躯部分。该手术适用于胎向异常（横向或竖向）且矫正困难的情况。施术时将线锯或钢绞绳套在胎儿腰部，然后截为两半。在实践中，除个体小的胎儿外，一般很难把锯条或钢绞绳穿绕在胎儿腰部。若实施截半术遇到很大困难时，应及时改用其他方法。

④注意事项。如果矫正困难很大，胎儿已经死亡，产道内有足够的空间使用截胎器械，须及时考虑截胎术，以免继续矫正刺激产道水肿和子宫进一步缩小，不宜再行截胎术；或因术者体力过度消耗，难以完成比较复杂的截胎手术。

操作时须随时防止截胎器械滑脱损伤子宫和阴道，并注意消毒。

拉出胎儿时，骨骼断端须用其皮肤、大块纱布或手护住，以免损伤产道。

（4）剖腹产术（cesarean section，cesarotomy）。剖腹产术是一种通过切开母体腹壁及子宫取出胎儿的难产助产手术。在临床上它适用于那些难以通过实施胎儿助产术达到救治效果的难产病例，是难产助产的一种重要方法。剖腹产术如果实施得当，不但可以挽救母子生命，而且还可能使母畜以后仍保持正常的繁殖能力。

①适应症。剖腹产术适应下列情况：a. 经产道难以通过胎儿助产术达到助产目的的难产，包括产道严重狭窄（骨盆发育不全或骨盆变形、子宫颈狭窄且不能有效扩张、子宫捻转、阴道极度肿胀或狭窄等）、胎儿严重异常（胎向、胎位或胎势严重异常、胎儿过大或水肿、胎儿畸形、胎儿严重气肿）等；b. 子宫已发生破裂的难产；c. 妊娠期满，母牛因患其他疾病生命垂危，须剖腹抢救仔畜或以保全胎儿生命为首要选择的难产救助病例。

但如果难产时间已久，胎儿腐败以及母畜全身状况不佳时，施行剖腹产术须谨慎。

②手术方法。

a. 手术部位的选择。母牛剖腹产术的切口部位可选择在腹下部或腹侧部，切口长度一般为25～35cm。腹下切口部位有：乳房基部前端的腹中线、腹中线与左乳静脉之间或右乳静脉之间、乳房和左乳静脉的左侧或乳房和右乳静脉的右侧5～8cm处。一般来说，牛切口部位选择在腹中线或其左侧有利于手术过程。腹中线的腹壁组织较薄且血管分布少，手术中出血少。左侧的切口则可因瘤胃的占位，阻挡肠及其系膜在手术中脱出。腹下切口因体位低，腹腔脏器的压力大，因此具有子宫内液体不易流入腹腔的优点，但术后切口部位易受污染，如果缝合不当易发生疝气和豁口。腹侧切口可选择在左侧腹壁或右侧腹壁。每侧的切口又可分上位切口和下位切口。上位切口是在髋结节下角5cm的下方起始，作垂直切口；下位切口是在腹壁中1/3与下1/3交界处起始，作斜行或垂直切口。由于手术过程中右侧切口易受肠道及其系膜的干扰，所以一般情况下，多采用左侧作切口。腹侧切口的体位较高，术后污染机会相对较小，但手术中如果注意不当，子宫内容液体易流入腹腔。

b. 术前准备。包括保定、麻醉、术部准备及消毒等步骤。

保定：根据选择的手术部位，可相应采用左侧卧或右侧卧保定。如果产牛体况良好，腹侧切开法也可采用站立保定。

术部准备及消毒：按外科手术常规进行。如果胎儿已露出产道，要将母牛的外阴部及露出的胎儿部分清洗干净并用消毒药液消毒。

麻醉：可根据动物种类选用全身麻醉、硬膜外麻醉、腰旁神经干传导麻醉和切口局部麻醉。全身麻醉时要注意麻醉药物对胎儿以及子宫和胎盘血流改变等的影响，尤其镇静药物多能透过胎盘屏障而对胎儿的神经系统产生长时间抑制作用，因此应慎用。硬膜外麻醉时，用药剂量不宜过大，否则可引起呼吸抑制及麻痹。麻醉过程中可能由于交感神经阻滞而出现后肢血管舒张，血压过低，因此施行麻醉前可输液扩充血容，以防止麻醉及手术中出现休克。一般情况下，可选用硬膜外麻醉或腰旁神经干传导麻醉，配合切口局部麻醉，特别是在胎儿存活的情况下应尽量不用全身麻醉。

母牛，侧卧保定时，常采用硬膜外麻醉（2%盐酸普鲁卡因5～10mL）与切口局部浸润麻醉相结合，或肌肉注射盐酸二甲苯胺噻唑配合切口局部浸润麻醉；站立保定时，采用

腰旁神经干传导麻醉配合切口局部浸润麻醉。

术部准备及消毒：按外科手术常规进行，包括术部剃毛或脱毛、清洁消毒和覆盖创巾等。如果胎儿已露出产道，还要清洗母牛的外阴部及露出的胎儿部分，并用消毒药液消毒。

c. 术式。手术过程依次包括切开腹壁、拉出并切开子宫、取出胎儿、处理胎衣、缝合子宫和腹壁等。

母牛的剖腹产（以腹下切开法，腹中线与右乳静脉间的切口为例）：首先从乳房基部前缘向前切一个25～35cm的纵向切口，切透皮肤、腹黄筋膜和腹斜肌腱膜、腹直肌；用镊子夹住并提起腹横肌腱膜和腹膜，切一小口，然后将食指和中指伸入腹腔，引导手术剪扩大腹膜切口。

切开腹膜后，术者一只手伸入腹腔，紧贴腹壁向下后方滑行，绕过大网膜后向腹腔深部触摸子宫及胎儿，隔着子宫壁握住胎儿后肢（正生时）或前肢（倒生时）向切口牵拉，挤开小肠和大网膜，然后在子宫和切口之间垫塞大块纱布，以防切开子宫后子宫内液体流入腹腔。如果子宫发生捻转，应先在腹腔中矫正子宫，然后再将子宫向切口牵拉。

切开子宫时，切口不能选择在血管较为粗大的子宫侧面或小弯上，应在血管少的子宫角大弯处，并避开子叶，先切开一个小口，缓慢放出胎水，然后再扩大切口与腹壁切口等长，取出胎儿，交给助手处理。在切开子宫和取出胎儿的过程中，助手应注意提拉子宫壁，防止子宫回入腹腔和子宫液体流入腹腔。

胎儿取出后，剥离子宫切口附近的胎膜，然后在子宫中放入1～2g四环素族抗生素或其他广谱抗生素或磺胺药，缝合子宫。缝合时，用圆针、丝线或肠线以连续缝合法先将子宫壁浆膜和肌肉层的切口缝合在一起，然后采用胃肠缝合法再进行一次内翻缝合。子宫缝合后，用温生理盐水清洁暴露的子宫表面，蘸干液体，涂布抗生素软膏，然后将子宫送放回腹腔并轻拉大网膜覆盖在子宫上。

腹壁的缝合可用皮肤针和粗丝线以锁边缝合法将腹膜、腹横肌腱膜、腹直肌、腹斜肌腱和腹黄筋膜切口一起缝合，然后以相同缝合法缝合皮肤切口并涂抹消毒防腐软膏。因下腹部切口承受腹腔脏器压力较大，腹壁的缝合必须确实可靠。在缝合关闭腹腔前，可向腹腔内投入抗生素，以防止腹腔感染。

d. 术后护理。术后可注射催产素以促进子宫收缩和止血；每天应检查伤口并连续注射抗生素3～5d以防止术后感染。如果伤口愈合良好，可在术后7～10d拆除皮肤缝线。若术后并发腹膜炎、子宫内膜炎、腹壁疝及皮肤切口感染等则应及时进行医疗处理。

3. 药物催产的方法　药物催产的方法就是在母牛临产时或临产后，使用催产药物加速分娩进程。在临床上主要用于原发性或继发性子宫收缩无力所引起的难产，是减少剖腹产等手术助产的有效方法之一。但在应用催产药物之前，应仔细检查胎儿和产道情况，对产牛和胎儿情况进行全面准确的评价，如有胎儿的胎位、胎向和胎势异常或产畜的产道狭窄、子宫破裂等异常情况，应用催产药物也不能使胎儿产出，不能进行催产。

兽医临床上常用的催产药物有垂体后叶素或催产素，肌肉注射或静脉滴注，必要时可配合应用雌激素。

药物催产的缺点是在引起子宫收缩的同时，加快胎盘的分离，使尚存在于子宫内的胎儿生存受到威胁。所以母牛一般不用药物催产，而用牵引术。

（三）难产助产的基本原则

难产一旦发生，病情危急，母子生命均受到威胁，因此必须迅速采取正确的助产措施。为提高难产救治的成功率，在临床上要遵循以下原则。

1. 争取时间，尽早处理 难产一旦发生，助产手术越早越好，越迟则风险越大。如拖延过久，胎水流失、产道水肿，不但会增加手术难度，还会危及母子生命。

2. 仔细检查，正确施救 助产的目的是既要挽救母子双方生命，又要保护母牛的繁殖能力。所以在助产前要仔细检查，作出正确的诊断和选择合适的助产方案。首选方案是保证母子双全，不得已而选其一，同时还要尽可能保护母牛的繁殖能力。能够从产道将胎儿安全拉出的，要尽可能采取矫正术和牵引术，而不用截胎术或剖腹产术。在母子双方只能顾及一方时，一般是先要考虑保护母牛。若母牛生命垂危，难以救治时，要果断采取措施，拯救胎儿。

3. 严格消毒，防止感染 助产时，要坚持无菌观念，母牛的外阴部或术部、胎儿身体的露出部分、术者的手臂和进入产道所有器械都必须按常规消毒，防止带入细菌而使母牛发生感染。

4. 规范操作，减少损伤 助产时，操作要规范、谨慎，尽可能减少对母牛产道的刺激和损伤。如牵引、矫正必须在产道润滑的条件下进行，若胎水已流失，要向产道内灌注润滑油；矫正必须在子宫内进行，若胎儿已进入产道，要将其推回子宫后再矫正；使用产科器械时，要用手保护器械的尖端（前端），防止损伤产道；牵拉胎儿时，要随着母牛的努责徐徐进行，不可强行猛拉或硬拉，在胎儿进入骨盆腔时，牵引方向要符合母牛的骨盆轴。

5. 注意监护，避免意外 母牛发生难产后，体液丧失量和体力消耗都很大，特别是难产时间较长时容易发生全身耗竭，所以在助产过程中，要注意观察母牛的全身状况，给予对症治疗，以免发生意外死亡。

（四）难产的类型及其助产

在自然分娩过程中，母体能否顺利地将胎儿排出到体外，主要取决于产力、产道和胎儿3个因素。当任何一个因素出现异常，都会直接导致分娩过程受阻而造成难产。所以，在兽医临床上，一般依据产力、产道和胎儿异常的直接原因将难产分为产力性难产、产道性难产和胎儿性难产3种类型。对应于胎儿性难产而言，产力性难产和产道性难产可合称为母体性难产。此外，根据病因的原发性和继发性，难产又分为原发性难产和继发性难产，或根据难产的性质分为机械性难产和功能性难产。

1. 产力性难产 产力性难产是指子宫肌或腹肌和膈肌收缩功能异常所引起的难产，在临床上主要表现为子宫迟缓和阵缩及努责过强两种类型。

（1）子宫迟缓。子宫迟缓（uterine inertia）亦称子宫阵缩微弱，是指分娩时子宫肌的收缩频率、持续时间和强度不足而表现出的子宫收缩无力，并可由此引起产力不足而发生难产。该类型难产是产力性难产中最常见的一种。

①病因。子宫迟缓可分为原发性和继发性两种。原发性子宫迟缓是指分娩中子宫肌因自身功能不足引起的子宫收缩无力，主要发生在分娩第一阶段（开口期）；继发性子宫迟

缓是因胎儿排出过程受阻或多个胎儿排出后，子宫肌发生疲劳而出现的收缩能力减弱，通常发生在分娩第二阶段（胎儿排出期）。

原发性子宫迟缓可由多种原因引起。孕牛在妊娠末期或分娩前发生激素分泌失调，如雌激素、前列腺素或催产素分泌不足，孕酮分泌维持相对高的水平，可导致子宫肌收缩反应减弱；年老、体弱、营养不良、运动不足或肥胖等体况因素可引起孕畜的子宫肌收缩能力下降；全身性疾病及低血钙、低血镁或酮病等代谢性疾病等也可降低子宫肌的兴奋性和反应性，导致原发性子宫迟缓的发生；胎儿过大、胎水过多亦会造成子宫肌纤维过多伸张，收缩力下降。此外，产畜精神过度紧张也可对子宫收缩产生抑制作用。

②症状及诊断。发生原发性子宫迟缓时，产牛一般仅表现出微弱的腹痛和努责现象。阴道检查可发现子宫颈松软开放，胎膜囊及胎儿前置部分进入子宫颈或产道，但分娩进程缓慢，产程延长。如果产程延长过久而不给予助产，胎儿最终可因胎盘循环减弱而发生死亡。继发性子宫迟缓则主要表现为母牛经前期的强烈阵缩及努责之后，子宫收缩能力减弱，多胎动物的产仔间隔期明显延长。

③助产方法。对母牛一般用牵引术。但无论是采用哪种助产方法，都必须确认胎儿和产道无异常。如有异常，要先进行处理。

牵引术或药物催产无效的情况下，可采用剖腹产术。

（2）阵缩及努责过强。阵缩及努责过强是指母牛分娩时因子宫肌和腹肌的收缩时间长、间隙时间短、力量强烈而表现出的痉挛性收缩。当这种异常收缩发生时，胎盘血液循环受阻，胎儿排出困难，胎儿易发生死亡。如果阵缩及努责过强发生在胎儿尚未完成正常分娩姿势转变之前，可引发胎儿性难产以及过早发生胎囊破裂及胎水流失。

①病因。当胎势异常、胎位和胎向不正、产道狭窄等造成胎儿排出困难时，产牛易发生子宫及腹肌收缩过强及破水过早。临产母牛受到惊吓、环境突然改变、气温下降、空腹饮用冷水等原因也可刺激子宫发生反射性痉挛性收缩，引发阵缩及努责过强。

②症状及诊断。发生阵缩及努责过强时，母牛主要表现出阵缩及努责频繁而强烈，两次努责的间隔时间较短，收缩期延长。如果伴有产道或胎儿异常，过度强烈的阵缩及努责可能导致子宫或产道破裂，产生严重后果。

③助产方法。发病初期，胎囊尚未破裂时，可使用镇静剂，降低母牛的应激反应，缓解子宫收缩和努责，如胎囊已破，胎水流失，或胎儿已经死亡，要根据难产的类型及早采取相应措施。矫正、牵引无效时，可选用截胎术或剖腹产术。

2. 产道性难产 产道性难产是因软产道或硬产道狭窄导致胎儿不能正常进入或通过产道的一类难产。引起产道狭窄的原因是多方面的，主要包括骨盆骨折或骨瘤，配种过早或营养不足而骨盆发育不全或骨盆过小，遗传性或先天性产道或阴门发育不全，既往分娩或其他原因引起产道损伤后使子宫颈、阴道或阴门狭窄，子宫颈畸形、子宫颈扩张不全，子宫捻转，阴道周围脂肪过度沉积等。此外，过早发生胎囊破裂及胎水流失可导致产道干涩及润滑性降低，增加胎儿通过产道的难度。常见的产道性难产有以下类型。

（1）子宫颈开张不全。子宫颈开张不全（incomplete dilation of the cervix）是指分娩过程中子宫颈管不能充分扩张，由此导致胎儿难以通过而发生难产。

①病因。子宫颈开张不全是牛最常见的难产病因之一，其他动物较少发生。牛子宫颈

肌肉组织发达，产前在雌激素及松弛素等的作用下，发生浆液性浸润的软化过程需要经历较长时间。若雌激素及松弛素分泌不足或作用时间较短，子宫颈则不能完全软化和达到能够充分扩张的程度。在经产母牛中，因过去分娩时子宫颈受到损伤，形成瘢痕或纤维组织增生而发生硬化，使子宫颈组织失去弹性，不能充分开张。此外，分娩过程中，如果母牛受到惊吓或不良环境的干扰，也可使子宫颈发生痉挛性收缩而使子宫颈口不易扩张或扩张不充分。

②症状及诊断。分娩过程中因子宫颈开张不全而发生难产时，临床上主要表现为母牛已出现正常的阵缩及努责活动，且可能发生胎囊破裂并排出胎水，但长久不见胎儿排出。产道触诊检查可发现子宫颈的松软程度、开张及可扩张程度有限，子宫颈狭窄。根据子宫颈开张的程度不同，可将子宫颈狭窄分为 4 种不同程度：一度狭窄是胎儿的两前腿及头在拉出时尚能勉强通过；二度狭窄是两前腿及额前端较细部分能进入子宫颈，但头不能通过，硬拉时可导致子宫颈撕裂；三度狭窄是仅两前蹄能伸入子宫颈管中；四度狭窄是子宫颈仅开一小口。子宫颈开张不全最常见到的是一度及二度狭窄。

③助产方法。要根据病因、子宫开张程度和胎儿状况采取相应的治疗措施。母牛分娩时间不长，胎囊未破时，应等待一段时间，使子宫颈尽可能扩大。一度和二度狭窄，可试行缓慢拉出胎儿，三度及其以上狭窄要进行剖腹产术。

（2）双子宫颈。

①病因。双子宫颈（double cervix）属于发育异常，较为少见。在结构上它是由一层组织隔膜将子宫颈分隔为 2 个单独的子宫颈管，或部分地分隔为 2 个子宫颈外口。

②症状及处理。胎儿的不同肢体可能各伸入一个外口或子宫颈管而发生难产。如果只是简单的子宫颈外口的组织间隔造成难产，可将外口之间的隔膜切开，即可将胎儿拉出。若为两个完整的双子宫颈，则可根据子宫颈管的开张程度相应地选择和实施产道助产术或剖腹产术。

（3）阴道、阴门及前庭狭窄。

阴道、阴门及前庭狭窄（stenosis of vagina，vulva and vestibule）多见于青年母牛。

①病因。阴门及前庭狭窄时，胎儿排出困难，若长时间不能排出可引起胎儿死亡，其主要病因有：配种过早，生殖道尚未充分发育；软组织的松软变化不够，不能充分扩张；阴道、阴门及前庭部位因过去受到损伤和感染，形成瘢痕或纤维组织增生而引起狭窄；阴道及阴门肿瘤引起的阴道及阴门狭窄。此外，分娩过程中产道黏膜发生严重充血和水肿，也可引起继发性阴道狭窄等。

②症状及诊断。阴道狭窄时，可以通过阴道触诊检查发现阴道狭窄部位极度紧张地包裹着胎儿的前置部分，阻滞胎儿的排出。阴门及前庭狭窄时，随着母牛的阵缩及努责，胎儿的前置部分或部分胎膜可突入于阴门处，正生的胎头或两前蹄抵在会阴壁上形成明显的会阴部突起；如果努责过于强烈，可导致阴门撕裂。

③助产方法。轻度狭窄，可在充分润滑的条件下，缓慢拉出胎儿。如阴门狭窄较为严重，限制了胎儿的拉出，可行阴门切开术；如果阴道狭窄严重，胎儿根本不能通过，应选用剖腹产术或截胎术。

（4）骨盆狭窄。骨盆狭窄（stenosis of pelvis）是指骨盆腔大小和形态异常，阻碍胎

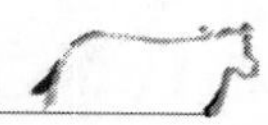

儿排出。

①病因。骨盆先天性发育不良，或过早交配而骨盆尚未发育完全，或因营养不良、疾病等影响骨盆发育，可造成骨盆狭窄，如骨软症（多见于猪）所引起的骨盆腔变形、狭小等。骨盆骨折或裂缝引起骨膜增生和骨质突入骨盆腔内，也可使骨盆发生形态改变和狭窄。

②症状及诊断。骨盆狭窄对分娩的影响视其狭窄程度与胎儿的大小而异。如果狭窄程度不严重且胎儿较小，分娩过程可能正常，否则会导致难产。若遇到母牛阵缩及努责强烈，胎水已经排出，但胎儿宽大部位难于通过骨盆腔时，应对骨盆进行仔细检查，以确定骨盆是否狭窄，并与子宫颈狭窄相区别。

③助产方法。轻度狭窄，可在充分润滑的条件下，缓慢拉出胎儿；严重狭窄时，胎儿根本不能通过，应选用剖腹产术或截胎术。

(5) 子宫捻转。子宫捻转（uterine torsion）是指整个子宫、一侧子宫角或子宫角的一部分围绕自己的纵轴发生扭转。子宫捻转的部位多为子宫颈前后。发生在子宫颈前的称为子宫颈前捻转，位于阴道前端的称为子宫颈后捻转。母牛，多为子宫颈后向右捻转。

子宫捻转可使子宫颈或阴道发生拧闭或狭窄，因此造成产道性难产。轻度的捻转子宫可能自行转正；如果达到180°～270°的严重捻转且未能及时诊断矫正，子宫可发生充血、出血、水肿，胎盘血液循环发生障碍，胎儿不久即死亡。

①病因。子宫捻转主要发生在妊娠后期和临产初期，是产道性难产的常见病因之一。造成子宫发生捻转的原因与母牛体位的突然改变有关。例如妊娠后期或临产时，母牛因急行中绊倒或因疼痛急剧起卧并转动身体，而子宫因胎儿重量大不能随母牛身体相应转动，即刻可向一侧发生捻转。母牛发生子宫捻转与其妊娠的子宫形态特点有关。由于母牛在妊娠后期，子宫的孕角很大，子宫角大弯显著地向前扩张，而子宫阔韧带只固定到孕角的后端，子宫角前端大部分处于游离状态。孕牛卧地时先以两前肢跪地，起立时则后躯先起，所以无论起卧子宫角都有一段时间在腹腔内处于"悬垂"状态，如此时急速转动身体，妊娠的子宫因重量大，不能随之转动而发生捻转。

②症状。妊娠后期或产前发生的子宫捻转，如捻转不超过90°，母牛一般不表现临床症状或症状轻微，有的能自行复位。如不能自行复位的，一般要到分娩时才被发现。若捻转达到180°及其以上时，母牛常表现强烈的不安和阵发性腹痛；随着病程的延长和血液循环受阻，腹痛加剧，母牛出现拱腰、努责等临产征象，但不见胎水排出；时间拖延长的，可因捻转的子宫高度水肿、麻痹，甚至发生坏死，也有的导致子宫阔韧带撕裂和血管破裂而发生内出血，病牛不再表现疼痛，但病情随之恶化。

发生在临产时的子宫捻转，母牛出现正常的分娩预兆，但经久不见胎囊和胎儿外露。

③诊断。发生子宫捻转，需要进行阴道和直肠检查，才能做出诊断和判断捻转的程度和方向。

子宫颈前捻转超过180°时，因子宫颈口微开张或封闭，子宫颈膣部呈紫红色，子宫颈塞红染；子宫两侧阔韧带从两旁经捻转处交叉，一侧韧带位于上方，另一侧韧带则经由下方交叉，两侧韧带紧张、静脉明显怒张。子宫颈后捻转时，阴道壁紧张，阴道腔狭窄，阴道壁的前端有螺旋状皱襞；如果捻转严重，与子宫捻转方向相反一侧的阴唇可肿胀歪斜。

现将子宫捻转的程度与方向判别方法归纳于表 6-4。

表 6-4　子宫捻转程度与方向的判别

捻转部位和程度		阴道和直肠检查所见		捻转方向
		子宫阔韧带	阴道和子宫颈口	
子宫颈前捻转	≤180°	下方韧带紧张	不明显	向紧张侧捻转
	≥180°	双侧韧带紧张	不明显	向下侧方捻转
	360°	双侧韧带紧张	子宫颈口封闭	
子宫颈后捻转	≤90°	交叉，下方韧带紧张	阴道前方稍狭，有螺旋状皱襞	右手背平贴着阴道上壁向前伸，管腔向前、向下、向右走或随腔的弯曲使拇指转向上，是向右捻转，反之则是向左捻转
	180°	交叉，双侧韧带紧张	阴道螺旋状皱襞明显，手能勉强伸入	
	270°	交叉，双侧韧带紧张	阴道螺旋皱襞细小，手不能伸入	
	360°	交叉，下方韧带紧张	阴道螺旋皱襞细小，阴道拧闭	

④处理方法。方法有：产道矫正和直肠矫正、翻转母体法、直接翻转法、剖腹矫正或剖腹产术 5 种。

a. 产道矫正。是借助胎儿矫正捻转子宫的方法。捻转程度较轻，手能进入子宫颈握住胎儿时，可用此法。矫正时，将母畜以前低后高站立保定，如母畜努责可行硬膜外麻醉或后海穴麻醉，然后术者手伸入子宫，到达胎儿的捻转侧，握住胎儿身体的某一部分，向上向对侧翻转。

b. 直肠矫正。如果子宫是向右侧捻转，术者可通过直肠将手伸入到右侧子宫下侧方，向上向左侧翻转子宫，同时由一个助手用肩部或背部顶在右侧腹下向上抬，另一助手在左侧肷窝部由上向下施压，捻转程度较小的，可望得到矫正。如子宫向左侧捻转，操作相反。

c. 翻转母体法。方法是，将母牛横卧保定，子宫向哪一侧捻转，就使哪侧腹壁着地，然后迅速地翻转母牛的躯体，由于子宫的位置相对不变，可使捻转的子宫恢复原状，是一种间接矫正子宫捻转的方法。具体操作时有直接翻转法、腹壁加压翻转法和产道固定胎儿翻转法。

d. 直接翻转法。将母牛横卧保定，用绳将两前后肢分别捆住，并使后躯高于前躯。然后由两人站在母牛的背侧同时猛拉前后肢，另一助手则同时转动母牛的头部，将母牛的躯体急速翻转过去（图 6-16）。因母牛的躯体翻动迅速，子宫因胎儿重量的惯性，不随母体转动而恢复正常位置。翻转后进行检查，确认子宫是否恢复正常位置。如未成功，可再次进行翻转，直至成功。

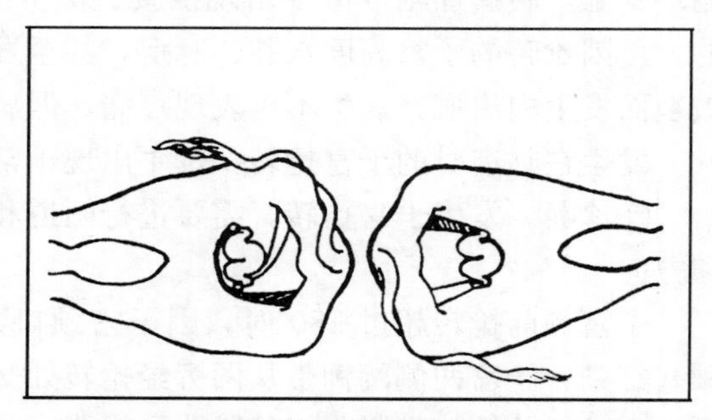

图 6-16　直接翻转母体矫正子宫捻转的方法

腹壁加压翻转法的操作与直接翻转法基本相同，只是用一块长木板（长约 3m，宽20～25cm），一端压在母畜腹壁最突出的位置上，另一端着地，一人站在木板着地

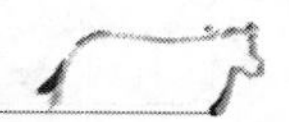

端的合适位置上施压力，起到固定子宫位置的作用，然后缓慢地将母牛向对侧翻转。

产道固定胎儿翻转法的操作方法也与前两种方法基本相同，不同的是术者用手伸入产道握住胎儿以固定子宫。

e. 剖腹矫正或剖腹产术。剖腹矫正是按外科手术常规，切开腹壁，将捻转的子宫矫正。剖腹产术是通过剖腹直接取出胎儿。

3. 胎儿性难产 比母体性难产更加常见，胎儿性难产主要是由胎儿异常所引起，它包括因胎向、胎位及胎势异常，胎儿过大、胎儿畸形或两个胎儿同时楔入产道等所引起的难产。

（1）胎儿过大（fetal oversize）。胎儿过大是指胎儿体格相对过大或绝对过大，与母体的骨盆大小不相适应。胎儿相对过大是指胎儿大小正常而母体骨盆相对较小；绝对过大则是母体骨盆大小正常而胎儿体格过大。胎儿绝对过大的情况可发生在发育正常的胎儿，但也出现在一些病理状态的胎儿，如巨型胎儿、胎儿水肿、胎儿气肿等。无论胎儿相对过大还是绝对过大，都与产道不相适应，均可导致难产的发生。

引起胎儿过大的原因是多方面的，主要与遗传、营养、胎儿数量、妊娠时间以及胎儿性别等因素有关。若品种杂交中选用大型的父系品种，或者妊娠后期营养水平过高，多胎动物怀孕胎儿数过少，怀孕期延长以及胎儿性别为雄性时，胎儿容易出现体格过大的情况。此外，某些病理状态的胎儿，如巨型胎儿及胎儿水肿等，也被认为与遗传因素有关。

单胎动物怀双胎时，若两个胎儿同时楔入产道，也可因胎儿总的体积过大引发难产。

在临床实践中，需通过产道触诊才能准确做出胎儿过大及胎儿病理状态的诊断。

助产时，首选牵引术，如不能奏效时，可用截胎术或剖腹产术。

（2）胎儿畸形（fetal monsterosities）。胎儿畸形的发生与遗传和发育因素的异常有关。在各种胎儿畸形中，可引起难产的畸形类型主要有：裂腹畸形、先天性假佝偻（胎儿的头、四肢及其躯干粗大而短，前额突出）、躯体不全（后躯和四肢发育不全，头及肩胛围大，关节粗大而不能活动）、重复畸形（如颅部联胎、胸部联胎、脐部联胎、臀部联胎、坐骨联胎等）、胎儿水肿、脑积水、腹腔积水等。

畸形胎儿引起的难产中，有时胎儿的前置部分正常，但位于产道中的远端部分严重畸形，因此分娩开始时进展基本正常，但畸形部分楔入骨盆入口时则引起难产。

助产时，如胎儿较小，能够直接从产道拉出的，可用牵引术；胎儿较大，不能直接拉出的，可用截胎术，将胎儿肢解后分块取出；截胎有困难的可用剖腹产术。

（3）双胎难产（dystocia due to twins）。双胎难产是指 2 个胎儿同时进入产道，导致二者都不能产出，而且常伴有各种胎位和胎势的异常。这种难产一般是产道内一个胎儿正生，另一个是倒生。检查时发现 1 个胎头 4 条腿，其蹄底有 2 个向下（前肢），2 个向上（后肢）；或 1 个胎头和 1 个前肢及另一个胎儿的两个后肢等。诊断时，要与胎儿畸形相鉴别。

助产的方法是先将进入产道少的（位置较深的）一个胎儿推回，而将进入产道较多的一个胎儿先拉出，再拉出另一个。拉胎儿时，为防混淆，诊断清楚后在所系的绳上做好标记。

(4) 胎势异常(abnormal posture)。胎势异常是指分娩时胎儿的姿势发生异常，包括头颈姿势异常，前腿姿势异常及后腿姿势异常。助产时，要依据异常程度和胎儿的死活状况选用助产方法。一般而言，胎儿尚存活的情况下，尽可能选用矫正术将异常胎势矫正，然后将胎儿从产道拉出；如果胎儿已死，且异常胎势难以矫正的，可选用截胎术或剖腹产术。

①头颈姿势异常。包括头颈侧弯、头向后仰、头向下弯（枕部前置）和头颈捻转。

a. 头颈侧弯。当正生发生头颈侧弯时，胎儿的两前腿伸入产道，但头颈侧弯于躯干的一侧，引起难产（图 6-17）。头颈侧弯是奶牛难产中最常见的难产病因之一。

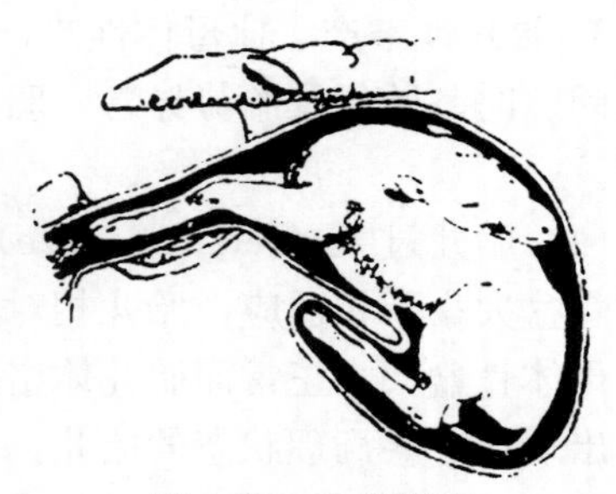

图 6-17 头颈侧弯

(Diseases of cattle，USDA Special Report，1942)

在头颈侧弯的难产中，因受头颈侧弯姿势的影响，伸入产道的两前肢有长短差别，头颈侧弯一侧的前肢伸出得较短，另一侧前肢则较长。产道触诊检查时，可在骨盆入口处触摸到头颈弯曲部位，如沿弯曲方向前行可触摸到头部。

助产时，通常首先选用矫正术。矫正时可先将产科梃顶在头颈侧弯对侧的胸壁与前腿肩端之间，向前并向对侧推动胎儿，使骨盆入口之前腾出空间，然后把头颈拉入产道。如果术者能握住胎儿的唇部，可将肘部支在母体骨盆上，先用力向对侧推压胎头，然后把唇部拉入盆腔入口（图 6-18）。如果头颈弯曲程度大，用手扳拉胎儿头部有困难，可以用单滑结缚住胎头，再将颈上的两段绳子之一越过耳朵，滑至颜面部或口腔，由助手牵拉绳子，术者握住唇部向对侧推压，将头拉入盆腔。此外，也可用绳系住下颌牵拉。在矫正过程中，推动胎儿和扳正胎头的操作应相互配合。

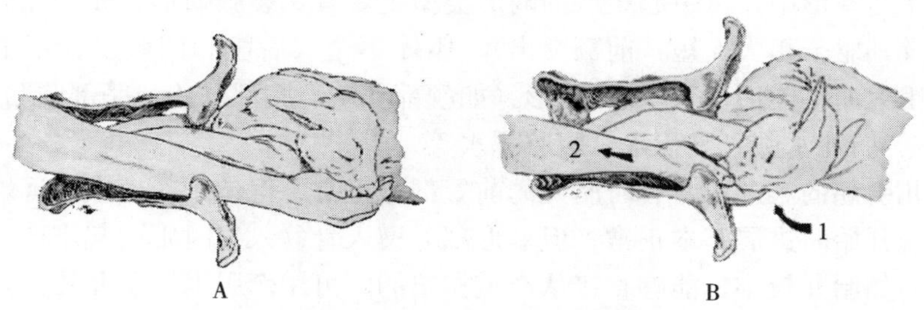

图 6-18 头颈侧弯的矫正

A. 握住胎儿的唇部 B. 向对侧推压胎头步把唇部拉入盆腔

(Diseases of cattle，USDA Special Report，1942)

b. 头向后仰。此种难产是指头颈向上向后仰。但临床中很少见单纯的后仰，因为头颈总是偏在背部一侧，因此可以视为头颈侧弯的一种。

助产时，一般是向前推动胎儿，先将其变成头颈侧弯，然后再按头颈侧弯处理。

c. 头向下弯。是指难产中胎儿头向下弯曲的异常姿势。根据弯曲程度不同可分为额部前置、枕部前置和颈部前置 3 种类型。

额部前置是较轻度的头向下弯。发生额部前置时，胎儿额部向着产道，唇部向下，头

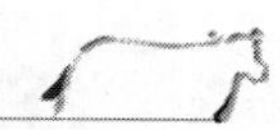

下弯抵着母体骨盆前缘；枕部前置是由额部前置发展而来，枕寰关节极度屈曲，唇部向下向后，枕部朝向产道（图 6-19）；颈部前置是最严重的头向下弯，胎儿的头颈弯于两前腿之间，下颌抵着胸骨，颈部向着产道。

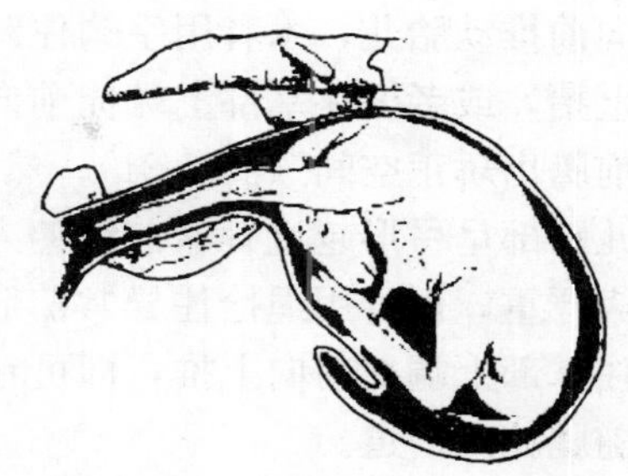

图 6-19　头颈下弯（枕部前置）

(Diseases of cattle，USDA Special Report，1942)

助产时，如果胎儿是活的，应首选矫正术。额部前置的，可用手钩住唇部向上抬，使下颌高过骨盆边缘，同时用拇指按压鼻梁，先将头向上抬并向前推，即可将胎儿唇部拉向骨盆入口；枕部前置的，进入骨盆不深时也可按上述方法矫正，或用产科梃顶在胎儿胸部和一侧前腿之间向前推，同时按上述方法将胎儿唇部钩入骨盆腔；颈部前置的，矫正较为困难，可先用产科梃顶在胎儿胸部和一侧前腿之间尽量向前推，再将一前腿的腕关节弯曲起来并向前推，变为肩部前置，使头部有活动的空间，然后再握住下颌向上并向一侧拉头，使其变为头颈侧弯，最后按头颈侧弯矫正。

如果胎儿已死，矫正困难时可用截胎术，将胎儿头部截断取出。

d. 头颈捻转。是指胎儿头颈绕其纵轴发生捻转。当胎儿头颈成 90°捻转时，头部成为侧位；当捻转为 180°时，头成为下位，额部在下，下颌朝上，颈部也因捻转而显著变短。头颈捻转常与胎儿侧位有关，或在头颈侧弯时未将头部矫正即向骨盆腔内牵拉所致。

助产时，先将胎儿推入子宫内，用手掐住眼眶或握住一侧下颌骨支，把胎儿翻转拧正，然后拉入产道，或用扭正梃伸入胎儿口内，将头拧正。如胎儿已死，可选用截胎术。

②前肢姿势异常。在胎儿性难产中前肢姿势异常较为常见。这些姿势异常可能发生在一侧或者两侧，主要有以下 4 种。

a. 腕关节屈曲。又称腕部前置。因前肢腕关节没有伸直，一侧或双侧腕关节屈曲，楔入骨盆腔引起难产（图 6-20A）。

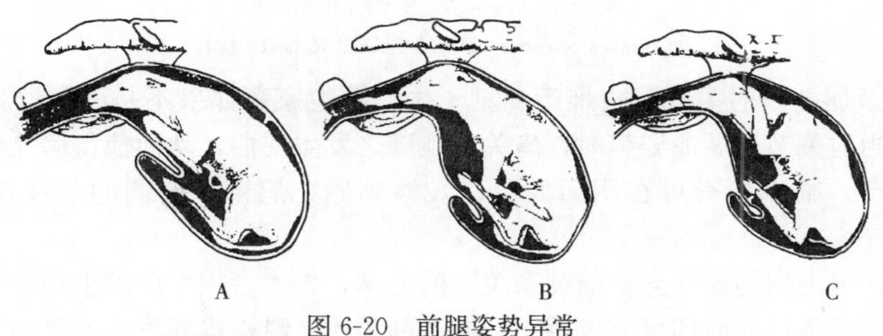

图 6-20　前腿姿势异常

（A. 腕部前置　B. 一侧肩部前置　C. 前腿置于颈上）

(Diseases of cattle，USDA Special Report，1942)

发生腕关节屈曲时，通过产道检查可发现腕关节呈屈曲状态楔入骨盆腔内或骨盆入口处，腕部前置朝向产道。单侧性腕关节屈曲时可以在阴门处见到另一伸直的前腿和胎儿唇部。

腕关节屈曲助产时，首选矫正术。首先由助手将产科梃顶在胎儿胸壁与异常前腿肩端

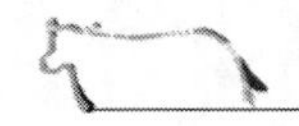

之间向前推动胎儿，术者用手钩住蹄尖或握住系部尽量向上抬，或者握住掌部上端向前向上推，使骨盆入口之前腾出矫正空间（图 6-21）；然后向后向外侧拉，使胎儿蹄部呈弓形越过骨盆前缘伸入骨盆腔。如果屈曲较为严重，也可用绳拴住异常前肢的系部，术者单手握住掌部上端向前向上推，即可在助手牵拉的配合下将前腿拉入产道。

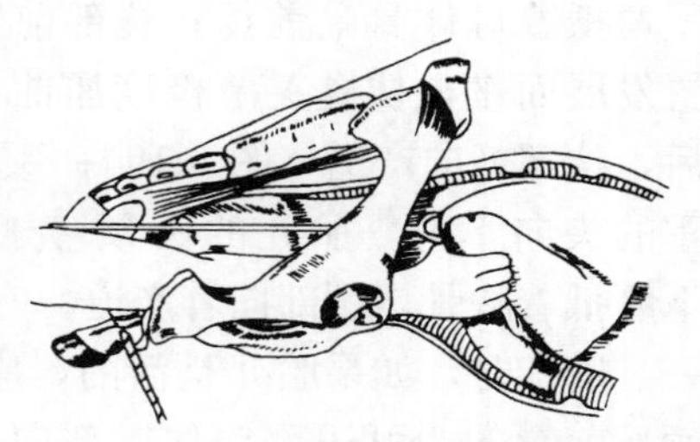

图 6-21　腕关节屈曲的矫正

（赵兴绪，2002）

b. 肩关节屈曲。也称肩部前置。胎儿一侧或者两侧肩关节屈曲朝向产道，前腿肩关节以下部分伸于自身躯干之旁或腹下（图 6-22A），使胎儿在胸部位置的体积增大，并由此引起难产。然而，对猪而言这种姿势是正常的，除胎儿过大的情况外，一般不影响胎儿的排出。

发生肩关节屈曲时，因胎头已伸入盆腔，临床检查可发现阴门处仅有胎儿唇部露出（两侧肩关节屈曲）或唇部与一前蹄同时露出（一侧肩关节屈曲）。产道检查可以触摸到屈曲的肩关节。

肩关节屈曲的矫正可分两步进行。如果胎头进入骨盆不深，首先由助手将产科梃或推拉梃抵在对侧胸壁与肩端之间并向前推，同时术者用手握住异常前腿的前臂下端向后拉，使肩部前置变成腕部前置，然后再按腕部前置矫正（图 6-22B）。

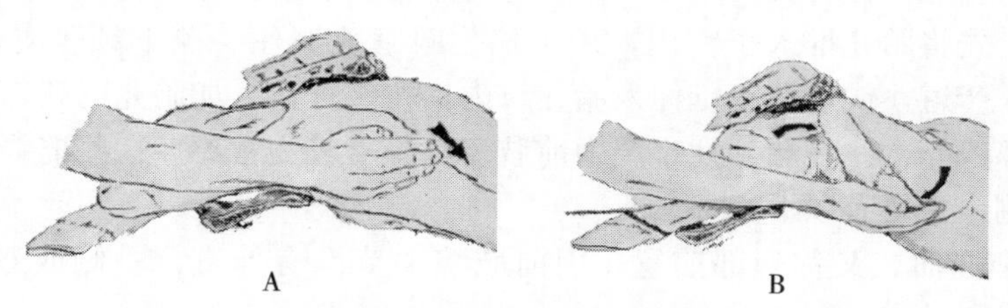

图 6-22　肩关节屈曲的矫正

A. 矫正的第一步　B. 矫正的第二步

（Diseases of cattle，USDA Special Report，1942）

c. 肘关节屈曲。肘关节屈曲难产多见于牛，其他家畜如果不是两侧性异常，一般不导致难产。当肘关节呈屈曲姿势时，肩关节也随之发生屈曲，从而使得胎儿的胸部体积增大而引起难产。临床检查可在阴门处可以观察到胎儿唇部，曲侧的前肢仅能伸至于颌下处。

矫正时，可先用绳拴住异常前腿系关节的上端，在术者用手向前推动异常前腿肩部的同时，助手向后牵拉前肢即可完成矫正；或者助手用产科梃推动异常前腿的肩部，术者用手或绳子牵拉异常前腿的蹄部，将肘关节拉直。

d. 前肢置于颈上。是指一条或两条前腿交叉置于头颈部之上的异常姿势（图 6-20C），多为双侧性的。

发生前肢置于颈上的难产时，可通过触诊在阴门内摸到前肢交叉于颈上或一侧前肢置于颈上。由于前腿置于颈上的异常姿势增大了胎儿头部位置的体积，影响胎儿排出，导致难产。此类难产中如果伴有阵缩及努责过于强烈，胎儿的蹄部可穿裂阴道壁。

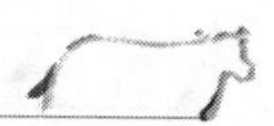

助产时，如果前肢置于颈上是一侧性的，术者手伸入产道后，先将胎儿向前推，然后抓住异常的前肢向正常侧并向下压，可将异常前肢矫正过来；如果是两侧性的，可分别在两腿系部拴上绳子，在向前向上推胎儿的同时，先将位于上面的一前腿抬起，向上向正常位拉，使其复位，然后再以同样方法矫正另一前肢。若用此法仍矫正困难，可选用截胎术。

③后腿姿势异常。后腿姿势异常是倒生时可能发生的异常情况。

a. 跗关节屈曲。又称为跗部前置，即后腿没有伸直进入产道，跗关节屈曲朝向产道（图 6-23A），楔入骨盆入口或骨盆腔。跗关节屈曲的异常情况多为双侧性的，髋、膝关节也伴随而屈曲，使后腿折叠起来，胎儿的后躯无法通过骨盆。

当发生一侧跗部前置时，因另一侧后肢正常伸入产道，因此仅有一侧后肢蹄部露出在阴门处，蹄底朝上；双侧跗关节屈曲时，可通过产道检查，在骨盆入口处可以摸到胎儿的尾巴、肛门、臀部及屈曲的跗关节。

跗关节屈曲的助产方法与正生时的腕关节屈曲基本相同。操作时，助手可将产科梃抵在尾根和坐骨弓之间向前推，术者用手钩住蹄尖或握住系部尽量向上抬举，或者握住跖部上端向前、向上并向外侧推，然后把蹄子拉入骨盆腔，将后腿拉直；或者用绳拴住异常后腿的系部，术者用一只手握住跖部上端向前向上推，同时助手牵拉系绳，即可将后腿拉入骨盆腔。

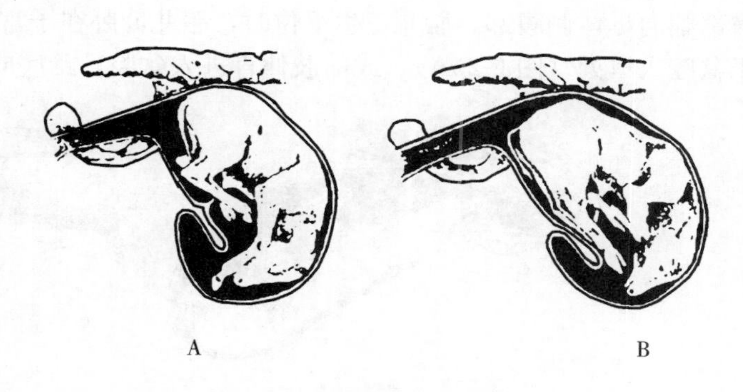

图 6-23　后腿姿势异常

A. 跗部前置　B. 坐骨前置

（Diseases of cattle，USDA Special Report，1942）

b. 髋关节屈曲。又称坐骨前置。胎儿的髋关节屈曲，后腿伸于自身躯干之下，坐骨向着盆腔（图 6-23B）。如果坐骨前置为双侧性的，也称为坐生，在产道检查中可以摸到胎儿的臀部、尾巴、肛门和向前伸于躯干下的后肢。若为一侧坐骨前置，阴门内可见一后肢，蹄底朝上。

跗关节屈曲的助产方法与正生时的肩部前置基本相同。矫正操作分两步进行。首先助手将产科梃顶在尾根和坐骨弓之间，术者用手握住胫骨下端或将推拉梃固定在胫部下端，然后在助手向前用力推动胎儿的同时，术者用手或推拉梃向前向上抬并向后拉，把后腿拉成跗部前置，然后再按跗部前置矫正（图 6-24）。

（5）胎位异常（abnormal position）。正常分娩时胎儿需由妊娠之前的下位转变为上位，如果这一过程发生障碍即可造成胎位异常并引发难产。胎位异常主要有正生时侧位及下位和倒生时侧位及下位两种。因为胎儿只有在上位时才能顺利产出，所以除非胎儿较小，无论哪种胎位异常，助产时都要先将其矫正成上位或轻度的侧位，才能拉出胎儿。如果矫正困难或胎儿已死亡，可选用截胎术。

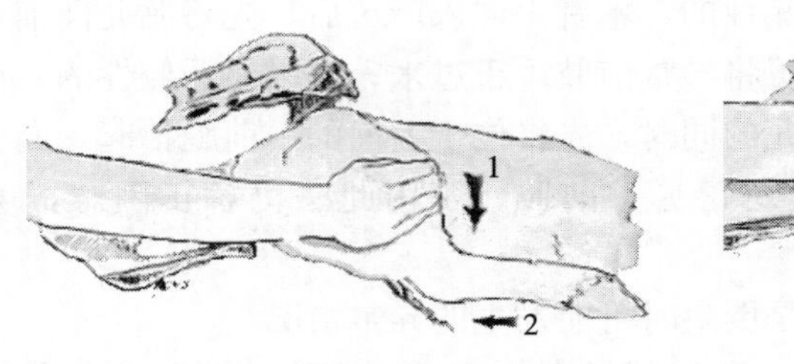

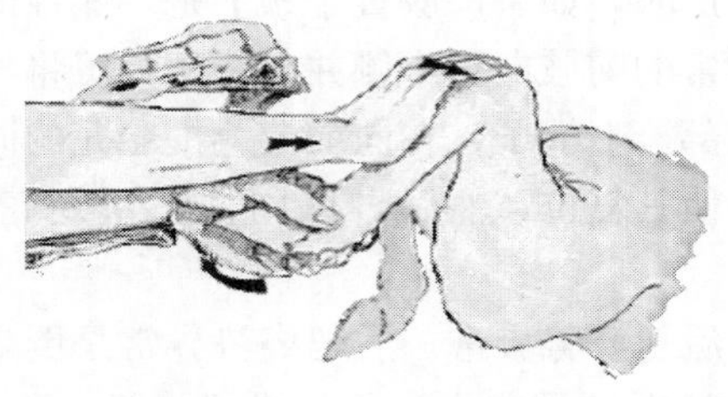

A B

图 6-24 髋关节屈曲的矫正

A. 矫正的第一步 B. 矫正的第二步

(Diseases of cattle，USDA Special Report，1942)

①正生时的侧位及下位。胎儿侧位时，其背部或腹部朝向母体侧腹部。产道检查时，两前肢及头部伸入骨盆腔，下颌朝向一侧；或两前肢和头颈屈曲、侧卧在子宫内，背部或腹部朝向母体侧腹部。胎儿正生下位时，胎儿仰卧在子宫内，背部朝下，两前肢和头颈位于盆腔入口处（图 6-25A），或前肢伸直进入盆腔，蹄底向上，头颈侧弯曲在子宫内。

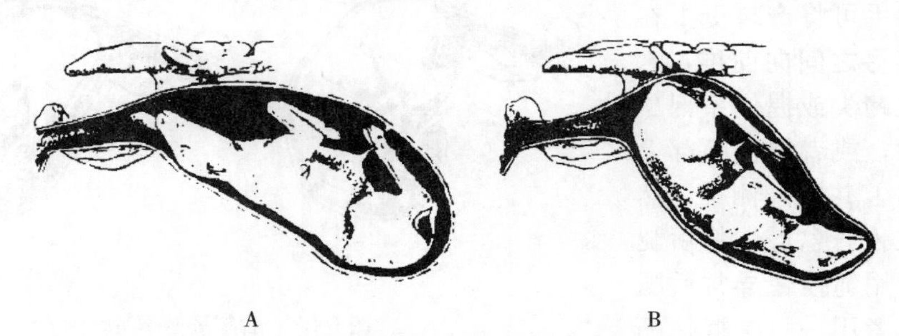

A B

图 6-25 胎位异常正生时的下位

A. 正生时下位 B. 倒生下位

(Diseases of cattle，USDA Special Report，1942)

助产时，先用手把胎儿的一前肢拉直进入产道，然后用手钩住胎儿鬐甲部向上抬，使其变为侧位，再钩住下面的肘部向上抬，使其基本变为上位。尔后用手抓住下颌骨把胎头转正，最后把另一前肢拉入骨盆腔，即可拉出胎儿。如果在正生时，先能在子宫内将胎儿两前肢及胎头的姿势拉正，或倒生时能将两后肢拉直，也可在两肢体系部拴上产科绳，一边向外牵引，一边转动胎儿躯体，逐渐将胎势矫正。

②倒生侧位及下位。其胎位与正生时的侧位及下位相同，但臀部靠近盆腔入口。倒生侧位时两后肢屈曲或伸入产道，蹄底朝向一侧面（侧位）。倒生下位时两后肢屈曲在子宫内（图 6-25B）。

助产方法与正生侧位基本相同。先尽可能将胎儿两后肢拉入产道，然后一边向外牵引，一边转动胎儿躯体，在牵引过程中将胎位矫正，然后拉出胎儿。

(6) 胎向异常。胎向的异常包括横向和竖向。但不论是哪种类型的胎向异常，均较难救治，特别要注意的是在矫正成功之前，不可向外牵引胎儿，否则越发难以矫正或救治。在临床上遇到此类难产，一般先试用矫正术，通过推动和拉动相结合的方法，使胎儿改变

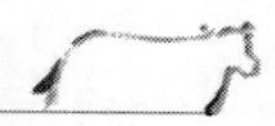

方向，即将进入产道较少的部分向前推，而将进入产道较多的部位向后拉，逐渐使胎儿改变方向。

①横向的胎向异常。这种异常可分为腹横向和背横向两种类型。腹横向时，胎儿横卧于子宫内，腹部朝向产道，四肢伸向骨盆腔（图 6-26A）。背横向时，胎儿横卧于子宫内，背部朝向母体骨盆入口（图 6-26B）。这两种横向胎向都使得胎儿躯干部分阻塞于骨盆入口处，胎儿不能排出而发生难产。

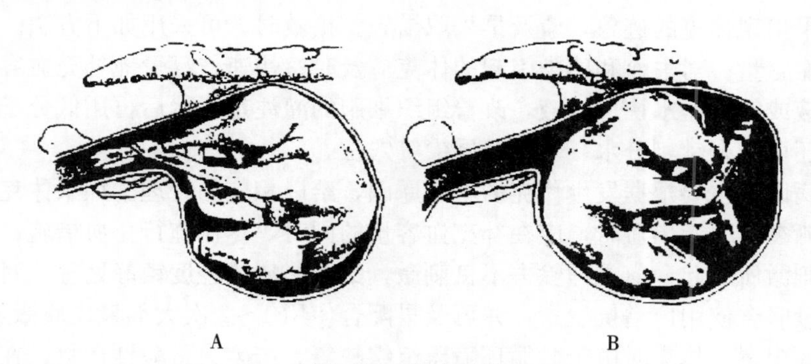

A　　B

图 6-26　胎向异常
A. 腹横向　B. 背横向
（Diseases of cattle，USDA Special Report，1942）

②竖向的胎向异常。这种异常分为腹竖向和背竖向两种类型，每种类型又可为头部向上（头部及四肢伸入产道）和臀部向上两种。

腹竖向时，胎儿竖立于子宫内，腹部朝向产道，四肢伸向骨盆腔。腹竖向头部向上时，后肢多在髋关节处屈曲，跖趾关节可能楔入骨盆腔（图 6-27），因此又称之为犬坐式，是胎向异常中比较常见的一种。腹竖向臀部向上时，后肢是以倒生的姿势楔入骨盆入口，两前蹄也伸至骨盆腔入口处，因此也被看作是坐生的一种，但较为少见。背竖向时，胎儿竖立于子宫内，背部向着母体骨盆入口，头和四肢呈屈曲状态，但这种异常极为少见。

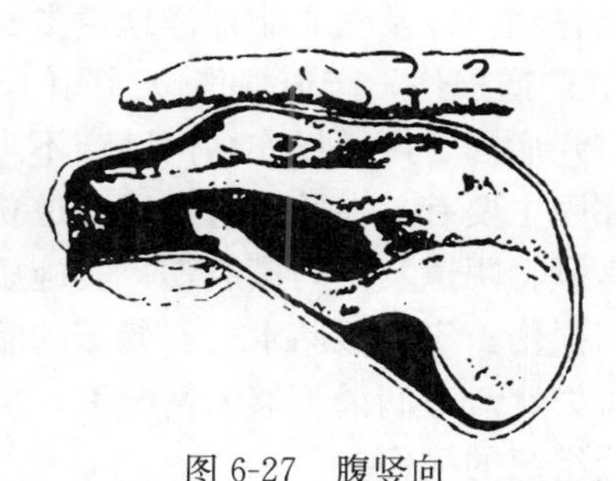

图 6-27　腹竖向
（Diseases of cattle，USDA Special Report，1942）

（五）难产并发症的处理

母牛在难产中易受到各种损伤，如果救治或处理不当，可并发多种严重的疾病，甚至危及母牛生命。因此，在难产的救治过程中，必须十分重视难产并发症的处理和预防。临床上常见的难产并发症主要有休克、产道损伤、子宫破裂等。

1. 休克　休克（shock）是难产和手术助产过程中可能并发的一种危急重症，如果抢救不及时可引起产畜死亡。

（1）病因。难产中休克并发症的发生，与子宫及产道的严重创伤和感染、强烈的疼痛刺激、大量失血以及腹压突然下降等有关。持续而强烈的疼痛刺激可使大脑皮质从兴奋转入抑制期；大量失血可使循环中血量减少，动脉血压下降，发生出血性休克；胎儿过速排出，腹压急剧降低，也容易引起大脑缺血性休克。

（2）症状。母牛在休克初期出现不安，呼吸快而深，脉搏快而有力，黏膜发绀，皮温降低，无意识地排尿、排粪等。随后出现沉郁，痛觉、视觉、听觉等反射消失或反应微弱，呼吸浅表而不规则，心跳微弱，黏膜苍白，瞳孔散大，四肢厥冷，全身或局部颤抖，出汗，如不及时抢救可引起死亡。

（3）治疗。在难产助产过程中，助产人员应随时注意观察病畜的心跳、呼吸活动和全身状态，如果出现休克的迹象，应及早采取措施。抢救时，可采用如下方法。

①补充血容量。对失血和感染引起的休克应及时、快速、足量地补充血容量。首先可用平衡盐溶液或等渗盐水快速补液，改善组织细胞的灌注量，然后再用低分子右旋糖酐或血浆。同时还可配合针刺分水、耳尖及尾尖等穴位。

②消除病因。主要根据发生休克的不同原因，给以相应的处理。如果休克是由于子宫破裂、产道撕裂等引起出血时，应在补充血容量的同时，尽快施行止血措施；如果休克是由强烈疼痛刺激所引起，应立即除去不良刺激，给予止痛或轻度镇静处理。对感染引起的休克应大剂量联合使用广谱抗生素，并可及早配合使用1～2次大剂量皮质激素治疗。

③纠正酸中毒。休克时由于微循环障碍组织缺氧，产生大量酸性产物，在休克早期积极扩容改善微循环障碍情况下，一般酸中毒较易纠正。但重度休克时可因酸性产物蓄积，机体可发生严重酸中毒，应立即输入5%碳酸氢钠，具体剂量应视酸中毒程度来确定。

④心血管药物的应用。在扩充血容量后，如果血压脉搏未得到改善，可应视病情发展选用血管收缩药（多巴胺、阿拉明、多巴酚丁胺、去甲肾上腺素）或血管扩张药（酚妥拉明、硝普钠）以及强心制剂洋地黄类药物等，以改善心脏功能和疏通微循环。

2. 产道损伤 产道损伤包括阴门、阴道及子宫颈损伤。

（1）病因。产道损伤多由助产不当或在产道、胎儿异常时强力努责所致。引起产道损伤的原因主要有：在胎儿过大或产道狭窄的难产中，强行实施牵拉术或母牛强力努责，造成子宫颈、阴道及阴门撕裂伤；实施矫正术或截胎术时，助产器械操作不当或失误导致产道组织损伤；实施截胎术后，暴露的胎儿骨质断端保护不当易造成产道或子宫损伤；在羊水已流失、产道润滑不够的情况下，反复多次地产道助产刺激或强力牵拉胎儿容易造成产道表层组织的损伤。

（2）症状。

①产道的轻度损伤引起产道黏膜的表层充血、水肿、挫伤，产后黏膜发生溃疡，表面有污黄色坏死组织。

②发生子宫颈、阴道及阴门的撕裂伤时，伤口处有出血，伤口组织不同程度外翻，黏膜表面粗糙。产后撕裂处易发生感染，创口组织坏死溃烂。

③阴道发生穿透创时，产道外周的脂肪组织甚至肠管可由穿透创口突入阴道内。阴道检查可发现，穿透创口的黏膜表面粗糙、有脂肪组织或肠管及其系膜突入产道。如果阴道后端发生严重穿透创，可能同时造成直肠穿孔，形成直肠—阴道瘘，粪便漏入阴道排出。

（3）治疗。

①黏膜表面伤的处理。可采用防腐消毒溶液（如高锰酸钾、新洁尔灭）冲洗阴道，然后注入乳剂消炎药物，以控制感染。

②撕裂伤的处理。首先用防腐消毒溶液清洗创口，然后进行创口缝合，表面涂抹消炎药油膏。此外，为控制感染和出血可配合全身给药，注射抗生素和止血药物。

③穿透创的处理。阴道发生穿透创时应用生理盐水迅速清洗突入阴道内的肠管脂肪组织，然后送回腹腔并缝合创口。清洗中要防止液体流入腹腔。缝合后需大剂量注射抗生素，防止继发腹腔感染。如伴发直肠穿孔，也应作相应的创口缝合处理。

3. 子宫破裂　子宫破裂（rapature of the uterus）是分娩过程中发生的一种极其严重的并发症，如不及时诊断和处理，可引起大量失血，导致母畜的休克和死亡。

（1）病因。子宫破裂的发生，常与难产助产的操作不当、使用助产器械不慎、截肢后骨骼断端未做妥善保护以及子宫收缩药物使用过量或使用不当等有关。如助产中硬质助产器械不慎滑落刺穿子宫，或强力牵拉胎儿时胎儿骨端穿破水肿变脆子宫壁等。此外，有时在自然分娩过程中，因子宫壁的疤痕组织或子宫壁过度扩张（胎水过多、胎儿体积过大）等原因，子宫可在强烈收缩的力量作用下引起破裂。

（2）症状与诊断。在助产过程中，除截胎和脐带断裂外，一般是不会发生出血。如果发现助产器械或手臂红染，或者有血水流出，则可能发生子宫或产道的损伤或破裂。

子宫破裂时，可因破口大小的不同，母牛出现不同的症状。如果破口小且部位较高（如子宫体背部）、子宫内液体不易流入腹腔时，一般无明显异常表现，仅在子宫触摸中发现破口处黏膜表面粗糙，子宫液体中混杂有少量鲜血；若子宫破口较大，伴有大量出血和子宫内液体大量流入腹腔或胎儿坠入腹腔时，可见母牛突然变得安静，停止努责，全身状态迅速恶化，出现震颤、出汗、心跳呼吸加快以及贫血性休克等现象。此外，母体的内脏可突入子宫腔内甚至突出于阴门之外。

（3）治疗。

①在可能的情况下，应首先通过产道将胎儿及胎衣迅速取出。如果出现休克初期征兆，应及时进行相应处理。

②如果子宫破口较小且位于子宫体及其附近的部位，可在胎儿取出后使用催产素，通过促进子宫壁的收缩来封闭破口；为防止子宫及腹腔的感染，可在子宫中放入广谱抗生素，也可在腹腔中注入抗生素；如果出血较多时，可注射止血剂。此外，还应根据病情配合进行全身性治疗。

③如果破口较大，出血较多甚至胎儿坠入腹腔时，应尽快进行抢救。首先应稳定全身状况，可采用补液、注射止血剂和抗生素等措施；然后进行剖腹产或腹腔手术，结扎大的出血血管、取出胎儿、清洗腹腔、缝合子宫。手术过程中可在子宫内投入广谱抗生素胶囊控制感染，术后还须结合病情给以全身治疗。

（六）难产母畜的术后护理

手术助产时，不可避免地会对母牛，尤其是母牛的生殖道造成一定的损伤。助产手术的成功与否，除了术前周密细致的准备，术中细致认真的操作外，还与术后良好的护理有密切关系，如不及时进行处理，会影响其以后的繁殖力，甚至危及母牛的生命。并且由于助产技术、环境等因素的影响，对产道的损伤、刺激及污染越严重，则预后越谨慎。

1. 术后检查　助产手术后，应对母牛的全身状况和生殖道进行系统检查，及时发现异常并采取相应的处理措施。

（1）母牛全身状况的检查。术后应对母牛体温、呼吸、心跳和可视黏膜等情况进行仔细检查，诊断有无全身感染、出血和休克等并发症，如果出现疾病状况则应立即治疗。此外，须检查母牛能否站立，如果母牛站立困难，则应查找原因，检查是否有坐骨神经麻痹、关节错位或脊椎损伤、是否有低血钙等，并及时采取治疗措施。

（2）生殖道检查。检查生殖道前，先用清水及肥皂洗净母畜的阴门及会阴部，同时术者应注意手臂的清洁、润滑及消毒。检查时应注意子宫及腹腔中是否还有胎儿，产道中有无出血，阴道及子宫有无损伤、破裂或子宫角内翻，胎衣是否仍滞留或残留在子宫内等。如有出血及其他异常，应查清原因并及早处理。

此外，还可检查乳房有无病理变化、乳头有无损伤，对异常情况及时进行治疗处理。

2. 术后护理

（1）注射催产素。手术助产后应肌注或静注催产素，促进子宫的收缩和复旧，加快胎衣的排出，也可用来止血。母牛可注射30～50IU。

（2）预防感染。手术助产后，产道和子宫污染难以避免。因此，须向子宫内放入广谱抗生素，控制子宫感染，如有必要也可以用广谱抗生素进行全身治疗，以防因胎衣不下等引发的子宫内膜炎、子宫炎或全身感染。在破伤风散发的地区，为防止术后感染，应于手术后注射破伤风抗毒素。

（3）加强饲养管理。将术后的母牛与其他的母牛分开饲养，以免发生外伤。同时改善饲养管理，注意卫生，加快术后母畜的恢复。

（七）难产的综合防治措施

难产的发生可以通过积极的预防措施得到一定程度的控制。目前预防难产的综合措施主要包括科学饲养管理和临产检查两个方面。

1. 科学的饲养管理

（1）合理供给营养。首先应保证母牛在不同生理和发育时期对营养的需要，合理进行饲养，避免因营养配给不合理而出现以下情况。

①青年母牛因营养缺乏而生长发育不良，导致体格偏小和骨盆狭窄，容易发生难产。

②孕期营养供给失调导致母牛健康状况不良或过于肥胖，易引起母牛子宫肌和全身肌肉的紧张度下降，从而增加因产力不足所造成的难产发生概率。

③防止妊娠后期营养过剩，造成胎儿过大。

（2）合理进行配种。配种不合理通常是引发难产的一个重要原因。母牛未达到正常配种年龄而过早配种，或者小型体格母牛与大型品种公畜配种，难产的发生率将大大增加。前者由于母牛身体尚未发育成熟，容易出现产道和骨盆狭窄，造成产道与胎儿不相适应而发生难产；后者则相反，容易出现胎儿过大，不能与产道相适应，增加难产发生的概率。因此，合理进行配种，有利于预防难产的发生。在一般情况下，牛的配种不应早于12～15月龄。

（3）适当运动。妊娠母牛适当的运动有利于保持母体旺盛的新陈代谢，增强全身肌肉及子宫肌的紧张性，减少分娩时因产力不足而发生难产的可能性。但是，妊娠后期的剧烈或高强度的运动可能导致孕牛流产，应注意避免。

（4）适宜的分娩环境。在自然状态下，母牛临产前一般有离群、筑窝等寻找或营建适

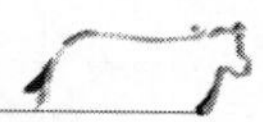

宜分娩环境的行为。陌生和易受干扰的环境可增加临产母牛恐惧感，不利于正常分娩。因此，提供适宜的分娩环境有利于母牛的正常分娩，可以减少难产的发生。一般情况下，母牛应在产前1周至半月送入产房或分娩区，以便适应新的环境。分娩过程中，要注意保持环境的安静，接产人员要避免过多干扰和高声喧哗等。

2. 临产检查　适时正确实施临产检查可以及早发现各种异常并进行有效处理，防止难产的发生。检查时可以通过产道内触诊对产道和胎儿进行检查。为了避免对分娩过程的干扰，检查必须在适当的时间采用正确的方法进行。

临产检查可选择在胎膜露出至排出胎水这一段时间进行。此时分娩进入胎儿排出期，产畜卧地平躺，加力努责，后肢伸展，胎儿的前置部分刚进入骨盆腔。选择这一时期进行临产检查一般不会影响正常分娩过程。如果检查中发现胎儿的胎位及胎势发生异常则可及时且容易地进行矫正，避免发生严重的难产。

检查时术者首先应将手臂及产牛的外阴进行消毒处理，然后才进行检查。如果羊膜尚未破裂，须隔着羊膜进行触诊，不要撕破羊膜，以免胎水过早流失，影响胎儿排出。若羊膜已破则可伸入羊膜囊直接触诊胎儿。检查中可以触诊胎儿大小和姿势、阴道及子宫颈的松软程度，以及骨盆的情况。根据胎儿的大小和软产道的紧张程度可以判断胎儿与产道的相互适应性，依据胎儿的前置部分可以确认胎儿的姿势是否正常等。正生时，检查中摸到前置的胎儿唇和两前蹄可判断为正常情况；倒生时，触摸到前置的两后蹄为正常。正常的产式可以在胎儿身体宽大部位通过产道狭窄部位时给予适当助产帮助，尤其是胎儿倒生时须安全快速地牵拉出胎儿。如果胎儿姿势有异常情况应立即进行矫正，这时胎儿的躯体尚未楔入盆腔，异常程度小，胎水尚未流尽，子宫内润滑，子宫尚未紧裹胎儿，矫正比较容易。此外，临产检查还可诊断子宫颈或骨盆的过度狭窄，为抢救胎儿及时制定适宜的手术助产方法提供依据。

第七章　奶牛传染病的防治

第一节　传染病的基本知识

牛传染病的流行环节包括传染源、传播途径与易感牛三个必要条件，传染源为感染牛和带菌（毒、虫）牛，传播途径为病菌（毒）在环境中存在的范围和进入其他牛只的途径，易感牛为免疫力低下对某种疫病容易感染病菌（毒）的牛只。这三个必备条件必须同时存在且相互关联才能造成疫病的传播，缺一不可。因此，必须采取适当的综合性卫生防疫措施，消除或切断三者中的任何一个环节，就能控制传染病的发生与流行。

对牛传染病和寄生虫病的防控须从这三个基本环节入手，控制其中的某一环节，或者三个环节同时入手，具体的措施包括：

1. 对传染源的控制

（1）引种检疫引进新牛时，必须先对引进地区进行考察，尤其是从不同国家引种时，有必要对牛只输出国进行引种风险分析。实际引进时，也必须进行必要的传染病检疫。阴性反应的牛还应按规定隔离饲养一段时间，确认无传染病时，才能进入本养殖场与原有牛群共同喂养。

（2）牛只发生传染病和寄生虫病时的处理。

①日常监测。加强对养殖场牛只疾病的日常检测是非常必要的，应对一般牛场常发的、本厂常发的或周围地区常发的奶牛疾病进行检测，及时发现病牛及时处理。建立定期检疫制度：牛结核病与布鲁氏菌病都是人畜共患病。早期查出患病牛只，及早采取果断措施，以确保牛群的健康与产品安全。按现今的规定，牛结核病可用牛结核病提纯结核菌素变态反应法检疫，健康牛群每年进行两次。牛布鲁氏菌病可用布鲁氏菌试管凝集反应法检疫，每年两次。其他的传染病可根据具体疫病采用不同方法进行。寄生虫病的检疫则根据当地经常发生的寄生虫病及中间宿主进行定期的检查，如屠宰牛的剖检、寄生虫虫卵的检查、血液检查以及体表的检查等，对疑似病牛及早作预防性治疗。

②当牛场出现的一般传染病时，应及时的对发病奶牛进行隔离饲养。同时积极的对发病牛只的疾病类型进行检测，采取合适的疫苗和消毒药物进行免疫和消毒。采取敏感的药物进行积极的治疗。有治疗价值和能够治愈的牛只及时选用合适的药物进行治疗。无治疗价值或无法治愈的牛只应该选择淘汰处理。

③当牛场中爆发动物防疫法中规定的一类疫病或二、三类疫病呈爆发性流行时视为牛场暴发烈性传染病，此时，应严格地按照动物防疫法中的相关规定进行处理。对于养殖场首先应该严格隔离病牛，对发病牛的生活区域进行严格的紧急的消毒，同时应立即向上级

主管部门报告，由兽医行政部门进行划区域封锁，在封锁区边缘要设置明显标志，除必需的兽医人员和饲养人员外，尽量减少甚至杜绝人员往来，必要的交通路口设立检疫消毒站，执行消毒制度，在封锁区内更应严格消毒。应严格执行兽医行政部门对病、死牛的处理规定，妥善做好消毒工作。在最后一头牛痊愈或处理后，经过一定的封锁期及全面彻底消毒后，才能解除封锁。

2. 对传播途径的控制

（1）坚持日常消毒制度。奶牛场必须严格执行消毒制度，清除一切传染源。生产区及牛舍进口处要设置消毒池及消毒设备，经常保持对进出人员及车辆进出时的有效消毒。生产区的消毒每季度不少于一次，牛舍每月消毒一次，牛床每周消毒一次，产牛舍、隔离牛舍与病牛舍要根据具体情况进行必要的经常性消毒。

（2）发生疫病时的紧急消毒。如发现牛只可能患有传染性疫病时，病牛应隔离喂养，死亡奶牛应送到指定地点妥善处理。养过病牛的场地应立即进行清理与消毒，污染的喂养用具也要严格消毒，垫草（料）要烧毁。发生呼吸道传染病时，牛舍内还应进行喷雾消毒。在疫病流行期间应加强消毒的频率。

3. 对易感牛只的处理和保护

（1）加强喂养管理，搞好清洁卫生。奶牛场必须贯彻“预防为主”的方针，只有加强喂养管理，搞好清洁卫生，增强奶牛的抗病能力，才能减少疾病的发生。各类饲料在饲喂前必须仔细检查，凡是发霉、变质、腐烂的饲料不得饲喂。牛的日粮应根据喂养标准配置，满足生长与生产的需要，并根据不同阶段及时进行调整。要保证供应足够的清洁饮水，饲喂时还要经常注意牛的食欲变化及对饲料的特殊爱好。奶牛应给予适量运动，除大风、雨雪、酷暑及放牧场潮湿泥泞不宜放牧外，应经常放牧，增加运动量与光照度。牛舍门窗要随季节及气候变化注意启闭，其原则是：冬天要保暖，空气要流通，防止贼风及穿堂风，以防奶牛感冒；夏天要做好通风与防暑降温，有条件的可用冷水喷淋，防止热应激。牛舍要尽量做到清洁与干燥，放牧场必须在每次放牧后清除牛粪，并经常清除杂草、碎砖石及其他杂物。

（2）建立定期执行预防接种制度。根据牛场常发疫病、本地区常发疫病、周围地区常发疫病名录或遵照执行当地兽医行政部门提出的奶牛主要疾病免疫规程，定期接种疫苗。增强牛只对传染病的特殊抵抗力，如抗炭疽病的炭疽芽孢苗等。

（3）药物预防。定期饲用药物可以预防牛只的细菌感染，提高牛只的抵抗力，如果药物使用过密或过多能造成在牛奶中药物残留而影响奶品质。合理和适度的使用药物很重要。在可控的范围内应尽量地减少药物使用。药物的使用和添加应严格执行农业部有关兽药管理条例新的实施细则与认真实施 NY5046—2001《无公害畜产品　奶牛喂养兽药使用准则》与 NY5047—2001《奶牛喂养兽药防疫准则》。

第二节　奶牛常发的烈性传染病

一、口蹄疫

1. 口蹄疫病的特点　口蹄疫（foot and mouth disease，FMD）是由口蹄疫病毒引起的人畜共患的一种传播特快、急性、热性、高度接触性传染病，主要侵害牛、羊、猪等偶蹄动物，传染性强，发病率高，多发在秋、冬、春季。其病理特征是患病动物口腔黏膜、蹄部和乳房皮肤等处发生水疱和溃烂。世界动物卫生组织（OIE）已将该病列为A类动物疫病。该病常使动物及动物产品流通、国际贸易受到限制，造成巨大经济损失，故一直以来为各国政府和国际卫生组织高度重视。该病一年四季均可发生，但气温和光照等自然条件对口蹄疫病毒的存活有直接影响。自然发病的动物常限于偶蹄兽，黄牛最为易感，其次为水牛、牦牛、猪，再次为绵羊、山羊等20多个科70多种野生动物。野生动物中黄羊、鹿、麝。

康复期和潜伏期的病牛是传染源，主要经呼吸道和消化道感染，带毒动物通过唾液、乳汁、粪尿传播，病牛的毛、皮、肉及内脏将病毒散播。被污染的圈舍、场地、草地、水源是重要的疫源地。病毒可通过接触、饮水和空气传播。犊牛比成年牛易感，死亡率较高。可发生于任何季节，以冬、春季节发病率最高，爆发呈周期性特点，每隔1～2年或3～5年流行一次。潜伏期平均2～4d，长的7天左右。口腔黏膜出现水疱是主要的特征，体温高达40～41.5℃，精神沉郁，食欲下降，闭口、流涎，开口时有吸吮声，脉搏加快，结膜潮好，反刍减弱，奶量减少。口蹄疫感染常见于奶牛的蹄冠和趾隙，蹄冠和趾隙间出现水泡，水泡破裂后形成糜烂面，糜烂继发感染化脓坏死，甚至蹄匣脱落，即所说的脱靴症，由新的蹄角质代替。病牛恢复情况一般为良性，仅口腔发病，一周即可痊愈。蹄部出现病变，病程可拖至2～3周或更久。死亡率一般不超过1%～3%。恶性口蹄疫，病死率高达20%～50%。虎斑心，即心肌切面有灰白色或淡黄色斑点或条文，俗称："虎斑心"，奶牛感染口蹄疫后大多因心肌炎造成死亡。瘤胃黏膜有圆形烂斑和溃疡，上有黑棕色痂块，真胃和大小肠黏膜可见出血性炎症。

2. 病原的特点与抵抗力　口蹄疫病毒（foot and mouth disease virus，FMDV）属于小RNA病毒科，口蹄疫病毒属。该核酸为单股正链RNA，全长为8.5kb。病毒由中央的核糖核酸核芯和周围的蛋白壳体所组成，无囊膜，成熟病毒粒子约含30%的RNA，其余70%为蛋白质。FMDV的外壳蛋白质包括4种结构多肽（VP1～VP4）。VP1、VP2和VP3组成衣壳蛋白亚单位，其中VP4位于衣壳内侧，VP1、VP2、VP3位于衣壳表面，构成口蹄疫病毒的主要抗原位点。

FMDV具有多型性和易变性特点。根据其血清学特性，现已知有7个血清型，即O、A、C和SAT1、SAT2、SAT3（即南非1，2，3型）以及AsiaⅠ（亚洲Ⅰ型）。前三个型和最后一个型在我国比较常见。又分为75个亚型，各型之间，彼此之间，抗原不同，不能互相免疫同型病毒各亚型之间交叉免疫程度变化幅度较大，亚型内各毒株之间也有明显的抗原差异。病毒的这种特性，给该病的检疫、防疫带来很大困难。

口蹄疫病毒能在犊牛、仔猪、仓鼠的肾细胞和牛舌上皮细胞、甲状腺细胞以及牛胚胎皮肤细胞、肌肉细胞、胎肾细胞和兔胚胎肾细胞等许多种类的细胞内增殖，并导致细胞病变。其中以犊牛甲状腺细胞最为敏感，并能产生很高的病毒滴度，因此常用于病毒的分离鉴定。猪和仓鼠的传代细胞系，如PK15、BHK21等细胞也很敏感，常用于该病毒的增殖。豚鼠是常用的实验动物，在后肢跖部皮内接种或刺划，常于24～48h后在接种部位形成原发性水疱，此时病毒在血液中出现，于感染后2～5d可在口腔等处出现继发性水疱。

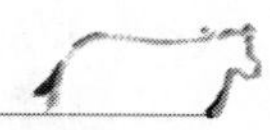

未断乳小鼠对该病毒非常敏感，因其能查出病料中少量病毒而成为检验该病毒的最佳实验动物，一般用3～5日龄（也可用7～10日龄）的乳鼠，皮下或腹腔接种，经10～14h即表现呼吸急促、四肢和全身麻痹等症状，于16～30h内死亡。人工接种犬、猫、仓鼠、大鼠、家兔、家禽和鸡胚等亦可感染。

FMDV对外界环境的抵抗力较强，在pH7.0～9.0范围内较稳定，一些酸性和碱性化学物质，如磷酸、醋酸、柠檬酸及氢氧化钠等均为FMDV良好的消毒剂。水疱液中的病毒在60℃经5～15min可灭活，在80～100℃条件下很快死亡，在37℃温箱中12～24h即死亡。鲜牛奶中的病毒在37℃条件下可生存12h，18℃条件下生存6d，酸奶中的病毒则迅速死亡。病毒可在草料和受污染的环境内存活1～3个月以上，存活时间长短与环境温度和pH范围有关。对付病毒常用药物有0.2%～0.5%过氧乙酸，1%～2%氢氧化钠溶液，30%草木灰水，紫外线也可杀灭病毒。牛奶经巴氏杀菌（72℃，15min）能使病毒感染力丧失。不起作用的药物有食盐、酚、乙醚、丙酮、氯仿、蛋白酶、酒精等。

3. 口蹄疫感染后的典型症状　病牛体温升高到40～41℃，口腔黏膜、舌部、蹄部及乳房皮肤发生水泡和烂斑，食欲下降，产奶量下降，走路跛行或卧地不起。流涎，闭口、张口时有吸吮声，1～2d后，在唇内面齿龈、面及黏膜出现黄豆大、蚕豆大至核桃大的水泡。水泡液初为水样后变为灰白色，此时流涎增多，含白色泡沫，呈丝缕状布满嘴边，病牛采食、反刍减少或停止。口腔发生水泡的同时或稍后，蹄间趾间及蹄冠部皮肤也发生水泡，很快破溃、糜烂，病牛表现跛行。当细菌感染，引起化脓、溃疡甚至蹄壳脱落。一般为良性经过可渐愈合，死亡率1%～2%，恶性口蹄疫因侵害心肌，死亡率可达20%～25%。

4. 口蹄疫的诊断　口蹄疫的临床诊断与牛水疱性口炎难以区别，必须结合流行病学特性，如疫病来源、特点、症状、传播速度进行综合分析。

取病牛新鲜水疱皮5～10g装于含有50%甘油生理盐水灭菌瓶内，或取水泡液作病毒的分离、鉴定和血清型鉴定。

反转录聚合酶链反应（RT-PCR），用于检测疑似感染动物水疱皮或水疱液中所有血清型口蹄疫病毒，适用于口蹄疫病毒的检测、诊断和流行病学调查。

原理：利用异硫氰酸胍方法提取RNA，在反转录酶的作用下，以RNA为模板，以引物为起点合成与RNA模板互补的cDNA链。利用西安天隆科技有限公司生产的DTC型基因扩增仪，在*Taq*DNA聚合酶的作用下，经高温变性、低温退火、中温延伸的循环，使特异性DNA片段的基因拷贝数放大一倍。经过35个循环，最终使基因放大数百万倍。将扩增产物进行电泳，经溴化乙啶染色后，在紫外灯照射下，肉眼可见DNA片段的扩增带。该方法可以检测所有亚型的口蹄疫病毒，检测结果为阳性，需进一步采用分型诊断试剂盒进行进一步检测。

血清学试验，ELISA是目前检测FMDV感染较为常用的诊断方法，其与补结试验、中和试验及间接血凝抑制、免疫扩散沉淀试验相比较、具有灵敏、快速、价廉等优点。

5. 口蹄疫的防治　平时要坚持做好口蹄疫疫苗接种工作，发现疫情应及时上报，隔离病畜，封锁疫区，对病、死畜及同群畜就地捕杀、销毁。对疫点周围和疫点内未感染的奶牛，紧急接种口蹄疫疫苗或高免血清。对被污染的牛舍、工具、粪便、通道等进行彻底消毒。最后一头病牛处理14d后，无新病发生，再经彻底消毒，经上级主管部门检验合格后，方可解除封锁。

未发病牛场的预防措施包括严格执行防疫消毒制度，在场门口设消毒间、消毒池，进出牛场必须消毒，严禁非本场车辆入内，严禁将牛肉及病畜产品带入牛场食用，每月定期用2%苛性钠或其他消毒药对牛栏、运动场消毒，坚持进行疫苗接种，按照规模化奶牛场免疫程序进行，疫苗有有牛羊O型、亚洲Ⅰ型两价灭活苗等。未发病的牛场的大门和交通要道要专人看管，并设有消毒池、出入的人员及车辆都必须消毒，坚持严格的消毒和防疫制度，严禁与病牛场的人、物、牛接触，定期注射口蹄疫疫苗。

已发生口蹄疫的防治措施包括在疫点的出入口和出入疫区的主要交通路口设置消毒点。对过往车辆、人员进行检查、消毒。封锁期内禁止牲畜和畜产品的出入，疫点每月进行一次全面消毒，口蹄疫病牛及其同群牛全部扑杀，并作无害化处理，场地全面消毒，暂时停止牲畜及畜产品交易活动。生本病时，要划定疫区，严格封锁、消毒，严禁偶蹄动物和畜产品出入疫区。在最后一头病畜痊愈或死亡后14d，经全面消毒才能解除封锁。疫区疫点严格消毒，被污染的场所用具有2%烧碱溶液等消毒。受威胁区的牛只紧急接种疫苗。病牛在隔离条件下，进行对症治疗。用1%食盐水或0.1%高锰酸钾清洗口腔，溃烂面涂擦5%的碘甘油或3%紫药水，蹄部用3%来苏儿洗净，患部涂碘甘油或龙胆紫等，然后根据病情对症治疗。

二、布氏杆菌病

1. 布氏杆菌病的特点 牛布鲁氏菌病又叫布氏杆菌病，是由布鲁氏菌（布氏杆菌）引起的人畜共患的慢性传染病，主要侵害生殖系统和关节，以母牛发生流产和不孕、公牛发生睾丸炎和不育为特点，对人的健康危害也比较大。发病牛和带菌动物是主要的传染源，易感牛与病牛直接接触感染或通过生殖道、皮肤或黏膜的直接接触而感染，病原也可通过消化道传染。牛对本病的易感性随性器官的成熟而增强。妊娠母牛也易感，易感牛与感染本病的人接触容易感染本病。在新发病牛群，流产可发生于不同胎次，本病常发牛群，流产多发生在妊娠牛。

2. 病原的特点与抵抗力 病原为细小的球杆菌，无鞭毛、无芽孢，革兰氏染色阴性。病原对环境抵抗力较强，土壤中可生存20～120d，水中可存活70～100d，在衣服、皮毛上可存活150d。对温热的抵抗力较弱，巴氏杀菌法10～15min，煮沸后立即死亡。常用浓度的消毒药能很快将其杀死，如1%来苏水或2%福尔马林15min。

3. 布氏杆菌感染后的典型症状 本病潜伏期为2周至6个月。

怀孕母牛表现为流产，一般在怀孕5～7个月产出死胎或弱胎，并出现胎衣不下、子宫内膜炎等症状，使其屡配不孕。患病公牛发生睾丸肿大，有热、痛感，有的鞘腔积液。

母牛表现流产，多发生于妊娠后5～8个月。有生殖道发炎的症状，阴道黏膜发生粟粒大的红色结节，阴道流出灰白色或灰色黏性分泌液。流产后继续排出污灰色或红色分泌液。有时恶臭，分泌物持续1～2d后消失，有的发生乳房炎，乳房肿大，乳汁呈初乳块，乳量减少。有的发生关节炎，公牛感染后，出现睾丸炎和附睾炎。如果牛流产胎衣顺利脱出，病牛很快就能康复，又能受孕，但以后可能还会流产。如果胎衣停滞则可发生慢性子

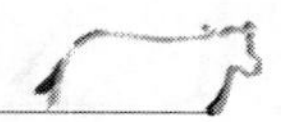

宫内膜炎，引起长期不育。

病理剖检可见子宫绒毛膜减息有污灰色或黄色胶样渗出物，绒毛膜上有坏死灶和坏死物。胎膜水肿变厚，黄色胶样浸润，表面附有纤维素和脓汁，间或有出血。胎儿皮下及肌间结缔组织出血性浆液浸润。肝、脾和淋巴结不同程度肿大、偶尔有坏死灶睾丸和附睾有炎症、坏死灶或化脓灶。

4. 布氏杆菌病的诊断　根据流行病学资料及临床症状等可做出初步诊断。

确诊需用细菌学、血清学和变态反应等综合性试验室诊断才能得出结果。

细菌学诊断：

(1) 涂片镜检。取液体材料涂片，镜下可见革兰氏阴性球杆菌，无鞭毛，无芽孢，一般无荚膜，散在。用抗酸染色法则本菌为红色，其他细菌为蓝色。

(2) 细菌的分离、鉴定（危险）。需特殊培养基，如马血清琼脂、马铃薯培养基、肝汤培养基等，24～48h 可形成类似于巴氏菌的小菌落。细菌的鉴定包括染色特点、形态、凝集性、宿主种类、生化特性、因子血清凝集试验等。

(3) 动物接种。豚鼠和小鼠最敏感，皮下或腹腔接种 0.5～1mL，20～30d 后剖检看病变，并作凝集试验，分离细菌，剖杀前作变态反应（布氏杆菌水解素）。

血清学方法种类很多，各有利弊，我国规定用试管凝集、平板凝集和补反试验、牛用乳环状试验，羊群则多作变态反应。

5. 布氏杆菌病的防治　贯彻以免疫、检疫、淘汰病牛和培育健康牛群为主导的综合性预防措施。

定期检疫，每年春季或秋季对牛群进行布鲁氏菌病的实验室检查，检出的牛应扑杀、深埋或火化。种公牛配种前进行布鲁氏菌病的检疫。

对健康畜行预防注射，菌苗有牛型 19 号菌苗及猪型 2 号菌苗。预防注射对孕畜可引起流产，故应在配种前进行。

严格消毒被污染的牛舍、用具等，粪、尿要进行生物发酵。必须将病牛污染的环境、分泌物、粪尿、厩舍、用具等用 10%～20%石灰乳或 3%的苛性钠、3%来苏水溶液等消毒。病死牛的尸体、流产的胎儿、胎衣等做焚烧或深埋处理。有关人员要做好个人防护，防止感染。

必须购牛时只能从非疫区购入，要严格的反复检疫，无布鲁氏菌病的健康牛才能购入，购入后隔离 1 个月并检疫 2 次，阴性者方可入群。

人也可感染本病，呈波状热症状，在与病牛接触时要做好保护工作严防感染。

三、结核病

1. 结核病的特点　是由结核杆菌引起的人畜（禽）共患的一种慢性传染病，主要通过呼吸道和消化道感染，特征是在一些组织器官中形成结核结节，继而结节中心干酪样坏死或钙化，其特征是渐进性消瘦，是目前牛群中最常见的慢性传染病。

排菌的重症病牛是主要的传染源，病原通过呼吸道、消化道感染传播，交配也有可能感染，如结核杆菌随鼻液、痰液、粪便和乳汁等排出体外，感染环境与正常牛，奶牛较为易感。厩舍拥挤、卫生不好、营养不足都可诱发本病。

2. 病原的特点与抵抗力 病原为结核杆菌，类型可分为3类，分别是牛型、人型和禽型。牛型对牛致病力最强；形态上，人型为直或微长的细长杆菌，多为棒状，有时呈分枝状；牛型相对人型，短粗；禽型短、小，具备多形性。结核杆菌在外界生存力较强，水中可存活5个月，土壤中存活7个月，较能耐受一般的消毒剂。

使用5%的石炭酸，2%的来苏水，4%的福尔马林液，12h方可杀死；10%的漂白粉，70%的酒精，30%～80%的异丙醇，1～2min能将其杀灭。

3. 结核病感染后的典型症状 本病潜伏期16～45d，可表现为多种结核病型。

肺结核在结核病上较为多见。病牛在病初有短促的干咳，逐渐变为湿性咳嗽，在早晨、运动、饮水后特别显著，鼻流黏性或脓性的分泌物。当肺结核病灶扩大到较大范围时，可听诊到啰音，叩诊有实音区并有疼痛感。体温一般正常和稍微升高。病牛日渐消瘦、贫血，易疲劳。长期咳嗽，逐渐消瘦，呼吸困难，淋巴结肿大。

肠结核多发生于犊牛，出现消化不良，顽固性腹泻，粪便中混有黏液和脓汁。表现为前胃弛缓，持续下痢，粪稀带血或脓汁，消瘦。

乳房结核表现为乳房淋巴结肿大，乳房内有大小不一的坚硬结节，产奶量下降，奶汁变稀，呈灰色，严重时乳腺萎缩，泌乳停止。

生殖器官结核表现为性机能紊乱，阴道流出黄白色黏性分泌物。母牛发情频繁，公牛睾丸或附睾肿大有硬结，孕牛流产。

骨和关节结核，表现为局部硬结、变形，有时形成溃疡。

病理剖检变化可见组织器官发生增生性或渗出性炎或两者混合存在于许多脏器上，形成斑点状透明的病变。

4. 结核病的诊断 通过临床特征和流行病学调查可作初步诊断，典型临床症状包括有特征的肺部、乳房、淋巴及全身等表现。

实验室诊断包括：分离病原方法，该方法较慢，费时费工。X线检查方法可用于小动物。增生性结节及干酪样钙化灶呈斑点状，阴影的密度高，边缘清晰，渗出性的阴影界限模糊，肺空洞则为透亮区。

变态反应方法为最常用的方法，该法为特异性诊断，最可靠，也最常用，只要体内有菌，便可出现阳性，可检出带菌者。但也有非特异性反应，另外，要注意接种史，注意与卡介苗注射者区分开。使用时点眼和皮内注射结合使用。本方法用于确诊、引进新畜检疫，平时检疫。

血清学方法和分子生物学方法包括：荧光抗体、ELISA、间接血凝、PCR方法等。

5. 结核病的防治 常规措施包括定期消毒、隔离并处理好病、死畜，粪便堆积消毒，牛奶煮沸消毒，新引进动物要检疫。特殊措施主要是检疫、淘汰，无结核的牛群每年春秋两季定期检疫2次，一旦有阳性则视为污染群。对于开放性（污染）牛群，淘汰所有开放性及变态反应阳性牛，每年检疫4次。对于变态反态阳性牛群，阳性牛最好淘汰，病牛所产的犊吃3d初乳，彻底消毒后转至健康牛哺乳或人工哺乳，并在出生后1月龄、4月龄、7月龄时各检疫一次，三次均为阴性者放入假定健康牛群。对于假定健康牛群，第一年检疫4次，应无阳性牛；第二年检疫3次，仍无阳性则视为健康牛群。一旦出现阳性，则视为假定健康牛群，并将阳性淘汰。

疫苗中卡介苗（BaccilleCalmette-Guerin，BCG）主要用于人，1 岁以内接种（可口服、划痕、注射）2～3 个月后作变态反应查免疫效果。3～4 年后重复一次。有牛场将卡介苗应用于犊牛，有一定效果。

治疗多采用链霉素、异烟肼、利福平及对氨基水杨酸进行治疗。同时要隔离、休息，加强营养。

四、炭疽病

1. 炭疽病的特点　是由炭疽芽孢杆菌引起的一种急性、热性、败血性传染病，其特征是皮下和浆膜组织出血，浆液浸润，血凝不全，脾脏肿大，呈急性和最急性经过。炭疽病是由炭疽杆菌引起的人畜共患的一种急性、热性和败血型的传染病，临床特征是突然发生高热、可视黏膜发绀，天然孔出血。病牛和带菌动物为传染源，通过消化道传播，牛采食被污染的饲料、饮水等途径感染；也可通过畜禽的分泌物、排泄物，病死尸体和内脏等大量将病菌传播。人和牛都有不同程度的易感性，人感染后多为皮肤局部感染，也可能继发败血症而死亡。本病多发生于夏秋放牧季节，常呈散发或地方性流行。

2. 病原的特点与抵抗力　病原为炭疽杆菌，成单个或成对或短链排列，革兰氏阳性杆菌，需氧，有荚膜。常用药物或一般消毒药即可杀灭。但在空气中能形成芽孢，芽孢的抵抗力很强，干燥环境下能存活数十年，可在病死牛的皮毛和掩埋尸体的土壤中能保持活力数十年。在高压蒸汽下（115～120℃），15～20min 才能杀死。繁殖体易杀灭，而芽孢抵抗力强大，可选用以下药物：5%碘酊、20%漂白粉、10%氢氧化钠、0.1%升汞、3% H_2O_2、0.15%过氧乙酸、4%高锰酸钾，3%甲醛。病原对青霉素最敏感，其次是磺胺、四环素及氯霉素等。

3. 炭疽感染后的典型症状　临床症状发病时间潜伏期为 1～5d，最长为 14d。

最急性型常见于流行初期，牛，体温升高至 40.5℃以上，病牛站立不稳，倒地昏迷，呼吸、脉搏加快，结膜发绀，天然孔常流出煤焦油样血液，于数分钟至数小时死亡。

急性型本病最常见急性型，病牛表现为体温升高 42℃，呼吸和心跳次数增多，病初兴奋不安，鸣叫，食欲、反刍停止，可视黏膜呈蓝紫色，口鼻流血，濒死前体温下降，气喘，窒息而亡。

亚急性型症状类似急性型。但病情较缓和，病程较长，常在喉、颈、胸、腰、胸前、腹下、肩胛或乳房部位皮肤发生水肿，有时形成溃疡，也成为炭疽痈。

疑为炭疽病牛禁止解剖。病牛死后呈败血型病变，尸体尸僵不全，瘤胃鼓气，肛门突出，天然孔出血，黏膜发紫并有出血点。皮下、肌肉及浆膜有绿色或黄色胶样浸润，血液呈黑红色，不易凝固。黏稠如酱油状，脾脏肿大 2～5 倍，胃肠道呈出血性炎症。

4. 炭疽病的诊断　通过流行病学、症状、病变、治疗试验可初步判断。对原因不明突然死亡或死后天然孔出血，临床诊断发现痈性肿胀、腹痛、高热，病情发展急剧的病牛，怀疑为炭疽病，可结合治疗实验诊断。

确诊通过实验室诊断，包括病原学检测，从天然孔流出的血液中进行病原涂片镜检，分离鉴定（包括生化试验）。血清学可采用环状沉淀试验（用于陈旧腐败的病料检测），也可采用动物接种实验，在严格控制条件下进行，接种小鼠。

主要与牛出败、气肿疽、恶性水肿区进行类症鉴别。

5. 炭疽病的防治 预防，主要是免疫接种。1876 年 kock 氏分离到该病原，1881 年 Pasture 制成弱毒苗，1960 年我国正式生产。疫苗有无毒炭疽芽孢苗，除山羊外，其他动物均可用。第 2 号炭疽芽孢苗：各种动物均可用，皮下注射 1mL。两种苗均在注射后 14d 产生免疫力，保护期 1 年。

发现疫情做好封锁、隔离、消毒工作。病、死畜不得剖杀，应火烧或消毒后深埋；粪便、垫草、用具等焚烧或消毒处理，同群健畜用高免血清进行预防注射。防疫常发地区定期进行炭疽预防接种受威胁地区的牛，每年春秋两季预防接种发生炭疽时，要立即上报疫情，及时采取扑灭措施全场要彻底消毒。

治疗应及早治疗，用血清和药物治疗。可用氨苄西林4 000单位/千克，同时并用抗血清（100～300mL）最好，，也可用土、氯霉素，或磺胺类（30%磺胺嘧啶 100～150mL），均每天注射 2～3 次，连用 5～7d。但均应早期治疗，否则疗效不佳，多归死亡。

五、牛病毒性腹泻—黏膜病

1. 牛病毒性腹泻—黏膜病的特点

牛病毒性腹泻—黏膜病（Bovine viral diarrhea-mucosal disease，BVD-MD），简称牛病毒性腹泻病，是由牛病毒性腹泻—黏膜病病毒（BVD-MDV）感染牛引起的一种复杂、呈多临床类型的疾病。该病是以发热、黏膜糜烂溃疡、白细胞减少、腹泻、免疫耐受与持续感染、免疫抑制、先天性缺陷、咳嗽、怀孕母牛流产、产死胎或畸形胎为主要特征的一种接触性传染病。患病动物及带毒动物，鼻漏、泪水、粪尿、精液均含病毒。通过直接接触或间接接触传染。

1946 年 Olafson 等在美国纽约以消化道溃疡和下痢为特征的病牛中首先发现牛病毒性腹泻（BVD），1953 年 Ransey 与 Chiver 发现了牛黏膜病（MD），1957 年分离到病毒，后经 Gillespie 等 1961 年研究证实上述两种病为同一病毒引起，并于 1971 年由美国兽医协会同一命名为牛病毒性腹泻黏膜病。目前 BVD-MD 已呈世界性分布，该病自然感染的宿主主要是黄牛和奶牛，其次为牦牛、水牛、山羊、绵羊、猪及骆驼和鹿等多种野生反刍动物。它给世界各国的畜牧业造成了严重的经济损失，每年死于此病感染的牛不少于 500 万头，同时由于其持续感染等造成的间接损失也严重阻碍了畜牧业的发展。

2. 病原的特点与抵抗力 牛病毒性腹泻病毒（Bovine viral diarrhea virus，BVDV）为黄病毒科（Flaviviridae）瘟病毒属（Pestivirus）的代表种，于 1957 年通过牛原代细胞培养从病料中首次分离出来。BVDV 是直径约 50nm 的有囊膜单链 RNA 病毒，略呈圆形，大小为 12.5kb，具有感染性，其核衣壳为非螺旋的 20 面体对称结构，直径 27～29nm。BVDV 对热、氯仿、胰酶等敏感，对 5-碘脱氧脲苷有抵抗力，pH3 以下易被破坏，在 56℃灭活，在 60～70℃下真空冻干时可保存多年。BVDV 可在牛的肾、脾、睾丸和气管等器官中繁殖。BVDV 的细胞培养常用牛肾继代细胞株 MDBK 培养增殖病毒及制备疫苗。

3. 牛病毒性腹泻—黏膜病感染后的典型症状 本病自然感染的潜伏期为 7～10d，短者为 2d，长者为 14d。人工感染的潜伏期多为 2～3d。临床症状根据疾病严重程度和病程

长短，在临床上该病可分为持续感染，MD和慢性BVD。

持续感染，持续感染是在母牛怀孕头四个月，病毒经胎盘垂直感染胎儿造成的。大多数持续感染牛临诊上是正常的，但可以见到一些持续感染牛是早产的，生长缓慢、发育不良及饲养困难；有些持续感染牛对疾病的抵抗力下降，并在出生后六个月内死亡。通过母乳获得的母源抗体不能改变犊牛的病毒血症状态，但可能干扰从血清中分离病毒。持续感染发生率较低，一般每出生100～1 000只犊牛中可能有一只持续感染牛。

慢性BVD的特征是发病几周至几月后出现间歇腹泻，口鼻、趾间溃疡和消瘦。表现出里急后重，间歇性腹泻，后期便中带血并有大量的黏膜；病牛重度脱水，体重减轻，可在发病几周或数月后死亡。病牛血清中检测不到抗体或抗体水平很低（<1∶64），但可检测到大量的病毒。这两种形式的发病率低，但死亡率可高达90%。

MD是致死性疾病综合征，目前认为MD和慢性BVD是持续感染的继续，正常牛不发生这两种疾病过程。MD主要表现为发病突然，重度腹泻、脱水、白细胞减少、厌食、大量流涎、流泪、口腔黏膜糜烂和溃疡，并可在发病后几天内死亡。病理剖检可见死亡牛消化道，软腭、舌、食道及胃、肠黏膜出现充血、出血糜烂和坏死。腹股沟淋巴结、肠系膜淋巴结水肿、发紫，切面呈红色；肝脏、胆囊肿大；肾包膜易剥离，皮质有出血点；肺充血、肿大，肺门及全身淋巴结肿大或水肿。

急性BVD，临诊上最常见的是急性BVD，在自然条件下通常是由BVD病毒引起的临诊上不明显到中等程度的疾病过程。急性BVD的症状与上述两种形式的症状相似，但程度要缓和得多。病牛表现为体温突然升高到40℃以上，但高温只持续2～3d，伴有一过性的白细胞减少。怀孕母牛可能表现为胚胎早期死亡、流产或先天异常。感染后2～3周内产生很高的抗体水平，病毒将从体内消失。急性BVD发病率高但死亡率低，一般不超过5%。此型病牛发病中，血清中病毒的浓度含量及含病毒的白细胞百分比明显低于持续感染牛。

BVDV也可引起胚胎早期死亡，重新吸收、流产、木乃伊胎、先天异常和死胎。无临床症状的持续感染牛，无明显的胃肠道黏膜和淋巴组织的肉眼可见及镜检变化；中性白细胞和淋巴细胞机能在持续感染牛中下降。某些持续感染牛出现早产、生长阻滞、哺乳困难、对疾病抵抗能力降低。

牛的BVDV感染率很高，约70%的2岁以上牛具有BVDV抗体，0.5%～1%牛具有持续性病毒症。妊娠50～150d牛感染BVDV，此时胎儿免疫系统尚未建立，未能识别BVDV而引起免疫耐受，出生后即成BVDV持续感染牛，这些牛死亡率很高，幸存牛可通过鼻涕、唾液、精液、尿液、眼泪和乳汁不断向外界排毒，是BVD传染的主要来源。

4. 牛病毒性腹泻—黏膜病的诊断 BVD/MD临床症状、肉眼观察的变化差异很大，确诊必须靠病毒抗原或其特异性抗体的鉴定或分离病毒。用不同克隆DNA探针可检测BVDV，特别是P54、gP62、gP53、P80。病毒分离可取鼻分泌物、全血或流产的胎儿进行病毒分离，接种原代犊牛肾细胞产生明显病变。检查抗体方法有BVDV血清中和试验、ELISA等。也可用免疫荧光、免疫酶、琼脂扩散法、对流免疫电泳检测，或用PCR试验扩增检测血清中BVDV核酸，电镜技术检测病原。

5. 牛病毒性腹泻—黏膜病的防治 目前尚无特效的药物治疗本病，主要采用检出并淘汰持续性感染动物及疫苗接种防治，疫苗接种是控制该病的重要措施。一般犊牛在10～14周龄时一次接种BVDV-Ⅰ型弱毒疫苗，至少4个月内能有效抵抗BVDV-Ⅱ型强毒的攻击，但若犊牛具有高滴度BVDV抗体，则母源抗体将抑制疫苗激发免疫反应。弱毒苗不稳定，而且会引起垂直感染，母源抗体怀孕牛、应激牛和病牛避免使用弱毒苗。商品化灭活BVDV疫苗对怀孕母牛是安全的，通常要多次免疫，也可使用猪瘟疫苗。

支持疗法包括抗菌、补液，收敛消化道等方法。静注葡萄糖、5%碳酸氢钠、生理盐水混合液2 000～3 000mL补液，每日2次。收敛剂、黄连素、痢特灵、生理盐水混合液1 000mL灌服。

六、牛传染性鼻气管炎

1. 牛传染性鼻气管炎病的特点 牛传染性鼻气管炎（Infectious bovine rhinotracheitis，IBR）是由牛传染性鼻气管炎病毒（IBRV）也称牛疱疹病毒Ⅰ型（Bovine herpesvirus1，BHV1）感染家养牛和野生牛引起的一种急性、热性、接触性传染病，又称坏死性鼻炎，红鼻子病，牛交媾疫，传染性脓疱外阴炎。该病以高热、呼吸困难、鼻炎、窦炎和上呼吸道炎症为特征。还可引起生殖系统损害，出现流产和死胎以及发生肠炎和小牛脑炎等症状，有时也发生眼结膜炎和角膜炎。继发性的细菌感染能导致更严重的呼吸道疾病。

该病于1950年首次发现于美国，呈世界性分布，目前只有欧洲的丹麦、瑞士、瑞典、芬兰和奥地利消灭了本病。本病可减慢肥育牛群的生长和增重，使患病奶牛产奶量减少甚至停乳，感染的种公牛精液带毒，它的暴发和流行常常给畜牧业生产和经济发展造成巨大的损失。病毒侵入牛体后，可潜伏于一定部位，导致持续性感染，病牛长期乃至终身带毒，给控制和消灭本病带来极大困难。

牛是IBRV自然感染的唯一宿主，IBRV可以通过很多途径感染牛，以肉牛易感，奶牛次之，而其他动物如绵羊、马、猪、犬、豚鼠和小鼠等不易感。带毒病畜是主要传染源。牛感染本病后，在自然条件下可不定期的排出病毒，这与本病的流行传播有重要的关系。IBRV可通过空气、媒介物，以及与病牛直接接触而传播，但主要为飞沫、交配和接触传播。吸血昆虫也能传播本病。本病在秋季和冬季较易流行，特别是舍饲的大群奶牛在过分拥挤、密切接触的条件下更易迅速传播。尤以20～60日龄犊牛在寒冷季节最易感染发病。另外，应激因素、社会因素、发情及分娩可能促使本病发作。

2. 病原的特点与抵抗力 病原特性牛传染性鼻气管炎病毒（IBRV），又称牛疱疹病毒Ⅰ型，是疱疹病毒科、疱疹病毒亚科、水疱病毒属的成员。目前，世界各地分离的IBRV毒株至少有几十个，只有1个血清型。

该病毒对外界环境抵抗力较强，于pH7.0的溶液中很稳定，4℃下经30d保存，其感染滴度几乎无变化；22℃保存5d，感染滴度下降10倍；寒冷季节、相对湿度为90%时可存活30d；在温暖季节中，该病毒也能存活5～13d；－70℃保存的病毒，可活存数年。

一般消毒药都可使其灭活。用乙醚、丙酮、酒精、酸及紫外线照射均能很快使之灭活。对热较敏感，在37℃半衰期为10h。在pH6～9下非常稳定，但在酸性环境（pH 4.5～5）下极不稳定。

3. 牛传染性鼻气管炎感染后的典型症状　IBRV致病性最大的特点是组织嗜性宽广，除经常侵害呼吸系统外，还能侵害生殖系统、神经系统和眼结膜。另外，自然感染时发病程度的差异很大，最轻的是无临床症状的隐性感染，只表现体温轻度升高，重症病牛则侵害整个鼻腔、咽喉和气管，导致急性上呼吸道炎症。临床上可以分成以下5种类型：

(1) 呼吸道型。本病的呼吸道型是最重要的一种类型，人工感染的潜伏期为2～3d，自然感染的潜伏期较长，可达1周。病毒首先侵入上呼吸道黏膜，其次是消化道，引起急性卡他性炎症，鼻分泌物由浆液性变为黏液性，最终变为脓性，并混有血液。临床表现为发热，病畜体温达42℃，食欲减退，呼吸困难并伴随鼻腔通道和气管有黏脓性分泌液流出，鼻孔开张，鼻甲骨和鼻镜充血并变红，又名"红鼻子病"。随病情的发展，常表现出不同程度的呼吸困难症状，但咳嗽并不经常出现。育肥牛体重减轻，奶牛的泌乳量减少。无继发感染时病程持续7～9d，随后很快好转，恢复正常。

(2) 生殖道型。本病的生殖道型俗称交合疹、交媾疹。传染性脓疱性外阴阴道炎的潜伏期较短，一般为24～72h，随后是持续数天的轻度波浪式体温反应。外阴部发生轻度肿胀，黏膜发炎，表面散在多量白色小脓疱，严重的外阴表面的脓疱融合成淡黄色斑块和痂皮，结痂脱落后形成圆形裸露的表面。临床康复需10～14d，阴道分泌物可持续数周，孕牛一般不发生流产，病程约两周。公牛感染，潜伏期2～3d，在生殖道黏膜充血的同时表现为过性体温升高，数天后痊愈。较重病例呈现同母牛一样的体温升高和脓疱形成两种症状，后者主要见于包皮皱褶和阴茎头，数天后脓疱破溃，彻底痊愈需两周左右。

(3) 脑炎型。本病的脑炎型多发于犊牛，主要表现为脑膜炎，病牛共济失调，先沉郁后兴奋或沉郁兴奋交替发生，吐沫，惊厥，最后卧倒，角弓反张。发病率低，但病死率高。成田实报道，将分离于自然发病牛的中枢神经组织、鼻液和流产胎儿的IBRV株接种到犊牛的鼻腔、眼结膜和口腔后，可见发热和水样鼻液，但无神经症状。但接种任何病毒株的牛在病理组织学上均能见到神经胶质细胞增生和细胞管套状浸润形成的三叉神经炎及以延髓感觉神经通路为主要部位的非化脓性脑炎。据此认为，非化脓性感觉神经节炎和脑脊髓炎与黏膜炎症一样都是IBR主要的特征性病变。

(4) 结膜炎型。本病的结膜炎型多为角膜、结膜炎，常表现角膜下水肿，其上形成灰色坏死膜，呈颗粒状，眼、鼻流出浆性或脓性分泌物。有时可与呼吸道型同时发生。

(5) 流产型。本病的流产型见于初产青年母牛怀孕期的任何阶段，有时也见于经产牛。常见于怀孕5～8月流产，多无前驱症状，胎衣不滞留。主要表现为突然发病，厌食，体温升高达39.5～42℃，结膜发炎，流鼻液，有的大量流涎，咳嗽，呼吸加速，病程约5d。

4. 牛传染性鼻气管炎病的诊断　病毒分离鉴定，根据临床症状不同，采集不同的样品：鼻气管炎以棉拭子采取处于发热期的鼻液和眼分泌物；外阴阴道炎时采取外阴部黏膜和阴道分泌物，公牛则采集精液和包皮的生理盐水冲洗物；有流产胎儿时采取胎儿胸水、心包液、心血及肺等实质脏器；脑炎时采取脑组织。所有样品均应悬浮于培养基离心，取上清液作病毒分离的样品。进行病毒分离的精液需经特殊处理，因为精液中含有对细胞有毒或对病毒增殖有抑制作用的酶和其他因子。最常用于IBRV病毒分离的是牛胎肾或睾丸的单层细胞培养物，原代和次代均可。其次是猪胎肾细胞、牛肾继代细胞和牛气管继代细胞。一般于接种后3d出现细胞病变。细胞的典型变化是圆缩、聚集成葡萄样群落，在单层细胞上形成空洞，有时会发现有数个细胞核的巨大细胞。若7d还不出现CPE，应再盲传1次，将培养物经反复冻融后离心，取其上清液用于接种新的单层细胞做进一步病毒分离。为鉴定致细胞病变的病毒是否为IBRV，细胞培养的上清液必须与特异IBRV抗血清或单克隆抗体进行中和试验。

包含体检查，因本病毒可在牛胚肾、睾丸、肺和皮肤的培养细胞中生长，并形成核内包含体，故可用感染的单层细胞涂片，用Lendrum染色法染色，镜检细胞核内包涵体，细胞核染成蓝色，包涵体染成红色，胶原为黄色。也可采取病牛病变部的上皮组织（上呼吸道、眼结膜、角膜等组织）制作切片后染色、镜检。

聚合酶链反应（PCR）检测技术，核酸探针检测技术用于病毒核酸的检测。

血清学诊断为控制IBRV的传播，消除该病的有效方法是对所有采集的血清进行监测。通常将血清中和试验、免疫荧光、琼脂扩散试验、间接血凝试验、酶联免疫吸附试验等方法用于诊断IBRV急性感染和潜伏感染的动物。

5. 牛传染性鼻气管炎病的防治 加强饲养管理，防止引入病原，持续感染和潜伏感染是IBRV在感染过程中的两个主要特性，这两个特性给本病在牛群中的消灭和消除带来了巨大的困难，因此加强日常饲养管理中，防止病原侵入对该病起着积极的预防作用。

疫苗可应用弱毒疫苗、灭活疫苗、亚单位疫苗和基因缺失标记疫苗等。弱毒苗不能达到彻底免疫的效果，一些国家已不再使用。灭活疫苗虽较安全，但有效免疫期极短，不能保护强毒的攻击。亚单位疫苗安全有效，不存在潜伏感染的危险。但亚单位疫苗不能在体内复制，所需接种量大，成本高，至今未得到广泛使用。基因缺失标记疫苗接种后能有效地保护牛，还可应用于诊断试剂盒中，用来鉴别自然感染牛和接种牛，这在许多国家已经得到广泛应用，成为根除IBRV计划的主要措施。

抗体阳性牛实际上就是本病的带毒者，因此将具有抗本病病毒抗体的任何动物都应视为危险的传染源，应采取措施对其严格管理。发生本病时，应采取封锁、扑杀、消毒等综合性措施。发病时，应立即隔离病牛，要对牛舍、场地及一切用具进行紧急、严格、彻底、全面的消毒，不留死角，粪便及污染物要做无害化处理，以致杀死病原体，防止疫情扩散。对健康畜圈舍要每日进行消毒，防止疫病传播。

第三节　在生产中需要严格检疫的其他烈性传染病

一、牛海绵状脑病

1. 牛海绵状脑病的特点 牛海绵状脑病（Bovine spongiform encephalopathy，BSE）俗称疯牛病，是动物传染性海绵状脑病（Transmissible spongiform encephalopathies，TSE）的一种，病原为朊病毒（Prions），引起牛主要表现为行为反常、运动失调、轻度瘫痪、体重减轻、脑灰质海绵样水肿和神经元空泡形成特征。以其潜伏期长、病情逐渐加重及中枢神经系统退化、最终死亡为主要特征，是一种慢性、食源性、传染性、致死性的人兽共患病。1985年4月，疯牛病首次在英国南部阿什福镇被发现，1986年11月该病定名为BSE。此后，该病迅速在英国牛群中蔓延，到1995年5月，英国已发现约15万头牛

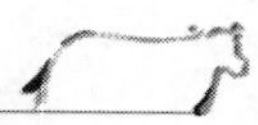

感染该病。目前，该病已传播到整个欧洲、美洲，亚洲的日本和韩国已相继报道有确诊病例。致病原因被认为是给牛喂食了有羊痒病或牛海绵状脑病的肉骨粉所致。

BSE是一种对牛中枢神经系统造成严重损害的传染性疾病，染上该病的牛的脑神经会逐渐变成海绵状，伴随着大脑、小脑功能的退化，病牛会出现神经错乱、行动失控，甚至会导致死亡。无论自然感染还是实验室感染，其宿主范围均较广。疯牛病病原可传染猫和多种野生动物，也可传染给人。患痒病的羊、患疯牛病的种牛及带毒牛是该病的传染源。动物主要是由于摄入混有痒病病羊或疯牛病病牛尸体加工成的骨肉粉而经消化道感染的。疯牛病的发生一般与性别、品种及遗传因素无关，但从病例上显示奶牛的发病数高，且以黑白花奶牛发病最多。该病的平均潜伏期约为5年，发病牛龄为3～11岁，但多集中于4～6岁青壮年牛，2岁以下和10岁以上的牛很少发生。发病年龄范围在29个月至18岁之间。小牛感染BSE的危险性是成牛的3倍。大多数肉用牛被屠宰食用时（通常为2～3岁）即正处于该病的潜伏期，处于该病潜伏期的病牛进入食物链，可造成严重的公共卫生问题。通过食用患病动物的肉奶等，人可能患上新型g-雅氏症，症状表现为脑部出现海绵状空洞，同时出现脑功能退化、记忆丧失和精神错乱等症状，最终可能导致患者死亡。因此，BSE对全球食品安全以及人类生命安全都具有极其重要的意义。

2. 病原的特点与抵抗力　牛海绵状脑病病原体为朊病毒，是一种没有核酸的全新致病物质，朊病毒属于一种亚病毒因子，它既不同于一般病毒，也不同于类病毒，即不含任何种类的核酸，是一种特殊的具有致病能力的糖蛋白，用PrP表示。这种PrP以两种形式存在于细胞中，即细胞型（PrPc）和异常型（PrPsc）。PrPc是正常细胞具有的，对蛋白酶敏感，存在于细胞表面，无感染性；PrPsc是由PrPc翻译后修饰而来的异构体，仅见于感染动物或人的脑组织中，对蛋白有一定的抵抗力，具有感染性。疯牛病患病牛的PrPsc在病牛体内的分布仅限于病牛脑颈部脊髓、脊髓末端和视网膜等处。

朊病毒对热、辐射、酸碱和常规消毒剂有很强的抗性，患病动物脑组织匀浆经134～138℃，1h，对实验动物仍有感染力；常温条件下患病动物PrPsc在10%～20%福尔马林中可存活28个月，还能耐受pH2.7～10.5范围的5mol/L氢氧化钠、90%苯酚及5%次氯酸钠2h以上。焚烧是最可靠的杀灭办法。

3. 牛海绵状脑病感染后的典型症状　BSE多在4岁左右的成年牛身上发生，病程一般为14～90d，潜伏期长达4～6年。牛海绵状脑病的发病症状主要分为神经全身症状和系统症状。后者症状的共同特征是，在中枢神经系统会形成大量的神经元空泡，聚集了异常的抗蛋白酶水解的致病形式朊蛋白，传染性非常强，死亡率相当高。而全身症状则是身体平衡出现异常，正常的生理机能受损。

多数病例表现出中枢神经系统的临诊症状。常见病牛烦躁不安，行为反常，对碰触和声音尤其是对头部触摸非常敏感，身体出现不平衡，经常暴躁疯跑以致抽搐、摔倒。病牛常由于恐惧狂躁而表现出攻击性，共济失调，步态不稳，常乱踢乱蹬以致摔倒，磨牙，低头伸颈呈痴呆状，故称疯牛病。少数病牛可见头部和肩部肌肉颤抖和抽搐。后期出现强直性痉挛，心搏变缓（平均50次/min），泌乳减少。耳对称性活动困难，常一只伸向前，另一只伸向后或保持正常。病牛食欲正常，粪便坚硬，体温偏高，呼吸频率增加，最后常因极度消瘦而死亡。通常病程为14～180d。

病理剖检变化不明显。组织学检查主要的病理变化是中枢神经系统灰质的空泡化为特征性病变，具有重要意义的病理变化为神经树突、轴突结合部出现空泡。脑干灰质发生双侧对称性海绵状变性，在神经纤维网中出现对称的卵圆形或圆形空泡。脑干的某些神经元核周体和轴突有一个或数个清楚的浆泡内大空泡。

4. 牛海绵状脑病病的诊断 诊断根据该病的临诊症状和流行病学特点可以作出初步诊断。由于该病既无炎症反应，又不产生免疫应答，迄今尚难以进行血清学诊断，所以目前的定性诊断以大脑组织病理学检查为主。脑干神经元及神经纤维网空泡化具有诊断意义。以脑干区特别是延髓孤束核和三叉神经脊束核的空泡化来诊断疯牛病，其准确率高达99.6%。作为确诊，还需进行如动物感染试验、PrPsc免疫学检测和SAF检查等实验室诊断。

5. 牛海绵状脑病病的防治 对于该病，目前尚无有效的治疗方法，也无疫苗。为了控制该病，主要采取以下综合防控措施。在英国等发病国家，规定捕杀和销毁病牛和可疑牛，严禁屠宰和销售病牛及其肉制品；禁止在饲料中添加反刍动物蛋白、骨粉等；禁止从发病国家和地区引进活牛、精液、牛胚胎、脂肪、肉、内脏及有关制品，也不得从有该病国家和地区购入含反刍动物蛋白的饲料。我国尚未发现疯牛病，但仍有从境外传入的可能，为此，要加强口岸检疫和邮检工作，并建立疯牛病监测系统，一旦发现可疑病例，应立即屠宰，并进行神经病理学检查。若确诊为疯牛病，则对可能感染的牛群进行无害化处理，如焚烧，以及用1～2mol/L氢氧化钠溶液作用1h或用0.5%～1.0%次氯酸钠溶液作用2h。

二、牛传染性胸膜肺炎

1. 牛传染性胸膜肺炎的特点 牛传染性胸膜肺炎（contagious bovine pleuro pneumonia，CBPP）又称牛肺疫，是一种由丝状支原体丝状亚种小菌落生物型（Small-colonytype，SC型）引起的牛传染病，发病率高、死亡率中度，病程为亚急性或慢性，其病理特征表现为纤维素性肺炎和胸膜炎症状。

牛传染性胸膜肺炎最早于1713年发生在瑞典和德国，后来传播到世界各产牛国，已被世界动物卫生组织（OIE）列为必报动物疫病，在《中华人民共和国动物疫病防疫法》中归为一类动物疾病。1996年，我国宣布消灭了牛传染性胸膜肺炎，这是我国继牛瘟后宣布消灭的第二种动物传染病。

自然条件下，丝状支原体丝状亚种SC型主要侵害牛类，包括黄牛、牦牛、犏牛、奶牛等，其中3～7岁多发，犊牛少见，病原主要通过呼吸道感染，也可经消化道或生殖道感染。本病多呈散发性流行，常年可发生，但以冬春两季多发。牛感染牛传染性胸膜肺炎后常呈亚急性表现或无临床症状，而且康复的牛还可成为长期带菌者，故本病的控制或消灭比较困难，给许多国家的养牛业造成重大经济损失。非疫区常因引进带菌牛而呈爆发性流行；老疫区因牛对本病具有不同程度的抵抗力，发病缓慢，通常呈亚急性或慢性经过，往往呈散发性。但在病程上表现为超急性、急性、慢性和亚临床感染的渐进过程。

2. 病原的特点与抵抗力 牛传染性胸膜肺炎的病原是丝状支原体丝状亚种SC型，过去称星球丝菌，是人类历史上分离的第一个支原体种，国际标准株为PG-1株。细小，多

形，但常见球形，革兰氏染色阴性。多存在于病牛的肺组织、胸腔渗出液和气管分泌物中。丝状支原体在已知的支原体中是对培养基要求较低的一种，在含10%马（牛）血清的马丁氏肉汤培养基中生长良好，呈轻度混浊带乳色样彗星状、线状或纤细菌丝状生长。无菌膜、沉淀或颗粒悬浮。在固体培养基中形成细小的半透明菌落、中心颗粒致密、边缘疏松、呈微黄褐色的荷包蛋状。

病原体对外界环境的抵抗力甚弱，暴露在空气中，特别是直射阳光下，几小时即失去毒力。干燥、高温迅速死亡，55℃，15min；60℃，5min 灭活。酸性或碱性溶液下可灭活。对苯胺染料和青霉素具有抵抗力。1%来苏儿、5%漂白粉、0.5%福尔马林、1%石炭酸和生石灰、1%～2%氢氧化钠或0.2%升汞均能迅速将其杀死。$1/10^5$ 的硫柳汞，$1/10^5$ 的“九一四”或每毫升含2万～10万 IU 的链霉素，均能抑制本菌。可在冷冻的组织中存活很久，20℃以下能存活数月。

3. 牛传染性胸膜肺炎感染后的典型症状 该病的潜伏期，自然感染一般为2～4周，最短7d，最长可达8个月。

急性型病初体温升高达40～42℃，呈稽留热型。鼻翼开放，呼吸急促而浅，呈腹式呼吸和痛性短咳。因胸部疼痛而不愿行走或卧下，肋间下陷，呼气长，吸气短。叩诊胸部患病侧发浊音，并有痛感。听诊肺部有湿性啰音，肺泡音减弱或消失，代之以支气管呼吸音，无病变部呼吸音增强。有胸膜炎发生时，可听到摩擦音。病的后期心脏衰弱，有时因胸腔积液，只能听到微弱心音甚至听不到。重症可见前胸下部及肉垂水肿，尿量少而比重增加，便秘和腹泻交替发生。病畜体况衰弱，眼球下陷、呼吸极度困难，体温下降，最后窒息死亡。急性病例病程为15～30d死亡。

慢性型多由急性转来，也有开始即取慢性经过的。除体况瘦弱外，多数症状不明显，偶发干性咳嗽，听诊胸部可能有不大的浊音区。该种患畜在良好饲养管理条件下，症状缓解逐渐恢复正常。少数病例因病变区域较大、饲养管理条件改变或劳役过度等因素，易引起恶化，预后不良。

病理变化根据疾病的发展过程，病理变化可分为3个阶段：初期在肺尖叶、心叶和膈叶前下部，发生淡红或灰红色支气管肺炎灶或纤维素性支气管肺炎灶。中期为典型的纤维素性肺炎和浆液纤维素性胸膜肺炎，同时尚有纤维素性心包炎。肺实质常在肺的一侧（尤其右侧）或两侧出现融合性纤维素性肺炎。外观似多色性大理石样，故称“大理石样变”。后期主要表现为结缔组织增生过程。称肺肉变。

4. 牛传染性胸膜肺炎的诊断 诊断根据典型眼观与组织变化，结合流行病学资料与症状，可做出初步诊断。病原体检查可从病肺组织、胸腔渗出液与淋巴结取材，接种于10%马血清马丁肉汤及马丁琼脂，37℃培养2～7d，如有生长，即可进行霉形体的分离鉴定。胸型巴氏杆菌病的肺病变和该病相似，应注意鉴别。但巴氏杆菌病除病原不同外，肺大理石样变不很典型，间质增宽与多孔状不明显，不发生坏死块化，组织上无血管周围机化灶和边缘机化灶等变化。

实验室的诊断方法可分为分离培养鉴定、血清学方法和分子生物学方法。

分离培养方法是将丝状支原体丝状亚种 SC 型接种人工培养基上生长。

常用血清学方法主要包括玻片凝集试验、补体结合试验、琼脂扩散试验、被动血凝试验、微量凝集试验和酶联免疫吸附试验等。酶联免疫试验虽然具有很好的敏感性而且操作更加方便，但是补体结合试验仍是我国当前广泛采用的诊断方法。

分子生物学方法主要包括聚合酶链式反应（PCR）和核酸探针。

5. 牛传染性胸膜肺炎的防治 由于支原体类疾病的特殊性，用药物仅可以使临床症状减轻或消失，且停药后易复发，很难彻底治愈和根除，当前控制 CBPP 最主要的方法是免疫预防。

疫苗的应用在我国消灭牛传染性胸膜肺炎的工作中取得了十分重要的作用。目前使用的牛传染性胸膜肺炎疫苗均为弱毒活疫苗，包括 V5、T1、KH3J 株以及我国研制的兔化弱毒疫苗及其绵羊、藏羊适应系列疫苗等，尚未有使用灭活疫苗的报道。对疫区和受威胁区 6 月龄以上的牛只，均必须每年接种 1 次牛肺疫兔化弱毒菌苗，且不从疫区引进牛只。

对急性胸膜肺炎可用 500mL 的葡萄糖生理盐水配 4 支氢化可的松、青链霉素，每天一次，连用 5d。对慢性胸膜肺炎用磺胺嘧啶钠肌注，按 0.1mL/kg 体重注射，每天一次，连用 3～5d。还可用氟苯尼考按 0.1mL/kg 体重、4 支 5mL 地塞米松肌注，连用 3～5d。

三、牛瘟

1. 牛瘟的特点 牛瘟（Rinderpest，RP）是由牛瘟病毒引起的牛、水牛等偶蹄动物的病毒性传染病，其主要表现为发热、黏膜坏死等特征。该病的发病率和死亡率很高，可达 95%以上。

在所有牛瘟流行的国家这种病严重干扰了社会经济。牛瘟是世界上最古老的疾病之一，公元 4 世纪就有该病的记载。牛瘟曾广泛分布于欧洲、非洲、亚洲，从未在美洲或澳大利亚和新西兰出现过。在 17 世纪约有 2 亿头牛死于牛瘟。1889 年，牛瘟流行波及非洲撒哈拉以南 80%～90%的牛群，而 1882—1884 年非洲牛瘟暴发，造成的经济损失高达 500 亿美元。据估计，1980 年到 1984 年尼日利亚连续不断的牛瘟，直接间接造成的损失达 200 万美元。我国建国前，牛瘟几乎遍及全国各省、自治区，每隔约三、五年或十年左右发生一次大流行，死亡的牛多达数十万头。后由于防御体制的健全完善，针对不同地区疫苗的研制开发，使该病得以有效控制。我国在 1956 年消灭了牛瘟。联合国粮食及农业组织和国际兽疫局提出了在 2010 年实现全球扑灭牛瘟计划，从部分国家无疫到实现全世界无疫，最终达到全球根除牛瘟。最后一个牛瘟病毒病例在 2001 年被确认，2010 年 10 月 14 日，联合国粮食及农业组织宣布这种病毒已经绝迹。这是自天花绝迹以来，人类史上第二次消灭病毒性疾病，被形容是兽医史上最大的成就之一。

病牛是该病的直接传染源。病牛及处于潜伏期中的症状不明显的牛均能从口鼻分泌物和排泄物中大量排毒，尤以鼻液中含毒量最高，经直接接触或经消化道感染。牛瘟的传染可以由带毒的饲料、饮水、用具、衣鞋、犬、猫、家禽等间接传染，但因为病毒的抵抗力较小，实践证明这种可能性不大。牛瘟通常是由于易感动物接触了感染动物的分泌物（尤其是鼻液）和排泄物而传染的。在感染动物呼出的气体、眼和鼻的分泌物、唾液、粪便、精液、尿和奶中都能发现病毒。因而病畜可以沿着交通线散播疫病，特别是有些病畜症状非常轻微，却能排出大量病毒，更易传播该病。自然感染通常是经消化道，也可能经鼻腔和结膜感染，鼻上皮细胞通常是最初的感染点。由于该病毒在环境中抵抗力低，决定了它

不可能借助无生命载体远距离传播，因此借助空气传播的可能性仍然不大。苍蝇、蚊子及壁虫对牛瘟传播的重要性不大。易感动物主要为牛及其他偶蹄类动物，包括牛、水牛、绵羊、山羊等。牦牛对该病最易感，水牛次之，黄牛易感性更低。绵羊和山羊很少感染，但感染后能表现出轻微临床症状。骆驼感染后症状不明显，而且不会传染给其他动物。亚洲猪易感染，并且能将该病毒再传染给牛。啮齿动物、单蹄兽、食肉兽和鸟类不能感染，人类也没有易感性。

2. 病原的特点与抵抗力　牛瘟病毒（Rinder pest virus，RPV）是引起牛瘟的病原体。RPV 与小反刍兽疫瘟、犬瘟热、麻疹等病毒同为副黏病毒科麻疹病毒属的成员。相互之间有交叉免疫性。牛瘟病毒只有一个血清型。但从地理分布及分子生物学角度将其分为 3 个型，即亚洲型、非洲 1 型和非洲 2 型。

RPV 为单链负股无节段 RNA 病毒。病毒基因组全长16 000nt。形态为多形性，完整的病毒粒子近圆形，也有丝状的，直径一般为 150～300nm。病毒的外壳饰以放射状的物质，主要是融合蛋白 F 和血凝蛋白 H。RPV 编码的蛋白依次为核衣壳蛋白（N）、多聚酶蛋白（P）、基质蛋白（M）、融合蛋白（F）、血凝蛋白（H）和大蛋白（L）。P 基因除编码 P 蛋白外，还编码另外两种非结构蛋白 C 和 V。

牛瘟病毒非常脆弱，在常规的环境条件，如太阳光的照射、腐败、温度、化学物质下都容易死亡。离开动物体数小时内就会马上失活。

3. 牛瘟感染后的典型症状　牛瘟的潜伏期一般为 3～9d，多为 4～6d。与发病动物接触过的动物在 8～9d 后才能发现临床症状。人工感染时的潜伏期一般为 2～3d。

牛瘟的主要临床症状为包括引起黏膜出血及卡他性炎症，伴随有口腔炎及胃肠炎，无免疫性动物死亡率极高。病毒毒株、传染剂量和传染途径也可以影响牛瘟的发病过程，以至于早期病例与下一个病例的时间间隔最长的可达 2 周，而且紧接着病毒在畜群内迅速传播，可以作为一个诊断特点。但是，感染畜群中的很多牛是在初次接触后的 3 周内感染的。继第一批病例之后一般须经 6～7d 后才发生新的病例，此后病例才迅速增加，病程平均为 4～7d。症状通常于发热开始后第 3～4d 全部显现，再过 1～3d 趋于死亡。但在有些病例，病程可能拖延 2 周或以上。在经过良好并且耐过的病例，康复期可持续 2～3 周，特别是肠炎的症状只能逐渐消失。牛瘟的病程可分为：潜伏期、前期、黏液期和恢复期。潜伏期即从感染后到温度开始上升前的时间，为 2～8d。前期从体温开始上升，直至口腔出现病变为止，约为 3d，体温可达到 42℃。黏膜期由口腔出现病变开始，至死亡或开始恢复时止，为 3～5d。黏膜常有充血及脓性分泌物。病畜无法安静，常呈现口渴症状，一般体温保持很高，直到发生下痢，此时约为感染后第 4 天，亦即在口腔病变出现后 1～2d。病畜如发生下痢且恶化，则往往发生脱水、虚弱及严重消瘦而死亡。如病畜无下痢情形则往往不会死亡。在恢复期即病变出现后的第 3～5 天，病畜口腔病变开始愈合。表皮细胞的再生非常迅速，但大部分病畜恢复得很慢，完全恢复健康需要数月。

4. 牛瘟的诊断　临床诊断是初步的诊断方法，当出现以下几种基本症状即应当怀疑是牛瘟。发热、流涎、腹泻、口腔坏死、胃肠炎症状、眼角膜发炎浑浊，死亡。由于 RP 经常与牛病毒性腹泻等多种黏膜病混淆，确诊还需实验室诊断。

病原鉴定虽然快速诊断方法越来越普遍，但由于病毒分离在未来的流行病学及病理学研究中的作用，使得该方法在常规诊断中应绝对保留。琼脂扩散试验（AGID）能在田间条件下是诊断牛瘟，由于它操作简便，能在感染组织中限定性地检测出牛瘟抗原，因而该方法得到广泛的应用。对流免疫电泳（CIEP）试验在检测淋巴结和组织时的灵敏度是免疫扩散试验的4～16倍。在40min内就能检测出阳性结果，这项试验可以用于实验室快速诊断牛瘟。RT-PCR由于在鉴别诊断RPV与小反刍兽疫瘟病毒具有的灵敏、快速、特异性得以广泛应用。此外，补体结合试验也可特异性地检测RP，当由于其操作繁琐、费时现已逐渐被其他方法所取代。竞争ELISA试验适用于最先感染病毒的任何品种动物血清抗体的检测，为国际贸易规定试验。本实验依据是阳性被检血清和牛瘟抗H蛋白单抗与牛瘟抗原结合的竞争能力。被检样品中存在此种抗体，将阻断单抗与牛瘟抗原结合的竞争能力。因此，在加酶标抗小鼠IgG结合物和底物/显色溶液之后，预期的颜色反应将减弱。病毒中和试验是ELISA诊断方法的替代诊断方法。标准的病毒中和试验是在Vero细胞转管培养基中进行的。对灭活血清作倍比稀释，并用指示细胞做指示剂。37℃培养，并于第10天作最后检查。此外，荧光抗体试验作为检测牛瘟地辅助方法，仍有广泛的应用前景。

5. 牛瘟的防治 防控措施牛瘟的发生常因引进带毒动物靠接触传染而引起。因此，无牛瘟国家常禁止由疫区输入牛只及其他易感性动物，如羊、猪等，或禁止所有肉类制品的输入。在从未发生过牛瘟的地区发生时一般为急性病，控制方法是应扑杀所有病畜及已接触过的反刍兽及猪，并严禁动物之移动。在疫区常用灭毒疫苗免疫控制，每年免疫1次，周岁小牛开始免疫。在容易感染的地区，可采取扑杀病畜及免疫接触过的动物。如该病已在任何一地发生，则将所有病畜以及怀疑已发病和怀疑已感染的动物立即扑杀并进行彻底消毒，为彻底肃清该病的最可靠的方法。除了牛之外，其他反刍兽特别是绵羊和山羊都应视为可能的带毒者而加以重点的检疫和防控。

常规疫苗组织培养弱毒疫苗（TCRV）是前东非兽医研究组织用牛瘟强毒株经过连续传代研制成功的疫苗，对不同年龄的牛、水牛、绵羊和山羊均安全，并可获得终生免疫，是最好用的疫苗之一。山羊化弱毒疫苗方法首先由Edwards提出。1932年Steiling用此法成功对印度牛群进行了接种。虽然该方法对数百万头牛进行了免疫，但似乎只在南亚受到关注。而在东非，这种疫苗对当地的动物毒力太强，其致死率有时可达25%。1938年，Nakamura等人将在兔子体内连续传代100次的牛瘟病毒接种至牛体内，结果发现它能对免疫动物实现完全保护，从而研制出了兔化弱毒疫苗。该疫苗在中国和朝鲜得到广泛的应用，并取得了很好的效果。Jenkins和Shope等人开发的禽化弱毒疫苗可安全地对从未接触过RP的牛群进行接种，在东非田间试验取得了满意效果。但该疫苗容易变性，必须制备成冻干苗小心进行保存。

四、恶性卡他热

1. 恶性卡他热的特点 牛恶性卡他热（bovine malignant catarrhal fever）是一种由狷羚疱疹病毒Ⅰ型引起的急性、热性、致死性传染病。以高热、角膜混浊以及口鼻黏膜、眼结膜发炎为主要特征，且多伴发脑炎。该病多呈散发，病死率很高，可达60%～95%。

无论奶牛或肉牛均可感染，黄牛和水牛的发病率高，1～4岁的牛较易感，而老龄牛

发病则较少见。绵羊和非洲角马是该病毒的贮主，仅传播病毒，而自身并不发病。牛多经呼吸道感染该病。该病的发生主要是牛与绵羊、角马接触而感染，通过吸血昆虫传播病毒的可能性比较小。病牛的血液、分泌物和排泄物中含有该病毒，但该病毒在牛与牛之间不传播。

2. 病原的特点与抵抗力 牛恶性卡他热的病原为狷羚疱疹病毒Ⅰ型（alcelaphine herpes virus-1），为疱疹病毒科（Herpesviridae）疱疹病毒亚科丙（Gammaherpesvirinae）成员。病毒粒子主要由核芯、衣壳和囊膜组成。来自不同地区的毒株存在抗原型差异，因此认为牛恶性卡他热的病原是一组存在亚型差别的病毒。

狷羚疱疹病毒Ⅰ型能在胸腺和肾上腺细胞培养物上生长，并产生CowdryA型核内包涵体及合胞体。病毒在上述细胞培养物中，经几次传代后，移种于犊牛肾细胞中可生长。适应了的病毒也可在绵羊甲状腺细胞、犊牛睾丸细胞、角马肾及家兔肾细胞中生长，并产生细胞病理变化，还可适应于鸡胚卵黄囊。该病毒存在于病牛的血液、脑、脾和胸腺等组织中，在血液中的病毒紧紧附着于白细胞上，不易脱落，也不易通过细菌滤器。

该病毒对外界环境的抵抗力不强，不能抵抗冷冻及干燥。保存十分困难。血液中病毒，在室温条件下经过一昼夜就可失去毒力，在4℃条件下可保存2周，将其保存于20%～40%的牛血清和10%甘油的混合液中，在－70℃条件下贮存可维持活力15个月。较好的保存方法是将枸橼酸盐脱纤的含毒血液保存于5℃条件下，病毒可存活数天。

3. 恶性卡他热感染后的典型症状 自然感染的潜伏期为4～20周或更长，通常为28～60d。

牛恶性卡他热可分为几种病型，一般为最急性型、头眼型、肠型和皮肤型等，这些型可能互相重叠，并且常出现中间型。且所有型都有高热稽留、肌肉震颤、寒战、食欲锐减、瘤胃弛缓、泌乳停止、呼吸及心跳加快、鼻镜干燥等症状。

最急性型病牛突然发病，体温升高，可达41～42℃，稽留不退、战栗、肌肉震颤、呼吸困难、精神委顿、被毛松乱、眼结膜潮红、鼻镜干燥、食欲锐减、反刍减少、饮欲增加、前胃弛缓、泌乳停止、呼吸和心跳加快，发病后1～2d内死亡。

头眼型该型病例最为常见。体温升至40～41℃，发病后的第二天，眼、鼻、口黏膜发炎，双眼羞明、流泪，眼睑肿胀，眼结膜高度充血，常有脓性和纤维素性分泌物，角膜混浊，严重者形成溃疡，甚至穿孔致使虹膜脱出。鼻黏膜高度潮红、水肿、出血、溃疡，流腥臭黏脓性鼻液，病牛发出喘气声和鼾声，鼻镜干燥，常见糜烂或大片坏死干痂，引起额窦炎、鼻窦炎和角窦炎，致使角部发热角根松动。口腔黏膜潮红、干燥、发热。唇内侧齿龈、颊部、舌根和硬腭等处的黏膜发生糜烂或溃疡，致使患牛吞咽困难。患牛因脑和脑膜发炎，有时表现磨牙、吼叫、冲撞、头颈伸直、起立困难、全身麻痹。病程一般为5～14d，有时可长达1～4周或数月，终因衰竭致死，预后多不良，极少数牛可恢复健康。

肠型该病型很少见，患牛高热稽留，严重腹泻，里急后重，排出恶臭粪便，且粪便中混有血液和坏死组织。口腔、眼及其他处黏膜可见糜烂或溃疡。病程一般为4～9d，死亡率极高。

皮肤型患牛体温升高，颈、背、乳头、会阴和蹄叉等处的皮肤发生丘疹、水泡或龟裂等变化，并覆有棕色痂皮。痂皮脱落时，被毛也随之脱落。患牛通常于4～14d死亡。

病理变化该病的病理变化因临床病型不同而异。所有病牛的淋巴结出血、肿大，其体积可增大2～10倍，以头部、颈部和腹部淋巴结的病理变化最明显。头眼型病例以类白喉性坏死为主。喉头、气管和支气管黏膜充血，有小点状出血，也常覆有假膜。肺充血及水肿，也可见有支气管肺炎。消化道型以消化道黏膜变化为主。口腔黏膜溃疡糜烂，真胃黏膜和肠黏膜有出血性炎症，有部分形成溃疡。在较长的病程中，泌尿生殖器官黏膜也呈炎症变化。脾正常或中等肿胀，肝、肾浮肿，胆囊可能充血、出血，心包和心外膜有小点状出血，脑膜充血，有浆液性浸润。组织学检查，在脑、肝、肾、心、肾上腺和小血管周围有淋巴细胞浸润；身体各部的血管有坏死性血管炎变化。

4. 恶性卡他热的诊断 根据流行特点、临床症状及病理变化可作出初步诊断，确诊需进行实验室检查，包括病毒分离培养鉴定、动物试验和血清学诊断等。

将病料接种于牛甲状腺细胞、牛睾丸细胞或牛胚原代细胞培养3～10d可出现细胞病变；分离的病毒可以用荧光抗体试验进行鉴定。也可以将病料接种于家兔的腹腔或静脉，接种后可产生神经症状，并于28d内死亡。血清学诊断有血清中和试验、补体结合试验、间接免疫荧光试验、琼脂扩散试验、间接酶联免疫吸附试验等。近年来，有人应用DNA探针和聚合酶链式反应确诊该病。此外，还应注意与牛瘟、牛病毒性腹泻—黏膜病、口蹄疫、牛蓝舌病等相鉴别。

5. 恶性卡他热的防治 对于牛恶性卡他热病目前无有效的治疗方法。有人大量抗菌素和皮质类固醇进行治疗，有一定疗效。

对于牛恶性卡他热的预防，应采取牛舍及用具的彻底消毒措施。最关键的是要立即将绵羊等反刍动物从牛群中清除出去，不让牛羊接触。要在农村广泛宣传和普及畜禽传染病科学防治常识，牛羊等反刍动物不能混群、同舍饲养或合群放牧。牛羊圈舍、养殖小区都要科学规划，分开建设，这样能有效预防牛恶性卡他热的发生。

五、巴氏杆菌病

1. 牛巴氏杆菌病的特点 牛巴氏杆菌病，又叫牛的出血性败血症，是由多杀性巴氏杆菌引起的一种急性、热性传染病，一般呈散发性或地方流行性，多发生于夏、秋季节。本病主要通过消化道、呼吸道传染，也可经外伤和昆虫的叮咬引起感染。

2. 病原的特点与抵抗力 病原主要是多杀性巴氏杆菌，其次有溶血性巴氏杆菌，但较为少见。巴氏杆菌共有3个属：①巴氏杆菌属：多杀性巴氏杆菌，溶血性巴氏杆菌；②嗜血杆菌属：嗜血杆菌；③放线杆菌属：放线杆菌。有A、B、C、E、F 5个血清型(荚膜抗原)，我国有A、B、D_3型。

多杀性牛巴氏杆菌是一种细小的球杆菌，0.3～0.4μm，无芽孢，有荚膜，革兰氏染色阴性，伊红美蓝或姬姆萨氏染色，可见菌体两端浓染，中间着色浅淡，故称两极性杆菌。菌株在45℃折射光下有荧光。

本菌在健康牛上呼吸道和上消化道寄生，当饲养管理不良，气候突变、贼风侵袭、受寒、饥饿、过劳或长途运输等原因而降低畜体抵抗力时，则此菌大量繁殖，毒力增强，引起发病。

本菌抵抗力较弱，多种消毒药、消毒方法，多种抗菌药物均有效。链霉素、四环素、

氯霉素、磺胺药物效果最好。

3. 牛巴氏杆菌感染后的典型症状　潜伏期为2～5d。根据临床可分为败血型、水肿型和肺炎型3种。

败血型：病初体温升高41～42℃，精神沉郁，低头拱背，呆立，采食、反刍停止，呼吸、心跳加快，肌肉震颤，结膜充血潮红，鼻镜干燥、流浆液性或黏液性鼻液，重者混有血液。腹泻，粪中混有黏液、黏膜甚至血液，恶臭，有时尿中也带血。一般24h死亡。

水肿型：病牛胸前及头颈部水肿，严重者波及下腹部。肿胀部起初坚硬而热痛，后变冷而疼痛减轻。舌咽高度肿胀，眼红肿、流泪，口流涎，呼吸困难，黏膜发绀，最后窒息或下痢虚脱致死。病程2～3d。

肺炎型：此型最常见，体温升高，呼吸、心跳加快。然后肺炎症状逐渐明显，呼吸困难，干咳而显疼痛，流出混有泡沫的浆液性鼻液并带有血红色，后呈脓性。胸部叩诊有浊音、疼痛反应，听诊有支气管呼吸音或湿性啰音。2岁以内的犊牛，常严重下痢并混有血液。病程一般为1周左右，有的病牛转变为慢性。

病变：败血型呈现败血症变化，黏膜小点出血，淋巴结充血肿胀，其他脏器也有出血点。肺炎型肺部有不同程度的肝变区，色彩，即所谓大理石样变，胸腔有大量含纤维素性积液，胸膜出现胶样浸润，切开即流出多量黄色澄明液体。淋巴结肿大。此外，其他组织器官也有不同程度的败血变化。

4. 牛巴氏杆菌病的诊断　根据流行病学、临床症状、病理变化可作初步诊断。

实验室诊断可取死畜心血、脾、肝、淋巴结涂片，以姬姆萨氏染液或瑞氏染液染色，可见两极着色的小杆菌。结合生化反应、血清学（凝集）进行诊断。小白鼠接种后24h发病死亡，回收细菌。

与炭疽病、梭菌类感染进行鉴别诊断。

5. 牛巴氏杆菌病的防治　平时加强饲养管理和卫生，注意保暖，避免受寒、过劳、饥饿等，以增强抗病能力。

隔离病畜，禁止疫区牛只移动，以防传播。

污染牛栏用5%漂白粉或10%石灰水消毒。粪便和垫草进行堆积发酵处理。

每年定期给牛注射牛巴氏杆菌苗。

治疗可用20%磺胺嘧啶钠80～100mL静注，每6h 1次，连用3d。或链霉素15～25mg/kg肌注，每日2次，或选用其他抗生素如红霉素、青霉素、卡那霉素、庆大霉素、四环素族等抗生素、其他磺胺类药物，抗菌增效剂，都有较好疗效。出现大叶性肺炎时，用新胂凡纳明2～4g，溶解于60～100mL灭菌蒸馏水或生理盐水中，一次静注，2～3d后重复注射1次。

第四节　奶牛常发的一般传染病

一、牛大肠杆菌性腹泻

1. 牛大肠杆菌性腹泻病的特点　本病是由致病性大肠杆菌引起的人畜共患急性、多型性传染病，常见于新生或幼龄动物，特别是对犊牛危害最大。其临床特征主要是败血症、肠炎及其他组织器官的多种炎症，并可引起人的食物中毒，婴儿腹泻及败血症。

多种动物都对本病易感。幼龄动物比老龄动物易感。犊牛易感期在在1月龄以内。病畜及带菌畜，主要经粪便排菌。大肠杆菌为消化道主要菌群，大多为非改病性，也有少量致病性，当有条件时即为致病，另外也可由外源性感染引起。主要经消化道传播，还可经胎内，脐带传播，皮肤黏膜创伤也可感染。

新生动物未及时吃初乳，饲料不良、饲管不善、冷热刺激、卫生、空气质量差，消毒不彻底，密度过大，其他疾病等均能促使本病发生。

本病流行无季节性，但牛多在冬季，呈散发或地方流行性。以急性多见，发病率、致死率均高。

2. 病原的特点与抵抗力 病原为肠杆菌科，埃稀氏菌属的致病性大肠杆菌，是该属的代表种。大肠杆菌有致病菌和非致病菌之分，中等大小短杆菌，0.4～3μm，两端钝圆，无明显荚膜，大多数血清型有鞭毛和菌毛，其中菌毛分普通菌毛和性菌毛。为革兰氏阴性菌。

本菌为兼性厌氧菌，易培养。在普通肉汤中18～24h呈均匀浑浊，静置后呈淡黄色沉淀，摇动时仍呈均匀浑浊。普通琼脂上呈灰白色、半透明，中等菌落，血平板上呈β溶血，麦康凯呈上红色菌落，伊红美蓝平板上呈暗绿褐色菌落。

根据其致病机制可分为4群：

肠致病性（EPEC，Enteropathogenic E. coli），引起婴儿腹泻及败血症，主要有O_{26}、O_{35}、O_{86}、O_{111}、O_{114}、O_{119}、O_{125}、O_{126}、O_{127}、O_{128}、O_{142}。

肠侵袭性（EIEC，Enteroinvasive E. coli），引起人痢疾样腹泻，不产毒素，可侵袭上皮细胞，主要有O_{28ac}、O_{112ac}、O_{124}、O_{136}、O_{143}、O_{144}、O_{152}、O_{164}。

肠产毒素性（ETEC，Enterotoxin），引起人、畜腹泻，有O_{6}、O_{8}、O_{15}、O_{25}、O_{27}、O_{63}、O_{78}、O_{115}、O_{143}、O_{153}、O_{159}、O_{167}。

肠出血性（EHEC，Enterohamorhage），引起人畜下痢。主要是O_{157}；

Ecoli共有3种主要抗原成分，既O、K和H抗原。O（菌休）抗原是血清分型基础，目前已有170个以上，我国有150个。K（表面荚膜或被膜）抗原，为不耐热多糖抗原，含有内毒素成分，与致病性有关，已有103种，可以抗吞噬，抗血清作用。H（鞭毛）抗原为一种蛋白质，具良好抗原性，不耐热，含鞭毛毒素，已有60种。

不同国家，不同地区，血清型分布也有差异，如人的E. coli，亚洲主要为O_{28}、O_{157}，其他地区为O_{1}、O_{2}、O_{78}等。牛以O_{8}、O_{78}、O_{101}为主，多带K_{99}，人有O_{28}、O_{157}型。

大肠杆菌抵抗力不强，一般消毒药物和方法均可杀灭，本菌耐冷，在水和有机污染物中可存活数月。一般对庆大霉素、新霉素、丁胺卡那、诺氟沙星、环丙沙星敏感。但易产生耐药性。

3. 牛大肠杆菌性腹泻病感染后的典型症状 本病潜伏期很短，仅为数小时，个别20～30min即可表现症状，常以败血型、肠毒血型、肠型的形式出现。

败血型常见于出生3d以内的犊牛。病犊体温升高到41℃以上，精神委顿，卧地不起，腹泻，拉水样稀便，呈淡黄色，常混有血块、血丝和气泡，具恶臭味，多于发病后1～2d内死亡。

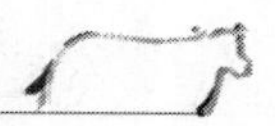

肠毒血型多见于生后一周龄内的犊牛。病犊肠道内大肠杆菌大量繁殖，产生毒素，进入犊牛血液，引起突然死亡。病程稍长的呈中毒性神经症状，先兴奋后沉郁，较少见腹泻，最后昏迷死亡。

肠型见于一周龄以后的犊牛。病犊体温升高到39.5～40℃，食欲减少，喜卧，水样下痢。粪便开始为黄色，后变为灰白色，混有凝乳块、血丝或气泡。病后期，大便失禁，体温正常或下降，脱水而死亡。

病程稍长的病犊出现肺炎、关节炎、脑炎神经症状，有的犊牛结膜充血、出血，个别的眼球突出。患病犊牛痊愈后，发育迟缓。

病理剖检可见病牛第四胃（皱胃）内常有大量的凝乳块，黏膜红肿，表面被覆大量的黏液。小肠内容物如血水样，含有气泡，充血、出血，上皮细胞脱落。肠系膜淋巴结肿大，切面多汁或充血。脾脏肿大，肝、肾、心实质变性，被膜或内膜有点状出血。病程长的有肺炎和关节炎的病变。

ETEC的致病机理研究较透彻，有3种致病因子：

①黏附因子J（黏附素，定性因子，F_1，F_4，F_5 等，）主要是菌毛F，为感染致病先决条件。

②内毒素：LPS中的类脂质A，是主要致病因子，可引起组织损伤及炎症。

③外毒素：也叫肠毒素，分两种，即耐热（LT）和不耐热（ST），均可引起腹泻，ST还可引起肠炎。LT分子量7 300左右，为蛋白质，有抗原性，ST 2 000～5 000，无抗原性，LT的毒性大于ST。有些菌株可产生两种毒素，有些只产生其中一种。外毒素由质粒编码。

其他致病机理还有：

侵袭性：侵入并破坏上皮细胞，进入血流，与质粒有关。

大肠杆菌素：由质粒控制，引起败血症。

过敏反应：先天或后天抗体与侵入抗原作用而引起，临床表现腹泻、水肿等。

细胞毒素：又叫Vero毒素，志贺氏毒素，与水肿病有关。

4. 牛大肠杆菌性腹泻病病的诊断　根据流行病学，典型症状及病变可做出初诊。病原学诊断采用涂片镜检、分离培养、生化鉴定（重要的是乳糖）、动物接种的方法。治疗性诊断主要排除病毒性疾病。鉴别诊断中主要与沙门氏菌（副伤寒）相区别。

5. 牛大肠杆菌性腹泻病病的防治　治疗应选用广谱抗生素，治疗原则为抗菌、补液、调节胃肠机能。抗菌可用庆大霉素每千克体重1～1.5mg，每日2次，肌注；卡那霉素每千克体重10～15mg，每日2次，肌注。诺氟沙星1g，鞣酸蛋白30g，混合1次灌服，每日2次，配合痢菌净4mg/kg体重肌注，每日2次，连用3d。喂服链霉素和黄连素效果较好，按成人剂量。对脱水严重的犊牛应及早补液，静脉滴注复方氯化钠、生理盐水或葡萄糖盐水，犊牛1 000～2 000mL（必要时加入碳酸氢钠、维生素C和10%安那加；粪便带血严重的可以肌注维生素 K_3、安络血等药物。

预防采用一般防疫措施如消毒、引种、饲养管理、及时吃初乳。药物预防包括抗生素和微生态制剂，也可用免疫接种，但由于大肠杆菌血清型比较多，免疫接种效果往往不理想。

二、沙门氏菌病

1. 沙门氏菌病的特点 沙门氏菌病是由沙门氏菌属的细菌引起的人畜共患传染病，除鸡白痢和鸡伤寒外，一般都叫副伤寒。临床特征主要是胃肠炎、败血症、生殖系统损伤等。由于沙门氏菌可引起人副伤寒，因此该病具有重要的公共卫生学意义，普遍受到重视。本病流行于世界各地。

牛沙门氏菌病，又称为牛副伤寒。病原为鼠伤寒沙门氏菌或都柏林沙门氏菌，以下痢为主要症状。主要发生于10～30日龄的犊牛，表现发热、食欲废绝、呼吸困难、肠炎、腹泻、败血症经过，一般于5～7d内死亡。成年牛的症状不明显，表现高热、昏迷、食欲废绝、呼吸困难等症状，发病后很快出现下痢，妊娠牛可发生流产。舍饲青年牛比成年牛易感，呈流行性。

病畜和带菌者是该病的主要传染源，可由粪便、尿、乳汁以及流产的胎儿、胎水、胎衣排出病菌。污染的饲草和饮水，经消化道感染健康牛，鼠类可传播该病。大群饲养时，发病率较高。新建牧场引进的感染犊牛是重要的传染源。此外，过度人工化的饲养环境；或为了早期肥育而使犊牛在未充分摄取母乳的情况下就与母牛隔离；长途运输期间，都可能促使犊牛发生感染并促使感染恶化。另外，环境污秽、潮湿、棚舍拥挤、粪便堆积、饲料和饮水供应不好，长途运输、疲劳饥饿、感染内寄生虫、分娩、手术、母畜缺奶、新引进牛未实行隔离检疫等，都可促使该病的发生。

2. 病原的特点与抵抗力 病原为肠杆菌科，沙门氏菌属成员，该属有24个种，51个血清群，每个种又有不同的亚种和血清型，目前共有2 500多个血清型。我国已鉴定的有200多个血清型，常见的有15个。致病的血清型有20～30个。

以O（菌体）抗原、vi（荚膜）抗原和H（鞭毛）进行分群和分型，其中H抗原还可分为Ⅰ相和Ⅱ相抗原，两相可以互转。另外根据其感染宿主范围的情况可分为宿主适应血清型和非宿主适应血清型两大类。同一种类的沙门氏杆菌可能含有多个血清型，与大肠杆菌的情况相似。

该菌为小球杆菌，2～5μm×0.7～1.5μm。无荚膜和芽孢，除鸡白痢沙门氏菌和鼠伤寒沙门氏菌外，其余均有鞭毛，能运动；很少排成链状；革兰氏染色阴性，有两极着色倾向。

该菌为需氧或兼性厌氧，很容易培养，在普通培养基上生长良好。平板上呈灰白色半透明，2～3mm，光滑、圆润、边缘整齐的S型菌落或边缘呈锯齿状的R型菌落。液体中均匀混浊（S型）或形成沉淀（R型）。麦康凯上无色小菌落，在伊红美兰上呈浅红色，血平板上不溶血，在SS琼脂上呈圆形、光滑、湿润、灰白色、半透明、大小不一的菌落。不发酵乳糖，不产生靛基质，VP阴性。

本菌抵抗力较强，可在自然界存活数周至数月尤其在污浊环境中。对一般消毒剂和广谱抗生素、磺胺、呋喃类化学合成药敏感，易产生耐药性。

3. 沙门氏菌病感染后的典型症状 该病的发生和流行取决于细菌的数量、毒力、动物机体的状态和外界环境等多种因素。病原菌常经消化道感染，从肠黏膜上皮侵入，到达血液和网状内皮细胞，引起心血管系统、实质器官和肠胃等病理变化。病变的发生同沙门

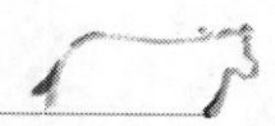

氏菌多种毒力因子有关，其中主要的有脂多糖、肠毒素等。肠毒素可导致肠炎和腹泻的发生。脂多糖可抑制巨噬细胞的吞噬与杀伤作用，并引起宿主发热、黏膜出血、弥散性血管内凝血、循环衰竭等中毒症状，甚至休克死亡。

成年牛感染后呈现血痢、败血症及妊娠后期的散发流产。常以40～41℃高热，昏迷，食欲废绝，脉频数，呼吸困难开始，体力渐衰。大多数病例在发病后12～24h，粪便中带血块、恶臭，含有纤维素片，间有黏液团或黏膜排出。下痢开始后体温降至正常或略高，病牛可在24h内死亡，多数在1～5d内死亡。病期延长者脱水、消瘦、眼窝下陷、可视黏膜充血和发黄，病牛有腹痛，妊娠母牛发生流产（从流产胎儿检查可发现本菌）。一些病例可以恢复，还有些牛呈隐性经过，仅从粪便排出病菌，但数天后停止排菌。主要病变为出血性肠炎及肺炎。

犊牛随着感染菌型不同，病情也不同，3周龄左右多发。经2d或数天潜伏期后，呈现食欲缺乏、拒食、发热、卧地不起、脱水、消瘦，迅速衰竭。急性病例常于2～3d内死亡，尸检无特殊变化，但从血液和内脏器官可分离出沙门氏菌。多数犊牛在出生后10～14d以后发病，病初体温达40～41℃，24h后排出恶臭的水样便，有时混有黏液和血液。有时死亡率可达50%，有时多数病畜可恢复，病期长的腕关节和跗关节可能肿大，还有支气管炎和肺炎症状。

犊牛的急性死亡病例，多数出现败血症变化。全身淋巴结肿大，实质脏器肿大，空肠、回肠弥漫性充血，常见脾脏萎缩及脱水症状。在急性病例的心壁、腹膜及腺胃、小肠和膀胱黏膜有点状出血。此外，还可见肝脏颜色变淡，胆汁浓稠而混浊，肝、脾有时有坏死区，关节内有胶样液体。组织学变化主要有小肠卡他性炎症、肝脏网状内皮系统伤寒性结节以及各脏器血栓的形成等。

4. 沙门氏菌病病的诊断 现场诊断包括流行病学调查，如年龄、季节、条件、发病率、死亡率、病史等；典型临床症状和病理剖检变化可做出初步诊断。确诊应采集病畜的血液、内脏器官或流产胎儿内容物等材料做沙门氏菌分离培养。用凝集试验鉴定。

5. 沙门氏菌病病的防治 在犊牛自然抵抗力产生之前，分成小群进行饲养管理，可以将由于感染犊牛和污染饲料造成的外来传播途径控制到最低限度，也可减轻其危害。一旦发现病情，及时隔离病牛，停止引进犊牛，采取消毒等措施，尽可能将长期带菌牛检出予以淘汰。另外，定期进行疫苗接种，如肌肉注射牛副伤寒氢氧化铝菌苗，1岁以下每次1～2mL，2岁以上每次2～5mL。虽然具有抗药性的病原菌多，但在病初使用抗生素可降低死亡率。治疗该病可选用经药敏试验有效的抗生素，如氯霉素、金霉素、土霉素、卡那霉素、链霉素、盐酸环丙沙星，也可应用磺胺类药物。但不能使已感染的牛完全清除病原菌。犊牛脱水症状严重的，须使用止泻剂和补液等对症治疗。

三、绿脓杆菌病

1. 绿脓杆菌病的特点 绿脓杆菌，也称铜绿假单胞杆菌，1882年首先由Gersard从伤口脓液中分离得到。该菌在自然界中分布广泛，可引起多种动物的脏器脓肿，如奶牛的子宫炎和乳房炎等。近年来，随着集约化的不断扩大，该菌导致的疾病表现为群体的急性暴发，死亡率增高。动物绿脓杆菌病调查结果表明，绿脓杆菌是鹌鹑化脓性肝炎、水貂出血性肺炎、獐子麝囊化脓、长臂猿化脓性角膜炎等病的原发性或并发性病原。绿脓杆菌对牛、羊、兔、大熊猫、鸭等动物的感染也都有了大量的报道。

绿脓杆菌广泛存在于水、土壤、空气、动物的肠道和皮肤，为一种条件性致病菌。该菌是一些疾病如脑膜炎、奶牛乳房炎、子宫炎、鸡霉形体病、黏膜型鸡痘的继发菌，同时也常与其他菌混合感染，如与葡萄球菌和大肠杆菌的混合感染等病例都有报道。近年来，随着集约化的不断扩大，绿脓杆菌原发病的发病率显著上升，往往会造成幼小畜禽的大群暴发。注射污染、环境恶劣、营养不良、疲劳运输等应激因素是造成该病暴发的原因所在，应激因素使机体对本菌的入侵缺乏足够的抵抗力，从而导致发病。

2. 病原的特点与抵抗力 绿脓杆菌为假单胞菌属，革兰氏染色阴性，是两端钝圆的短小杆菌，无荚膜、无芽孢。所有菌株都能运动，电镜下观察，菌体为一端单鞭毛并有很多菌毛，菌体大小为1.5～3.0μm×0.5～0.8μm，单个存在或成双排列，偶见短链。

本菌在普通培养基上生长良好，为圆形、光滑、湿润、扁平的菌落。该菌能分泌两种色素，一种为绿脓素，另一种为荧光素。该色素可使肝细胞肿胀，变性和坏死，可引起腹泻，并有抑菌作用。绿脓杆菌的某些菌株不产生色素，或只在特定的培养基上才产生色素，在血琼脂培养基上能产生明显的β溶血，该菌能在NAC鉴别培养基上产生绿色荧光。绿脓杆菌发酵糖的能力不强。分解葡萄糖产酸不产气，属氧化型糖代谢，分解缓慢。对其他糖类一般不分解。不产生靛基质，能形成硫化氢，能还原硝酸盐为亚硫酸盐，能液化明胶。

绿脓杆菌可分泌内毒素和外毒素。内毒素是构成细胞壁的一种酯醣体，毒力较弱，2～3mg才能致死20g体重的小白鼠；外毒素有两种，一种为毒力很强的外毒素A，是一种致死性外毒素，国内外目前研究结果证明，外毒素A是绿脓杆菌最主要致病因子。另一种外毒素为磷脂酶C，是一种溶血毒素，它给入侵的细菌提供营养，增强绿脓杆菌的毒力，它还能破坏肺组织表面成分，造成出血、萎缩和坏死，也常引起脓胸。绿脓杆菌分泌的色素也是毒素之一，可抑制机体吞噬细胞的吞噬作用，也有抑菌的能力，是一种抗生素样物质。

血清学分型本菌型别十分复杂，分型系统混乱，目前，还没有统一的分型标准。变异性绿脓杆菌的无色素变种日益增多，菌落形态上可变异为粗糙型（R）和黏液型（M）菌落。

绿脓杆菌对外界环境的抵抗力较其他细菌要强，对干燥、紫外线的抵抗力也较强，在潮湿处能长期生存，55℃加热1h才能将其杀死。本菌对多种抗生素不敏感，但对庆大霉素、多粘菌素和羧苄西林敏感。但是，各菌株的药物敏感性也不完全相同。

3. 绿脓杆菌感染后的典型症状 该菌主要引起各种动物的化脓性炎症及败血症。奶牛尤其犊牛是感染后可引起拉稀、血痢；但原因比较复杂，只有本菌在血痢中大量出现时才认为是绿脓杆菌病。奶牛感染后也可引起脓性子宫炎或乳房炎，病原也很复杂，必须经过实验室检验后才能确定。

绿脓杆菌长期存在于动物和人的皮肤、消化道、呼吸道和尿道中，成为健康带菌者。若体内外有创伤，首先在入侵之处定居下来，并迅速分裂繁殖，在多数情况下形成局灶性脓肿。幼年动物因免疫系统尚不健全，病原菌即可沿着淋巴系统进入体内，并在组织中扩

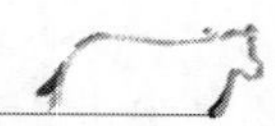

散蔓延，最后进入血液中引起菌血症，或在各脏器中形成多发性脓肿。本菌在代谢过程中产生溶血素使大量红细胞溶解，血液成分改变、血管壁受损和循环系统障碍，最终导致实质器官充血或出血。本菌代谢过程中产生的外毒素A和磷脂酶C，在体内有抑制或杀死吞噬细胞的能力，使宿主抵抗力下降。尤其外毒素A被认为是一种致死毒素。

4. 绿脓杆菌病的诊断 根据本病的流行病学特点、临床症状表现及其病理变化，再进行细菌学检验、血清学定型等才能作出完整的诊断报告。细菌学检验是诊断绿脓杆菌病最可靠的方法。挑取单个可疑菌落接种于NAC鉴别培养基上培养18h，置室温下逐渐产生明显的色素，此种色素渗透入培养基中。涂片镜检为革兰氏阴性杆菌，即可判定为绿脓杆菌。少数菌株在NAC培养基上不产生色素，但如果在42℃和50mmol NaCl溶液中能够生长，氧化酶、乙酰胺酶和精氨酸阳性者亦可判定为绿脓杆菌。血清学分型鉴定方法是用分离菌株的活菌液与诊断血清进行玻片凝集试验判出其型别。

5. 绿脓杆菌病的防治 根据药敏实验，选用敏感药物。多数报道认为，绿脓杆菌对庆大霉素、多粘霉素、羧苄青霉素和磺胺嘧啶敏感，用于治疗本病有效。有报道认为，头孢他叮是抗绿脓杆菌的首选药。

各种血清型的菌株的药敏实验结果并不完全一致，而且即使敏感药物也很易产生耐药性。

注射高免血浆、高免血清和菌苗以防止绿脓杆菌感染。大群幼年畜禽运输前可先注射免疫血浆或高免血清。

消除各种应激因素，搞好卫生消毒工作。绿脓杆菌病的流行，有一定的条件性，但不分季节、月份，只要符合本菌增殖条件和皮肤烧伤、体内外的术后创伤等便可发生感染。幼年动物的暴发流行，多见于炎热气候下长途运输，转载频繁或饲养管理恶劣。消除各种应激因素，结合清洁卫生、消毒及抗生素注射，是防止杆菌感染不可缺少的工作。

四、葡萄球菌病

1. 葡萄球菌病的特点 葡萄球菌病通常称为葡萄球菌感染，是由葡萄球菌引起的动物多种疾病的总称。对于奶牛主要是引起乳房炎，从而导致奶牛泌乳机能减退或完全丧失，最终被淘汰，甚至出现菌血症或败血症而死亡。该病是对奶牛养殖业威胁最严重的疾病之一。

牛、羊、猪、兔、鸡等各种动物均易感。是奶牛的急、慢性乳房炎的最主要的病原菌。一旦在畜群中定居下来就很难或几乎不可能根除。被感染乳区的各种分泌物可成为感染源。可经呼吸道、消化道、创伤、交配、昆虫（虻、蜱、蚊、蝇类等）叮咬、挤奶工的手或挤奶机械等途径感染，在宿主的乳腺、鼻咽黏膜部、皮肤、会阴部、胃肠道、生殖道等各种组织器官生长繁殖，引起最急性、急性、慢性及亚临床等各种化脓性及创伤性感染。

2. 病原的特点与抵抗力 奶牛葡萄球菌性乳房炎的病原体是金黄色葡萄球菌。该菌为革兰氏阳性球菌，有些菌株具有荚膜或伪荚膜。可产生多种毒性因子：①凝固酶，葡萄球菌激酶可使凝固的纤维蛋白溶解；②α、β、γ和δ 4种溶血素；③某些菌可产生表皮水疱性毒素；④许多菌可产生A、B、C1、C2、C3、D、E和F型肠毒素，每个菌株可产生一到数种肠毒素；⑤许多菌株可产生具有内切和外切活性的耐热葡萄球菌核酸酶，组织细胞及白细胞崩解时释放出的核酸，使组织渗出液黏稠，阻止细菌在组织中的扩散，该酶可切断核酸的RNA，使核酸迅速分解；⑥某些菌株可产生类似抗生素的物质（葡萄球菌毒素、细菌素、微球菌素），对其他葡萄球菌及某些杆菌有抑制、杀灭作用。易产生抗药性，其L-型变种株，缺失细胞壁，暴露于内酰亚胺后有增加的趋势。可存活于乳腺吞噬细胞中，乳腺的防御系统难以提供有效的防御。

本菌抵抗力较强，在干燥的脓汁或血液中可生存数月，80℃，30min才被杀死，煮沸能迅速死亡。3%～5%石炭酸溶液3～15min即可致死。70%乙醇在数分钟内可杀死之。碘伏对之有很强的杀伤性。

3. 葡萄球菌感染后的典型症状　最急性感染常见于最近产犊的母牛或感染的初期奶牛。表现为高热（40.56～41.67℃），精神沉郁，食欲缺乏，乳区发炎、肿胀、坚实、疼痛；因避免腿摩擦乳房而出现跛行。金黄色葡萄球菌最易引起坏疽性乳房炎。坏疽性乳房炎高热稽留，心跳加快，精神沉郁，食欲减退甚至废绝，发病乳区极度肿大、坚实，几小时内由粉红色转变为红色，再转变为紫色，甚至出现水疱，有浆液性渗出，触感冰冷，呈蓝黑色；乳汁为血染浆液状，混有凝乳块及絮状沉淀；挤奶时可发现乳腺内有气体存在。

急性感染发热，食欲缺乏；患部乳区坚实、肿胀、疼痛、微热；分泌的乳汁呈奶油状，或含有恶臭味的脓块，或稀薄的乳汁中散布着凝块、絮状沉淀。

慢性感染病初多未见症状，仅见奶产量明显降低，很难发现。约占60%。

4. 葡萄球菌病的诊断　初诊发现，先挤出的有奶油样或脓样乳汁；有周期性乳腺炎发作史的奶牛，单个乳区样品的体细胞曲线高于4.5。细菌培养，凝固酶阳性，微生物反应阳性。

5. 葡萄球菌病的防治　预防改善挤奶程序。挤奶前后用消毒液消毒挤奶工的手、挤奶设备和药浴乳头。加强饲养管理，注重环境、挤奶器械用品、挤奶工、乳房的消毒，保持卫生。不用乳腺炎奶喂犊牛。小母牛应饲养在清洁、干燥的环境中，加强灭蝇工作，防止发育过程中乳腺后天的感染。

治疗急性乳腺炎发作的泌乳期治疗治愈率不到40%。治愈率低的原因主要是选药错误；药量及疗程不足；抗性菌株（L-型等）；金黄色葡萄球菌存在于细胞、脓肿和纤维性病变中，药物难以作用于病原体。乳腺炎的干乳期治疗治愈率可达到80%～85%。治愈率高的原因主要是药物较少稀释，在乳房内停留时间长；干乳期的全身免疫比泌乳期的效果更显著，主要诱导免疫球蛋白IgG1，帮助中和毒素，增进调理素的作用，增进细胞介导的防御功能，产生抗性菌株较少（L-型等），可减少干乳早期金黄色葡萄球菌和无乳链球菌对干乳乳区的腺内感染。

药敏试验是帮助选择药物的主要方法，可供选择的敏感性药物有罗红霉素、棒酸、头孢噻呋、头孢菌素、氯唑西林等。以敏感药物全身治疗和局部治疗，疗程5d。注意产生抗性菌株。细菌素疗法也可应用，细菌素是指细菌在代谢过程中产生的一种具有杀菌作用的物质。几乎所有的细菌都有一些菌株能产生细菌素，其作用范围不仅局限于产生该细菌素的细菌。敏感的细菌具有特异的受体，细菌素可吸附在敏感细菌体上与相应的受体结合，将细菌杀死，但不能使细菌溶解。现已发现的细菌素有大肠埃希氏菌素、溶葡萄球菌

素、乳链球菌素、各种白细胞介素等。溶葡萄球菌素、各种白细胞介素等，均具有抗金黄色葡萄球菌的临床治疗价值。

中医治疗奶牛仅出现乳房红、热、肿、痛和泌乳障碍等局部症状，而未出现体温升高、食欲减退等全身症状，有内服药物，如“驱瘟散”200g、“乳安康”200g、消食平胃散200g、复合B族维生素50g，加温水适量灌服，1次/d，连用4～6d。外敷药物，如：乳安康200g＋仙人掌100g（去皮刺，捣成糊状）＋米醋适量。共调成糊状，取1m×1m白布1块，中间剪2个圆孔，直径同乳头，两孔距离同两乳头，将上述糊状药物均匀摊于白布上，兜住患病乳房，把两个乳头从圆孔中露出，4个角从背部系紧，外敷1～3d。外敷过程中发现药物干燥时，可取下，在药物中再加入米醋后调匀重新敷上。对不仅出现乳房红、热、肿、痛和泌乳障碍等局部症状，而且出现体温升高、食欲减退等全身症状者，治疗方法为内服和外敷同上，加用注射：“后羿驱瘟神”注射液0.1mL/kg，黄芪多糖注射液0.1mL/kg，肌肉注射，2次/d，连用4d。

五、链球菌病

1. 链球菌病的特点　链球菌病是主要由β溶血性链球菌引起的多种人畜共患病的总称。动物链球菌病中以猪，牛，羊，马，鸡较常见；人链球菌病以猩红热较多见。链球菌病的临床表现多种多样，可以引起种种化脓创和败血症，也可表现为各种局限性感染。链球菌病分布很广，可严重威胁人畜的健康。

2. 病原的特点与抵抗力　链球菌在自然界中广泛存在，是一种条件性致病菌。人与动物均易感染，能引起多种人畜共患病。根据兰氏血清学分类，链球菌可分为20个血清型，分别以A、B、C...V（I和J除外）表示。多数致病菌的生长要求较高，在普通琼脂上生长不良，在加有血液、血清的培养基中生长良好，部分链球菌会在菌落周围形成α型（草绿色溶血）或β型（完全溶血）溶血环。前者称草绿色链球菌，致病力较低，后者称溶血性链球菌，致病力强。

对人和动物有致病性的链球菌多属于溶血性链球菌。通常认为，链球菌“A群”主要对人致病，对动物致病性不强；“C群”主要对各种动物致病，也有部分对人致病，但比“A群”致病作用轻；“B群”现在只发现无乳链球菌能致牛乳房炎，有人认为其对人也有致病作用；“D群”主要使小猪和羔羊发病，而使人感染发病的主要是猪链球菌；其他，如G、M、P、R、S及T群对猪均有不同程度的致病作用。

3. 链球菌感染后的典型症状　牛链球菌乳房炎主要是由B群无乳链球菌引起，也可由乳房链球菌，停乳链球菌以及C、I、N、O、P等群链球菌引起。本病分布广泛，一般认为奶牛的感染率为10%～20%。病初常不被人们注意，只有当奶牛拒绝挤奶时才被发现。呈急性和慢性经过。主要表现为浆液性乳管炎和乳腺炎。

急性型乳房明显肿胀，变硬，发热，有痛感。此时伴有全身不适，体温稍增高，烦躁不安，食欲减退，产奶量减少或停止。乳房肿胀加剧时则行走困难。常侧卧，呻吟，后肢伸直。病初乳汁或保持原样，或只呈现微蓝色至黄色、微红色，或出现微细的凝块至絮片。病情加剧时从乳房挤出的分泌液类似血清，呈浆液出血性，含有纤维蛋白絮片和脓块，呈黄色、红黄色或微棕色。

慢性型多数病例为原发，也有不少病例是从急性转变而来。临床上无可见的明显症状。产奶量逐渐下降，特别是在整个牛群中广泛流行时尤为明显。乳汁可能带有咸味，有时呈蓝白色水样，细胞含量可能增多，间断地排出凝块和絮片。用手触之可摸到乳腺组织中程度不同的灶性或弥漫性硬肿。乳池黏膜变硬。出现增生性炎症时，则可表现为细颗粒状至结节状突起。急性型者患病乳房组织浆液浸润，组织松弛。切面发炎部分明显膨起，小叶间呈黄白色，柔软有弹性。乳房淋巴结髓样肿胀，切面显著多汁，小点出血。乳池，乳管黏膜脱落、增厚，管腔为脓块和脓栓阻塞。乳管壁为淋巴细胞，白细胞和组织细胞浸润。腺泡间组织水肿、变宽。慢性型则以增生性发炎和结缔组织硬化，部分肥大，部分萎缩为特征。乳房淋巴结肿大；乳池黏膜可见细颗粒性突起；上皮细胞单层变成多层，可能角化。乳管壁增厚，管腔变窄，腺泡变成不能分泌的组织，小叶萎缩，呈浅灰色。切面膨隆，韧度坚实，有弹性，多细孔，部分浆液性浸润。还可见到胡椒粒至榛实大囊肿。

牛肺炎链球菌病是由肺炎链球菌引起的急性败血性传染病。主要发生于犊牛，曾被称为肺炎双球菌感染。患畜为传染源，3 周龄以内的犊牛最易感。主要经呼吸道感染，呈散发或地方流行性。最急性病例病程短，仅持续几小时。病初全身虚弱，不愿吮乳，发热，呼吸极度困难，眼结膜发绀，心脏衰弱，出现神经紊乱，四肢抽搐，痉挛。常呈急性败血性经过，于几小时内死亡。如病程延长 1～2d，鼻镜潮红，流脓液性鼻汁。结膜发炎，消化不良并伴有腹泻。有的发生支气管炎、肺炎伴有咳嗽，呼吸困难，共济失调，肺部听诊有啰音。病变剖检可见浆膜、黏膜、心包出血。胸腔渗出液明显增量并积有血液。脾脏呈充血性生性肿大，脾髓呈黑红色，质韧如硬橡皮，即所谓“橡皮脾”，是本病特征。肝脏和肾脏充血，出血，有脓肿。成年牛感染则表现为子宫内膜炎和乳房炎。

4. 链球菌病的诊断 根据本病的流行病学特点、临床症状表现及其病理变化，再进行细菌学检验、血清学定型等才能作出完整的诊断报告。细菌学检验是诊断链球菌病最可靠的方法。挑取单个可疑菌落接种于培养基上培养。涂片镜检为短链排列的革兰氏阳性球菌。根据培养特性，溶血特性和动物接种实验可得出结论。

5. 链球菌病的防治 链球菌血清型繁多，抗原结构复杂，疫苗防制较为困难。农业部兽医药品监察所，于 20 世纪 70 年代研制了猪链球菌氢氧化铝菌苗。福建省畜牧兽医研究所研制了猪链球菌病弗氏不完全佐剂灭活菌苗。但以上 2 种疫苗均为单价菌苗，单价苗仅对同型链球菌有较好的免疫效果，而不能保护其他血清型的感染。我国现在已经研制成了一种含有多种血清型的广谱疫苗（多价菌苗），即猪链球菌病多价灭活苗；还有多种单价菌苗，如猪败血性链球菌病活菌苗、猪链球菌弱毒菌苗和羊链球菌氢氧化铝甲醛菌苗等。

用于治疗链球菌病的抗生素有β-内酰胺类和氨基糖苷类。其中，β-内酰胺类抗生素中的青霉素 G、氨苄青霉素钠、头孢噻吩钠（先锋霉素Ⅰ）、头孢利素（先锋霉素Ⅱ）、头孢唑啉、头孢赛曲等对链球菌均有很强或较强的杀灭和抑制作用；氨基糖苷类药物链霉素和庆大霉素也具有与上述药物相同的杀菌作用。但由于使用时间过长，某些菌株对有些药物产生了不同程度的耐药性，在使用前需通过药敏试验，选择敏感药物进行治疗，以达到最佳治疗效果。也可应用化学合成抗菌药，临床上用磺胺类和喹诺酮类化学合成抗菌药治疗链球菌病的效果不错。常用的喹诺酮类药物有氧氟沙星、恩诺沙星和环丙沙星。常用的磺

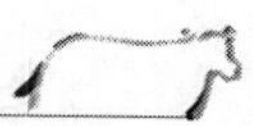

胺类药物有磺胺嘧啶（SD）和磺胺对甲氧嘧啶（SMD），前者属于中效磺胺，后者属于长效磺胺。抗菌增效剂甲氧苄啶（TMP）一般被认为是一种广谱抗菌剂，其抗菌谱和磺胺类药物相似，但作用较强。在使用磺胺类药物进行治疗时，首次需用倍量，以后继续给以维持量，直到痊愈。症状消失后再用药 1～2d。

在兽医临床和人医临床上，常以 2 种或 2 种以上的抗菌药联合应用，利用药物的协同作用，增强抗菌效力。如应用青霉素或庆大霉素和甲氧苄啶联合给药，或甲氧苄啶和磺胺嘧啶联合应用，抗菌效力会增加数倍，从而大大提高治愈率。

六、李氏杆菌病

1. 李氏杆菌病的特点 李氏杆菌病主要是由单核细胞增多性李氏杆菌（Listeria monocytogenes）引起动物的一种疾病，其致死率较高。自 1926 年 Murray 等首次分离到本病原体以后，现已呈世界性分布。它作为动物致病菌和腐生植物致病菌而广泛存在于环境中，并且已知它与多种动物的严重疾病有关，可引起动物不同类型的李氏杆菌病，如脑膜炎、流产、败血症等。最初，人们只认为李氏杆菌仅引起动物发病，80 年代以来随人类因食用污染有李氏杆菌的动物性食物而发生李氏杆菌病，才彻底认识到它还是人的一种食物源性病原菌，同时也广泛地被人们所关注。

牛李氏杆菌病的特征为脑膜脑炎、流产和败血症。是成牛脑膜炎最常见的原因。虽然这种兼性细胞内寄生菌，能偶尔引起犊牛的败血症和成奶牛的流产，但较熟知的是脑干的神经感染。在成年牛和其他反刍兽，统称为“李氏杆菌病或转圈病”。

李氏杆菌存在于饲草、青贮玉米和半干的青贮料中。青贮料制作适当，发酵可使青贮料的 pH 降至 5.0 以下，杀死或阻止该菌的增殖，而不适宜的青贮制作，如饲草过于干燥、青贮窖内发酵不足、青贮接种菌不足及其他原因可能阻止青贮的 pH 降低至 5.0 以下，从而使该菌增殖。口腔黏膜、鼻黏膜或结膜的损伤后引起感染，细菌经第 5 对颅神经感染神经上行进入脑干。在牛还可能像在啮齿动物和人一样通过胃肠道经血源性感染由扩散至脑干。与从第 5 对颅神经感觉上行比较，这种途径的可能性较小。细菌一旦进入脑干，就会在脑桥和延髓繁殖，也可扩散至各处。三叉神经及其周围颅神经核会因神经炎、脑炎和脑膜炎而受伤害。李氏杆菌病的典型组织学变化是微小脓肿、局限性坏死而发生的微小脓肿和血管周围伴有单核细胞的血管套。该病感染呈零星散发，一群牛中只有一头发病。也见到数月内有 2～6 头牛发病的地方性流行。犊牛很少感染，小于 18～24 月龄的牛较少发生本病。

2. 病原的特点与抵抗力 李氏杆菌是一种小的、革兰氏阳性杆菌，长 1～2μm、宽 0.5μm，在某些培养基上呈丝状。该菌可在 3～45℃温度条件生长，其最适温度为 30～37℃。在 pH 高达 9.16 需氧或微需氧条件下迅速繁殖，在厌氧和 pH 低于 5.16 的条件下无法生长。菌落形态为小的、光滑的、微扁平、乳白色。李氏杆菌属产生过氧化氢酶，VP 试验和七叶苷水解阳性，不形成吲哚和氧化酶，不水解尿素，不还原硝酸盐，不液化明胶。根据部分生化试验很难区别李氏杆菌属种。

李氏杆菌具有菌体 O 和鞭毛 H 抗原，鉴定有 4 个血清型。根据抗原的一些特性，将李氏杆菌分成 16 个血清变种。

毒力因子为李氏杆菌溶血素 O（LLO），它是在巨噬细胞中通过吞噬体膜合成，并释放到细胞质中的。另外，还鉴定出了其他几种与细菌存活有关的毒力因子，如溶血性基因 prfA，它控制着致病性菌株 LLO 的表达，并编码 1 个 27ku 分子量的蛋白；磷脂酰肌醇特异性磷脂酶 C 基因，它编码 1 个分子量大约为 36ku 的蛋白，但它在毒力因子的确切作用尚不清楚。

李氏杆菌属广泛存在于环境中，可以从土壤、腐烂植物和牧草、青贮饲料、污泥、工厂排出物和河水中分离到。尽管病原体普遍存在，但李氏杆菌感染与青贮饲料特别有关，饲喂青贮饲料的畜群其李氏杆菌发病率明显增加。

3. 李氏杆菌感染后的典型症状 单核细胞增多性李氏杆菌最早是从患病实验动物兔和豚鼠分离到的，可引起动物和人的传染病。目前，已证实在 40 多个品种的动物间引起感染。在牛、绵羊和山羊李氏杆菌最频繁的是引起脑炎和子宫感染。

脑炎型：出现发热，尤其是在发病最初几天，温度不太高（39.4～40.5℃）。抑郁并伴有不同的颅神经症状，构成牛李氏杆菌病的主要临床症状。典型病例为转圈病，因为第 7～8 对颅神经一侧常常受损，出现面瘫、头斜，并朝向患侧转圈。病牛可持续转圈直至疲乏突然倒地，甚至冲向硬物试图休息，以颅枷保定的病牛不断冲击支柱试图转圈。脑的大体病理学变化很难发现。组织学变化多为单侧性的，延髓和脑桥最为严重。小脑、颈脊髓和间脑的损伤很少发现，即使发生其损伤也较轻。特征性损伤是病灶部位炎性细胞浸润，其相邻的血管周围由巨噬细胞、浆细胞偶尔是中性粒细胞等类淋巴细胞组成。严重病例在脑组织呈现大面积损伤。脑膜炎时常继发成为实质性损伤。但很少有侵袭到室管膜和脉络膜丛。

流产型：单核细胞增多性李氏杆菌可引起反刍动物及其他驯养动物发生李氏杆菌性流产。已证实绵羊李氏杆菌也可引起牛的流产，但相比单核细胞增多性李氏杆菌发生率要低，且损伤程度要轻。口腔感染妊娠母畜不会导致流产，而静脉内注射则很快引起流产。胎盘损伤呈现针尖状、淡黄色坏死灶，形成子叶间胎盘炎，流出红色或褐色渗出物。胎儿通常自溶，偶尔见到遍及整个肝脏和脾脏的粟粒状坏死灶。组织学检查，发现病灶有凝固性坏死以及不同程度的巨噬细胞和中性粒细胞浸润。感染胎儿的潜伏期为 5～12d。

败血症型：新生或子宫内感染的动物可发生败血症，但相当少见，其损伤是整个肝脏呈现针尖状、淡灰白色小结节性坏死，坏死灶内有多形细胞和单核细胞浸润。静脉内注射能很快地产生败血症，潜伏期为 2～3d。

其他类型李氏杆菌感染，在牛和绵羊，单核细胞增多性李氏杆菌感染也可引起虹膜炎和角膜结膜炎，它常与李氏杆菌某些其他感染形式相联系，例如脑膜炎或脑炎，临床上极少见有症状，偶尔可见眼半闭或明显失明，虹膜和眼前房呈云雾状，但多数是单侧性的，且通常发生在冬季用青贮饲料饲喂的动物。

牛李氏杆菌性乳房炎也有，但很少。

4. 李氏杆菌病的诊断 李氏杆菌病实验室诊断可通过病原体的培养、组织或体液中病原的证实、特异性免疫应答的检测，以及特征性组织学损伤来确定。病原体的培养通常使用简易试验培养基，但初代培养分离是比较困难的，因为病料中所含的病原体数量往往较少。应用冷增菌技术能增加分离的成功率。分离单核细胞增多性李氏杆菌的选择性培养

基报道应用的很多，但最常用的是 McBride 和 Martin 培养基。

荧光抗体技术和过氧化物酶-抗过氧化物酶染色法已经应用，但应用多克隆血清时必须慎重，因为与其他细菌也可出现类似的交叉反应。应用 ELISA 可检测李氏杆菌性脑膜炎的脑脊液（CSF）中的可溶性抗原，但可靠性较低，也就是说不是所有李氏杆菌性脑炎病例都是如此。通过 PCR 扩增单核细胞增多性李氏杆菌侵袭关联 P60 蛋白基因和 LLO 基因，可以检测非常低量的病原体。虽然这种方法准确性高，但难以推广应用。单核细胞增多性李氏杆菌感染抗体检测的血清学方法应用报道的很多。热灭活菌株悬液的血清凝集（肥达试验）可检测抗菌体抗体，而应用福尔马林处理菌体则用于检测鞭毛抗体，但本法对复杂抗原群不能鉴定，同时不能排除非特异性反应，因为应用本法在无李氏杆菌感染病史的健康动物血清中也时常检测到抗体。

5. 李氏杆菌病的防治　加强饲养管理，搞好卫生消毒工作。发现病牛，应马上隔离并治疗。对牛舍地面、用具、工作服、进行彻底消毒。牛不能与其他家畜混养，要消灭牛舍及青贮窖内的鼠类及其他啮齿动物，屠宰场要注意及时消毒，如怀疑青贮料被污染，应马上更换其他饲料喂牛，要消灭牛体外寄生虫。

由于本病原体是定居在细胞内的，所以应用抗生素治疗动物李氏杆菌病的效果不太理想。通常用青霉素或四环素等抗生素疗法，使用抗生素治疗时，存在 2 种主要问题，需要使用比正常用于其他敏感细菌高的剂量。因为单核细胞增生性李氏杆菌是兼性细胞内寄生菌，可在巨噬细胞内生存和逃避药物的杀伤。选用青霉素（44 000mg/kg）肌肉或皮下注射。在用药 7d 后改为每天 1 次或将剂量减少至22 000U/kg。也可用 10～20mg/kg 盐酸土霉素静脉或皮下注射。治疗至少持续 1 周，采食状况、精神状态和其他因素见到明显好转。大多数患畜需治疗 7～21d。过早减少剂量或停止治疗都有可能复发。李氏杆菌病康复畜，神经症状依与其最初出现相反的顺序消失。对不能饮水但不流涎液的患畜可通过胃管给水和平衡电解质。软化瘤胃坚实的内容物，促进瘤胃运动。流涎的患畜需要监测缓冲物的损失，补充重碳酸盐和液体，可静脉注射或口服大量液体纠正脱水。对能行走的李氏杆菌病畜，采用抗生素疗法、补液疗法、支持疗法等预后良好。躺卧和不能行走的病畜预后不良。单核细胞增生性李氏杆菌也能感染人类，引起脑膜炎，尤其是发生于幼儿、老人及免疫系统损害的人。李氏杆菌病牛乳中可含菌，避免饮用生乳，病牛乳应该废弃，因为在经过巴氏消毒的牛奶中也含有该病菌。

本病的控制主要是慎用青贮饲料。由于该病原体是细胞内寄生，并且是细胞诱导免疫，故目前还没有有效的疫苗。

七、放线菌病

1. 放线菌病的特点　牛放线菌病又称大颌病或老鼠疮。是由牛放线菌和林氏放线菌引起的一种慢性化脓性肉芽肿性传染病。本病多在头、颈、颌下等处发生，不热不痛、有界线明显的硬肿，上下颌骨肿大。有的病变部皮肤破溃化脓，脓汁排出后形成瘘管，长时间不能愈合。患畜很快消瘦，发育受阻。2～5 岁的小牛，尤其在换牙时最易感染，一般呈散发状态。

2. 病原的特点与抵抗力　本病的病原为牛放线菌和林氏放线菌。牛放线菌主要侵害

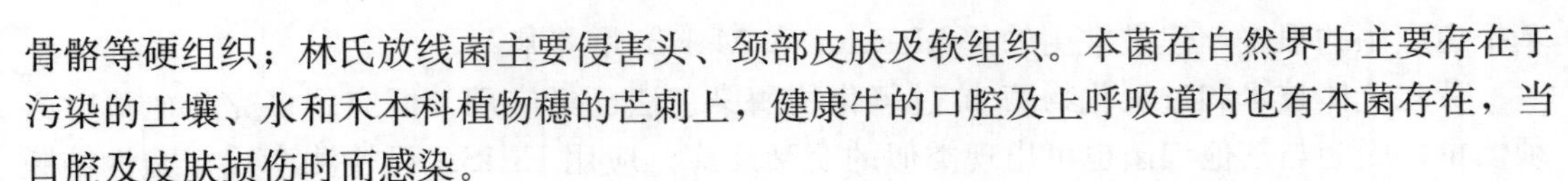

骨骼等硬组织；林氏放线菌主要侵害头、颈部皮肤及软组织。本菌在自然界中主要存在于污染的土壤、水和禾本科植物穗的芒刺上，健康牛的口腔及上呼吸道内也有本菌存在，当口腔及皮肤损伤时而感染。

3. 放线菌感染后的典型症状 病牛在上、下颌骨部出现界限明显、不能活动的硬肿。多发生于左侧。初期疼痛，后无痛觉。病牛的呼吸、吞咽及咀嚼均感困难，消瘦甚快。肿胀部皮肤化脓破溃后，流出脓液，形成瘘管，经久不愈。头颈、颌间软组织被侵害时，发生不热不痛的硬肿。舌和咽喉被侵害时，组织变硬，舌活动困难，称“木舌症”。病牛流涎，咀嚼困难。乳房患病时，呈弥漫性肿大或有局限性硬结，乳汁黏稠，混有脓液。

4. 放线菌病的诊断 根据本病的流行病学特点、临床症状表现及其病理变化可以初步诊断，病原学检验可以确诊。方法是沾脓汁，用水稀释，找出硫黄颗粒，在水内洗净，置于载玻片上加入15%的氢氧化钾溶液，用盖玻片用力挤压，置于显微镜下观察。

5. 放线菌病的防治 为了预防牛放线菌病，平时要做好畜体卫生工作，舍饲牛最好在饲喂前将谷糠、干草等浸软，避免刺伤口黏膜；皮肤黏膜有损伤时，及时处理，在本病的预防上具有重要意义。

治疗硬结时可用外科手术切除。具体方法如下：患畜保定，患部剪毛、碘酊消毒。切开患部皮肤排脓，然后用双氧水和生理盐水清洗创腔。若有瘘管形成，要连同瘘管彻底切掉。根据患部创腔的大小，选用适当长度的纱布，将纱布展开对折，下层撒布一薄层高锰酸钾粉，盖上上层纱布，注意外留1～2cm，以便引流排脓。另一种方法是，如上法清洗完创腔后，用浸有碘酊的纱布填塞，24～45h更换1次，伤口周围注射10%碘仿醚。创腔用碘酊纱布填塞，24～48h更换1次。伤口周围注射10%碘仿醚或2%鲁戈液。同时在患部周围注射青霉素、链霉素，内服碘化钾，成年牛每次4～6g，犊牛每次1～2g，每日2次。病重牛可静脉注射10%碘化钠，每日50～100mL，隔日1次，共3～4次。若出现碘中毒现象，应暂停用药1星期。此外，链霉素与碘化钾同时应用，对软组织放线菌肿和木舌症效果明显。也可用烧烙法进行治疗。将牛保定，固定好头部，用两根粗细适宜的铁棒烧红轮流伸入瘘管内进行火烙，连续数次，直到铁棒上无坏死组织为止。瘘管内塞碘仿粉，创口以碘甘油纱布引流，火烙瘘管每隔1d进行1次，见瘘管内无坏死组织后停止火烙，改用5%碘酊棉球消毒瘘管内壁后塞碘仿粉，以碘甘油纱布引流，直至痊愈。在进行手术和内服西药的同时，还可灌服或涂擦中药，组方为：芒硝90g、黄连15g、郁金80g、大黄90g、黄芩60g、甘草15g，共研细粉，蜂蜜120g、猪油250g，煎服或涂擦患部。据报道，有人用5%～7%氢氧化钠溶液，每个病灶部位用10～20mL，获得满意效果。其方法如下：对无脓期的病畜，用注射器吸取氢氧化钠溶液，在病灶基部以十字交叉法注入药液，边注边退，将药注完后，再用清水洗净外部漏出的药液，以免烧伤正常组织。对化脓期的病畜，先将病灶部中心点用手术刀刺破，消除脓血，然后用注射器或吸耳球吸取氢氧化钠液均匀注入腔基部，边注边退，让腔内壁都沾上药液，最后用清水洗净创腔外部药液。病灶部通过氢氧化钠溶液处理后使病灶部位的坏死组织进一步坏死、结痂、萎缩，自行脱落。而正常组织增生充满腔洞而治愈。也可用烧烙法进行治疗。将牛保定，固定好头部，用两根粗细适宜的铁棒烧红轮流伸入瘘管内进行火烙，连续数次，直到铁棒上无坏死组织为止。瘘管内塞碘仿粉，创口以碘甘油纱布引流，火烙瘘管每隔1天进行1次，见瘘

管内无坏死组织后停止火烙，改用5%碘酊棉球消毒瘘管内壁后塞碘仿粉，以碘甘油纱布引流，直至痊愈。

八、流行性感冒

1. 流行性感冒的特点　流行性感冒简称流感，是由流行性感冒病毒引起的人畜共患急性、热性、高度接触性传染病。其临床特征是发病急骤、传播迅速、感染谱广、流行范围大、高热，呼吸困难以及其他各系统程度不同的临床症状，并可引起鸡和火鸡的大批死亡。

本病广泛分布于世界各地，普遍流行于多种家畜和人群之中，而且历史已久。有关本病的最早报道，鸡群是在1878年（意大利），猪群是在1918年（美国）。马匹是在1955年（欧洲），人类是在1918年（美国）。人类流感至今已流行上百次，其中有详细记载的世界大流行6次（1918年、1946年、1957年、1967年、1976年和1997年），而且每次流行均与家畜流感有关。一般来说，流感为非致死性疾病，但某些毒株却可以引起人畜的高死亡率，如1918年的流感导致全球2千万人丧生。对于鸡和火鸡，高致病性禽流感（又叫鸡瘟）是毁灭性的疾病，可引起100%的死亡。例如2000年意大利仅在3个月内就死亡家禽1 300万只，损失上亿欧元。由于本病的危害及造成的损失在许多方面与口蹄疫非常相似，因此各国政府及有关国际组织对其极为重视。尤其是1997年以来，流感在全球范围内又有泛滥、肆虐之势，已引起世界各国的高度警惕。

流感广泛分布于世界各地，尤其是近些年来禽流感在欧亚大陆流行较为严重。我国相邻的一些周边国家如韩国、日本、俄罗斯、印度、巴基斯坦、东南亚及中东等一些国家近些年来均有禽流感的爆发流行。以欧洲为例，在90年代中期以前，每年平均提交给国际兽疫局、联合国粮食组织国际参考实验室即欧共体兽医局禽流感和新城疫参考实验室的禽流感病例约为25例，但最近几年病例却大大增加。

甲型流感病毒可以感染猪、马、禽类、人、貂、海豹、鲸等，而且一般只侵袭其自然宿主，但某些亚型能从一种动物传向另一种动物，包括在家畜和人之间的相互传播，特别是人与猪、人与禽之间传播的可能性较大，已引起世人的关注。各种动物不分年龄、品种和性别均可感染，但引起发病的主要是猪、马、鸡、火鸡和人及鸵鸟、鸭。实验动物中小鼠可感染某些毒株而发病，而仓鼠、豚鼠、犬、猫等动物为隐性感染。

牛流行性感冒病，简称牛流感，俗称“缩脚瘟”。是由牛流行性感冒病毒引起的急性呼吸道人、畜共患传染病。此病的传染性很强，传播迅速，流行猛烈，常呈流行性或大面积流行，发病率高，死亡率低，不受品种、性别、年龄的限制，以天气多变、忽冷忽热、阴雨连绵、栏圈潮湿的寒秋发病较多。

病畜是主要的传染源，其次是康复或隐性带毒动物。带毒鸟类和水禽常常是鸡和火鸡流感的重要传染源，它们感染后可以长期（约为30d）带毒，并通过粪便排毒，虽其自身不表现任何症状，但可引起鸡和火鸡的暴发流行，因此在流行病学上具有十分重要的意义。

本病的传播途径主要是呼吸道，病畜通过咳嗽、打喷嚏等随呼吸道分泌物排出病毒，经飞沫感染其他易感动物。由于禽类感染病毒后还可随粪便排出大量病毒，因此禽流感的传播途径还可能包括消化道。本病既可以上述方式间接传播，也可直接接触传播。另处，除禽流感在感染初期有 3～4d 的经卵垂直传播外，本病一般只水平传播。但有人发现病毒可在公马精液中存活 1～6 年。病毒污染的空气、饲料、饮水及其他物品是重要的传播媒介，鼠类、昆虫

乙型和丙型流感病毒自然状态下仅感染人，一般呈散发或地方流行性，偶尔暴发。

人的各型流感在老年和儿童中可引起严重的后果，往往导致肺炎或继发其他疾病而引起死亡。

2. 病原的特点与抵抗力 本病的病原为流行性感冒病毒（Infuenza virus），简称流感病毒，归正粘病毒科（Qrthomyxoviridae），甲型流感病毒属（Influenzavirus A），即人们常说的 A 型流感病毒。据最新资料报道，正粘病毒科现分为 4 个属，即甲型流感病毒属、乙型流感病毒属、丙型流感病毒属和托高土病毒属。能引起动物和人群感染发病的只有甲型流感病毒，乙型和丙型仅感染人而很少感染家畜。

甲型流感病毒粒子呈多型性，如球型、椭圆形及长丝状管等，直径为 20～120μm。内部为单股负链的 RNA，分为 8 个片段，被核衣壳所包裹，核衣壳为螺旋对称。核衣壳外为病毒囊膜，囊膜上有两种密集而交错排列的纤突，分别为血凝素（H）和神经氨酸酶（N）。前者能与宿主细胞上的特异受体结合，利于病毒侵入细胞内；后者主要与病毒成熟后从细胞内通过细胞膜出芽释放有关。血凝素还能凝集多种动物的红细胞，并能诱导机体产生相应抗体，利用这一特性，可以通过血凝（HA）试验和血凝抑制（HI）试验来测定病毒和相应抗体。

H 和 N 是流感病毒的表面抗原，均为糖蛋白，均有良好的免疫原性，同时又有很强的变异性，因此是血清分型及毒株分类的重要依据。目前已知 H 抗原有 16 个亚型，即 H1～H 16，N 抗原有 10 个亚型，编 N1～N 10。由于不同的毒株所携带的 H 和 N 抗原也不同，因此两者组合成了众多的血清亚型，如 H1N1、H1N2、H1N3、H5N2、H7N1、H9N2 等。由 H 诱导的 HI 抗原除能抑制病毒的血凝活性外，还能中和病毒的传染性；而由 N 诱导的抗体能够干扰病毒的释放，抑制病毒的复制，有抗感染的作用，因此两者均为保护性抗体。但不同血清亚型之间的交叉保护性较低。流感病毒的核蛋白抗原（NP）和膜基质抗原（M）是内部抗原，较保守，很少变异，具有属特异性，即甲、乙、丙 3 属病毒的这两种抗原各不相同，而属内不同亚型的毒株之间这两种抗原均相同。用琼扩试验可以测定并区分这两种抗原，从而作出属的鉴定。

乙型流感病毒在形态与甲型流感病毒相似，且也有 8 个基因片段，而丙型流感病毒虽然形态上与甲型流感病毒相似，但只有 7 基因片段。由于流感病毒的基因组具有多个片段，因此在病毒复制时容易发生不同片段的重组和交换而出现新的亚型，尤其是在同一细胞感染了两个不同血清型或亚型病毒时更是如此。流感病毒的变异主要发生在 H 抗原和 N 抗原上。当这种变异幅度比较小，只引起个别氨基酸或抗原位点发生变化时叫做“抗原漂移”，这时只产生新的毒株，而不形成新的亚型。当抗原变异幅度较大时，如由 H1 变为 H2 或由 N1 变为 N3 等则叫做“抗原转换”，这时产生新的亚型。流感病毒一般每2～3 年发生 1 次小变异，15 年左右发生 1 次大变异。自 1918 年至今，已发生过 5 次大变异，每次变异都造成 1 次大流行。由于不同亚型之间只有部分交叉保护作用，这就给疫苗研制

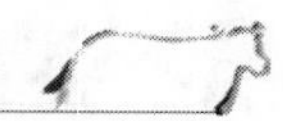

和本病的防治带来极大的困难。

不同血清亚型的流感病毒其宿主特异性及对动物的致病性也有所不同，例如引起猪流感的主要是 H1N1、H3N2 亚型，引起禽流感的主要是 H9N2、H9N3、H5N2、H7N1 等亚型，引起人流感的主要是 H1N1、H2N2、H3N8 亚型。即或是同一血清亚型的病毒，其毒力有时也有很大差异，例如同是 H5 和 H7 亚型，有些毒株对鸡和火鸡是低致病性的，而另一些毒株却是高致病性的，可引起家禽 100%感染死亡。因此人们根据禽流感病毒的毒力强弱，将其分为高致病性毒株和低致病性毒株两大类，到目前为止，发现禽流感中高致病发力的毒株均为 H5 和 H7 的亚型，但是，并非所有 H5 和 H7 亚型都是高致病性毒株。宿主特异性主要由 H 与宿主细胞受体之间的特异性识别所决定，而病毒毒力则是由 H 上蛋白酶水解位点处的特殊氨基酸序列所决定。

流感病毒为一种泛嗜性病毒，可存在于感染动物的各器官组织中，但以呼吸道、消化道，在家禽还有含毒量最高的生殖道。病毒从这些组织的上皮细胞中释放出后随其分泌物排出。本病毒能在发育鸡胚及多种细胞培养中生长，如小鼠、仓鼠、雪貂、鸡胚、马、猴、肾细胞等，但以 9～11 日龄鸡胚为最好。

流感病毒对外界环境的抵抗力不强，对温热、紫外线、酸、碱、有机溶剂等均敏感，但耐低温、寒冷和干燥。当有分泌物、排泄物（如粪便）等有机物的保护时，病毒于 4℃以下可存活 30d 以上，有羽毛中可存活 18d，在骨髓中可存活 10 个月。病毒在冰冻的池塘中可以越冬。一般消毒剂和消毒方法如 0.1%新洁尔灭，1%氢氧化钠，2%甲醛。0.5%过氧乙酸等以及阳光照射、加热 60℃10min、堆积发酵等均可将其杀灭。

3. 流行性感冒感染后的典型症状　不同动物的流感症状均以呼吸道症状为主，但也有差异，禽流感症状最复杂。

牛感染后表现突然发病，体温升高到 41～42℃，咳嗽，喉头部较敏感，鼻流清涕，无鼻汗，口流透明清涎，磨牙，低头闭眼，双目羞明、流泪，结膜潮红肿胀，四肢下部、耳尖、角尖发凉，被毛直立（炸毛），精神沉郁，不愿行动，卧地难起，一般第 2～3 天出现“调角”跛行，食欲减少或不吃食，反当减少或停止，粪便干燥，小便黄少，肌肉哆嗦。奶牛和泌乳母牛产奶量明显下降。如护理得当，一般不会发生死亡，1 周左右可恢复正常。犊牛抗病力较弱，病情表现较重，常可继发病毒性肺炎和肺水肿而死亡。

4. 流行性感冒的诊断　根据流行病学特点、症状及病理变化一般不难做出初步诊断。确诊主要依靠实验室诊断。

实验室诊断主要包括以下几项内容：

（1）病毒分离与鉴定取发热和病极期动物的呼吸道分泌物或禽类的汇殖腔拭取物，放入灭菌生理盐水中，离心除菌或过滤除菌后加入青霉素和链霉素，接种 9～11 日龄鸡胚尿囊腔或羊膜深内，或接种于鸡胚成纤维细胞（CEF），37℃孵育 5d，取鸡胚尿囊液、尿囊膜、羊水或细胞培养上清作血凝试验，若为阳性，则证明有病毒繁殖，然后再用琼扩试验和血凝抑制试验分别作病毒型和亚型鉴定。同时还可作电镜观察及动物回归试验等。

（2）血清学试验可将死亡动物组织制成切片或寸末片，用荧光抗体直接检测病毒。也可用酶林抗体作免疫组化染色直接检测病料中的病毒。还可用 HI 试验测定发病期和康复期双份血清的方法作出诊断，如果后者抗体水平比前者高出 4 倍以上，即可确诊。其他血清学方法还包括 ELISA，补体结合反应等。

(3) 分子生物学诊断方法目前最常用的是反转录—聚合酶链反应（RT-PCR），即以病毒某个节段的 RNA 为模板，利用与该模板 RNA 特定序列互补的两条人工合成寡核苷酸作为引物，先进行反转录，再进行 DNA 扩增，结合电泳技术作出诊断。该法特异、灵敏、快速，1d 以内即可得出诊断结果。其他方法还有换酸探针技术、病毒蛋白及 RNA 电泳技术等，但不常用。

5. 流行性感冒的防治 由于本病流行广、危害大、难控制，因此应采取严格的综合性防治措施。

平时应加强饲养管理，搞好卫生和定期消毒，坚持自繁自养的原则，引进动物时应严格检疫并隔离观察，确实证明不带有流感病毒时再混群饲养。避免不同种类或不同年龄的动物混合饲养。杜绝野鸟进入圈舍。搞好杀虫灭鼠工作。目前尚无用于预防流感的理想疫苗。疫病流行季节，也可采用药物预防的办法，如 20%的大蒜汁滴鼻、食醋加热熏蒸、板蓝根、大青叶煎汤拌料或用金刚烷胺病毒灵等拌料。

目前尚无治疗流感的特效药物。抗流感高免血清在发病早期有一定作用，但成本较高且不易获得。一般采取对症治疗，如解热镇痛可用 30%安痛定各 10～30mL 肌注，灌服阿斯匹林（乙酰水杨酸）猪每头每次 1～3g，马每匹每次 15～30g。同时可按每千克体重 1 万～5 万单位肌内或静腺注射青、链霉素，防止继发感染。另外还应注意加强饲养管理和护理。对流感在早期可使用金刚烷胺、病毒唑、病毒灵、板蓝根、大青叶、大蒜汁等进行治疗，有助于减缓病情、加快康复。

九、轮状病毒感染

1. 轮状病毒病的特点 牛轮状病毒（bovine rotavirus，BRV），又称犊牛腹泻病毒，属于呼肠孤病毒科，轮状病毒属。轮状病毒感染多发生在 15～45 日龄的犊牛，其临床症状表现为精神沉郁、食欲废绝、水样腹泻、严重脱水和酸中毒。

犊牛轮状病毒病是牛轮状病毒引起的犊牛的急性肠道传染病。该病在世界范围内造成严重的经济损失。1968 年研究者用电镜从新生犊牛腹泻粪便中检测到了轮状病毒，证明为新生牛犊腹泻的病原，并命名为 NCDV 株（nebraska calf diarrhea virus，NCDV）。随后，欧、美各国以及澳大利亚、新西兰和日本等都发现了轮状病毒引起的犊牛腹泻。此外，人们逐渐发现，该病毒是引起婴幼儿及幼龄动物非细菌性腹泻的主要病原之一，可感染人、牛、仔猪、小绵羊、马、兔、犬、猫、鸡、火鸡雏、恒河猴、鼠等。由于轮状病毒具有流行广、发病率高、危害大的特点，故由其引起的疾病现已发展成为一种世界性疾病。

本病若再继发其他疾病的感染，死亡率会大大增加，给世界各地的养牛业造成了巨大的经济损失。据报道将近一半的新生犊牛腹泻与轮状病毒感染有关。以英国为例，犊牛轮状病毒性腹泻的发病率为 60%～80%，死亡率为 0～50%。在我国曾有报道对华东地区牛血清中轮状病毒抗体进行了调查，发现奶牛、黄牛的抗体阳性率分别达到 85.4%和 83.0%，说明我国牛轮状病毒感染亦较为普遍。

轮状病毒的宿主有牛、猪、羊、马、小鼠等，主要感染新生和幼龄动物。在牛主要发

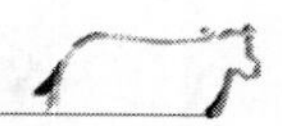

生在犊牛，一般以1～7日龄的犊牛发病最多。成年牛大多呈隐性感染过程。春、秋季发病较多。病毒存在于有病犊牛肠道中，随粪便排出体外，污染饲料、饮水，经消化道感染。轮状病毒有交互感染作用，可以从人或一种动物传给另一种动物。只要病毒在人或某一种动物中持续存在，就有可能造成该病在自然界中长期传播。该病亦可通过胎盘传染给胎儿。该病多发生于晚秋、冬季和早春季节，寒冷、潮湿、饲料质量低劣可诱发该病或加重病情导致死亡。

轮状病毒主要在分化成熟的小肠上皮细胞的胞浆中复制，进而导致小肠上皮细胞功能减退甚至死亡；被感染的细胞发生溶解或脱落，从而导致绒毛萎缩。分化成熟的肠道细胞病变导致乳糖在小肠内滞留而使小肠内容物渗透压增高，引起腹泻。小肠内 Na^+/K^+—ATP酶活性降低，葡糖二钠吸收减少，导致绒毛顶端对 Na^+ 的吸收减少。正常的 Na^+ 和 H_2O 从肠腺向小肠肠腔的正常分泌不能为绒毛顶端适度吸收所平衡，可能引起 Na^+ 和 H_2O 流向小肠肠腔。肠黏膜上皮细胞内钙离子浓度增加，上皮细胞分泌增强，导致腹泻。

2. 病原的特点与抵抗力 病原为轮状病毒粒子略呈球形，具有内外双层衣壳，无囊膜，20面体对称。病毒粒子直径约70nm，在电镜下观察，病毒的中央为一电子致密的六角形核心，直径37～40nm，为芯髓；周围有一电子透明层，壳粒由此向外呈辐射状排列，构成内衣壳，外周为一层光滑薄膜构成的外衣壳。以病毒芯髓为轴，以呈辐射状的内衣壳为轮辐，以外衣壳为轮辋，构成轮状病毒特征的车轮状结构，轮状病毒因此而得名。

轮状病毒在感染的粪样和细胞培养物中以具有感染性的光滑形（S型）双层颗粒和不具感染性的粗糙型（R型）单壳颗粒两种形式存在。各种动物和人的轮状病毒的形态相同且为双股RNA。

轮状病毒分为A、B、C、D、E五群，A群为典型轮状病毒，B、C、D、E群为非典型轮状病毒。大部分哺乳动物的轮状病毒是A群，具有相同的群抗原。

轮状病毒对理化因素有较强的抵抗力。在室温能保存7个月，对酸稳定，能耐超声振荡和脂溶剂。用胰蛋白酶或胰酶处理后能增强其传染性。加热30～60min仍可存活，但63℃，30min则被灭活。1%福尔马林对牛轮状病毒在37℃下需经3d才能灭活，0.01%碘、1%次氯酸钠和70%酒精可使病毒丧失感染力。

3. 轮状病毒感染后的典型症状 潜伏期18～96h，多发生于7d以内的犊牛。突然发病，病初，精神沉郁，吃奶减少或废绝，体温正常或略高，厌食，腹泻，排出黄白色或乳白色黏稠粪便，肛门周围有大量黄白色稀便。继之，腹泻明显，病犊排出大量黄白色或灰白色水样稀便，病犊的肛门周围、后肢内侧及尾部常被稀便污染，在病犊的既舍内也能见到大量的灰白色稀便。有的病犊还排出带有黏液和血液的稀便。有的病犊肛门括约肌松弛，排粪失禁，不断有稀便从肛门流出。严重的腹泻，引起犊牛明显脱水，眼球塌陷，严重时皮肤干燥，被毛粗乱，病犊不能站立。最后因心力衰竭和代谢性酸中毒，体温下降到常温以下而死亡。该病的发病率高达90%～100%，病死率可达10%～50%。该病发病过程中，如遇气温突降及不良环境条件，则常可继发大肠杆菌病、沙门氏杆菌病、肺炎等疾病，使病情更加严重。死于轮状病毒肠炎的犊牛常小于3日龄。病犊由于水样腹泻而迅速脱水，从而导致腹部蜷缩及眼球塌陷。

病变主要限于消化道。眼观肠壁迟缓，胃内充满凝乳块和乳汁。小肠肠壁菲薄，半透明，内含大量的气体，内容物呈液状、灰黄或灰黑色，一般不见出血或充血，但有时在小肠伴发广泛性出血，肠系膜淋巴结肿大。镜检，组织学病变随患病犊牛感染后的时间不同而异。小肠前段绒毛上端 2/3 的上皮细胞首先受感染，随后感染向小肠中、后段上皮发展。腹泻发生数小时后，全部感染细胞脱落，并被绒毛下部移行来的立方形或扁平细胞所取代；绒毛粗短、萎缩而不规则，并可出现融合现象；隐窝明显肥大及固有层中常有单核细胞、嗜酸性白细胞或嗜中性白细胞浸润。

4. 轮状病毒病的诊断 根据该病发生在寒冷季节、多侵害犊牛、发生水样腹泻、发病率高和病变集中在消化道、小肠壁变薄、内容物水样、镜下见小肠绒毛短缩等特点可作出初步诊断，但确诊必须依靠实验室检验。实验室检查：采集急性感染病例的粪便，分离病毒并鉴定既可确诊。应在发病和腹泻 24h 内收集粪便，确定病毒抗原。实验室检查可采用酶联免疫吸附试验。许多诊断实验室采用平板酶联免疫吸附试验方法检查轮状病毒；也有些诊断实验室应用聚丙烯酰胺凝胶电泳方法检查病毒，已经证明该方法同样有效。

5. 轮状病毒病的防治 及早吃足高质量初乳，应在犊牛出生后 1h 之内吃足 2L 初乳。把犊牛放在干燥、卫生、温暖的棚内。注射疫苗，给分娩前 1～3 个月的母牛接种轮状病毒灭活苗，可使新生犊牛获得坚强的被动免疫。环境消毒，每天用 0.25％甲醛、2％苯酚、1％次氯酸钠等对圈舍彻底消毒。

应将病犊牛隔离，隔离到温暖、干燥、垫料舒适的牛圈中单独治疗。纠正酸中毒：这是治疗该病首先考虑的，按照酸中毒程度不同，给予适量碳酸氢盐等渗溶液。一般治疗卧地不起酸中毒的代表性治疗方案是：在 20～30min 内静脉给予等渗盐水，其中加入 200mmol 碳酸氢盐（16g 碳酸氢钠），在接下来的 4～6h 内再输 3L 含有碳酸氢盐的等渗溶液（大约 400mmol）。补液：轻度脱水的犊牛可口服补液盐，但决不能用口服补液盐稀释牛奶；中毒脱水的犊牛应静脉补液。补液量＝犊牛体重×（犊牛脱水量/体重）×100％。补碱：病牛仅胸骨卧地不能站立时，碱缺乏 15mmol/L，若整个躯体不能站立时，碱缺乏 20mmol/L。总碱缺乏可这样计算：碱缺乏×碳酸氢根空间×脱水牛的体重。对继发感染细菌的，可有针对性地选择抗细菌药，但不能乱用。使用保护剂，例如白陶土与果胶混合物作为一种辅助制剂用来治疗腹泻。在实践中，使用清瘟败毒注射液对轮状病毒有一定疗效。补糖：腹泻牛多数不出现低血糖，因此静脉输液一般不需要葡萄糖，最好在开始静脉注射后 6～8h 通过口服补液的途径来补充能量（高能量补液盐），病牛吮吸反射恢复后，每 2h 口服 1L 盐溶液或奶，二者交替使用。

十、牛痘与伪牛痘

1. 牛痘与伪牛痘病的特点 牛痘、伪牛痘（副、假牛痘，挤奶者结疖）是牛的良性皮肤病，为奶牛常见传染性疾病，主要侵害挤奶牛乳房和乳头的皮肤。一般通过挤奶工人的手、挤奶机、洗乳房的水、擦乳房的毛巾等传染给其他牛只。干奶牛、育成牛等很少患此病。牛痘与伪牛痘病毒自然条件下只侵害奶牛乳头和乳房的皮肤。

伪牛痘该病在我国 20 世纪 90 年代较多发生和报道，但是近几年较少见，一旦发生，极易引起全场流行。挤奶时消毒卫生不严，常常通过挤奶者的手、挤奶机的奶杯、洗乳房的水、擦乳房的毛巾等传染给其他牛只。育成牛和干奶牛很少被感染。因本病的免疫性较

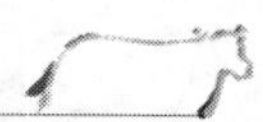

短暂，病愈一段时间后仍可复发，甚至几个月也不停，感染较为严重的牧场每年均会复发。

2. 病原的特点与抵抗力　牛痘是由痘苗病毒或牛痘病毒引起的传染病。伪牛痘是由痘病毒科、副痘病毒属的副牛痘病毒引起的传染病。副牛痘病毒于1963年被Moscovici等分离到。病毒大小为190nm×296nm，为两端圆形的纺锤样，DNA病毒，对乙醚敏感，氯仿在10min内可使病毒灭活。病毒能在牛肾细胞培养物中产生细胞病变，在肾细胞中培养后，病毒能在人胚成纤维细胞中生长，不感染家兔、小鼠和鸡胚。

3. 牛痘与伪牛痘感染后的典型症状　牛痘的潜伏期4～8d。病初体温可能略高，食欲降低，挤奶时乳头和乳房疼痛比较敏感，局部温度稍有增高。此后不久，在乳头和邻近的乳房皮肤上出现几个至多个红色丘疹，2d后变为豌豆大的水疱，内含棕黄色或红色的淋巴液。随后几天，水疱中心塌陷，边缘隆起而呈脐状，并迅速化脓，最后结痂，整个病程约3周。痂皮脱落后形成白色凹陷的疤痕。有的水疱融合，常在挤奶时破裂，并残留鲜红色的创面，在无继发感染时常无全身症状。牛痘病毒一旦传入挤奶牛群，迅速传播，痊愈后可获得长达几年的免疫性。

假牛痘（又称副牛痘）在临床上与牛痘感染相似，在泌乳母牛的乳房和乳头皮肤上引起增生性病变。由于局部过于敏感，病牛抗拒挤乳。本病一旦传入挤奶牛群便迅速传播，发病率高达80%。主要通过挤奶用具和挤奶员的手或挤奶机而传染。潜伏期为2～7d，其病变与牛痘相似，但很少见到脐形痘疱。本病开始为丘疹，随后变为樱红色水疱，于2～3d结痂，并在2～3周愈合。每个乳头上通常有2～10个痘疱。丘疹有时不发展成水疱，而是直接变为痂皮。病牛一般无全身症状。假牛痘病毒与牛痘病毒没有交叉免疫性，而牛痘病毒与痘苗病毒（痘苗病毒是成功地用于预防人类天花的痘病毒株）具有交叉免疫性，也就是说接种过痘苗病毒的挤奶员在挤奶时不会被牛痘病毒传染，相反，如果泌奶牛群中发生了假牛痘病毒感染时，挤奶工人很有可能被传染上。

发病牛的乳房底部和乳头上出现红色丘疹，病变直径可达1～2cm，呈圆形或马蹄形，后变成水泡，最后覆盖痂皮，经2～3周后在干痂下愈合，增生隆起，痂皮脱落。病变常发生于乳头上，造成挤奶疼痛，病牛躲避或踢挤奶工人，致使挤奶困难。由于乳房、乳头皮肤破损，常继发细菌感染，导致乳房炎发病率大大提高。此病本身对牛机体影响轻微，几乎无全身性症状。

4. 牛痘与伪牛痘病的诊断　根据临床症状、流行病学调查可初步诊断，确切诊断仍需借助实验室检验。取组织或水泡液做病毒分离，或对水泡液进行电镜观察。活检样本的标准病理组织切片呈现胞浆内包含体，但是不能鉴定出确切的痘病毒。另外，因引起乳房、乳头发生疱疹的疫病较多，故还应进行类症鉴别。疱疹性乳房炎潜伏期3～7d，患牛病初表现为乳头皮肤肿胀呈水疱样，而后患部皮肤表面变软、脱落，形成不规则的深层溃疡，疼痛，不久后结痂，2～3周后愈合，此外，面部、颈部、背部和会阴皮肤出现中心红色、扁平而硬的隆起物，后由红变紫、脱毛，可与伪牛痘区别。

5. 牛痘与伪牛痘病的防治　病牛应隔离饲养，单独挤奶。加强挤奶卫生，对牛身上的病区应消炎、防腐，促进愈合。严格挤奶规程，患牛病区以消炎、防腐，促进愈合为主。洗乳房时，可用0.3%洗必泰、3%过氧乙酸，或次氯酸钠洗净，避免交叉感染。乳头涂布消毒剂或消炎抗菌药膏，可缓解挤奶时乳头患部的疼痛，防止并发症和继发感染，促使溃疡部愈合。本病为人畜共患病，所以奶厅工作人员挤奶前应做好手部消毒，防止感染，必要时可戴胶皮手套。

本病尚无特效治疗方法。对患牛痘、假牛痘病的奶牛，用高锰酸钾液冲洗乳房皮肤，用过氧化氢溶液清洗痘疱，然后涂上蜂蜜液或碘甘油、油剂青霉素，每天1次。

治疗可用0.2%过氧乙酸洗浴乳房被感染区，2次/d，后用自行配制的药膏（凡士林100g，链霉素2g，环丙沙星2g，病毒唑3g，强的松1g，调匀）涂抹病区，2次/d。

十一、Q热

1. Q热的特点 Q热（Q Fever）是由贝氏立克次体（Rickettsia burneti）引起的一种人畜共患病。人一般以发热、头痛、肌肉酸痛为主要症状，动物感染多为隐性经过，但妊娠牛、绵羊和山羊感染可引起流产。1937年Derrick在澳大利亚的昆士兰发现并首先描述此病，因当时原因不明，故称该病为Q热（Q是Query的第一个字母，即疑问之意）。本病在全世界分布很广，随着对Q热研究的深入，许多原来以为不存在本病的国家和地区，也相继发现Q热流行。

牛、绵羊、山羊、猪、马、犬、骆驼、鸡、鸽和鹅易发生Q热。自然界中各种野生和家养哺乳动物、节肢动物和鸟类都可感染此病，其中多种啮齿动物、蜱、螨、飞禽，甚至爬行类还可以成为其储存宿主。在自然界中，该病可在野生动物及其体外寄生虫之间循环传播形成自然疫源地，而在家养反刍动物中则不依赖于野生动物的传播周期也能流行。这类反刍动物是人类和其他动物非常重要的传染源。感染动物可通过其乳汁、胎盘、分娩后的分泌物以及排泄物大量排出病原体。健康动物通过直接接触或通过带毒乳汁或生殖道分泌物污染的饲料、饮水经消化道和呼吸道感染，感染蜱则通过叮咬感染动物的血液使病原在其体腔、消化道上皮细胞和唾液腺繁殖，在经过叮咬或排出病原经由破损的皮肤使健康动物感染。人主要是在管理、诊治和动物产品加工过程中经消化道、呼吸道、损伤的皮肤等途径感染，也可通过摄入未经消毒的患病动物乳产品感染。

2. 病原的特点与抵抗力 Q热的病原体是贝氏立克次体，菌体球杆状，无鞭毛，无荚膜。不能在人工培养基上生长，可在鸡胚和鼠胚细胞、豚鼠和乳兔肾细胞、人胚纤维母细胞等多种人和动物细胞培养基内繁殖。对理化因素抵抗力强，在干燥沙土中4～6℃可存活7～9个月，加热60～70℃ 30～60min才能灭活。对脂溶剂和抗生素敏感，临床应用四环素、土霉素、强力霉素和甲氧苄氨嘧啶等药物治疗效果较好。贝氏立克次体随适应宿主的不同表现分为两种抗原性。Ⅰ相抗原通常是从动物、节肢动物和人体内新分离的毒株（表面抗原，毒力抗原），不能与Q热早期恢复血清（2～3周）发生补体结合反应。经鸡胚卵黄囊多次传代后成为Ⅱ相抗原（毒力减低），但经动物或蜱传代后又可逆转为Ⅰ相抗原。两相抗原在补体结合试验、凝集试验、吞噬试验、间接血凝试验及免疫荧光试验的反应性均有差别。

3. Q热感染后的典型症状 动物感染后多呈亚临床经过，牛出现不育和散在性流产。多数反刍动物感染后，该病原定居在乳腺、胎盘和子宫，随分娩和泌乳时大量排出。少数病例出现结膜炎、支气管肺炎、关节肿胀、乳房炎等症状。人感染后通常出现弛张热、畏

寒、虚弱、出汗，剧烈性或持续性的头痛和肌肉痛；有些病人表现为肺炎和肝炎症状，全身倦怠无力、失眠、恶心或腹泻等。

4. Q 热的诊断　常用血清学方法如补体结合试验、凝集试验、免疫荧光试验等进行该病的诊断。在补体结合试验中，若单份血清Ⅱ相抗体效价在 1∶64 以上有诊断价值，病后 2～4 周，双份血清效价升高 4 倍，可以确诊为急性 Q 热。若Ⅰ相抗体相当或超过Ⅱ相抗体水平，可以确诊为慢性 Q 热。凝集试验中，Ⅰ相抗原经三氯醋酸处理转为Ⅱ相抗原，用苏木紫染色后在塑料盘上与病料血清发生凝集。此法较补体结合试验敏感，但特异性不如补结合试验。

5. Q 热的防治　非疫区应加强引进动物的检疫，防止引入隐性感染或带毒动物。疫区可通过临床观察和血清学检查，发现阳性动物及时隔离治疗；患病动物的乳汁或其他产品需经过严格的无害化处理方可应用；与病畜接触的相关人员应进行预防接种。

治疗以四环素及其类似药、福利平、甲氧苄啶、喹诺酮类等为好。

十二、附红细胞体病

1. 附红细胞体病的特点　奶牛附红细胞体病是由立克次氏体病原-牛附红细胞体(Eperythrozoonosis）引起的一种以发热、贫血、消瘦、下痢、黄疸为主要特征的血液寄生虫病。1932 年 Doyle 在印度报道了本病。牛的一种类立克次氏体病或类微粒孢子虫病。他描述了 2～8 月龄牛有明显的溶血性黄疸、呼吸困难、虚弱等表现，体温高达 40.5℃，并注意到感染牛血液稀淡，红细胞易发生自发性凝集，血浆被染成黄疸样颜色。最近，已在全球较大年龄范围的奶牛（从犊牛到怀孕母牛）中发现了附红细胞体病。

由牛附红细胞体引起的红细胞病只见于家养的牛。对野牛进行的间接凝集试验(IHA）表明野牛附红细胞体全为阴性。可通过摄食血液或含血的物质，如舔食断尾的伤口，相互斗殴或喝被血污染的尿而进行直接传播。间接传播可通过活的媒体如虱子，和非生命的媒介如被污染的注射器或诸如用来断尾、打记号、阉割的外科手术器械，也可能通过吊脚的绷带而进行传播。在交配时，只有公牛将被血污的精液留在阴道内才可能发生传染。子宫被认为不可能传播牛附红细胞体。

在人工感染的切除脾脏的牛中，牛附红细胞体的平均潜伏期为 7d（3～20d)。附红细胞体病仅仅通过感染不可能使在清洁和正常条件下饲养的健康牛发生急性病症。如果宿主有功能健全的防御系统，那么宿主和附红细胞体之间能保持一种平衡，附红细胞体在血液中的数量保持相当低的水平。在一个牛群中，只有那些受到强烈应激的牛才会出现明显的临床症状，如贫血，发热，有时也可见黄疸。过度拥挤，恶劣的天气，更换圈舍，更换饲料或慢性常见病都可能促使附红细胞体病的发生。病原的传播取决于牛群内和牛群间感染发生的可能性。由于有时血清学方法并不能可靠地检测出潜在感染的牛，所以流行病学研究的准确性有一定的限度。血清学阴性的动物仍可能携带牛附红细胞体并传给其他动物。正因为如此，很难精确地界定牛红细胞体在某牛群中的影响以及传播情况，从而实施饲养。

2. 病原的特点与抵抗力　Splitter 和 Williamson（1950）之所以将引起黄疸的病原称为牛附红细胞体，是因为它与已知的附红细胞体—猪附红细胞体（*E. wenyoni*）和绵羊附红细胞体（*E. ovis*）相似。在其他动物中也发现了附红细胞体。不过致病性已得到证实的只有牛附红细胞体（*E. suis*）、猪附红细胞体（*E. wenyoni*）、绵羊附红细胞体（*E. ovis*）和鼠附红细胞体（*E. coccoides*）。牛附红细胞体呈圆形或卵圆形，平均直径为0.2～2μm，它们或单独或成链状附着于细胞体表面，也可围绕在整个红细胞上。在过去很长一段时间里，根据附红细胞体的大小，形状，致病性，潜伏期，对治疗抵抗力的可过滤性和结构将牛的附红细胞体分为两种，牛附红细胞体（*E. suis*）和小附红细胞体（*E. parvum*）。电镜观察结果表明，牛附红细胞体会改变红细胞体表面结构，致使其变形。在附红细胞体急性感染期间可发现，在红细胞上成熟的和未成熟的附红细胞体互相挤在一起，这代表着不同发育阶段各种大小和形态的附红细胞体。

3. 附红细胞体感染后的典型症状 对一个被感染的牛群而言，附红细胞体病只会发生于那些抵抗力下降的牛。以下应激因素可引起牛抵抗力下降，管理程序改变后（如并群）为争夺排位而进行的争斗，以及分娩。如果发生了一种慢性传染疾病，牛群也可能暴发本病。任何年龄的牛被牛附红细胞体感染后均会受到影响。

急性期间的临床症状是，可视黏膜苍白，高热达42℃，有时有黄疸。厌食、反应迟钝、消化不良等症状是否再现取决于贫血的严重性。由于被感染的牛不能产生很强的免疫力，所以，再次感染可能在任何时候发生。有附红细胞体的母牛常在进入产房后或分娩后3～4d出现临床症状。处于急性期的母牛产奶量明显下降。继发细菌或病毒感染时都会加重附红细胞体病。被附红细胞体感染的母牛可能出现繁殖障碍。已报道的有受胎率低、不发情、流产、产弱仔。即使犊牛未被感染，由贫血母牛产出的犊牛也是贫血的。这些犊牛往往苍白，有时不足标准体重，而且易于发病。对断奶犊牛而言，过度拥挤、圈舍环境差、营养不良均可诱发急性临床型附红细胞体病。为治疗和免疫而进行的经常注射是导致病原传播和重复感染的主要原因。由于被应激的牛群存在亚临床型感染，所以发病率难以估测。由附红细胞体引起的死亡一般低于1%。

从发热病牛采集的血液呈水样，清漆样，不粘附试管壁。将收集在含抗凝剂试管中的血液冷却到室温后倒出来，可见试管壁有粒状的微凝血，这对附红细胞体病是有特异性的，将血液冷却时这种现象更明显，当血液加热到37℃时这种现象几乎消失。附红细胞体病引起的溶血性贫血具有血色正常和红细胞正常的特点。病畜红细胞的功能随红细胞数量、血红蛋白含量和红细胞比容的下降而下降。用病牛毛细血管血液经离心后现象相当明显，因为红细胞百分比小、白细胞带宽以及血浆呈现轻微的黄疸色等现象。在感染开始阶段且体温达到最高值的前几天，血涂片中可见单个的附红细胞体。血液中附红细胞体数量越多，红细胞量就越少，血红蛋白含量和红细胞压积越低。溶血时释放铁沉积在发生吞噬作用的部位。随着附红细胞体数量的增多，血清中的铁量会稍微下降。如果体内有充足的储存铁，那么治疗后血清中的铁含量会明显上升，以满足大量红细胞发育的需要。红细胞发育的激活与红细胞数的突然增多、未成熟细胞的增多和网状红细胞的大量增加有关。在急性溶血性贫血阶段，由于在肝脏中与葡萄糖醛酸的结合率下降，所以，血液中未成对的胆红素VDP-葡萄糖醛酸基转移酶的含量会上升。这表明红细胞破坏的结束，也显示机体已开始从溶血向造血转化。在发热之前或之后1～2d会出现淋巴结炎。淋巴结的反应是嗜中性粒细胞性淋巴结炎。

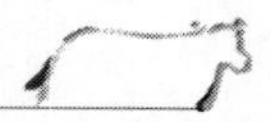

4. 附红细胞体病的诊断　附红细胞体病的诊断依据临床症状、血液学变化、直接查找病原、间接试验、人工感染切除脾脏的牛。

可用来作为诊断的最重要的临床症状是，发热高达40℃或更高、贫血、消瘦、下痢、黄疸、对外界反应迟钝。母牛经常只表现为亚临疾病。

在发热期间采集的血液在血膜上会出现明显的微凝血，以血色正常、红细胞正常为特征的溶血性贫血是本病的证据。由血红蛋白浓度细胞压积之比所得出的平均细胞血红蛋白含量（MCHC）反映了红细胞中血红蛋白量的变化，也可证实存在血红蛋白过低性贫血现象。当血红蛋白生成量低于红细胞生成就会出现血红蛋白过低症（MCHC低于300g/L）。血浆的其他生化变化包括血糖浓度下降及胆红素UDP—葡萄糖醛酸基转移酶含量的短暂上升。

在急性发热期间进行病原的显微检查效果最好。细致的采样和制备高质量的涂片是在光镜下查到附红细胞体的前提。在制备血涂片前必须将血液加温至38℃，否则由于冷凝素的作用红细胞将发生凝集，这会使附红细胞体的辨认变得困难。病原大小不一，会随慢性期的延长而变小。在红细胞的表面可见卵圆形至圆形的环形附红细胞单体，或完全红细胞周围的链状附红细胞体。赖特—姬姆萨染色是在固定血涂片上查找附红细胞体时最常用的染色方法。这种染色方法和其他常规的快速染色法均可产生人为假象（姬姆萨色素沉着）色素会附着在红细胞上，易被误认为附红细胞体。用吖啶橙染色在荧光显微镜下可见各种形状的附红细胞单体。

感染的最终确诊可以通过切除疑为感染的牛的脾脏或将疑为感染牛的血液输给切除脾脏的牛来实现。诊断性脾切除术仍被认为是诊断牛附红细胞体感染最确实的方法。切除脾脏后3～20d（最多为20d），被牛附红细胞感染的牛呈急性发病，此时可通过查找血涂片中的虫体进行诊断。

5. 附红细胞体病的防治　对于一个牛群而言，阻断感染的传播途径和防止再感染的发生是很重要的。应对内、外寄生虫进行防治，当涉及与血液传递有关的操作时应加强卫生管理。在对母牛进行注射或放血时，可通过更换器械来防止由注射器和外科器械被血污染而引起的传播。在实施诸如打耳号、断角或注射等操作时，每头犊牛应用不同的消毒器械。

对于被感染的牛群而言，发病的频率可能会增高，但是宿主与病原之间最终会达到某种平衡，这一点对切除脾脏的牛也是如此。如果这种平衡被打破，那么急性附红细胞体病会在任何时候发作。因此，进行科学的饲养管理是很重要的。如果其他应激因素也在影响牛，那么附红细胞体感染可能会显露出来；另一方面，牛附红细胞体的潜在感染也是引起其他潜在感染暴发的一个因素。牛附红细胞体感染的重要性不在于原发病而在于它所引起的生产力下降。

目前无可用的疫苗。如一个牛群不存在附红细胞感染，那么应从无附红细胞体的牛群引进牛只。如果产房中10头犊牛的血清学试验或PCR结果为阴性，或把10份血样输给脾脏切除的生长牛而不发病，那么即可认为牛群不存在感染。引进没被感染的犊牛可减少附红细胞体病的传入。

治疗可采用给母牛喂20～30mg/kg体重的土霉素，或者四环素族，血虫净，914等及卡那，强力霉素等。由于犊牛不能采食治疗所需的足量的添加药物饲料，所以对有发热症状的急性红细胞体的犊牛必须通过肠胃外的途径给药治疗。对于被感染的牛场而言，在如换圈舍、实施饲养管理程序等应激因素存在时，可通过非胃肠道给土霉素对犊牛进行治疗。然而，不管是非胃肠道给药治疗还是通常经口治疗都不能根除病原。口服金霉素可减少贫血的发生。犊牛和慢性感染的牛应进行补铁。治疗应将支持疗法和预防性措施结合起来。

十三、莱姆病

1. 莱姆病的特点 莱姆病是由伯氏疏螺旋体引起的一种蜱传性人兽共患传染病。1977年美国医生 A. CSleere 发现康涅狄格州莱姆镇流行的青少年关节炎是一种独立的疾病，并称为莱姆关节炎。1982年，昆虫学家 Willy Burgdorfer 从采自疫区的达敏硬蜱中发现和分离出莱姆病疏螺旋体。1984年 Johnson 根据其基因型和表型特征，认为该螺旋体是一个新种，命名为伯格多弗疏螺旋体。随后的调查研究证实该病是一种能引起人体多系统、器官损害的全身感染性疾病，命名为莱姆病。莱姆病流行广泛，它危害人和多种动物的多种器官、系统，造成全身感染，慢性游走性红斑（ECM）是其特征性症状，对人和动物的健康影响甚大，也给畜牧业造成相当大的损失，因而受到医学界和兽医学界的高度重视。

莱姆病是一种蜱媒传染病。主要是蜱叮咬吸血时经唾液将疏螺旋体传染给人的。蜱在吸吮具有菌血症动物的血时被感染，并在以后的吸血过程中，通过其唾液将病原体传给新的宿主。蜱的幼虫、若虫和成虫3个发育阶段均需叮刺吸血才能完成。幼虫吸带菌鼠血受到感染，当其发育至若虫并叮刺其他动物时，又将螺旋体传给别的动物。带菌的成虫亦可将螺旋体传给别的动物。幼虫只叮刺小型动物，而若虫不仅叮刺中小型动物亦可叮刺大型动物，成虫则叮刺大型动物。由于蜱的若虫很小，在宿主体表相对不明显。因此其在人和动物莱姆病的传播上可能起重要作用。在蜱的若虫活跃季节，正是人们和动物户外活动较多、人穿着保护性衣服较少的时候，这就更有可能暴露给若虫。成虫对一年四季生活在外环境的动物的莱姆病的传播可能起重要作用。对家畜来讲，要想完全不接触蜱是困难的。

目前的研究表明非媒介传播是存在的。可以从感染动物的尿液、血液和初乳中检测到莱姆病螺旋体，但却未在乳汁中发现它。动物与动物间可通过接触尿液相互感染，甚至可以传给密切接触的人，但是人与人之间是否可以通过接触体液而传染尚未见报道。非媒介传播是存在的。尚未搞清非媒介传播是否是自然感染的一个原因。同时也未证明在自然条件下，莱姆病螺旋体是否会通过尿口或尿结膜而传播，但推测这种情况应该发生。从有螺旋体血症的鼠的凝血中收集的莱姆病螺旋体至少可保持24h活性，保存在人的血液中的莱姆病螺旋体注射到健康金黄地鼠体内2～3周后，可以从该动物的脏器（肾、膀胱）中分离到莱姆病螺旋体，所以，输血或皮下注射都可能引起感染。

莱姆病螺旋体在人和动物中可垂直传播。莱姆病是一种自然疫源性疾病，莱姆病螺旋体在脊椎动物和蜱之间循环。该病原体的贮存宿主比较多，包括野生动物、家畜和鸟类。国外已从鼠类、鹿、熊、犬、牛、马等20多种哺乳动物和7种鸟类分离到螺旋体。国内的研究表明牛、羊、犬、野兔和8种鼠等动物均可感染本病，已从6种小型啮齿类和2种

鸟类分离出莱姆病螺旋体。血清学和病原学调查结果证实黑线姬鼠和棕背平鼠是重要贮存宿主。黑线姬鼠和白腹巨鼠的胎盘分离到莱姆病螺旋体，证实莱姆病螺旋体可通过胎盘垂直传播，这对莱姆病自然疫源地的维持和扩大具有重要意义。

宿主受到伯氏琉螺旋体持续性感染，可引起炎性反应和组织损伤。用伯氏疏螺旋体初次感染动物，可刺激机体形成免疫复合物，并产生沉淀，引起免疫炎症的发生。相似的因素使某些动物易呈现莱姆病的临床症状，而其他动物却保持无症状状态。人受带菌蜱的叮咬，多数患者在叮咬处局部出现 ECM，但 ECM 在染病家畜体表极为罕见，只是偶尔在感染牛和马的体表局部出现皮肤斑疹，患畜常出现的症状是发热、疲乏、精神沉郁、关节疾病、蹄叶炎、跛行和慢性进行性消瘦。一旦病原通过体液而移动进入心脏、肾脏、关节等器官或神经系统，会引起相应器官组织的病理损伤或神经症状。细菌还可以感染眼、肾和心脏，莱姆病眼临床表现有结膜炎、虹膜炎和全眼球炎。心脏受损通常表现为房室阻滞。关于莱姆病人和患病动物神经系统的致病机理尚未搞清。因为可以从脑脊液中分离培养出螺旋体，而且抗生素能缩短病程，所以脑膜炎可能为螺旋体直接侵入脑脊液所致。有些神经异常可能由于直接的实质组织受侵所致。家畜的神经性莱姆病病例报道极少。曾经有马、狗的神经性莱姆病报道。

2. 病原的特点与抵抗力　莱姆病病原体即伯氏疏螺旋体是螺旋体科疏螺旋体属的新种。伯氏疏螺旋体是一种单细胞疏松盘绕的左旋螺旋体，长 10～40μm，一般具有 4～10 个疏螺旋，螺旋波长度为 1.8～2.8μm，菌体宽度 0.2～0.3μm。莱姆病螺旋体由表层、外膜、鞭毛、原生质柱组成。具有抗原性的外膜蛋白有 OspA、OspB、OspC 等。伯氏疏螺旋体嗜氧，革兰氏染色阴性，生长缓慢，分离周期为 8～20h，适宜生长温度为 33℃。菌体末端纤细呈丝状，在暗视野显微镜下观察可见菌体作扭曲、翻转等螺旋体典型运动状态。伯氏疏螺旋体对热（50～70℃）有一定的抵抗力，但采用高温短时法对牛奶进行巴氏消毒处理，可杀死牛奶中存在的菌体。该菌属发酵型菌，不能在自然外界环境中独立存在，其发酵代谢产物为乳酸，与梅毒螺旋体和钩端螺旋体不同。

3. 莱姆病感染后的典型症状　人和动物患莱姆病后，有的表现症状，有的则呈隐性无症状经过，血清学检查可检到抗体。人、不同种动物的临床表现也不尽相同。

产头胎的奶牛，如产奶高峰期感染莱姆病，常常呈群发性，有的并不出现临床异常，但是血清学检查为阳性。急性病例可见发热、肢体僵硬、关节肿大，多发性关节炎、跛行、泌乳量下降，血红蛋白尿阳性。慢性体重下降，肢体无力和发生流产。在有些病牛的乳房或蹄趾（指）部皮肤上出现红斑。在心和肾表面可见苍白色斑点，腕关节的关节囊显著变厚，含有较多的淡红色滑液，同时有绒毛增生性滑膜炎，有的病例胸腔内有大量液体和纤维蛋白，全身淋巴结肿胀。病牛的血清、初乳和滑膜液可检测到特异性抗体，并能够从病牛的血液中分离出莱姆病病原体。有的病例还出现心肌炎、血管炎、肾炎和肺炎症状。伯氏疏螺旋体感染怀孕母牛、可经胎盘感染胎儿。

出现局限性淋巴结病，白细胞增多症，厌食，精神不振，倦怠嗜睡。贫血、黄胆、脾脏增大，血检可见胆红素增加，白细胞增多，γ-球蛋白增多和血小板减少。严重病例表现氮质血症、蛋白尿、管型尿、脓尿和血尿等肾脏损伤症状，对病肾做病理组织学诊断为慢性弥漫性膜增生性血管球型肾炎和多病灶性间质肾炎，并可从肾脏和尿中检出病原体。此外，后期病例可能引起心肌炎症状。

莱姆病螺旋体可以引起人体多系统、多器官的损坏。根据病程发展、临床可分为三期。早期局部性感染、中期播散性感染和晚期持续性感染。早期局部性感染表现为蜱叮咬后 3～32d，在叮咬处出现慢性游走性红斑（ECM）为特征性症状，大约 30%的莱姆病病人出现这种早期表现。中期播散性感染表现为 ECM 出现数天或数周后，发生继发性红斑、脑膜炎、脑膜脑炎、面神经炎、神经根炎，视神经炎、房室传导阻滞、心肌炎等。晚期持续性感染表现为发病后 6～12 月后，出现关节炎和萎缩性肢皮炎，其他尚有亚急性脑炎、强制性麻痹和极度衰竭等。现已从病原学和临床治疗上证实少数病人可出现精神异常。

4. 莱姆病的诊断　莱姆病的诊断应综合流行病史（蜱叮咬史或疫区接触史）、临床表现和实验室检查结果进行判断。人有被蜱叮咬史和典型的临床表现 ECM 即可判断为莱姆病。中、晚期莱姆病的诊断主要依赖于实验室诊断。

大多数细菌性疾病的鉴定依赖于病原体的分离，但由于人和动物感染莱姆病后血液和组织中伯氏疏螺旋体数量少，分离培养技术复杂，病原体生长缓慢等原因，病原分离不能作为常规实验诊断方法，一般只用于莱姆病的调查研究。聚合酶链反应（PCR）技术具有高的灵敏度和特异度，快速方便，需要的样本量少。

目前血清学检查是确定莱姆病螺旋体感染的唯一实用性手段，常用酶联免疫吸附试验（ELISA）和间接免疫荧光试验（IFA）法，目前仍然是较好和实用的方法。但这两种方法存在一定的假阳性和假阴性，较难用作莱姆病的确诊依据。假阳性结果可能由于莱姆病螺旋体与相关微生物种的抗体发生交叉反应所致。假阴性可能因抗生素的使用可混淆抗体滴度的结果并降低免疫反应；在人莱姆病的较早期采集的样品，由于机体尚未产生可检测到滴度的 IgM，故有可能产生假阴性结果。

家畜何时才能出现 IgM 反应尚不清楚，但其 IgM 的出现早于人。近年来由于蛋白印迹法（WB）具有较好的灵敏度和特异度，在临床诊断中备受推崇。一般结合 ELISA、IFA 的结果，当有阳性或可疑标本时，应用 WB 去验证这些标本是否真正是阳性，基本上可作出实验性确诊。

5. 莱姆病的防治　对人的莱姆病患者可根据不同病情和不同症状，可分别使用四环素或阿莫西林、头孢氨噻、青霉素、头孢曲松等进行治疗。从近年资料看，用药治疗本病的疗效较好。但应注意，在治疗本病时用药量较大，治疗时间较长，而且在治疗之后有的会出现雅里希赫克斯海默反应。尚未对动物莱姆病进行临床药物试验。治疗原则主要根据人的临床药物试验结果和有莱姆病临床症状的动物药物治疗经验而定。抗生素治疗均有效。在疾病的急性期进行早期治疗，可有效地预防晚期并发症，并对动物的临床症状的改善产生快速和戏剧性的效果。在治疗后 24h 内，疼痛和跛行即可得到明显改善。慢性病例的治疗比急性病例更长，一般为 6 个月或更长。抗生素治疗并不总是有效的。对马、牛可分别用土霉素、氨苄青霉素、四环素等结合对症治疗。对怀孕牛、奶牛不能用四环素可改用头孢菌素。对犬可用四环素、氨苄青霉素、红霉素和强力霉素。

莱姆病的危害性不断增大，已成为一个社会公共卫生问题，所以研制一种安全、有效的菌苗是十分必要的。在近十余年，国内外学者对莱姆病免疫及其人用疫苗研制有了很大

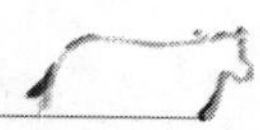

进展，先后研制出莱姆病灭活菌苗、菌体减毒菌苗、亚单位疫苗和DNA疫苗。国内针对动物莱姆病的疫苗研究至今仍处于空白。全菌体灭活菌苗1992—1994年，美国已有两家公司得到农业部批准，生产用化学方法灭活的兽用全菌体莱姆病疫苗，用于狗的免疫。首次接种2～3周后加强免疫一次，狗血清可检出抗外膜蛋白（Osp）OspA、抗OspB等特异性抗体，其保护作用至少5个月以上，以后每年强化免疫一次，可延长保护时间。

全菌体减毒菌苗，鞭毛是伯氏疏螺旋体致病重要毒力因子之一，与细菌在体内运动和侵入不同组织有关。Sadziene等从体外高传代的伯氏疏螺旋体筛选出一株对实验动物无致病力的鞭毛缺失突变株，并以该突变株作为减毒活疫苗，来免疫动物。结果表明减毒活菌苗具有潜在的应用价值。尽管上述减毒活菌苗已不含有鞭毛蛋白抗原，但其包含的菌体蛋白成分仍十分复杂，仍可能会诱导不必要的机体免疫应答；且减毒株在体内是否会激活成为具有致病作用的毒力株，有待于进一步研究。

亚单位菌苗，在伯氏疏螺旋体的多种菌体蛋白中，已知的能诱导机体产生保护性免疫反应和用于菌苗研制的亚单位抗原主要为rOspA、rOspB、rOspC、和rOspF，胶原相关蛋白聚糖结合蛋白A（DbpA）、P39等。其中以rOspA、rOspC和DbpA亚单位菌苗研制和应用最多。

DNA菌苗，DNA菌苗系通过重组技术，将编码诱导机体产生保护性免疫反应的外源性抗原的细菌DNA成分插入能在体内表达的质粒载体，再将含外源性DNA插入片段的载体DNA直接接种到机体，使其在体内表达，产生具有抗原性的外源蛋白，从而刺激机体的免疫系统产生特异性保护抗体。

第五节　奶牛的其他传染病

一、副结核病

1. 副结核病的特点　副结核是由副结核分枝杆菌引起的反刍动物的慢性传染病，其临床特征是顽固性下痢、逐渐消瘦、生长发育不良，剖检特征是肠壁增厚并形成皱襞。

本病又叫副结核性肠炎，也有人叫伪结核，欧美养牛国家均有本病，我国也有发生，以东北较常见，1953年报道。可引起多种动物感染，但牛最常见。幼龄牛最易感染，但发病多在1岁以后，因潜伏期长。母牛、高产牛多见。传染源主要是患病和带菌动物。水平、垂直均可传播。水平传播主要经消化道。传播缓慢、地方流行性，受多种诱因影响。

2. 病原的特点与抵抗力　副结核分枝杆菌归分枝杆菌科、分枝杆菌属。0.5～1.5μm×0.3～0.5μm，革兰氏阳性菌，抗酸染色。本菌在形态及抗原组成等方面与结核分枝杆菌极相似，但又不是一个种，因此叫副结核。很难培养，要特殊培养基，需5～14周。病原在粪便中呈丛存在，在体内主要存在于肠粘膜和肠系膜淋巴结中。粪便中的细菌对外界环境的抵抗力很强，可以存活数月或更长时间。但对湿热和消毒剂敏感。

3. 副结核感染后的典型症状　顽固性腹泻，喷射状，腥臭，带气泡、黏液或血块，毛焦皮糙，下颌及肉垂皮下水肿。逐渐消瘦、衰弱，3～4个月死亡。体温一般无变化。死亡10%左右。

尸体消瘦、脱水、重点是消化道和淋巴结。特征性病变是空肠、回肠黏膜有脑回状皱褶，增厚，变硬，黄、白、灰色。肠系膜水肿，淋巴结束状肿。羊与牛的症状相似。

4. 副结核病的诊断 诊断方法包括现场综合诊断，实验室诊断，镜检粪便、肠黏膜，变态反应，有假阳性。

血清学方法可用 ELISA、补体结合反应，变态反应等，几种诊断方法均有假阳性，最敏感的方法为 ELISA。

与肠结核、冬痢、副伤寒、黏膜病进行鉴别诊断。

5. 副结核病的防治 本病无治疗价值，阳性牛群应全部淘汰，建立净化牛群。

目前有弱毒及灭活疫苗可用，但效果较差。一般卫生防疫措施。

二、传染性角膜结膜炎

1. 传染性角膜结膜炎病的特点 传染性角膜结膜炎（Infectious keratoconjunctivitis）又名红眼病，是以羞明、流泪、结膜炎或角膜炎、不同程度的角膜混浊和溃疡为特征，严重者甚至角膜穿孔而永久失明的眼病，各品种牛都可能发生，是世界范围分布的一种高度接触性传染病。本病虽不是致死性疾病，如能及时采取措施，一般预后良好。但由于其较高的发病率和广泛的分布，能引起大量的牛视觉障碍，导致病牛膘情及母牛产奶量下降，直接和间接地影响着家畜的生产性能，造成了较大的经济损失。

该病病原十分复杂。自 1888 年美国首次在牛群中发现本病以来，迄今为止从病畜或健康畜的眼中分离出或证实的微生物有细菌（摩拉氏杆菌、奈瑟氏球菌、李氏杆菌、黏膜炎布兰汉氏球菌等）、寄生虫（吸吮线虫）、病毒（牛传染性角膜结膜炎病毒）、结膜炎立克次体、衣原体（鹦鹉衣原体）、霉形体（结膜炎霉形体、鼻霉形体、莱氏霉形体等）。尽管病原诸多，但从所见报道和病原分离率来看，摩拉氏杆菌居首位，该菌尤其对牛感染强度很高。

以牛发病率最高，其次是绵羊和山羊，其他动物发病较少。本病似有品种敏感性，欧洲纯种比土种和杂种牛易感；海福特牛、短角牛和荷兰牛对本病比波罗门牛、波罗门杂交品种牛以及瘤牛更为易感。在性别上无差异，但年龄与发病率有明显关系（呈负相关）以幼年、青年动物发病率最高，成老年动物发病率明显低于幼年和青年动物。

本病的发生具有明显的季节性，最常流行于温暖季节，最多病例数发生在 5～10 月最大的频率是在 7、8 月份，但春季、晚秋甚至冬季也有发生。本病的发病率波动很大。一般在 20％～60％，青年牛群的发病率可高达 60％～90％，犊牛发病率高达 10％。在从未发生过本病的牛群中，成年牛同样严重地受影响，严重时发病率高达 90％。

同种动物通过直接或密切接触如头部的相互摩擦、打喷嚏和咳嗽而传播。蚊、蝇、飞蛾等昆虫可机械地传播。被患畜眼、鼻分泌物污染的饲料、饲草等可能散播本病。引进病牛或带菌牛是牛群发生本病的一个常见原因。温暖的气候条件尘埃对眼的刺激、高耸牧草对眼的损伤和蚊蝇对眼的叮咬均会助长感染，特别是强烈日光（紫外线）的照射不仅有重要的诱发作用，而且有促进症状恶化的作用。

本病虽不致动物死亡，但由于影响视线、妨碍行走和采食或造成失明而被淘汰，直接或间接地造成了经济损失。影响犊牛体重，引起奶牛产奶量下降。该病造成的经济损失是不可忽视和低估的。

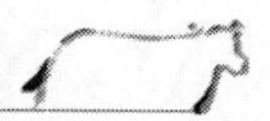

2. 病原的特点与抵抗力 牛摩拉氏杆菌是一种兼性需氧的革兰氏阴性的短小杆菌，长1.5～20μm，宽0.5～1.0μm。多数成双、成对排列，也有散在和偶尔形成短链排列，老年培养物中有时呈多形性。本菌不形成芽孢和鞭毛，有的可形成荚膜及菌毛（伞毛）。

本菌的生化活性很弱，不发酵碳水化合物，不还原硝酸盐，不形成靛基质，V-P试验阴性，甲基红试验阴性，氧化酶阳性，缓慢分解石蕊牛乳及液化明胶。

本菌培养要求较高，需在含有5%～10%脱纤鲜血或巧克力培养基上才能良好生长发育，故又名牛"嗜血杆菌"。其生长所需最适温度为37℃，最适pH为7.2～7.5，经48h培养后，形成边缘整齐、表面光滑湿润、轻度隆起的圆形透明的灰白色露滴状菌落，呈β型溶血或不溶血。

本菌对理化因素的抵抗力较弱，一般浓度的消毒药水或加热至59℃，经5min后均被杀死。离开畜体后，在外界环境中存活一般不超过24h。经最终浓度为加氯化镁处理的致病菌株，其自凝作用、血凝作用以及致病作用均已消失，用氯化镁处理后的致病菌株接种牛眼结果未出现任何眼部症状，与对照形成鲜明的对比。

3. 传染性角膜结膜炎感染后的典型症状 传染性角膜结膜炎的潜伏期护急性的一般为2～7d（夏秋季节），冬春或晚秋为3～4周或不定。据人工感染试验估计潜伏期为2～3周。

临床症状主要局限于眼部。早期流大量水样泪液，睑痉挛和畏光多分泌物很快转为脓性，并沾污眶区，此时眼睑水肿和肿胀，结膜充血，多数病例发生睑炎。2～4d内产生云翁，常从角膜中央向四周扩散至整个角膜，角膜溃疡、圆锥形角膜或角膜突出可能在此期发生。

按其临床发展经过分为3个型：

轻症型：以流泪、角膜轻度混浊为特征，结膜呈轻度炎症，角膜周围的血管扩张，"白眼珠"（巩膜）呈淡红色，呈所谓红眼病状态；

急性型：流泪、畏光、眼睑肿胀、角膜混浊等症状迅速增进，2～4d即可发现浑浊，多不免失明；

慢性型：是轻症型和急性型病例发生继发感染恶化而形成的。当炎症波及眼的较大范围时，易继发其他细菌、病毒感染，从角膜浑浊恶化为溃疡，因而变为慢性。

本病的转归有很大的个体差异，或自愈或转为慢性；流泪可能停止，但角膜浑浊需1～2月才消退，透光性从周围向中央逐渐复原；也有的发生角膜破裂或永久性失明。

剖检可见结膜浮肿及高度充血，角膜的变化多种多样，有四陷型、白斑型、自色浑浊型、隆起型及突出型等。

4. 传染性角膜结膜炎病的诊断 本病主要发生于天气炎热和湿度较高的夏秋季节，其他季节发病率较低。一旦发病，传播迅速，多呈地方流行性或流行性。引进病牛或带菌牛，是牛群暴发本病的一个常见原因。根据该场病牛的临床症状、传播迅速和发病的季节性，不难对本病作出初步诊断。

5. 传染性角膜结膜炎病的防治 立即隔离病牛，对全场进行彻底消毒。禁止人员和健康牛的流动，做好扑灭蚊蝇工作。病牛症状轻微，可先用生理盐水冲洗眼睛，然后用2%～4%硼酸水冲洗，再用青霉素溶液5 000IU/mL进行点眼，每日2次，一般3～4d即可治愈。病牛发生角膜混浊或角膜翳时，除用生理盐水或2%～4%硼酸水每日2次以上冲洗眼睛及青霉素点眼外，再用0.5%氢化可的松5mL，青霉素80万IU，每日1次上下眼睑行皮下注射，一般5～7d痊愈。也可在冲洗和青霉素点眼的基础上，用醋酸强的松龙混悬液2mL行眼结膜下注射，隔3d 1次，一般1～4次即可治愈。自家血液疗法。无菌采取病牛静脉血液2～4mL，并将之用于上下眼睑皮下注射。

三、气肿疽

1. 气肿疽病的特点 气肿疽俗称黑腿病或鸣疽，是一种由气肿疽梭菌引起的反刍动物的一种急性败血性传染病。其特征是局部骨骼肌的出血坏死性炎、皮下和肌间结缔组织出血性炎症，并在其中产生气体，压之有捻发音，严重者常伴有跛行。气肿疽病主要危害黄牛，以黄牛的易感性最大，且多发生在3岁以下的小牛群中，其主要传染源是病牛，其次为绵羊，该病对人畜危害巨大。

自然感染一般多发于黄牛、水牛、奶牛、牦牛，犏牛易感性较小。该病传染途径主要是消化道，深部创伤感染也有可能。本病呈地方性流行，有一定季节性，夏季放牧（尤其在炎热干旱时）容易发生，这与蛇、蝇、蚊活动有关。传染源为病畜及污染的饲料、饮水、泥土等。主要经消化道感染。也可经皮肤伤口或通过吸血昆虫叮咬传播。感染动物为牛，在我国以6个月至3岁的黄牛最易感。水牛、绵羊、山羊和鹿仅个别病例。马、猪、鸡和猫无易感性。病牛的排泄物、分泌物及处理不当的尸体，污染的饲料、水源及土壤会成为持久性传染来源。本病多为散发，有一定地区性和季节性。常在春、秋季出现，多雨季节以及洪水泛滥期多发。在夏季干旱酷热及吸血昆虫活跃时期也多发。

2. 病原的特点与抵抗力 气肿疽梭菌为梭菌属成员。为专性厌氧菌，菌体较大，两端钝圆，单在或成短链，形成中央或偏端芽孢，周身有鞭毛，运动活泼。幼龄培养物革兰氏染色阳性，在陈旧培养物中可变呈阴性。气肿疽梭菌为两端钝圆的粗大杆菌，长2～8μm，宽0.5～0.6μm。能运动、无荚膜，在体内外均可形成芽孢，能产生不耐热的外毒素。

芽孢抵抗力强，可在泥土中保持5年以上，在腐败尸体中可存活3个月。在液体或组织内的芽孢经煮沸20min、0.2%升汞10min或3%福尔马林15min方能杀死。

3. 气肿疽感染后的典型症状 该病潜伏期3～5d，最短1～2d，最长7～9d，牛发病多为急性经过，体温达41～42℃，早期出现跛行，相继在多肌肉部位发生肿胀，初期热而痛，后来中央变冷无痛。患病部皮肤干硬呈暗红色或黑色，有时形成坏疽，触诊有捻发音，叩诊有明显鼓音。切开患部皮肤，从切口流出污红色带泡沫酸臭液体，这种肿胀发生在腿上部、臀部、腰、荐部、颈部及胸部。此外局部淋巴结肿大。食欲反刍停止，呼吸困难，脉搏快而弱，最后体温下降或再稍回升。一般病程1～3d死亡，也有延长到10d的。若病灶发生在口腔，腮部肿胀有捻发音。发生在舌部时，舌肿大伸出口外。老牛发病症状较轻，中等发热，肿胀也轻，有时有疝痛臌气，可能康复。

剖检变化病死奶牛的尸体迅速腐败、膨胀，口、鼻、肛门流出带泡沫的暗红色液体，患部肌肉黑色，横切面呈海绵状，并含有带气泡的液体。肝、肾稍肿大，肝轻度肿胀，切面有大小不等的褐红色坏死病灶，病灶切开后有大量血液和气泡流出。

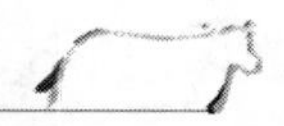

4. 气肿疽的诊断　根据流行病学调查、临床症状、剖检变化与实验室检查，确定为气肿疽病。

实验室检查在严格消毒的条件下，取病变肿胀部位的肌肉和水肿液涂片，用碱性蓝染色后镜检。镜检结果见有单个或成对排列、不形成长链、两端钝圆的杆菌连在一起的无荚膜。有芽孢的气肿疽梭菌位于菌体的一端或中央，使菌体膨大呈梭状，有周缘鞭毛。

5. 气肿疽的防治　良好的预防措施是控制甚至是消灭牲畜疾病最关键、最有效的措施。病畜是本病的主要来源，因此，发生本病时，应立即对发病畜群进行检疫，且隔离治疗。对其他畜群也应立即接种气肿疽菌苗以防病菌蔓延。

气肿疽梭菌专性厌氧，主要存在于病死牛的组织及水肿液中。它在病牛组织中能形成抵抗力很强的芽孢，在泥土中可以存活 5 年以上。特别是病死牛的组织溃烂、水肿液流出体外而污染环境后，健康牛因采食了含有大量气肿疽梭菌（芽孢）的土壤、草料、饮水而被感染发病。同时，也可经过伤口以及吸血昆虫、蚊虫叮咬而传播此病。因此，本病如在一个地方流行，应立即转移牧场，对其实行严格的消毒、灭菌，对其他牛群也应实行强制性接种菌苗，防止病疫流行。不准随意解剖发生本病而死亡的牛尸体，更要严禁食用，以免造成更大的污染。病死畜要在牧场以外地下水位低的地方深埋或焚烧处理。

每年春秋两季进行气肿疽甲醛菌苗或明矾菌苗预防接种。若已发病，则要实施隔离、消毒等卫生措施。对发病牛群进行了逐头检查，对病牛和可疑牛就地隔离治疗，对其他牛立即采取了气肿疽菌苗接种。严禁食用病死牛，对其污染的粪、尿、垫草等连同尸体一起深埋，被污染的场地用 25%漂白粉溶液和 3%的福尔马林液进行了彻底消毒，以防止形成气肿疽疫源地。

治疗早期之全身治疗可用抗气肿疽血清 150～200mL，重症患者 8～12h 后再重复一次。实践证明，气肿早期应用青霉素肌肉注射，每次 100 万～200 万 IU，每日 2～3 次；或四环素静脉注射，每次 2～3g，溶于 5%葡萄糖2 000mL，每日 1～2 次；会收到良好的作用。早期之肿胀部位的局部治疗可用 0.25%～0.5%普鲁卡因溶液 10～20mL 溶解青霉素 80 万～120 万 IU 在周围分点注射，可收到良好效果。

四、无浆体病

1. 无浆体病的特点　无浆体病（anaplasmosis）旧称边虫病，是由蜱传播的反刍动物红细胞内专性寄生的一类血液传染性疾病。1910 年在北非首先发现了牛无浆体病，后来发现该病广泛存在于世界各地。统计结果表明，美国由于无浆体病仅肉牛每年造成的经济损失就超过 3 亿美元，而在拉丁美洲这种损失高达 8 亿美元，牛无浆体病和巴贝斯焦虫病在拉丁美洲国家造成 8.75 亿美元的经济损失。目前，该病已被国际兽医局和我国农业部列为动物检疫的主要对象之一。

易感动物及流行季节无浆体病的易感动物有黄牛、奶牛、水牛、牦牛、非洲公牛、鹿、绵羊、山羊等反刍动物。发病动物和病愈后动物（带毒者）是该病的主要传染源。由于传播媒介蜱的活动具有季节性，故该病 6 月份出现，8～10 月份达到高峰，11 月份尚有个别病例发生。各种不同年龄、品种的易感动物有不同的易感性，年龄越大致病性越高，幼畜易感性较低，但用带虫的血液作人工接种时常能引起发病。本地家畜和幼畜常呈隐性感染而成为带虫者，并且成为易感动物的感染源。母畜能通过血液和初乳将免疫力传给仔畜，使初生仔畜对该病有抵抗力。牛的无浆体病主要流行于热带和亚热带地区，广泛分布于非洲、中东、远东、欧洲南部、澳大利亚和美国等。在我国，广东、贵州、湖南、湖北、四川、河南、河北、吉林、新疆等省区都有无浆体病的报道。

传播媒介至少有20种蜱是无浆体病的生物学传播媒介。在传播方式上，有3种途径：发育阶段性传播。这种传播方式是指蜱在吸入病原后，病原在蜱体内随着蜱的发育有一段发育的过程。这包括三种可能性：幼蜱感染，传播病原；若蜱感染，成蜱传播病原；幼蜱感染，成蜱传播病原。间歇性吸血传播。指蜱在已感染的动物体上吸血后，转移到健康动物继续吸血时传播病原。经卵传播。指雌性成蜱吸血后产卵，卵经孵化后直接传播病原。现已确定，微小牛蜱是无浆体病的主要传播媒介，还有多种吸血昆虫如牛虻、厩蝇和蚊等均能传播此病。消毒不彻底的外科手术器械和注射器等也能造成机械性传播。

2. 病原的特点与抵抗力 无浆体属于立克次体目无浆体科，无浆体属，是一类专性寄生于脊椎动物红细胞中的无固定形态的微生物。其中具有致病性的主要种类有4种：边缘无浆体。感染牛和鹿引起严重的无浆体病。中央无浆体。感染牛引起轻度的无浆体病。

无浆体呈圆点状、球状，只有一个染色质团，无细胞浆，姬姆萨氏染色质团呈紫红色，每个红细胞内寄生1～5个，一般为1～2个。无浆体只有一层薄膜，内含有1～10个豆状或椭圆形原始小体，原始小体表面有两层薄膜覆盖。无浆体需氧，不产生色素，不形成芽孢，含RNA、DNA、蛋白质和有机铁。感染是由原始小体侵入红细胞内，原始小体以二分裂法增殖，发育成一个含有多个原始小体的无浆体（包含体）。当成熟的无浆体接触到新的红细胞时，原始小体突破无浆体膜从红细胞逸出，再侵入新的红细胞。无浆体分有4个种：边缘无浆体。寄生于牛和鹿，无浆体分布在红细胞的边缘处。本种为最常见，对牛危害严重。红细胞感染率为30%～40%，严重可达60%以上。中央无浆体。寄生在牛红细胞的中央或接近中央处。中央无浆体对牛危害较轻，也能感染绵羊、山羊而发病。尾形无浆体，主要感染牛，常与边缘无浆体混合感染，但对鹿和绵羊不感染。绵羊无浆体。对绵羊、山羊均可感染，并有致病性。

3. 无浆体感染后的典型症状 牛无浆体病潜伏期较长，一般需20～80d，人工接种带虫的血液，潜伏期为7～49d。该病临床症状大多为急性经过，以高热、贫血、黄疸为主要症状。病初体温高达40～41.5℃，呈间歇热或稽留热型。病畜精神沉郁，食欲减退，肠蠕动和反应迟缓，眼睑、咽喉和颈部发生水肿，流泪，流涎，体表淋巴结稍肿大，有时发生瘤胃膨胀。血象的变化十分明显，红细胞数显著减少，血红蛋白也相应减少到20%以下。红细胞大小不均，并出现各种异形红细胞，有时还可见到有核的红细胞。发病初期白细胞数稍增多，发病2～3d后可增高至1万个以上。淋巴细胞增加65%～77%，单核与酸性粒细胞增多，中性粒细胞减少，随着病畜的康复，中性粒细胞逐渐增多，淋巴细胞逐渐减少。病程可持续8～10d。

病理变化主要为贫血、黄疸和脾脏肿大。如死于急性期，在无明显消瘦、病程较长时，尸体消瘦，可视黏膜苍白，乳房、会阴部呈现黄色，阴道黏膜有丝状或斑点状出血，皮下组织有黄色胶样浸润。颈下、肩前和乳房淋巴结显著肿大，切面湿润多汁，有斑点状出血。心脏肿大，心肌软而色淡，心包积液，心内外膜和冠状沟有斑点状出血。脾脏肿大

2～3倍，被膜下有散在的点状出血，切面呈暗红色颗粒状，实质软化。肺脏瘀血水肿，有紫红或鲜红色斑，个别病例有气肿。肝脏显著肿大，呈红褐色或黄褐色。胆囊肿大，胆汁浓稠，呈暗绿色。肾脏肿大，被膜易剥离，多呈褐色。膀胱积尿，尿色正常。

4. 无浆体病的诊断　常规检查方法是根据该病的流行病学、临床症状、尸体剖检和血液涂片等进行综合诊断。由于牛无浆体病的流行有3种基本因素，即病原、硬蜱和易感动物，三者形成一个流行的链环，缺少其中任何一个因素都不可能使牛无浆体病发生和流行。因此，在诊断牛无浆体病时，看当地是否曾有流行史，是否有易感动物来自疫区，是否有传播病原的媒介昆虫，再结合高热、贫血、黄疸及具有季节性可进行初步诊断。一般情况，在患畜体温升高，而未用药治疗之前，采病畜的耳尖血，做血液涂片检查。通常当血液有大于1×10^{9}个/mL红细胞被感染时就会产生明显的临床症状，此时通过镜检可以检出，但当血液被感染的红细胞数小于1×10^{6}个/mL时就不能通过镜检方法检测出来。由于常规检查难以及时检出牛无浆体病，不利于大规模的流行病学调查，因此许多血清学方法应运而生。

血清学诊断常用补体结合试验和间接荧光抗体试验，间接荧光抗体试验最为敏感，但是补体结合试验最高效，检出率为100%。由于该方法具有良好的特异性和敏感性，一直被许多国家作为口岸检疫的方法沿用至今。酶联免疫吸附试验（ELISA）检测奶牛中无浆体病抗体的间接ELISA方法，该方法只需要奶牛作为样本而且不需要特殊处理，使奶牛免于用其他诊断方法采集血液样本时产生的应激，是当前比较理想的血清学诊断方法。其他血清学检测方法，常用于无浆体病的血清学诊断与检测的方法还有毛细管凝集试验，卡片凝集试验和平板凝集试验等。敏感性和特异性较差，但操作简便，有利于田间流行病调查。

分子生物学检查鉴于血清学方法诊断疾病仍存在某些局限性，给诊断和防治无浆体病造成许多困难，如抗体检测无法区分病愈动物与急性发病动物。

5. 无浆体病的防治　无浆体病是一种传染性的立克次体病，因此该病的防治也应遵循传染病的防治原则，即防重于治。一方面应用高效且保护力强的疫苗来保护动物；另一方面是设法控制蜱的活动，从而切断该病的传播途径，以达到防治该病的目的。

发现病畜应立即进行隔离治疗，对体表皮肤上的体外寄生虫同时用杀虫药物进行喷洒驱除。灭蜱和吸血昆虫。可选用双甲脒、林丹等杀虫药定期对畜体进行喷洒或药浴或采取人工捕捉方法进行驱除。加强饲养管理，注意牛舍羊圈的环境卫生和用具的清洁。治疗一般多选用四环素族类药物，如土霉素、金霉素等。也可用黄色素，盐酸氯喹，双缩氨基脲等药物治疗。

五、牛流行热

1. 牛流行热病的特点　又叫三日热、暂时热，俗称牛流感（与流感不同），它是由牛流行热病毒引起的一种急性、热性传染病，其特征是起病急骤，病程短促传播迅速，高热，流泪，流涎，鼻痒，呼吸困难，躯体僵直，跛行，发病率高，死亡率低。

本病起源于非洲，现已广泛流行于亚、非及澳洲。在我国是牛的一种重要传染病，虽然死亡率低，但因治疗费用和奶产量降低而造成的经济损失却很大。我国从1938年就有流行，南方比北方严重，以河南最为严重。

牛羊均可感染，但只有牛发病，特别是奶牛和黄牛，而且以壮年牛最多见。其他年龄次之，犊牛较少见。高产牛，怀孕牛发病率最高，病情也重。

病牛是主要的传染源，主要通过吸血昆虫叮咬吸而间接传播。羊为天然贮宿主，在流行病学上有意义。存在于病牛的血液和呼吸道的分泌物中。凡能降低机体抵抗力的不良因素，如天气聚变、阴雨连绵、过度使役、营养不良、畜舍潮湿等，均可促使本病发生。

本病流行有季节性，在炎热、雨季多见，南方6～10月，北方8～10月份多见。周期性，3～5年大流行一次。传播快，流行广，常为流行性或大流行。发病率高，死亡率低，1%以下。

2. 病原的特点与抵抗力 本病毒为单股负链RNA目，牛流行热病毒归弹状科，暂时热属。形态为子弹状，病毒粒子长130～220nm，单股负链RNA（ssRNA）。有囊膜。病毒主要存在于发病牛的血清和白细胞中。可在牛源细胞及仓鼠和猴肾细胞上生长。

病毒抵抗力不强，一般消毒药均能将其杀死。耐低温，但对温热、酸碱及脂溶剂敏感。

3. 牛流行热感染后的典型症状 潜伏期一般为3～7d。病初恶寒战栗，体温升高达40℃以上，持续2～3d，体温下降，恢复正常。体温升高的同时，病牛流泪，眼睑、结膜充血、水肿，呼吸促迫。食欲废绝，反刍停止，瘤胃蠕动停止，呈现膨胀。粪便干燥，有时下痢。四肢关节浮肿、疼痛、跛行，不敢走动，站立困难。皮温不整，特别是角根、耳、肢端有冷感。另外，流鼻涕，口腔发炎、流涎，口角有泡沫，尿少浑浊。病变为间性肺气肿、肺充血、肺水肿。肝、肾稍肿胀，并有散在小坏死灶。发热及病程一般2～3d，很快恢复。部分牛可继发肺炎等而死亡，但一般病死率在1%以下。

全身肌肉及四肢关节疼痛、躯体僵硬，步态不稳，关节肿胀、跛行或不能站立，皮温不整，末梢发凉。尿量减少，尿液污浊。便秘或腹泻。泌乳停止或减少，孕牛可流产。

4. 牛流行热病的诊断 临场诊断是主要的诊断方法。实验室诊断方法很多，但很少使用，因无定型产品。且易通过临床综合诊断解决。

鉴别诊断注意与类蓝舌病、黏膜病、鼻气管炎区别。

5. 牛流行热病的防治 目前尚无特效治法，主要采取解热镇痛、强心补液等对症治疗。防止继发感染，以输液为主。发病后可以采取的方法包括以下几种：

（1）乌洛托品、维生素C、维生素B_1，$NaHCO_3$（5%200mL）、糖盐水（500mL×6）、安乃近（30%，20～30mL）、安比（20～40mL）、安痛定（20～40mL）、20%安钠加10～20mL、林格氏液500mL×6。

（2）青霉素和链霉素联合应用。

（3）治疗呼吸困难可用尼克剎米10～20mL肌肉注射。治疗肺水肿可用20%甘露醇100mL。治疗关节痛可用10%水杨酸钠200～300mL静脉滴注。

预防可采取扑灭吸血昆虫和一般的综合性防疫措施。病牛隔离，转移放牧地，防止昆虫叮咬。疫苗效果不理想，因此尚无很好的预防方法。有弱毒苗和亚单位苗，也有日本进口苗。

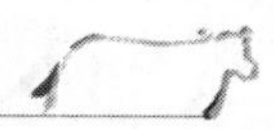

六、茨城病

1. 茨城病的特点　茨城病是牛的一种急性、热性、病毒性的传染病，其特征是突发高热、咽喉麻痹、关节疼痛性肿胀。

本病除在日本最先发生流行外，以后在朝鲜半岛、美国、加拿大、印度尼西亚、澳大利亚、菲律宾也有发生。美国除牛以外，绵羊和鹿也可发生感染。

病牛和带毒牛是本病的主要传染源。本病的季节发生及地理分布，与气候条件以及节肢动物的传递密切相关。本病毒是由库蠓传播的。1岁以下牛一般不发病。在日本肉牛比奶牛发病多、病情也较重。如取急性发热期病牛血液静脉接种易感牛，可发生与自然病例相似的疾病。

2. 病原的特点与抵抗力　本病病原为茨城病病毒（Ibaraki virus），属于呼吸肠孤病毒科，环状病毒属。病毒粒子呈球形或圆形，内含双股RNA，无囊膜。病毒结构基因产物含群特异抗原和型特异抗原。

本病毒经卵黄囊接种鸡胚（在33.5℃孵化）易生长繁殖并致死鸡胚，脑内接种乳鼠，可发生致死性脑炎。病毒可在牛、绵羊和仓鼠肾的原代细胞和传代细胞上繁殖并产生细胞病变。

3. 茨城病感染后的典型症状　人工接种的潜伏期为3～5d。突然发高热，体温升高40℃以上，持续2～3d，少数可达7～10d。发热时伴有精神沉郁，厌食，反刍停止，流泪，流泡沫样口涎、结膜充血，水肿，白细胞数减少。病情多轻微，2～3d完全恢复健康。部分牛在口腔、鼻黏膜、鼻镜和唇上发生糜烂或溃疡，易出血。病牛腿部常有疼痛性的关节肿胀。发病率一般为20％～30％，其中20％～30％病牛呈咽喉麻痹，吞咽困难。由于饮水逆出，而呈明显的缺水；常发生吸入性肺炎。蹄冠部、乳房、外阴部可见浅的溃疡。

死亡病牛尸表可见到黏膜充血、糜烂等病变。第四胃变化明显，出现黏膜充血、出血、水肿，有时由于从黏膜到浆膜出现水肿而致胃壁增厚。组织学变化：引起吞咽障碍的病例，食管从浆膜到肌层见有出血和水肿，死亡病例的食管横纹肌形成无构造的玻璃样变，在该部有成纤维细胞、淋巴细胞、组织细胞增生，咽喉头、舌也发生出血，横纹肌坏死，另外，在肝脏也可发生出血和灶状坏死，以及网状内皮细胞的活化等。

4. 茨城病的诊断　根据流行季节、临床表现等情况，不难作出初步诊断，但确诊仍需分离病毒。分离病毒材料，以发病初期的血液为宜。在剖检病例，以脾、淋巴结为适宜，细胞培养可用牛肾细胞、BHK或HmLu-1传代细胞，盲传3代，出现细胞病变。用已知阳性血清作中和试验来鉴定，或用已知病毒与急性期及恢复期血清作双份血清中和试验进行鉴定。也可用补体结合试验、琼脂扩散试验、酶联免疫吸附试验等进行诊断。

本病的流行季节、临床表现与牛流行热、牛传染性鼻气管炎、牛蓝舌病等有很多相似之处，应注意区别。

5. 茨城病的防治　患畜只要没有发生吞咽障碍，预后一般良好。发生吞咽障碍的，由于严重缺水和误咽性肺炎，可造成死亡，这是淘汰的主要原因。因此，补充水分和防止误咽是治疗的重点。为此，可使用胃导管或左肷部插入套管针的方法补充水分。也可经此注入生理盐水或林格氏液（可加入葡萄糖、维生素、强心剂等）。

在日本采用鸡胚化弱毒冻干疫苗来预防本病的发生。在无本病发生的国家和地区，重点是加强进口检疫，防止引入病牛和带毒牛

七、牛白血病

1. 牛白血病的特点 牛白血病（bovine leukaemia）是由牛白血病病毒引起的牛的一种慢性、接触性、传染性肿瘤病，以淋巴样细胞恶性增生，进行性恶病质，全身性恶病质，全身淋巴结肿大（瘤）和高致死率为特征。

本病是牛的一种最常见的肿瘤病，1875～1878 年法国首次发生，100 年后传入我国，目前全世界凡养牛国家均有此病。

主要是牛感染发病，尤其是 4～8 岁的成年牛，人工接种可使多种动物感染或发病，特别是羊。本病可以多途径、多方式传播。可水平传播也可垂直传播。病牛和带毒牛是主要传染源。本病有遗传因素，且与环境有关，多为散发。

2. 病原的特点与抵抗力 病原牛白血病病毒（(bovine leukaemia virus，BLV)，本病毒属于反录病毒（Retroviridae)、丁型反录病毒属（Deltaretrovims)。分属依据主要是基因结构和蛋白外膜。形态与甲型反转录病毒粒子相同，仅基因结构不同。病毒粒子呈球形，外包双层囊膜，病毒含单股 RNA，能产生反转录酶。本病毒是一种外源性反转录病毒，存在于感染动物的淋巴细胞 DNA 中，具有凝集绵羊和鼠红细胞的作用。

病毒有多种蛋白质，囊膜上的糖基化蛋白，主要有 gp35、gp45、gp51、gp55、gp60、gp69，芯髓内的非糖基化蛋白，主要有 P10、P12、P15、P19、P24、P80，其中以 gp51，和 P24 的抗原活性最高，用这两种蛋白作为抗原进行血清学试验，可以检出特异性抗体。

病毒可凝集绵羊和鼠的红细胞，可在牛源和羊源细胞上生长。可用羊胎肾传代细胞系和蝙蝠肺传代细胞系进行培养。

病毒对温度比较敏感，60℃以上迅速失去感染性。紫外线照射和反复冻融对病毒有较强的灭活作用。

3. 牛白血病感染后的典型症状 主要是慢性进行性病变，消耗性疾病，贫血、消瘦、体重下降等，后期可见全身淋巴结肿大。

本病有亚临床型和临床型两种表现。亚临床型无瘤的形成，其特点是淋巴细胞增生，可持续多年或终身，对健康状况没有任何扰乱。这样的牲畜有些可进一步发展为临床型。此时，病牛生长缓慢，体重减轻。体温一般正常，有时略为升高。从体表或经直肠可摸到某些淋巴结呈一侧或对称性增大。腮淋巴结或股前淋巴结常显著增大，触摸时可移动。如一侧肩前淋巴结增大，病牛的头颈可向对侧偏斜；眶后淋巴结增大可引起眼球突出。

出现临床症状的牛，通常均取死亡转归，但其病程可因肿瘤病变发生的部位、程度不同而异，一般在数周至数月之间。

尸体常消瘦、贫血。腮淋巴结、肩前淋巴结、股前淋巴结、乳房上淋巴结和腰下淋巴结常肿大，被膜紧张，呈均匀灰色，柔软，切面突出。心脏、皱胃和脊髓常发生浸润。心肌浸润常发生于右心房、右心室和心隔，色灰而增厚。循环扰乱导致全身性被动充血和水肿。脊髓被膜外壳里的肿瘤结节，使脊髓受压、变形和萎缩。皱胃壁由于肿瘤浸润而增厚

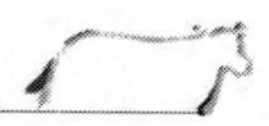

变硬。肾、肝、肌肉、神经干和其他器官亦可受损，但脑的病变少见。

4. 牛白血病的诊断　牛的肿瘤性传染病相对较少，不像禽类，因此相对较易诊断，即通过流行病学、症状及特征病变一般可作出初步诊断。

临床诊断基于触诊发现增大的淋巴结（腮、肩前、股前）。在疑有本病的牛只，直肠检查具有重要意义。尤其在病的初期，触诊骨盆腔和腹腔的器官可以发现白血组织增生的变化，常在表现淋巴结增大之前。具有特别诊断意义的是腹股沟和髂淋巴结的增大。

对感染淋巴结做活组织检查，发现有成淋巴细胞（瘤细胞），可以证明有肿瘤的存在。尸体剖检可以见到特征的肿瘤病变。最好采取组织样品（包括右心房、肝、脾、肾和淋巴结）作显微镜检查以确定诊断。病理组织学主要观察未成熟的淋巴细胞的存在。

根据牛白血病病毒能激发特异抗体反应的观察，已创立了用gp51、P24作为抗原的许多血清学试验，包括琼脂扩散、补体结合、中和试验、间接免疫荧光技术、酶联免疫吸附试验等，一般认为这些试验都比较特异，可用于本病的诊断，血清学方法中以琼脂扩散实验最为常用。

5. 牛白血病的防治　本病尚无特效疗法。根据本病的发生呈慢性持续性感染的特点，防制本病应采取以严格检疫、淘汰阳性牛为中心，包括定期消毒、驱除吸血昆虫、杜绝因手术、注射可能引起的交互传染等在内的综合性措施。无病地区应严格防止引入病牛和带毒牛；引进新牛必须进行认真的检疫，发现阳性牛立即淘汰，但不得出售，阴性牛也必须隔离3～6月以上方能混群。疫场每年应进行3～4次临床、血液和血清学检查，不断剔除阳性牛；对感染不严重的牛群，可借此净化牛群，如感染牛只较多或牛群长期处于感染状态，应采取全群扑杀的坚决措施。对检出的阳性牛，如因其他原因暂时不能扑杀时，应隔离饲养，控制利用；肉牛可在肥育后屠宰。阳性母牛可用来培养健康后代，犊牛出生后即行检疫，阴性者单独饲养，喂以健康牛乳或消毒乳，阳性牛的后代均不可作为种用。

八、赤羽病

1. 赤羽病的特点　赤羽病是由阿卡斑病毒（Akabane disease virus，AKAV）引起牛、羊的一种以流产、早产、死胎、胎儿畸形、木乃伊、新生胎儿发生关节弯曲积水性无脑综合征为临床特征的病毒性传染病，又称阿卡斑病。

该病最早在澳大利亚暴发，随后在日本、美国、韩国、中国台湾、沙特阿拉伯、苏丹等地区也分离到该病毒。该病在我国很多地区都被发现，是目前对我国养牛业和养羊业危害较为严重的疫病，也是我国从国外进口牛、羊必须检测的七种疫病之一。

该病可引起多种动物感染，孕期的牛、绵羊和山羊最易感，马、水牛、骆驼也可感染，人和猪的易感性较低。AKAV主要通过蚊和库蠓等吸血昆虫传播进行传播，因此该病的发生有明显的季节性和地区性。研究发现，当库蠓胸腔接种AKAV后，病毒可在其体内复制，并能在体内持续9d以上。蚊子通过叮咬家畜的黏膜和上皮传播病毒。72%的雌蚊吸吮带毒动物血液后即可带毒，3～8d时病毒量达到最高值。此外，AKAV还可通过母体垂直传播。该病在每年8～9月发生流产及早产且数量激增，至10月为最高峰，以后渐减。同时关节弯曲症及脑内积水症的体形异常出生犊牛数量增加，至12月激增而在1月达高峰，死产亦以1月为高峰至5月才终止发生。赤羽病的流行，3～5年为一个周期，这可能是因为饲养的新旧牛更新较频繁，未获免疫的牛被感染所致。目前已证实，在我国台湾、上海、杭州、广东、北京、天津、河北、陕西、甘肃、吉林、安徽、湖北、内蒙古等地都有本病流行。

2. 病原的特点与抵抗力 该病的病原AKAV属于布尼安病毒科（Bunyaviridae）辛波（Simbu）病毒群的成员之一。AKAV基因组为负链单股RNA，含有3个核衣壳，核衣壳由核衣壳蛋白和少量的大蛋白分别包裹大（L）、中（M）、小（M）3种RNA而构成。病毒互补的LmRNA编码病毒的转录酶和复制酶（L）。MmRNA编码病毒的囊膜糖蛋白（G）。SmRNA编码核衣壳蛋白（N），在它的5′端有一个与N蛋白重叠的开放阅读框，编码病毒的非结构蛋白（NS）。在病毒的结构蛋白中，G蛋白是诱导机体产生中和抗体的主要保护性抗原，而且也是在结构蛋白中变异比较大的蛋白。N蛋白上存在3个抗原表位，具有群特异性，也能刺激机体产生抗体。尽管目前认为AKAV只存在一个血清型，但通过对L、N和MmRNA的系统发生分析发现，世界各地区AKAV流行株至少存在着3个基因群（亚洲群，澳洲群和其他群），表现出明显的遗传多样性。

该病毒不耐热，对乙醚和氯仿敏感，200mL/L乙醚可在5min内使其灭活。0.1%的β_2丙内酯在4℃下于3d内将其灭活。病毒于pH6.0～10.0稳定，易被脂溶剂、紫外线和去垢剂等灭活，Mg^{2+}能提高其抵抗力。该病毒有凝集性，在高浓度NaCl和pH6.1条件下，能凝集雏鸡、鹅、鸭和鸽子的红细胞，不能凝集人、羊、牛、豚鼠及1日龄雏鸡的红细胞，但鸽子的红细胞凝集后溶血。病毒同时具有溶血性，在37℃下活性最强，反复冻融可增强其溶血活性，但冻融超过10次时，不再增强。用多种细胞培养AKV均易增殖，并引起细胞病变。除可采用牛、羊、猪、豚鼠、鼠、仓鼠的肾原代细胞及鸡胚的成纤维细胞培养外，还可在Vero、Hmlu1、BHK21、ESK、PK15、BEK1、MDBK、RK215等各种传代细胞上传代培养。

3. 赤羽病感染后的典型症状 该病在临床症状上可分为流产、死产及体型异常或畸形（先天性关节弯曲症，内水头症）3种。该病在母牛怀孕初期（2～4月龄）容易受到AKAV感染，母牛在病毒感染时及怀有异常胎牛期间，在临床上一般不出现症状，但产期要比预期提前。产下的异常犊牛体重较轻，有些不能起立，间歇性癫痫样发作，连续性四肢回转或曲折，头颈部反张等神经症状，能站立的犊牛站立不稳，反复起立转倒的动作或乱撞等运动障碍，犊牛吸吮母乳能力微弱，甚至要以人工补助哺乳，有的出现视力障碍及眼球浑浊。

AKAV感染的动物一般无明显的病理变化。病理组织学变化以感染初期胎儿的非化脓性脑脊髓炎特征，可见脑血管周围淋巴样细胞聚集，神经细胞变性以及出现多数神经胶质细胞聚集的嗜神经现象。感染中期的异常胎儿表现为脊髓复角神经细胞显著变性、消失；肌纤维变性、变细、体积缩小或断裂、纤维间质增宽变疏，间质脂肪组织增生并见出血和水肿，此种变化称为萎缩性肌肉发育不良。感染后期的异常胎儿可见中枢神经系统出现囊腔及血管壁增厚，尤其脑室积水表现突出。存活的胎儿则发生脑脊髓病变脑水肿或在神经内发生海绵样病变，脊髓腹角运动细胞明显减少。

4. 赤羽病的诊断 由于各种理化因素，如寒冷、长途运输、饲喂不当及许多疾病如布氏杆菌病、李氏杆菌病、支原体、细小病毒病、牛传染性鼻气管炎病、蓝舌病、牛病毒

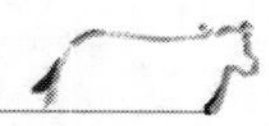

性腹泻—粘膜病均可引起怀孕母牛发生流产，因此不能只根据临床症状及病理变化来诊断该病，应该采集病料进行实验室检查，才能得到确诊。

病原学检查：

电镜检查：采取病畜的肺、肝和脾及胎儿、胎盘和脑组织等制成超薄切片负染，在电镜下可观察到病毒粒子呈球形，直径为80～120nm，有囊膜。

病毒分离：分离病毒是最好的确诊方法，一般可从流产的胎儿和死胎中分离病毒。将胎儿脑、脑室液、脊髓、肌肉、胎盘及肺、肝、脾等病料用试管式碾磨器充分碾磨，加入青链霉素处理，然后5 000r/min离心10min，取上清接种于乳鼠脑内或Vero和BHK-21等细胞，可分离得到AKAV。另外，也可将病料接种于7～9日龄鸡胚卵黄囊，如果有病毒存在，则能致使鸡胚脑部积水、大脑缺损、发育不全和关节弯曲等异常胎儿体态，此时可从鸡胚中分离到病毒。

血清学诊断包括以下几种：

微量血清中和试验（SN）未哺初乳的初畜、胎儿血清和康复动物的血清中存在能中和本病毒的抗体。中和试验可在Hmlu-1、Vero和BHK-21等敏感细胞上进行。

琼脂凝胶扩散沉淀试验（AGDP），可运用已知的AKAV抗原来检测待检血清样品中抗AKAV抗体。该方法的特异性较差，敏感性也较低。

补体结合反应（CFT）可用常规的补体结合试验来检测AKAV的特异补体结合抗体。主要用于辛波病毒群之间关系比较，用于确定布尼亚病毒群血清学亚群。

血凝抑制试验（HI）由于AKAV能够凝集鸽、鸭、鹅的红细胞，而这种凝集反应可被感染的动物血清抑制，所以对怀疑为感染AKAV的动物血清可进行HI试验。

酶联免疫吸附试验（ELISA），该法具有较高的特异性和敏感性，已经作为我国进口种畜AKAV的检测方法。

间接荧光抗体法（IFNT）此法特异性高且检测所需的时间较短。

病毒核酸的检测根据病毒基因组RNA的保守序列设计特异性引物，通过RT-PCR法可以检测病毒特异性核酸。

5. 赤羽病的防治　由于本病主要由吸血昆虫引起，因此消灭畜舍内的蚊子、库蠓等传播媒介对于预防该病有一定的效果。加强进出口检疫，防止病原从国外传入，也是预防本病的重要措施之一。

疫苗接种是预防该病的有效手段，一般可在该病流行期之前对妊娠家畜及预定配种的家畜进行赤羽病疫苗接种，可使接种动物获得良好的免疫力。目前，常用的AKAV疫苗有灭活苗和活苗两种，弱毒活疫苗是AKAV强毒株在30℃下在Hmlu-1细胞上致弱所得到。AKAV灭活疫苗是将OBE1株赤羽病病毒接种Hmlu-1细胞，吸附90min后加入维持液，继续培养，当其出现明显细胞病变时，收集细胞培养液，加入0.4%福尔马林，感作24h，使其完全灭活，最后加入氢氧化铝胶作为佐剂。给牛注射两次，间隔4周每次3mL，具有良好的保护作用。

九、疙瘩皮肤病

1. 疙瘩皮肤病的特点　牛疙瘩皮肤病（Lumpyskin disease，LSD）是由痘病毒科、羊痘病毒属的牛疙瘩皮肤病毒（Lumpyskin disease virus，LSDV）引起的以患牛发热，皮肤、黏膜、器官表面广泛性结节，淋巴结肿大，皮肤水肿为特征的传染病。该病又称结节性皮炎或块状皮肤病，能引起感染动物消瘦，产乳量大幅度降低，严重时导致死亡。

该病起源于非洲，有不断蔓延的趋势。于1929年在赞比亚首次发生，在除非洲之外的地区也具有暴发该病的潜在危险性。

在LSDV的传播中，蚊子和昆虫起着重要作用，库蚊属、伊蚊属和厩螯蝇都可成为传播媒介。该病的自然宿主是牛，亚洲水牛，奶牛也易感。在实验室条件下，长角羚羊、长颈鹿、黑斑羚也能感染LSDV。病毒广泛存在于皮肤、真皮损伤部位、结痂、唾液、鼻汁、牛乳、精液、肌肉、脾脏、淋巴结等处。目前没有发现病原携带者。病毒存在于公牛睾丸和附睾中，致使精液中长期带毒（大于28d）。该病引起的病死率为3%～85%。同一条件下的牛群，从隐性感染到死亡的动物表现出临床症状的差异，这可能与传播媒介的状况有关。通常情况下该病的死亡率是1%～3%，但由于毒株的变异和易感动物体质的差异，死亡率有时可以高达85%。

2. 病原的特点与抵抗力 LSDV基因组成及其功能 LSDV与山羊痘病毒（Goat pox virus，GPV）、绵羊痘病毒（Sheep pox virus，SPV）同属痘病毒科羊痘病毒属。LSDV基因组是由145kb～152kb核苷酸组成的一个连续序列，基因组中没有发卡环结构。LSDV有156个开放式阅读框（ORFs），编码的蛋白质的大小为53～2 025个氨基酸不等。

LSDV在55℃ 2h，65℃ 30min条件下就能将其灭活，不耐强酸强碱，对12%乙醚、1%福尔马林、十二烷基硫酸钠等敏感。该病毒在正常环境温度下存活时间较长（长达40d），特别是在皮肤结痂中存活时间更长。

3. 疙瘩皮肤感染后的典型症状 该病临床表现从隐性感染到发病死亡不一，死亡率变化也较大。表现有临床症状的通常呈急性经过，初期发热达41℃，持续1周左右。

被感染的牛起初是倦怠，食欲缺乏和发烧，牛全身淋巴结肿大，双腿和胸部浮肿，偶然间流产。在随后48h后，皮肤会出现全身性坚硬的丘疹与有痛感的边缘突起的结节。丘疹和结节主要存在于头、颈、胸、大腿和背部的皮肤之下，直径一般在1～3cm，深度为1～2cm。病畜的口、鼻、阴道、结膜的黏膜层，解剖尸体的肺、骨骼肌、子宫、乳房有多个易被触摸的灰白微黄的球体病灶，直径1～2cm，坚硬。随后几天皮肤表面的小瘤状结节发黑坏死，中间无凹陷，最后坏死组织脱落。病畜几个星期后可痊愈，并伴有脓肿，脓性渗出物和特殊的溃疡形成；聚集在一起的乳头状的瘤痊愈后会留下大范围的斑。由于蚊虫的叮咬和摩擦，结痂脱落，形成空洞，眼结膜、口腔黏膜、鼻黏膜、气管、消化道、直肠黏膜、乳房、外生殖器发生溃疡，尤其是皱胃和肺脏；导致原发性和继发性肺炎，再次感染的患畜四肢因患滑膜炎和腱鞘炎而引起跛行，奶牛产乳量急骤下降，约1/4的奶牛失去泌乳能力，患病母畜流产，流产胎儿被结节性小瘤包裹，并发子宫内膜炎，公牛暂时或永久不育。

LSDV可以导致牛全身不适，体重减轻，奶牛的产奶量可减少50%以上。继发感染的动物皮肤会进一步损害，可以加剧化脓性乳腺炎的症状。在秋天或产奶的旺季，损失会更加严重。

结节处的皮肤、皮下组织及邻近的肌肉组织充血、出血、水肿、坏死及血管内膜炎；

淋巴结增生性肿大、充血和出血，口腔、鼻腔黏膜溃疡，溃疡也可见于咽喉、会咽部及呼吸道，肺小叶膨胀舒张不全；重症者因纵隔淋巴结而引起胸膜炎，滑膜炎和腱鞘炎的可见关节液内有纤维蛋白渗出物，睾丸和膀胱也可能有病理损伤。

4. 疙瘩皮肤病的诊断　LSD需要与牛疱疹性乳头炎、嗜皮菌病、癣、昆虫或蜱的叮咬、贝诺虫病、金钱癣、牛皮蝇叮咬、过敏、牛丘疹性口炎、荨麻疹和皮肤结核相区别。

通常这些疾病可以通过病程长短、组织病理学和其他实验室手段来与LSD相区别。LSDV可以在牛、山羊或绵羊的细胞中生长，最适的培养细胞是羔羊的睾丸细胞。用透射电子显微镜检查是初步检查LSDV最直接快速的方法。

血清学方法主要有免疫荧光、病毒中和试验和ELISA方法，其中病毒中和试验最常用且有效，由于病毒感染主要引起的是细胞免疫，对于再次感染或中和抗体水平低的动物，该方法较难确诊。痘病毒产生的抗体与牛丘疹性口炎、伪LSD等之间存在交叉反应，因此琼脂凝胶免疫扩散试验和免疫荧光抗体试验特异性较低。蛋白印迹分析法用于检侧LSDV的P35抗原具有很好的敏感性和特异性，但由于耗费较大和操作困难使其应用上有一定的局限性，将P35抗原在适当的载体上表达，制成单克隆抗体用于ELISA检侧具有较高的特异性，给血清型检侧带来了广阔的应用前景。实验室特异性高的鉴定方法是核酸鉴定，由于牛疙瘩皮肤病毒与山羊痘病毒、绵羊痘病毒同属山羊痘病毒属，病毒基因比对可以发现，其同源性很高。目前寻找到一些不同的具有有决定性差异基因片段设计引物，进行PCR方法鉴别。

5. 疙瘩皮肤病的防治　我国尚未有LSD，但LSD有不断蔓延的趋势，应切实加以防范。对于无该疫病的国家，平时应做好预防措施。严格检验家畜、病尸、皮张和精液。一旦发生疫病，应及时隔离患畜和可疑病畜，疫区严格封锁，一切用具和环境必须消毒。禁止有关的动物贸易，控制传播媒介。

目前无特异性疗法，用抗生素治疗可以避免再次感染。

用同源弱毒苗进行免疫接种，一般皮内注射，免疫力能持续3年。6个月犊牛从接种牛获取初乳会产生被动免疫。

十、牛传染性脑膜脑炎

1. 牛传染性脑膜脑炎病的特点　牛传染性脑膜炎（bovine infectious encephalomeningitis）又称牛传染性血栓栓塞性脑膜脑炎，是以脑膜脑炎、肺炎、关节炎等为主要特征的疾病。本病于1956年在美国科罗拉多州最先发现，以后见于加拿大、英国、瑞士、意大利和大洋洲一些国家，1977年以后广泛流行于日本。该病多发生于集约化饲养的育肥牛，表现为突然发热和运动失调，不能起立，随后陷于昏睡以致死亡。

本病主要发生于育肥牛，奶牛、放牧牛也可发病，多见于6月龄到2岁的牛。昏睡嗜血杆菌是牛的正常寄生菌，应激因素和并发感染可导致发病，通常呈散发性。一般通过飞沫、尿液或生殖道分泌物传染。发病无明显的季节性，但多见于秋末、冬初或早春寒冷潮湿的季节。

2. 病原的特点与抵抗力　病原为昏睡嗜血杆菌，这是种非运动性多形性小杆菌，革兰氏染色阴性，无鞭毛、芽孢、荚膜，不溶血。细菌对营养的要求很严格，在普通培养基上生长不良。其生长需要动物组织或细菌提取物中的生长因子，但不需要X因子，是否需要V因子尚不明确。常用的培养基为含有10%牛（或绵羊）血或血清和0.5%鲜酵母提取物的脑心汤琼脂。在37℃，5%～10%的二氧化碳环境下生长较好，培养2～3d后出现直径约1mm的正圆形、淡黄色或奶油色、湿润并有光泽的小菌落，集菌后呈橙黄色。其抵抗力不强，常用消毒液及60℃5～20min即可将其杀死。

3. 牛传染性脑膜脑炎感染后的典型症状 临诊症状有多种类型，以呼吸道型，生殖道型和神经型多见。呼吸道型表现高热、呼吸困难、咳嗽、流泪、流鼻液，呈纤维素性胸膜炎症状，其中少数呈现败血症。生殖道型可引起母牛阴道炎、子宫内膜炎、流产、空怀期延长、屡配不孕，所产犊牛发育不良，常于出生后不久即死亡，公牛感染后一般不引起生殖道疾病，偶可引起精液质量下降而不育。神经型表现体温升高，精神极度沉郁，厌食，肌肉软弱，以膝关节着地，步行僵硬，短时间内出现运动失调，转圈，伸头，伏卧，麻痹，昏睡，角弓反张，痉挛而死。

神经型见脑膜充血，脑脊液增量、呈红色。脑的表面和切面有针尖至拇指头大的出血性坏死软化灶。肺脏、肾脏、心脏等器官也可见边界清楚的出血性梗死灶，切面多数血管因内膜损伤而形成大小不等的血栓。有的病例发生心内膜炎和心肌炎等。在脑、脑膜及全身许多组织器官有广泛的血栓形成，血管内膜损伤，并出现以血管为中心的围管性嗜酸性粒细胞浸润或形成小化脓灶。

4. 牛传染性脑膜脑炎病的诊断 依据病理学变化可做出初步诊断，但要确诊，应从病变组织中分离出病原菌。目前，血清学试验有多种方法，但由于许多动物处于带菌状态或隐性感染，所以，血清中存在抗体并不能作为发生过本病的标志。

5. 牛传染性脑膜脑炎病的防治 病牛早期用抗生素和磺胺类药物治疗，效果明显，但如果出现神经症状则抗菌药物治疗无效。本病应以预防为主，可使用氢氧化铝灭活菌苗定期注射，同时，加强饲养管理，减少应激因素，饲料中添加四环素类抗生素可降低发病率，但不能长期使用，以免产生抗药性。由传染性或中毒性因素引起时，主要表现兴奋或抑制，或两者交替发生。

治疗时宜消除病因，降低颅内压，消炎解毒。20%甘露醇注射液750mL，10%葡萄糖注射液1L，10%磺胺嘧啶钠注射液200mL，1%地塞米松注射液4mL。1次静脉注射，每天1次。2.5%氯丙嗪注射液15mL，1次肌肉注射。对于兴奋型，也可用25%硫酸镁，静脉注射。

十一、牛副流行性感冒

1. 牛副流行性感冒病的特点 本病是由于应激因素引起的牛只一种以大叶性肺炎为主要症状的疾病。本病在世界各地均有发生，在西欧一些国家也称“船运热”；在日本，曾一度称此病为“铁道病”，近年来多称为运输热。该病曾给北美一些国家的养牛业造成很大的经济损失，也是美国肉牛运输业中危害最严重的一类疾病。

本病的病原副流行性感冒3型病毒在自然界中分布很广，除在人群中存在外，许多动物，如猪、牛、马、绵羊、猴和小白鼠均可带毒；地鼠、豚鼠感染后体内出现特异性抗体，但不表现临床症状。感染途径主要通过空气～飞沫传染，但被污染草料及用具也可成

为重要的传染媒介。病牛常呈隐性感染，这可能是机体在正常状态下副流行性感冒 3 型病毒不能或很难达到靶器官的原因。这种隐性感染具有非常重要的流行病学意义。一方面有向外界散毒而成为传染源的可能；另一方面却又使动物机体获一定强度的免疫性。患牛血清中的抗体并不能阻止病毒的重复感染，鼻黏膜的局部分泌型抗体（IgA）在感染中可起主要作用。本病多发生在冬、夏季运输的牛群中。在床症状及剖检变化陆、海、空装载运输时，由于环境应激结果，直接影响牛只的正常生理状态，使丘脑下部—垂体—肾上腺素和植物神经系统失调，造成机体内环境对外界适应状态发生逸脱，肾上腺功能减弱，从而导致抵抗力的减弱以至丧失。

2. 病原的特点与抵抗力　牛运输热病原系一种副粘病毒（paramyxovirus）属中副流行性感冒 3 型病毒。该病毒最初于 1952 年由日本学者自日本仙台市一患肺炎死亡的幼儿肺组织中分离到，当时称为仙台病毒（Sendaivirus），1955 年 Chanoek 等又从患呼吸道疾病的婴、幼儿体内分离到。1959 年 Risinger 首次在美国报告由牛体内分离到该病毒，并在患牛血清中查出了对抗该病毒的抗体。其生物学性状同流行性感冒病毒极为相似，因此将其归类为副流行性感冒病毒。病毒核酸类型为 RNA 单股，病毒粒子直径由 80～30nm 大小不等，含有一个直径为 9～18nm 的螺旋形核衣壳，其外包有囊膜，囊膜中含有血凝素和神经氨酸酶。电镜观察病毒颗粒负染标本呈球状多形态，较大颗粒的外膜呈不规则的凸起或凹陷褶状，裸露的病毒颗粒核衣壳呈典型的鱼脊状排列，核衣壳形成部位在细胞浆内。该病毒可凝集包括 O 型血的人和数种动物（牛、绵羊、鸡、豚鼠及小白鼠）的红细胞，具有溶血素，这种溶血素不能同病毒分离。对某些动物的红细胞和其他组织细胞表面粘蛋白有亲合力。在 37℃时可作用于细胞表面相应的糖蛋白受体使红细胞裂解，病毒可在牛、猪、马、兔的肾细胞培养物或鸡胚细胞中生长繁殖。在 BHK 培养细胞上可因病毒酶作用于细胞膜而使邻近许多红细胞融合成一片，以形成合体细胞和多核巨细胞的方式产生园形细胞病变（CPE）。在胞浆内及核内形成嗜酸性，有明显的轮状包含体。

该病毒对乙醚敏感，56℃ 30min 感染性消失，在 37℃下经 7d 滴度明显下降，在 −80℃冰冻极稳定，在 −40℃贮存 4 周滴度未下降，反复冻融对病毒无明显影响。从不同地方分离到的病毒抗原性是一致的。

3. 牛副流行性感冒感染后的典型症状　该病的潜伏期为 2d。

运输中的牛只一般表现兴奋不安，瞳孔散大，肌肉震颤，肠蠕动增强，频频排粪排尿，体温升高至（39.3±0.3）℃，脉搏和夕呼吸次数明显增加，体重减轻。血浆中的血红蛋白、血清胆固醇、血清蛋白、血糖等生理指标均有不同程度下降；而血清中非脂化脂肪含量增高，血浆肌酸激酶活性显著增强。运输时间超长，环境条件越恶劣则病状越是明显。发生运输热时，轻微患牛食欲减退，鼻镜干燥，发热可达到 39.5～41.5℃，继而大量流泪，并流粘脓性鼻汁，有脓性结膜炎，呼吸频数并有咳嗽，有时张口呼吸。由于肺部充血，支气管黏膜肿胀，听诊肺区前下部有纤维素性胸膜炎和支气管肺炎症状。严重感染的牛只，呈现后躯体麻痹、体力衰竭、甚至痉挛、呈低血钙症，有时可引起孕牛流产。死亡率通常在 5%左右，如有继发性巴氏杆菌感染时，死亡率可达到 25%左右。

剖检可见上呼吸道黏膜卡他性炎，在鼻腔和副鼻窦积聚大量黏液性渗出物，支气管黏膜肿胀、出血，管腔中有纤维素块，两侧肺前下部肺泡因充满纤维素而膨胀、硬实，病肺切面呈红灰色肝变，小叶间水肿、变宽。胸腔积聚浆液性渗出物，胸膜表面有纤维素附着。支气管和纵隔淋巴结水肿出血，心内膜、心外膜下、胸腺、胃肠道黏膜有出血斑点。

4. 牛副流行性感冒病的诊断 本病的诊断主要依据病史以及特征性临床症状和剖检病变，实验室检验，可自呼吸道渗出物或病肺做组织培养分离病毒。也可在病的急性期以及恢复期以后 6 周采取双份血清做副流感 3 型病毒的中和试验或血凝抑制试验，如果抗体滴度增加 4 倍或以上，则证明有副流感病毒感染。此外，免疫荧光法可做出快速诊断，而且可以区别混合感染的病原体。

5. 牛副流行性感冒病的防治 牛运输热病的发生经常不是由于外来传染，而是由于隐性感染的牛只自身带毒，当机体自身抵抗力降低或免疫机能低下而引起发病。因此，改善运输条件可以大幅度地降低发病率。发生本病后，应将患牛移至清洁、通风、向阳的畜舍，给予胡萝卜、首楷草、鲜青草或其他优质干草。夏季运输时注意通风，防日晒和雨淋，给予足够的清水；冬季要注意保温、防风、饮温水。治疗以磺胺类和四环素效果为好。可静脉注射 10%磺胺唾哇钠 10～150mL，每日二次，直至痊愈；应用四环素时，可取 1～2g 溶于生理盐水中缓慢静脉注射，每日二次。同时用百尔定注射液 20～30mL 肌肉注射。

对装载过病牛的车辆和其他运载工具要进行严格消毒。等应用副流感 3 型病毒及巴氏杆菌制成的混合疫苗，以及其他各种多价疫苗、血清同样达到了预防和治疗目的。

十二、中山病

1. 中山病的特点 中山病（chuzan disease）又称为牛异常分娩病，是由中山病病毒引起的牛异常分娩病毒性传染病，妊娠母牛受到感染后，产出积水性无脑和脑发育不良的犊牛。

中山病首次在日本九州鹿儿岛县曾於郡发生，并由鹿儿岛市中山镇的日本家畜卫生试验场九州支场分离到病毒，故命为中山病病毒和中山病。本病在日本的熊本、大分和宫崎等县都有发生，1986 年日本对九州地区奶牛场进行血清学调查，其血清阳性率达 30%～87%。

中山病的易感动物主要是牛，并以肉用日本黑牛多发，奶牛及其他品种牛较少发生。本病属虫媒病毒病，其传播媒介为尖喙库蠓（Culicoides Oxystoma），因此，本病的流行具有明显的季节性，多流行于 8 月下旬至 9 月上旬，异常分娩发生的高峰在 1 月下旬至 2 月下旬。用中山病病毒给妊娠母牛静脉接种，接种后无发热等症状，但一周左右出现白细胞，特别是淋巴细胞明显减少，红细胞中病毒的感染价较高，而血浆中病毒的感染价较低。本病毒能通过胎盘传染给胎儿。用病毒培养液给 1 日龄未哺乳的犊牛静脉接种，症状与妊娠母牛相似，病毒在红细胞中明显增殖，并于接种后 14d 开始出现中和抗体。病毒经脑内接种，犊牛在接种后的第一天开始发热，体温可达 40.9℃，第四天开始出现弛张热，于第六天左右体温明显降低，吸乳量从第四天开始明显减少，至第六天不能站立，呈角弓反张等神经症状。

2. 病原的特点与抵抗力 中山病病毒属于呼肠孤病毒科环状病毒属 Palyam 病毒群，本病毒含有双股 RNA，其大小为 11.75×10u，含有 3 种结构多肽（95K、86K、23K）。

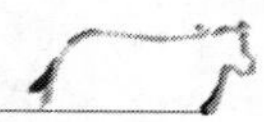

中山病病毒能在仓鼠传代细胞、BHK21细胞、HmLu-1细胞和Vero细胞上生长增殖并出现细胞病变。

中山病病毒典型代表株（k-47）能在细胞内形成包涵体，并可观察到多个病毒粒子，病毒直径约为50nm。该病毒能凝集牛、绵羊、和兔的红细胞，对马、仓鼠及大白鼠的红细胞有不同程度的凝集性，但对人B型、鸡和鹅的红细胞不具有凝集性。在多数动物的红细胞中，以对牛的红细胞凝集性最强。病毒对有机溶剂具有较强的抵抗力，特别是对乙醚和氯仿具有抗性，对酸的耐受性较差，在pH3.0时其感染性完全丧失。本病毒能刺激机体产生血凝抑制、琼脂免疫扩散和中和抗体等。

中山病病毒侵入机体后，首先在红细胞和血小板内增殖，当机体产生中和抗体后，病毒仍然能在红细胞内存在几周。

3. 中山病感染后的典型症状 成年牛呈隐性感染，不表现任何临诊症状。妊娠母牛感染后，可出现异常产，主要表现为流产、早产、死产或畸形产。异常分娩的犊牛少数病例出现头顶部稍微突起，但体形和关节不见异常，多数表现为哺乳能力丧失（人工帮助也能吸乳）、失明和神经症状。有些病例可见视力减弱、眼球白浊、听力丧失、痉挛、旋转运动或不能站立等症状。

中山病病毒主要侵害犊牛的中枢神经系统。剖检可见脑室扩张积水，大脑和小脑缺损或发育不全，脊髓内形成空洞等中枢神经系统病变。

组织学变化为大脑中出现神经细胞和具有边毛的室管膜细胞残存，在脊髓膜中可见吞噬了含铁血黄素的巨噬细胞。在残存的大、中、小脑中可见神经纤维分裂崩解和在细胞及血管中出现石灰样沉淀。多数病例可见小脑中固有结构消失，蒲金野氏细胞或颗粒细胞崩解或消失，并伴有小脑发育不全。病犊中有的大脑皮质变成薄膜状，脑室内膜中残留有脑髓液，并出现圆形细胞浸润，神经胶质细胞增生，出现非化脓性脑炎。小脑的固有结构消失，小脑发育不全。脑外组织未见病理变化。由于病犊中枢神经系统的变化，说明中山病病毒具有嗜神经性。此病毒在神经组织增殖力强，而在其他组织中增殖力较弱。

4. 中山病的诊断 本病可根据临床症状、流行特点和病理变化做出初步诊断，确诊需要进行实验室检查。包括病原学检查和血清学检查。血清学检查可采用中和实验、血凝实验和血凝抑制实验。

5. 中山病的防治 防制本病主要依靠疫苗接种。目前有油佐剂灭活疫苗，但效果不佳，有待于进一步研究。

十三、牛免疫缺陷病毒感染

1. 牛免疫缺陷病毒感染病的特点 牛免疫缺陷病毒（Bovine immunodeficiency virus infection，BIV）引起的持续性感染的免疫缺陷型疾病，也称为”牛艾滋病”，多年来一直未对BIV作为一种临床病因报道。

BIV是美国在1972年首次以伴有消瘦的1头母牛中分离出来的，分离到的病毒能诱导细胞培养物中合胞体的形成。称它为牛威斯那病毒。此外，这些研究者在同一农场又发现了两头BIV感染的母牛，12个月以后，仍能从其中1头中重新找到病毒，用分离物接种的小牛，能在8周后重新找到病毒，两头病例为12周。所有的小牛呈现淋巴增生反应，它导致淋巴结重度肿胀和中度淋巴细胞炎。这些研究表现出急性慢病毒感染的两个典型特征，确定了它在免疫系统和病毒存留方面的作用。

2. 病原的特点与抵抗力 牛免疫缺陷病毒（BIV）为慢病毒的一种，为反转录病毒科慢病毒属成员。目前在慢病毒亚科中有7个特征性病毒，即：马传贫病毒、绵羊梅迪-威斯那病毒、山羊关节炎—脑炎病毒、牛免疫缺陷病毒、猫免疫缺陷病毒、猴免疫缺陷病毒和人免疫缺陷病毒。反转录病毒是以独特的反转录酶表达为其特征，它促进感染病毒的RNA的转录与DNA复制物互补。

该病毒的RNA有能力结合到宿主的细胞核内形成一种副病毒，副病毒的特征是不感染并且如果不是终生带毒，能潜伏好多年。副病毒期在慢性病毒流行病学中起着一个重要作用，因为它保持对免疫清除的保护并在抗体的表面存留。然而，在个体（或母牛）中检出抗体就意味着该病毒一直存在，只要它处在副病毒状态，慢病毒感染看来不言而喻的。以潜伏型到感染的RNA病毒，该病毒的救兵可能出现并通常依赖潜伏感染细胞的激活，活性刺激物可能包括同时发生的感染和/或动物的应激。

3. 牛免疫缺陷病毒感染后的典型症状 潜伏期3～5年。BIV除了表现进行性的消瘦、发育迟滞和衰弱外，没有其他相似的综合症状。BIV本身可能不构成有临床症状的地方流行性病的流行，但其造成的免疫抑制而引起的其他病原感染不容忽视。

4. 牛免疫缺陷病毒感染的诊断 本病可根据临床症状、流行特点和病理变化做出初步诊断，确诊需要进行实验室检查。包括病原学检查和血清学检查。血清学检查可采用荧光抗体实验、免疫印迹技术，还可应用PCR技术检测。

5. 牛免疫缺陷病毒感染的防治 目前尚无有效的特异性防制措施，一般依靠检疫和淘汰或扑杀感染牛。对人的危险性有待于评估。

十四、流行性乙型脑炎

1. 流行性乙型脑炎的特点 本病也叫流行性乙型脑炎，简称乙脑，是由乙型脑炎病毒引起的以脑实质炎症为主的人畜共患急性传染病，人和马临床症状是高热、抽搐、意识障碍、神经症状、猪繁殖障碍及瘫痪。其他动物多为隐性感染。

易感动物有马，人，猪。马3岁以下，人10岁以内，猪6月龄以内。其他动物多为隐性感染。人和其他动物乙脑均由猪传播而来。

传染源以患病及带毒动物，猪最重要，100%带毒，牛92%、马94%、犬66%。猪流行高峰后2～4周为人流产高峰。蚊子为长期宿主。可带毒越冬。自然疫源地性疫病。

传播途径蚊虫叮咬水平传播，卫生条件有关。垂直传播。

流行特点有季节性（7～9月多见），4～5年一个流行周期；多散发，偶尔地方流行性。

2. 病原的特点与抵抗力 黄病毒科黄病毒属成员。形态呈球形，有囊膜和血凝素，40～50nm，核衣壳20～30nm，单链RNA病毒。有血凝性。本病毒抵抗力不强，对各种消毒剂及方法敏感。耐低温。培养可在鸡胚卵黄囊、CEF、多种原代细胞、有蚀斑。

3. 流行性乙型脑炎感染后的典型症状 潜伏期马1～2周，猪3～4d，人1～3周。

奶牛一般为无症状的隐性感染。马出现高热、神经症状（多兴奋、沉郁交替出现，有

少数狂躁型）麻痹而死，病程2～14d。人出现高热、头痛、呕吐、泻、抽搐，神经症状，呼吸衰竭，瘫痪，病程10～30d，恢复期半年以上，5%～20%有后遗症，10%有并发症。

除脑膜及实质水肿、充血、出血外，无肉眼可见病变。

4. 流行性乙型脑炎病的诊断 本病可根据临床综合症状、流行特点和病理变化做出初步诊断，确诊需要进行实验室检查。包括病原学检查和血清学检查。病原分离可采取鸡胚卵黄囊接种或乳鼠脑内接种，可分离到病毒。血清学检查可采用血凝抑制实验，补体结合实验和中和实验。

5. 流行性乙型脑炎病的防治 目前无特效的疗法，可用磺胺类药物、青霉素和链霉素进行对症治疗，同时加强护理。

应用乙脑疫苗，在蚊虫季节到来之前，1个月（3～4月份）免疫一次，1个月后加强1次。

十五、水疱性口炎

1. 水疱性口炎病的特点 水疱性口炎（vesicular stomatitis，VS）又名鼻疮（sorenose）、口疮（sore mouth）、伪口疮（pseudoaptutusis）、烂舌症、牛及马的口腔溃疡等，病原属于弹状病毒科水疱病毒属。该病被世界动物卫生组织（OIE）确定为必须通报的疫病，也是中华人民共和国进出境动植物检疫法规定的进境动物二类传染病。VS的特点是短期发烧，水疱发生的部位因流行暴发的情况不同而不同。随着经济全球化及动物和动物产品国际贸易量迅猛增长，该病一旦随进境商品传入中国，造成的后果非常严重，不但贸易国会停止进口中国所有牲畜及畜产品，造成巨大的经济损失，而且将影响我国人民的身体健康和社会稳定。

VS最早的报道是发生在中美和北美马的一种病毒性疾病，随后传播至欧洲和非洲，亚洲国家也有本病流行。至今该病在中美洲、美国部分地区和南美洲的北部呈地方性流行，在南、北美洲的温带地区呈周期性流行。VS主要发生在西半球。NJ型和IN-I型的流行区包括美国、墨西哥、巴拿马、委内瑞拉、哥伦比亚、厄瓜多尔和秘鲁。玻利维亚和加拿大只有NJ型。法国和南非也曾有过报道。据OIE报道，南美、中美几乎所有国家（地区）以及北美的美国等国家在1996—2002年暴发了大面积的VS流行，造成严重的经济损失。

2. 病原的特点与抵抗力 病毒形态水疱性口炎病毒（vesicular stomatitis virus，VSV）为弹状病毒科水疱性口炎病毒属的成员，应用中和试验和补体结合试验，可将VSV分为两个独立的血清型，即新泽西型（NJ，初次分离鉴定于1926年）和印第安纳型（IND，初次分离鉴定于1925年）。水疱性口炎病毒粒子呈典型的子弹状，一端为圆弧形，另一端平坦，其病毒粒子长180nm，宽70nm，由两个结构组分组成，在内部有紧密卷曲的核衣壳或RNP核心，其中VSV大约有35个卷曲螺旋，在外部有包膜，并紧密地包裹着RNP核心，包膜上有糖蛋白突起。病毒粒子表面具有囊膜，囊膜上均匀密布短的纤突，纤突长约10nm。病毒粒子内部为密集盘旋的螺旋状结构核衣壳，电镜下观察，犹如缠绕于一个长形中空轴上的许多横行线条。其外径约49nm，内径约29nm，每个螺旋有35个亚单位。除这类典型的子弹形粒子外，还常可以见短缩的T粒子，T粒子含有正常病毒粒子的全部结构蛋白，但是没有转录酶活性，其RNA含量只有正常含量的1/3。VSV为有囊膜负链RNA病毒，完整病毒粒子含5种主要结构蛋白，其中2种定位在病毒粒子包膜上，3种定位在核衣壳上。

VSV对理化学因子的抵抗力与口蹄疫病毒相似。56℃ 30min、可见光、紫外线及脂溶剂（乙醚、氯仿）都能使其灭活。病毒可在土壤中可存活若干天。

很多化合物可有效地用于灭活水疱性口炎病毒，所以可以用作消毒剂。包括50%次氯酸钙、10%氯化苯甲烃铵、煤酚肥皂、福尔马林、六氯酚、酚、季铵盐、漂白粉和其他一些化合物。

3. 水疱性口炎感染后的典型症状 VSV具有兽医上和经济上的重要性，因为它们可使牛和猪致死。受感染的动物表现为发热，嗜睡，食欲下降，口腔、乳头、趾间及蹄冠上出现水疱性病灶和腿部的罐状环带。水泡易破裂，露出肉芽组织，呈红色糜烂，周围又刮破的上皮，常在7～10d内痊愈。由于水疱性口炎而死亡的较少，但是，可造成局部继发细菌和真菌感染，从而导致跛行、体重下降、出奶下降和乳腺炎，带来重大经济损失。

牛感染后的潜伏期一般为1～7d，早期表现为发热、迟钝、食欲减退、流涎多。继而出现0.5至数厘米大小的白色至灰红色水泡，内部充满黄色液体，通常成群聚集。水泡多见于舌、牙床、鼻和唇，水泡也可在猪的嘴部和马的耳部出现。水泡内含有大量的病毒，有病毒血症和全身感染，病理组织学变化可见淋巴管增生，感染4d后，大脑神经胶质细胞及大脑和心肌的单核细胞浸润。本病容易康复，即使病情很重，7～10d也能痊愈。

在VSV属中已知有IND、NJ、Alagoas、Piry和Chandipura 5个毒株可使人致病。人感染后20～30h开始发作，可能开始于结膜，而后出现流感样症状：冷颤、恶心、呕吐、肌痛、咽炎、结膜炎、淋巴结炎。小孩感染可导致脑炎。病程持续3～6d，无并发症及致死。

4. 水疱性口炎病的诊断 VS的临床症状与口蹄疫（FMD）不能区别，建立敏感性高、特异性强、快速、安全和可靠的诊断方法，对于以上疾病的控制至关重要。

病毒分离鉴定分离病毒最好用咽拭子、水疱液和破溃水疱的上皮组织接种培养细胞或实验动物。

动物接种实验，8～10日龄鸡胚的尿囊膜接种、2～7日龄未断乳小鼠的任何途径接种或3周龄小鼠的脑内接种，均可来复制和分离VSV。在这3种情况下，VSV在接种后2～5d之间可引起动物死亡。

样品接种Vero细胞、BHK-21细胞和IB-RS-2细胞培养可作水疱性疫病鉴别诊断，VSV在这3个细胞系中均产生细胞病变效应（CPE）；FMDV能在BKH-21和IB-RS-2中产生CPE，而SVDV只能在IB-RS-2中产生CPE。

血清学诊断有补体结合试验，用于早期抗体的定量。在得不到ELISA试剂时，可以使用此方法。牛、马和猪在感染后1～2个月内产生补体结合抗体，2～3周达高峰，逐渐降低，2～4个月内测不出。

病毒中和试验，受感染的牛和猪的血清中，中和抗体的出现和补体结合一样快，滴度

 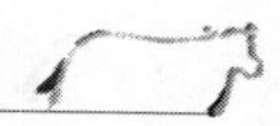

较高，但有波动。

间接夹心 ELISA（IS-ELISA）是 VSV 和其他水疱病病毒血清型鉴定广泛选用的诊断方法，这种方法成本低，速度快，液相阻断 ELISA（LP-ELISA）用于 VSV 抗体检测和定量。相比琼扩、补反、中和试验，ELISA 具有快速、可靠、灵敏度高的优点，不受补体和抗补体因子的影响而广泛使用

PCR 检测传统检测病毒的方法（如动物接种、病毒分属、血清学试验）普遍存在耗时长、操作繁琐、灵敏度不高等缺点，特别是对于未见水疱只有疑似斑痕残留，或无明显的亚临床感染及康复动物是否带毒情况用传统方法很难准确判断。

5. 水疱性口炎病的防治 从流行病学角度，减少或杜绝媒介昆虫与易感动物的接触，以减少带毒昆虫叮咬易感动物的可能性。

良好的卫生习惯可限制畜群中本病的扩散。易感动物应与感染动物隔离，并防止接触被感染动物接触过的饲料和水。控制继发感染可减少本病的危害，病灶糜烂面要保持清洁，如有继发感染的症状需用抗生素。

对此病采取严厉的控制方法。受感染的场地应该加以封锁，在所有症状消失之前严禁人畜流通。

十六、弯曲菌病

1. 弯曲菌病的特点 弯曲菌病是由弯曲杆菌属细菌引起的人兽共患疾病的总称。其中，与人畜有关的主要有 2 种病型，即由胎儿弯曲杆菌引起的牛不育与流产和主要由空肠弯曲杆菌引起的牛及其他动物的急性肠炎。

流行型的胎儿弯曲菌胎儿亚种对人和动物均有感染性，可引起绵羊地方流行性流产、牛散发性流产和人的发热，该菌存在于流产胎盘及胎儿胃内容物、感染的人和畜血液、肠内容物及胆汁之中，并能在人、畜肠道和胆囊里生长繁殖，其感染途径是消化道。胎儿弯曲杆菌性病亚种可引起牛的不育和流产，存在于生殖道、流产胎盘及胎儿组织中，不能在肠道内繁殖，其感染途径是交配或人工授精，迄今未见有人感染的报道。病菌主要存在于母牛生殖道、胎盘或流产胎儿组织中。母牛感染 1 周后即可在阴道、子宫颈黏膜分离到病菌，3 周至 3 个月菌数最多。公牛与有病母牛交配后，可将病菌传染给其他母牛达数月之久，母羊感染胎儿弯曲菌发生流产后，可迅速康复而不成为带菌者。但也有人指出，病母羊在流产时或流产后，病菌可局限于胆囊而成为带菌者，这种带菌羊可成为健康羊群的传染源。

腹泻型的流行病学特点空肠弯曲菌在世界上大多数国家均有分布。在欧美发达国家，空肠弯曲菌均是最主要的肠道病原菌。成年母畜比公畜易感性高，未成年者稍有抵抗力。牛发病多见于秋冬季节，故又称为“冬痢”，各种牛（黄牛、奶牛、水牛）不论大小均可感染。各龄鸡和火鸡对该病都有易感性，而且发病率高，但死亡率低，可严重影响产蛋率。该病的传播途径有多种，经食物传播，经水传播，直接接触传播。空肠弯曲菌作为共生菌大量存在于与各种野生动物或家养动物的肠道内。人饮用了被该菌污染了的牛奶可导致人空肠弯曲菌肠炎的暴发。

2. 病原的特点与抵抗力 病原在弯曲菌属细菌中，引起流产的主要是胎儿弯曲菌

（*C. fetus*），它又分为两个亚种：即胎儿弯曲菌胎儿亚种（*C. fetus* subsp. *fetus*）和胎儿弯曲菌性病亚种（*C. fetus* subsp. *venerealis*）。弯曲菌为革兰氏阴性的细长弯曲杆菌，呈撇形、S形和海鸥展翅形。在老龄培养物中呈螺旋状长丝或圆球形，运动力活泼。弯曲菌为微需氧菌，在含10%二氧化碳的环境中生长良好，于培养基内添加血液、血清，有利于初代培养。对1%牛胆汁有耐受性，这一特性可使用于纯菌分离。

3. 弯曲菌感染后的典型症状 根据主要症状可分为弯曲菌性流产和弯曲菌性腹泻两种：

弯曲菌性流产：

母牛感染弯曲菌时，常引起暂时性不孕和流产。病牛呈卡他性子宫内膜炎和输卵管炎，阴道黏膜发红，阴道排出较多黏液，发情周期不规则，受胎率低。有些怀孕母牛胎儿死亡较迟，则发生流产。流产多发生在妊娠第5～7个月，流产率为5%～10%。早期流产，胎膜常可自动排出，如发生在怀孕后期，经常会出现胎衣滞留。公牛感染该病一般没有明显症状，精液正常，但带菌，有时可见包皮黏膜潮红。羊：母羊感染该病于怀孕后4～5个月发生流产。流产前几天，阴道内可流出分泌物。产死胎、死羔或弱羔。流产率一般为20%～50%。流产后多数母羊可迅速恢复，在下一年繁殖季节可正常怀孕。个别母羊因发生子宫内膜炎和腹膜炎而死亡，病死率约为5%。

流产胎儿的肝脏显著肿胀、硬固，多数呈黄红色或被覆灰黄色较厚的伪膜。皮下组织胶冻样浸润，胸水、腹水增多，常表现严重淤血、水肿。母牛病变，眼观可见子宫颈潮红，子宫内有轻度黏液性渗出物。羊：流产胎儿可见皮下水肿，腹腔、胸腔和心包腔有血色液体，肝有坏死灶。

弯曲菌性腹泻：

牛患冬痢（由空肠弯曲菌引起的秋冬季节腹泻）时，潜伏期约3d。病牛体温轻度升高。排恶臭水样棕色稀便，带有血液。严重病例可呈现精神委顿、食欲不振、弓背、毛乱、寒战、虚弱、不能站立等症状。病程2～3d。患牛还可出现乳房炎。若及时治疗则很少发生死亡。猪：猪弯曲菌病多见于3～8月龄猪。根据病变特征区分为肠腺瘤病、坏死性回肠炎、局部回肠炎和增生性出血性肠炎4种类型。临床表现为病猪精神不振、食欲减退、腹泻、体重减轻、消瘦、贫血等。

死后剖检无显著性变化。腹泻期稍长的病牛，胃黏膜充血、水肿、出血。肠内容物常混有血液和气泡，恶臭，呈水样便。肠系膜淋巴结肿大，肝脏、肾脏呈灰白色，有时有出血点。

人感染该菌后，潜伏期一般为3～5d，病情轻重不一。典型病人表现为先有发热、全身无力、头痛、肌肉酸痛等，婴儿还可发生抽搐临诊症状。继而腹痛，常局限于脐周，呈间歇性，有的呈隐痛，排便后可缓解。发热12～24h后开始腹泻，呈水样便，每天可排便5～10次，1～2d后部分病例出现黏液便或脓血便，经1周后可自行缓解，少数病例则腹痛可持续数周，并反复发生腹泻。

4. 弯曲菌病的诊断

（1）弯曲菌性流产。该病的主要临诊症状表现为暂时性不育、发情期延长以及流产，进行临诊诊断时要注意与其他生殖道疾病相鉴别。确诊该病进行进一步的实验室检查。应

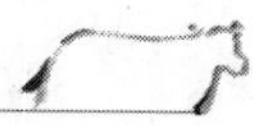

采取病料（胎盘绒毛膜、羊水或胎儿胃内容物、肠内容物及心血等）送兽医检验部门做病原分离或血清学试验（凝集试验、免疫荧光试验、酶联免疫吸附试验等）。近年来，国内研究表明采用聚合酶链反应（PCR）检测牛胎儿弯曲菌，该法特异性强，敏感性好。

（2）弯曲菌性腹泻。根据流行病史和临诊表现可对该病作出初步诊断，进一步确诊需进行空肠弯曲菌的分离鉴定。通过在血琼脂中添加能限制其他细菌生长而对空肠弯曲菌无碍的多种抗生素，研制出具有高度选择性的培养基，可使该菌的检出率大为提高。分离时，将粪样接种于上述培养基上置42～43℃和微需氧环境中培养48h，如有疑似菌落生长，即可做进一步的分离鉴定。血清学试验方法有试管凝集试验、间接血凝试验、补体结合试验、免疫荧光抗体技术、酶联免疫吸附试验等。据报道，基因探针技术已应用于该菌的检测，其灵敏度较高，可检出4～8ng样品DNA。

5. 弯曲菌病的防治 目前市面上尚无预防弯曲菌感染的疫苗。

对于该病的预防，只能针对其流行病学特点采取相应的措施。加强动物饲养管理，严格执行兽医卫生措施，定期进行消毒。饮用清洁水，不喂被污染的饲料。引进种畜要严格检疫，淘汰带菌动物，积极开展人工授精。污染场地及环境要用3%来苏儿、20%漂白粉或3%火碱进行彻底消毒。多数病畜不必治疗，严重者可用抗生素和适当地补液及对症治疗即可。常用药物有红霉素、四环素、庆大霉素、氯霉素、复方新诺明、黄连素、呋喃唑酮等，疗效尚佳。公共卫生弯曲菌是人类胃肠炎的重要致病菌，加强肉食品、乳制品的卫生监督，注意饮食卫生，接触病畜、禽及污染物时要注意个人防护，是防止人类通过动物感染该病的重要措施。人患病时应使用抗生素进行对症治疗，方可治愈。

十七、棒状杆菌病

1. 棒状杆菌病的特点 牛棒状杆菌病（Bovine Coryne bacteriosis）是指由棒状杆菌属（Coryne baeterim SPP.）的某些细菌引起的膀胱炎和肾盂肾炎。临床主要特征为频尿、浊尿、血尿和发热。本病主要见于成年母牛，多在妊娠期和产后发病。本病分布于世界各地，寒冷地区冬季多发。自从1891年分别于病牛尿中分离到肾棒状杆菌以来，许多国家和地区都有发生本病的报告。但是，由于本病呈散发性，其危害性尚未受到应有的重视。临床上多以不明原因的血尿病对待，治疗不当或失误的情况并不罕见。但是，病牛能从尿中长期大量排菌，污染周围环境，成为本病的传染源。在发生过本病的牛群中，往往不断地出现病例。病牛经久不愈，不仅造成药物和人力的浪费，而且往往引起泌乳量减少或停止，甚至死亡，造成一定的经济损失。在较大的养牛场，其危害性更应受到重视。

2. 病原的特点与抵抗力 对动物有致病作用的棒状杆菌，有化脓棒状杆菌、肾棒状杆菌、假结核棒状杆菌和马棒状杆菌。后来把化脓棒状杆菌分类入防线杆菌属中，把马棒状杆菌划入红球菌属中。

这类细菌呈多形性，宽0.5～0.7μm，长1.5～3.0μm。菌体一端膨大呈棒状。革兰氏染色阳性。菌细胞成丛或栅栏状排列，不形成芽孢和夹膜，无运动性，生长妾求和培养特性需氧及兼性厌氧。最适培养温度为37℃，于20～40℃均可生长，适于增殖的pH为7.0～7.2。用普通肉汤培养时，管底有粉末状沉淀。用血液琼脂平板分离培养时，37℃培养2d，形成白色或淡黄色的圆形小菌落，表面光滑或稍干燥，不出现溶血现象，能分解葡萄糖和甘露搪，产酸。

3. 棒状杆菌感染后的典型症状 本类菌均可引起牛的化脓性肺炎、多发性淋巴结炎、子宫内膜炎、膀胱炎和肾盂肾炎等，但是各自致病的频率和程度不同。

感染肾棒状杆菌牛，并长期从尿中排菌，发生肾盂肾炎的比例也很高，病牛或带菌牛随尿液排出的大量棒状杆菌污染牛舍。这些细菌通过阴道、外尿道口、尿道侵入膀胱内繁殖，引起膀脆炎。如果不能及时治疗，细菌沿输尿管上行，侵入肾盂，引起输尿管炎和肾盂肾炎。症状当发生单纯膀胱炎时，病牛呈现频尿、排尿困难、尿液混浊、血尿等症状。随着病程发展，尿中混有血块和黏膜碎片，外阴部被脓汁污染。当发生肾盂肾炎时，呈现发热、食欲不振、泌乳量降低等症状。尿蛋白、血红蛋白检查阳性，尿沉渣姬姆萨染色镜检，见有上皮细胞、红、白细胞和多形性杆菌。若不能得到及时治疗，病牛逐渐消瘦，有的衰竭而死亡。病理解剖学变化主要表现为膀肤粘膜水肿和出血。膀胱腔内见有脓块和结石，尿液浑浊，有时混有红细胞。输尿管扩张肿大，管壁水肿性肥厚，管腔内蓄脓或有坏死组织。肾脏被膜粘连，不易剥离。肾皮质表面见有大小不等的灰白斑点。肾盂显著扩张，见有大量脓汁和组织碎片。

4. 棒状杆菌病的诊断 根据临床症状可以作出初步诊断，如发生肾盂肾炎病型，为了与其他原因引起的血尿病进行鉴别，应进行细菌分离培养，在用抗生素治疗之前采集尿液（自然排尿和用充分灭菌的导尿管导尿均可）。不能立即培养时，尿液应冷藏，但是不可冻结。本菌在冻存的尿中几乎全部死亡，取尿液。接种于血液琼脂或血清琼脂平板上，37℃培养 48h 后，通过菌落形态观察、涂片染色镜检、生化试验等作出判断。

血清学检查也有助于本病的诊断，并能用以确定是哪种细菌感染和判定病程。发生肾盂肾炎时，可用沉淀试验、直接凝集试验和间接血凝试验抗体。

5. 棒状杆菌病的防治 目前没有特异性的有效的预防方法。在怀疑有本病存在的牛群，应采尿作细菌分离培养，早期发现尿中排菌的牛，隔离，以防病原菌扩散。本病主要用抗生素进行治疗，青霉素、链霉素、大分子霉素、氯霉素、四环素等单用或并用均有一定效果。开始必须使用大剂量，以后可以减少剂量。

十八、嗜皮菌病

1. 嗜皮菌病的特点 嗜皮菌病是一种重要的人畜共患病，以在皮肤表层发生渗出性皮炎并形成结节或疙瘩为特征。病原为刚果嗜皮菌（Dermatophiloseongolensis）。嗜皮菌病首先由于 1915 年在扎伊尔发现，并分得病原加以鉴定。此病曾有许多名称，如皮肤接触性感染、真菌性皮炎、皮肤链丝菌病、链丝菌病等。感染的动物有奶牛、水牛、黄牛、绵羊、山羊、马、驴、猪、猫、狗、鹿、长颈鹿、白尾鹿、斑马、红棕马、小羚羊、大羚羊、南非条纹羚羊、里羚羊、棕色羚羊、黑貂、野兔、美洲棉尾兔、刺渭、狐、南美海豹、北极熊、院熊、夜猴、毛猴、金猴、松鼠、袋鼠、山鼠、条纹臭融鼠、沙鼠、须龙四足蛇、石花纹四脚鼠等。人也可受感染。

发病率疾病发生与性别无关。此病在牦牛一般呈地方性流行，间或散发，主要侵害当年的牛犊，其发病率一般为 30%～60%。个别的群最高 4 可达 90%以上。致死率约 20%～30%。其次是头年生的牛犊，感染也较严重。成年牛则发病率较低（约 20%），很

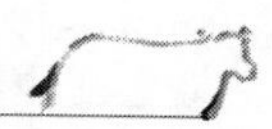

少死亡。当牲畜营养不良或患其他疾病，易发生本病，且病情严重。疾病的传播由菌丝或孢子的转移而致，特别是孢子，具鞭毛，能游运，故称游动孢子，易随渗出物与雨水而扩散。传播方式可通过直接接触或间接接触（如共用厩舍、饲槽或蝇类叮咬的机械携带），引起水平传播。垂直传播也有可能。

2. 病原的特点与抵抗力　此菌属于细菌纲，放线菌目，嗜皮菌科，嗜皮菌属。培养特性测得此菌在27～36℃均适宜生长，若以生长速度比较，36℃比27℃要快。pH以7.2～7.5为适宜。需氧兼性厌氧，在需氧、20%CO_2环境或厌氧情况下的均可生长。此菌易在含血液或血清的营养琼脂上生长，培养于36℃下，24h出现菌落，48～72h的菌落可达0.5～1mm的直径，但有时可见针尖样小菌落或直径达3～7mm大的菌落。菌落一般初湿润、露珠状、灰白，后转黄，逐步变干，菌落底部深入到培养基基质中，不易剥离。也有某些菌落表面粗糙隆起，成脑回状皱褶，边缘不整齐。还有的菌落，3mm大，表现为车轮状、珊瑚花状、徽章状等特殊形态。有时在同一平皿内可见到几种形态的菌落，说明本菌的菌落形态呈多样性。

本菌在骆费勒氏凝固血清上极易生长，24～48h内出现菌落，色深灰（培养基为揭色时）或淡黄（培养基为黄色时），从牦牛、水牛、山羊所分得的菌株，均于3～5d内液化凝固血清。本菌在营养琼脂上通常不长，偶尔缓慢地生长时，菌落呈鲜艳的橘黄色。在营养肉汤、厌气肝汤、0.1%葡萄塘肉汤中均生长良好，可见白色的悬浮絮片状生长物，逐渐沉降于管底，成绳状或网状的黏稠沉淀，不易摇散，此时培养基上层清亮。

取不同条件下的新鲜培养物涂片，经革兰氏或姬姆萨氏染色检查，一般可同时见到两种不同形态的菌体。一种为圆形或近似球菌的孢子，大小不等，小的直径为0.5μm，大的1～2μm。排列成单、成双、四联、八叠或短链状。如果一些孢子定位于菌丝边、顶，则似梅花枝上含苞欲放的花蕾。另一种形态是菌丝，呈近乎直角的分桂，粗细长短不一，其直径通常为1.0～3.3μm。长度为17～10μm。有的菌丝可见一端是由界限清晰的一串孢子组成，有时见一些菌丝密集缠绕成团。陈旧的培养物，往往只见孢子，难见菌丝。孢子和菌丝易为苯胺染料着色，革兰氏染色阳性。半固体营养琼脂穿刺培养，接种后24～48h，细菌沿穿刺线向外生长，作悬滴标本检查时，运动活跃，运功来自有鞭毛的游动拖子。电镜下可见圆形孢子上，有5～10条鞭毛构成的鞭毛丛。

应用75%乙醇、20%来苏儿30min，5%甲醛、0.1%新洁尔灭10min，不能杀灭本菌，2%新洁尔灭1min，60℃ 10min、85℃ 5min或煮沸1min，均能杀死本菌。

3. 嗜皮菌感染后的典型症状　一般无体温反应，通常经2～14d的潜伏期之后，在感染皮肤的表面，有小面积的充血，继而形成丘疹，产生浆液性渗出物，受浸润的表皮受渗出物的冲刷并被新生的表皮推向表面，在黏着的被毛下与细胞杂屑形成绿豆至黄豆大的圆形结节。在幼龄牦牛，这种结节可相互融合、重叠，形成不同形状的疙痴，呈灰白色或黄褐色，凹凸不平，外观呈菜花状或堤状，蚕豆至核桃大不等，可高出皮肤。陈旧的结节可剥离，剥离时有痛感，并留下一凹窝的基局露出带血和渗出液的表面。结节不剥离，过后可自行脱落。在成年牦牛，还可见到在鼻梁处形成龟裂样、扁平、硬固的鱼鳞形痂皮。

牛对嗜皮菌病的抵抗力，有品种的差异和个体的差异。通过皮肤接种发现，已患病或病愈的实验兔、牛中，虽然存在可观的循杯抗体，但不能抵抗再度感染。

4. 嗜皮菌病的诊断 临床上根据皮肤出现渗出性皮炎，有结节及痂块而体温又无显著变化，可初步诊断为木病。确诊要依赖于病原检查。

实验诊断技术包括涂片检查：将患处皮的内面（带渗出液或带血液的）在玻片上徐片，或将干燥痂皮放入适量。0.1%葡萄糖肉汤中，培养于37℃约6h，用铂圈取表面物一环作抹片一，固定，染色。此菌为革兰氏阳性菌，以姬姆萨染色镜检，当见到分枝的菌丝及球菌状孢子，结合疾病的情况，可作诊断。如能进一步分出病原，加以鉴定，则更为可靠。

分离培养：将病畜痂皮，用无菌蒸馏水冲洗几次后研成悬液，接种于血清琼脂或血液琼脂，置36～37℃培养，24～48h后，在血清琼脂上出现黄白色菌落，或在血液琼脂土长成露珠样湿润小菌落呈β型溶血者，挑取这样的菌落染色，或将病料接种到0.1%葡萄糖肉汤，培养于36～37℃，传1～4代，进行染色。镜检见到革兰氏阳性分枝的菌丝及球菌状孢子时，由琼脂上的单个菌落进一步纯培养，进行生化鉴定。本菌均产生接触酶，2～4d内发酵葡萄糖、果糖、单奶糖、麦芽糖产酸不产气，不发酵乳糖、蔗糖、木胶糖、卫矛醇。酪蛋白于48小时分解，在生长出橘黄色菌落的附近有透明区，紫乳于第7天开始陈化，吕氏血清于第5天开始浓化，明胶于9d液化。此菌的MR试验和VP试验均为阴性，于8h分解淀粉。

将3d的液体纯培养物或菌落制成的悬浮液，涂擦于家兔的剪毛部皮肤，经2～4d后，家兔发病，接种部的皮肤，先发吐红肿，随后出现白色、圆形、粟粒大至绿豆大丘疹，丘疹的渗出液干洞后形结节，结节融合成黄白色一片薄痂，取痂皮涂片染色，见刚果嗜皮菌的典型菌挂及球菌状孢子。将病料按种到豚鼠、小白鼠，皆可使之发病。就敏感性而言，家兔最佳，豚鼠次之，再次是小白鼠。

应用酶联免疫试验（ELISA）和双向免疫扩散试验（DID）于牛嗜皮菌病诊断，有一定特异性，方便，省时。

5. 嗜皮菌病的防治 将病畜隔离、治疗，尽可能防止牲畜淋雨或受蝇、蚊等叮咬，均有助于控制本病的发生和发展，对集市贸易及牲畜的运输，应加强检疫。

目前没有良好的疫苗，可能由于本病主要局限于皮肤的表层和真皮的乳头层，能进入血循环和其他器官的菌体抗原不多，不能产生良好的免疫力。

1岁以下的牛犊易感性高，发病多为全身性，但以唇、鼻、耳部易见。体躯多丫邻位的患病，常以隐蔽的方式发展，不掉毛，毛不粘连时，要触诊方能辨识。疾病后期，病犊的精神高度沉郁，低头弓背，多不能越冬而死亡，成年牛发病较少，死亡的少。

实验证明，青霉素对此菌的抑菌作用较好，其次是四环素、链霉素、磺胺和黄连素。家兔治疗试验，也证明青霉素疗效最好，其次是四环素，再其次是链霉素，最后是双抗（青霉素加链霉素），但四环素注射后，局部有严重的肿胀反应。青、链霉素共用的效果最好，青霉素组的疗效为70%，链霉素组为85%，青链霉素共用的为10%。

十九、恶性水肿

1. 恶性水肿病的特点 牛恶性水肿是由腐败梭菌为主的多种梭菌引起的急性传染病，多种家畜均可经创伤感染，以局部发生炎性水肿并伴有产酸产气为其特征，还常伴有发热

和全身性毒血症。

本病多为散发。自然条件下，绵羊、马发病较多见，牛、猪、山羊也可发生，犬、猫不能自然感染，禽类除鸽外，即使人工接种也不发病，实验动物中的家兔、小鼠和豚鼠均易感。本病主要经创伤感染，尤其是较深的创伤，造成缺氧更易发病。如食入多量芽孢，除绵羊和猪感染外，对其他动物一般无致病作用。

2. 病原的特点与抵抗力　本病的主要病原为梭菌届中的腐败梭菌，其他梭菌，如水肿梭菌、魏氏梭菌，即产气荚膜梭菌、诺维氏梭菌、溶组织梭菌等也参与致病作用。腐败梭菌为严格厌氧的革兰氏阳性菌。菌体粗大，两端钝圆，无荚膜，有周鞭毛，能形成芽孢。在培养物中菌体单在或呈短链状。本菌在适宜条件下可产生 α、γ、δ 等多种外毒素。α 毒素为卵磷脂酶，具有坏死、致死和溶血作用。毒素是 DNA 酶，具有杀白细胞作用。γ 毒素和 δ 毒素分别为透明质酸酶、溶血素，可使血管通透性增强，导致炎性渗出，并不断向周围组织蔓延，使组织发生坏死。本菌广泛分布于土壤，也存在于某些草食动物的消化道中。强力消毒药，如 10%～20%漂白粉溶液、3%～5%硫酸石炭酸合剂、3%～5%氢氧化钠等可在短时间内杀灭菌体，但芽孢抵抗力强，需延长时间。

3. 恶性水肿感染后的典型症状　潜伏期一般为 12～72h。

牛经外伤感染时，局部组织发生气性水肿，触诊有捻发音。病初表现红、热、肿、痛，随后变冷、无痛，切开肿胀部位可见淡红色酸臭带气泡的液体流出。发病初期食欲减退，体温升高，伤口周围肿胀，迅速蔓延。肿胀部初期表现坚实、灼热、疼痛，后变为无热、无痛，触之柔软，有轻度捻发音，切开见皮下和肌肉结缔组织内有酸臭的淡黄或红褐色液体流出，含有少量气泡。随着疾病的发展，病牛全身症状加重，表现高热（41～42℃）稽留，呼吸困难，结膜发绀，偶有腹泻，多在 2～3d 内死亡，很少自愈。

如因分娩感染，产道感染，则表现阴唇肿胀、阴道黏膜潮红肿胀并有难闻的污秽液体流出，肿胀往往迅速蔓延至股部、乳房及下腹部。如经消化道感染腐败梭菌时，往往引发羊快疫。患病症状和绵羊相似。

去势感染时，多于术后 2～5d，在阴囊、腹下发生气性水肿，病畜呈现疝痛及全身症状。

剖检可见肿胀部皮下及肌肉间的结缔组织中有酸臭的、含有气泡的淡黄或红黄色液体浸润。肌肉松软似煮肉样，病变严重者呈暗红或暗褐色。胸、腹腔积有多量淡红色液体。肺脏严重瘀血、水肿。心脏扩张，心肌柔软，呈灰红色。肝、肾脏瘀血、变性。脾脏质地变软，从切面可刮下大量脾髓。如经产道感染，剖检还可见子宫壁水肿、黏膜肿胀并覆以恶臭的糊状物。骨盆腔和乳房上淋巴结肿大，切面多汁，有出血。镜下可见肌纤维与肌内膜被水肿液分开，水肿液中蛋白质含量少，肌间组织细胞无反应，中性粒细胞很少。肌纤维变性，病变深部肌纤维常断裂、液化。

4. 恶性水肿病的诊断　根据临诊特点和病变特征，结合外伤的情况可对本病作出初步诊断，确诊有赖于细菌分离鉴定。此外，还可用免疫荧光抗体对本病进行快速诊断。

5. 恶性水肿病的防治　预防可用中国兽药监察所研制的多联疫苗及其粉末疫苗，也可用多价抗血清做预防注射，尤其对家畜施行大手术前做预防免疫效果良好。平时应注意防止外伤及创伤的合理治疗，在进行采血、注射、去势、断尾和剪毛时做好无菌操作。治疗应从早从速，以局部治疗和全身治疗相结合。全身治疗在早期用抗生素（青霉素、链霉素及土霉素）或磺胺类药物，效果较好。局部治疗应尽早切开肿胀部，扩创清除病变组织和产物，用0.1%高锰酸钾或3%过氧化氢溶液冲洗，之后撒青霉素粉末，施以开放疗法。对症治疗可依据病畜病情进行补液、注射强心剂和解毒药等。

二十、破伤风

1. 破伤风病的特点 本病又叫强直风、强直症、木马症等，是由破伤风梭菌引起的一种人畜共患急性传染病，其临床特征为骨骼肌的持续性痉挛和对刺激的反射兴奋性升高。

2. 病原的特点与抵抗力 破伤风梭菌（强直梭菌），梭状芽孢杆菌属，中等大小，细长，长4～8μm，宽0.3～0.5μm，周身鞭毛，芽孢呈圆形，位于菌体顶端，直径比菌体宽大，似鼓槌状，是本菌形态上的特征。繁殖体为革兰氏阳性，带上芽孢的菌体易转为革兰氏阴性。破伤风梭菌为专性厌氧菌，最适生长温度为37℃ pH7.0～7.5，营养要求不高，在普通琼脂平板上培养24～48h后，可形成直径1mm以上不规则的菌落，中心紧密，周边疏松，似羽毛状菌落，易在培养基表面迁徙扩散。在血液琼脂平板上有明显溶血环，在疱肉培养基中培养，肉汤浑浊，肉渣部分被消化，微变黑，产生气体，生成甲基硫醇（有腐败臭味）及硫化氢。一般不发酵糖类，能液化明胶，产生硫化氢，形成吲哚，不能还原硝酸盐为亚硝酸盐。对蛋白质有微弱消化作用。

本菌于自然界中可由伤口侵入机体，发芽繁殖而致病，但破伤风梭菌是厌氧菌，在一般伤口中不能生长，伤口的厌氧环境是破伤风梭菌感染的重要条件。窄而深的伤口（如刺伤），有泥土或异物污染，或大面积创伤、烧伤、坏死组织多，局部组织缺血或同时有需氧菌或兼性厌氧菌混合感染，均易造成厌氧环境，局部氧化还原电势降低。有利于破伤风杆菌生长。破伤风梭菌能产生强烈的外毒素，即破伤风痉挛毒素破伤风。

产生三种毒素：痉挛毒素、溶血毒素和非痉挛毒素，分别引起持续痉挛、组织坏死及末梢神经麻痹。每毫升肉汤中的毒素可致死1000匹马。

本菌繁殖体抵抗力与其他细菌相似，但芽胞抵抗力强大。在土壤中可存活数十年，能耐煮沸40～50min。对青霉素敏感，磺胺类有抑菌作用。10%碘酊，30%H_2O_2，10%漂白粉可将其杀死。除链霉素外，其他抗生素及磺胺有效。

3. 破伤风感染后的典型症状 潜伏期1～2周，短者1d，长者数月。

牛较马、羊发病率低，症状较马轻，似木马，瘤胃鼓气，难治。

4. 破伤风病的诊断 流行病学和症状诊断即可。

5. 破伤风病的防治 可用类毒素疫苗免疫。抗生素如青霉素和链霉素、抗血清治疗局部处理去除病因，加强护理，对症治疗。

二十一、肉毒梭菌中毒

1. 肉毒梭菌中毒病的特点 肉毒梭菌中毒症也叫肉毒梭菌病或肉毒中毒症，是人畜共患的急性病。夏秋季节是牛羊肉毒梭菌中毒病的高发、多发时期，因为夏秋雨季高温、高湿，特别是洪涝灾害后，各种谷物饲料、动植物高蛋白质饲料、发酵的青贮饲料以及采

收过多的青草、青菜等都不易保存，饲料易受潮，尤其是被水泡过的饲料，更容易变质、发霉和腐烂。腐烂的饲料中都含有肉毒梭菌，如牛羊等动物采食了腐烂的草料和饮用变质的水，其中含有的肉毒梭菌就会在牛羊体内繁殖，产生带有毒素的代谢产物，而引起人、畜共患的急性食物中毒性毒血症。这种病在家畜中以牛和羊、马最易发病，猪次之，再次为家禽。

肉毒素菌经常以芽孢体的形式广泛存在于自然界，动物肠道内容物、粪便、腐败尸体、腐败饲料以及各种植物中都经常含有，但土壤为其自然居留场所。自然发病主要是由于牛羊摄食了含有毒素的食物或饲料引起，一般不能将疾病传给健康者，食入肉毒梭菌也可在体内增殖并产生毒素而引起中毒。畜禽中以鸭、鸡、牛、马较多见，绵羊、山羊次之，猪、犬、猫少见，兔、豚鼠和小鼠都易感，貂也有很高的易感性。其易感性大小依次为单蹄兽、家禽、反刍兽和猪。本病的发生有明显的地域分布，并与季节和土壤类型等有关。在温带地区，肉毒梭菌发生于温暖季节，因为在22～37℃，饲料中的肉毒梭菌才能大量地产生毒素。在缺磷、缺钙草场放牧的牛、羊有舔啃尸骨的异食癖，更易中毒。饲料中毒时，因毒素分布不匀，故不是采食同批饲料的所有动物都会发病，在同等情况下，以膘肥体壮、食欲良好的动物发生较多。另外，在放牧盛期的夏季、秋季发生较多。

肉毒杆菌致病，主要靠强烈的肉毒毒素。肉毒毒素是已知最剧烈的毒物，毒性比KCN强一万倍；纯化结晶的肉毒毒素1mg能杀死2亿只小鼠，对人的致死剂量约0.1μg。肉毒毒素与典型的外毒素不同，并非由生活的细菌释放，而是在细菌细胞内产生无毒的前体毒素，等待细菌死亡自溶后游离出来，经肠道中的胰蛋白酶或细菌产生的蛋白酶激活后方始具有毒性，且能抵抗胃酸和消化酶的破坏。

肉毒毒素是一种神经毒素，能透过机体各部的粘膜。肉毒毒素由胃肠道吸收后，经淋巴和血行扩散，肉毒毒素主要作用于神经肌肉接头点，阻止胆碱能神经末梢释放乙酰胆碱，阻断神经冲动传导，导致运动神经麻痹，毒素还损害中枢神经系统的运动中枢，致使呼吸肌麻痹，动物窒息死亡。

2. 病原的特点与抵抗力　肉毒杆菌在自然界分布广泛，土壤中常可检出，偶而也存在于动物粪便中。根据所产生毒素的抗原性不同，肉毒杆菌分为A、B、Ca、Cb、D、E、F、G这8个型，能引起人类疾病的有A、B、E、F型，其中以A、B型最为常见。

机体的胃肠道是一个良好的缺氧环境，适于肉毒杆菌居住。肉毒杆菌属于厌氧菌，严格厌氧，在胃肠道内既能分解葡萄糖、麦芽糖及果糖，产酸产气，又能消化分解肉渣，使之变黑，腐败恶臭。在厌氧环境中，此菌能分泌强烈的肉毒毒素，能引起特殊的神经中毒症状，致残率、病死率极高。

肉毒杆菌芽孢抵抗力很强，干热180℃，5～15min，湿热100℃，5h，高压蒸气121℃，30min，才能杀死芽胞。肉毒毒素对酸的抵抗力特别强，胃酸溶液24h内不能将其破坏，故可被胃肠道吸收。

3. 肉毒梭菌中毒感染后的典型症状　本病的潜伏期与动物种类不同和摄入毒素量多少等有关，一般多为4～20h，长的可达数日。患病牛、羊表现为神经麻痹，由头部开始，迅速向后发展，直至四肢，初见咀嚼、吞咽异常，后则完全不能嚼咽，下颌下垂，舌垂于口外。上眼睑下垂，似睡眠状，瞳孔散大，对外界刺激无反应。波及四肢时步态踉跄，共济失调，甚至卧地不起，头部如产后轻瘫弯于一侧。但反射、体温、意识始终正常，肠音废绝，粪便秘结，有腹痛症状，呼吸极度困难，最后多因呼吸麻痹而死亡。死亡率达70%～100%，轻者尚可恢复。病程长短视食入毒素量而异，最快者数小时内即可死亡。

剖检未见特殊的变化，可见所有器官充血，肺脏水肿，膀胱内充满尿液。

4. 肉毒梭菌中毒病的诊断 依据特征性症状，结合发病原因进行分析，可作出初步诊断。毒素的确定在诊断上有重要意义，确诊需取可疑饲料或病死牛的胃肠内容物 1 份，加入 2 份无菌生理盐水或蒸馏水，研碎后室温下浸泡 1～2h，离心沉淀或过滤至透明。用 2 支试管，将上清液或滤液等量分开，其中 1 支于 100℃加热 30min，然后给鸡两侧眼睑皮下注射，一侧注射未加热的（对照侧），注射量均为 0.1～0.2mL。如于注射 20min 至 2h 后，试验侧眼睑麻痹，逐渐闭合，而对照侧眼睑仍然正常，则证明饲料或胃肠内容物中含有肉毒梭菌毒素。也可用小鼠或豚鼠进行试验。

5. 肉毒梭菌中毒病的防治 不能随意用腐烂变质的草、料、菜等饲料喂牛，因为霉烂饲料常能造成本菌的大量繁殖，而产生毒素。因此，不能为节约饲料而因小失大，造成难以挽回的经济损失。在环境管理上要随时清出场内的垃圾，严格死畜的处理，不可乱扔，消毒要彻底。尤其要灭鼠，防止污染水草和谷物饲料。按日粮标准喂给骨粉等钙、磷、食盐和微量元素，满足牛对多种营养的需要。防止牛异食癖的出现，以免喝脏水，舔食腐败饲料。发现病牛，尽快确诊，早期静脉或肌肉注射多价肉毒梭菌抗毒素血清，成牛 500～800mL，或注射相应的同型抗毒素单价血清治疗，均有一定效果。尽快进行洗胃、灌肠或灌服速效泻剂，也可静脉输液，减少毒素吸收，排出牛体内的毒素。然后灌服明矾水或福尔马林溶液，以消毒收敛肠道。使用镇静剂和麻醉剂，静脉注射 10%～40%乌洛托品灭菌水溶液，能分解为氨和甲酸，故有抗菌作用，可用于治疗并发的肺炎，且有利尿作用。兴奋强心解毒，可用 20%安钠咖注射液，每次 20mL，皮下或肌肉注射。加强病牛护理，咀嚼和吞咽困难的病牛，不能进食时，可静脉注射葡萄糖溶液或生理盐水，以维持病牛的体力，促使尽快康复。

二十二、坏死杆菌病

1. 坏死杆菌病的特点 坏死杆菌病是由坏死梭杆菌引起的一种慢性传染病，以蹄部、皮肤、消化道黏膜坏死为特征，一般多发病于 5～10 月份。病原广泛存在于自然界，主要通过损伤的皮肤、黏膜和消化道传染。呈散发性或地方流行性。牛、羊主要发生腐蹄病和坏死性口炎。随着养牛业的快速发展，牛坏死杆菌病的发病率也有逐年上升的趋势，给牛养殖带来了不小的经济损失。

本病一年四季均可发生，但以多雨、潮湿、炎热的夏季多发，而秋冬季仅为散发。本病除感染牛外，也感染马、羊、猪等。该病的主要传染源为病牛及带菌牛和带菌动物。不论病牛或健康动物的粪便，以及被粪便污染的牛舍、牧地、土壤、饲料、垫草等均含有此菌，而水塘、低洼地、污泥塘等也含有本菌，所以，也可成为传染源。本病的传染途径主要经损伤的皮肤和黏膜（口腔）而感染。新生幼犊可经脐带而感染。本病主要发生于纯种牛，蹄形不整，蹄质不好的牛多发，在多雨的季节呈流行性。犊牛生齿期，受损的口腔黏膜容易使该菌侵入。

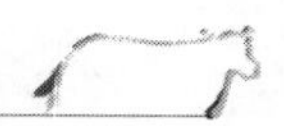

本病病原为坏死梭菌，本菌广泛分布于自然界，在动物饲养场，被污染的沼泽、土壤中均可发现。此外，还常存在于健康动物的口腔、肠道、外生殖器等处，本病易发生于饲养密集的牛群，多发生于奶牛，犊牛较成年牛易感染。病牛的分泌物、排泄物，污染环境成为重要的传染源。本病主要通过损伤的皮肤、黏膜而侵入组织，也可经血流而散播，特别是局部坏死梭菌易随血流散布至全身其他组织或器官中，并形成继发性坏死病变，新生犊牛可由脐经脐静脉侵入肝脏。凡牛舍，运动场潮湿、泥泞或夹杂碎石、煤渣，饲料质量低劣，人工哺育不注意用具消毒等，均可引起本病。本病常为散发，或呈地方流行性。

2. 病原的特点与抵抗力　病原为坏死梭杆菌，为多形性杆菌，革兰氏阴性菌，陈旧物着色不均，串珠状，本菌为严格厌氧菌，实质器官病灶易分离，营养要求高，β-溶血（病原怕腐败，健康和病坏组织交界处分离），广泛存在于与动物活动相关联的沼泽、污泥、垃圾等处，对高温和消毒药敏感，动物体表常带菌。可产生内、外毒素，其中外毒素可溶血、杀白细胞、组织溶解、水肿。内毒素可造成组织坏死。

3. 坏死杆菌感染后的典型症状　成年牛表现为腐蹄病，蹄壳发热肿大，蹄底有小孔或创洞，内有腐烂的角质和污黑的臭水；蹄壳变形，在趾（指）间、蹄冠、蹄缘、蹄踵形成脓肿、脓漏和皮肤坏死，坏死可蔓延至滑液囊、腱、韧带、关节和骨骼，以至蹄匣或趾（指）端脱落，发出难闻的坏死气味。常因脓毒败血症而死亡。表现严重跛行，患肢不敢负重，喜卧地，蹄壳脱落。若不及时治疗，可向内脏转移，体温升高，最后发生脓毒败血症而死亡。

犊牛表现为坏死性口炎，又称“白喉”。潜伏期 4～7d。主要以喉的损害为特征。病犊体温达 40～41℃。食欲减退。湿咳，疼痛。呼吸困难，流涎，从鼻孔流出黄色脓样物，碎渣样物堵塞鼻孔。吞咽困难，拒食、腹泻。在病犊的颊部、齿龈、硬腭、舌及咽后壁黏膜上附有假膜，假膜粗糙、污秽，呈褐色。揭去假膜可见溃疡。在鼻腔、喉及气管黏膜上有坏死病变。这些病变也可能转到肺和肝上。末期，因血栓引起肺炎和继发败血症而死亡。病程 4～5d。

剖检变化，腐蹄病急性期的蹄，趾间组织发生浅表性到深部坏死，呈褐色坏死组织有水肿。慢性病牛的感染蔓延到蹄关节，经漏管排出渗出物。感染关节周围形成外生性骨疣。关节炎恢复的牛，蹄关节腔被软骨堵塞，第二、第三趾骨横径增大。犊牛白喉病变只限于呼吸道。急性病犊咽炎和鼻炎，有的喉头肿胀，声门裂两侧坏死和发炎，尤其声带或杓状软骨内尤为突出。坏死可向背侧蔓延到杓状软骨周围，深入到环杓背侧肌向腹侧蔓延到声带。气道大部分被炎性肿胀和坏死所阻塞。慢性病牛，有些窦可在声带突上开口，或见杓状软骨或肉芽组织突入喉腔内。局部淋巴结肿胀、充血见有肺炎。

4. 坏死杆菌病的诊断　根据病牛的蹄部和口腔黏膜的炎性坏死及坏死组织的臭味，并结合发病情况，可初步确诊。用棉拭子蘸取病变深处材料，迅速接种含 0.02%结晶紫的卵黄培养基，然后立即放于含有 10%CO_2 厌氧缸内培养，48～72h 后，可见一种带蓝色的菌落，中央不透明，边缘有一圈亮带。将病料制成悬液，取 0.5～1mL 注射兔耳侧皮下，注后 2～3d，局部坏死、脓肿、消瘦死亡。再从肝、脾、肺、心坏死灶分离此菌。

5. 坏死杆菌病的防治　改善环境卫生和蹄的护理，避免尖硬饲草喂牛。发现创伤及时处理。

加强饲养管理，精心护理牛只，经常保持牛舍、环境用具的清洁与干燥。低湿牧场要注意排水，及时清理运动场地上粪便、污水，定期给牛修蹄，发现外伤应及时进行处理。不宜在低洼、潮湿的地区放牧，牛栏保持清洁干燥。

病畜必须隔离，畜舍用5%漂白粉或10%石灰水消毒。表层土壤铲除更新，勤换垫草。

治疗本病一般采用局部治疗和全身治疗相结合的方法。对腐蹄病的病牛，应先彻底清除患部坏死组织，用3%来苏儿溶液冲洗或10%硫酸铜洗蹄，然后在蹄底病变洞内填塞高锰酸钾粉。对软组织可用抗生素或磺胺碘仿等药物，以绷带包扎，外层涂些松馏油以防腐防湿。对坏死性口炎（白喉）病牛，应先除去伪膜，再用0.1%高锰酸钾溶液冲洗，然后涂擦碘甘油，每天2次至病愈。对有全身症状的病牛应注意注射抗生素，同时进行强心补液等对症疗法。

治疗也可采用以下方法：彻底清除患部脓汁及坏死组织。腐蹄病可用10%～20%硫酸铜或5%甲醛溶液冲洗，再撒以磺胺粉。口腔黏膜病变，可用0.1%高锰酸钾溶液冲洗，再涂碘甘油。病情严重的患畜，除对症治疗外，可用抗生素或磺胺类药物进行全身性治疗。

二十三、钩端螺旋体病

1. 钩端螺旋体病的特点 钩端螺旋体病的发现和流行情况钩端螺旋体病（简称钩体病）是由钩端螺旋体（简称钩体）属的不同血清型致病性钩体引起的一种人畜共患病，是世界上流行最广的人畜共患病之一。感染了钩体病的人群会导致严重疾病，其临床特点为高热、全身酸痛、乏力、球结膜充血、淋巴结肿大和明显的腓肠肌疼痛，造成多器官衰竭甚至死亡。我国于1937年，由汤泽光首先报告了3例钩体病（Weil病），将病人血液注入豚鼠后，在豚鼠肝脏切片中观察到典型的钩体。1955年我国将钩体病列入法定报告乙类传染病。从20世纪60～70年代起，各地从病人体内及当地多种鼠及家畜中相继分离出钩体，90年代，钩体病流行呈下降趋势。由于本病宿主动物种类繁多，分布广泛，所以仍存在暴发和流行的潜在威胁。截至2005年，全国已有31个省，市，自治区存在本病，可见，钩体病已成为我国危害较大的传染病之一。

钩体病的地理分布根据中国鼠传疾病地理区划（中国鼠传疾病地理划分，1984），我国钩体病主要分布在东南季风区。结合自然地理，可将我国划分为东南流行区和西北流行区。经过大量调查研究证实我国钩端螺旋体疫源地分为自然疫源地和经济疫源地。自然疫源地主要以鼠类为主的传染源，经济疫源地又称家畜疫源地，主要以猪、犬、牛等为主要传染源。大部分地区属于混合疫源地。明确疫源地的性质有利于采取相应的防制措施。钩体自然疫源地分布随地形、气候、降水量和水系分布等有很大的差异，致使各地流行强度差别很大。

我国的主要传染源是鼠类和家畜。钩体病侵入人体的途径，通过黏膜和擦伤皮肤最常见，但通过消化道、呼吸道以及其他方式也是存在的，分为直接接触感染和间接接触感染。人对钩体病普遍易感，非疫区居民进入疫区，尤易受感染。患者病后对同血清型钩体可产生特异免疫，而对其他有交叉反应的血清型钩体只能产生较弱的免疫，且持续时间

短，故仍可感染。流行形势我国钩体病的发生有散发也有流行。流行中又有不同类型，主要有稻田型、洪水型和雨水型3种形式。我国各种地形的疫源地特征决定了各地流行形势的差异：黄河流域及其以北地区，基本上为单纯的经济疫源地，流行形式为洪水型和雨水型，以猪为主要传染源。长江流域及其以南地区，自然疫源地和经济疫源地同时并存，流行形式为稻田型、洪水型和雨水型。野生小型兽为主要贮存宿主。

宿主动物种类我国已从67种动物分离出钩体，我国的主要传染源是鼠类和家畜。鼠类是稻田型钩体的主要传染源，而黑线姬鼠是我国钩体病的主要宿主动物，以黄疸出血群为主。家畜猪、牛、羊、犬都是重要的宿主动物和传染源，它们能感染各种菌群的钩体，且长期带菌排菌，污染水源，是洪水型和雨水型的主要传染源，对人的危害极大。实验室诊断钩体病临床症状复杂、多样，早期容易误诊。因此，实验室诊断在防治工作中极为重要。近年来检测方法主要有病原学、血清学和分子生物学方法，但有效、恰当的实验室支持仍旧是一个问题。

2. 病原的特点与抵抗力　钩端螺旋体属于螺旋体目（order Spiroehaetalis）密螺旋体科（family Treponema-taceae），钩端螺旋体属（genus Leptospira）。是一种纤细的螺旋状微生物，菌体有紧密规则的螺旋，长4～20μm，宽约0.2μm。菌体的一端或两端弯曲呈钩状，沿中轴旋转运动。旋转时，两端较柔软，中段较僵硬。当前钩端螺旋体属分为两个种即：问号钩端螺旋体和双曲钩端螺旋体，前者对人与动物致病，后者自由生活。

钩端螺旋体不易着色，在普通显微镜下难以看到，需用暗视野显微镜观察，在黑色背影下可见到发亮的活动螺旋体。亦可用镀银法染色检查，菌体呈深褐色或黑色。由于钩端螺旋体的直径很小，菌体柔软易弯曲以及其特有的运动方式，所以能穿过孔径为0.1～0.45μm的滤膜，并能穿入含1%琼脂的固体培养基内活动。很难培养，需特殊培养基，要长1个月左右才能有结果。也可在鸡胚或细胞中培养。

钩端螺旋体在体内主要存在于尿液、肾脏和脊髓液中，在体外主要存在于死水及淤泥中，可长期存活，其他条件下很快死亡。对热、酸、干燥和一般消毒剂都敏感。在人的胃液中30分钟内可死亡。在胆汁中迅速被破坏，以致完全溶解。在碱性水中（pH7.2～7.4）能生存1～2个月，在碱性尿中可生存24h，但在酸性尿中则迅速死亡。50～56℃半小时或60℃，10min均能致死，但对低温有较强的抵抗力，经反复冰冻溶解后仍能存活。钩端螺旋体对干燥非常敏感，在干燥环境下，数分钟即可死亡。常用的消毒剂如：1/20 000来苏溶液，1/1 000石炭酸、1/100漂白粉液均能在10～30min内杀死钩端螺旋体。

3. 钩端螺旋体病感染后的典型症状　钩端螺旋体病的临床症状是极复杂多样的，轻型病例可以无明显症状，严重的则甚至可以引起死亡。不同菌型和同一菌型的不同毒力株，以及由于受感染者的个体差别和免疫力的差异等因素，都能影响临床表现。另一方面钩端螺旋体侵犯不同的脏器，所以，其临床症状实为在流行性感染性疾病基本表现的基础上，加上脏器受损的症状如肝炎、肾炎、脑膜炎、肺炎、出血等。

本病的潜伏期多为5～10d。潜伏期最短1d，最长有达35d者。

多数病例为突发4～7d自限性无黄疸病，特征为发热骤起、头痛、肌痛、发冷、咳嗽、胸痛、颈硬等。约10%病例出现黄疸、出血、肾衰竭及神经功能失常。体征有发热

38～40℃、结膜溢血、肝肿大、脾肿大、弥漫性腹部压痛、肌肉压痛、脑膜病征（12%～40%）以及躯干斑性、荨麻疹性或紫癜性皮疹等。

钩端螺旋体病的临床症状可极悬殊，轻者可无任何自觉症状或仅有类似上呼吸道感染的症状，重者可出现肝、肾功能衰竭、肺大出血甚至死亡。

发热、黄疸、血尿、体表水肿、流产、轻症多重症少、流行期长，猪在动物中发病较多，分为急性、亚急性和流产型4种。黄疸、出血、皮肤坏死、肝肾肿大、膀胱黏膜出血，其他脏器出血、胸腔、心包积液等。

4. 钩端螺旋体病的诊断 病原学诊断确证根据是直接找到病原体，简单但检出率低，费力耗时。方法主要包括暗视野镜检（DGM）、染色法及培养法。

血清学试验大多数钩体病例均做血清学检验。常用的血清学方法有显微镜凝集试验（MAT）、酶联免疫吸附试验（ELISA）、玻片凝集试验（SAT）等。钩体病的决定性血清学检查依旧是显微凝集试验（MAT）。

分子生物学方法PCR技术的DNA扩增技术已被引入钩体病的诊断与流行病学的调查，提高了检测的敏感性。

5. 钩端螺旋体病的防治 主要是一般措施和药物治疗：青、链、四环素类，氯霉素并对症治疗。人主要由水田感染，需注意保护。

预防措施，人群对不同菌群别缺乏免疫力，是造成暴发或流行的主要原因之一。因此做好血清学监测工作对该病的预防和控制有着积极的意义。洪涝灾害对钩体病流行的有重要的影响，特别对病原体群（型）和传染源的研究有着重要意义。同时做好当地以鼠密度和鼠种构成，为主要内容的鼠情监测。在可能暴发流行钩体病的地区，应该采取包括加强传染源控制与管理、健康教育、接种菌苗等综合性防治措施。疫区出现的菌群更迭现象应当引起重视，对其更迭原因、规律、防治措施等需做进一步研究。

疫苗致病性钩体的免疫原性蛋白，尤其是外膜表面蛋白，可能是一种有效的免疫原，能诱生抗各种血清型的交叉保护作用。

二十四、皮肤霉菌病

1. 皮肤霉菌病的特点 皮肤霉菌病是由多种皮肤霉菌引起的畜禽及人的毛发、羽毛、皮肤、指（趾）甲、爪和蹄等角质化组织的损害，形成癣斑，表现为脱毛、脱屑、渗出、痂块及痒感等症状，俗称“钱癣”。牛皮肤霉菌病多发生于冬、春季节，尤其在1～4月发病较多。

自然情况下，家畜中牛最易感，幼年较成年易感。畜体营养缺乏，皮肤和被毛卫生不良，环境气温高，湿度大等均利于本病的传播。本病全年均可发生，但一般以秋末至春初的舍饲期发病较多。本病致病菌可依附于动植物体上，停留在环境或生存于土壤之中，在一定条件下，感染人畜。常见于病、健畜接触，或使用污染的刷拭用具、挽具、鞍具，或系留于污染的环境之中，通过搔痒、摩擦或蚊蝇叮咬，从损伤的皮肤发生感染。

2. 病原的特点与抵抗力 病原引起皮肤霉菌病的病原体为真菌界六个门中的半知菌门（也称半知菌纲或不完全菌纲）内的一部分菌属。其中对人、畜、禽均有致病性的主要是毛癣菌属（*Trichophyton*）及小孢霉菌属（*Microsporum*）。牛发病多数是由疣毛癣菌、

须毛癣菌及马毛癣菌等所致。

皮肤霉菌对外界具有极强的抵抗力，耐干燥，100℃干热1h方可致死；对湿热抵抗力不太强；对一般消毒耐受性很强，1%醋酸需1h，1%氢氧化钠数小时，2%福尔马林30min；对一般抗生素及磺胺类药均不敏感；制霉菌素和灰黄霉素等对本菌有抑制作用。

3. 皮肤霉菌感染后的典型症状　常见于牛（特别是青年牛）头部（眼眶、口角、面部）、颈和肛门等处。以痂癣较多，开始为小结节，上有些癣屑，逐渐扩大，呈隆起的圆斑，形成灰白色石棉状痂块，痂上残留少数无光泽的断毛。癣痂小的如铜钱（钱癣），大的如核桃或更大，严重者，在牛体全身融合成大片或弥散分布。在病早期和晚期都有剧痒和触痛，患畜不安、摩擦、减食、消瘦、贫血，以致死亡。也有的病例开始皮肤发生红斑，继而发生小结节和小水疱，干燥后形成小痂块。有的毛霉菌还可侵及肺脏。

4. 皮肤霉菌病的诊断　根据症状诊断时应注意与疥癣、过敏性皮炎等病相区别。

应做微生物学检查以确诊。可拔取脆而无光粘有渗出物的被毛，剪下癣痂或刮取皮肤鳞屑置于玻片上，加入10%氢氧化钠1滴，用盖玻片覆盖（必要时加温使标本透明），用低倍和高倍镜观察有无分枝的菌丝及各种孢子。此病感染的病牛镜检可观察到孢子在毛干外缘、毛内或毛内外（大部分在毛干内）平行排列成链状。

5. 皮肤霉菌病的防治　预防平时应加强饲养管理，封闭式牛舍应经常通风换气，搞好栏圈及畜体皮肤卫生，及时清理厩舍内的粪便，避免长期单一饲喂青、黄贮秸秆等，以免造成营养不良，挽具、鞍套等固定使用；发现病畜应全群检查，患畜隔离治疗。

病畜治疗局部先剪毛，用肥皂水清洗干净癣痂处及其周围，然后可选用以下药物进行治疗：①5%臭药水直接涂癣痂及其周围，再用5%臭药水直接涂刷癣痂及周围，待30min后用硫磺水杨酸软膏（硫黄400g、水杨酸50g、鱼石脂50g、凡士林600g，混合，制成膏剂）涂于患处，每天1次，连用3d后每隔3d涂药1次，直至治愈。②石炭酸15g、碘酊25mL、水合氯醛10mL，混合外用，每日1次，共用3次，用后即用水洗掉，涂以氧化锌软膏。③患处涂擦水杨酸软膏（水杨酸6g、苯甲酸12g、敌百虫5g、凡士林100g，混合制成膏剂），每日2次，连用3d。用药治疗同时病厩可用2%热氢氧化钠或0.5%过氧乙酸消毒。饲养人员应注意防护，以免受到传染。

二十五、衣原体病

1. 衣原体病的特点　牛衣原体病中对养牛业危害最严重的是牛衣原体性流产，该病是由鹦鹉热衣原体感染牛引起的一种地方流行性的接触性传染病，以妊娠母牛流产、早产、死产或产无活力犊牛为主要特征。该病的同义名有牛流行性流产、牛地方流行性流产、牛新立克次体性流产。由于奶牛衣原体性流产给奶牛场造成的损失不仅仅是胎儿夭折，更严重的是产奶量与正常分娩牛相比，大幅度减少，同时造成饲料、人力巨大浪费和巨额医药费开支。另外，鹦鹉热衣原体感染人，引起人的鸟疫症。牛源鹦鹉热衣原体是否也危害人类健康，也是人们关注的一个问题。早在20世纪20年代，美国人首先报道了牛地方流行性流产综合征；到1956年，德国人采用血清学实验和细胞培养技术，证明联邦德国奶牛流行性流产是由衣原体感染所致。以后欧洲许多国家，加拿大、苏联、日本、印度也相继报道牛衣原体性流产。中国从80年代，一些省区陆续报道该病。

本病的自然传播方式还不清楚。病牛和隐性带菌者是主要的传染来源。牛羊之间的相互传播也有可能。患病怀孕牛流产或产犊时，大量衣原体会随羊水排出到体外污染环境，通过消化道和呼吸道感染其他健康牛。种公牛感染衣原体，可以通过精液感染配种母牛。牛衣原体性流产虽然是一种地方流行性疫病，但分布广泛，在流行区内本病主要侵害处女母牛、头胎母牛或从非疫区引进的母牛，流产率高达25%～75%。衣原体可以引起奶牛子宫内膜炎和不育，尽管用药治疗，还是重复发病。奶牛本病的感染率高于黄牛或水牛。一些蜱类寄生虫和类鼠啮齿动物能长期带菌，并通过叮咬或其他途径将病原传递给健康牛。放牧牛群在冬春季节多发生该病。舍饲牛群全年都有发生，但以11月至来年4月发病率较高。调查表明各品种牛均可以感染本病。饲养管理条件差，营养搭配不合理，卫生状况不良，拥挤，通风不畅等应激因素可致怀孕牛抵抗力降低，潜伏衣原体感染活化而导致流产暴发。

母牛怀孕后，衣原体侵入胎盘组织并在其内繁殖，造成胎盘和子宫的炎症和坏死病变，胎儿也受到感染，衣原体在胎儿各器官内繁殖，引起器官病变，皮下水肿和胎儿死亡，最终导致流产发生。

2. 病原的特点与抵抗力 本病的病原是鹦鹉热衣原体（Chlamy diapsittaci）。将流产母牛胎盘、初乳、子宫分泌物以及流产胎儿的肝脾肺和真胃内容物接种7日龄鸡胚进行衣原体分离。实验表明，牛流产株与羊流产株具有交叉感染性，但它们的一些特性有差异。中和试验表明，不同地区牛流产分离株在免疫学上是一致的。用牛流产株人工感染犊牛可以引发肺肠炎。妊娠初产奶牛和哺乳犊牛对非经肠道感染衣原体敏感，用10%感染鸡胚卵黄囊悬液接种犊牛和妊娠母牛可以引起犊牛胃肠炎和母牛流产。感染鸡胚卵黄囊在－70℃条件下保存可存活多年。衣原体在0.1%甲醛和0.5%石炭酸中经24h被灭活，在75%酒精中1min被灭活。在含氯消毒剂中1～30min被灭活。3%煤酚皂溶液需24～36h才能灭活鹦鹉热衣原体。紫外线可以迅速杀灭衣原体。5%苛性钠溶液浸泡病料，3d可以杀灭衣原体。

3. 衣原体感染后的典型症状 牛自然感染衣原体的发病潜伏期估计为数周至数年。人工感染发病潜伏期，静脉接种为6～40d，皮下接种为40～126d。

发病牛主要症状为：

怀孕牛流产，感染本病后，各个孕期的母牛都可发病，多数在怀孕中、后期（妊娠7～9个月）突然发生流产，发病前母牛一般不表现任何特殊征兆，产出死胎或无活力的犊牛，有的胎衣排出迟缓，有的发生子宫内膜炎、乳房炎、输卵管炎，产奶量低。

公牛精囊炎综合征，患病公牛的精囊腺、副性腺和睾丸出现慢性炎症，精液品质下降。

犊牛衣原体性支气管性肺炎，本病的发生无明显的季节性。6月龄以前的犊牛易感，尤其是在停喂母乳，转入育成牛栏喂养时容易发病。病犊体温达40～41℃，精神沉郁，食欲下降或不食，短时间腹泻，咳嗽，流鼻涕，呼吸加快，肺部听诊啰音。严重者死亡。

牛衣原体性肠炎，5～6月龄犊牛多发本病。病犊体温升高到41～42℃，纳差，抑郁，心跳快，出现持久性腹泻，粪便稀薄带血，病犊严重消瘦，脱水。死亡率高。

牛衣原体性脑脊髓炎，病牛发烧，虚弱，表现行动共济失调，有的并发肺炎、腹膜

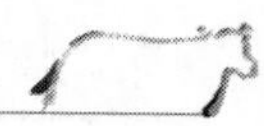

炎、心包炎等症状。

牛衣原体性结膜炎，同义名有传染性结膜炎、传染性角膜结膜炎。病眼流泪，怕光，眼睑肿胀，眼角有多量分泌物。有的眼睑外翻，充血，潮红，第三眼睑高度肿胀并遮盖眼球。炎症发展波及角膜，引起角膜炎和角膜浑浊、溃疡。

牛衣原体性多关节炎，本病多见于犊牛。病牛表现行动迟缓，卧地后驱赶不愿起立或起立困难。站立以健肢负重，不愿走动。急性期体温升高，关节肿胀，患关节局部皮温升高，患肢僵硬，触摸敏感，跛行。

奶牛衣原体性乳房炎，在自然条件下，衣原体可能通过乳头管进入乳腺组织，或者经其他途径感染发生衣原体血症，血液中的衣原体在乳腺内定居而引起乳房炎。临床表现乳房肿胀，产奶量大幅度下降。

4. 衣原体病的诊断 牛衣原体病是一种多症状性传染病，所以对其诊断除了要参考临床症状和病变特征外，主要依据实验室的检查（特异性血清抗体检测和病原分离鉴定）结果予以确诊。

实验室检查诊断包括以下方法：

（1）无菌采集新鲜病料主要包括流产母牛的有病变的胎衣、流产胎儿的肝、脾、肺及胃液，公牛精液，肺炎病例的肺、气管分泌物，肠炎病例的粪便及内脏，结膜炎病例眼分泌物棉拭子，脑炎病例的大脑，关节炎病例的关节液，乳房炎病例的初乳及各类病牛血清，并及时送到有条件的兽医诊断实验室检查。

（2）用各种病料做触片（涂片）进行姬姆萨（Giemsa）染色，等涂片自然干燥后，用甲醇固定 5min，用姬姆萨染色 30～60min，用 pH7.2PBS 液或蒸馏水冲洗，晾干镜检。在油镜下可见衣原体原生小体（EB）被染成紫红色，网状体（RB）被染成蓝紫色。

（3）检测衣原体抗体的血清方法主要包括补体结合试验（CF）、间接血凝（IHA）试验、免疫荧光（IF）试验、琼脂扩散（AGID）试验、酶联免疫吸附试验（ELISA）等。国际口岸检疫动物衣原体血清抗体的经典方法为 CF。

（4）将镜检发现的疑似衣原体颗粒的无杂菌污染的病料用灭菌生理盐水或 PBS 液 1∶4稀释，3 000r/min 离心 20min，在 4℃冰箱过夜后取上清液接种 7 日龄发育良好的鸡胚，每胚 0.4mL 卵黄囊内接种，蜡封蛋壳针孔，置于 37～38.5℃温箱孵育。收集接种后 3～10d 内死亡鸡胚卵黄膜继续传代，直至接种鸡胚规律性死亡（即接种后 4～7d 内死亡），感染滴度 108 ELD50 0.4mL 以上。初次接种分离时，有的不致死鸡胚应再盲传 3～4 代，接种鸡胚仍不死亡且镜检未发现疑似的衣原体颗粒者，可判为衣原体感染阴性。对已污染的病料研磨粉碎后，用含链霉素（1mg/mL）和卡那霉素（1mg/mL）的 PBS 液 1∶5 倍稀释，3 000r/min 离心 20min，取其上清液以4 000～6 000r/min 再差速离心，连续 3 次，取末次离心上清液 4℃冰箱过夜后接种 7 日龄鸡胚以分离培养衣原体。要注意供分离培养衣原体的鸡蛋应来自无衣原体感染且喂不加四环素族抗生素饲料的健康鸡群。

（5）PCR 检测衣原体 DNA，PCR 诊断方法快速、可靠，可检出 60～600fg 衣原体 DNA（为 6～60 个基因组拷贝），比用细胞或鸡胚培养进行病原诊断灵敏度更高。其缺点是需要昂贵的仪器设备，诊断成本高。

（6）鉴别诊断，对牛衣原体性流产的诊断要注意与布鲁氏菌病、弯杆菌病、沙门氏菌病、弓形虫病等可引起怀孕母牛流产的疾病相鉴别。衣原体引起的犊牛肠炎与大肠杆菌病、黏膜病、魏氏梭菌病等腹泻病相鉴别。衣原体引起的多关节炎与链球菌病等病相鉴别。

5. 衣原体病的防治 搞好规模化牛场牛衣原体病的防治，可从以下几个方面入手：

（1）建立和实施牛群的衣原体疫苗免疫计划。对繁殖母牛群用牛衣原体流产灭活苗，在每次配种前1个月或配种后1个月免疫1次，种公牛每年免疫2次。淘汰发病种公牛。对再次发生流产或产弱犊的母牛应淘汰，也可隔离治疗。

（2）建立严格的卫生消毒制度。严格把好工作区大门通道消毒、产房消毒、圈舍消毒、场区环境消毒的质量，从而有效控制衣原体的接触传染。对流产胎儿、死胎、胎衣要集中无害化处理，同时用2%～5%来苏儿或2%苛性钠等有效消毒剂进行严格消毒，加强产房卫生工作，以防新生犊牛感染本病。要防止其他动物（如猫、野鼠、狗、野鸟、家禽、牛、羊等）携带疫源性衣原体的侵入和感染牛群。

（3）药物预防和治疗。可选用四环素、强力霉素、土霉素、金霉素等药物进行牛衣原体的预防和治疗。四环素或金霉素2万IU/kg体重，与灭菌石蜡油混合配成10%悬液，皮下注射，10d后注射第二次。长效土霉素，20mg/kg体重肌肉注射，2周后再注射1次。在精液中发现衣原体的种公牛，应以治疗量四环素连续投药3～4d，间隔5d在重复一个疗程。对流产母牛，尤其是出现子宫内膜炎的病例除全身治疗外，还应向子宫内投药。

第六节　奶牛的寄生虫病

一、牛泰勒焦虫病

1. 牛泰勒焦虫病的特点 由寄生于红细胞内的环形泰勒虫引起，多发生于6～8月份，在蜱活动最强的季节流行。焦虫寄生在奶牛的红细胞内引起。是一种有明显地区性和季节性的流行性传染病，由蜱传染此病。

2. 病原的特点与抵抗力 病原为泰勒属环形泰勒焦虫。寄生在红细胞内血液型虫体标准形态为戒指状，大小为0.8～1.7μm，另外还有椭圆形、逗点状、杆状、十字形等形状，但环形的戒指状比例始终大大多于其他形状。姬姆萨染色核位于一端，染成红色，原生质淡蓝色。一个红细胞内感染虫体1～12个不等，常见2～3个。

生活史：环形泰勒焦虫生活史需两个宿主，一个是璃眼蜱属的蜱，我国主要是残缘璃眼蜱，另一个是牛（羊）。其中蜱是终未宿主，牛是中间宿主。泰勒焦虫的生活史较复杂，需经无性生活和有性生殖两个阶段，并产生无性型及有性型两种虫体。大体上无性生殖阶段在牛体进行，有两个生殖方向，当虫体子孢子随蜱唾液进入牛体后，一个方向是在脾、淋巴结、肝等网状内皮细胞内进行裂体增殖，经大裂殖体（无性型），到大裂殖子，大裂殖子又侵入其他网状内皮细胞，重复上述裂殖过程，此过程是无性繁殖。另一方向是有的大裂殖子侵入网状内皮细胞时变为小型殖体（有性型），后形成小裂殖子，进入红细胞内变为配子体（血液型虫体），分为大配子体与小配子体。当幼蜱吸血时，红细胞进入蜱胃内后，释放出的大小配子体结合成为合子。进而经动合子、孢子体，在唾液腺内增殖成许

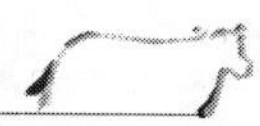

多子孢子。此过程为有性繁殖。当蜱吸血时，子孢子随蜱唾液进入牛体内，完成一个生活史的循环。

3. 牛泰勒焦虫感染后的典型症状　呈急性型。初期体温升高至40～41.8℃，呈稽留热；体表淋巴结肿大、疼痛；心跳达100次，呼吸急促，精神沉郁。后期淋巴结显著肿大，腹泻，食欲废绝，反刍停止；结膜苍白、黄染，尿呈淡黄色或深黄色，粪便带血，血液变稀；严重者在眼睑及尾部皮肤薄处出现粟粒至扁豆大的深红色出血斑点，卧地不起，消瘦，逐步衰竭死亡。

4. 牛泰勒焦虫病的诊断　根据临床症状，采血涂片进行实验室检查确诊。根据临床症状和流行病学情况可作初步判断，体表淋巴结的肿大可作为诊断依据之一；采血涂片查出血液型虫体或淋巴结穿刺查到石榴体（大裂殖体和小裂殖体）可以确诊。死后剖检变化也有诊断意义。

5. 牛泰勒焦虫病的防治　防治：牛体灭蜱，注意检查，对新引进的牛要隔离检查是否带蜱。发现牛体有蜱用手摘掉并且杀死，也可用药物灭蜱。牛舍灭蜱，有些蜱在牛舍内生活，要在它们开始活动前彻底灭，方法包括地面换新土，砖壁用泥抹平，堵死洞口，饲槽和栏架用开水烫洗，室内喷洒灭蜱药剂。环境灭蜱，定期清理圈外杂草，瓦砾，保持环境卫生，牧场轮牧或用药剂灭蜱。

及早治疗病牛，根据焦虫病的种类选用适当的药物：

（1）血虫净。每千克体重5～7mg，配成5%溶液肌内注射，连用3d，每次隔24h，杀虫效果明显，对牛环行泰勒焦虫病，每千克体重4～7mg肌肉注射，对轻病病例效果良好。

（2）阿卡普林。又名焦虫素和硫酸喹啉脲，对牛的双芽泰勒焦虫病有效。早期用药1次便显效果，必要时隔24h再用1次，皮下注射，每千克体重1mg。本品对巴贝斯焦虫及环行泰勒焦虫病效果差。

（3）黄色素。又名锥黄素和盐酸吖啶黄，对焦虫病有一定疗效。静脉注射每千克体重3～4mg，注射速度要慢，以免引起反应。

二、肝片吸虫病

1. 肝片吸虫病的特点　由片形属的肝片吸虫寄生于肝脏、胆管中所引起的寄生虫病，多发生于洼地、草滩及沼泽地带放牧的奶牛，以夏季为主要感染季节。

分布于世界各地，尤以中南美、欧洲非洲等地比较常见。中国各地广泛存在。侵害牛、羊、马、驴、驼、狗、猫、猪、兔、鹿以及多种野生动物和人。肝片吸虫幼虫期在螺体内进行大量的无性繁殖，于5～6月成熟，然后大量逸出。肝片吸虫幼虫期穿破肝表膜，引起肝损伤和出血。虫体的刺激使胆管壁增生，可造成胆管阻塞、肝实质变性、黄疸等。分泌毒素具有溶血作用。肝片吸虫摄取宿主的养分，引起营养状况恶化，幼畜发育受阻，肥育度与泌乳量下降，危害很大。

该病的流行除由于当地存在病原、中间宿主、终期宿主外，还由于病畜粪便下水使螺有受感染的机会，以及由于在有螺的地带放牧牛羊或割草喂食它们。小土蜗是半陆栖性淡水螺，在小水坑、水田和排灌渠中广泛存在。

肝片吸虫幼虫期在螺体内进行大量的无性繁殖，一个阳性螺可以逸出600～800个尾蚴。囊蚴的抵抗力强，在潮湿无日照的条件下，可生存6个月还保有感染力。

在中国的农业地区，螺体内的尾蚴于5～6月份成熟，然后大量逸出，牛于夏收夏种时期在田间劳役，因采食田埂上和排灌渠中的青草，往往受到感染。北方牧区的气候回暖较迟，畜群感染多在秋季。肝片吸虫病在多雨的年份广泛流行，在干旱的年份显著减少。当畜群长期放牧在低湿的牧场上时，最易引起高度的侵袭。由于成虫排卵量大，生活期长，又在幼虫期进行无性繁殖，所以畜群中即使只有少数病畜，只要传播的条件适宜，也可造成流行。

2. 病原的特点与抵抗力 肝片吸虫虫大，虫体长为20～40mm，宽5～13mm。体表有细棘，前端突出略似圆锥、叫头锥。口吸盘在虫体的前端，在头锥之后腹面具腹吸盘。生殖孔在腹吸盘的前而。口吸盘的底部为口，口经咽通向食道和肠，在二肠干的外侧分出很多的侧技，精巢2个，前后排列呈树枝状分支，卵巢一个呈鹿角状分支，在前精巢的右上方；劳氏管细小，无受精囊。虫卵椭圆形，淡黄褐色，卵的一端有小盖，卵内充满卵黄细胞。

成虫寄生在牛、羊及其他草食动物和人的肝脏胆管内，有时在猪和牛的肺内也可找到。在胆管内成虫排出的虫卵随胆汁排在肠道内，再和寄主的粪便一起排出体外，落入水中。在适宜的温度下经过2～3周发育成毛蚴。毛蚴从卵内出来体被纤毛在水中自由游动。

当遇到中间寄主锥实螺，即迅速地穿过其体内进入肝脏。毛蚴脱去纤毛变成囊状的胞蚴，胞蚴的胚细胞发育为雷蚴。雷蚴长圆形，有口、咽和肠。雷蚴刺破胞蚴皮膜出来，仍在螺体内继续发育，每个雷蚴再产生子雷蚴，然后形成尾蚴，尾蚴有口吸盘和腹吸盘和长的尾巴。尾蚴成熟后即离开锥实螺在水中游泳若干时间，尾部脱落成为囊蚴，固着在水草上和其他物体上，或者在水中保持游离状态。牲畜饮水或吃草时吞进囊蚴即可感染。囊蚴在肠内破壳而出，穿过肠壁经体腔而达肝脏。牛羊的肝脏胆管中如被肝片吸虫寄生，肝细织被破坏，引起肝炎及胆管变硬，同时虫体在胆管内生长发育并产卵，造成胆管的堵塞，影响消化和食欲；同时，由于虫体分泌的毒素渗人血液中，溶解红血细胞，使家畜发生贫血、消瘦及浮肿等中毒现象。人体感染可能是食生水、生蔬菜所致．因此在牧场中应改良排水渠道，消灭中间寄主锥实螺，禁止饮食生水、生菜，可使人免受感染。

3. 肝片吸虫病感染后的典型症状 肝片吸虫幼虫期在畜体进行移行时，穿破肝表膜，引起肝损伤和出血。虫体的刺激使胆管壁增生，可造成胆管阻塞、肝实质变性、黄疸等。分泌毒素具有溶血作用。肝片吸虫摄取宿主的养分，引起营养状况恶化，幼畜发育受阻，肥育度与泌乳量下降，危害很大。症状是不是很明显，要看年龄、感染度与饲养管理的条件。幼畜受侵时危害性较大，羊的危害性比牛的明显。幼畜大量感染时可出现急性型：体温升高，精神萎靡，偶有腹泻，肝区触诊敏感，很快出现贫血，在几天内突然死亡，或转为慢性。一般常为慢性过程，逐渐消瘦，毛粗乱，黏膜苍白，食欲稍有不振。奶牛泌乳量减少，耕牛耕作能力下降，病情重时下颚、胸前、腹下发生水肿，不时出现腹泻，孕畜流产，甚至极度衰弱死亡

依机体内感染虫体数量及牛的年龄和饲养管理水平不同而表现不同症状。犊牛症状较重，甚至发生死亡。成年牛呈慢性经过，表现为消瘦，贫血，体质衰弱和产奶量下降；严

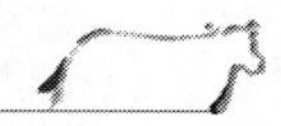

重的食欲缺乏，前胃迟缓，腹泻，剖检可在病死牛的肝胆管中发现肝片形吸虫。

4. 肝片吸虫病的诊断　有特征症状时检查粪便发现虫卵，可以确诊。

5. 肝片吸虫病的防治　硝氯酚，每千克体重用药 3～5mg，拌入饲料中内服；针剂可按每千克体重 0.5～1mg 进行深部肌肉注射。肝蛭净，按每千克体重 12mg 内服。安全放牧，避免在低洼潮湿地放牧和饮水，以减少感染。

三、疥癣病

1. 疥癣病的特点　疥癣病是由于疥癣螨虫的寄生引起的皮炎。病牛在头颈部出现丘疹样不规则病变，病牛剧痒，使劲磨蹭患部，致使患部脱毛、落屑、皮肤增厚，失去弹性。鳞屑、污物、被毛和渗出物粘结在一起，形成痂垢。严重时可波及全身。寄生于牛体的疥癣螨有 3 种类型，由于螨的生活方式不同，经常发生的部位也不一样。据有关资料报道，引起本病原因最多的是吸吮疥癣虫，其次是食皮疥癣虫，最少的是穿孔疥癣虫。其中食皮疥癣虫曾在中国北方的牛体中见到。

2. 病原的特点与抵抗力　疥虫的腭体很小，位于躯干的前端，一半陷入躯干中，螯肢呈钳形，适宜于食用皮肤的角质蛋白。疥虫的躯干的后半部有几对杆状的刚毛和长鬃。疥虫往往是夜行昼伏，导致晚上病人皮肤往往瘙痒剧烈。疥虫一般侵袭毛发浓密处，比如阴毛、腋毛、头发等处，出现红疹，导致瘙痒。

3. 疥癣感染后的典型症状　病牛在头颈部出现丘疹样不规则病变，病牛剧痒，使劲磨蹭患部，致使患部脱毛、落屑、皮肤增厚，失去弹性。鳞屑、污物、被毛和渗出物粘结在一起，形成痂垢。严重时可波及全身。

4. 疥癣病的诊断　有特征症状时检查虫体，可以确诊。

5. 疥癣病的防治　首先要改善饲养管理，保持牛舍的通风干燥，坚持每天刷拭，保持牛体卫生，破坏虫体适于生存生长、繁殖的条件，如果发现病牛应立即采取措施，进行隔离治疗，对已有虫体的牛群在暖和的季节里，应采取种种预防性治疗措施杀灭虫体，防止入冬后蔓延开来。

在治疗中首先将毛剪掉，清除尘土污垢及浮着的痂皮，再用温和的来苏儿水，肥皂水及草木灰水等刷洗病部或全身，必要时应湿透后稍待片刻，使痂皮软化再用木刀刮去痂皮，操作时注意尽量勿使出血，刷洗干净后待表面干燥，即可涂药治疗。涂药可用抹布或毛刷来回用力涂擦，使药物深入毛根周围，如果面积过大可分次治疗，通常涂药不能超过体表的 1/3 面积。杀螨药一般不能杀死它的虫卵，因此，作用不能维持较久的药物（如敌百虫）隔 5～7d 须再行涂药，以杀死从卵中新孵出的幼虫。涂药后的病牛须隔离饲养，注意护理，特别是在严寒季节要防冻。工作人员的衣服及器械、场所等均须彻底清扫、洗刷及消毒。清除下来的所有东西均可能存有虫体卵，一定要收集起来烧掉，以防散虫造成感染。

主要参考文献

蔡宝祥．2001. 家畜传染病学［M］．4版．北京：中国农业出版社．

陈明，杨露，熊本海．2011. 奶牛营养需要量与日粮配制指南［J］．饲料工业，32（11）：44-46.

陈清华．2002. 奶牛微量矿物元素的营养研究进展［J］．饲料广角，3：27-29.

陈英伟．2001. 奶牛犊牛的饲养［J］．动物科学与动物医学（5）：61-62.

初汉平．2005. 奶牛钙磷适宜供给量的研究［D］．济南：山东农业大学．

顾有方，张敬友．2008. 现代奶牛养殖与疾病监测［M］．合肥：安徽大学出版社．

何生虎，马志平．2002. 犊牛饲养方法探究［J］．中国奶牛（6）：25-27.

侯放亮．2005. 牛繁殖与改良新技术［M］．北京：中国农业出版社．

黄静，黄克和．2010. 硒的生物学特性与奶牛营养需要的研究进展［J］．黑龙江畜牧兽医，6：47-48.

黄勤华．2004. 影响反刍动物蛋白质利用率的因素［J］．山地农业生物学报，23（3）：266-269.

孔繁瑶．1981. 家畜寄生虫学［M］．北京：农业出版社．

李青旺，武浩．2000. 动物繁殖学［M］．西安：西安地图出版社．

李胜利．2011. 中国学生饮用奶奶源基地建设探索与实践［M］．北京：中国农业大学出版社．

李玉龙，赵红卫．2009. 磷与奶牛营养需要的研究进展［J］．中国奶牛（6）：19-22.

梁学武．2002. 现代奶牛生产［M］．北京：中国农业出版社．

刘海源．2009. 我国北方地区工厂化奶牛场设计研究［D］．哈尔滨：哈尔滨工业大学．

刘占民，李铁拴，徐丰勋．2002. 奶牛饲养管理与疾病防治［M］．北京：中国农业科学技术出版社．

陆承平．2007. 兽医微生物学［M］．4版．北京：中国农业出版社．

马健．2000. 奶牛饲养技术手册［M］．北京：中国农业出版社．

孟庆翔．2002. 奶牛营养需要［M］．7版．北京：中国农业大学出版社．

莫放．2003. 养牛生产学［M］．北京：中国农业大学出版社．

潘庆杰．2000. 奶牛繁殖技术与产科病防治［M］．北京：石油大学出版社．

邱怀．1995. 牛生产学［M］．北京：中国农业出版社．

邱怀．2002. 现代乳牛学［M］．北京：中国农业出版社．

王成章，王恬．2011. 饲料学［M］．北京：中国农业出版社．

王恩玲．2005. 山东奶牛场的牛舍设计及环境控制［D］．北京：中国农业大学．

王福兆，孙少华．2010. 乳牛学［M］．北京：科学技术文献出版社．

王福兆．2004. 乳牛学［M］．3版．北京：科学技术文献出版社．

王加启．2006. 现代奶牛养殖科学［M］．北京：中国农业出版社．

王晓霞，邓蓉，鲁琳，等．2002. 北京：畜牧业经济与发展［M］．北京：中国农业出版社．

王雅倩，俞路，闫寒寒．2009. 奶牛营养中维生素E的研究进展［J］．中国饲料添加剂（7）：4-6.

王之盛．2013. 奶牛标准化规模养殖图册［M］．北京：中国农业出版社．

吴清民．2006. 动物传染病学［M］．北京：中国农业大学出版社．

徐照学，兰亚莉．2009. 奶牛饲养与疾病防治手册［M］．北京：中国农业出版社．

薛凌峰．2012. 臧彦全．环境温度对奶牛生产影响的研究进展［J］．中国奶牛，8（1）：16-18.

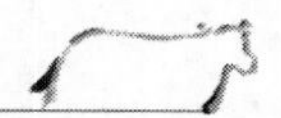

杨风．2001. 动物营养学［M］．北京：中国农业出版社．
杨红建．2007. 奶牛阶段饲养管理与疾病防治［M］．北京：中国农业大学出版社．
杨效民，贺东昌．2011. 奶牛健康养殖大全［M］．北京：中国农业出版社．
殷震，刘景华．1997. 动物病毒学［M］．2版．北京：科学出版社．
昝林森．2007. 牛生产学［M］．北京：中国农业出版社．
张克春，孙卫东．2012. 奶牛场饲养管理与疾病防控最新实用技术［M］．北京：化学工业出版社．
张玉，张新慧，李跃．2006. 环境因素对奶牛的影响［J］．养殖与环境（8）：47-48.
张沅，王雅春，张胜利．2013. 奶牛科学［M］．4版．北京：中国农业大学出版社．
张沅．2001. 家畜育种学［M］．北京：中国农业出版社．
张周．2005. 奶牛高效饲养与疾病防治手册［M］．杨凌：西北农林大学出版社．
赵胜军，任莹，卢德勋．2006. 反刍动物对蛋白质消化、吸收的研究进展［J］．中国饲料（11）：18-21.
郑丕留．1992. 中国家畜生态［M］．北京：农业出版社．
周玉财．2008. 日粮中添加不同种类的棕榈油产品对奶牛生产性能及血液指标的影响［D］．呼和浩特：内蒙古农业大学．
左之才，张明．2010. 奶牛的高效养殖及疾病防治［M］．北京：中国社会出版社．
《中国家畜家禽品种志》编委会．1986. 中国牛品种志［M］．上海：上海科学技术出版社．

图书在版编目（CIP）数据

奶牛健康养殖与疾病防治/倪和民，鲁琳主编．—北京：中国农业出版社，2013.8
ISBN 978-7-109-18302-5

Ⅰ.①奶…　Ⅱ.①倪…②鲁…　Ⅲ.①乳牛－饲养管理②乳牛－牛病－防治　Ⅳ.①S823.9②S858.23

中国版本图书馆 CIP 数据核字（2013）第 210060 号

中国农业出版社出版
（北京市朝阳区农展馆北路 2 号）
（邮政编码 100125）
责任编辑　刘博浩　吴丽婷　程燕

中国农业出版社印刷厂印刷　　新华书店北京发行所发行
2013 年 8 月第 1 版　　2013 年 8 月北京第 1 次印刷

开本：787mm×1092mm 1/16　　印张：23.5
字数：568 千字
定价：62.00 元